스마트하게 한 번에 합격하는

원샷! 원킬!
합격파트너

2021
Industrial Engineer Interior Architecture

실내건축
산업기사
필기

KB084996

전명숙, 김태민, 전희성, 이경화, 서유정, 박민석 지음

BM (주)도서출판 성안당

■ 도서 A/S 안내

올해는 코로나19라는 예기치 않은 변수 때문에 실내건축산업기사 자격시험을 준비하는 많은 수험생들이 시험을 준비하는 데 여러 가지 어려움이 있으리라 예상됩니다.

이러한 어려운 상황에도 시험을 준비하는 수험생들이 혼자서도 공부하는 데 어려움이 없도록 하기 위해 내용을 알차게 구성해서 이 책을 펴내게 되었습니다.

먼저 핵심이론을 출제기준에 맞추어 체계적으로 간결하게 구성하여 단기간에 마스터할 수 있도록 하였으며, 주요 내용은 색글씨로 강조하여 쉽게 식별하고 암기할 수 있도록 하였습니다.

또한 각 단원별로 출제빈도가 높은 적중 예상문제를 선별하여 수록하였습니다. 이론에 대한 내용을 반복 학습하면서 실력을 점검할 수 있도록 하였으며, 상세한 해설을 달고 중요한 부분은 색글씨로 강조하였습니다.

과년도 기출문제는 상세한 해설을 달아 수험생 스스로 문제를 풀면서 쉽게 이해하고 학습하는 데 도움이 되도록 하는 한편, 자주 출제되는 중요한 문제에는 별표를 달아서 강조하였습니다.

아무쪼록 이 책이 실내건축산업기사 자격시험을 준비하는 수험생들에게 좋은 지침서가 될 것을 기대하며, 앞으로 부족한 점은 여러분의 의견을 수렴하여 계속 수정 · 보완해 나갈 것을 약속드립니다.

코로나19로 힘든 가운데에서도 시험을 준비하는 수험생들에게 격려와 응원을 보내며, 아울러 이 책이 출판되기까지 힘써 주신 도서출판 성안당 임직원 여러분께 진심으로 감사의 마음을 전합니다.

저자 일동

01 시험 개요

자격명 : 실내건축산업기사
영문명 : Industrial Engineer Interior Architecture
관련부처 : 국토교통부
시행기관 : 한국산업인력공단

✿ 개요

실내공간은 기능적 조건뿐만 아니라 인간의 예술적 · 정서적 욕구의 만족까지 추구해야 하는 것으로, 실내공간을 계획하는 실내건축분야는 환경에 대한 이해와 건축적 이해를 바탕으로 기능적이고 합리적인 계획 · 시공 등의 업무를 수행할 수 있는 지식과 기술이 요구된다. 이에 따라 건축의장 분야에서 필요로 하는 인력을 양성하고자 한다.

✿ 변천 과정

1991. 10. 31. 대통령령 제13494호	1998. 5. 9. 대통령령 제15794호	현재
의장기사 2급	실내건축산업기사	실내건축산업기사

✿ 수행 직무

건축공간을 기능적 · 미적으로 계획하기 위하여 현장분석자료 및 기본개념을 가지고 공간의 기능에 맞게 면적을 배분하여 공간을 계획 및 구성하며, 이러한 구성개념의 표현을 위하여 개념도 · 평면도 · 천장도 · 입면도 · 상세도 · 투시도 및 재료 마감표를 작성하고, 완료된 설계도서에 의거하여 현장의 공정 및 시공을 관리하는 등의 직무를 수행한다.

✿ 실시기관 홈페이지

http : //www.q-net.or.kr

✿ 실시기관명

한국산업인력공단

✿ 진로 및 전망

건축설계사무실, 건설회사, 인테리어회사, 인테리어 전문업체, 백화점, 방송국, 모델하우스 전문시공업체, 디스플레이 전문업체 등에 취업할 수 있으며, 본인이 직접 개업하거나 프리랜서로 활동이 가능하다. 의장공사협의회의 자료를 보면 1999년 1월 현재 면허업체가 1,813개사, 1997년 기성실적이 2조 3,753억 6,700만 원에 이르며, 2000년 이후 실내건축 시장은 국내경제의 회복에 따른 수요 증대와 ASEM 정상회의(2000)에 따른 회의장 및 부속시설, 영종도 신공항 건설(2000), 부산아시안게임 관련공사(2002), 월드컵(2002) 주경기장과 부대시설공사 등 대규모 국가단위 행사 또는 국책사업 등에 의해 새로운 도약기를 맞았다. 이밖에 실내건축은 창의적인 능력과 경험을 토대로 하는 지식산업의 하나로 상당한 부가가치를 창출할 수 있으며, 실내공간의 용도가 전문적이고도 특별한 기능이 요구되는 상업공간, 주거공간, 전시공간, 사무공간, 의료공간, 문화 및 집회공간, 교육공간, 스포츠 · 레저공간, 호텔, 테마파크 등 업무영역의 확대로 실내건축산업기사의 인력 수요는 증가할 전망이다. 또한 경쟁도 심화되어 고도의 전문지식 습득 및 서비스정신, 일에 대한 정열은 필수적이다.

✿ 검정 현황

연도	필기			실기		
	응시	합격	합격률[%]	응시	합격	합격률[%]
2019	2,244	1,034	46.1%	947	594	62.7%
2018	2,220	820	36.9%	886	521	58.8%
2017	2,196	950	43.3%	809	463	57.2%
2016	2,079	768	36.9%	793	335	42.2%
2015	1,956	808	41.3%	783	311	39.7%
2014	2,298	746	32.5%	727	427	58.7%
2013	2,253	874	38.8%	785	465	59.2%
2012	2,791	787	28.2%	754	302	40.1%
2011	2,697	840	31.1%	859	416	48.4%
2010	3,135	1,018	32.5%	1,314	357	27.2%
소계	23,869	8,645	36.76%	8,657	4,191	49.42%

02 시험 정보

✿ 출제경향

실내건축의 설계에 있어 각종 유형의 실내디자인을 계획하고, 실무도면을 작성하기 위한 개념도 · 평면도 · 천장도 · 입면도 · 상세도 · 투시도 등의 작성능력을 평가

✿ 시험 수수료

구분	수수료
필기시험	19,400원
실기시험	27,900원

✿ 취득방법

구분		세부 내용
시행처		한국산업인력공단
관련학과		전문대학 이상의 실내건축, 실내디자인, 공간디자인, 건축설계학 관련학과
시험과목	필기	1. 실내디자인론 2. 색채 및 인간공학 3. 건축재료 4. 건축 일반
	실기	실내건축의 설계 및 시공실무
검정방법	필기	객관식 4지 택일형 과목당 20문항(과목당 30분)
	실기	복합형[필답형(1시간, 40점) + 작업형(5시간 정도, 60점)]
합격기준	필기	100점을 만점으로 하여 과목당 40점 이상, 전 과목 평균 60점 이상
	실기	100점을 만점으로 하여 60점 이상

03 필기시험 출제기준

직무분야 : 건설 숭식부문야 : 선축
자격종목 : 실내건축산업기사 적용기간 : 2020. 1. 1.~2021. 12. 31.
직무내용 : 건축공간을 기능적 · 미적으로 계획하기 위하여 현장분석자료 및 기본개념을 가지고 공간의 기능에 맞게 면적을 배분하여 공간을 계획 및 구성하며, 이러한 구성개념의 표현을 위하여 개념도 · 평면도 · 천장도 · 입면도 · 상세도 · 투시도 및 재료 마감표를 작성하고, 완료된 설계도서에 의거하여 현장의 공정 및 시공을 관리하는 등의 직무이다.
필기검정방법 : 객관식
시험시간 : 2시간

필기과목명	주요 항목	세부 항목	세세 항목
실내디자인론	1. 실내디자인 총론	1. 실내디자인 일반	1. 실내디자인의 개념, 정의, 목표, 조건 2. 실내디자인의 분류 및 특성
		2. 디자인 요소	1. 점, 선, 면, 형 2. 질감, 문양, 공간 등
		3. 디자인 원리	1. 스케일과 비례 2. 균형, 리듬, 강조 3. 조화와 통일 등
		4. 실내디자인의 요소	1. 실내 기본(바닥, 천장, 벽, 기둥, 보, 개구부, 통로 등) 2. 조명 3. 가구 4. 장식물 5. 전시
	2. 실내디자인 각론	1. 실내계획	1. 주거공간 2. 상업공간 3. 업무공간 4. 전시공간 5. 특수공간
		2. 실내디자인의 프로세스	1. 프로젝트의 발생과 범주에 관한 사항 2. 구성기법과 전개과정 3. 작용의 파악과 체크의 대상 및 생활패턴의 파악에 관한 사항 4. 조건 설정의 필요성에 관한 사항 5. 공간의 설정, 레이아웃, 디자인 이미지 구축 등

필기과목명	주요 항목	세부 항목	세세 항목
색채 및 인간공학	1. 색채지각	1. 색을 지각하는 기본 원리	1. 빛과 색 2. 색지각의 학설과 색맹
	2. 색의 분류, 성질, 혼합	1. 색의 3속성과 색입체	1. 색의 분류 2. 색의 3속성과 색입체
		2. 색의 혼합	1. 가산혼합 2. 감산혼합 3. 중간혼합
	3. 색의 표시	1. 표색계	1. 현색계와 혼색계 2. 먼셀 표색계 3. 오스트발트 표색계
		2. 색명	1. 관용색명 2. 일반색명
	4. 색의 심리	1. 색의 지각적인 효과	1. 색의 대비, 색의 동화, 잔상, 항상성, 명시도와 주목성, 진출과 후퇴 등
		2. 색의 감정적인 효과	1. 수반 감정 2. 색의 연상과 상징
	5. 색채조화	1. 색채조화	1. 색채조화론의 배경, 의미, 성립과 발달 등 2. 오스트발트의 색채조화론 3. 문·스펜서의 색채조화론
		2. 배색	1. 색의 3속성에 의한 기본 배색과 조화, 전체 색조 및 면적에 의한 배색효과
	6. 색채관리	1. 생활과 색채	1. 색채관리 및 색채조절 2. 색채계획(색채디자인) 3. 산업과 색채 등 4. 디지털 색채
	7. 인간공학 일반	1. 인간공학의 정의 및 배경	1. 인간공학의 정의와 목적 2. 인간공학의 철학적 배경
		2. 인간-기계시스템과 인간요소	1. 인간-기계시스템의 정의 및 유형 2. 인간의 정보처리와 입력 3. 인터페이스 개요
		3. 시스템 설계와 인간요소	1. 시스템 정의와 분류 2. 시스템의 특성
		4. 인간공학 연구방법 및 실험계획	1. 인간 변수 및 기준 2. 기본 설계 3. 계면 설계 4. 촉진물 설계 5. 사용자 중심 설계 6. 시험 및 평가 7. 감성공학
	8. 인체계측	1. 신체활동의 생리적 배경	1. 인체의 구성 2. 대사작용 3. 순환계 및 호흡계 4. 근골격계 해부학적 구조

필기과목명	주요 항목	세부 항목	세세 항목
색채 및 인간공학	8. 인체계측	2. 신체반응의 측정 및 신체역학	1. 신체활동의 측정원리 2. 생체신호와 측정장비 3. 생리적 부담 척도 4. 심리적 부담 척도 5. 신체동작의 유형과 범위 6. 힘과 모멘트
		3. 근력 및 지구력, 신체활동의 에너지 소비, 동작의 속도와 정확성	1. 생체 역학적 모형 2. 근력과 지구력 3. 신체활동의 부하 측정 4. 작업부하 및 휴식시간
		4. 신체계측	1. 인체치수의 분류 및 측정원리 2. 인체측정자료의 응용원칙
	9. 인간의 감각 기능	1. 시각	1. 눈의 구조 및 기능 2. 시각과정 3. 시식별 요소(입체감각, 단일상과 이중상, 외관의 운동, 착각, 잔상 등)
		2. 청각	1. 소리와 청각 2. 소리와 능률 3. 음량의 측정 4. 대화와 대화이해도 5. 합성음성
		3. 지각	1. 지각에 관한 사항 2. 감각에 관한 사항 3. 인지공학에 관한 일반사항
		4. 촉각 및 후각	1. 촉각에 관한 사항 2. 후각에 관한 사항
	10. 작업환경조건	1. 조명과 색채 이용	1. 빛과 색채에 관한 사항 2. 조도와 광도 3. 반사율과 휘광 4. 조명기계 및 조명수준 5. 작업장 조명관리
		2. 온열조건, 소음, 진동, 공기오염도, 기압	1. 소음 2. 진동 3. 온열조건 4. 기압 5. 실내공기 및 공기오염도
		3. 피로와 능률	1. 피로의 정의 및 종류 2. 피로의 원인 및 증상 3. 피로의 측정법 4. 피로의 예방과 대책 5. 작업강도와 피로 6. 생체리듬
	11. 장치 설계 및 개선	1. 표시장치	1. 시각적 표시장치 2. 청각적 표시장치 3. 촉각적 표시장치

필기과목명	주요 항목	세부 항목	세세 항목
색채 및 인간공학	11. 장치 설계 및 개선	2. 제어, 제어 테이블 및 판넬의 설계	1. 조정장치 2. 부품의 위치와 배치 3. 작업방법 및 효율성 4. 작업대의 설계
		3. 가구와 동작범위, 통로(동선관계 등)	1. 동작경제의 원칙 2. 공간 이용 및 배치 3. 작업공간의 설계 및 개선 4. 사무/VDT작업 설계
		4. 디자인의 인간공학 적용에 관한 사항	1. 인지특성을 고려한 설계원리 및 절차 2. 중량물 취급원리 3. 수공구 및 설비의 설계 및 개선 4. 기타 디자인 프로세스
건축재료	1. 건축재료 일반	1. 건축재료의 발달	1. 구조물과 건축재료 2. 건축재료의 생산과 발달과정
		2. 건축재료의 분류와 요구성능	1. 건축재료의 분류 2. 건축재료의 요구성능
		3. 새로운 재료 및 재료설계	1. 신재료의 개발 2. 재료의 선정과 설계
		4. 난연재료의 분류와 요구성능	1. 난연재료의 특성 및 종류 2. 난연재료의 요구성능
	2. 각종 건축재료의 특성, 용도, 규격에 관한 사항	1. 목재	1. 목재 일반 2. 목재제품
		2. 점토재	1. 일반적인 사항 2. 점토제품
		3. 시멘트 및 콘크리트	1. 시멘트의 종류 및 성질 2. 시멘트의 배합 등 사용법 3. 시멘트제품 4. 콘크리트의 일반사항 5. 골재
		4. 금속재	1. 금속재의 종류, 성질 2. 금속제품
		5. 미장재	1. 미장재의 종류, 특성 2. 제조법 및 사용법
		6. 합성수지	1. 합성수지의 종류 및 특성 2. 합성수지제품
		7. 도료 및 접착제	1. 도료 및 접착제의 종류 및 성질 2. 도료 및 접착제의 용도
		8. 석재	1. 석재의 종류 및 특성 2. 석재제품
		9. 기타 재료	1. 유리 2. 벽지 및 휘장류 3. 단열 및 흡음 재료
		10. 방수재	1. 방수재료의 종류와 특성 2. 방수재료별 용도

필기과목명	주요 항목	세부 항목	세세 항목
건축 일반	1. 일반구조	1. 건축구조의 일반사항	1. 건축구조의 개념 2. 건축구조의 분류 3. 각 구조의 특성
		2. 건축물의 각 구조	1. 목구조 2. 조적구조 3. 철근콘크리트구조 4. 철골구조 5. 조립식 구조
	2. 건축사	1. 실내디자인사	1. 한국 실내디자인사 2. 서양 실내디자인사
	3. 건축법, 시행령, 시행규칙	1. 건축법	1. 건축물의 구조 및 재료 2. 건축설비
		2. 건축법 시행령	1. 건축물의 구조 및 재료 2. 건축물의 설비 등
		3. 건축법 시행규칙	1. 건축법의 '건축물의 구조 및 재료'와 관련된 사항 2. 건축법의 '건축설비'와 관련된 사항
		4. 건축물의 설비기준 등에 관한 규칙 및 건축물의 피난·방화구조 등의 기준에 관한 규칙	1. 건축물의 설비기준 등에 관한 규칙 2. 건축물의 피난·방화구조 등의 기준에 관한 규칙
	4. 소방시설 설치·유지 및 안전관리에 관한 법률, 시행령, 시행규칙	1. 소방시설 설치·유지 및 안전관리에 관한 법률	1. 총칙 2. 소방검사 등 3. 소방시설의 설치 및 유지·관리 등 4. 소방대상물의 안전관리 5. 방염
		2. 소방시설 설치·유지 및 안전관리에 관한 법률 시행령	1. 총칙 2. 소방검사 등 3. 건축허가 등의 동의 등
		3. 소방시설 설치·유지 및 안전관리에 관한 법률 시행규칙	1. 총칙 2. 소방시설의 설치 및 유지 3. 소방대상물의 안전관리
	5. 실내환경	1. 열 및 습기 환경	1. 건물과 열, 습기 2. 실내환경과 체감 3. 복사 4. 정상 전열과 실온 5. 비정상 전열과 실온 6. 습기와 결로
		2. 공기환경	1. 실내공기의 오염과 환기 2. 환기의 역학 3. 환기계획
		3. 빛환경	1. 빛과 빛환경 2. 시각과 시각환경 3. 시각환경의 구성
		4. 음환경	1. 음의 기초 2. 실내음향

04 최근 출제경향 분석

✿ 과목별 출제빈도

1. 실내디자인론

구분	출제문항 수	출제비중	세부 사항
실내디자인 일반	0~1	4%	실내디자인의 개념, 정의, 목표, 조건, 분류 및 특성
디자인 요소	2~3	12%	점, 선, 면, 형태, 질감, 문양, 공간 등
디자인 원리	2~3	12%	스케일과 비례, 균형, 리듬, 강조, 조화, 통일, 대비 등
실내디자인의 요소	5~7	28%	실내 기본, 개구부, 가구, 장식물, 조명
실내계획	8~10	40%	실내계획 개요, 주거공간, 상업공간, 업무공간, 전시공간, 특수공간
실내디자인의 프로세스	0~1	4%	프로젝트의 발생과 범주에 관한 사항, 구성기법과 전개과정, 작용의 파악과 체크의 대상 및 생활패턴의 파악에 관한 사항, 조건 설정의 필요성에 관한 사항, 공간의 설정, 레이아웃, 디자인 이미지 구축 등
계	총 20문항	100%	

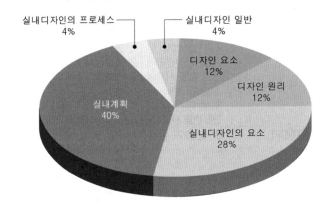

2. 색채 및 인간공학

구분	출제문항 수	출제비중	세부 사항
색채지각	0~1	3%	색을 지각하는 기본 원리
색채의 분류, 성질, 혼합	2~3	12%	색의 3속성과 색입체, 색의 혼합
색의 표시	2~3	12%	표색계, 색명
색의 심리	2~3	12%	색의 지각적인 효과, 색의 감정적인 효과
색채조화	2~3	12%	색채조화, 배색
색채관리	1~2	7%	생활과 색채
인간공학 일반	1~2	7%	인간공학의 정의 및 배경, 인간-기계시스템과 인간요소, 시스템 설계와 인간요소, 인간공학 연구방법 및 실험계획
인체계측	2~3	12%	신체활동의 생리적 배경, 신체반응의 측정 및 신체역학, 근력 및 지구력, 신체활동의 에너지 소비, 동작의 속도와 정확성, 신체계측
인간의 감각기능	1~2	7%	시각, 청각, 지각, 촉각 및 후각
작업환경조건	1~2	8%	조명과 색채 이용, 온열조건, 소음, 진동, 공기오염도, 기압, 피로와 능률
장치 설계 및 개선	1~2	8%	표시장치, 제어, 제어 테이블 및 판넬의 설계, 가구와 동작범위, 통로(동선관계 등), 디자인의 인간공학 적용에 관한 사항
계	총 20문항	100%	

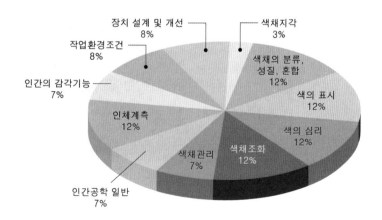

3. 건축재료

구분	출제문항 수	출제비중	세부 사항
건축재료 일반	0~1	4%	건축재료의 발달, 건축재료의 분류와 요구성능, 새로운 재료 및 재료설계, 난연재료의 분류와 요구성능
목재	3~4	14%	목재 일반, 목재제품
점토재	2~3	10%	일반적인 사항, 점토제품
시멘트 및 콘크리트	3~5	18%	시멘트의 종류 및 성질, 시멘트의 배합 등 사용법, 시멘트 제품, 콘크리트 일반사항, 골재
금속재	2~3	11%	금속재의 종류 및 성질, 금속제품
미장재	1~2	7%	미장재의 종류 및 특성, 제조법 및 사용법
합성수지	1~2	7%	합성수지의 종류 및 특성, 합성수지제품
도료 및 접착제	1~2	7%	도료 및 접착제의 종류와 성질, 용도
석재	1~2	7%	석재의 종류 및 특성, 석재제품
기타 재료	2~3	11%	유리, 벽지 및 휘장류, 단열 및 흡음 재료
방수재	0~1	4%	방수재의 종류와 특성, 용도
계	총 20문항	100%	

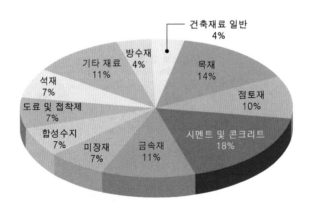

4. 건축 일반

구분	출제문항 수	출제비중	세부 사항
일반구조	3~4	17%	건축구조의 일반사항, 건축물의 각 구조
건축사	1~2	8%	실내디자인사
건축법, 시행령, 시행규칙	6~7	29%	건축법, 건축법 시행령, 건축법 시행규칙, 건축물의 설비기준 등에 관한 규칙 및 건축물의 피난·방화구조 등의 기준에 관한 규칙
소방시설 설치·유지 및 안전관리에 관한 법률, 시행령, 시행규칙	7~8	33%	소방시설 설치·유지 및 안전관리에 관한 법률, 소방시설 설치·유지 및 안전관리에 관한 법률 시행령, 소방시설 설치·유지 및 안전관리에 관한 법률 시행규칙
실내환경	2~3	13%	열 및 습기 환경, 공기환경, 빛환경, 음환경
계	총 20문항	100%	

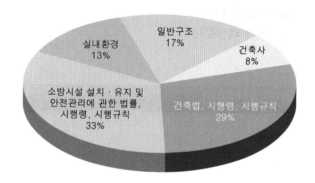

차례

Contents

PART 03 건축재료

Contents

PART 04 건축 일반

부록 | **과년도 출제문제**

Interior Architecture

01 실내디자인 총론

INTERIOR ARCHITECTURE

01 | 실내디자인 일반

 학습 POINT
- 실내디자인의 개념과 실내디자이너의 역할에 대해 알아 둔다.
- 유니버설 디자인(universal design; 보편 설계, 보편적 설계)의 개념 문제가 근래 간혹 출제되므로 개념을 숙지한다.

1 실내디자인의 정의

인간이 활동하는 공간 내부를 공간의 목적과 용도에 맞게 "보다 편리하고 기능적이며 아름답게", 즉 공간을 환경적·심리적·미학적으로 구성하여 사용자가 원하는 합리적 환경을 제공하는 디자인 활동을 말한다.

2 실내디자인의 목표

기능성, 심미성, 실용성, 창의성, 조형성, 기술성, 경제성 등을 고려한 인간 생활공간의 쾌적성을 추구한다.

3 실내디자인의 조건

① 물리적·환경적 조건 : 기상, 기후 등 외부 조건으로부터의 보호
② 기능적 조건 : 인간공학에 따른 공간의 규모, 공간 배치, 동선, 사용빈도 등 고려
③ 정서적·심미적 조건 : 예술성, 시대성, 문화성
④ 창조적 조건 : 독창성
⑤ 경제적 조건 : 최소의 비용으로 최대의 효과

4 실내디자인의 계획조건

① 내부적 조건 : 고객의 요구사항, 고객의 경제적 조건, 설계 대상의 계획 목적, 사용자의 행위 및 개성 조건, 주변 환경 등
② 외부적 조건 : 입지적 조건, 건축적 조건, 설비적 조건, 법규적 조건 등

⑤ 실내디자인의 영역 및 분류

1) 실내디자인의 영역

순수한 내부 공간의 바닥·벽·천장에 둘러싸인 수직·수평 요소 및 인간이 점유하는 모든 광범위한 공간(선박·비행기·우주선·열차 등), 건축물의 주변 환경까지 포함한다.

2) 실내디자인의 분류

① 대상별 영역에 따른 분류 : 주거공간, 상업공간, 업무공간, 전시공간, 특수공간
② 사용목적에 의한 분류 : 주거공간, 숙박공간, 판매공간, 식사공간, 사무공간, 전시공간, 관람 및 공연 공간, 노유자 복지공간, 집회공간, 위락공간, 스포츠 및 레저 공간, 교육공간, 의료공간, 종교 공간, 운수공간 등

⑥ 실내디자이너의 역할과 분류

1) 실내디자이너의 역할

① 인간이 생활하는 모든 공간을 계획·설계하는 디자이너로, 여러 디자인의 전문분야를 이용하여 최적의 쾌적한 실내환경을 창조한다.
② 대상 공간의 사용자의 정보와 요구사항을 정확히 파악, 분석하여 공간에 반영해야 한다.
③ 디자인의 기초 원리를 비롯하여 공간 내 요소들에 대한 폭넓은 지식이 필요하며 건축 공정의 제반 사항에 대한 지식 및 이해를 필요로 한다.

2) 실내디자인의 직업 분류

① 인테리어 디자이너(공간설계, 계획)
② 인테리어 데코레이터(소품 장식), 인테리어 코디네이터(공간요소의 조화, 조정)
③ 가구디자이너, 조명디자이너 등

⑦ 디자인 경향

1) 유니버설 디자인(universal design; 보편 설계, 보편적 설계)

① '모든 사람을 위한 디자인', '범용[*] 디자인'의 개념
② 유니버설 디자인의 목표 : 지원성이 높은 디자인(supportive design), 수용 가능한 디자인(adaptable design), 접근 가능한 디자인(accessible design), 안정성이 높은 디자인(safety-oriented design)

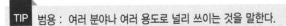

TIP 범용 : 여러 분야나 여러 용도로 널리 쓰이는 것을 말한다.

2) 버내큘러 디자인(vernacular design)

한 지역의 지리적·풍토적 자연환경과 인종적인 배경 아래서 그 지역 사람들의 일상적인 생활습관과 자연스러운 욕구에 의해 이루어진 전통성에 충실한 디자인 양식으로, 디자인 과정이 다소 불투명하고 익명성을 가진다(**예** 전통공예의 사물들, 전통도구, 가사도구, 한국의 지역에 따른 가옥구조, 그리스 산토리니 등).

02 | 디자인 요소

학습 POINT
- 선의 조형효과에 대해 알아 둔다.
- 이념적 형태, 현실적 형태의 개념을 파악하고 형태 지각심리의 특성을 그림과 함께 숙지한다.
- 다의도형 착시(루빈의 항아리), 역리도형 착시(펜로즈의 삼각형)는 자주 출제된다.
- 공간의 구획에서는 차단적 구획, 심리적·도덕적 구획, 지각적 구획의 예를 숙지한다.

1 점(point)

1) 점의 개요

① 모든 조형요소의 최초의 요소이다.
② 크기는 없고 위치만 있다.
③ 선의 끝과 끝, 선의 교차, 선과 면의 교차에 의해 생성된다.

2) 점의 성질과 조형효과

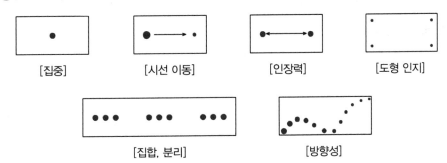

[집중] [시선 이동] [인장력] [도형 인지]

[집합, 분리] [방향성]

❷ 선(line)

1) 선의 개요

① 길이와 위치만 있다.

② 폭과 부피가 없으며, 넓이와 깊이의 개념도 없다.

③ 2개 이상의 점들의 집합에 의해서 생성된다.

구분	내용	그림
포지티브선 (positive line)	점의 이동 궤적에 의한 선	
네거티브선 (negative line)	면의 교차에 의한 선	

2) 선의 성질

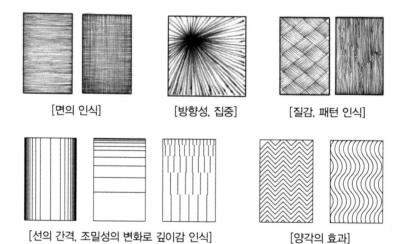

[면의 인식]　　[방향성, 집중]　　[질감, 패턴 인식]

[선의 간격, 조밀성의 변화로 깊이감 인식]　　[양각의 효과]

3) 선의 종류별 조형효과

선의 종류	조형효과
수직선	구조적인 높이감, 상승감, 존엄성, 남성적
수평선	영원, 무한, 안정, 평화감, 고요, 휴식
사선	운동감, 불안정, 활동감, 역동감
곡선	유연, 경쾌, 여성적, 부드러움, 동적

3 면(surface)

1) 면의 개요

① 점이나 선의 집합, 면의 절단에 의해 생성된다.
② 깊이는 없고 길이와 폭·높이를 가지고 있으며, 입체의 한계와 공간의 경계이기도 하다.

2) 면의 종류

① 단순하고 직접적인 표현에 적합한 평면 : 수직면, 수평면, 사면, 다각면
② 유연하고 동적인 표현에 적합한 곡면 : 자유로운 곡면, 기하곡면

4 형태(form)

형태는 모양, 부피, 구조로 정의된다.

1) 형태의 분류

① 이념적 형태[네거티브 형태(negative form)] : 인간의 지각에 의해 인식할 수 있는 순수형태, 상징적
  형태. 점, 선, 면, 입체 등
② 현실적 형태[포지티브 형태(positive form)] : 실제 존재하는 모든 물상
  ㉠ 자연적 형태 : 자연법칙에 의해 생성되며, 인간의 의지와 관계없이 끊임없이 변화한다.
  ㉡ 추상적 형태 : 자연의 구상형태를 인간의 자기감정을 전달할 수 있는 시각적 형태로 추상화
    하여 표현한 형태
  ㉢ 인위적 형태 : 휴먼 스케일이 기준인 3차원적인 형태
③ 오가닉 형태(organic form) : 재현이 가능한 형태. 유기적, 합리적, 수리적
④ 액시던트 형태(accident form) : 재현이 불가능한 형태. 우연적 방법

2) 디자인의 형태

① 기하학적 형태 : 수학적 법칙의 뚜렷한 질서를 가진 삼각형, 사각형, 원, 타원 등 간단한 형태를
  가진 평면구조 형태
② 유기적 형태 : 자연계에서 볼 수 있는 매끄러운 곡선이나 곡면, 수식으로 표현되지 않는 다양하고
  복잡한 형태

3) 형태의 지각심리(게슈탈트의 지각심리)

① 근접성 : 가까이 있는 유사한 시각요소들이 근접해 있으면 하나의 그룹으로 지각

[면으로 지각]   [수평으로 지각]   [수직으로 지각]

② **유사성** : 유사한 형태, 크기, 색채, 질감 등을 하나의 형태로 지각

③ **연속성** : 유사한 요소가 방향성을 가지고 배열되었을 때 하나의 그룹으로 지각

④ **폐쇄성** : 불완전한 시각요소들을 하나의 형태로 지각

⑤ **단순성** : 복잡한 형태를 가능한 한 단순한 형태로 지각

⑥ **도형과 배경의 법칙** : 도형과 배경 중 하나로만 지각. 루빈의 힝아리가 대표적임.

4) 착시현상

① 기하학적 착시

구분	그림
거리의 착시	※ 좌측과 우측은 동일한 거리이다.
길이의 착시	[밀러 리어의 도형]　　　[분트의 도형]
위치의 착시	[쾨니히의 목걸이]

구분	그림
각도 또는 방향의 착시	[포겐도르프의 도형]　[췰너의 도형] [헤링의 도형]　[분트의 도형]　[체르너의 도형]
크기의 착시	[폰초의 도형]　[자스트로의 도형]
대비의 착시	[티치너의 도형]　[델뵈우프의 도형]

② 다의도형 착시(반전착시)

[루빈의 항아리]

③ 역리도형 착시 : 모순도형 혹은 불가능한 형이라고도 한다.

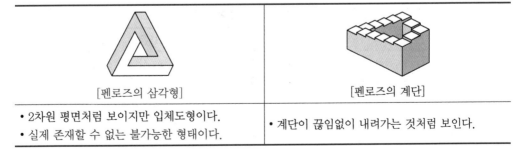

[펜로즈의 삼각형]	[펜로즈의 계단]
• 2차원 평면처럼 보이지만 입체도형이다. • 실제 존재할 수 없는 불가능한 형태이다.	• 계단이 끊임없이 내려가는 것처럼 보인다.

④ 원근의 착시

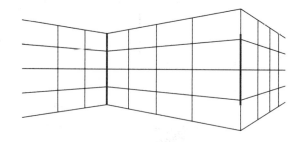

5 질감(texture)

① 질감은 표면의 성질이며 촉각적인 것과 시각적인 것이 있다.
② 질감의 선택 시 스케일, 빛의 반사와 흡수 정도, 촉감 등의 요소가 중요하며 실내디자인을 통일시키거나 파괴할 수도 있는 중요한 디자인 요소이다.
  ㉠ 거친 질감 : 빛을 흡수함.
  ㉡ 매끄러운 질감 : 빛을 반사함. 좁은 공간을 넓게 보이게 할 때 이용
  ㉢ 목재, 돌, 흙과 같은 자연재료 : 따뜻함과 친근감을 부여

6 문양(pattern)

① 2차원적이거나 3차원적인 장식에 질서를 배열한 것으로, 점·선·형태·공간·빛·색채 등을 도형화한 것이다.
② 일반적으로 연속성을 지니며, 연속성이 있는 패턴은 리듬감이 생기게 된다. 이때 리듬은 공간의 성격이나 스케일에 맞게 해야 한다.
③ 패턴을 선정하는 모티브 : 자연적인 것, 양식화한 것, 추상적인 것

7 공간(space)

1) 공간의 개요

① 3차원으로 길이·폭·깊이를 가지며, 인간이 생활하기 위한 실내공간은 물리적·환경적·기능적 조건의 영향을 받는다.
② 공간은 크고 작음에 상관없이 시간의 개념을 항상 수반한다.

구분		내용
공간	적극적 공간 (positive space)	• 물체가 차지하는 공간, 완전한 상태의 공간 • 침실, 거실, 상점, 레스토랑, 사무실, 전시장 등
	소극적 공간 (negative space)	• 비어 있는 공간, 불완전하게 둘러싸인 완전하지 않은 공간 • 필로티 공간, 캐노피 공간

2) 공간의 구획

① **차단적 구획** : 물리적 방법으로 높이 1.5m 이상으로 구획. 수평, 수직 방향으로 분리. 칸막이벽, 이동형 스크린벽, 유리창, 커튼, 블라인드, 수납장 등

② **심리적·도덕적 구획** : 가변적 구획. 가구, 기둥, 식물, 소품, 바닥·천장의 단 차이

③ **지각적 구획** : 서로 다른 이미지로 구획. 조명, 색채, 마감재, 복도, 공간형태의 변화

3) 공간의 구성유형

① **구심형 구성** : 중앙의 공간 내부에 초점을 둔 내향형 구성으로, 중심공간과 그 주위의 수많은 제2의 공간으로 이루어진다.

② **집합형 구성** : 대칭이나 시각적 질서관계에 의해 연결, 구성된다.

③ **선형 구성** : 일련의 공간의 반복으로 이루어진 선형적인 연속이다.

④ **격자형 구성** : 공간 속에서의 위치와 공간 상호 간의 관계가 3차원적 격자 패턴 속에서 질서정연하게 배열되는 형태 및 공간으로 구성된다.

⑤ **방사형 구성** : 구심형과 선형의 요소를 조합한 구성으로, 외향적 방향성·확산·성장을 의미한다.

03 | 디자인 원리

학습 POINT
- 휴먼 스케일에 대해 알아 둔다.
- 르 코르뷔지에(Le Corbusier)와 황금비, 모듈러, 비례를 연관시켜서 이해한다.
- 균형의 원리에서는 시각적 중량감의 예가 자주 출제된다.

1 척도(scale)

① 라틴어에서 유래된 것으로 도구를 나타내는 것. 계단, 사다리를 뜻하는 고어

② 스케일은 인간과 물체의 관계이며, 인체와 물체의 공간관계 형성에 대한 측정의 기준

③ 휴먼 스케일 : 인간의 신체를 기준으로 하여 측정되는 척도의 기준

2 비례(proportion)

- 물리적 크기를 선으로 측정하는 기하학적 개념으로, 부분과 부분 또는 부분과 전체 사이의 관계를 말한다.

- 색채·명도·질감·패턴·문양·조명 등에 의해 영향을 받으며, 실내공간에는 항상 비례가 존재하고 스케일과 밀접한 관계가 있다.

1) 황금비례

① 고대 그리스인들이 창안한 기하학적 분할방식이다.

② 선이나 면적을 나눌 때 작은 부분과 큰 부분의 비율이 큰 부분과 전체에 대한 비율과 동일하게 되는 분할방법으로 1:1,618의 비율을 가진다. 가장 균형이 잡힌 비례이다.

 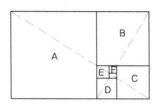 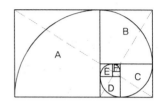

[황금비례]

2) 정수비례

1:2, 2:3, 3:4 등과 같은 간단한 정적 균형에 의한 비례로 대량생산에 적합하다.

3) 피보나치 수열

1, 1, 2, 3, 5, 8, 13, 21, 34, … 등으로, 처음 두 항은 1이고, 세 번째 항부터는 바로 앞의 두 항의 합이 된다는 것이다.

③ 균형(balance)

디자인에서의 균형은 인간의 주의력에 의해 감지되는 시각적 무게의 평형상태를 뜻하는 가장 일반적인 미학이다.

1) 균형의 원리

구분	내용
크기	큰 것 > 작은 것
형태	불규칙 형태 > 기하학 형태
선	사선 > 수직선이나 수평선
질감	복잡, 거친 질감 > 단순, 부드러운 질감
색채	어두운색 / 저채도 / 차가운 색 > 밝은색 / 고채도 / 따뜻한 색

2) 균형의 유형

구분	개념	특성	적용
대칭적 균형	• 축을 중심으로 하여 서로 대칭관계	수동적 균형, 보수성, 안정적, 통일감, 기계적	파르테논 신전, 노트르담 대성당, 은행, 법정, 성당, 기념물

구분	개념	특성	적용
비대칭적 균형	• 대칭적 균형보다 자연스러운 균형 • 시각적 무게나 시선의 정도는 같으나 중심점에서 형태나 구성이 다른 것	능동적 균형, 율동감, 역진감, 개성적	현대건축, 현대미술
방사상 균형	• 중심축에서 방사형, 환상형으로 균등하게 퍼진 것	생동감	판테온의 돔, 눈의 결정체, 비치 파라솔
비정형 균형	• 물리적으로는 불균형이지만 시각적으로 균형을 이룬 것	동적, 변화, 자유분방, 약진	-

4 리듬(rhythm)

1) 리듬의 정의

규칙적인 요소들의 반복으로 디자인에서 시각적인 질서를 부여하는 통제된 운동감이다. 청각의 원리가 시각적으로 표현되므로 통일성을 기본으로 한 동적인 변화를 말한다.

2) 리듬의 원리

① 반복(repetition) : 색채, 질감, 문양, 형태 등이 반복되면서 대상의 의미를 강조하는 수단으로 사용되기도 한다. 질서감은 있으나 단조로움을 느낄 수 있다.
② 점이, 점진(gradation) : 형태들의 크기, 방향, 색깔 등의 요소들이 점차적 변화
③ 대립(opposition) : 갑작스런 변화로 상반된 분위기를 조성하는 리듬. 자극적 리듬
④ 변이(transition) : 상반된 요소를 반복 배치하는 것
⑤ 방사(radiation) : 중심에서 여러 방향으로 확산되거나(원심적 방사), 집중되는(구심적 방사) 리듬

5 강조(emphasis)

① 디자인의 부분 부분에 주어진 강세, 즉 강도의 다양한 정도를 의미한다.
② 시각적인 힘의 강약에 단계를 주어 디자인의 일부분에 주어지는 초점이나 흥미를 중심으로 변화를 의도적으로 조성하는 것이다. 강조에 의한 시각적 초점은 통일감과 질서를 느끼게 한다.
③ 강조의 목적 : 주의를 환기시킬 때, 단조로움을 덜거나 규칙성을 깨뜨릴 때, 관심의 초점을 만들 때, 움직이는 효과와 흥분을 조성시킬 때

6 조화(harmony)와 통일(unity)

1) 조화

둘 이상의 요소가 한 공간 내에서 결합될 때 발생하는 미적 현상으로, 전체적인 조립방법이 모순 없이 질서를 잡는 것이다.

2) 조화의 종류

구분	의미	이미지
유사조화 (단순조화)	같은 성격의 요소의 조합	뚜렷, 선명, 여성적 이미지 전달
대비조화	상반된 요소의 조합	화려, 극적, 남성적 이미지 전달

3) 통일

디자인 대상의 전체에 미적 질서를 부여하는 것으로, 모든 형식의 구심점이 되는 기본 원리이다.

7 대비(contrast)

① 모든 시각적 요소에 대하여 극적 분위기를 주는 상반된 성격의 결합에 의해 이루어지는 원리이다.
② 질적·양적으로 전혀 다른 둘 이상의 요소가 동시적 혹은 계속적으로 배열될 때 상호의 특질이 한층 강하게 느껴지는 통일적 현상을 말한다.

04 실내디자인의 요소

학습 POINT

- 벽의 높이에 따른 심리적 구분에 대해 숙지한다.
- 일광 조절장치 중 블라인드에 대해 숙지한다.
- 의자의 종류와 디자이너의 의자, 한국 전통가구 등을 정리한다.
- 건축화조명과 조명 연출기법은 출제빈도가 매우 높다.

[실내디자인의 요소 구분]

구분	내용
1차적 요소(고정적 요소)	바닥, 천장, 벽, 기둥, 보, 개구부
2차적 요소(가동적 요소)	가구, 장식물
3차적 요소(심미적 요소)	조명, 재료, 질감, 색채, 그래픽

1 실내디자인의 1차적 요소(1) - 바닥, 벽, 천장, 기둥, 보

1) 바닥

실내공간을 형성하는 가장 기본적인 수평적 요소로서 인간의 감각 중 시각적·촉각적 요소와 가장 밀접한 관계를 가진다.

바닥의 기능	바닥 형성 시 고려사항
• 공간의 영역을 조정한다. • 외부로부터 추위와 습기를 차단한다. • 사람과 물건을 지탱한다. • 가구를 배치하는 기준면을 제공한다.	• 안전성, 구조적 견고성 • 촉각성 • 내구성, 관리성, 유지성, 마모성, 차단성

2) 벽

실내공간의 형태와 규모를 결정하는 가장 기본적인 수직적 요소이다.

(1) 벽의 기능

① 공간과 공간을 구분, 공간의 형태와 크기를 결정, 인간의 시선이나 동선을 차단한다.
② 외부로부터 방어와 프라이버시를 확보한다.
③ 공기의 움직임, 소리 전파, 열의 이동을 제어한다.

(2) 벽의 높이에 따른 심리적 구분

높이 600mm 이하	• 상징적 벽체 • 공간의 한정, 공간을 감싸지는 못한다.
높이 1,200mm	• 개방적 벽체 • 시각적 개방감, 공간을 감싸는 분위기를 조성한다.
높이 1,500mm(눈높이)	• 공간의 분할 시작
높이 1,800mm 이상	• 차단적 벽체 • 완전한 공간의 형성, 시각적 프라이버시를 보장한다.

3) 천장

실내공간의 수평적 요소로, 소리·빛·열환경을 조절하고 공간을 가장 풍부하게 변화시킬 수 있는 요소이다.

4) 기둥

수직적 요소로, 심리적으로 공간을 분할하며, 구조적으로 상부의 하중을 받는다.

5) 보

수평적 요소로, 상부의 하중을 기둥에 전달한다.

2 실내디자인의 1차적 요소(2) – 개구부

• 문, 창, 벽면의 오픈된 부분을 총칭한다.
• 건축물의 표정과 실내공간의 성격을 규정하는 중요한 요소로, 가구 배치와 동선계획에 영향을 미친다.

1) 개구부의 기능

① 한 공간과 인접된 공간을 연결
② 통풍, 채광, 환기, 조망
③ 프라이버시 제공
④ 사람과 물건의 통행

2) 문의 종류

구분	특성	평면
여닫이문	• 900~1,000mm×2,100mm • 비상문 등 피난문은 밖여닫이가 원칙	
쌍여닫이문	• 1,600~1,800mm×2,100mm	
자재문 (자유문)	• 무거운 물건을 반입·반출하는 창고나 레스토랑 주방	
미서기문 (미세기문)	• 개폐의 정도를 조절 가능 • 문이 서로 겹쳐짐	
미닫이문	• 벽 안으로 문이 들어감 • 문이 서로 겹쳐지지 않음	
회전문	• 열손실을 최소로 줄임 • 통풍기류를 방지 • 출입인원을 조절	
접이문	• 칸막이문이나 간이문 • 아코디언문, 주름문	

3) 창문의 종류

구분	특성	평면	구분	특성	평면
미서기창 (미세기창)	통풍률 50~60%		회전창	통풍률 100%	
여닫이창	통풍률 100%		오르내리창	통풍률 50~60%	
고정창	채광, 조망 가능. 통풍률 0%				

4) 위치에 따른 창의 구분

구분	위치	특성	단면
측창 (side window)	일반적인 창	• 눈부심이 적고 건물 내부로 깊숙이 빛이 들어오기가 어려움	
정광창(천창) (top light)	지붕, 천장면	• 채광 우수 • 유지·관리가 용이하지 않음	
정측창 (top side window)	지붕면, 수직창	• 채광 우수 • 미술관, 박물관, 공장 등에서 많이 사용	
고측창(고창) (clearstory)	천장에 가까운 측면	• 균일한 조도 분포가 가능 • 전망효과가 없음. 프라이버시 확보 • 중세 성당 건물에 흔히 사용	

5) 기타 창문

① 픽처 윈도(picture window) : 바닥에서 천장까지의 창
② 윈도 월(window wall) : 벽면 전체가 창
③ 베이 윈도(bay window) : 돌출창(일반적으로 3면으로 구성. 각진 형태)
④ 보 윈도(bow window) : 돌출창(활 모양의 창)

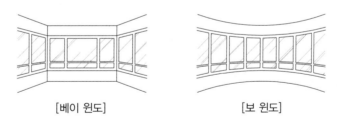

[베이 윈도]　　　　　　　[보 윈도]

6) 일광 조절장치(채광 조절장치)

(1) 커튼

① 글라스 커튼(glass curtain) : 투명 또는 반투명한 얇은 직물로 만들며, 창문 유리 바로 앞에 달아 빛을 부드럽게 해 준다.
② 드로우 커튼(draw curtain) : 글라스 커튼보다 무거운 재질의 직물로 만들며, 창문 위 수평가로대 위에 설치한다.
③ 새시 커튼(sash curtain) : 창문의 반 정도만 친 커튼
④ 드레이퍼리 커튼(drapery curtain) : 창문에 느슨하게 걸려 있는 무거운 커튼

(2) 블라인드

① 베니션 블라인드(venetian blind) : 수평 블라인드

② 버티컬 블라인드(vertical blind) : 수직 블라인드

③ 롤 블라인드(roll blind) : 천을 감아올리는 형식의 블라인드

④ 로만 블라인드(roman blind) : 상부의 줄을 당기면 단이 생기면서 접히는 형식의 블라인드

| [베니션 블라인드] | [버티컬 블라인드] | [롤 블라인드] | [로만 블라인드] |

(3) 루버

고정식과 개폐식이 있어 실내 채광과 통풍을 조절하며 수평형, 수직형, 격자형 루버가 있다.

❸ 실내디자인의 2차적 요소(1) – 가구

1) 가구의 분류

(1) 인체공학적 가구의 분류

인체계 가구	안락과 휴식 : 의자, 침대, 소파
준인체계 가구(작업용 가구)	인간 동작의 보조가구 : 테이블, 책상, 주방가구
수납용 가구(건축계 가구)	물품의 보관, 관리 : 선반, 옷장, 서랍장

(2) 이동을 중심으로 한 가구의 분류

이동가구	• 현대가구의 가장 일반적인 형태의 가구 • 공간에 융통성을 부여
붙박이가구	• 건축화 가구 • 가구 배치의 혼란성을 없애고 공간을 최대한 효율적으로 사용
유닛가구	• 고정적이면서 이동적인 가구 • 가구의 형태 변화가 가능 • 단일가구를 원하는 형태로 조합하여 다목적 사용이 가능

> **TIP** 시스템가구 : 가구와 인간의 관계, 가구와 건축 주체의 관계, 가구와 가구의 관계 등을 종합적으로 고려하여 적합한 치수를 산출한 후 이를 모듈화시킨 각 유닛이 모여 전체 가구를 형성한 것이다.

2) 가구의 종류

(1) 의자

종류	정의
라운지체어(lounge chair)	휴식용 안락의자
이지 체어(easy chair)	라운지체어보다 작은 휴식용 안락의자
오토만(ottoman)	팔걸이와 등받이가 없는, 발을 올려놓는 작은 의자
윙 체어(wing chair)	등받이가 높고 날개같이 기대는 부분이 달려 있는 안락의자
스툴(stool)	팔걸이와 등받이가 없는 의자
풀업 체어(pull up chair)	이동이 쉬운 간이의자. 벤치라고도 한다.
하이 백 체어(high back chair)	등받이가 높은 의자
스태킹 체어(stacking chair)	여러 개를 겹쳐 쌓아 놓을 수 있는 의자
로킹 체어(rocking chair)	흔들의자

(2) 소파

종류	정의
체스터필드(chesterfield)	소파의 골격에 솜을 많이 넣어 천을 씌운 커다란 의자
세티(settee)	동일한 의자 2개를 나란히 합쳐서 2인이 앉을 수 있는 의자
카우치(couch)	기댈 수 있는 한쪽 끝이 올라간 긴 의자. 잠을 자기 위한 의자
러브 시트(love seat)	2인용 작은 소파
라운지 소파(lounge sofa)	머리와 어깨부분을 받칠 수 있도록 한쪽 부분이 경사진 소파
소파 베드(sofa bed)	침대 겸용 조립식 소파
턱시도 소파(tuxedo sofa)	팔걸이와 등받이 높이가 같은 소파
플로어 패드(floor pad)	매트리스 형태의 간단한 취침용 의자

(3) 디자이너 의자

구분	내용	이미지
바르셀로나 의자 (1929)	• 미스 반 데어 로에(Mies van der Rohe)의 디자인 • 가죽 등받이와 좌석, X자형의 강철 파이프 다리로 구성	
파이미오 의자 (1929)	• 알바르 알토(Alvar Aalto)의 디자인 • 자작나무 합판을 성형하여 목재가 지닌 재료의 단순성을 최대한 살린 의자	

구분	내용	이미지
바실리 의자 (1918)	• 마르셀 브로이어(Marcel Breuer)의 디자인 • 칸딘스키를 위해 디자인한 의자 • 최초로 강철 파이프를 휘어서 만든 의자로, 재료에 대한 정확한 해석과 기하학적 비례가 뛰어난 의자	
체스카 의자 (1928)	• 마르셀 브로이어의 디자인 • 강철 파이프를 구부려 만든 캔버터리식 의자	
토네트 의자 (1859)	• 미하엘 토네트(Michael Thonet)의 디자인 • 최초로 대량생산을 가능케 한 의자	
레드 블루 의자 (1918)	• 게리트 리트벨트(Gerrit Rietveld)의 디자인 • 규격화한 판재를 이용 • 곡면을 탈피한 직선적인 의자 • 적, 황, 청의 원색을 사용	
힐 하우스 래더백 의자 (1902)	• 찰스 레니 매킨토시(Charles Rennie Mackintosh)의 디자인 • 직선만을 이용한 절제된 의자	
에그 의자 (1957)	• 아르네 야콥센(Arne Jacobsen)의 디자인 • 머리 받침과 등받이 좌판, 팔걸이가 유기적으로 연결되어 있다.	

3) 전통가구

한국의 전통가구는 대부분 수납가구가 주류를 이루고 있다.

① 장롱 : 농+장=장롱, 수납계 가구

　㉠ 농 : 각 층이 분리

　㉡ 장 : 층수와 관계없이 각 층이 측판과 기둥에 의해 고정

　㉢ 의류수납용(안방용) : 버선장, 애기장, 반닫이장

　㉣ 사랑방용 : 책장, 도포장, 의걸이장, 탁자장

　㉤ 주방용 장 : 찬장, 찬탁자장

② 애기장 : 안방용 소형 1층 장

③ 반닫이장 : 우리나라 전역에 걸쳐 사용되었으며 위층은 의류나 이불·소품을 수납하고, 아래층은 의류·책·제기 등을 보관한다.

④ 머릿장 : 머리맡에 두고 자주 사용하는 소품들을 넣어 두는 장

⑤ **평상** : 앉거나 눕기 위한 나무로 만든 휴식용 침대와 같은 상

⑥ **도포장** : 선비들이 겉옷을 보관하는 장

⑦ **의걸이장** : 횃대(긴 막대)로 옷이 구겨지지 않게 걸쳐 보관하는 장

⑧ **사방탁자** : 다과, 책, 가벼운 화병 등을 올려놓는 네모반듯한 탁자로, 사랑방에 쓰인 문방가구

⑨ **소반** : 자그마한 밥상

⑩ **함** : 뚜껑에 경첩을 달아 여닫도록 만든 상자

⑪ **고비** : 두루마리 문서를 끼워 보관하는 서함

[농]　　　　　[문갑]　　　　　[반닫이장]　　　　　[소반]

4) 가구의 배치

① **집중적 배치** : 공간의 목적이나 행위가 명확한 장소에 배치

② **분산적 배치** : 공간의 목적이나 행위가 비교적 자유로운 장소에 배치

4 실내디자인의 2차적 요소(2) - 장식물

1) 장식물의 정의

장식물이란 공간의 분위기를 정리하고 시각적인 효과를 강조하기 위한 실내디자인의 최종적인 작업이다.

2) 장식물의 분류

① **기능적 장식물** : 기능+장식, 조명기기, 가전제품, 화초, 병풍, 시계 등

② **장식적 장식물** : 그림, 조각, 사진, 수석, 어항

③ **기념적 장식물** : 상패, 메달, 악기류, 총포류

④ **예술적 장식물** : 회화, 벽화, 조각품, 태피스트리, 슈퍼 그래픽

5 실내디자인의 3차적 요소 - 조명

1) 조명 분포에 의한 분류

① **전반조명** : 실내 전체를 균일하게 조명하는 방법

② **국부조명** : 어느 부분만을 강하게 조명하는 방법

③ **혼합조명** : 전반조명+국부조명

2) 배광방식에 의한 분류

구분	상향	하향	그림	특성
직접조명	0~10%	90~100%	10%/90%	• 장점 : 조명률이 좋고 경제적임 • 단점 : 눈부심현상, 강한 그림자가 나타남
반직접 조명	10~40%	60~90%	40%/60%	• 천장 마감재의 반사율에 의해 밝기의 정도가 영향을 받게 되므로 마감재의 질감과 색채 등을 고려한다.
간접조명	90~100%	0~10%	90%/10%	• 장점 : 비교적 조도가 균일, 부드러운 분위기 연출 • 단점 : 조명률, 경제성이 낮음 유지·보수에 에러 사항 발생
반간접 조명	60~90%	10~40%	60%/40%	• 대부분의 빛이 천장, 벽 등에 투사 반사된다. • 조도가 균일하고 눈부심현상이 거의 없다. • 마감재의 반사율에 의해 밝기의 정도가 영향을 받 게 되므로 마감재의 질감과 색채 등을 고려한다.
직간접 조명	40~60%	40~60%		• 전반확산조명이라고도 한다.

3) 조명기구

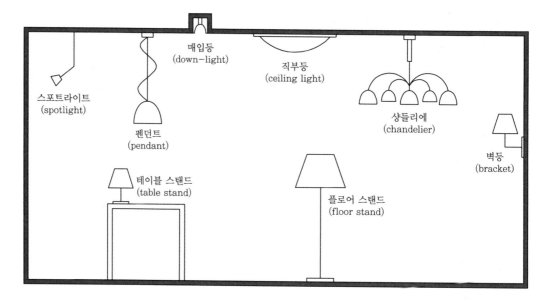

4) 건축화조명

건축의 일부를 이용한 조명방식

① 광천장조명 : 유리나 루버 등의 확산용 판으로 된 광원을 천장 안에 설치한 직접조명

② 광창조명 : 유리나 루버 등의 확산용 판으로 된 광원을 벽면 안에 설치한 직접조명

③ 코브(cove)조명 : 천장이나 벽 상부에 빛을 보내기 위한 조명장치

④ 밸런스(balance)조명 : 창이나 벽의 상하부에 설치되어 상향일 경우 천장에 반사하는 간접조명, 하향일 경우 벽이나 커튼을 강조하는 역할을 한다.

⑤ 코니스(cornice)조명 : 벽면의 상부에 길게 설치되어 모든 빛을 아래로 직사하는 조명

⑥ 캐노피(canopy)조명 : 벽면이나 천장면의 일부를 돌출시킨 조명. 카운터 상부, 욕실 세면대의 상부

⑦ 코퍼(coffer)조명 : 우물천장 사이드에 광원을 숨겨 설치한 조명

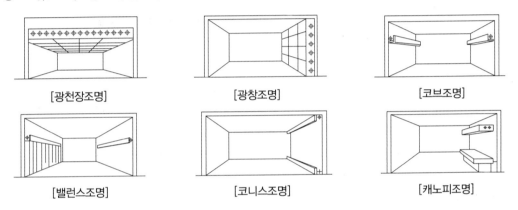

[광천장조명]　　　　[광창조명]　　　　[코브조명]

[밸런스조명]　　　　[코니스조명]　　　　[캐노피조명]

5) 광원의 종류

종류	특성	연색성
백열등	• 전력 소모와 발광열이 높다. • 국부조명으로 사용한다.	높다
형광등	• 전력 소모가 비교적 경제적이다. • 수명이 길고 눈부심이 거의 없다.	좋다
수은등	• 고압의 수은 증기 속의 아크방전에 의해 빛을 발산한다. • 저압은 살균용, 고압은 야외조명, 초고압은 도로조명에 사용한다.	나쁘다
메탈할라이드등	• 연색성[*]을 개선한 고압 수은등이다. • 자연광과 유사하고 수명이 길다. • 주로 상업용, 산업용, 옥내외 조명으로 사용한다. • 눈부심이 적어 야간 운동경기장, 백화점, 터널 등에 사용한다.	좋다
나트륨등	• 발광효율이 매우 높으며 비교적 수명도 길다. • 설비비, 유지비가 비싸다.	나쁘다

종류	특성	연색성
나트륨등	• 황색광이기 때문에 일반 조명용보다 교량, 도로, 터널 등에 사용한다.	나쁘다
할로겐등	• 크기는 작으나 효율이 높고 수명이 길다. • 태양 빛과 가장 가까운 전구이다.	높다
LED램프	• 소비전력에 비해 수명이 반영구적이다. • 소형, 경량이며 친환경적이다. • 단점 : 눈부심이 심하다.	좋다

> **TIP**
> • 연색성[CRI(Color Rendering Index)] : 태양광(주광)을 기준으로 하여 어느 정도 주광과 비슷한 색상을 연출할 수 있는지를 나타내는 지표
> • 조명의 연색성 : 태양광＞백열등, 할로겐등＞메탈할라이드등＞형광등＞수은등＞나트륨등
> • 조명의 효율 : 나트륨등＞메탈할라이드등＞형광등＞수은등＞할로겐등＞백열등

6) 조명의 연출기법

① 월워싱(wall washing) 기법 : 수직벽면을 빛으로 쓸어내리는 듯한 효과를 주기 위해 비대칭 배광방식의 조명기구를 사용하여 수직벽면에 균일한 조도의 빛을 비추는 조명 연출기법

② 빔플레이(beam play) 기법 : 강조하고자 하는 물체에 의도적인 광선을 조사시킴으로써 광선 그자체가 시각적인 특성을 지니게 하는 기법

③ 실루엣(silhouette) 기법 : 물체의 형상만을 강조하는 기법으로, 시각적인 눈부심은 없으나 물체면의 세밀한 묘사를 할 수 없다.

④ 글레이징(glazing) 기법 : 빛의 각도를 이용하여 수직면과 평행한 조명을 벽에 조사시킴으로써 마감재의 질감을 효과적으로 강조하는 기법

⑤ 스파클(sparkle) 기법 : 어두운 환경에서 순간적인 반짝임을 이용한 기법

⑥ 강조(high lighting)기법 : 특정 부분이나 물체를 강조하기 위해 주변보다 5배 정도 밝기로 주의를 끄는 기법. 스포트라이트

⑦ 그림자(shadow) 연출기법 : 빛에 의해 생기는 그림자를 강조하는 기법

⑧ 상향, 하향조명(up, down lighting)기법 : 상부 혹은 하부를 강조하는 기법

⑨ 후광조명(back lighting)기법 : 반투명재료에 빛을 투과, 확산시키는 기법. 광천장조명

7) 조명설계

① 조명계획 체크리스트 : 사용자의 기호, 동선, 조명의 연색성, 마감재료의 반사율, 공간감, 조명의 효과와 기법, 조노의 분포 등

② 조명설계 순서 : 소요조도 결정→광원 선택→조명기구 선택→기구 배치→검토

③ 조명설계 과정 : 프로젝트 분석→조명기법 구성→광원 선택→조명기구 선택→설계도면 작성

01 적중 예상문제

01 실내디자인 일반

01 다음 중 좋은 디자인을 판단하는 기준과 가장 거리가 먼 것은?

① 시대상의 반영
② 재료의 선택
③ 기능성의 부여
④ 디자인의 방법

해설 좋은 디자인을 판단하는 기준 : 경제성, 독창성, 기능성, 지역성, 시대성, 생산성, 조형성, 목표성

★
02 실내디자인은 실내에서의 인간생활을 위한 여러 조건 등을 고려하여 계획하는 작업이다. 여러 조건 중 가장 우선해야 하는 조건은?

① 물리적 조건
② 환경적 조건
③ 기능적 조건
④ 정서적 조건

해설 실내디자인의 기본 조건 중 기능적 조건은 인간공학에 따른 공간의 규모, 공간 배치, 동선 등을 설정하는 조건이므로 기능적 조건이 가장 우선시되어야 한다.

03 다음 중 실내디자인을 평가하는 기준과 가장 관계가 먼 것은?

① 기능성 ② 경제성
③ 주관성 ④ 심미성

해설 • 실내디자인의 평가기준 : 기능성, 경제성, 심미성, 실용성, 창의성, 조형성, 기술성
• 실내디자인의 목표는 위의 평가기준을 고려한 인간 생활공간의 쾌적성을 추구하는 것이다.

04 다음 중 유니버설 공간의 개념적 설명으로 가장 알맞은 것은?

① 상업공간을 말한다.
② 모듈이 적용된 공간을 말한다.
③ 독립성이 극대화된 공간을 말한다.
④ 공간의 융통성이 극대화된 공간을 말한다.

해설 유니버설 디자인은 '모든 사람을 위한 디자인', '범용 디자인'의 개념으로 인간의 성별, 나이, 장애, 언어 등의 제약을 받지 않도록 제품이나 공간 등을 설계하는 것이다. 따라서 공간의 융통성 및 보편성이 필요하다.

05 다음 실내디자이너의 역할 중 가장 거리가 먼 것은?

① 독자적인 개성의 표현이다.
② 전체 매스(mass)의 구조설비를 계획한다.
③ 생활공간의 쾌적성을 추구한다.
④ 인간의 예술적·서정적 요구의 만족을 해결하려 한다.

해설 ② 전체 매스(mass)의 구조설비를 계획하는 것은 실내디자이너의 역할이 아니라 건축가와 구조설비 기술자가 협의하여 계획한다.

06 실내디자인의 영역 및 분류방법으로 적당하지 않은 것은?

① 실내디자인 영역의 한계는 건축과 관련된 내부 공간으로 제한된다.
② 일반적으로 주거공간과 상업공간으로 크게 구분할 수 있다.
③ 대상별 영역 구분은 크게 주거, 상업, 업무, 전시, 특수공간으로 구분된다.
④ 각종 소매점, 서비스공간은 상업공간 디자인의 영역이다.

정답 ▶ 1. ④ 2. ③ 3. ③ 4. ④ 5. ② 6. ①

실내디자인의 영역 : 순수한 내부 공간의 바닥·벽·천장에 둘러싸인 수직·수평 요소 및 인간이 점유하는 모든 광범위한 공간(선박·비행기·우주선·열차 등), 건축물의 주변 환경까지 포함한다.

★
07 실내디자인의 계획조건을 외부적 조건과 내부적 조건으로 구분할 경우, 다음 중 외부적 조건에 속하지 않는 것은?

① 입지적 조건 ② 경제적 조건
③ 건축적 조건 ④ 설비적 조건

실내디자인의 계획조건
• 내부적 조건 : 의뢰인의 공사 예산, 의뢰인의 요구사항, 의뢰인의 취향·성향·생활패턴, 공간계획의 목적, 사용자의 행태 분석 등
• 외부적 조건 : 건축물 분석, 건축법규 및 용도, 소방·기계·설비의 조건, 공간의 형태와 규모 등

08 실내디자인의 계획조건 중 외부적 조건에 속하지 않는 것은?

① 계획 대상에 대한 교통수단
② 소화설비의 위치와 방화구획
③ 기둥, 보, 벽 등의 위치와 간격치수
④ 실의 규모에 대한 사용자의 요구사항

④는 실내디자인의 계획조건 중 내부적 조건에 해당된다.

09 디자인을 위한 조건 중 최소의 재료와 노력으로 최대의 효과를 얻고자 하는 것은?

① 독창성 ② 경제성
③ 심미성 ④ 합목적성

• 독창성 : 디자인의 조건 중 핵심요소로서 다른 디자인과의 차별성·주목성 등을 가져야 하며, 디자인에 최종 생명을 불어넣는 조건이다. 따라서 독창성은 디자이너에게 가장 크게 요구되는 조건이다.
• 심미성 : 모든 사람이 공감할 수 있는 형태와 색·재질이 기능과 잘 조화돼 있어야 하며, 심미성은 예술성·시대성·문화성을 수반한다.
• 합목적성 : 사용목적에 따른 기능과 실용성을 갖춰야 한다.

10 실내디자이너의 역할과 조건에 관한 설명으로 옳지 않은 것은?

① 실내의 가구 디자인 및 배치를 계획하고 감독한다.
② 공사의 전(全) 공정을 충분히 이해하고 있어야 한다.
③ 공간 구성에 필요한 모든 기술과 도구를 사용할 수 있어야 한다.
④ 인간의 요구를 지각하고 분석하며 이해하는 능력을 갖추어야 한다.

③ 각 공정의 기술자가 해야 할 역할이다.

11 실내디자이너의 역할과 작업에 관한 설명으로 옳지 않은 것은?

① 건축 및 환경과의 상호성을 고려하여 계획하여야 한다.
② 인간의 활동을 도와 주며, 동시에 비적인 만족을 주는 환경을 창조한다.
③ 효율적인 공간 창출을 위하여 제반 요소에 대한 분석작업이 우선되어야 한다.
④ 실내디자이너의 작업은 이용자 특성에 대한 제약을 벗어나 공간예술 창조의 자유가 보장되어야 한다.

실내디자이너는 대상 공간의 사용자의 정보와 요구사항을 정확히 파악, 분석하여 공간에 반영해야 한다.

12 실내디자이너의 작업은 크게 3그룹으로 분류할 수 있는데 그 분류에 해당되지 않는 것은?

① interior designer
② furniture designer
③ interior decorator
④ craft designer

④ craft designer : 공예 디자이너

정답 **7.** ② **8.** ④ **9.** ② **10.** ③ **11.** ④ **12.** ④

13 실내디자인의 개념에 대한 설명으로 옳지 않은 것은?

① 실내디자인은 건축과 인간을 연결시켜 주는 물리적 관계를 가진다.

② 실내디자인은 인간공학적인 측면에서 배려되어야 한다.

③ 실내공간은 기능적으로 조금 불편하더라도 심미적 디자인이 우선되어야 한다.

④ 생활목적에 따라 공간계획을 하여야 한다.

해설 실내디자인의 조건 중 가장 중요한 조건은 기능적 조건이며 심미적 디자인보다 기능적 디자인이 우선되어야 한다.

14 1920년대 파리에서 열렸던 전시회들에 그 기원을 두고 있으며 기본 형태의 반복, 동심원, 지그재그 등 기하학적인 것에 대한 취향이 두드러지게 나타난 양식은?

① 아트 앤 크래프트 ② 아방가르드
③ 아르데코   ④ 아르누보

해설 • 아트 앤 크래프트(arts and crafts) : 19세기 말 영국의 윌리엄 모리스를 중심으로 일어난 수공예 존중 운동
• 아방가르드(avant-garde) : 1910~1930년대, 유럽. 전위주의(입체파, 미래파, 추상화파, 초현실파 등의 총칭). 전통적 형식 거부, 혁신적 예술, 논리적
• 아르데코(art déco) : 1920~1930년대, 프랑스. 기하학적 무늬, 강렬한 색채, 대량생산
• 아르누보(art nouveau) : 1890~1910년대. 수공예, 자연적 모티브, 곡선

★
15 현대 실내디자이너의 역할로서 가장 적당한 것은?

① 내부 공간의 설계만을 담당한다.

② 모든 실내디자인은 디자이너의 입장에서 고려되고 계획되어야 한다.

③ 기초 원리와 재료들에 대한 지식과 함께 대인관계의 기술도 알아야 한다.

④ 실내디자이너는 건축 공정을 제외한 실내구조에 대한 이해가 있어야 한다.

해설 실내디자이너는 내부 공간뿐 아니라 건축물의 주변 환경까지 고려하며, 클라이언트의 입장에서 협의를 통해 계획되고 건축 공정에 대해서도 충분한 이해가 필요하다.

02 디자인 요소

16 디자인에서 인장력이란?

① 굵은 선에서 선으로 이동하는 힘

② 점과 점 사이를 끄는 힘

③ 면이 확대되어 보이는 작용

④ 좌우대칭을 이루고 있는 형태

해설 인장력 : 떨어져 있는 물체가 서로 끌어당기는 힘으로, 가까운 거리에 있는 두 점은 인장력으로 인하여 선으로 인식된다.

17 선이 가지는 조형심리적 효과에 대해 바르게 설명하고 있는 것은?

① 수직선은 구조적인 높이와 존엄성, 고양감을 느끼게 한다.

② 수평선은 확대, 무한, 평온함, 확장감이 있는 동시에 감정을 동요시키는 특성이 있다.

③ 사선은 생동감이 넘치는 에너지를 느끼게 하며, 동시에 안정되고 편안함을 준다.

④ 곡선은 경쾌하며 남성적인 느낌을 준다.

해설 • 수직선 : 구조적인 높이감, 상승감, 존엄성, 남성적
• 수평선 : 영원, 무한, 안정, 평화감, 고요, 휴식
• 사선 : 운동감, 불안정, 활동감, 역동감
• 곡선 : 유연, 경쾌, 여성적, 부드러움, 동적

18 다음 중 점의 집합, 분리의 효과를 가장 잘 나타낸 것은?

①   ②

③   ④

해설 ① : 시선의 이동
② : 집합, 분리
③ : 도형 인지
④ : 면 인지

19 기하학적 형태(geometrical form)에 대한 설명으로 잘못된 것은?

① 수학적인 법칙과 함께 생긴다.
② 뚜렷한 질서를 가지고 있다.
③ 유기적 형태와 동일한 특징을 가진다.
④ 자연적 형태보다 인공적 형태의 특징을 가진다.

해설 기하학적 형태 : 수학적 법칙의 뚜렷한 질서를 가진 삼각형, 사각형, 원, 타원 등 간단한 형태의 평면 구조 형태

20 다음 형태지각의 특성 중 옳은 것은?

① 유사성이란 제반 시각요소들 중 형태의 경우만 서로 유사한 것들이 연관되어 보이는 경향을 말한다.
② 접근성이란 가까이 있는 시각요소들을 패턴이나 그룹으로 인지하게 되는 특성을 말한다.
③ 폐쇄성이란 완전한 시각요소들을 불완전한 것으로 보게 되는 성향을 말한다.
④ 도형과 배경의 법칙이란 양자가 동시에 도형이 되거나 배경이 될 수 있는 성향이다.

해설 • 유사성 : 제반 시각요소들 중 형태, 크기, 색채, 질감 등 서로 유사한 것들이 연관되어 보이는 경향을 말한다.
• 폐쇄성 : 불완전한 시각요소들을 불완전한 것으로 보게 되는 성향을 말한다.
• 도형과 배경의 법칙 : 도형과 배경 중 하나로만 지각되는 성향이다.

21 질감을 선택할 때 고려해야 할 점이 아닌 것은?

① 스케일
② 빛의 반사, 흡수
③ 촉감
④ 색조

해설 질감의 선택에서 중요한 것은 스케일, 빛의 반사와 흡수, 촉감 등이다.

★
22 다음 그림은 형태지각의 원리 중 무엇을 나타내는가?

① 유사성
② 접근성
③ 도형과 배경의 법칙
④ 폐쇄성

23 역리도형 착시의 사례로 가장 알맞은 것은?

① 헤링의 도형
② 자스트로의 도형
③ 펜로즈의 삼각형
④ 쾨니히의 목걸이

해설 • 헤링의 도형 : 방향의 착시
• 자스트로의 도형 : 크기의 착시
• 쾨니히의 목걸이 : 위치의 착시

24 다음 그림에서 느낄 수 있는 효과는?

① 대조효과
② 통일효과
③ 분리효과
④ 집중효과

해설 점의 성질과 조형효과

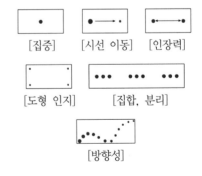

25 좁은 공간을 넓게 보이도록 수정할 때 색상이 비슷할 경우 어떤 질감을 택하는 것이 좋은가?

① 표면이 약간 울퉁불퉁한 돌
② 털이 긴 카펫
③ 윤이 나는 매끈한 벽지
④ 윤이 나지 않는 매끈한 벽지

해설 • 거친 질감 : 빛을 흡수함
• 매끄러운 질감 : 빛을 반사함. 좁은 공간을 넓게 보이게 할 때 이용

26 게슈탈트 그루핑 법칙의 구성에 속하지 않는 것은?

① 폐쇄성　　② 근접성
③ 다양성　　④ 유사성

해설 게슈탈트 그루핑 법칙 : 근접성, 유사성, 연속성, 폐쇄성, 단순성, 도형과 배경의 법칙

27 질감에 관한 설명으로 옳지 않은 것은?

① 거친 질감은 가벼운 느낌을 주며 같은 색채라도 강하게 느껴진다.
② 효과적인 질감 표현을 위해서는 색채와 조명을 동시에 고려해야 한다.
③ 질감의 선택에서 중요한 것은 스케일, 빛의 반사와 흡수, 촉감 등이다.
④ 좁은 실내공간을 넓게 느껴지도록 하기 위해서는 표면이 곱고 매끄러운 재료를 사용하는 것이 좋다.

해설 ① 거친 질감은 무거운 느낌을 준다.

28 디자인 요소 중 2차원적 형태가 가지는 물리적 특성이 아닌 것은?

① 질감　　② 명도
③ 패턴　　④ 부피

해설 ④ 부피는 3차원적 형태를 가진다.

29 게슈탈트 이론 중 다음 그림은 무엇에 관한 그림인가?

① 폐쇄성
② 근접성
③ 유사성
④ 반전도형

해설 • 폐쇄성 : 불완전한 시각요소들을 하나의 형태로 지각

• 근접성 : 가까이 있는 유사한 시각요소들이 근접해 있으면 하나의 그룹으로 지각

[면으로 직각]　[수평으로 지각]　[수직으로 지각]

• 유사성 : 유사한 형태, 크기, 색채, 질감 등이 하나의 형태로 지각

30 디자인의 요소 중 선에 관한 다음의 그림이 의미하는 것은?

① 선을 포개면 패턴을 얻을 수 있다.
② 선을 끊음으로써 점을 느낀다.
③ 조밀성의 변화로 깊이를 느낀다.
④ 양감의 효과를 얻는다.

해설 선의 간격에 따른 조밀성의 변화로 깊이를 느낀다.

31 다음 중 그리스 신전건축에서 사용된 착시교정 수법이 아닌 것은?

① 모서리 쪽의 기둥 간격을 보다 좁혀지게 만들었다.

② 기둥을 옆에서 볼 때 중앙부가 약간 부풀어 오르도록 만들었다.

③ 기둥과 같은 수직부재를 위쪽으로 갈수록 약간 안쪽으로 기울어지게 만들었다.

④ 아키트레이브, 코니스 등에 의해 형성되는 긴 수평선을 아래쪽으로 약간 불룩하게 만들었다.

해설 그리스 신전건축의 착시 교정

• 배흘림(entasis) : 기둥의 중앙부가 가늘어 보이는 것을 교정하기 위해 기둥 중앙부에서 약간 부풀게 만들었다.

[배흘림기둥]

• 양쪽 모서리 기둥들이 가늘어 보이는 것을 교·보정하기 위해 양쪽 모서리 기둥을 굵고 간격이 좁게 하였다.

• 안쏠림 : 바깥쪽 기둥 상단이 약간씩 바깥쪽으로 벌어져 보이는 것을 교정하기 위해 양측 모서리 기둥을 안쪽으로 기울였다.

[안쏠림기법]

• 라이즈(rise) : 긴 수평선의 중앙부가 처져 보이는 것을 교·보정하기 위해 기단, 아키트레이브, 코니스 등이 이루는 긴 수평선들을 약간 위로 불룩하게 만들었다.

03 디자인 원리

★ 32 다음 중 르 코르뷔지에(Le Corbusier)의 '모듈러(modulor)'와 가장 관련이 깊은 디자인 원리는?

① 리듬　　　　② 비례
③ 대비　　　　④ 강조

해설 르 코르뷔지에(Le Corbusier) : 건축적 비례의 척도로 황금비를 사용하며 조화와 비례의 체계를 디자인 철학의 중심에 둔 프랑스 건축가

33 휴먼 스케일(human scale)에 관한 설명으로 옳지 않은 것은?

① 휴먼 스케일은 실내공간 계획에만 국부적으로 적용된다.

② 휴먼 스케일은 인간의 신체를 기준으로 파악, 측정되는 척도기준이다.

③ 휴먼 스케일이 적절히 적용된 공간은 안정되고 안락감을 주는 환경이 된다.

④ 휴먼 스케일은 인간을 기준으로 계산하여 공간에 대해 감각적으로 가장 쾌적한 비율이다.

해설 휴먼 스케일 : 건축, 실내공간, 가구 등 인간의 신체를 기준으로 한 모든 곳, 모든 것에 적용된다.

34 균형(balance)의 원리에 관한 설명으로 옳지 않은 것은?

① 크기가 큰 것은 작은 것보다 시각적 중량감이 크다.

② 밝은 색상이 어두운 색상보다 시각적 중량감이 크다.

③ 거친 질감은 부드러운 질감보다 시각적 중량감이 크다.

④ 불규칙적인 형태는 기하학적인 형태보다 시각적 중량감이 크다.

해설 시각적 중량감의 크기 : 어두운색/저채도/차가운 색 > 밝은색/고채도/따뜻한 색

35 디자인 원리 중 대비에 관한 설명으로 옳지 않은 것은?

① 극적인 분위기를 연출하는 데 효과적이다.
② 상반된 요소의 거리가 멀수록 대비의 효과는 증대된다.
③ 지나치게 많은 대비의 사용은 통일성을 방해할 우려가 있다.
④ 모든 시각적 요소에 대하여 상반된 성격의 결합에서 이루어진다.

해설 ② 상반된 요소의 거리가 가까울수록 대비의 효과는 증대된다.

36 디자인 원리에 관한 설명으로 옳지 않은 것은?

① 대비는 극적인 분위기를 연출하는 데 효과적이다.
② 균형은 정적이든, 동적이든 시각적 안정성을 가져올 수 있다.
③ 리듬은 규칙적인 요소들의 반복으로 나타나는 통제된 운동감이다.
④ 강조는 규칙성이 가지는 단조로움을 극복하기 위해 공간 전체의 조화를 파괴하는 것이다.

해설 강조 : 디자인의 부분 부분에 주어진 강세, 즉 강도의 다양한 정도를 의미한다. 시각적인 힘의 강약에 단계를 주어 디자인의 일부분에 주어지는 초점이나 흥미를 중심으로 변화를 의도적으로 조성하는 것이다. 강조에 의한 시각적 초점은 통일감과 질서를 느끼게 한다.

37 디자인 원리 중 점이(gradation)에 관한 설명으로 가장 알맞은 것은?

① 서로 다른 요소들 사이에서 평형을 이루는 상태
② 공간, 형태, 색상 등의 점차적인 변화로 생기는 리듬
③ 이질의 각 구성요소들이 전체로서 동일한 이미지를 갖게 하는 것
④ 시각적 형식이나 한정된 공간 안에서 하나 이상의 형이나 형태 등이 단위로 계속 되풀이되는 것

해설 ①은 균형, ③은 통일, ④는 리듬에 대한 설명이다.

38 다음 중 도시의 랜드마크에 가장 중요시되는 디자인 원리는?

① 점이　　　　② 대립
③ 강조　　　　④ 반복

해설 랜드마그 : 그 지역을 대표하는 상징물로, 상징물로서의 강조효과가 있다.

39 바탕과 도형의 관계에서 도형이 되기 쉬운 조건에 관한 설명으로 옳지 않은 것은?

① 규칙적인 것은 도형으로 되기 쉽다.
② 바탕 위에 무리로 된 것은 도형으로 되기 쉽다.
③ 명도가 높은 것보다 낮은 것이 도형으로 되기 쉽다.
④ 이미 도형으로서 체험한 것은 도형으로 되기 쉽다.

해설 ③ 명도가 높은 것이 도형이 되기 쉽다.

★
40 시각적인 무게나 시선을 끄는 정도는 같으나 그 형태나 구성이 다른 경우의 균형을 무엇이라고 하는가?

① 정형 균형　　　　② 좌우 불균형
③ 대칭적 균형　　　④ 비대칭형 균형

해설 비대칭형 균형 : 능동적 균형. 율동감, 역진감, 개성적으로 현대건축, 현대미술에 적용된다.

41 대상의 지각에 관한 설명 중 옳지 않은 것은?

① 과거에 경험했던 형태가 빠르게 지각된다.
② 복잡한 형태보다는 단순한 형태가 쉽게 인식된다.
③ 익숙한 형태가 처음 접하는 형태보다 쉽게 식별된다.
④ 요소와 구조가 겹치고 섞여 있으면 형태의 지각은 빠르다.

해설 ④ 요소와 구조가 겹치고 섞여 있으면 복잡하게 인식되므로 형태지각이 늦다.

정답 ▶ 35. ② 36. ④ 37. ② 38. ③ 39. ③ 40. ④ 41. ④

42 다음 중 비정형 균형에 대한 설명으로 옳은 것은?

① 단순하고 엄숙하며 완고하고 변화가 없는 정적인 것이다.
② 대칭의 구성형식이며, 가장 완전한 균형의 상태이다.
③ 좌우대칭, 방사대칭으로 주로 표현된다.
④ 물리적으로는 불균형이지만 시각상으로 힘의 정도에 의해 균형을 이룬 것이다.

해설 ①과 ②는 대칭적 균형, ③은 방사상 균형에 대한 설명이다.

43 실내디자인의 원리 중 조화에 대한 설명으로 옳지 않은 것은?

① 복합조화는 동일한 색채와 질감이 자연스럽게 조합되어 만들어진다.
② 유사조화는 시각적으로 성질이 동일한 요소이 조합에 의해 만들어진다.
③ 동일성이 높은 요소들의 결합은 조화를 이루기 쉬우나 무미건조, 지루할 수 있다.
④ 성질이 다른 요소들의 결합에 의한 조화는 구성이 어렵고 질서를 잃기 쉽지만 생동감이 있다.

해설 복합조화 : 다양한 주제와 이미지들이 요구될 때 주로 사용하는 방식으로, 각각의 요소가 하나의 객체로 존재하는 동시에 공존의 상태에서는 조화를 이루는 경우를 말한다.

44 피보나치 수열에 관한 설명으로 옳지 않은 것은?

① 디자인 조형의 비례에 이용된다.
② 1, 2, 3, 5, 8, 13, 21, …의 수열을 말한다.
③ 황금비와는 전혀 다른 비례를 나타낸다.
④ 13세기 초 이탈리아의 수학자인 피보나치가 발견한 수열이다.

해설 ③ 피보나치 수열은 황금비와 거의 같다.

04 실내디자인의 요소

45 실내공간의 구성요소 중 벽에 관한 설명으로 옳지 않은 것은?

① 높이 600mm 이하의 벽은 상징적 경계로서 두 공간을 상징적으로 분할한다.
② 높이 1,200mm 정도의 벽은 통행은 어려우나 시각적으로 개방된 느낌을 준다.
③ 실내공간 구성요소 중 가장 많은 면적을 차지하며 일반적으로 가장 먼저 인지된다.
④ 인간의 시선과 동작을 차단하며 소리의 전파, 열의 이동을 차단하는 수평적 요소이다.

해설 ④ 벽은 수직적 요소이다.

46 공간의 분할방법은 차단적 구획, 심리적·도덕적 구획, 지각적 구획으로 구분할 수 있다. 다음 중 지각적 구획에 속하는 것은?

① 커튼의 사용
② 마감재료의 변화
③ 천장면의 높이 변화
④ 바닥면의 높이 변화

해설 지각적 구획 : 서로 다른 이미지로 구획. 조명, 색채, 마감재, 복도, 공간형태의 변화

★
47 실내공간을 형성하는 주요 기본 요소로서, 다른 요소들이 시대와 양식에 의한 변화가 현저한 데 비해 매우 고정적인 것은?

① 벽   ② 천장
③ 바닥   ④ 기둥

해설 바닥은 사람과 물건, 가구를 지탱하는 기준면이기 때문에 매우 고정적이다.

MEMO

48 다음 중 상징적 경계에 관한 설명으로 가장 알맞은 것은?

① 슈퍼 그래픽을 말한다.
② 경계를 만들지 않는 것이다.
③ 담을 쌓은 후 상징물을 설치하는 것이다.
④ 물리적 성격이 약화된 시각적 영역 표시를 말한다.

해설 상징적 경계 : 높이 600mm 이하의 벽으로, 공간 상호 간에는 통행이 용이하며 자유로이 시선이 통과하므로 영역을 표시하거나 경계를 나타낸다.

49 천창(天窓)에 대한 설명으로 옳지 않은 것은?

① 벽면을 다양하게 활용할 수 있다.
② 같은 면적의 측창보다 채광량이 많다.
③ 차열, 통풍에 불리하고 개방감도 적다.
④ 시공과 개폐 및 기타 보수·관리가 용이하다.

해설 ④ 천창은 천장 및 지붕에 위치해 있어 시공과 개폐 및 기타 보수·관리가 용이하지 않다.

50 방풍 및 열손실을 최소로 줄여 주는 반면 통행의 흐름을 완만히 해 주는 데 가장 유리한 출입문의 방식은?

① 미닫이문   ② 회전문
③ 여닫이문   ④ 미서기문

해설 문의 종류

구분	특징	평면
미닫이문	• 벽 안으로 문이 들어감 • 문이 서로 겹쳐지지 않음	
회전문	• 열손실을 최소로 줄임 • 통풍기류 방지 • 출입인원 조절	
여닫이문	• 900~1,000mm×2,100mm • 비상문 등 피난문은 밖여닫이가 원칙	
미서기문	• 개폐의 정도를 조절 가능 • 문이 서로 겹쳐짐	

51 측창에 관한 설명으로 옳지 않은 것은?

① 투명부분을 설치하면 해방감이 있다.
② 같은 면적의 천창보다 광량이 3배 정도 많다.
③ 근린의 상황에 의한 채광 방해가 발생할 수 있다.
④ 남측 창일 경우 실 전체의 조도 분포가 비교적 균일하지 않다.

해설 ② 천창이 측창보다 3배 정도의 광량이 많다.

52 실내디자인 요소에 관한 설명 중 옳지 않은 것은?

① 베이 윈도(bay window)는 바닥부터 천장까지 닿는 커다란 창들을 통칭하는 것이다.
② 블라인드(blind)는 일조, 조망과 시각 차단을 조정하는 기계적인 창가리개이다.
③ 드레이퍼리(drapery)는 창문에 느슨하게 걸려 있는 무거운 커튼으로 장식적인 목적으로 이용된다.
④ 플러시도어(flush door)는 일반적으로 사용되는 목재문을 말한다.

해설 ① 베이 윈도(bay window)는 3면으로 구성된 돌출된 창이고, 바닥부터 천장까지 닿는 커다란 창은 픽처 윈도라고 한다.

★
53 다음 설명에 알맞은 블라인드(blind)의 종류는?

• 셰이드(shade)라고도 한다.
• 단순하고 깔끔한 느낌을 주어 창 이외에 칸막이 스크린으로도 사용할 수 있다.

① 롤 블라인드
② 로만 블라인드
③ 버티컬 블라인드
④ 베네시안 블라인드

해설 • 로만 블라인드 : 상부의 줄을 당기면 단이 생기면서 접히는 형식의 블라인드
• 버티컬 블라인드 : 수직 블라인드
• 베네시안 블라인드 : 수평 블라인드

정답 48. ④ 49. ④ 50. ② 51. ② 52. ① 53. ①

54 실내의 채광 조절을 위한 장치물이 아닌 것은?

① 베니션 블라인드(venetian blind)
② 루버(louver)
③ 글라스 파이버(glass fiber)
④ 글라스 블록(glass block)

해설 글라스 파이버(glass fiber) : 유리섬유. 단열성이 뛰어나 건물의 단열재로 쓰인다.

★
55 다음 설명에 알맞은 가구의 종류는?

> 가구와 인간의 관계, 가구와 건축 주체의 관계, 가구와 가구의 관계 등을 종합적으로 고려하여 적합한 치수를 산출한 후 이를 모듈화시킨 각 유닛이 모여 전체 가구를 형성한 것이다.

① 시스템가구　　② 붙박이가구
③ 그리드가구　　④ 수납용 가구

해설
• 붙박이가구 : 특정한 사용목적이나 많은 물품을 수납하기 위해 건축화된 가구이다.
• 그리드가구 : 일정한 간격의 수직, 수평을 모듈화한 가구이다.
• 수납용 가구 : 특정한 사용목적이나 많은 물품을 수납하기 위한 가구이다.

56 다음의 가구에 관한 설명 중 (　) 안에 들어갈 말로 알맞은 것은?

> 자유로이 움직이며 공간에 융통성을 부여하는 가구를 (㉠)라 하며, 특정한 사용목적이나 많은 물품을 수납하기 위해 건축화된 가구를 (㉡)라 한다.

① ㉠ 고정가구, ㉡ 가동가구
② ㉠ 이동가구, ㉡ 가동가구
③ ㉠ 이동가구, ㉡ 붙박이가구
④ ㉠ 붙박이가구, ㉡ 이동가구

해설 가동가구와 이동가구는 같은 의미의 가구이다.

57 실내공간을 영역적 성격에 따라 구분하는 요소가 아닌 것은?

① 바닥의 레벨 차이　② 이동식 칸막이
③ 고정벽　　　　　④ 계단의 난간

해설 계단의 난간 : 계단에서 사람이 떨어지는 것을 방지하기 위한 시설물로, 실내공간을 영역적으로 구분하는 요소로 적합하지 않다.

★
58 유닛가구(unit furniture)에 관한 설명으로 옳지 않은 것은?

① 고정적이면서 이동적인 성격을 가진다.
② 필요에 따라 가구의 형태를 변화시킬 수 있다.
③ 규격화된 단일가구를 원하는 형태로 조합하여 사용할 수 있다.
④ 특정한 사용목적이나 많은 물품을 수납하기 위해 건축화된 가구이다.

해설 ④는 붙박이가구에 대한 설명이다.

59 소파(sofa)에 관한 설명으로 옳지 않은 것은?

① 소파가 침대를 겸용할 수 있는 것을 소파베드라고 한다.
② 세티는 두 개의 동일한 의자를 나란히 합해 2인이 앉을 수 있도록 한 것이다.
③ 라운지 소파는 편히 누울 수 있도록 쿠션이 좋으며 머리와 어깨부분을 받칠 수 있도록 한쪽 부분이 경사져 있다.
④ 체스터필드는 고대 로마시대에 음식물을 먹거나 잠을 자기 위해 사용했던 긴 의자로 좌판의 한쪽 끝이 올라간 형태이다.

해설 ④는 카우치에 대한 설명이다. 체스터필드는 소파의 골격에 솜을 많이 넣어 천을 씌운 커다란 의자이다.

60 한국의 전통가구 중 수납계 가구에 속하지 않는 것은?

① 농　　　　　　② 궤
③ 소반　　　　　④ 반닫이

해설 ③ 소반 : 작은 밥상

정답 ▶ **54.** ③　**55.** ①　**56.** ③　**57.** ④　**58.** ④　**59.** ④　**60.** ③

61 합리적인 가구 배치에 대한 설명으로 옳지 않은 것은?

① 사용목적 이외의 것은 놓지 않는다.
② 크고 작은 가구를 적절히 조화롭게 배치한다.
③ 의자나 소파 옆에 조명기구를 배치한다.
④ 작은 가구는 벽에 붙이고 큰 가구는 벽으로 부디 여유 공간을 두어 공간의 변화를 주도록 배치한다.

해설 ④ 큰 가구의 위치를 먼저 정한 후 작은 가구를 배치하는데, 큰 가구는 가급적 벽에 붙여 공간을 최대한 활용할 수 있게 한다.

62 다음 설명에 알맞은 한국의 전통가구는?

책이나 완상품을 진열할 수 있도록 여러 층의 층널이 있고 네 면이 모두 트여 있으며 선반이 정방형에 가까운 사랑방에서 쓰인 문방가구

① 문갑   ② 고비
③ 사방탁자   ④ 반닫이장

해설 • 문갑 : 안방의 보료 옆이나 창 밑에 두며, 옆으로 긴 낮은 2짝 1조로 이룬 수납용·받침용 가구
• 고비 : 두루마리 문서를 끼워 보관하는 서함
• 반닫이장 : 위층은 의류나 이불·소품을 수납하고, 아래층은 의류·책·제기 등을 보관하는 가구

63 건축화조명을 직접조명방식과 간접조명방식으로 구분할 경우, 다음 중 직접조명방식에 속하는 것은?

① 코브조명
② 코퍼조명
③ 광천장조명
④ 밸런스조명(상향조명)

해설 보기 ①, ②, ④는 광원이 천장, 벽의 구조체에 의해 가려진 간접조명방식이다.

64 마르셀 브로이어에 의해 디자인된 의자로, 강철 파이프를 구부려서 지지대 없이 만든 의자는?

① 체스카 의자   ② 파이미오 의자
③ 레드 블루 의자   ④ 바르셀로나 의자

해설 • 파이미오 의자 : 자작나무 합판을 성형하여 목재가 지닌 재료의 단순성을 최대한 살린 의자(알바트 일도)
• 레드 블루 의자 : 규격화한 판재를 이용하여 곡면을 탈피한 직선적인 의자로, 적·황·청의 원색을 사용한 의자(게리트 리브벨트)
• 바르셀로나 의자 : 가죽 등받이와 좌석, X자형의 강철 파이프 다리로 구성된 의자(미스 반 데어 로에)

★
65 건축화조명에 관한 설명으로 옳지 않은 것은?

① 캐노피조명은 카운터 상부, 욕실의 세면대 상부 등에 설치된다.
② 광창조명은 광원을 넓은 면적의 벽면에 매입하여 비스타(vista)적인 효과를 낼 수 있다.
③ 코니스조명은 벽면의 상부에 위치하여 모든 빛이 아래로 직사하도록 하는 조명방식이다.
④ 코브조명은 창이나 벽의 상부에 부설된 조명으로 하향일 경우 벽이나 커튼을 강조하는 역할을 한다.

해설 보기 ④는 밸런스조명에 대한 설명이다.

66 벽의 상부에 길게 설치된 반사상자 안에 광원을 설치, 모든 빛이 하부로 향하도록 하는 건축화조명방식은?

① 코브조명   ② 광창조명
③ 코니스조명   ④ 광천장조명

해설 • 코브조명 : 천장, 벽의 구조체에 의해 광원의 빛이 천장 또는 벽면으로 가려지게 하여 반사광으로 간접조명하는 방식
• 광창조명 : 유리나 루버 등의 확산용 판으로 된 광원을 벽면 안에 설치한 직접조명
• 광천장조명 : 유리나 루버 등의 확산용 판으로 된 광원을 천장 안에 설치한 직접조명

정답 **61.** ④ **62.** ③ **63.** ③ **64.** ① **65.** ④ **66.** ③

67 실내 조명설계에 있어서 우선적으로 고려해야 할 점은?

① 소요조도의 결정
② 조명방식의 선정
③ 전등 종류의 결정
④ 조명 배치

해설 조명설계 순서
소요조도 결정 → 광원 선택 → 조명기구 선택 → 기구 배치 → 검토

★
68 다음과 같은 특징을 가진 조명의 연출기법은?

> 물체의 형상만을 강조하는 기법으로, 시각적인 눈부심은 없으나 물체면의 세밀한 묘사는 할 수 없다.

① 스파클 기법　　② 실루엣 기법
③ 월워싱 기법　　④ 글레이징 기법

해설 • 스파클 기법 : 어두운 환경에서 순간적인 반짝임을 이용한 기법
• 월워싱 기법 : 수직벽면을 빛으로 쓸어내리는 듯한 효과를 주기 위해 비대칭 배광방식의 조명기구를 사용하여 수직벽면에 균일한 조도의 빛을 비추는 기법
• 글레이징 기법 : 빛의 각도를 이용하여 수직면과 평행한 조명을 벽에 조사시킴으로써 마감재의 질감을 효과적으로 강조하는 기법

69 조명의 연출기법에 속하지 않는 것은?

① 스파클(sparkle) 기법
② 글레이징(glazing) 기법
③ 월워싱(wall washing) 기법
④ 패키지 유닛(package unit) 기법

해설 패키지 유닛(package unit)
• 공기조화방식 중에서 개별방식(냉매방식)의 일종이다.
• 냉동기, 냉각코일, 송풍기, 필터 등이 하나의 케이싱에 내장된 공조기이다.

70 다음 설명에 알맞은 건축화조명의 종류는?

> • 사용자의 얼굴에 적당한 조도를 분배하기 위해 벽면이나 천장면의 일부를 돌출시켜 조명을 설치하고 아래로 비춘다.
> • 주로 카운터 상부, 욕실의 세면대 상부, 드레스룸에 설치된다.

① 광창조명　　② 코브조명
③ 광천장조명　　④ 캐노피조명

해설 • 광창조명 : 유리나 루버 등의 확산용 판으로 된 광원을 벽면 안에 설치한 직접조명
• 코브조명 : 천장, 벽의 구조체에 의해 광원의 빛이 천장 또는 벽면으로 가려지게 하여 반사광으로 간접조명하는 방식
• 광천장조명 : 유리나 루버 등의 확산용 판으로 된 광원을 천장 안에 설치한 직접조명

71 물체가 잘 보이도록 하는 조명의 조건, 즉 기시성을 결정하는 요소와 가장 거리가 먼 것은?

① 주변과의 대비
② 대상물의 밝기
③ 대상물의 형태
④ 대상물의 크기

해설 가시성을 결정하는 요소 : 주변과의 대비, 대상물의 밝기와 크기, 사물을 보는 속도, 시간 등

72 펜던트조명에 관한 설명으로 옳지 않은 것은?

① 천장에 매달려 조명하는 조명방식이다.
② 조명기구 자체가 빛을 발하는 액세서리 역할을 한다.
③ 노출 펜던트형은 전체조명이나 작업조명으로 주로 사용된다.
④ 시야 내에 조명이 위치하면 눈부심이 일어나므로 조명기구에 의해 휘도를 조절하는 것이 좋다.

해설 펜던트조명 : 전반조명보다 국부조명이나 공간의 악센트조명으로 사용한다.

CHAPTER
02 실내디자인 각론

I N T E R I O R   A R C H I T E C T U R E

01 | 실내계획의 개요

 학습 POINT • 치수계획에서 최적치수를 구하는 방법을 숙지한다.

1 모듈(module)과 치수계획

모듈은 건축, 실내디자인에 있어 그 종류와 규모에 따라 계획자가 정한 상대적·구체적 단위이다.

(1) 모듈을 인체척도에 관련시킨 건축가

르 코르뷔지에(Le Corbusier)는 모듈러에 따른 인체의 기본 치수를 ① 기본 신장 : 183cm, ② 배꼽까지의 높이 : 113cm, ③ 손을 들었을 때 손끝까지의 높이 : 226cm로 하였다.

(2) 모듈의 종류

① 기본 모듈 : 기준척도 10cm로 하고 이것을 1M로 표기하며, 모든 치수의 기준으로 한다(이때, M은 대문자로 쓰며 Module을 의미한다).

② 복합 모듈
  ㉠ 건물의 높이 방향의 기준 : 20cm=2M
  ㉡ 건물의 수평 방향 길이의 기준 : 30cm=3M

(3) 모듈러 코디네이션[MC(Modular Coordination)]

장점	단점
• 설계작업이 단순, 용이 • 대량생산이 가능, 경제적 • 현장작업이 단순, 공사기간이 단축 • 국제적 MC 사용 시 건축구성재의 국제 교역이 용이	• 건축물의 창조성, 인간미 상실

(4) 치수계획

① 치수계획은 생활과 물품·공간과의 적정한 상호관계를 만족시키는 치수체계를 구하는 과정으로, 인간의 심리적·정서적 반응을 유발한다.

② α = 적정치수를 구하기 위한 조정치수 혹은 여유치수라고 할 때 최적치수를 구하는 방법은 최소치 $+\alpha$, 최대치 $-\alpha$, 목표치 $\pm\alpha$ 가 있다.

2 동선(circulation)

사람이나 물체가 움직이는 선으로 실내 평면계획에서 가장 먼저 고려해야 할 중요한 요소
① 동선의 3요소 : 빈도, 속도, 하중
② 동선의 유형 : 직선형, 방사형, 나선형, 혼합형 등
③ 성격이 다른 동선은 가능한 한 분리시키고 동선이 짧은 직선형이 효율적이지만 공간의 성격에 따라 길게 처리한다(예 상점의 고객 동선).

3 조닝(zoning)

(1) 조닝의 정의

단위공간 사용자의 특성, 목적 등에 따라 몇 개의 생활권으로 구분하는 것

(2) 조닝 계획 시 필수사항

사용자의 특성, 사용목적, 사용빈도, 사용시간, 사용행위

‖2 ‖ 실내계획

 학습 POINT • 거실의 가구 배치, 부엌의 계획, 부엌의 작업삼각형(work triangle)의 작업대에 대해 숙지한다.

1 주거공간

1) 주거공간의 개요

주거공간은 기본 의식주를 해결하며 인간생활의 가장 기본적인 안식처이다.

(1) 주거공간의 기능
① 외부로부터 방어 등의 물리적 환경을 확보
② 휴식, 안락 등의 정서적 욕구를 충족하여 노동력의 재생산
③ 프라이버시의 확립
④ 취침, 배설 등의 생리적 욕구를 충족
⑤ 자녀의 교육, 양육, 가족을 위한 가사노동의 터전

(2) 주거공간의 실내계획

① 평면계획에 있어 각 실의 분할은 30cm 모듈에 의한다.

② 실내계획의 목적 : 거주자의 생활 요구를 최대한 만족시킬 수 있는 주생활 공간의 창출

③ 실내계획 시 고려사항 : 기후·위치·방위 등의 물리적 사항, 거주자의 생활양식과 가치관 등

④ 실의 방위

방위	특성	공간
동쪽	• 아침 : 실내에 빛이 깊이 유입된다. • 오후 : 비교적 춥다.	침실, 식사실
서쪽	• 오후 : 실내에 빛이 깊이 유입된다.	욕실, 건조실, 경의실
남쪽	• 여름 : 실내에 빛이 깊이 유입되지 않는다. • 겨울 : 실내에 빛이 깊이 유입된다.	거실, 아동실, 노인실
북쪽	• 실내에 빛이 거의 들어오지 않아 비교적 춥다.	계단실, 복도, 보일러실, 냉동실, 화장실

(3) 주거공간의 구역 구분

① 주 행동에 의한 구역 구분

② 가족 전체 및 개인에 의한 구역 구분

③ 주야 사용에 의한 구역 구분

(4) 기능별 공간계획

① 개인공간 : 정적 공간. 침실

② 공동공간 : 동적 공간, 사회적 공간. 거실, 식사실, 응접실

③ 노동·작업공간 : 주방, 세탁실, 가사작업실

④ 위생공간 : 생리적 공간. 욕실, 화장실

2) 주택의 분류

(1) 단독주택

전용 마당을 가진 주택

(2) 다가구주택

건축법에 의해 건축물 용도상 단독주택이며 주택 소유주는 1명이고 여러 세대가 임대형식으로 독립적으로 거주하는 3층 이하의 주택

(3) 다세대주택

공동주택으로 여러 세대가 각각 본인 소유의 주택에 거주하는 4층 이하의 주택

(4) 연립주택

다세대와 연면적 660m² 기준으로 구분되며 연면적 660m² 이상, 4층 이하의 주택

(5) 아파트

5층 이상의 주택

① 아파트 평면형식의 분류

분류		장점	단점
계단실형 (홀형)	저층 아파트에 적합	• 독립성이 좋다. • 출입이 편하다. • 건물의 이용도가 높다	• 고층의 경우 시설비가 많이 든다 (엘리베이터 설치).
편복도형	고층 아파트에 적합	• 각 주호의 거주성이 좋다. • 복도를 외기에 개방 시 통풍, 채광이 중복도보다 좋다.	• 프라이버시가 좋지 않다. • 복도 폐쇄 시 통풍, 채광이 불리하다. • 복도 개방 시 위험하다.
중복도형	도심지 독신자 아파트에 적합	• 엘리베이터 이용효율이 높다. • 부지이용률이 높다.	• 프라이버시가 좋지 않다. • 통풍, 채광이 불리하다. • 복도의 면적이 넓어진다.
집중형	—	• 부지이용률이 높다. • 많은 주호를 집중시킬 수 있다.	• 프라이버시가 좋지 않다. • 통풍, 채광이 불리하다.

> **TIP** 독립성이 잘 유지되는 순서 : 계단실형 > 편복도형 > 중복도형 > 집중형

② 아파트 단면형식의 분류

단층형 [플랫형(flat type)]	• 일반적인 아파트의 유형, 각 층에 엘리베이터를 설치
복층형 [메조네트형 (maisonette type)]	• 1주호에 2개 층인 아파트의 유형 • 프라이버시 확보, 통풍, 채광, 유효면적 등이 좋다. • 소규모 주택(50m² 이하)에 비경제적
스킵플로어형 (skip floor type)	• 계단실형과 편복도형의 장점을 복합시킨 형식 • 2개 층에 엘리베이터 1대 설치, 상하층을 계단으로 연결하는 형식이다.

③ 복도의 폭 : 2세대 이상의 경우 편복도(갓복도)는 1,200mm, 중복도는 1,800mm

(6) 타운 하우스

주택을 두 채 이상 붙여서 나란히 지은 공동주택으로, 벽은 공유하고 별도의 외부 출입구가 있다.

(7) 한식주택과 양식주택의 주거양식

구분	한식주택	양식주택
평면	• 은폐적, 조합적 평면(안방, 건넌방, 사랑방)	• 개방적, 기능적 분화 평면(침실, 거실, 식당)
구조	• 목조 가구식 • 바닥이 높고 개구부가 크다.	• 벽돌 조적식 • 바닥이 낮고 개구부가 작다.
생활방식	• 좌식(온돌)	• 입식(침대)
용도	• 다용도 목적의 실	• 단일 목적의 실(침실, 공부방)
가구	• 부차적으로 점유면적이 작다.	• 중요한 내용물로 점유면적이 크다.

3) 각 실의 계획

a) 침실

(1) 침실의 기능, 위치 및 방위, 크기

① 기능 : 취침, 휴식, 수납, 경의 및 작업
② 위치 및 방위 : 현관과 멀리 떨어진 남향, 남동향이 좋다.
③ 침실의 크기 : 1인용 침실은 6m², 2인용 침실은 10m²

(2) 침대 사이즈

구분	치수[mm]	구분	치수[mm]
싱글베드	1,000×2,000	슈퍼 싱글	1,100×2,000
세미더블베드	1,100~1,300×2,000	더블베드 (2인용 침대)	1,350~1,400×2,000
퀸베드	1,500×2,000	킹베드	2,000×2,000

TIP 트윈(twin) : 1인용 침대를 2개 배치하는 것

(3) 침대의 배치

① 침대 상부 머리 쪽은 외벽에 면하도록 배치한다.
② 누운 채 출입문이 보이도록 문은 안여닫이로 한다.
③ 침대의 양쪽 통로는 650mm 이상, 하부 발치는 900mm 이상

(4) 침실의 조명 및 색채 계획

① 조명 : 간접조명과 국부조명을 병용
② 색채 : 따뜻한 난색 계열이나 긴장감, 피로를 감소시킬 수 있는 한색 계열을 쓴다.

(5) 침실의 분류

사용자의 용도에 따라 주 침실, 어린이 침실, 노인 침실, 손님용 침실

① 아동실
  ㉠ 취침 외 학습, 놀이, 휴식 등의 다기능공간
  ㉡ 최소 7m² 정도의 규모에 가구는 성장을 고려하여 계획한다.
  ㉢ 침대는 아동의 키보다 200mm 크게 하고, 2층 침대는 아래층과 위층 사이의 높이는 1m 이상 여유를 둔다.

② 노인실
  ㉠ 일조량이 충분하도록 남향에 배치하고, 식당이나 화장실·욕실에 가깝게 배치한다.
  ㉡ 소외감을 가지지 않도록 가족 공동공간과의 연결성에 주의한다.

b) 거실

(1) 거실의 기능

① 다목적·다기능의 공간, 가족 구성원의 공동공간
② 단란, 휴식, 오락, 육아, 가사, 접객, 사교, 독서

(2) 거실의 위치 및 방위

① 각 실을 연결시키는 동선의 분기점
② 식사실·주방과 가까이 위치하는 것이 좋고, 현관·복도·계단 등에 가까이 위치하되 직접 면하는 것은 피한다.
③ 남향, 남동향이 적합하다.
④ 평면의 동쪽 끝이나 서쪽 끝에 배치하면 정적인 공간과 동적인 공간의 분리가 비교적 정확히 이루어져 독립적인 안정감 조성에 유리하다.

(3) 거실의 크기와 형태

① 1인당 최소한 $4 \sim 6m^2$, 건축 연면적의 20~30%
② 정사각형(정방형)보다 한 변이 너무 짧지 않은 직사각형(장방형)이 가구 배치에 효과적이다.

(4) 거실의 유형

① 응접실 겸용 거실
② 서재 겸용 거실
③ 주방, 식당 겸용 거실
④ 취미생활 겸용 거실
⑤ 홈바(home bar) 겸용의 거실

(5) 거실의 가구 배치

① 긴장감이 없이 대화할 수 있는 최적거리 : 2.2~2.5m
② TV 시청 최적거리 : TV 화면의 대각선 길이의 6배 이상, 각도 60° 이내

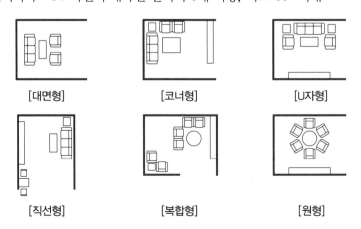

| [대면형] | [코너형] | [U자형] |

| [직선형] | [복합형] | [원형] |

c) 부엌

(1) 부엌의 위치 및 방위, 크기

① 위치 : 가사노동의 부속공간인 세탁실, 창고, 다용도실과 급배수설비 관계상 욕실, 세면실, 화장실 등과 가까이 위치하는 것이 좋다.

② 방위 : 일광이 좋은 남향·동향·남동향이 좋고, 일사가 긴 서향은 반드시 피한다.

③ 부엌의 크기 : 주택면적의 10% 내외

(2) 부엌의 유형

① 독립형 부엌 : 비교적 규모가 큰 주택의 부엌. 가사노동 동선이 길어진다.

② LK(Living Kitchen) : 거실＋부엌

③ DK(Dining Kitchen) : 식사실＋부엌

④ LDK(Living Dining Kitchen) : 거실＋식사실＋부엌

⑤ 아일랜드 키친(island kitchen) : 부엌의 중앙에 독립된 작업대가 하나의 섬처럼 설치된 부엌

⑥ 키친네트(kitchenette) : 원룸이나 사무실에 설치하는 2m 정도의 소형 간이부엌

⑦ 클로젯 키친(closet kitchen) : 작업대가 하나로 통합된 최소의 부엌

(3) 부엌의 작업대 배치유형

① 직선형(일렬형) : 좁은 부엌에 적합하나 동선이 길어지므로 2.7~3.0m가 적당하다.

② L자형(ㄱ자형) : 동선의 흐름이 자연스럽고 여유공간을 적절히 활용할 수 있다.

③ U자형(ㄷ자형)

    ㉠ 비교적 큰 규모의 부엌에 적합하다.

    ㉡ 작업효율이 높고 많은 수납공간과 작업공간의 확보가 가능하다.

    ㉢ U자형(ㄷ자형)의 사이는 1,000~1,500mm 이상으로 한다.

[직선형(일렬형)]　　　[L자형(ㄱ자형)]　　　[U자형(ㄷ자형)]

④ 병렬형

    ㉠ 작업대가 마주 보고 있어 동선이 짧아 효과적이다.

    ㉡ 작업대와 작업대의 사이는 800~1,200mm가 적당하다.

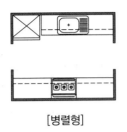

[병렬형]

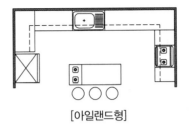

[아일랜드형]

(4) 이상적인 싱크대(작업대) 배치

① (냉장고) → 준비대 → 개수대 → 조리대 → 가열대 → 배선대 → (식탁)

② 냉장고 - 개수대 - 가열대를 잇는 삼각형(트라이앵글) 구도가 가장 이상적이며, 삼각형 각 변의 길이의 합은 4,000~6,600mm로 하는 것이 능률적이다.

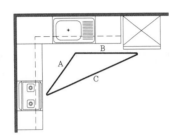

$$A + B + C = 4,000 \sim 6,600mm$$

③ 작업대의 크기 : 길이의 기본 모듈은 600mm로 하고, 깊이(폭)는 550~600mm, 높이는 800~850mm로 한다.

(5) 부엌의 마감재료 계획

방수, 방습, 방화 등을 고려한 청소 및 관리가 용이한 재료를 사용한다.

(6) 식사실의 유형

① 다이닝 알코브(dining alcôve) : 거실의 한쪽에 식탁을 배치

② 다이닝 포치(dining porch) : 테라스에 식탁을 배치

d) 욕실

(1) 욕실의 위치, 크기

① 위치 : 급배수설비시설에 근접한 곳에 배치하며 햇볕이 잘 들고 통풍이 잘되는 곳이 좋다.

② 욕실의 크기 : 기능상 욕조, 변기, 세면기가 통합적으로 갖추어지게 하고 4m² 정도가 적당하다. 세탁을 겸용한 경우 5m² 정도가 필요하다.

(2) 욕실의 조명 및 마감재료 계획

방습형 조명기구를 사용하고, 마감재는 방수성·방오성을 고려한 미끄럼을 방지할 수 있는 마감재료를 사용한다.

e) 현관

(1) 현관의 기능

주 출입구이면서 접대, 경의, 방범의 기능을 가진다.

(2) 현관의 위치 및 크기

① 현관의 위치는 도로와의 관계, 대지의 형태 등에 의해 결정된다.
② 복도나 계단실 같은 연결통로에 근접하게 배치한다. 최소 1,200mm(폭)×900mm(깊이), 50~
100mm 정도의 바닥과의 단 차이가 필요하다.

(3) 현관의 세부계획

① 현관문은 밖여닫이로 한다.
② 바닥은 물청소가 가능한 저채도·저명도의 컬러의 마감재료로 계획하며, 내수성이 강한 석재·
타일·인조석 등이 바람직하다.

f) 기타

① 복도 : 복도의 폭은 900mm 이상이 적당
② 계단 : 계단 디딤판 280mm, 단 높이 170mm, 최소 폭은 750mm나 900~1,200mm가 적당
③ 배선실(pantry) : 식료품, 식기를 저장하는 실
④ 다용도실(utility) : 가사작업공간으로 2~4m² 정도가 적당

2 상업공간

- 고객 동선과 판매원의 동선을 이해한다.
- 쇼윈도 유리면의 눈부심 방지방법을 숙지한다.
- 상품의 유효 진열 골든스페이스(golden space)의 범위(850~1,250mm)는 꼭 암기한다.
- VMD(Visual MerchanDising)의 구성요소를 숙지한다.

1) 상업공간의 개요와 분류

(1) 개요

생산과 소비를 연결하는 공간으로, 소규모인 소매점에서 대규모의 백화점, 쇼핑센터 등이 상업공
간 영역에 속한다.

(2) 상점의 분류

① 업태별 분류(영업의 형태) : 백화점, 쇼핑센터, 슈퍼마켓, 편의점, 소매점, 재래시장
② 업종별 분류 : 일반 상점(의류점, 잡화점, 스포츠·문화용품점, 식료품점), 음식점

2) 상업공간의 실내계획

a) 일반 상점의 실내계획

(1) 소비자의 구매심리 5단계

① AIDMA 법칙 : 주의(Attention) → 흥미(Interest) → 욕망(Desire) → 기억(Memory) → 행동(Action)

② AIDCA 법칙 : 주의(Attention) → 흥미(Interest) → 욕망(Desire) → 확신(Conviction) → 행동(Action)

③ AIDCS 법칙 : 주의(Attention) → 흥미(Interest) → 욕망(Desire) → 확신(Conviction) → 만족(Satisfaction)

(2) 상점의 공간 구성

① 판매부분 : 도입공간, 상품전시공간, 통로공간, 서비스공간

② 부대부분 : 상품관리공간, 종업원공간, 시설관리공간, 영업관리공간

③ 파사드 : 쇼윈도, 출입구 및 홀의 입구부분을 포함한 평면적인 구성요소와 아케이드, 광고판, 사인, 외부 장치를 포함한 입체적인 구성요소의 총체

(3) 상점의 동선계획

① 고객 동선 : 충동구매가 가능하도록 가능한 한 길게, 종업원 동선과 서로 교차하지 않도록 한다.

② 종업원 동선 : 가능한 한 짧게 한다.

③ 상품관리 동선 : 상품의 반입, 보관, 포장, 발송 등이 이루어지는 동선이다.

(4) 판매형식

① 대면판매형식

   ㉠ 매장에서 판매원과 고객이 쇼케이스를 사이에 두고 1 : 1 상담 판매하는 형식

   ㉡ 주로 고가품이나 상품의 설명이 필요한 시계, 카메라, 화장품, 귀금속 등이 속한다.

② 측면판매형식

   ㉠ 고객이 상품을 직접 접촉하여 소비자의 충동구매를 유도하는 판매형식

   ㉡ 판매원의 위치 선정이 어렵고, 상품 선정이나 포장 등이 불편하다.

   ㉢ 서적, 의류, 문방구류, 침구 등이 속한다.

(5) 상점의 평면 배치형태

진열대의 배치유형	굴절형 배치	직렬형 배치	환상배열형 배치	복합형 배치
판매형식	대면판매＋측면판매	측면판매	대면판매	전면 : 측면판매 후면 : 대면판매
평면배치				

(6) 쇼윈도

① 쇼윈도의 평면형식

  ㉠ 평형 : 가장 일반적인 쇼윈도 형식으로, 채광이 좋고 상점 내부를 넓게 사용할 수 있어서 유리하다. 곡면형, 경사형, 혼합형 등이 있다.

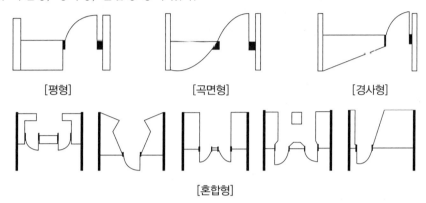

[평형]　　　　　　[곡면형]　　　　　　[경사형]

[혼합형]

  ㉡ 돌출형 : 전체 혹은 부분적으로 돌출된 유형으로, 특수 용도의 도매상점에 많이 사용된다.

  ㉢ 만입형 : 돌출형과 비슷하지만 돌출형의 반대이다. 매장의 도입부가 깊이 들어가 있어 혼잡한 도로에서 매장에 들어가지 않고도 대표상품을 알 수 있으나 자연채광이 감소된다.

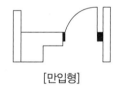

[만입형]

  ㉣ 홀형 : 만입부를 넓게, 깊게 하여 홀을 만드는 형식으로 상점의 면적이 작아진다.

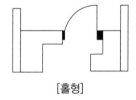

[홀형]

② 쇼윈도의 단면형식 : 단층형, 다층형, 오픈스페이스형 등이 있다.

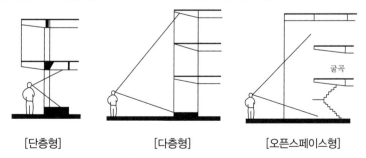

[단층형]　　　　　　[다층형]　　　　　　[오픈스페이스형]

③ 쇼윈도 유리면의 눈부심 방지

  ㉠ 쇼윈도의 내부 조도를 외부 조도보다 높게 한다.

  ㉡ 외부에 차양을 설치한다.

  ㉢ 곡면유리를 사용한다.

  ㉣ 유리를 경사지게 설치하여 외부의 영상이 시야에 들어오지 않게 한다.

  ㉤ 가로수를 설치하여 건너편 건물의 반사를 막는다.

④ 쇼윈도의 조명

  ㉠ 전반조명 이외에 주력상품을 효과적으로 전달하기 위해 국부조명을 사용한다.

  ㉡ 배경의 조명보다 2~4배 높은 조도가 적당하며 눈부심이 적고 연색성이 좋은 광원을 사용한다.

(7) 디스플레이

① '전시하다', '전개하다'라는 뜻으로 판매율을 증대시키기 위해 전시, 진열하는 모든 것을 뜻한다.

② 디스플레이의 목적 : 판매율 및 기업과 상품의 이미지를 높이고, 타 점과의 차별화를 꾀한다.

③ 디스플레이 정보 전달의 목표

  ㉠ 외부 및 내부 디스플레이와 진열장 연출에 의한 스케일 등의 위계성을 고려한다.

  ㉡ 사용목적, 기능성, 신뢰감, 경제성에 관한 상품성을 고려한다.

  ㉢ 계절, 행사, 새 상품의 입하에 대한 시기성을 고려한다.

(8) VMD(Visual MerchanDising)

① VMD=V(Visual ; 시각화)+MD(MerchanDising ; 상품화 계획)

② 상품계획, 상점환경, 판촉 등을 시각화하여 상점 이미지를 고객에게 인식시키는 판매전략이다.

③ VMD의 3요소

구분	VP (Visual Presentation)	PP (Point of sale Presentation)	IP (Item Presentation)
역할	• 상점과 상품의 아이덴티티 확립을 위한 계획	• 상품의 진열계획	• 실제 판매가 이루어지는 곳
위치	• 쇼윈도, 스테이지	• 고객의 시선이 자연스럽게 닿는 곳 • 테이블 벽면의 상단, 집기류의 상단	• 매장면적의 대부분을 차지 • 행거, 선반, 쇼케이스
고객 시점	• 이미지를 받아들인다.	• 상품을 인식한다.	• 상품을 만진다.

(9) 상점가구의 기본 치수

구분	치수[mm]	구분	치수[mm]
주력상품의 진열대 높이 (골든스페이스)	850~1,250	진열 범위의 높이	600~2,100

구분	치수[mm]	구분	치수[mm]
디스플레이 테이블 높이	700	피팅룸의 크기	900×900
행거 높이	1,000~1,200	아동의류 행거 높이	950
코트 행거 높이	1,500 이상	재킷 행거 높이	1,400~1,500
대면판매 진열대의 폭	400~500	편의점 집기 높이	1,500

b) 백화점의 실내계획

(1) 공간의 구성

고객부분, 상품부분, 종업원부분, 판매부분

(2) 층별 상점의 배치

구분	배치계획	상점
지하	• 고객이 최종적으로 구매하는 상품	식료품, 슈퍼마켓, 주방용품
1층	• 백화점의 이미지를 구축하는 상품 • 충동구매가 가능한 상품, 소형 상품	액세서리, 화장품, 구두, 잡화 등
중층	• 시간이 비교적 오래 걸리는 상품 • 매출이 최대가 되는 상품	의류, 명품 브랜드
상층	• 목적성이 강한 상품 • 면적을 많이 차지하는 상품	침구류, 완구류, 가전제품, 가구, 악기, 서적, 식당가, 문화공간 등

(3) 매장의 배치유형

① 직각배치 : 가장 일반적인 배치로, 매장면적을 최대로 할 수 있어 경제적이나 고객통로의 폭을 조절하기 어렵다.

② 사행배치 : 45° 사선배치형으로, 고객이 판매점 구석까지 가기 쉬우나 이형진열대가 필요하다.

③ 자유유선배치

  ㉠ 자유로운 곡선형 배치방법으로, 개성적이며 독특한 방식이다.

  ㉡ 공간의 유연성이 있지만, 동선 이용상의 혼란 발생이 우려되며 세밀한 계획이 요구된다.

  ㉢ 진열대 등 시설비가 비싸다.

④ 방사형 배치 : 일반적으로 적용하기 힘들다.

c) 레스토랑의 실내계획

(1) 공간의 구성

① 영업부분 : 현관, 로비, 라운지, 화장실, 주 식당 등 총면적의 50~70%

② 조리부분 : 주방, 창고, 냉장고, 배선실, 세척실 등 총면적의 20~40%

③ 관리부분 : 종업원실, 사무실, 기계실, 전기실, 종업원 화장실 등 총면적의 10~20%

(2) 테이블의 계획

① 테이블의 높이는 750~780mm, 의자의 높이는 450mm

② 테이블의 치수

구분	길이[mm]	폭[mm]
2인용	정사각형 600~700	600~700
4인용	정사각형 850~960 직사각형 1,000~1,200	850~960 700~800
6인용	직사각형 1,500~1,800	650~800

③ 의자면과 테이블의 간격 : 270~300mm

(3) 테이블과 의자의 배치유형

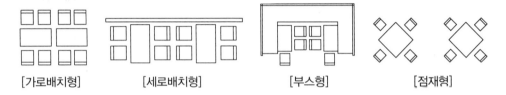

[가로배치형]　　　[세로배치형]　　　[부스형]　　　[점재형]

❸ 업무공간

- 개실형, 개방형 오피스의 장단점을 비교한다.
- 오피스 랜드스케이프의 특징과 장단점을 비교한다.
- 코어의 역할, 종류와 특징은 자주 출제되므로 알아 둔다.

1) 실단위 평면형식

(1) 개실형[복도형, 세포형 오피스(cellular type office)]

① 복도를 통해 개실로 각각 들어가는 형식

② 소규모 사무실이 많은 임대형 빌딩이나 연구실용

장점	단점
• 독립성이 있고 쾌적감을 줄 수 있다. • 공간의 길이에 변화를 줄 수 있다.	• 공사비가 비교적 비싸다. • 연속된 복도 때문에 공간의 깊이에 변화를 줄 수 없다. • 각 부서 간 커뮤니케이션이 불편하다.

(2) 개방형

오픈된 큰 실에 각각의 부서들이 이동형 칸막이로 구획되고 중역들을 위한 분리된 작은 방을 두는 형식

장점	단점
• 커뮤니케이션이 원활하다. • 이동형 칸막이 때문에 공간의 융통성이 좋다.	• 소음으로 업무의 효율성이 떨어진다. • 개인의 프라이버시가 결여되기 쉽다.

장점	단점
• 전 면적을 유효하게 이용할 수 있어 공간 절약에 효율적이다.	• 인공조명, 인공환기가 필요하다.

(3) 오피스 랜드스케이프(office landscape)

① 정의 : 개방형 배치의 한 형식으로, 사무공간의 능률 향상을 위한 배려와 개방공간에서의 근무자의 심리적 상태를 고려한 사무공간 계획방식이다[장단점은 (2) 개방형 참조].

② 전기(조명), 통신배선, 가구 등의 시스템화

③ 고정형 칸막이를 쓰지 않고 낮은 파티션, 가구, 식물 등으로 공간을 구분한다.

④ 능률적인 레이아웃 모색을 위해 근무자의 작업조사 분석과 사람, 가구 및 작업대 등과의 긴밀도를 추정한다.

2) 실내계획

(1) 실의 소요 바닥면적

연면적 기준 1인당 8~11m², 임대면적 기준 1인당 5.5~6.5m²

(2) OA(Office Automation)가구(사무자동화 시스템가구)

① 책상, PC테이블, 의자, 기타 보조테이블, 이동이 가능한 파일 박스 등으로 구성된다.

② 조립 설치가 간편하여 자유롭게 편리한 공간을 만들 수 있다.

(3) 책상의 배치

① 동향형 : 책상을 같은 방향으로 배치하여 프라이버시의 침해가 비교적 적다.

② 대향형 : 면적효율이 좋고 커뮤니케이션을 형성하는 데 유리하여 공동작업의 업무형태로 업무가 이루어지는 사무실에 유리하나, 프라이버시를 침해할 우려가 있다.

③ 좌우대향형

　　㉠ 대향형과 동향형을 절충한 방식으로, 면적 손실이 크다.

　　㉡ 조직관리가 용이하고 정보처리 등 업무의 효율이 높다.

　　㉢ 생산업무, 서류업무, 데이터 처리업무에 적합하다.

④ 자유형 : 독립된 영역의 개개인의 작업을 위한 형태로, 중간 간부급이나 전문직종에 적용된다.

⑤ 십자형 : 팀작업이 요구되는 전문직 업무에 적용된다.

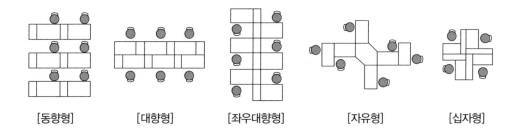

[동향형]　　　[대향형]　　　[좌우대향형]　　　[자유형]　　　[십자형]

(4) 동선과 가구 치수

① 동선 : 주 통로는 2,000mm 이상, 일반 통로는 1,000mm 이상, 그룹 간 통로는 700mm 이상
② 책상의 높이 : 710~730mm

3) 코어

수직교통시설(계단실, 엘리베이터), 화장실, 설비관계 등을 건물의 일부분에 집약시켜 공간의 유효면적을 높이기 위한 공간이다.

(1) 코어의 역할

① 평면적 역할 : 유효면적의 증가와 개방된 자유로운 공간 확보가 가능하다.
② 구조적 역할 : 내력구조체이며 코어가 큰 하중을 부담하므로 구조적으로 안전성을 제공한다.
③ 설비적 역할 : 설비가 수직으로 집중되어 설비 순환이 좋고 설비 간 수직거리가 최단이므로 설비비를 절약할 수 있다.

(2) 코어의 종류

① 편심코어 : 바닥면적이 작은 경우에 적합하고, 고층인 경우는 구조상 불리하다.

[편심코어]

② 중심코어
　㉠ 바닥면적이 큰 경우, 고층·초고층에 적합하다.
　㉡ 내진구조가 가능하므로 구조적으로 바람직하다.
　㉢ 내부 공간과 외관이 획일화되기 쉬우나 임대용 사무실로서는 경제적인 계획이 가능하다.

[중심코어]

③ 독립코어
　㉠ 코어와 상관없이 자유로운 내부 공간을 만들 수 있으나 설비 덕트, 배관 등을 사무실까지 끌어들이는 데 제약이 있다.
　㉡ 방재상 불리하며 바닥면적이 커지면 피난시설의 서브 코어가 필요하다.
　㉢ 내진구조에 불리하다.

[독립코어]

④ 양단코어
　㉠ 중·대규모 건물에 적합하다.

    ⓛ 2방향 피난에 이상적이며, 방재상 유리하다.

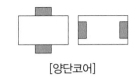

[양단코어]

4) 엘리베이터

(1) 배치계획

① 교통 동선의 중심에 설치하여 보행거리가 짧도록 한곳에 집중 배치한다.

② 엘리베이터 홀은 엘리베이터 정원 합계의 50% 정도를 수용할 수 있어야 하며, 1인당 점유면적은 $0.5\sim0.8m^2$로 계산한다.

(2) 배열계획

① 일렬배열 : 4대 이하로 한다.

② 대면배열

    ㉠ 4~8대인 경우의 배열. 대면거리는 3.5~4.5m로 한다.

    ㉡ 고층용과 저층용으로 분리하여 그룹별로 관리한다.

③ 코브배열 : 4~6대인 경우의 배열. 대면거리는 3.5~4.5m로 한다.

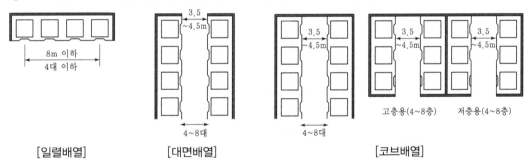

[일렬배열]   [대면배열]   [코브배열]

5) 은행의 실내계획

① 주 출입구 : 도난 방지를 위해 전실을 둔 이중문구조로 하며 바깥문은 자재문 혹은 회전문, 안쪽문은 안여닫이로 한다.

② 객장 : 최소 폭은 3.2m 정도로 하고 영업장과 객장의 비율은 3 : 2 정도로 한다.

③ 영업장 : 은행원 1인당 4~6m², 천장의 높이는 3.5~4.5m, 대기실의 카운터 폭은 600~750mm, 카운터의 높이는 1,000~1,100mm로 한다.

④ 금고실 : 도난 및 방재상 안전한 곳에 위치하고, 300~350mm의 철근콘크리트구조에 철근을 150mm 간격으로 이중배근한다.

4 전시공간

 학습 POINT
- 전시공간의 유형 중 쇼룸(show room)을 숙지한다.
- 전시공간의 동선계획과 전시공간의 순회유형을 이해한다.
- 특수 전시는 그림과 함께 꼭 외워 둔다.

1) 전시공간의 개요

① 전시의 목적 : 기업과 상품의 이미지 전달, 판매율 향상, 효과적인 매장 구성

② 전시의 구성요소 : 전시물, 장소, 사람, 시간

③ 전시공간의 유형 : 박물관, 미술관, 박람회, 전람회, 쇼룸*

> **TIP** 쇼룸(show room) : 기업체가 자사 제품의 홍보 및 판매 촉진을 위해 제품 및 기업에 관한 자료를 소비자에게 직접 전달하는 상설 전시공간. 어트랙션(attraction) 공간, 서비스공간, 통로공간, 출입구 및 파사드로 구성되어 있다.

④ 전시공간 설계 시 고려사항 : 전시물의 특징, 관람객의 움직임, 관람방식

2) 전시공간의 계획

실내공간 계획조건을 설정할 때 사용자에 대한 고려가 가장 결여되기 쉬운 공간이 전시공간이다.

(1) 전시공간의 동선계획

① 관람객 동선, 관리자 동선, 전시물 동선으로 나뉜다.

② 관람객 동선과 관리자 동선은 분리시키며, 전시물 동선은 수장고*를 중심으로 전시물의 교체, 반입·반출, 이동, 수리 및 소독 등과 연결성이 있어야 한다.

③ 관람객의 흐름에 막힘이 없어야 하고 관람객이 피로감을 느끼지 않게 동선을 조정한다.

④ 관람객의 동선은 좌→우, 우회전을 원칙으로 한다.

⑤ 관람객 동선은 일반적으로 접근 → 입구 → 전시실 → 출구 → 야외 전시의 순으로 연결된다.

⑥ 통로 폭은 3m 이상, 관람객만 통과하는 경우는 1.5m 이상으로 한다.

⑦ 자료를 보고 해석을 읽으면서 다시 돌아오지 않도록 벽면 레이아웃을 한다.

⑧ 전후좌우를 다 볼 수 있게 한다.

> **TIP** 수장고 : 전시실(박물관이나 미술관 등)의 전시물을 일정 기간 보관·보존하는 창고로, 화재·자연재해(지진·홍수 등)에 대비하여 단열·방화·방수·방재 등의 설계를 적용한 공간이다.

(2) 전시공간의 순회유형

① 연속순회형식

ㄱ 사각형 또는 다각형의 각 전시실이 연속적으로 동선을 형성하는 형식

ㄴ 소규모 전시실에 적합하다.

장점	단점
• 단순하고 공간이 절약된다. • 전시 벽면을 많이 만들 수 있다.	• 1실을 폐쇄하면 전체 동선이 막힌다. • 많은 실을 순서별로 통해야 한다.

② 갤러리 및 복도형

　㉠ 중앙의 중정이나 오픈스페이스를 중심으로 복도를 따라 각 실이 배치되는 형식

　㉡ 각 전시실의 자유로운 선택 관람이 가능하고 필요에 따라 부분적 폐쇄가 가능하다.

③ 중앙홀형

　㉠ 중심부에 큰 홀을 두고 그 주위에 각 실을 배치하여 자유로이 출입하는 형식

　㉡ 대지이용률이 높고 중앙홀이 크면 동선의 혼란은 없으나 추후 확장에는 무리가 있다.

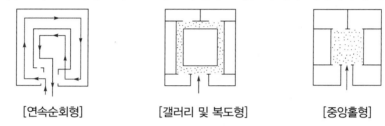

[연속순회형]　　　　[갤러리 및 복도형]　　　　[중앙홀형]

(3) 전시공간의 평면형태

구분	특성	이미지
부채꼴형	형태가 복잡하므로 전체적인 조망이 가능한 소규모에 적합하다.	
사각형	공간의 형태가 단순하기 때문에 관람객의 동선을 예상할 수 있어 관리가 수월하다.	
원형	중앙에 주요 전시물을 중심으로 동선을 정리해 주어야 한다.	
자유로운 형	형태가 복잡하여 대규모 공간에 부적합하며 강제적인 동선의 유도가 필요하다.	
작은 실의 조합형	관람자가 자유롭게 관람할 수 있도록 공간의 형태에 의한 동선의 유도가 요구된다.	

(4) 전시공간의 기본 구성요소의 계획

① 바닥 : 요철이나 단 차이, 미끄럽거나 발소리가 많이 날 수 있는 마감재료는 배제한다.

② 벽 : 벽체를 보면서 피로감이나 이질감을 느끼지 않도록 벽면의 미감은 부드러운 재료를 사용하는 것이 좋다.

③ 천장 : 조명기구, 공조설비, 화재경보기 등 제반 설비기기와 이동 스크린이나 전시물을 매달 수 있는 시설을 설치한다. 설비기기는 메시나 루버를 설치하여 눈에 잘 띄지 않게 하고 천장으로 자연 채광이 가능케 한다.

건축적 요소	바닥, 벽, 천장
가구적 요소	스크린, 전시대, 진열장 등

(5) 전시공간의 조명과 색채계획

① 자연채광과 인공조명을 병용하는 것이 좋다.

② 전체의 조도 분포를 균등하게 하여 눈부심을 줄이고 부분적인 입체감, 재질감, 극적 분위기를 연출하기 위해서 부분조명을 함께 사용한다.

③ 연색성이 좋아야 하며 입체물의 입체감을 살려 줄 수 있는 조명을 선택한다.

(6) 전시방법

① 개별 전시
    ㉠ 바닥 전시 : 선큰(sunken)* 바닥면 전시, 경사 바닥면 전시 등
    ㉡ 벽면 전시 : 벽면 게시판, 돌출 전시, 돌출 진열장 전시, 알코브 벽 전시
    ㉢ 천장 전시 : 매다는 형 전시, 천장면 전시, 바닥 전시, 벽면 전시보다 동적인 효과의 전시
        (예 모빌)

> **TIP** 선큰(sunken) : 주변보다 낮은, 움푹 파인

② 입체 전시 : 벽체와 독립되어 전시하는 방법이다. 진열장, 전시대, 전시 스크린 등

③ 특수 전시
    ㉠ 디오라마 전시
       • 하나의 사실 또는 주제의 시간 상황을 고정시켜 연출하는 전시기법
       • 어떤 상황을 배경과 실물 또는 모형으로 재현하여 현장감, 공간감을 표현하고 배경에 맞는 투시적 효과와 상황을 만든다.
    ㉡ 파노라마 전시 : 하나의 사실 혹은 주제를 시간적인 연속성을 가지고 선형으로 연출하는 전시 기법
    ㉢ 아일랜드 전시 : 사방에서 감상할 필요가 있는 조각물이나 모형을 전시하기 위해 벽면에서 띄워서 전시하는 전시기법
    ㉣ 하모니카 전시 : 통일된 주제의 전시 내용이 규칙적 혹은 반복적으로 배치되는 전시기법

ⓜ 영상 전시 : 멀티비전, 스크린

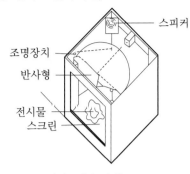

[디오라마 전시]

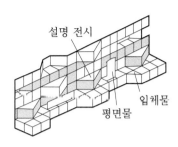

[파노라마 전시]

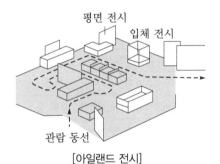

[아일랜드 전시]

[하모니카 전시]

5 기타 공간

 학습 POINT • 아레나형 극장 평면을 그림과 함께 숙지한다.

1) 숙박공간 – 호텔의 실내계획

(1) 호텔의 분류

① 시티 호텔(city hotel)

구분	체류기간	위치	특성
커머셜 호텔 (commercial hotel)	–	• 도심지, 고층화	• 비즈니스가 주 대상 • 외래객에게 연회장 개방
레지덴셜 호텔 (residential hotel)	1주일 이상	• 도심지 외 안정적인 곳	• 커머셜 호텔보다 규모가 작고 고급이다.
아파트먼트 호텔 (apartment hotel)	장기체류	–	• 부엌과 셀프서비스 시설
터미널 호텔 (terminal hotel)	–	• 교통과 연계된 곳 • 공항 호텔, 철도 호텔, 부두 호텔	–

② 리조트 호텔(resort hotel)
　　㉠ 넓은 부지에 운동시설 및 레크리에이션 시설을 갖추고 자연환경과 일치시킨 관광, 휴양객을
　　　위한 호텔
　　㉡ 해변 호텔(beach hotel), 산장 호텔(mountain hotel), 온천 호텔(hot spring hotel), 스키 호텔
　　　(ski hotel), 클럽 하우스(club house) 등이 있다.
③ 기타
　　㉠ 모텔(motel) : 자동차 여행객용 숙박시설
　　㉡ 유스호스텔(youth hostel) : 청소년을 위한 여러 가지 교육이 가능한 숙박시설

(2) 공간의 구성

구분		공간
수익부분	숙박부분	객실, 린넨실, 메이드실, 보이실, 공동화장실, 복도, 계단 등
	요식부분	레스토랑, 바, 클럽, 커피숍, 연회장 등
	기타 영업부분	결혼식장, 미용실, 약국, 수영장, 사우나, 게임룸 등 각종 숍
비수익부분	공용부분	주 출입구, 로비, 엘리베이터, 복도, 계단, 정원 등
	서비스부분	설비, 관리, 주방, 종업원, 기계, 주차 관련실 및 각종 창고

(3) 공간별 실내계획

① 로비
　　㉠ 공용부의 중심이 되어 모든 동선체계가 시작되는 공간이다.
　　㉡ 주 출입구, 입출입, 휴게, 면회, 독서, 대기 등 다목적공간이다.
　　㉢ 프런트 데스크를 포함한 메인 로비는 객실당 0.8~1.0m²가 필요하다.
　　㉣ 로비와 라운지를 포함 시에는 객실당 0.9~1.5m²로 한다.
② 라운지 : 로비의 10% 정도를 차지하며 응접, 대화, 담화용 칸막이가 없는 공간이다.
③ 프론트 데스크 : 접수, 계산, 안내 등의 기능을 하고 로비와의 관계성을 고려하고 눈에 잘 띄는
　　곳에 계획한다.
④ 객실
　　㉠ 객실의 유형 및 크기

유형	면적[m²]	유형	면적[m²]
싱글베드룸	15~22 (2.0~3.6m × 3.0~6.0m)	트윈베드룸	22~32
더블베드룸	22~32 (4.5~6.0m × 5.0~6.5m)	스위트룸	32~45

ⓛ 객실의 평면형 : 객실 평면의 가로세로의 비는 침대와 욕실의 위치에 의해 결정한다.

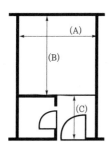

(A) 폭＝출입통로＋욕실의 폭＋반침의 깊이

(B)＋(C)의 길이＝주 출입구 공간＋욕실 길이＋침실공간＋거실공간

(B)/(A)＝0.8~1.6 정도가 가장 많다.

2) 문화공간 – 극장의 실내계획

(1) 극장의 평면형태

① 프로시니엄 스테이지(proscenium stage)

   ⓐ 현재 대부분의 극장에서 볼 수 있는 평면형태로, 관객석에서 바라보았을 때 원형 혹은 반원형으로 보이는 무대를 말한다.

   ⓛ 관객석과 무대가 확연하게 구획된 구조이다.

   ⓒ 연기자가 제한된 방향으로만 관객을 대하게 된다.

   ⓔ 강연, 연극, 콘서트, 음악회 등

② 아레나 스테이지(arena stage)

   ⓐ 중앙무대형이라고도 하며 관객이 연기자를 360° 둘러싸고 관람하는 형식이다.

   ⓛ 무대의 배경을 만들지 않으므로 경제적이지만 무대장치의 설치에 어려움이 따른다.

   ⓒ 가까운 거리에서 관람하게 되며 가장 많은 관객을 수용할 수 있다.

③ 오픈스테이지(open stage)

   ⓐ 관객이 부분적으로 연기자를 둘러싸고 있는 형태이므로 관객이 연기자에게 좀 더 근접하여 관람할 수 있다.

   ⓛ 아레나형과 마찬가지로 무대장치 설치에 어려움이 있다.

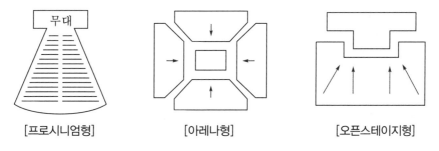

[프로시니엄형]   [아레나형]   [오픈스테이지형]

④ 가변형 스테이지 : 공연 작품의 성격에 따라 무대와 관객석의 변형이 가능한 형식이다.

(2) 객석의 설계기준

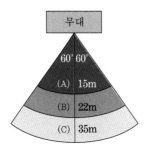

(A) 생리적 한도 : 배우의 표정, 동작을 자세히 감상. 인형극, 아동극
(B) 제1차 허용한도 : 국악, 실내악, 소규모 오페라
(C) 제2차 허용한도 : 일반적인 동작이 보이는 거리. 발레, 뮤지컬, 연극, 오페라

03 | 실내디자인의 프로세스

 학습 POINT　• 실내디자인의 프로세스는 매회차마다 1문제씩은 출제되고 있다.

1 실내디자인의 프로세스

기획(조사·분석) → 설계·계획 → 감리 → 평가

1) 기획 및 조건 설정(프로그래밍)

의뢰자의 공간 사용목적, 예산, 완성 후 운영에 이르기까지 전체 관련사항을 종합적으로 검토한다.

(1) 조건 설정의 과정(프로그래밍 과정)

목표 설정 → 조사 → 분석 → 종합 → 결정

(2) 조건 설정의 요소

기존 공간의 제반 사항 및 주변 환경, 고객의 요구사항, 고객의 예산

2) 설계

디자인 의도를 확인하고 공간의 재료나 가구, 색채 등에 대한 계획을 시각적으로 제시하는 과정

기획 설계 : 규모, 법규 검토

계획 설계 : 대지 분석, 설계 방향, 매스계획, 평면, 입면, 단면, 구조, 조경, 동선계획

기본 설계 : 요구사항에 대한 기본 구상, 방향 설정, 기본 도면의 작성

실시 설계 : 최종 공사용 도면, 상세도면, 시방서, 견적서의 작성

3) 감리

공사가 설계도에 따라 진행되고 있는지 관리·감독하는 것

4) 평가(POE)*

거주자의 만족도 조사, 문제점 체크는 가급적 입주 후 충분한 시간이 경과한 후에 실시

TIP POE(Post-Occupancy Evaluation) : 거주 후 평가 시스템

2 공간의 레이아웃, 디자인 이미지의 구축

1) 공간의 레이아웃

① 공간을 형성하는 부분과 설치되는 물체의 평면상 배치계획
② 동선, 기능성, 연결성, 공간의 배분, 공간별 그루핑 등

2) 디자인 이미지의 구축

① 기능적·정서적·환경적 공간의 이미지를 만드는 것
② 창조적 아이디어의 실행

적중 예상문제

[자주 출제되는 중요한 문제는 별표(★)로 강조함]

01 실내계획의 개요

01 치수계획에 있어 적정치수를 설정하는 방법이 아닌 것은? (α : 적정치수를 구하기 위한 조정치수)
① 평균치－α ② 최소치＋α
③ 목표치±α ④ 최대치－α

해설 α를 적정치수를 구하기 위한 조정치수 혹은 여유치수라고 할 때 최적치수를 구하는 방법은 최소치＋α, 최대치－α, 목표치±α가 있다.

02 실내계획 중 치수계획에 대한 설명으로 옳지 않은 것은?
① 치수계획은 생활과 물품, 공간과의 적정한 상호관계를 만족시키는 치수체계를 구하는 과정이다.
② 복도의 폭과 넓이는 통행인의 수와 관계없이 넓을수록 좋다.
③ 최적치수를 구하는 방법으로는 α를 조정치수라 할 때, 최소치＋α, 최대치－α, 목표치±α가 있다.
④ 치수계획은 인간의 심리적·정서적 반응으로 유발시킨다.

해설 ② 복도 폭의 경우는 건축법규에 규정되어 있다.

03 모듈과 그리드 시스템을 적용한 설계에 가장 거리가 먼 건물의 유형은?
① 사무소 ② 아파트
③ 미술관 ④ 병원

해설 모듈과 그리드 시스템은 규칙적으로 반복되는 집기와 설비 등을 사용하는 공간을 설계하는 데 적합하다.

★04 모듈 시스템을 적용한 실내계획에 대한 설명 중 부적합한 것은?
① 실내 구성재의 위치 설정이 용이하고 시공 단계에서 조립 등의 현장작업이 단순해진다.
② 미적 질서는 추구되나 설계 단계에서 조정작업이 복잡해진다.
③ 기본 모듈이란 기본 척도를 10cm로 하고 이것을 1M로 표시한 것을 말한다.
④ 공간구획 시 평면상의 길이는 3M(30cm)의 배수가 되도록 하는 것이 일반적이다.

해설 ② 모듈화되어 있기 때문에 설계작업이 단순하고 용이하다.

★05 다음 동선계획에 관한 설명 중 틀린 것은?
① 동선은 빈도, 속도, 하중의 3요소를 가진다.
② 자연스럽고 원활한 동선이 되도록 한다.
③ 동선의 빈도가 크면 가능한 한 직선적인 동선처리를 한다.
④ 모든 동선은 최단거리로 계획한다.

해설 ④ 상점의 고객 동선은 길수록 좋다.

06 단위공간 사용자의 특성, 목적 등에 따라 몇 개의 생활권으로 구분하는 실내디자인 용어는?
① 모듈(module) ② 샘플링(sampling)
③ 조닝(zoning) ④ 드로잉(drawing)

07 다음 중 조닝(zoning) 계획에서 존(zone)의 설정 시 고려할 사항과 가장 거리가 먼 것은?
① 사용빈도 ② 사용시간
③ 사용행위 ④ 사용재료

해설 존(zone)의 설정 시 고려사항 : 사용자의 특성, 사용목적, 사용빈도, 사용시간, 사용행위

정답 1.① 2.② 3.③ 4.② 5.④ 6.③ 7.④

08 르 코르뷔지에의 모듈러에서 설명된 인체의 기본 치수로 옳지 않은 것은?

① 기본 신장 : 183cm
② 배꼽까지의 높이 : 113cm
③ 손을 들었을 때 손끝까지 높이 : 226cm
④ 어깨까지의 높이 : 162cm

해설 ④ 어깨까지의 높이는 규정되지 않았다.

르 코르뷔지에의 모듈러에 따른 인체의 기본 치수

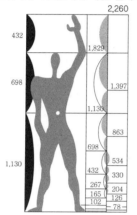

02 실내계획

09 공통주택의 단면형식 중 메조네트형에 관한 설명으로 옳지 않은 것은?

① 다양한 평면 구성이 가능하다.
② 주로 소규모 주택에 적용된다.
③ 각 세대의 프라이버시 확보가 용이하다.
④ 통로면적이 감소되어 유효면적이 증가된다.

해설 ② 메조네트형은 소규모 주택(50m² 이하)에는 비경제적이다.

10 아동실을 더욱 생동감 있게 만들어 주려고 한다. 다음 중 가장 효과적인 디자인의 원리는?

① 리듬   ② 조화
③ 통일   ④ 대칭

해설 리듬 : 규칙적인 요소들의 반복으로 운동감, 율동감, 생동감이 있는 공간이 되게 한다.

11 다음 중 주거공간의 조닝(zoning)의 방법과 가장 거리가 먼 것은?

① 융통성에 의한 구분
② 주 행동에 의한 구분
③ 사용시간에 의한 구분
④ 프라이버시 정도에 따른 구분

해설 조닝 계획 시 필수사항 : 사용자의 특성, 사용목적, 사용빈도, 사용시간, 사용행위

★
12 아파트의 2세대 이상이 공동으로 사용하는 복도의 유효폭은 최소 얼마 이상이어야 하는가? (단, 갓복도의 경우)

① 90cm   ② 120cm
③ 150cm   ④ 180cm

해설 갓복도는 1,200mm, 중복도는 1,800mm 이상

13 주거공간을 주 행동에 의해 구분할 경우, 다음 중 사회공간에 속하지 않는 것은?

① 거실   ② 식당
③ 서재   ④ 응접실

해설 ③ 서재는 개인공간이다.

14 주택의 거실에서 스크린(화면)을 중심으로 텔레비전을 시청하기에 적합한 최대 범위는?

① 45° 이내   ② 50° 이내
③ 60° 이내   ④ 70° 이내

해설 • 주택의 거실에서 스크린(화면)을 중심으로 텔레비전을 시청하기에 적합한 최대 범위는 60° 이내가 좋고 스크린 높이는 눈높이에 맞추는 것이 좋다.
• 편안하게 눈으로 바라볼 수 있는 범위는 눈높이에서 상하 15° 범위이다.

★
15 다음 중 주택 부엌의 작업 순서에 따른 가구 배치 방법으로 가장 알맞은 것은?

① 준비대-개수대-조리대-가열대-배선대
② 준비대-조리대-개수대-가열대-배선대
③ 준비대-개수대-가열대-조리대-배선대
④ 준비대-가열대-개수대-조리대-배선대

16 다음 설명에 알맞은 거실의 가구 배치방법은?

> • 시선이 마주치지 않아 안정감이 있다.
> • 비교적 작은 면적을 차지하기 때문에 공간 활용이 높고 동선이 자연스럽게 이루어지는 장점이 있다.

① 대면형   ② ㄱ자형
③ ㄷ자형   ④ 자유형

해설 거실가구의 배치방법
• 대면형 : 중앙 테이블을 중심으로 마주 보도록 배치. 가구가 차지하는 면적이 크고 동선이 길어진다.
• ㄷ자형(U자형) : 단란한 분위기를 주며 여러 사람과의 대화 시 적합하다.
• 코너형(ㄱ자형) : 소파를 서로 직각이 되도록 연결해서 배치하는 형식으로, 시선이 마주치지 않아 안정감이 있는 배치이다.
• 복합형 : 다기능을 가진 비교적 넓은 공간에 여러 유형을 조합하여 배치하는 형식이다.

17 다음 중 아일랜드형 부엌에 관한 설명으로 옳지 않은 것은?

① 부엌의 크기에 관계없이 적용 가능하다.
② 개방성이 큰 만큼 부엌의 청결과 유지·관리가 중요하다.
③ 가족 구성원 모두가 부엌일에 참여하는 것을 유도할 수 있다.
④ 부엌의 작업대가 식당이나 거실 등으로 개방된 형태의 부엌이다.

해설 ① 아일랜드형 부엌은 비교적 큰 규모의 부엌에 적용 가능하다.

★
18 주택 부엌에서 작업삼각형(work triangle)의 꼭짓점에 해당하지 않는 것은?

① 냉장고   ② 가열대
③ 배선대   ④ 개수대

해설 냉장고-개수대-가열대를 잇는 삼각형(트라이앵글) 구도 : 삼각형 각 변의 길이 합은 4,000~6,600mm로 하는 것이 능률적이다.

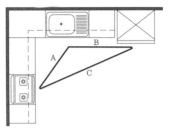

A+B+C=4,000~6,600mm

19 주방 작업대의 배치유형 중 ㄷ자형에 관한 설명으로 옳은 것은?

① 인접한 세 벽면에 작업대를 붙여 배치한 형태이다.
② 두 벽면을 따라 작업이 전개되는 전통적인 형태이다.
③ 작업 동선이 길고 조리면적은 좁지만 다수의 인원이 함께 작업할 수 있다.
④ 가장 간결하고 기본적인 설계형태로 길이가 4.5m 이상 되면 동선이 비효율적이다.

해설 ㄷ자형 부엌 : 작업효율이 높고, 많은 수납공간과 작업공간의 확보가 가능하다.

20 주택계획에서 LDK(Living Dining Kitchen)형에 관한 설명으로 옳지 않은 것은?

① 주부의 동선이 단축된다.
② 이상적인 식사공간의 분위기 조성이 어렵다.
③ 소요면적이 많아 소규모 주택에서는 도입이 어렵다.
④ 거실, 식당, 부엌을 개방된 하나의 공간에 배치한 것이다.

해설 LDK(Living Dining Kitchen) : 거실, 식사실, 부엌이 하나의 공간으로 효율적으로 활용할 수 있어서 소규모 주택에 적합하다.

21 작업대의 길이가 2m 정도인 간이부엌으로 사무실이나 독신자 아파트에 주로 설치되는 부엌의 유형은?

① 키친네트(kitchenette)
② 오픈 키친(open kitchen)
③ 다용도 부엌(utility kitchen)
④ 아일랜드 키친(island kitchen)

해설 • 오픈 키친(open kitchen) : 반독립형 부엌으로 주로 원룸 시스템에 적용되는 완전히 개방된 형식의 부엌
• 다용도 부엌(utility kitchen) : 부엌의 작업 관련 식기, 양념통, 칼, 조리도구 등을 보관하는 랙 혹은 이동형 테이블(바퀴가 달린)을 갖춘 부엌
• 아일랜드 키친(island kitchen) : 취사용 작업대가 하나의 섬처럼 부엌 중앙에 설치된 부엌

22 규모가 큰 주택에서 부엌과 식당 사이에 식품, 식기 등을 저장하기 위해 설치한 실을 무엇이라 하는가?

① 배선실(pantry)
② 가사실(utility room)
③ 서비스 야드(service yard)
④ 다용도실(multipurpose room)

해설 • 가사실(utility room) : 세탁, 다리미질, 재봉일 등을 하는 곳
• 서비스 야드(service yard) : 부엌문 앞의 옥외 가사공간으로 세탁물을 건조하거나 물품 보관, 보일러실, 기타 설비 계량기 등이 설치되는 곳
• 다용도실(multipurpose room) : 발코니와 주방 사이의 공간에 세탁, 걸레빨기 및 잡품 창고를 겸한 실

23 다음 중 단독주택의 현관 위치 결정에 가장 주된 영향을 끼치는 것은?

① 건폐율   ② 도로의 위치
③ 주택의 규모   ④ 거실의 크기

해설 주택의 현관 위치는 도로의 위치와 대지형태의 영향을 받는다.

24 다음 중 단독주택의 방위에 따른 각 실의 배치가 가장 바람직하지 않은 것은?

① 동－침실   ② 서－부엌
③ 남－거실   ④ 북－창고

해설 • 부엌의 위치는 일광이 좋은 남향·동향·남동향이 좋고, 일사가 긴 서향은 반드시 피한다.
• 주택의 실의 방위

방위	공간
동쪽	침실, 식사실
서쪽	욕실, 건조실, 경의실
남쪽	거실, 아동실, 노인실
북쪽	계단실, 복도, 보일러실, 냉동실, 화장실

25 상점계획에서 파사드 구성에 요구되는 소비자의 구매심리 5단계에 속하지 않는 것은?

① 욕망(Desire)
② 기억(Memory)
③ 주의(Attention)
④ 유인(Attraction)

해설 소비자의 구매심리 5단계
• AIDMA 법칙 : 주의(Attention) → 흥미(Interest) → 욕망(Desire) → 기억(Memory) → 행동(Action)
• AIDCA 법칙 : 주의(Attention) → 흥미(Interest) → 욕망(Desire) → 확신(Conviction) → 행동(Action)
• AIDCS 법칙 : 주의(Attention) → 흥미(Interest) → 욕망(Desire) → 확신(Conviction) → 만족(Satisfaction)

★
26 상점의 가구 배치에 따른 평면유형 중 직렬형에 관한 설명으로 옳지 않은 것은?

① 부분별로 상품 진열이 용이하다.
② 협소한 매장에서는 적용이 곤란하다.
③ 쇼케이스를 일직선형태로 배열한 형식이다.
④ 상품의 전달 및 고객의 동선상 흐름이 빠르다.

상점의 직렬형 가구 배치
- 진열 가구가 매장 안으로 깊게 직선적으로 계획되어 고객의 동선 흐름이 빠르게 전개된다.
- 부문별 상품 진열이 용이하고 대량판매형식도 가능하다.
- 침구류, 가전, 식기, 서적 등의 판매점이 가능하다.

★
27 상품의 유효진열범위에서 고객의 시선이 자연스럽게 머물고, 손으로 잡기에 편한 높이인 골든 스페이스(golden space)의 범위는?

① 450~850mm

② 850~1,250mm

③ 1,300~1,500mm

④ 1,500~1,700mm

28 상점의 판매형식 중 측면판매에 관한 설명으로 옳지 않은 것은?

① 직원 동선의 이동성이 많다.

② 고객이 직접 진열된 상품을 접촉할 수 있다.

③ 대면판매에 비해 넓은 진열면적의 확보가 가능하다.

④ 시계, 귀금속점, 카메라점 등 전문성이 있는 판매에 주로 사용된다.

④ 시계, 귀금속점, 카메라점 등 전문성이 있는 판매는 대면판매형식이다.

29 상점의 실내계획에 관한 설명으로 옳지 않은 것은?

① 고객의 동선은 가능한 한 길게 배치하는 것이 좋다.

② 바닥, 벽, 천장은 상품에 대해 배경 역할을 할 수 있도록 한다.

③ 실내의 바닥면은 큰 요철을 두어 공간의 변화를 연출하는 것이 좋다.

④ 전체 색의 배분에서 분위기를 지배하는 주조색은 약 60% 정도로 적용하는 것이 좋다.

③ 바닥면이 큰 요철은 고객의 동선 흐름을 끊기게 하여 좋지 않다.

30 상점의 공간 구성 중 판매부분에 속하지 않는 것은?

① 통로공간   ② 서비스공간

③ 상품관리공간   ④ 상품전시공간

③ 상품관리공간은 부대부분이다.

★
31 상점 진열창(show window)의 눈부심을 방지하기 위한 방법으로 옳지 않은 것은?

① 유리면을 경사지게 한다.

② 외부에 차양을 설치한다.

③ 특수한 곡면유리를 사용한다.

④ 진열창의 내부 조도를 외부보다 낮게 한다.

④ 진열창의 내부 조도를 외부보다 높게 한다.

32 상점 건축에서 쇼윈도, 출입구 및 홀의 입구부분을 포함한 평면적인 구성요소와 아케이드, 광고판, 사인, 외부 장치를 포함한 입체적인 구성요소의 총체를 의미하는 것은?

① 파사드(façade)

② 스테이지(stage)

③ 쇼케이스(showcase)

④ POP(Point Of Purchase)

- 스테이지(stage) : 상점의 상품 디스플레이를 위한 400mm 이하의 단상
- 쇼케이스(showcase) : 상품을 진열하기 위한 유리 진열대
- POP(Point Of Purchase) : 상점 내 광고물 일체를 말한다. 기업 이미지를 전달하거나 상품의 구체적 설명, 할인 등 정보 전달을 위한 간판, 텍, 패널 등을 말한다.

33 상점의 디스플레이 기법으로서 VMD(Visual MerchanDising)의 구성요소에 속하지 않는 것은?

① IP(Item Presentation)

② VP(Visual Presentation)

③ SP(Special Presentation)

④ PP(Point of sale Presentation)

해설 VMD(Visual MerchanDising)의 구성요소
- IP(Item Presentation) : 실제 판매가 이루어지는 곳
- VP(Visual Presentation) : 상점과 상품의 아이덴티티 확립을 위한 계획
- PP(Point of sale Presentation) : 상품의 진열 계획

★
34 비주얼 머천다이징(VMD)에 관한 설명으로 옳지 않은 것은?

① VMD의 구성은 IP, PP, VP 등이 포함된다.
② VMD의 구성 중 IP는 상점의 이미지와 패션 테마의 종합적인 표현을 일컫는다.
③ 상품계획, 상점계획, 판촉 등을 시각화시켜 상점 이미지를 고객에게 인식시키는 판매 전략을 말한다.
④ VMD란 상품과 고객 사이에서 치밀하게 계획된 정보 전달의 수단으로서 디스플레이의 기법 중 하나다.

해설 ② IP는 실제 판매가 이루어지는 곳으로 매장면적의 대부분을 차지하는 행거, 선반, 쇼케이스 등이다.

35 백화점의 엘리베이터 계획에 관한 설명으로 옳지 않은 것은?

① 교통 동선의 중심에 설치하여 보행거리가 짧도록 배치한다.
② 여러 대의 엘리베이터를 설치하는 경우, 그룹별 배치와 군 관리 운전방식으로 한다.
③ 일렬배치는 6대를 한도로 하고, 엘리베이터 중심 간 거리는 8m 이하가 되도록 한다.
④ 엘리베이터 홀은 엘리베이터 정원 합계의 50% 정도를 수용할 수 있어야 하며, 1인당 점유면적은 0.5~0.8m²로 계산한다.

해설 ③ 일렬배치는 4대를 한도로 하고, 엘리베이터 중심 간 거리는 8m 이하가 되도록 한다.

36 백화점의 에스컬레이터에 관한 설명으로 옳지 않은 것은?

① 수송능력이 엘리베이터에 비해 크다.
② 대기시간이 없고 연속적인 수송설비이다.
③ 승강 중 주위가 오픈되므로 주변 광고효과가 크다.
④ 서비스 대상인원의 10~20% 정도를 에스컬레이터가 부담하도록 한다.

해설 ④ 서비스 대상인원 80%는 에스컬레이터, 10%는 엘리베이터, 10%는 계단을 이용하는 것으로 한다.

★
37 판매공간의 동선에 관한 다음 기술 중 가장 적절하지 않은 것은?

① 고객 동선은 고객의 움직임이 자연스럽게 유도될 수 있도록 계획한다.
② 고객 동선은 고객이 원하는 곳으로 바로 접근할 수 있도록 가능한 한 짧게 계획한다.
③ 판매원 동선은 가능한 한 짧게 만들어 일의 능률이 저하되지 않도록 한다.
④ 판매원 동선은 고객동선과 교차하지 않도록 계획한다.

해설 ② 판매공간의 고객 동선은 가능한 한 길게 한다.

38 레스토랑의 평면계획에 대한 설명 중 옳지 않은 것은?

① 카운터는 출입구부분에 위치시키는 것이 좋다.
② 고객의 동선과 주방의 동선이 교차하지 않도록 한다.
③ 요리의 출구와 식기의 회수 동선은 분리하는 것이 바람직하다.
④ 공간의 다양성을 위해 서비스 동선이 이루어지는 곳은 바닥의 고저 차가 있는 것이 좋다.

해설 ④ 레스토랑의 바닥 고저 차는 고객 및 서비스 동선의 안전상에도 좋지 않으므로 가급적 피한다.

정답 **34.** ② **35.** ③ **36.** ④ **37.** ② **38.** ④

39 오피스 랜드스케이프에 관한 설명으로 옳은 것은?

① 복도를 사이에 두고 양쪽에 작은 방들을 배치한 사무소 평면계획이다.
② 사무실에 업무능률의 상승을 위해 조경을 도입한 방식을 말한다.
③ 배치는 의사 전달과 작업 흐름과 같은 실제적 패턴을 고려한다.
④ 세포형 오피스라고도 하며 개인별 공간을 확보하여 스스로 작업공간의 연출과 구성이 가능하다.

해설 사무실 실단위 평면형식
• 개실형(복도형, 세포형 오피스) : 복도를 통해 개실로 각각 들어가는 형식으로, 소규모 사무실이 많은 임대형 빌딩이나 연구실용이 적합하다.
• 개방형 : 오픈된 큰 실에 각각의 부서들이 이동형 칸막이로 구획되고 중역들을 위한 분리된 작은 방을 두는 형식이다.
• 오피스 랜드스케이프(office landscape) : 개방형 배치의 한 형식으로, 사무공간의 능률 향상을 위한 배려와 개방공간에서의 근무자의 심리적 상태를 고려한 사무공간 계획방식이다.

40 세포형 오피스(cellular type office)에 관한 설명으로 옳지 않은 것은?

① 연구원, 변호사 등 지식집약형 업종에 적합하다.
② 조직 구성원 간의 커뮤니케이션에 문제점이 있을 수 있다.
③ 개인별 공간을 확보하여 스스로 작업공간의 연출과 구성이 가능하다.
④ 하나의 평면에서 직제가 명확한 배치로 상하급의 상호 감시가 용이하다.

해설 ④ 개방형 오피스에 대한 설명이다.

41 오피스 랜드스케이프(office landscape)의 구성요소와 가장 관계가 먼 것은?

① 식물   ② 가구
③ 낮은 파티션   ④ 고정 칸막이

해설 오피스 랜드스케이프는 개방형 배치형식이므로 고정 칸막이는 알맞지 않다.

42 개방형(open plan) 사무공간에 있어서 평면계획의 기준이 되는 것은?

① 책상의 배치
② 설비 시스템
③ 조명의 분포
④ 출입구의 위치

해설 개방형 사무공간, 즉 오피스 랜드스케이프는 사무공간의 능률 향상과 근무자의 심리적 상태를 고려한 사무공간 계획방식이므로 평면계획에서 **책상 배치**가 우선되어야 한다.

43 사무소 건축과 관련하여 다음 설명에 알맞은 용어는?

• 고대 로마건축의 실내에 설치된 넓은 마당 또는 주위에 건물이 둘러 있는 안마당을 의미한다.
• 실내에 자연광을 유입시켜 여러 환경적 이점을 갖게 할 수 있다.

① 코어
② 바실리카
③ 아트리움
④ 오피스 랜드스케이프

해설
• 코어 : 수직교통시설(계단실, 엘리베이터), 화장실, 설비관계 등을 건물의 일부분에 집약시켜 공간의 유효면적을 높이기 위한 공간이다.
• 바실리카 : 로마시대에 지어진 다양한 기능을 수행했던 공공건물이다.
• 오피스 랜드스케이프 : 사무실 개방형 배치의 한 형식으로, 사무공간의 능률 향상을 위한 배려와 개방공간에서의 근무자의 심리적 상태를 고려한 사무공간 계획방식이다.

44 사무소 건축의 평면유형에 관한 설명으로 옳지 않은 것은?

① 이중지역 배치는 중복도식의 형태를 가진다.

② 삼중지역 배치는 저층의 소규모 사무소에 주로 적용된다.

③ 이중지역 배치에서 복도는 동서 방향으로 하는 것이 좋다.

④ 단일지역 배치는 경제성보다는 쾌적한 환경이나 분위기 등이 필요한 곳에 적합한 유형이다.

해설 사무소 복도형에 의한 평면유형

• 이중지역 배치(중복도식) : 중소규모의 동서 방향으로 사무실을 둔 형식으로 코어와 연계성이 높다.

• 삼중지역 배치(이중 복도식) : 고층 전용 사무실로 방사선의 평면형식의 사무실이다. 코어가 중심지역에 위치하여 사무실은 외벽을 따라서 배치한다. 부가적인 인공조명과 기계환기를 필요로 한다.

• 단일지역 배치(편복도형) : 복도의 한쪽만 사무실을 둔 소규모 사무소로 자연채광과 통풍이 좋으나 비교적 고가이다. 경제성보다는 쾌적한 환경이나 분위기 등이 필요한 곳에 적합한 유형이다.

45 사무실의 조명방식 중 부분적으로 높은 조도를 얻고자 할 때 극히 제한적으로 사용하는 것은?

① 전반조명방식　　② 간접조명방식
③ 국부조명방식　　④ 건축화조명방식

해설 국부조명방식 : 작업상 필요한 부분에만 사용하는 조명방식으로, 사무실에서는 책상 위에 국부조명으로 스탠드를 계획한다.

★
46 다음 설명에 알맞은 사무소건축의 코어 유형은?

• 유효율이 높은 계획이 가능한 형식이다.
• 내진구조가 가능하므로 구조적으로 바람직한 형식이다.

① 편심코어형　　② 독립코어형
③ 중심코어형　　④ 양단코어형

해설 코어의 종류

• 편심코어 : 바닥면적이 작은 경우에 적합하고, 고층인 경우에는 구조상 불리하다.

• 독립코어 : 코어와 상관없이 자유로운 내부 공간을 만들 수 있으나 설비 덕트, 배관 등을 사무실까지 끌어들이는 데 제약이 있다. 방재상 불리하며 바닥면적이 커지면 피난시설의 서브 코어가 필요하다. 내진구조에 불리하다.

• 중심코어 : 바닥면적이 큰 경우와 고층·초고층에 적합하다. 내진구조가 가능하므로 구조적으로 바람직하다. 내부 공간과 외관이 획일화되기 쉬우나 임대용 사무실로서는 경제적인 계획이 가능하다.

• 양단코어 : 중·대규모 건물에 적합하다. 2방향 피난에 이상적이며, 방재상 유리하다.

47 다음 설명에 알맞은 사무공간의 책상 배치의 유형은?

• 대향형과 동향형의 양쪽 특성을 절충한 형태이다.
• 조직관리 측면에서 조직의 융합을 꾀하기 쉽고 정보처리나 잡무 동작의 효율이 좋다.
• 배치에 따른 면적 손실이 크며 커뮤니케이션의 형성에 불리하다.

① 좌우대향형　　② 십자형
③ 자유형　　　　④ 삼각형

해설 사무실 책상의 배치유형

• 동향형 : 책상을 같은 방향으로 배치하여 비교적 프라이버시의 침해가 적다.

• 대향형 : 면적효율이 좋고 커뮤니케이션 형성에 유리하여 공동작업의 업무형태로 업무가 이루어지는 사무실에 유리하나 프라이버시를 침해할 우려가 있다.

• 좌우대향형 : 대향형과 동향형을 절충한 방식으로 면적 손실이 크다. 조직관리가 용이하고 정보처리 등 업무의 효율이 높아 생산업무, 서류업무, 데이터 처리업무에 적합하다.

• 십자형 : 팀작업이 요구되는 전문직 업무에 적용한다.

• 자유형 : 독립된 영역의 개개인의 작업을 위한 형태로, 중간 간부급이나 전문직종에 적용한다.

48 은행의 실내계획에 관한 설명으로 옳지 않은 것은?

① 은행 고유의 색채, 심벌마크 등을 실내에 도입하여 이미지를 부각시킨다.
② 객장은 대기공간으로 고객에게 안전하고 편리한 서비스를 제공하는 시설을 구비하도록 한다.
③ 영업장과 객장의 효율적 배치로 사무 동선을 단순화하여 업무가 신속히 처리되도록 한다.
④ 도난 방지를 위해 고객에게 심리적 긴장감을 주도록 영업장과 객장은 시각적으로 차단시킨다.

해설 ④ 은행에 대한 고객의 신뢰도를 높이기 위해 영업장과 객장은 원칙적으로 구분이 없어야 한다.

★
49 사무소 건축의 코어 유형에 관한 설명으로 옳지 않은 것은?

① 중심코어형은 유효율이 높은 계획이 가능한 형식이다.
② 편심코어형은 기준층의 바닥면적이 작은 경우에 적합하다.
③ 양단코어형은 2방향 피난에 이상적이며, 방재상 유리하다.
④ 독립코어형은 코어 프레임을 내진구조로 할 수 있어 구조적으로 가장 바람직한 유형이다.

해설 독립코어
• 코어와 상관없이 자유로운 내부 공간을 만들 수 있으나 설비 덕트, 배관 등을 사무실까지 끌어들이는 데 제약이 있다.
• 방재상 불리하며 바닥면적이 커지면 피난시설의 서브 코어가 필요하다.
• 내진구조에 불리하다.

50 일종의 전시공간인 쇼룸(showroom)의 계획에 관한 설명으로 옳지 않은 것은?

① 관람의 흐름은 막힘이 없어야 한다.
② 입구에는 세심한 디스플레이를 피한다.
③ 관람자가 한 번 지나간 곳을 다시 지나가도록 한다.
④ 관람에 있어 시각적 혼란을 초래하지 않도록 전후좌우를 한꺼번에 다 보게 해서는 안 된다.

해설 ③ 관람자 동선의 혼란을 막기 위해 일반적으로 쇼룸의 동선은 일방통행으로 한다.

51 다음 중 전시공간의 규모 설정에 영향을 주는 요인과 가장 거리가 먼 것은?

① 전시방법
② 전시의 목적
③ 전시공간의 평면형태
④ 전시자료의 크기와 수량

해설 전시공간의 규모는 관람자의 수에 비례하며 전시물의 크기와 수량에 맞게 적정한 관람공간을 확보하도록 설정한다.

52 전시공간에 관한 설명으로 옳지 않은 것은?

① 전시의 성격은 영리적 전시와 비영리적 전시로 나눌 수 있다.
② 공간의 형태와 규모에 관련된 물리적 요건들이 전시공간의 특성을 좌우한다.
③ 전체 동선체계는 이용자 동선과 관리자 동선으로 대별되며 서로 통합되도록 계획한다.
④ 전시실의 순회유형에 따라 전시실 상호 간 결합형식이 결정되며 전체의 전시계획에 영향을 미친다.

해설 ③ 전시장의 동선은 관람객 동선, 관리자 동선, 전시물 동선으로 나뉘며 관람객 동선과 관리자 동선은 분리시킨다.

53 전시공간의 천장관리에 관한 설명으로 옳지 않은 것은?

① 천장의 마감재는 흡음성능이 높은 것이 요구된다.

② 시선을 집중시키기 위해 강한 색채를 사용한다.

③ 조명기구, 공조설비, 화재경보기 등 제반 설비를 설치한다.

④ 이동 스크린이나 전시물을 매달 수 있는 시설을 설치한다.

해설 ② 전시공간은 전시된 전시물에 집중시키기 위해 마감재에 강한 색채를 쓰지 않는다.

★
54 다음 설명에 알맞은 전시공간의 특수전시기법은?

• 연속적인 주제를 시간적인 연속성을 가지고 선형으로 연출하는 전시기법이다.
• 벽면 전시와 입체물이 병행되는 것이 일반적인 유형으로 넓은 시야의 실경을 보는 듯한 감각을 준다.

① 디오라마 전시　② 파노라마 전시
③ 아일랜드 전시　④ 하모니카 전시

해설 • 디오라마 전시 : 현장감을 실감나게 표현하는 방법으로 하나의 사실 또는 주제의 시간 상황을 고정시켜 연출하는 전시기법
• 아일랜드 전시 : 사방에서 감상할 필요가 있는 조각물이나 모형을 전시하기 위해 벽면에서 띄워서 전시하는 전시기법
• 하모니카 전시 : 통일된 주제의 전시 내용이 규칙적 혹은 반복적으로 배치되는 전시기법

55 전시공간의 설계 시 고려해야 할 기본 사항이 아닌 것은?

① 전시물의 특성　② 관람객의 움직임
③ 관람방식　④ 관람료 및 출구

해설 ④ 관람료 및 출구는 전시공간 기획 단계에서 전시 기획자가 할 일이며 전시공간 설계 시에는 고려할 사항이 아니다.

56 호텔의 실내디자인에 관한 설명으로 부적당한 것은?

① 호텔의 동선유형은 고객, 종업원, 물품으로 구분하여 각 동선은 교차되지 않아야 한다.

② 로비의 기능은 출입공간, 휴식공간 및 서비스 등의 기능을 가진다.

③ 로비면적은 프런트 데스크를 포함하는 메인 로비일 경우 객실당 $1.5 \sim 2.0 m^2$가 필요하다.

④ 프런트 데스크의 기능은 접수, 계산, 안내 등이다.

해설 로비의 면적은 프런트 데스크를 포함한 메인 로비는 객실당 $0.8 \sim 1.0 m^2$, 로비와 라운지를 포함 시에는 객실당 $0.9 \sim 1.5 m^2$로 한다.

★
57 다음 설명에 알맞은 전시공간의 특수전시방법은?

사방에서 감상해야 할 필요가 있는 조각물이나 모형을 전시하기 위해 벽면에서 띄워서 전시하는 방법

① 디오라마 전시　② 파노라마 전시
③ 아일랜드 전시　④ 하모니카 전시

해설 • 디오라마 전시 : 하나의 사실 또는 주제의 시간 상황을 고정시켜 연출하는 전시기법. 어떤 상황을 배경과 실물 또는 모형으로 재현하여 현장감·공간감을 표현하고, 배경에 맞는 투시적 효과와 상황을 만든다.
• 파노라마 전시 : 연속적인 주제를 연관성 있게 표현하기 위해 선(線)으로 연출하는 전시기법으로, 전체의 맥락이 중요하다고 생각될 때 사용된다.
• 하모니카 전시 : 통일된 주제의 전시 내용이 규칙적 혹은 반복적으로 배치되는 전시기법

58 시티 호텔(city hotel) 계획에서 크게 고려하지 않아도 되는 것은?

① 주차장　② 발코니
③ 연회장　④ 레스토랑

해설 ② 발코니는 리조트 호텔 계획 시 고려한다.

정답 ▶ 53. ②　54. ②　55. ④　56. ③　57. ③　58. ②

59 호텔의 객실 중 보통 하나 혹은 그 이상의 침실에 거실을 연결시켜 놓은 것을 일컫는 것으로, 일반 객실보다 규모가 크고 보다 안락하게 구성되어 있는 특별 객실의 이름은?

① 트윈 룸(twin room)
② 스튜디오 룸(studio room)
③ 스위트룸(suite room)
④ 더블 룸(double room)

해설
• 트윈 룸(twin room) : 1인용 침대 2개를 갖춘 객실 (19m² 이상)
• 스튜디오 룸(studio room) : 커머셜 호텔, 비즈니스 호텔에서 주로 볼 수 있는 객실로서 낮에는 응접용 소파로, 밤에는 침대로 사용할 수 있는 다목적용 침대를 갖춘 객실
• 더블 룸(double room) : 2인용 침대 또는 킹사이즈의 침대를 갖춘 객실(16m² 이상)

60 다음과 같은 특징을 가지는 극장의 평면형은?

> • 중앙무대형이라고도 하며 관객이 연기자를 360도로 둘러싸고 관람하는 형식이다.
> • 무대의 배경을 만들지 않으므로 경제적이지만 무대장치의 설치에 어려움이 따른다.

① 가변형
② 아레나형
③ 프로세니엄형
④ 오픈스테이지형

해설
• 가변형 : 공연 작품의 성격에 따라 무대와 관객석의 변형이 가능하다.
• 프로세니엄형 : 현재 대부분의 극장에서 볼 수 있는 평면형태로, 관객석에서 바라보았을 때 원형 혹은 반원형으로 보이는 무대를 말한다. 관객석과 무대가 확연하게 구획되고 연기자가 제한된 방향으로만 관객을 대하게 된다.
• 오픈스테이지형 : 관객이 부분적으로 연기자를 둘러싸고 있는 형태이므로 관객이 연기자에게 좀 더 근접하여 관람할 수 있다. 아레나형과 마찬가지로 무대장치 설치에 어려움이 있다.

61 호텔의 중심기능으로 모든 동선체계의 시작이 되는 공간은?

① 린넨실
② 연회장
③ 로비
④ 객실

해설 호텔의 로비는 주 출입구로서 통로·휴게·면회·독서·대기 등 다목적공간이며, 모든 동선체계의 시작이 되는 공간이다.

★
62 극장의 관객석에서 무대 위 연기자의 세밀한 표정이나 몸동작을 볼 수 있는 시선거리의 생리적 한도는?

① 10m
② 15m
③ 22m
④ 35m

해설 객석의 설계기준

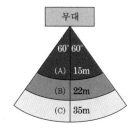

A : 생리적 한도. 배우의 표정, 동작을 자세히 감상. 인형극, 아동극
B : 제1차 허용한도. 국악, 실내악, 소규모 오페라
C : 제2차 허용한도. 일반적인 동작이 보이는 거리. 발레, 뮤지컬, 연극, 오페라

03 실내디자인의 프로세스

★
63 다음 표는 실내디자인의 프로세스를 나열한 것이다. ( ) 안에 들어갈 가장 알맞은 내용은?

> 문제점 인식 → 아이디어 수집 → 아이디어 분석 → 분석 → ( ) → 실행

① 견적
② 설계
③ 결정
④ 시공

정답 ▶ 59. ③ 60. ② 61. ③ 62. ② 63. ③

64 실내공간을 다른 용도로 개보수(renovation)할 경우 기존 공간의 분석에 대한 사항과 거리가 먼 것은?

① 구조형식과 재료 마감의 상태
② 천장고와 천장 내부의 상태
③ 기존 건물의 면적, 법적 용도
④ 기존 건물의 기초상태

해설 리노베이션(renovation)
• 기존 건축물의 기능과 성능을 높이기 위해 신축, 증축, 개축, 재축, 이전, 대수선, 용도변경을 하는 것을 말한다.
• 기존 건물에 대한 철거작업이 없기 때문에 기존 건물의 기초상태를 분석할 필요는 없다.

★
65 거주 후 평가(POE)의 목적과 직접적으로 관련이 되는 설명은?

① 사용자의 요구를 검토하여 설계의 조건들을 추출해 내는 기법이다.
② 거주자의 심리적 반응을 평가하여 건물의 가치를 규정하는 작업이다.
③ 피험자의 자연스러운 태도를 유도하여 적절한 평가의 분위기를 조성한다.
④ 사용자의 요구 충족도를 평가하여 이론화하거나 유사 프로젝트에 반영한다.

해설 거주 후 평가(POE) : 입주 후 충분한 시간이 경과된 후 거주자의 만족도 조사, 문제점 등을 체크하여 유사 프로젝트에 반영하는 것이 목적이다.

66 실내디자인의 프로그래밍은 '목표 설정-조사-분석-종합-결정'의 순으로 진행된다. 다음 중 분석의 단계에서 행해져야 할 사항은?

① 총공사비의 지출
② 계획도면의 확정
③ 자료 분류 및 정보의 해석
④ 실내마감재 및 색채의 결정

해설 보기 ②, ④는 설계과정에서 행해진다.

67 설계에 착수하기 전에 과제의 전모를 분석하고 개념화하며, 목표를 명확히 하는 초기 단계의 작업인 프로그래밍에서 '공간 간의 기능적 구조 해석'과 가장 관계가 깊은 것은?

① 개념의 도출
② 환경적 분석
③ 사용주의 요구
④ 스페이스 프로그램

해설 스페이스 프로그램 : 공간 내 소요 공간과 공간별 적정면적, 공간의 특성, 사용자의 요구사항, 특징, 패턴, 공간의 사용시간 등을 파악하여 적절한 공간면적을 산정하여 평면계획 시 지침으로 삼는 작업이다.

★
68 공간의 레이아웃(layout)과 가장 밀접한 관계를 가지고 있는 것은?

① 재료계획
② 동선계획
③ 설비계획
④ 색채계획

해설 공간의 레이아웃(layout) : 공간을 형성하는 부분과 설치되는 물체의 평면상 배치계획을 말하며 공간의 레이아웃 작업에는 동선, 기능성, 연결성, 공간의 배분, 공간별 그루핑 등이 중요하다.

69 이미지 스케치에 관한 설명으로 옳지 않은 것은?

① 전체적인 이미지를 알 수 있도록 스케치하는 것이 중요하다.
② 준비된 여러 가지 자료를 참고하여 디자인할 부위를 표현한다.
③ 투시도 작도 이전에 그리는 3차원적 표현방법이라고 할 수 있다.
④ 공간별 이미지를 스케치하되 다른 디자인을 재해석한 모방은 곤란하다.

해설 창조적 아이디어를 만들기 위한 작업은 모방과 조합에서 시작된다. 다른 디자인을 재해석하여 새로운 조합을 만든다면 모방도 가능하다.

정답 ▶ 64. ④ 65. ④ 66. ③ 67. ④ 68. ② 69. ④

70 다음 중 기능 분석 내용을 바탕으로 하여 구성요소를 배치(layout)할 때 고려해야 할 내용과 가장 거리가 먼 것은?

① 공간 상호 긴의 연계성
② 색채 및 재료의 유사성
③ 출입형식 및 동선체계
④ 인체공학적 치수와 가구의 크기

해설 공간의 레이아웃 : 공간을 형성하는 부분과 설치되는 물체의 평면상 배치계획으로 동선, 기능성, 연결성, 공간의 배분, 공간별 그루핑 등을 고려한다.

71 디자인 프로세스에 대한 설명으로 옳지 않은 것은?

① 디자인 문제의 해결과정이라 할 수 있다.
② 디자인의 결과는 디자인 프로세스에 의해 영향을 받게 되므로 반드시 필요하다.
③ 디자인을 수행함에 있어 체계적으로 획일화한 프로세스는 모든 디자인 문제를 해결할 수 있다.
④ 창조적인 사고, 기술적인 해결능력, 경제 및 인간가치 등의 종합적이고 학제적인 접근이 필요하다.

해설 ③ 프로젝트마다 클라이언트의 공간의 사용목적, 예산, 완성 후 운영방법, 조건 설정 등이 다르므로 디자인 프로세스는 아무리 체계적이라 해도 획일화할 수는 없다.

72 실내디자인을 진행하는 과정 중 실시설계의 내용에 대한 설명으로 옳지 않은 것은?

① 내부적·외부적 요구사항의 계획조건 파악에 의거하여 기본개념과 제한요소를 설정한다.
② 가구는 디자인되거나 기성품 중에서 선택, 결정되어 가구 배치도, 가구도 등이 작성된다.
③ 디자인의 경제성, 내구성, 효과 등을 높이기 위해 사용재료 및 설치물의 치수와 질 등을 지정한다.
④ 공사 및 조립 등의 구체적인 근거를 제시한다.

해설 ①은 조건 설정 단계의 설명이다.

73 'design image를 구축한다.'의 의미로 가장 알맞은 것은?

① 소유물을 list-up하는 것
② 사용되는 재료를 선택하는 것
③ 디자인의 우위성을 부각시키는 것
④ 기능적·정서적·특징적 공간의 이미지를 만드는 것

해설 실내디자이너에게 '디자인 이미지 구축'은 기능성, 경제성, 심미성, 실용성, 창의성, 조형성, 기술성 등을 고려한 공간 이미지를 만드는 것이다.

74 다음 설명에 알맞은 실내디자인 프로세스에 있어서의 아이디어 창출기법은?

전체 구성원을 소그룹으로 나누고 각각의 소그룹이 개별적인 토의를 벌인 뒤 각 그룹의 결론을 패널 형식으로 토론하고, 전체적인 결론을 내리는 방법이다.

① 시네틱스   ② 버즈 세션
③ 롤플레잉   ④ 브레인스토밍

해설
• 시네틱스(synectics) : 서로 연관성이 없는 것들을 조합, 결합, 합성하여 새로운 것을 도출하는 집단 아이디어 발상법. 시네틱스 기법으로는 친숙한 것을 이용해 새로운 것을 창안하거나 친숙하지 않은 것을 친숙한 것으로 보도록 하는 것이다.
• 롤플레잉(role-playing) : 역할연기법으로 특정한 역할을 시험적으로 연기해 보면서 문제점을 파악하거나 바람직한 역할 행동을 개발하는 방법이다.
• 브레인스토밍(brainstorming) : 자유로운 회의, 토론을 통해 많은 아이디어를 조합하여 새로운 아이디어를 창출하는 것이다.

Interior Architecture

01 색채지각

INTERIOR ARCHITECTURE

01 | 색을 지각하는 기본 원리

학습 POINT
- 빛과 색의 정의와 성질을 이해한다.
- 파장과 색이름의 관계를 숙지한다.
- 색채지각설의 원리를 이해한다.

1 빛과 색

1) 빛의 정의

빛은 비교적 파장이 짧은 전자기파의 한 종류로서 각 파장의 길이에 따라 여러 가지 특성을 지닌 빛이 된다.

① 가시광선
　㉠ 우리가 볼 수 있는 빛의 영역을 가시광선이라고 한다.
　㉡ 주파수의 파장 길이는 380~780nm 사이에 있다.

② 자외선
　㉠ 가시광선보다 짧은 파장으로 눈에 보이지 않는 빛이다.
　㉡ 주파수의 파장 길이는 380nm 이하이고, 의료용 자외선과 뢴트겐용 X선이 있다.

③ 적외선
　㉠ 가시광선보다 긴 파장으로 주파수의 파장 길이는 780nm 이상이다.
　㉡ 라디오 전파에 이용된다.

2) 빛의 성질

① 장파장일수록 굴절률이 작고 산란하기 어렵다. 단파장은 굴절률이 크고 산란하기 쉽다.

② 산란과 반사
　㉠ 산란 : 거친 표면에 빛이 입사하였을 때 여러 방향으로 빛이 분산되어 퍼져 나가는 것을 말한다.
　㉡ 반사 : 산란의 한 형태로 매끈한 표면에 빛이 입사하였을 때 빛이 방향을 바꾸어 되돌아가는 것을 말한다.

③ 특정 파장은 반사하고 그 밖의 빛은 흡수하는데, 우리는 반사되는 색을 인지하게 된다.

3) 빛의 스펙트럼

① 1966년 영국의 물리학자 뉴턴(Newton)은 망원경을 만들기 위해 이탈리아에서 프리즘을 들여와 빛의 굴절현상을 이용, 백색광을 무지개색과 같이 연속된 띠로 나누는 실험을 했는데, 이 연속된 색의 띠를 스펙트럼이라고 한다.

② 장파장에 방사에너지가 집중되면 붉은색으로 보이고, 단파장에 방사에너지가 집중되면 푸른색으로 보인다.

③ 장파장에서 단파장으로 가는 색의 순서는 빨>주>노>초>파>남>보의 순이다.

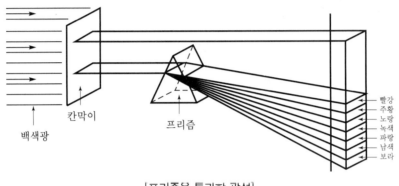

[프리즘을 통과한 광선]

4) 색

① 지각 대상으로서의 물리적인 대상인 빛과 그 빛의 지각현상을 일컫는 용어이다.

② 빛을 색이라고 정의한 것은 빛을 사물의 표면과 형태를 정확하게 보이도록 하는 주체로서 생각한 개념이다.

③ 무채색을 포함한다.

5) 색채

빛이 사물에 비쳐 드러난 물체의 성격으로 눈을 통해 지각되기도 하고, 경험으로 인식되기도 한다.

6) 시감도

가시광선이 주는 밝기의 감각이 파장에 따라서 달라지는 정도를 말한다.

7) 파장과 색이름의 관계

파장 범위[nm]	색이름	파장 범위[nm]	색이름
400~450	보라색	570~590	노란색
450~500	파란색	590~610	주황색
500~570	초록색	610~700	빨간색

② 물체의 색

1) 표면색

① 물체 표면의 색으로, 물체의 표면이 빛을 받아 반사되는 색이다.

② 거울 같은 표면에 비쳐 나타나는 표면색과 금속의 표면에 나타나는 금속색 등이 있다.

2) 투명면색

① 물체를 투과하여 색 자체만을 느끼는 색으로, 공간색과 산섭색이 있다.

② 공간색은 3차원 공간에 투명한 물질로 차 있는 듯한 부피감을 느끼게 하는 색이고, 간섭색은 빛이 확산 및 반사되어 무지개 같은 빛이 나타나는 것을 말한다.

3) 광원색

① 광원으로부터 방출되는 빛의 색으로, 조명색이라고도 한다.

② 태양의 빛이나 형광등, 백열전구, 수은등 등이 있다.

4) 투과색

색유리와 같이 빛을 투과함으로써 나타나는 색이다.

5) 면색

① 맑고 푸른 하늘과 같이 순수하게 색만이 보이는 상태로 표면지각이나 용적지각이 없는 색이다.

② 넓이의 느낌은 있으나 거리감이 불확실하고 물체감이 없다.

③ 개구색이나 평면색이라고도 한다.

6) 경영색(mirrored color)

거울색이라고도 하며, 거울과 같이 불투명한 물질의 광택면에 비친 대상물의 색이다.

7) 공간색

① 유리컵 속의 물처럼 용적지각*을 수반하는 색으로, 용적색이라고도 한다.

② 부피감으로 느껴지는 색이다.

> **TIP** 용적지각 : 물건을 담을 수 있는 부피나 분량을 분별하는 능력

③ 푸르키네(Purkinje) 현상

① 주위의 밝기 변화에 따라 물체색의 명도가 다르게 보이는 현상을 말한다.

② 명소시*에서 암소시*로 이행할 때 붉은색은 어둡게 보이고, 녹색과 청색은 상대적으로 밝게 보이는 현상이다.

③ 비상구 등 어두운 장소에서는 파란색 계통이 붉은색 계통보다 식별이 용이하다.

4 광원의 연색성과 조건등색

1) 연색성(color rendering)

① 조명이 물체의 색감에 영향을 미치는 현상으로, 같은 물체의 색도 조명에 따라 색이 다르게 보이는 것을 말한다.

② 백열전구의 빛에는 주황색이 많이 있어 난색계 물체를 조명하면 선명하게 보이고, 형광등의 빛은 청색이 많이 있어 흰색·한색계의 물체가 선명하게 보인다.

③ 연색성은 상품을 돋보이게 할 때 많이 이용된다.

2) 조건등색(metamerism)

서로 다른 두 가지 색이 하나의 광원 아래서 같은 색으로 보이는 현상으로, 메타메리즘이라고도 한다.

5 색채지각설

1) 3원색설

① 3원색은 영국의 물리학자 토머스 영(Thomas Young)이 발표하고, 독일의 물리학자 헬름홀츠(Helmholtz)가 완성시킨 색각이론이다. 영·헬름홀츠의 3원색설이라고도 한다.

  ㉠ 토머스 영이 빨강, 노랑, 파랑을 기본 3원색이라고 한 것을 헬름홀츠가 빨강, 초록, 보라로 수정하였다.

  ㉡ 망막에는 파장별로 분해특성이 다른 장파장·중파장·단파장의 세 가지 물질이 있는데, 각각 빨강·초록·파랑에 가까운 감각을 일으킨다.

② 빨강과 초록의 수용기가 동등하게 자극되었을 때 노란색이 지각되고, 빨강과 파랑일 때는 자주색, 파랑과 초록일 때는 청록색이 지각된다.

③ 빛이 망막에 이르면 각각의 특성을 지닌 세 종류의 빛의 수용기가 어떻게 반응하는지에 따라 RGB의 양이 구해진다. 세 종류가 모두 반응하면 백색, 모두 반응하지 않으면 검은색이 느껴진다.

2) 4원색설

① 헤링(Hering)은 빨강-초록, 노랑-파랑, 하양-검정의 세 쌍의 반대색을 색의 기본 감각으로 한 4원색설을 주장하였다. 헤링은 망막에 이 세 가지 구성요소가 있다고 가정하고 각각의 물질은 빛에 따라 동화(합성), 이화(분해)라고 하는 대립되는 화학적 변화를 일으킨다고 하였다.

② 동화작용(합성)에 의해 검정·초록·파랑의 감각이 생기고, 이화작용(분해)에 의해 하양·빨강·노랑의 감각이 생긴다.

3) 색순응

① 순응이란 인간의 적응능력 가운데 하나로, 주어진 환경에 적응하는 신체능력을 말한다. 색채와 관련하여 색순응이란 광원에 따라서 물체의 색도 다르게 보이는데 그 차이를 적게 하기 위한 눈의 자동조절반응을 말한다.

② 색순응은 색각의 항상성과도 관련이 있으며 주어진 환경이 변하여도 색의 특성을 느낄 수 있는 것이다.

③ 밝은 장소에서 강한 빛에 반응하여 정상적인 감각을 가지는 것을 명순응이라고 하고, 어두운 곳에서 시각적으로 사물을 관찰할 수 있도록 빛을 감지하는 능력을 암순응이라고 한다.

4) 눈과 색채

① 눈은 수용기[*]로서 감광물질을 지니고 있다. 이 감광물질이 빛을 수용하여 생화학반응을 일으키고 전기신호로 변환시켜 전달한다.

> **TIP** 수용기 : 광원으로부터 비치거나 물체에 반사된 빛을 받아들여 시감으로 직접 인식하게 하는 것

② 빛은 투명한 각막에 가장 먼저 전달된다. 그 후 동공의 축소·확대가 이루어지면서 안구앞방과 수정체의 굴절작용을 거쳐 눈의 중심부에 있는 유리체액을 통해 여러 겹으로 구성되어 있는 망막에 상이 맺히게 된다.

③ 여러 겹의 망막은 빛의 수용기로서 밝기를 감지하는 중요한 시세포인 간상체와 색상을 감지하는 추상체로 구성되어 있다.

ⓒ 간상체는 약한 빛에서도 형태를 구분할 수 있지만 흑백의 명암에만 작용한다.

ⓒ 추상체는 밝은 조명 아래에서 색상을 감지할 수 있게 한다.

ⓒ 우리가 보는 영상은 중심와를 중심으로 맺히게 되는데, 이 중심와 주변은 간상체가 거의 없고 추상체 위주로 되어 있다.

5) 베졸드(Bezold) 현상

① 문양이나 선의 색이 배경색에 혼합되어 보이는 동화현상을 말한다.

② 면적이 큰 배경에 비해 작은 도형이나 선분이 가늘고 간격이 좁을수록 효과가 더 나타난다.

③ 배경색과 도형의 색의 명도·색상 차이가 작을수록 효과가 크다.

CHAPTER 02 색의 분류, 성질, 혼합

INTERIOR ARCHITECTURE

01 | 색의 3속성과 색입체

학습 POINT • 색의 분류와 색의 성질을 이해한다.

1 색의 분류

1) 무채색

① 흰색, 회색, 검정 등 색상이나 채도가 없고 명도만 있는 색이다.
② 색상을 가지지 않는 회색 차원만을 드러내는 색을 일컫는다.

2) 유채색

① 물체의 색 중에서 색상이 있는 색으로, 무채색을 제외한 모든 색이다.
② 무채색 옆에 유채색을 놓으면 무채색은 유채색의 보색 기미를 띠게 되어 각각 채도가 높아 보이게 된다. 따라서 경쾌하고 강한 대비효과를 느낄 수 있게 된다.

2 색의 성질

1) 색상

① 색은 유채색들끼리 서로 비교하는 데 필요한 색명을 가지고 있다. 일반적으로 색상의 이름으로 색의 이름을 부른다.
② 유사색·반대색·보색 등이 있고, 보색인 두 색을 혼합하면 무채색이 된다.
③ 색상의 성질이 유사한 것끼리 둥글게 배열한 것을 색상환이라고 한다.

2) 명도

① 명도란 색상의 밝기 정도를 말하는데, 밝기 정도에 따라 11단계로 구분된다. 인간의 눈은 명도에 가장 민감하다.

　　ⓐ 고명도 : 10~7도(4단계)

　　ⓑ 중명도 : 6~4도(3단계)

　　ⓒ 저명도 : 3~0도(4단계)

　② 명도가 가장 높은 색은 흰색, 가장 낮은 색은 검은색이다.

3) 채도

① 채도는 색의 선명도를 나타내며, 색의 순도·포화도라고도 한다.

　ⓐ 색의 강약 정도를 나타내는 기준이 되며, 색의 강약에 따라 순색·청색·탁색*으로 분류된다.

　ⓑ 순색에 가까울수록 채도는 높아지고, 색이 혼합되면 채도는 낮아진다. 즉 순색에 무채색이 많을수록 채도는 낮아지고, 무채색이 적을수록 채도는 높아진다.

② 색의 채도가 높으면 명도는 낮게, 채도가 낮으면 명도를 높게 하는 것이 좋다.

> **TIP** • 순색 : 선명한 색기를 띤 채도가 가장 높은 색
> • 청색 : 순색에 흰색이나 검은색을 섞은 것
> • 탁색 : 순색에 회색을 섞은 것

02 | 색의 혼합

> **학습 POINT** • 색의 혼합 종류와 각각의 특성을 숙지한다.

• 2개 이상의 색광이나 색필터 또는 색료(물감, 잉크, 안료, 연료, 페인트 등)를 서로 혼합하여 다른 색채 감각을 일으키는 것을 혼색 또는 색혼합이라고 부른다.

• 혼합하여 밝아지는 혼색(가법혼색), 혼합하여 어두워지는 혼색(감법혼색), 혼합하여 중간 밝기를 나타내는 혼색(중간혼색)의 세 가지가 있다. 이러한 분류 기준은 밝기와 관련이 있다.

1) 가산혼합(가법혼색, 색광혼합)

① 가산혼합은 빛의 색을 서로 더해서 빛이 점점 밝아지는 원리를 이용하는 것으로, **색을 더할수록 점점 밝아지는 방법이다.** 명도뿐만 아니라 채도도 높아진다.

② **무대조명**처럼 빛으로 색을 표현하는 매체에 주로 해당하는 원리이다.

③ 빨강(R), 초록(G), 파랑(B)의 3원색으로 이루어지는데 3색광을 겹쳐서 생기는 색의 관계는 다음 그림(p. 84 그림)과 같다. 물감의 혼색과는 반대로 더욱 밝아지고 맑아지므로 가법혼색 또는 플러스 현상이라고 한다.

④ 혼합된 색(2차색)의 명도는 혼합하려는 색의 명도보다 높아지며, 보색끼리의 혼합은 무채색이 된다.

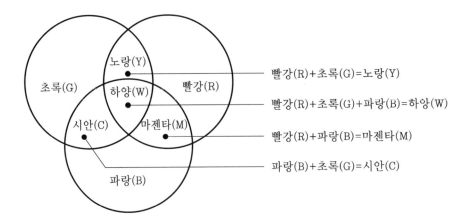

빨강(R)+초록(G)=노랑(Y)

빨강(R)+초록(G)+파랑(B)=하양(W)

빨강(R)+파랑(B)=마젠타(M)

파랑(B)+초록(G)=시안(C)

2) 감산혼합(감법혼색, 색료혼합)

① 감산혼합은 색을 더할수록 밝기가 감소하는 색혼합으로 어두워지는 혼색을 말한다.

② 마이너스 혼합이라고도 한다.

③ 마젠타(M)·노랑(Y)·시안(C)이 3원색이며, 혼합될수록(2차색) 채도·명도가 낮아진다.

④ 감법혼색의 원리는 컬러 슬라이드 필름에 응용된다.

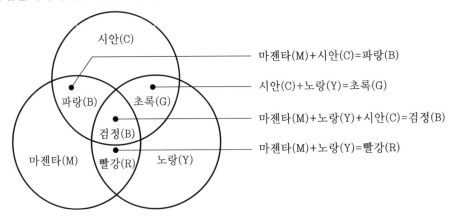

마젠타(M)+시안(C)=파랑(B)

시안(C)+노랑(Y)=초록(G)

마젠타(M)+노랑(Y)+시안(C)=검정(B)

마젠타(M)+노랑(Y)=빨강(R)

3) 중간혼합(중간혼색)

• 가산혼합이 색광이 더해짐에 따라 밝아지는 것이라면, 중간혼합은 두 색 또는 그 이상의 색이 섞여서 중간의 밝기를 나타내는 것이다.

• 회전(계시가법)혼색과 병치혼색이 있다.

(1) 회전(계시가법)혼색

① 회전원판을 이용하는 맥스웰(Maxwell)의 혼색법이 가장 대표적이며, 이 혼색은 회전혼색기에 두 색 이상의 색표를 얹어 놓고 고속으로 회전시키면 두 색 이상의 색이 하나의 색으로 보이는 현상이다.

② 혼합하는 두 색의 중간 명도와 중간 색상이 된다.

③ 회전속도가 빠를수록 무채색으로 보인다. 우리가 보는 영화 역시 시간 차에 따른 착시를 이용한 연속혼색의 응용이다.

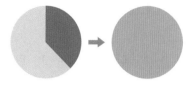

[회전혼색의 원리]

(2) 병치혼색

① 작은 색점이 섬세하게 병치되어 있을 때 먼 거리에서 보면 색이 혼색되어 보이는 현상이다.

② **점묘화, 컬러TV의 혼색과 직물의 컬러인쇄 등이 해당된다.**

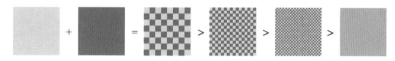

[병치혼색의 원리]

03 색의 표시

INTERIOR ARCHITECTURE

01 | 표색계

• 표색계의 종류와 특성을 숙지한다.

1 색의 표준

1) 개요

① 색채는 인간의 감성과 관련하여 주관적 느낌이 강하기 때문에 표준화가 필요하다.

② 색채표준은 색을 일정하고 정확하게 측정, 기록, 전달, 관리하기 위한 수단이다.

③ 색채를 기록하는 방법

　㉠ 직접 눈으로 보고 색채를 식별할 수 있도록 색표를 기준으로 하는 방법

　㉡ 수치적으로 미리 약속된 방법에 따라 기록하는 방법

④ 색채표준체계에는 현색계와 혼색계가 있다.

2) 색채표준체계

(1) 현색계

① **직접 눈으로 보는 것이 표준이 되는** 색채체계로, 인간의 시감에 따라 색을 규칙적으로 배열한다.

② 일정한 번호나 기호를 붙여서 색채를 표시한다.

③ **먼셀 표색계**, **오스트발트 표색계가 해당된다.**

(2) 혼색계

① **색을 측색기로 측색하여** 어떤 파장역의 빛을 반사하는가에 따라 색의 특징을 판별하는 방법이다.

② 정확한 수치 개념에 입각하여 우리가 색을 직접 보지 않고 좌표 또는 수치를 이용하여 표현하는 체계이다.

③ 광원의 영향을 받지 않고 심리적·물리적인 빛의 혼색실험에 기초를 두고 있다.

④ **CIE 표색계가 해당된다.**

2 먼셀 표색계

1) 개요

① 1905년 미국의 화가 먼셀(Munsell)에 의해 창안되었다.

② 물체 표면의 색지각을 기초로 심리적인 **색의 속성을 색상(H), 명도(V), 채도(C)의 세 가지 속성으로 나누고, HV/C로 표기**한다. 예를 들어 5GY 6/4는 색상이 연두색의 5GY에 명도가 6이며 채도가 4인 색채이다. 무채색의 경우 N4와 같이 명도만을 나타내고 앞에 N을 표기하여 무채색임을 명시한다.

③ 우리나라는 **한국산업규격(KS)에서 색채표기법으로 채택하고 있다.**

④ 색상은 원으로, 명도는 직선으로, 채도는 방사선으로 배열한다.

⑤ 색입체[*]를 무채색 축을 중심으로 하여 수직으로 자르면 무채색의 축 좌우에 보색관계인 두 가지의 동일한 색상면이 나타난다. 동일한 색상면에서 위로 갈수록 명도가 높고, 아래로 갈수록 명도가 낮아지며, 외부로 나갈수록 채도는 높아진다.

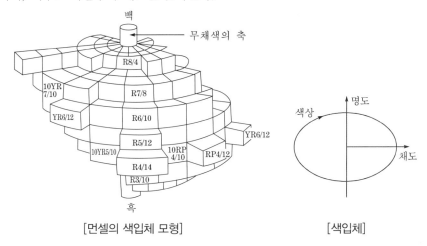

[먼셀의 색입체 모형]　　　[색입체]

> **TIP** 색입체 : 색을 색상·명도·채도의 3가지 속성 또는 기본 차원에 따라 공간적으로 배열하고 기호 또는 번호로 표시한 입체도

2) 색의 속성

(1) 색상

① 입체를 수평으로 나눈 원 위주의 변화

② 색상은 색상 차이가 등간격으로 보이는 5가지 주요 색상인 R(적), Y(황), G(녹), B(청), P(자)에 5가지 중간 색상인 YR(주황), GY(황록),BG(청록), PB(청자), RP(적자)를 더하여 10가지 색상으로 하였다.

③ 각 색상마다 5를 중심으로 0에서 10까지 눈금을 등간격으로 찍어서 모든 색상을 100으로 하였다.

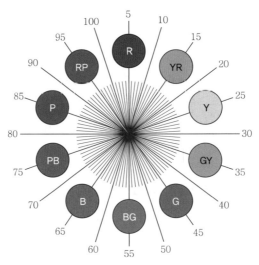

[먼셀의 100 색상의 배치]

(2) 명도

① 빛의 반사율에 따른 **색의 밝고 어두운 정도**를 나타낸다.

② 수직선 방향으로 위로 올라갈수록 명도가 높고, 아래로 갈수록 명도가 낮아진다.

③ 검정은 0, 하양은 10을 가리킨다.

(3) 채도

① 회색을 띠고 있는 정도, 즉 **색의 맑고 탁한 정도**를 나타낸다.

② 무채색을 0으로 하여 채도의 시감에 의한 등간격의 증가에 따라 채도값이 증가하며, 그 색상에서 가장 순수한 색의 채도값이 최대가 된다.

③ 채도는 중심에서 멀어질수록 높아진다.

③ 오스트발트 표색계

1) 개요

① 오스트발트(Ostwald)의 색체계는 E. 헤링의 4원색 이론, 즉 빨강(red), 노랑(yellow), 파랑 (ultramarine blue), 녹색(sea green)의 색상을 기초로 하고 각각의 사이에 주황(orange), 청록 (turquoise), 보라(purple), 연두(leaf green)를 더하여 8가지 색상을 기본으로 하고 있다.

② 이 8가지 색상을 각각 3단계로 분할하여 24색상으로 구성된다.

③ 24색상환의 보색은 반드시 12번째 색이다.

④ 오스트발트의 색입체는 수직·수평의 배치를 가지고 있는 먼셀의 색입체와는 달리, 정삼각 구도의 시선배치로 이루어져 진체직으로 쌍원추체의 형태로 구성되어 있다.

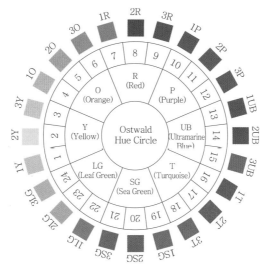

[오스트발트의 색체계]

2) 기본 색채

① B(Black), W(White), C(full Color)의 세 가지가 기본 색채이다.

　　㉠ B(Black) : 빛을 완전히 100% 흡수하는 이상적인 흑색

　　㉡ W(White) : 빛을 완전히 100% 반사하는 이상적인 백색

　　㉢ C(full Color) : 특정 파장 영역의 빛만 완전하게 100% 반사하고, 나머지 파장 영역을 완전하게
　　　　흡수하는 이상적인 순색

② 관계색은 이상적인 백색, 이상적인 흑색, 완전색의 혼색이기 때문에 등색상면은 정삼각형이 되고,
　　색공간의 형태는 백색과 흑색을 축으로 정삼각형을 회전하는 양원추형이 된다.

③ 등색상삼각형의 무채색 혹은 W와 B 사이에 a–c–e–g–i–l–n–p의 8단계로 나누어져 있다.

④ a는 가장 밝은 회색이며, p는 가장 어두운 회색이다.

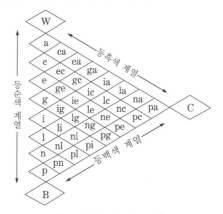

[등색상삼각형의 기호]

3) 특성

① 매우 불규칙적이고 합리적이어서 수치상으로 완벽하게 구성되어 있다.

② 논리적인 색의 혼합, 배열, 배색이 완전한 조화를 이룬다. 혼합하는 색량의 비율에 의해 만들어진 체계이다.

③ 예술과 디자인에 많은 영향을 미쳐 왔는데, 이들 단위는 색의 조화를 표현하기 위해 이용되었다.

④ 먼셀 표색계에 비해 직관적이지 못하고, 이해하기 어려운 단점이 있다. 무채색은 W+B=100%가 되게 하고, 순색량이 있는 유채색은 W+B+C=100%가 된다.

4 CIE 표색계

1) 개요

① 국제조명위원회(CIE)에서 개발한 색체계로, 색을 정량화하여 수치로 나타낸 것이다.

② CIE 색체계는 1931년 처음 개발되었으며, 광원과 관찰자에 대한 정보를 표준화하고 표준 광원에서 표준 관찰자에 의해 관찰되는 색을 수치화하였다.

2) 기본 색채

① 표준 3원색인 적색($700\mu m$), 녹색($546\mu m$), 청색($463\mu m$)의 조합에 의해서 모든 색을 나타낸다.

② 색채를 X·Y·Z 세 가지 자극값으로 나타내어 입체적인 색채공간을 형성하였는데, X는 빨강의 자극값을 나타내고, Y는 초록의 자극값, Z는 파랑의 자극값을 나타낸다.

3) 색도도

① C점은 백색점을 나타낸다.

② 실존하는 모든 색을 나타낸다.

　㉠ 색도도 안에 있는 점은 혼합색을 나타내며, 말발굽형의 바깥 둘레는 순수 파장의 색을 나타낸다.

　㉡ 색도도 내의 임의의 세 점을 잇는 삼각형 속에는 세 점의 색을 혼합하여 생기는 모든 색이 들어 있다.

③ 색도도 내의 두 점을 잇는 선 위에는 두 점을 혼합하여 생기는 색의 변화가 늘어서 있다.

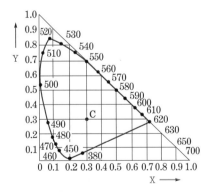

[색도 좌표]

4) CIE 색공간

① 1976년 CIE가 추천하여 지각적으로 거의 균등한 간격을 가진 색공간이다.

② CIE LAB 색공간(L*A*B* 색공간)은 인간 감성에 접근하기 위하여 연구된 결과로, 인간이 색채를 감지하는 노랑-파랑, 초록-빨강의 반대색설에 기초하여 CIE에서 정의한 색공간이다.

③ **L은 명도, a와 b는 색도 좌표를 나타낸다.** +a*는 빨간색 방향, -a*는 초록색 방향, +b*는 노란색 방향, -b*는 파란색 방향을 나타낸다. 중앙은 무색이다.

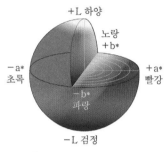

[CIE LAB 색공간]

5 NCS 표색계

① 스웨덴 색채연구소가 발표한 색체계이다.

② NCS 색체계는 다른 색체계가 빛의 강도를 토대로 색을 표기하는 데 반하여 **심리적인 비율척도**를 사용해 색지각량을 표로 나타낸 것이다.

③ NCS는 6개의 이론적으로 완전한 하양(W), 검정(S), 노랑(Y), 빨강(R), 파랑(B), 초록(G)을 기준으로 한 혼합비로 표현된다.

④ NCS 표기는 뉘앙스와 색상으로 표시한다.

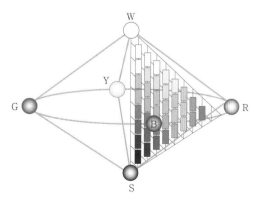

[NCS 표색계]

02 | 색명

1) 색명의 개요

① 색명이란 색에 이름을 붙여서 색을 표시하는 것이며, 크게 기본색명, 관용색명(고유색명), 계통색명(일반색명)으로 나뉜다.

② 숫자나 기호보다 색을 연상하기 쉽고 부르기 쉬우며 기억하기 쉬워서 많이 사용한다.

③ 현색계인 먼셀 표색계, 오스트발트 표색계나 혼색계인 CIE 표색계처럼 정량적이고 정확하지 않으며 감성적이고 부정확한 성질을 가지고 있다.

2) 색명의 분류

(1) 기본색명

① 한국산업규격(KS)에서 사용되는 기본색명은 먼셀의 10가지 색상환을 바탕으로 유채색과 무채색을 서술하는 총 15색이다.

② 기본색명은 색상을 중심으로 구분하여 현재는 국내에서 12개의 색명을 기본색명으로 정하고 있다.

③ 12개의 색명은 빨강(적), 주황, 노랑(황), 연두, 초록(녹), 청록, 파랑(청), 남색, 보라, 자주(자), 분홍, 갈색이다.

(2) 관용색명(고유색명)

① 기원을 알 수 없는 고유색명 : 순수한 우리말로 된 하양, 빨강, 노랑, 보라 등과 한자어로 된 흑, 백, 청 등이 있다.

② 동물과 관련 있는 고유색명 : 살색, 쥐색, buff, salmon, peacock 등이 있다.

③ 식물과 관련 있는 고유색명 : 귤색, 밤색, 가지색, 살구색, peach, rose 등이 있다.

④ 광물 또는 보석과 관련 있는 고유색명 : 고동색, 금색, 은색, 호박색, ruby 등이 있다.

⑤ 고유명사와 관련 있는 고유색명 : 담배색, 포도주색, magenta, havana blue 등이 있다.

⑥ 자연 대상에서 따온 고유색명 : 하늘색, 바다색, 땅색, 황토색, 무지개색 등이 있다.

(3) 계통색명(일반색명)

계통색명은 색상·명도·채도를 표시하는 수식어를 특별히 정하여 표시하는 색명으로, 유채색·무채색의 기본색명이다.

① 한국산업규격의 색명법

  ㉠ 유채색의 기본 색이름(10개)

기본 색이름	영어 표기	기본 색이름	영어 표기
빨강(적)	red	청록	blue green
주황	orange	파랑(청)	blue
노랑(황)	yellow	남색	violet, purple blue
연두	yellow green	보라(자)	purple
녹색	green	자주(적자)	red purple, magenta

  ㉡ 무채색의 기본 색이름(5개)

기본 색이름	영어 표기	기본 색이름	영어 표기
흰색	white	어두운 회색	dark grey
밝은 회색	light grey	검은색	black
회색	grey		

② 색이름에 사용하는 수식형용사

기본 색이름	영어 표기	기본 색이름	영어 표기
선명한	vivid	연(한)	pale
흐린	soft	흰	whitish
탁한	dull	검은	blackish
밝은	light	밝은 회	light grayish
어두운	dark	회	grayish
진(한)	deep	어두운 회	dark grayish

CHAPTER 04 색의 심리

INTERIOR ARCHITECTURE

01 | 색의 지각적인 효과

 학습 POINT ▶ • 색의 지각적인 효과의 종류와 특성을 숙지한다.

1) 색의 대비

우리가 일상생활에서 경험하는 색의 체계는 항상 상대적이다. 이렇게 인접색이나 배경색의 영향으로 원래 색과 다르게 보이는 현상을 색의 대비라고 한다.

(1) 동시대비

① 두 색 이상을 동시에 볼 때 일어나는 현상
② **어떤 색이 다른 색의 영향으로 실제와 다른 색으로 변해 보이는 현상을 말한다.**

종류	내용
명도대비	서로 다른 색의 영향으로 밝은색은 더 밝게, 어두운색은 더 어둡게 느껴지는 색의 대비
색상대비	색상이 다른 색의 영향으로 색상 차이가 크게 느껴지는 색의 대비
채도대비	채도가 다른 두 색이 서로의 영향으로 채도 차이가 더 크게 느껴지는 현상
보색대비	보색관계인 두 색이 서로의 영향으로 채도가 더 높아 보이는 현상

(2) 계시대비

① 먼저 본 색의 영향으로 다음에 보는 색이 다른 색으로 느껴지는 현상
② 예를 들면 빨강을 본 뒤, 흰색을 보면 순간적으로 분홍색으로 보이는 현상이다.

(3) 면적대비

① 면적의 크고 작음에 의해 색이 다르게 보이는 현상
② 면적이 크면 채도·명도가 증가하고, 면적이 작으면 채도·명도가 감소해 보인다.

(4) 한난대비

① 색에서 느껴지는 온도의 차이를 대비하는 것으로, 폭넓은 감정 표현에 적당하고 정서적인 표현을 가장 효과적으로 나타낼 수 있다.

② 예를 들면 중성색 옆에 따뜻한 난색을 놓으면 중성색은 상대적으로 차게 느껴지며, 난색은 더욱 따뜻하게 느껴진다. 반대로 중성색 옆에 차가운 한색을 놓으면 중성색은 상대적으로 따뜻하게 느껴지고, 한색은 더욱 차게 느껴지는 현상이다.

(5) 연변대비

① 어떤 두 색이 인접해 있을 때 색상, 명도, 채도의 대비현상이 더 강하게 나타난다.

② 두 색 사이의 경계를 불분명하게 하면 대비효과는 사라지게 된다.

(6) 대비효과의 특징

① 대비효과는 두 색이 떨어져 있는 경우에도 나타나는 경우가 있다. 하지만 두 색의 간격이 멀어지면 효과는 감소한다.

② 명도대비가 최소일 때 색의 대비는 최대가 된다.

③ 대비효과는 색의 차이가 커질수록 증가한다.

2) 색의 동화

① 둘러싸고 있는 색이나 주위의 색과 닮아 보이는 현상을 동화현상이라고 한다.

② 인접색이 유사할 때, 명도 차이가 작을 때, 변화되는 색의 면적이 아주 적을 때 발생한다.

3) 잔상

① 원자극이 사라진 후에도 원자극과 비슷한 감각이 일어나는 현상을 말한다.

② 잔상에는 부의 잔상, 정의 잔상, 보색 잔상이 있다.

종류	내용
부의 잔상 (음성 잔상)	• 잔상이 원자극의 형상과 닮았지만 밝기와 색상은 반대이다.
정의 잔상	• 망막의 흥분상태의 지속성에 의한 것으로, 자극 이후에도 그 충동이 시신경에 계속되고 있기 때문에 앞서 지각된 이미지가 계속되는 현상이다. • 영화, TV, 네온사인 등이 해당된다.
보색 잔상	• 보색으로 인하여 생기는 잔상으로 망막의 피로현상에 기인한다. • 예를 들면 적색 자극의 잔상은 보색인 청록색으로, 청색 자극의 잔상은 보색인 주황색으로 나타난다.

4) 항상성

① 빛의 강도와 분광 분포, 순응상태가 바뀌어도 눈에 보이는 색은 변하지 않는 현상이다.
② 예를 들면 백지는 어두운 곳이나 밝은 곳이나 모두 백지로 인지된다.
   ㉠ 밝기의 항상성 : 밝은 물건 쪽이 강하고, 어두운 물건 쪽이 약하다.
   ㉡ 색의 항상성 : 색광 시야가 크고, 시야구조가 복잡하면 강하다.

5) 주관색

① 무채색의 자극뿐이지만 보는 사람에 따라 유채색이 나타나는데, 이것을 주관색이라고 한다.
② 주관색의 효과는 계시가법 혹은 병치가법으로 균등한 회색 밝기를 가질 때 나타난다.

6) 색의 면적효과

① 색의 시각반응은 색의 면적에 따라 다르게 느껴진다. 색의 면적이 크면 더욱 밝고 강하게 느껴지고, 색의 면적이 작으면 분별력이 떨어진다. 따라서 색견본 사용 시 견본의 크기가 중요하다.
② 윤곽의 처리방법에 따라 색의 면적효과도 다르게 나타난다. 윤곽이 뚜렷하면 채도는 높고 명도는 낮게 보이며, 윤곽이 희미하면 채도는 낮고 명도는 높게 보인다.

7) 색의 명시도와 주목성

(1) 명시도(시인성)

① 색에 따라 확실히 보이는 색과 그렇지 않은 색이 있다. 이렇게 어떤 색이 배경색과의 대비에 따라 상대적으로 명도 차이가 생겨 보이는 것을 명시도라고 한다.
② 색의 명시성은 주로 명도관계에서 발생한다. 따라서 명도 차를 크게 하면 시인성은 높아지게 된다. 특히 유채색끼리일 때는 보색관계가 시인성이 높게 된다.
③ 교통표지판, 안전사고 방지시설은 명시성을 이용한 것이다.

(2) 주목성(유목성)

① 유목성은 색이 우리의 눈을 끄는 힘을 말하는데, 시인성이 높은 색은 대체로 유목성도 높아진다. 색상의 경우 적색은 유목성이 높고, 녹색은 낮다.
② 일반적으로 고명도·고채도의 색이 유목성이 높으며, 시인성에 비해 주관적인 경험 등이 작용한다.

8) 색의 진출, 후퇴와 팽창, 수축

① 색은 색채에 따라 거리감이 다르게 느껴진다. 고명도·고채도는 진출색이고, 저명도·저채도는 후퇴색이다.
② 같은 형태, 같은 면적이라도 색채에 따라 크기가 다르게 보이는데, 밝은색이 어두운색보다 크게 보인다. 즉 명도가 높은 색은 팽창성이 있고, 명도가 낮은 색은 수축성이 있다.

③ 색의 효과는 실내공간에서 공간을 계획하는 데 많이 이용되고 있다.

④ 순색 중에서도 황색이 진출색이며 주황 > 녹색 > 적색 > 자색의 순이다.

색의 감정적인 효과

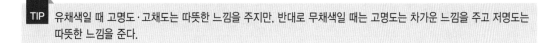

학습 POINT ▶ • 색의 감정적인 효과의 종류와 특성을 숙지한다.

1) 색채와 감정

(1) 온도감

① 색상에 따라서 따뜻하고 차갑게 느껴지는 감정효과를 말한다.

② 온도감은 색상에 의한 효과가 가장 강한데 저채도·저명도는 찬 느낌이 강하고, 무채색의 경우 저명도는 따뜻한 느낌을 주며, 고명도는 차가운 느낌을 준다.

    ㉠ 난색계(따뜻한 느낌) : 적색·주황색·황색 등의 색상들은 따뜻함을 느끼게 하고, 팽창성·진출 성을 지니고 있으며, 생리적·심리적으로 느슨함과 여유를 가지게 된다.

    ㉡ 한색계(차가운 느낌) : 청록색·청색·청자색 등의 색상들로, 수축성·후퇴성이 있고 생리적· 심리적으로 긴장감을 느끼게 한다.

    ㉢ 중성색 : 한색이나 난색 어느 색에도 속하지 않는 색을 중성색이라 하며, 녹색·자주·황록색 등이 해당된다.

> **TIP** 유채색일 때 고명도·고채도는 따뜻한 느낌을 주지만, 반대로 무채색일 때는 고명도는 차가운 느낌을 주고 저명도는 따뜻한 느낌을 준다.

(2) 중량감

① 색채의 중량감이란 색의 명도에 따라 무겁고 가볍게 보이는 시각현상으로, 고명도일수록 가볍게 느껴지고 저명도일수록 무겁게 느껴진다.

② 중량감은 명도의 영향이 가장 크다. 명도 5~6을 중심으로 그 이상은 가볍게 느껴지고, 그 이하는 무겁게 느껴진다.

③ 밝은색의 팽창색은 가벼운 느낌의 색이고, 어두운색의 수축색은 무거운 느낌의 색이다. 흑, 청, 적, 자, 주황, 녹색, 황, 백의 순으로 무겁게 느껴진다.

(3) 강약감

① 색의 강약감은 색에 의해서 강한 느낌이나 약한 느낌을 주는 것으로, 주로 채도의 높낮이에 의해 결정된다.

② 명도에 관계없이 채도가 높은 색은 강한 느낌을 주고, 채도가 낮은 색은 약한 느낌을 준다.

(4) 경연감

① 색채의 경연감은 시각적 경험 등에 의해서 색채의 부드럽고 딱딱한 느낌을 말한다.

② 경연감은 색의 명도·채도에 따라 좌우된다.

③ 한색계의 저명도·고채도는 딱딱한 느낌인 경감이 나고, 난색계의 저채도·고명도색이나 무채색이 많이 섞인 색은 부드러운 느낌인 연감이 생긴다.

(5) 색채의 흥분과 진정

난색계의 고채도는 흥분을 일으키고, 한색계의 저채도는 마음을 진정시켜 주는 색이다.

(6) 시간의 장단(파버 비렌의 이론)

① 장파장 계통(적색 계통)의 색채가 주로 사용된 실내공간에서는 시간의 경과가 길게 느껴진다.

② 단파장 계통(청색 계통)의 색채가 주로 사용된 실내공간에서는 시간이 경과하는 느낌이 짧게 느껴진다.

(7) 계절의 감정

계절		내용
봄	특성	비교적 명도가 높고 채도는 낮은 색
	color	녹색 기미의 황록색, lemon yellow, 벚꽃색, pink 등
여름	특성	청록과 적색의 강렬함은 힘과 뜨거움을 상징
	color	진한 녹색, 청색, 흰색 등 강한 색채
가을	특성	봄의 색채와는 강한 대비를 나타내는 식물이 퇴색되는 색상
	color	brown, violet, coral, olive 등
겨울	특성	차갑고 광채, 투명도가 희박한 정도를 암시하는 색상
	color	gray, 은백색 등

2) 색채의 공감각

• 하나의 감각이 다른 영역의 감각을 불러일으키는 현상

• 색채의 공감각은 이런 시각적 자극과 함께 맛(미각), 냄새(후각), 소리(청각), 질감(촉각)을 연상하는 작용이다.

① 맛 : 일반적으로 한색 계열은 쓴맛, 난색 계열은 단맛과 관계가 있다.

구분	color
신맛	녹색 기미의 황색에 황색 기미의 녹색 배색
단맛	적색에 주황색이나 붉은 기미의 황색 배색
달콤한 맛	핑크색
쓴맛	진한 청색, olive green, brown
짠맛	연한 녹색과 회색, 연한 청색과 회색 배색

② 냄새

구분	color
톡 쏘는 냄새의 색	오렌지색
은은한 향의 색	연한 자색
나쁜 냄새의 색	어둡고 흐린 난색 계열
짙은 향의 맛	코코아색, 포도주색

③ 음 : 음악과 색채 사이에는 유사성이 있어서 색채 용어와 음악 용어가 혼용되어 쓰이고 있다.

구분	color
저음	어두운색이나 저명도의 색
고음	밝고 강한 채도의 색
표준음	순색
탁음	회색 기미나 그 계열의 색

④ 촉감 : 색의 농담과 톤은 촉감과의 관계를 느끼게 한다.

구분	color
광택감	고명도이며 강한 채도의 색
윤택감	deep톤의 색
경질감	한색 계열의 회색 기미가 있는 색은 싸늘하고 딱딱하고 차가운 느낌의 색
조면감	진한 회색 기미의 색
유연감	light톤의 부드러운 느낌의 색

3) 색채와 이미지

(1) 연상

① 색을 지각할 때 사람의 경험과 기억, 지식 등과 관련지어 보이는 것을 말한다. 보는 사람의 나이, 성별, 직업, 문화, 생활양식, 지역, 환경, 계절 등에 따라 차이가 난다.

② 색의 연상에는 구체적 연상과 추상적 연상이 있다. 적색을 보고 불을 연상한다면 구체적 연상에 해당되고, 정열·애정을 연상한다면 추상적 연상에 해당된다.

color	연상효과	치료효과
빨강	불, 열, 위험, 혁명, 분노 등 감정을 고조시키는 색	노쇠, 빈혈, 무활력
주황	원기, 만족, 풍부, 건강 등 따뜻하고 활기찬 느낌을 주는 색	위험 표식, 강장제, 초점색, 식욕 증진
노랑	희망, 광명, 유쾌 등 명랑하고 힘찬 느낌을 주는 색	신경제, 완화제, 피로 회복
연두	위안, 친애, 젊음, 자연 등 심리적으로 안정되는 색	위안, 피로 회복, 강장제
초록	안식, 안정, 평화, 이상 등 자연스러운 색	해독, 피로 회복, 안전색
청록	이지, 냉철, 바다, 질투 등 이성적인 색	이론적인 사고 도모, 기술상담실의 벽
청색(cyan)	우울, 소극, 냉담, 불안 등 서늘한 느낌의 색	마취성, 격정 저하
파랑	차가움, 심원, 명상, 추위 등 차가운 느낌의 색	피서, 눈의 피로 회복, 맥박 저하
보라	창조, 신비, 우아, 신성 등 숭고한 느낌이 나는 색	예술성, 신앙적, 중성색
자주	애정, 창조, 그리움 등 고상함과 함께 외로움과 슬픈 느낌의 색	저혈압, 노이로제, 우울증
백색	순수, 청결, 정직, 소박 등 순수함과 깨끗함이 느껴지는 색	고독감
회색	겸손, 우울, 점잖음, 무기력 등 지성이나 혼돈, 불분명한 느낌의 색	우울함
검은색	허무, 절망, 불안, 암흑 등 절망적인 느낌의 색	예복, 상복

05 색채조화

I N T E R I O R   A R C H I T E C T U R E

01 | 색채조화론의 연구

 학습 POINT • 색채조화론의 종류와 특성에 대해 숙지한다.

- 색채조화란 두 가지 이상의 색을 배색하였을 때, 서로 대립되면서도 전체적으로는 통일된 인상을 주는 것을 말한다.
- 색채조화는 색채 사용의 최종 목적이다.

구분	내용
질서	색채조화는 의식할 수 있고, 효과적인 반응을 일으키는 계획에 따라 선택된 색채들일 때 생긴다.
명료성	두 색 이상의 배색을 선택할 때, 명료한 색을 선택하여 배색할 때 색채조화가 발생한다.
동류	가장 가까운 색채끼리의 배색은 친근감을 주고 조화를 느끼게 한다.
유사	배색된 색채들이 서로 공통되는 상태, 속성에 관계되어 있을 때 조화를 느끼게 된다.
대비	배색된 색채들의 상태와 속성이 서로 반대되면서도 모호한 점이 없을 때 조화를 느끼게 된다.

1) 문·스펜서의 조화론

(1) 개요

① 미국의 색채학자 문(P. Moon)과 스펜서(D. E. Spenser)에 의해 색채조화의 정량적 방법을 제시한 조화론이다.

② 이 색채조화론은 기존의 경험과 주관에 의해 감성적으로 다루어졌던 색채조화론의 미흡한 점을 개선하여 보다 **과학적으로 설명할 수 있는 정량적인 색좌표상**에서 색채조화의 방법을 수학적 공식에 따라 제시한다.

(2) 오메가 공간

① 문·스펜서는 색의 3속성에 대하여 지각적으로 등보도성*을 지니는 독자적인 색입체로서 오메가 공간을 설정하였다.

② 이 오메가 공산에서 간단한 기하학적 관계가 되도록 선택된 배색은 서로 조화를 이룬다.

> **TIP** 등보도성 : 규칙적으로 선택된 색들의 조합

(3) 조화와 부조화

① 조화

종류	내용
동일조화	같은 색의 조화
유사조화	유사한 색의 조화
대비조화	반대색의 조화

② 부조화

종류	내용
제1부조화	아주 유사한 색의 부조화
제2부조화	약간 다른 색의 부조화
눈부심	극단적인 반대색의 부조화

(4) 조화와 부조화 원리의 특징

① 색상을 기준으로 하는 조화의 방식은 적절하지 않고, 명도의 차이와 채도의 차이가 조화와 관련 있다. 특히 명도의 차이가 조화와 관련이 많다.

② 명도 차이가 클 때는 채도 차이가 작고, 채도 차이가 클 때는 명도 차이가 작은 것이 조화되기 쉽다.

③ 명도, 채도에 대해서도 어느 정도 유사, 대비의 고찰이 일어난다.

④ 색상 차이가 클 때는 명도 차이보다 채도 차이에 의해서 조화되기 쉽다.

⑤ 색상, 명도, 채도 차이가 서로 중간 정도일 때 조화되기 쉽다.

(5) 면적효과

① 면적이 조화에 영향을 미치는 경우에 채도가 높은 색은 면적을 작게 하고, 작은 면적의 강한 색과 큰 면적의 약한 색은 어울린다는 배색의 균형을 식으로 나타낸 것이다.

② 무채색의 중간 지점이 되는 N5를 순응점으로 삼는다.

③ 색의 균형점으로 배색의 심미적 효과를 결정한다. 균형점은 배색에 사용된 색을 면적비에 따라 회전혼색했을 때의 전체 색조이다.

(6) 미도

① 색채조화에 관한 미감의 측도를 말한다.

② 문·스펜서는 조화의 정도를 수치로 계산하는 방법을 제안하였는데, M을 미감의 정도, O는 질서의 요소, C는 복잡성의 요소로 하여 '$M = O/C$'라는 공식을 만들었다.

③ 이 공식에 따르면 복잡성의 요소가 최소일 때 미감의 정도는 최대가 되며, 아름다움은 복잡한 것을 피하고 질서가 확립될 때 얻어진다.

  ㉠ 미감의 측도가 0.5 이상이면 좋은 배색이 되고, 등명도의 배색은 미도가 떨어지게 된다.

  ㉡ 균형이 잡힌 무채색의 배색은 유채색 못지 않은 미도를 나타내고, 동일색상의 조화는 미도가 가장 조화롭게 나타난다.

  ㉢ 동등색상이면서 동등채도인 디자인은 많은 색상에 의한 복잡한 디자인보다 미도가 높다.

(7) 문제점

① 재료나 재질적인 효과에 의한 영향을 설명하지 않은 채 표면색에 대해서만 언급하고 있다.

② 면적의 효과에 있어서 색의 3속성 관계에 의하여 결정하는 것은 부적합하다.

③ 대비를 질서의 요소로 보는 논리는 옳지 않다.

2) 오스트발트의 조화론

(1) 개요

① 둘 이상의 색과 색 사이의 합법적인 관계인 서열이 존재할 때 색과 색이 조화된다고 설명하고, 배색이 조화되려면 그 색의 관계가 계통적인 법칙에 의하여 결합되어야 한다는 조화론이다.

② 이 조화론에 따르면 채도가 높을수록 면적은 좁게 해야 한다.

③ 같은 기호의 색 명도가 일정하지 않고, 고명도와 저명도의 색혼합이 어렵다는 단점이 있다.

④ 색상 차가 12 이상일 때 보색조화가 되고, 4 이하이면 유사조화가 된다.

(2) 무채색의 조화

① a, c, e, g, i, l, n, p의 8단계의 무채색 계열 속에서 3색 또는 2색 이상이 회색인 경우는 무채색 계열로서 등간격의 것이 잘 조화된다.

② 예를 들면 c, g, l의 3색을 c−g−l, g−c−l, l−c−g, g−l−c, l−g−c라고 하는 것뿐만 아니라 간격을 바꾸어 2간격, 3간격으로 바꾸어 배색하여도 조화되며 순서나 간격을 바꾸면 조화나 대비의 효과도 달라진다.

(3) 등색상삼각형에서의 조화(단색상의 조화)

① 등백색 계열의 조화 : 단일색상 면에서 동일한 양의 백색(기호 앞자리가 같은 것)을 가지는 색채를 일정한 간격으로 선택하여 배색하면 조화가 된다.

② 등흑색 계열의 조화 : 등색상삼각형 속에서 등흑 계열 선상의 색은 조화가 된다. 이는 흑색량이 같은 뒤의 알파벳이 같은 기호색을 선택하면 된다.

③ 등순색 계열의 조화 : 등색상삼각형에서 수직 방향의 계열은 등순색 계열로 조화된다. 이 색들은 순색량이 같은 공통성에 의하여 조화된다.

④ 등색상의 조화 : 등색상, 등흑색, 등순색 계열의 색을 모두 조합할 때에도 등순색 계열과 등흑색 계열에 의해서 서로 만나는 지점의 색을 추가하면 조화된다.

(4) 윤성조화(다색조화)

① 윤성조화는 링스타(ring star)라고 하며, 오스트발트의 조화론 중의 하나다.

② 색입체 삼각형 속에 하나의 색을 지나는 수직선(등순색 계열), 윗사변에 평행한 선(등흑색 계열), 아랫사변에 평행한 선(등백색 계열) 및 수평으로 자른 원(등가색)은 모두 잘 조화된다.

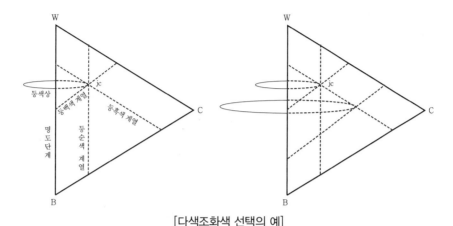

[다색조화색 선택의 예]

(5) 2색상 조화

① 색상이 동일한 두 색이나 색의 기호가 동일한 두 색은 조화된다.

② 색의 기호 중 앞의 문자가 동일한 두 색이나 뒤의 문자가 동일한 두 색, 앞의 문자와 뒤의 문자가 같은 색은 조화한다.

(6) 문제점

① 오스트발트 표색계에는 명도라는 속성이 없으므로 명도와 관계되는 조화는 구할 수 없다.

② 면적에 관련된 조화가 고려되어 있지 않다.

③ 조화의 기호가 알파벳이므로 숫자로 기억하기 어렵기 때문에 한계점이 있다.

3) 먼셀의 색채조화론

① 먼셀의 색채조화론은 인간 중심의 이론이다. 즉 물리적·심리적 보색관계에 있는 색이 조화를 이룬다는 개념이다.

② 회전혼색법을 사용하여 2개 이상의 색을 배열하였을 때 평균명도의 결과가 N5인 것이 가장 조화되고 안정적이라는 원칙을 중심으로 한다.

4) 기타 조화론

(1) 비렌의 조화론

① 개요

　㉠ 미국의 색채학자 비렌(Birren)이 주창한 이론이다.

ⓛ 비렌의 조화론은 색채의 지각은 카메라나 과학기기와 같은 자극에 대한 단순한 반응이 아니라 정신적인 반응에 지배된다는 것이다.

ⓒ 색삼각형을 작도하고, 순색·흰색·검은색을 꼭짓점에 위치시킨 뒤 각 연장선상에 색상의 변화를 주었나.

② 7개 범주의 조화이론

　ㄱ 1차적인 3개의 기본색 : 순색, 하양, 검정

　ㄴ 2차적인 4개의 색조군

　　• 하양＋검정＝회색조(gray)　　　　　• 순색＋하양＝밝은 색조(tint)
　　• 순색＋검정＝어두운 색조(shade)　　• 순색＋하양＋검정＝톤(tone)

③ 오스트발트 조화론의 복잡한 기호 표시법에 의한 이론을 색이름의 톤 분류법 등에 의해 단순화시킨 조화이론이다.

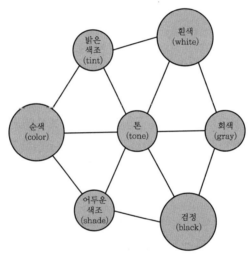

[비렌의 색삼각형]

(2) 저드의 색채조화론

① 개요 : 미국의 색채학자인 저드(D. B. Judd)가 많은 조화론을 검토하고 정량적 조화론이 어느 경우에나 맞을 수 없다면서 발표한 4가지 원리의 색채조화론이다.

② 4가지 원리

　ㄱ **질서의 원리** : 질서가 있는 계획에 의해서 선택될 때 색채는 조화된다.

　ㄴ **친근성의 원리**(익숙함의 원리) : 관찰자에게 잘 알려진 배색이 잘 조화된다.

　ㄷ **동류(유사성)의 원리** : 배색된 색채가 서로 공통되는 속성을 가질 때 조화된다.

　ㄹ **명료성의 원리** : 배색된 색채의 차이가 애매하지 않고 명료한 것이 조화된다. 색상 차나 명도, 채도, 면적의 차이가 분명한 배색이 조화롭다.

(3) 슈브뢸의 조화론

① 개요

ㄱ 프랑스의 화학자 슈브뢸(M. E. Chevreul)이 ≪색채조화와 대비의 원리≫라는 저서에서 밝힌 색채조화론이다. 즉 "색채조화는 유사성의 조화와 대조 등에서 이루어진다."라는 4가지 조화의 법칙이다.

ㄴ 이 조화론은 잔상과 계속대비, 동시대비의 효과와 병치혼합의 연구로 옵아트, 인상주의 등의 화파에 영향을 주었다.

② 4가지 조화의 법칙

ㄱ 유사색의 조화 : 서로 가까운 관계나 유사한 색상끼리의 배색은 조화가 된다.

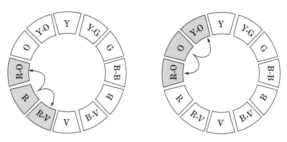

[인접색의 조화]

ㄴ 반대색의 조화 : 보색이나 반대되는 색의 관계를 통한 대조는 조화가 된다.

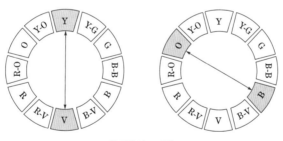

[보색의 조화]

ㄷ 근접보색의 조화 : 근접보색관계를 통한 대조는 조화가 된다.

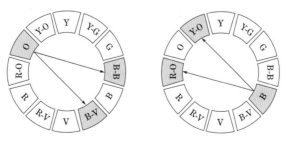

[근접보색의 조화]

ⓔ 등간격 3색의 조화 : 색상환에서 같은 거리에 있는 3색은 조화가 된다.

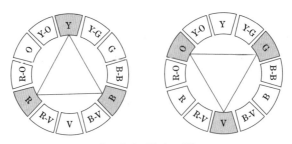

[등간격 3색의 조화]

02 | 배색

학습 POINT · 배색방법을 이해한다.

1) 배색의 일반사항

합리적인 배색은 두 가지 이상의 색조합 시 좋은 효과를 내기 위한 것으로, 고려해야 할 점들은 다음과 같다.

① 성능이나 기능에 부합되는 배색을 해야 하며 올바른 사용법, 안정성도 고려해야 한다.
② 주변과 어울리는 배색을 해야 한다.
③ 심리적 작용 및 인간의 행동, 작업능률을 고려해야 한다.
④ 사용자의 성별, 연령, 기호도 등을 고려하여 사용자로 하여금 편안한 느낌을 가질 수 있도록 한다.
⑤ 유행에 맞는 배색을 고려해야 한다.
⑥ 전달하려는 목적이나 기능에 맞는 배색을 고려해야 한다.
⑦ 색료의 광학성, 조명에 의한 영향을 고려해야 한다.
⑧ 면적에 의해 변화되는 색의 변화를 고려해야 한다.

2) 배색방법

(1) 동일색상의 배색

① 서로 인접한 색에 의한 배색
② 따뜻함, 차가움, 부드러움, 딱딱함 등 일관된 통일감을 형성한다.
③ 적색과 주황색, 황색과 적자색 등

(2) 유사색상의 배색

① 색상 차가 유사한 배색방법이며 명도 차, 채도 차를 크게 하면 조화된 배색이 된다.

② 적색·주황색·황색·자주색의 유사는 즐거운 느낌을 주고, 녹색·청색·남색은 쓸쓸한 느낌을 준다.

(3) 반대색상의 배색

① 서로 대비가 되는 색상 차가 큰 배색방법으로서 화려하고 강한 느낌을 준다.

② 따뜻함과 차가움, 부드러움과 딱딱함 등 상대적인 이미지를 가지는 색상끼리의 배색이다.

③ 분명하고 동적인 화려함의 이미지를 느끼게 한다.

(4) 명도 차가 작은 배색

① 고명도+고명도 : 밝고 경쾌한 느낌

② 중명도+중명도 : 변화가 적고 단조로운 느낌

③ 저명도+저명도 : 무겁고 어두운 느낌

(5) 명도 차가 중간인 배색

① 고명도+중명도 : 경쾌하고 온건하며 비교적 밝은 느낌

② 중명도+저명도 : 다소 어두우나 안정된 느낌

(6) 명도 차가 큰 배색

고명도+저명도 : 명확하고 명쾌한 느낌

(7) 채도 차가 작은 배색

① 고채도+고채도 : 자극적이며 강하고 화려한 느낌

② 중채도+중채도 : 안정감이 있고 점잖은 느낌

③ 저채도+저채도 : 점잖고 약한 느낌

(8) 채도 차가 중간인 배색

고채도+중채도, 중채도+저채도 : 점잖고 안정된 느낌

(9) 채도 차가 큰 배색

고채도+저채도 : 화려하지만 안정된 느낌

3) 배색의 응용

(1) 반복(repetition)배색

① 이 기법은 두 가지 이상의 색을 사용하여 통일감이 배제된 배색으로, 일정한 질서를 기본으로 하여 조화를 주는 방법이다.

② 두 색의 배색을 하나의 유닛 단위로 하여 그것을 되풀이하면서 조화의 효과를 내는 배색기법이다.

③ 타일의 배색이나 체크무늬의 배색 등에서 볼 수 있다.

(2) 강조(accent)배색

① 단조로운 배색에 대조적인 색을 소량 삽입하여 전체의 상태를 돋보이게 하는 방법이다.
② 주조색을 돋보이게 하기 위한 보소색으로 주로 무채색을 사용한다.
③ 강조색은 주조색과 대조적인 색상이나 톤을 사용하는 것으로, 강조하는 주목성을 부각시키기 위해 사용하는 것이 특징이다.

(3) 분리(separation)배색

① 색상과 톤이 비슷할 때나 전체 배색에서 희미하고 애매한 인상이 들 때 접합된 색과 색 사이에 분리색 한 가지를 삽입함으로써 조화시키는 기법이다.
② 주로 무채색을 이용하여 금속색을 쓰는 경우도 있으며 스테인드글라스, 건축, 그래픽, 애니메이션, POP 광고에 많이 사용된다.

(4) 연속(gradation)배색

① 점점 명도가 낮아지거나 순차적으로 색상이 변하는 등 연속적인 변화의 방법이 점이적인 배색이다.
② 색채의 조화로운 배열에 의해 시각적인 유목감(사람의 시선을 끄는 심리적 특징)을 준다.

(5) 드리골로(tricolore) 배색

① 3색 배색을 말하며, 하나의 면을 3가지 색으로 나누는 배색이다.
② 프랑스 국기에 보이는 빨강, 하양, 파랑의 3색 배색이 대표적인 예이다.

(6) 톤 온 톤(tone on tone) 배색

"톤을 겹치게 한다."라는 의미로 그 기본은 동일색상으로 2가지 톤의 명도 차를 비교적 크게 잡은 배색이다.

(7) 톤 인 톤(tone in tone) 배색

비슷한 톤의 조합에 의한 배색으로, 색상은 동일한 톤을 원칙으로 하여 인접 또는 유사색상의 범위 내에서 선택한다.

CHAPTER

06 색채관리

INTERIOR ARCHITECTURE

01 | 생활과 색채

 학습 POINT
- 색채계획의 과정과 효과를 이해한다.
- 공간별 색채계획의 방법을 숙지한다.

1 색채계획

1) 개요

① 색채계획은 공간의 규모나 성질, 용도에 따라서 배색과 그 양의 배분을 구체화시켜 명확하게 표현하는 것이다.

② 최종 결과에 대한 관리방법까지 고려해야 한다.

2) 색채계획의 과정

(1) 색채환경의 분석

대상 공간의 입지 여건, 건축적 여건, 빛환경, 실내 구성요소 등 색채 예측 데이터의 수집이 필요하다.

(2) 색채심리의 분석

① 색채심리는 색채와 관련된 인간의 반응을 연구하는 것으로, 생리학·예술·디자인·건축 등과 관계 있다.

② 색채를 지각하는 과정부터 색채에 대하여 가지는 인상·조화감 등 여러 문제를 포함한다.

③ 사용자의 행태 분석을 통하여 심리적·물리적 색채기능 데이터의 상관성을 조사·분석한다.

(3) 색채전달의 계획

① 공간을 어떤 이미지로 표현해야 하는지 결정하는 단계로, 기업의 이미지·색채·상품색·광고색 등을 결정한다.

② 사용될 실내의 조형적 특성, 인접한 색과의 대비나 면적관계, 색채 대상의 시각거리, 광원의 특성 및 조명의 환경 등을 고려해야 한다.

③ 차별화된 마케팅 능력과 컬러 컨설턴트 능력이 필요하다.

(4) 디자인의 적용

① 제일 먼저 이미지를 작성하고 전체의 방향을 정한 뒤 가 부분별로 디자인을 전개해 나간다.

② 색채의 규격과 시방서의 작성 및 컬러 매뉴얼의 작성이 필요하다.

③ 색채디자인의 전개는 체크리스트를 만들어 수시로 점검할 수 있도록 한다.

(5) 색채관리

① 색채의 심리적·물리적 효과를 이용하여 각 공간을 쾌적하고 능률적인 환경으로 이끌어 내고, 작업 환경을 개선하는 색채의 통합적인 활용방법이다.

② 색채관리의 진행 순서는 색의 결정 → 발색 및 착색 → 검사 → 판매의 순이다.

(6) 실내공간에서 색채디자인의 순서

색채이미지의 결정 → 실내 구성요소들의 색채조건의 파악 → 주조색의 결정 → 보조색과 악센트 색의 조화 → 검토 및 조정

(7) 색채선택

① 색채선택은 색채가 가지는 시지각적 특성, 감정, 연상, 이미지에 대한 포괄적인 속성을 바탕으로 이루어져야 한다.

② 색채조화의 방향 선택을 토대로 주조색, 보조색, 강조색을 결정한다.

(8) 색채의 시장조사

소비자의 구매행동 중 제품의 색채 분포나 경향 또는 소비자의 색채에 대한 기호나 이미지를 사물의 색과 색채를 보는 사람을 대상으로 조사, 효과적인 색채 정보를 얻는 조사를 말한다.

> **TIP** 색채계획 과정의 순서 : 색채환경의 분석 → 색채심리의 분석 → 색채전달의 계획 → 디자인에 적용

2 색채조절

색채조절은 색채가 지닌 물리적 특성과 심리적 효과, 생리적 현상의 관계 등을 이용하여 건축이나 산업환경에 능률성, 편리성, 안전성, 명시성 등을 높여 쾌적한 환경으로 만들기 위해 사용된다.

1) 색채조절을 위한 요건

① 능률성 : 조명의 효율을 높이고 시각적 판단이 쉽도록 배색한다.

② 안전성 : 사고, 위험을 고려하여 배색한다.

③ 쾌적성 : 물리적 환경 조건에 맞는 기능적인 배색을 한다.

④ 고감각성 : 시각 전달의 목적에 맞는 배색을 한다.

2) 색채조절의 효과

① 눈부심, 피로감의 감소
② 작업 의욕의 향상
③ 사고나 재해의 감소효과
④ 쾌적한 실내 이미지
⑤ 시각 전달의 목적에 맞는 감각성과 명시성

3) 실내의 색채조절

① 색채의 조닝 : 색채의 특성별로 구획을 나누어 공간을 배치한다.
② 천장은 반사율이 높은 흰색을 주로 사용한다. 명도는 9 이상이 좋다.
③ 벽은 천장보다 명도가 낮은 안정된 색을 사용한다. 명도는 8 전후, 채도는 2 이하가 좋다.
④ 바닥의 명도는 6 이하가 좋다.
⑤ 넓은 면적을 차지하는 벽면의 채도는 벽과 천장의 반사광에 의해 높아지므로 저채도로 하는 것이 좋다.
⑥ 배경색에 의한 색상은 대비나 반사광에 의해 생기가 없어 보이므로 보라, 빨강, 녹색은 피하는 것이 좋다.

4) 기능과 환경에 따른 색의 선택

① 동적 공간 : 현관·로비·홀 등은 비교적 강한 색, 즉 난색계가 유리하다.
② 정적 공간 : 사무실·교실·병실 등과 같이 오랜 시간 머무는 방은 자극이 약한 색으로 중성색이나 한색계·회색계가 좋다.

❸ 공간별 색채계획

1) 주거공간의 색채계획

• 주거공간은 개인의 기호가 강하게 반영되는 곳으로, 선택과 표현의 폭이 다양하게 나타난다.
• 일반적으로 벽은 면적을 많이 차지하므로 동일한 색채 위주로 선택하고, 걸레받이는 어두운 색채를 사용한다. 천장은 반사율이 높은 색과 밝은 색채를 선택한다.
• 벽과 천장의 명도 차이는 작게 하는 것이 바람직하다.
① 전체적으로 온화한 배색으로 따뜻한 느낌을 준다.
② 거실 : 안정감을 주는 약간 어두운 색채가 좋으며 편안하고 부드러운 분위기의 주조색과 포인트 컬러로 보색을 사용하면 활기찬 공간을 연출할 수 있다.
③ 식당 : 식욕을 돋우는 난색계의 색상이 좋다.
④ 침실 : 개인의 취향에 따라 다양한 연출이 가능하다. 남향은 한색 계열, 북향은 난색 계열로 연출하면 좋고 침대 머리부분에 포인트 컬러를 사용하면 좋다.

⑤ 부엌 : 깨끗하고 청결한 느낌의 색채를 선택하는 것이 좋다.

⑥ 욕실, 화장실, 세면실 : 반사광이 많으므로 저채도의 색이 적합하며, 깨끗하고 위생적인 느낌의 색채계획이 필요하다.

2) 업무공간의 색채계획

- 업무공간의 색채계획은 쾌적하고 업무의 효율을 높일 수 있는 기술적·정서적 기능이 고려되어야 한다.
- 전체적으로 안정감이 있는 색채에 생동감을 위해 포인트 컬러를 쓰는 것이 바람직하다.
- 벽면의 색은 반사광이 없도록 무광택의 색채를 계획하고 지나친 흰색은 피한다.

① 기업의 경우 기업의 정체성을 높일 수 있도록 포인트 컬러 또는 보조색을 사용한다.

② 회의실 : 회사의 이미지를 높일 수 있는 색채를 고려한다.

③ 로비, 복도, 출입구 : 강한 색채를 도입하여 이미지 연출과 함께 동선을 유도한다.

④ 가구, 비품, 설비 : 중명도 또는 약간 높은 명도의 색을 사용한다.

3) 교육공간의 색채계획

- 교육공간의 색채계획은 학생들의 학습 의욕을 높이고 올바른 인격 형성에 도움을 줄 수 있도록 한다.
- 안정적이면서 활동적인 느낌의 색채가 바람직하다.

① 일반교실 : 안정적이고 자극이 적도록 채도는 낮고, 명도는 높은 색을 선택한다.

② 특별교실 : 차별화된 색채계획을 한다.

③ 교무실 : 안정감이 있는 엷은 그린색의 차분한 색채가 좋다.

④ 강당 : 차분하고 안정적인 색채에 부분적으로 포인트 컬러를 사용한다.

⑤ 식당 : 따뜻하고 편안하면서 식욕을 돋우어 주는 주황색 계열의 색채가 좋다.

⑥ 복도 : 복도는 자유롭고 대담한 색채를 사용한다.

4) 의료공간의 색채계획

의료공간은 병원의 기능과 심리적인 요소들을 고려하여 색채계획을 한다.

① 병실 : 안정적이며 친밀감이 느껴지는 색채가 좋다. 명도를 너무 높지 않게 하고, 채도도 낮은 색이 좋다.

② 수술실 : 수술실은 빨간 피의 잔상이 흰색 벽이나 천장에 비치지 않게 하기 위해 그린 계열을 사용하는 것이 좋다. 채도가 낮은 그린 계열이나 편안한 느낌의 베이지 계열의 컬러를 함께 사용하는 것이 좋다.

③ 간호사실 : 청결하고 깨끗한 느낌을 주는 색채를 사용하여 위생적인 느낌을 주는 것이 좋다.

④ 접수처 및 대합실 : 병원의 첫인상을 주는 곳으로, 신뢰감을 주는 색채계획이 필요하다. 환자의 시야 내에서 눈의 신상을 줄 수 있는 강렬한 색이나 높은 대비를 없애고, 화재·충격·사고·오염들을 방지하는 안전색채를 적절히 활용하여 안전성을 높여 줄 수 있어야 한다.

5) 산업시설의 색채계획

산업시설은 근로자의 안전과 정서적 분위기를 위한 색채계획이 필요하다.

① 빨강 : 방화, 멈춤, 위험, 긴급, 금지, 기계의 스위치 등에 사용된다.

② 노랑 : 높이 변화, 장애물 등 위험을 알리는 표시로 사용된다.

③ 녹색 : 안전, 진행, 구급, 구호를 알리는 표시로 비상구, 대피소, 응급실 등에 사용된다.

④ 파랑 : 경계, 전기 위험 경고, 조심 표시 등에 사용된다.

⑤ 자주 : 방사능 표시 등에 사용된다.

⑥ 흰색 : 도로 장애물이나 통로의 방향 표시 등에 사용된다.

⑦ 검정 : 주황, 노랑을 잘 나타내 주기 위한 보호색으로 사용된다.

6) 판매공간의 색채계획

판매공간의 색채계획에서 가장 중요한 것은 주변의 특성과 환경을 고려하여 경쟁력이 있는 공간으로 표현하는 것이다.

① 전체적으로 배경색은 상품보다 명도와 채도가 낮은 색을 선택하고, 상품색에 비해 부드럽고 차분한 중명도의 보색을 사용하여 상품이 돋보이도록 계획한다.

② 밝은 강조색은 체인점 등 기업 브랜드를 알리는 데 효과적이다.

7) 수송기관의 색채계획

① 배색과 재질의 조화

② 쾌적성과 안정감

③ 항상성과 계절성

④ 환경과의 조화

⑤ 연상성

⑥ 도장 공정이 간단하고 조색이 용이하며 퇴색되지 않는 재료를 사용

⑦ 시인성과 주목성

⑧ 팽창성과 진출성

4 한국 전통공간의 색채

1) 색채의 특성

① 자연환경에 순응하는 배색을 선호한다.

② 음양 철학사상과 관계되며, 무채색의 명도 대비효과가 우수하다.

③ 내부는 저채도·고명도의 색조가 많은 반면, 외부는 저채도·중명도의 색조가 많다.

④ 오원색과 중간색 등 제한된 색채를 사용한다.

⑤ 단청을 제외하면 인위적으로 색채를 사용하지 않고 소재가 가지고 있는 자연색을 사용한다.

2) 한국 전통색채의 상징

① 적색 : 남쪽
② 백색 : 서쪽
③ 황색 : 중앙
④ 청색 : 동쪽
⑤ 흑색 : 북쪽

	흑색	
백색	황색	청색
	적색	

북
서 4 동
남

07 디지털 색채

01 | 디지털 색채

 학습 POINT   • 디지털의 개념과 디지털의 색체계를 이해한다.

1 디지털의 개요

1) 디지털

① 데이터를 수치로 바꾸어 처리하거나 숫자로 나타내는 방식을 디지털(digital)이라고 한다.
② 디지털 색채는 태양광선이나 일반 광선에서 보여지듯 단계로 구별할 수 없는 연속된 색채가 아니다.
③ 디지털 색채는 혼색계와 현색계의 특성을 모두 가지고 있다.

2) 비트

① 디지털 색채는 아날로그와 달리 일정한 단위의 비트(bit)로 구성되어 있다. 비트란 2진수의 단위 시스템을 말하며, 2진수로 기록되는 방식을 총칭한다.
② 디지털 이미지에서 색채 단위 수가 24비트 이상이면 풀 컬러(full color)를 구현한다고 한다.

3) 해상도

① 해상도는 데이터의 전체 용량과 직접 관계되며 원고의 정밀도를 결정한다.
② 모니터 해상도는 한 화면에 픽셀이 몇 개나 포함되어 있는지를 말하는 것으로, 대개 가로의 픽셀 수와 세로의 픽셀 수를 곱하기 형태로 나타낸다.
③ 같은 해상도라도 크기가 작은 모니터에서 더 선명하고, 큰 모니터로 갈수록 면적이 넓어지므로 선명도는 떨어진다.

4) 픽셀(pixel)

① 디지털 이미지의 특성

    ㉠ 컴퓨터 모니터나 인쇄물에서 볼 수 있는 모든 디지털 이미지들을 아주 크게 확대하면 그림의 경계선들이 연속된 곡선이 아니라 작은 사각형들이 붙어 늘어서 마치 계단같이 보이는 것을 알 수 있다.

    ㉡ 이처럼 디지털 이미지들은 더 이상 쪼개지지 않는 작은 점들이 모여서 전체 그림을 만든다.

② 픽셀(pixel)

    ㉠ 디지털 이미지를 이루는 가장 작은 단위인 네모 모양의 작은 점들을 말한다.

    ㉡ 픽셀은 영어로 '그림(picture)의 원소(element)'라는 뜻을 갖도록 만들어진 합성어이다. 우리 말로는 '화소'라고 번역한다.

    ㉢ 화소의 수가 많을수록 해상도가 높은 영상을 얻을 수가 있다. 같은 면적 안에 픽셀, 즉 화소가 더 조밀하게 많이 들어 있을수록 그림이 더 선명하고 정교하기 때문이다.

2 디지털 색체계

① 디지털 색채는 규칙적인 단위와 체계를 갖추고 있다. 따라서 그 규격을 정한 도구와 규격을 표현하고, 관리·조작할 수 있는 과정과 방법을 필요로 한다.

② 디지털 업무는 자료 입력, 자료 조작, 결과물 출력이라는 필수적인 3단계를 거친다.

3 파일 포맷과 저장

1) JPG

① 이미지를 저장하는 그래픽 파일 포맷 중의 하나로, 압축률이 가장 뛰어나다.

② 디지털 카메라로 사진을 찍을 때, 인터넷 및 디지털 액자 등의 전송용으로 가장 많이 쓰인다.

2) PNG

JPG와 GIF의 장점만을 가진 포맷으로, 트루컬러를 지원하고 비손실 압축을 사용하여 이미지의 변형이 없이 원래 이미지를 웹상에 그대로 표현할 수 있는 포맷 형식이다.

3) TIFF

① RGB 및 CMYK 이미지를 24비트까지 지원하며 이미지의 손상이 없는 LZW(Lempel Ziv Welch)라는 압축방식을 채택하고 있다.

② LZW 압축은 이미지의 질을 손상시키지 않는 '무손실 압축'으로 가장 좋은 압축률을 보인다.

4) GIF

① 이미지의 전송을 빠르게 하기 위하여 압축·저장하는 방식 중 하나다.

② JPEG 파일에 비해 압축률은 떨어지지만, 전송속도가 빠르고 이미지의 손상을 적게 한다.

5) EPS

① 포스트스크립트(postscript)를 이용하여 이미지가 미려하고 그 수정이 자유로워 고품질의 인쇄용 파일을 만드는 것으로, 포스트스크립트의 명령어가 포함되어 있는 파일의 포맷 방식이다.

② 이 방식은 주로 인쇄를 목적으로 하는 파일을 작업할 때 많이 사용된다.

③ 주로 일러스트레이터로 작업하면서 가장 많이 접하게 되는 파일의 포맷 방식이다.

4 이미지 파일 형식

1) 벡터(vector) 방식

① 수학적으로 이루어진 점·직선·곡선 등으로 이미지를 구성하는 방식으로, 일러스트레이터·플래시·폰트랩 등의 프로그램에서 사용된다.

② AI, SVG, VML 등이 있다.

2) 래스터(raster) 방식

① 이미지의 모양과 색을 색상 정보가 담긴 픽셀(pixel)로 표현하는 방식으로, 비트맵 방식이라고도 한다.

② 포토샵·페인터 등의 프로그램에서 사용되며, 벡터 방식에 비해 파일 용량이 크다.

③ JPEG, GIF, PNG 등이 있다.

01 | 인간공학의 정의 및 배경

 학습 POINT
- 인간공학의 정의와 목적을 이해한다.
- 인간공학의 철학적 배경을 이해한다.

1) 인간공학의 정의

① 인간이 물건을 사용하는 데에 대한 기술체계를 연구하는 것이다.

② 작업·직무·기계설비·방법·기구·환경 능을 개선하여 인간을 중심으로 솜 더 효율적이고 직부 수행과정의 심리적 충족을 주며 목적을 이룰 수 있도록 인간의 신체적 특성, 작업능력, 생리학 및 심리학적 특성, 기계 혹은 환경의 특성을 통합적으로 연구하여 최적의 연계성을 추구하는 학문이다.

③ 인간의 적성과 훈련에 따르는 문제를 종합적으로 해결하여 인간을 위한, 인간에 맞는 기계문명을 이룩하고자 하는 종합과학이다.

2) 인간공학의 성립 배경

① 제1차 세계대전 후 산업합리화운동이 일어나고, 현대적인 생산방식의 발달에 따라 연구가 시작되었다.

② 본격적으로 학문으로 연구되기 시작한 것은 제2차 세계대전 이후이다.

3) 인간공학의 어원

① 유럽 등지에서 인간공학이라는 뜻으로 사용되는 에르고노믹스(ergonomics)의 어원은 Ergon(작업)+Nomos(관리)+ics(학문)가 결합된 말이다.

② 인간의 작업을 적정하게 관리하는 학문을 의미한다.

4) 인간공학의 3대 목표

적합성, 안정성, 쾌적성

5) 인간공학의 목적

인간공학의 가장 중요한 목적은 인간과 기계 간의 합리화 추구이며, 인간능력에 맞추어 기계나 도구를
설계하는 것이다.

① 제품 개발비의 절감

② 효율적인 사용

③ 사고 방지

④ 안전성의 향상과 능률의 향상

⑤ 기계 조작의 능률성과 생산성의 향상

6) 인간공학 관련 전문분야

① 전기공학 실험 : 인간의 특성을 알고 인간이 안전하고 쉽게 조작할 수 있도록 기계설비를 설계하고
검토한다.

② 실험심리학 : 인간이나 동물을 대상으로 자극에 대한 오감을 연구하고 실제 환경에서 응용할 수
있도록 한다.

③ 의학과 생리학 : 인체 각부의 운동을 물리학의 역학원리로 분석하고 인체의 중심 측정, 보행, 질
주, 도약의 연구를 통해 인간공학의 기초자료를 마련한다.

④ 환경공학 : 인간이 살고 있는 환경 내의 모든 환경적 요인들에 대해 연구한다.

⑤ 제어공학 : 수동제어 시스템에서 인간전달함수(human transfer function)를 구하는 연구를 통
해 인간을 하나의 제어기계로 인식하여 인간공학의 기초자료를 마련한다.

⑥ 산업디자인 : 인간 위주의 제품 및 환경 설계에 대한 인식을 제공한다.

⑦ 실내디자인 : 공간에 대해 인간은 각각 지각적·인지적 반응의 차이를 보이는데 이러한 인간과 공
간환경에 대한 연구, 공간 내에서 인간과 인간관계에 대한 다각적인 연구를 포함하는 학문이다.

02 | 인간 – 기계시스템과 인간요소

 학습 POINT
• 인간–기계시스템의 정의 및 유형을 이해한다.
• 인간의 정보처리와 입력 시스템을 이해한다.

1 인간 – 기계시스템

1) 개요

① 인간과 기계시스템은 주어진 입력으로부터 원하는 출력을 생성하기 위해 상호작용하는 인간과
기계의 조합으로, 인간과 기계를 목적에 맞도록 체계화시키는 치밀한 설계의 실체라고 할 수 있다.

② 인간과 기계가 일하는 작업환경을 검토하는 역할을 한다.

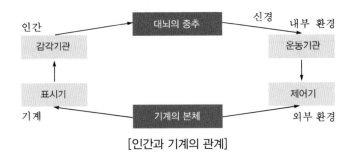

[인간과 기계의 관계]

2) 분류

인간에 의한 제어 역할 정도에 따라 다음 세 가지로 분류할 수 있다.

① 수동화 체계 : 인간의 손이나 도구를 사용하여 작업을 통제하는 체계이다.

② 기계화 체계(반자동체계) : 다양한 부품에 의해 운전자가 조정하는 체계. 기계적 연결단위는 기계에 의존하나 제어부분은 작업자가 통제한다.

③ 자동화 체계 : 감지, 정보처리 및 의사결정 행동을 포함한 모든 조정을 자동화시킨 체계이다.

2 정보의 입력 및 처리

1) 정보의 처리

① 정보의 보관 : 장기기억, 단기기억, 감각 보관

② 정보의 회수 및 처리 : 인지, 회상, 정보처리, 문제해결 및 의사결정, 신체반응의 통제

2) 인간의 기술

전신적 기술, 조작적 기술, 인식적 기술, 언어기술

3) 양립성

① 정의 : 인간의 기대와 모순되지 않는 자극들 간의 관계, 반응들 간의 관계 또는 자극-반응의 조합 관계를 말한다.

② 분류

㉠ 공간적 양립성 : 표시장치나 조정장치에서 물리적 형태나 공간적인 배치의 양립성

㉡ 운동의 양립성 : 표시장치, 조정장치, 체계반응의 운동 방향의 양립성

㉢ 개념적 양립성 : 사람들이 가지고 있는 개념적 연상의 양립성

03 | 시스템 설계와 인간요소

• 시스템의 기능을 이해한다.
• 인간요소를 이해한다.

1 시스템의 기능

1) 인간-기계시스템의 기능

① 감각(정보의 수용)기능 : 인간은 시각·청각·촉각 등 여러 감각을 통해서, 기계는 전기적·기계적 자극 등을 통해서 감각기능을 수행한다.
② 정보저장기능 : 인간의 기억과 유사한 기능으로 여러 가지 방법에 의해 기록된다. 코드화나 상징화된 형태로 저장된다.
③ 정보처리기능 및 의사결정기능 : 인간의 정보 처리과정은 행동에 대한 결정으로 이루어지며, 기계는 정해진 절차에 의해 입력에 대한 예정된 반응으로 결정이 이루어진다.
④ 행동기능 : 시스템에서의 행동기능은 결정 후의 행동을 말한다.

2) 체계 설계의 주요 단계

목표 및 성능 명세 결정 → 체계의 정의 → 기본 설계 → 계면(인터페이스) 설계 → 촉진물 설계 → 시험 및 평가

3) 시스템 개발에서의 인간공학의 효능 산정의 기준

① 성능의 향상
② 인력이용률의 향상
③ 사고나 오용으로부터의 손실 감소
④ 훈련비용의 절감
⑤ 생산 및 정비 유지의 경제성 증대
⑥ 사용자의 수용도의 향상

2 인간요소

인간공학에서 고려해야 할 인간의 특성은 다음과 같다.
① 감각, 지각상의 능력
② 운동 및 근력
③ 지능과 기능
④ 새로운 기술을 배우는 능력

⑤ 적응능력
⑥ 신체의 크기
⑦ 인간의 관습이나 관계
⑧ 환경의 쾌적도와 관련성

3 인간 실수(human error)의 분류

1) 심리적 분류

① 생략(omission) 실수 : 필요한 작업 내지 단계를 수행하지 않은 실수
② 실행(commission) 실수 : 작업 내지 단계는 수행하였으나 잘못한 실수
③ 과잉행동(extraneous act) 실수 : 불필요한 작업을 행동으로 도입한 실수
④ 순서(sequential) 실수 : 작업 수행의 순서를 잘못한 실수
⑤ 시간(time) 실수 : 소정의 기간에 수행하지 못한 실수

2) 행동과정에 의한 분류

① 입력(input) 실수
② 정보처리(information processing) 실수
③ 출력(output) 실수
④ 제어(feedback) 실수
⑤ 의사결정(decision making) 실수

04 인간공학의 연구방법 및 실험계획

학습 POINT
• 인간공학의 연구방법을 숙지한다.
• 인간공학 연구의 3가지 기준요건을 숙지한다.

1) 인간공학의 연구방법의 분류

(1) 직접적 관찰법

① 조작자의 의견조사나 관찰자료에 의한 방법
② 시간, 동작에 의한 방법(time motion study)
③ 레이아웃(layout)에 의한 방법

(2) 예정 동작시간 표준법(predetermined time standard)

사람이 하고 있는 작업을 검토하여 기본 동작에 필요한 시간을 정해서 작업시간 측정에 이용하는 방법이다.

① 동작시간 연구법(motion time analysis)
② 기본 동작시간 연구법(basic motion time study)
③ 동작시간 표준법(work factor)

(3) 반응조사법(dimentional motion times)

인간의 관점에서 관찰하는 방법으로 기기를 실제로 사용하고 있는 인간의 적합, 적응, 피로상태를 생리, 운동, 심리 등의 관점에서 관찰, 측정하는 방법이다.

(4) 사용빈도 분석법

(5) 순간조작 분석법

(6) 지각·동작정보 분석법

2) 인간공학 연구의 기준유형

① 체계기준 : 체계가 원래 의도한 바를 얼마나 달성하는가를 반영하는 기준
② 인간기준 : 4가지 유형(인간성능의 척도, 생리학적 지표, 주관적 반응, 사고빈도)

3) 인간공학 연구의 3가지 기준요건

① 적절성 : 기준이 의도된 목적에 적당하다고 판단되는 정도
② 무오염성 : 기준척도는 측정 변수 이외의 다른 변수의 영향을 받아서는 안 된다.
③ 기준척도의 신뢰성 : 비슷한 환경하에서 기준값이 비슷하게 나온다면 척도는 신뢰성이 있는 것이다.

09 인체계측

INTERIOR ARCHITECTURE

01 | 신체활동의 생리적 배경

> 학습 POINT
> • 인체의 구성과 대사작용을 이해한다.
> • 순환계, 호흡계의 특징과 기능을 숙지한다.

1 인체의 구조

① 척추 : 척주를 형성하는 뼈구조물로, 목뼈·등뼈·허리뼈·엉치뼈·꼬리뼈로 구성되고 몸을 받치는 바탕을 이루고 있다.

② 피부 : 외력으로부터 내부의 구조물을 보호하고 외부의 자극을 받아들이는 감각기 구실을 하며 체온 조절도 한다.

③ 운동기관
  ㉠ 골격과 근육이 있다.
  ㉡ 뼈는 관절로 연결되고 근육의 작용으로 수동적인 운동을 하나, 근육은 능동적인 기능을 발휘하여 뼈를 움직이며 운동을 하게 된다.

④ 몸통의 내부에는 내장이 있으며, 내장에는 소화기·호흡기·비뇨생식기·심장 등이 있다.

2 순환계 및 호흡계

1) 순환계

순환계는 인체의 각 조직에 산소와 영양소를 공급하고, 대사의 산물인 노폐물과 이산화탄소를 제거해 주는 폐쇄회로 기관이다.

2) 순환계의 구성

① 심장 : 혈액순환의 중추적 펌프장치이다.

② 동맥 : 심장에서 나와서 말초로 향하는 원심성 혈관이며, 음식물을 섭취하여 소화관에서 흡수한 영양소와 폐에서 얻은 산소를 인체의 여러 곳으로 운반한다.

③ 정맥 : 말초에서 심장으로 되돌아가는 구심성 혈관이며, 대사과정에서 생긴 노폐물질을 신장·

폐·피부 등을 통하여 몸 밖으로 배설하는 역할을 한다.

④ 모세혈관 : 소동맥과 소정맥을 연결하는 매우 가늘고 얇은 혈관으로 그물처럼 분포되어 있다.

3) 호흡계

① 기도를 통하여 폐의 폐포 내에 도달한 공기와 폐포벽을 싸고 있는 폐동맥과 폐정맥의 모세혈관망 사이에서 가스 교환을 하는 기관계이다.

② 호흡계의 기능은 가스 교환, 공기의 오염물질, 먼지, 박테리아 등을 걸러 내는 호흡공기 정화작용 등이 있다.

③ 호흡계는 코, 인두, 후두, 기관, 기관지, 폐로 이루어진다.

02 | 신체반응의 측정 및 신체역학

<blockquote>
학습 POINT
• 신체활동의 측정원리를 이해한다.
• 신체동작의 유형과 범위를 숙지한다.
</blockquote>

1 신체활동의 측정원리

• 인간이 활동을 할 때는 바람직하지 않은 고통이나 반응을 일으키는 스트레스(stress)와 스트레스의 결과로 나타나는 스트레인(strain)을 받는다.

• 스트레스의 근원은 작업·환경 등에 따라 생리적·정신적 근원으로 구별되며, 스트레인 또한 생리적· 정신적 스트레인으로 구분된다.

1) 압박 또는 스트레스

① 개인에게 작용하는 바람직하지 않은 상태나 상황, 과업 등의 인자와 같이 내·외부로부터 주어지는 자극을 말한다.

② 스트레스의 원인으로는 과중한 노동, 정적 자세, 더위와 추위, 소음, 정보의 과부하, 권태감 등이 있다.

2) 긴장 또는 스트레인

① 압박의 결과로 나타나는 고통이나 반응을 말한다.

② 혈액의 화학적 변화, 산소소비량, 근육이나 뇌의 전기적 활동, 심박수, 체온 등의 변화를 관찰하여 스트레인을 측정할 수 있다.

3) 작업의 종류에 따른 생체신호의 측정방법

① 작업을 할 때에 인체가 받는 부담은 작업의 성질에 따라 상당한 차이가 있다. 이 차이를 연구하는

방법이 생체신호를 측정하는 것이다.

② 산소소비량, 근전도(EMG), 에너지대사율(RMR), 플리커치(CFF), 심박수, 전기피부반응(GSR) 등으로 인체의 생리적 변화를 측정한다.

2 인체역학

1) 인체 부위의 운동

① 굴곡(flexion) : 부위 간의 각도를 감소시키거나 굽히는 동작

② 신전(extension) : 부위 간의 각도를 증가시키는 동작

③ 내전(adduction) : 몸의 중심으로 이동하는 동작

④ 외전(abduction) : 몸의 중심으로부터 이동하는 동작

⑤ 내선(median rotation) : 몸의 중심선으로 회전하는 동작

⑥ 외선(lateral rotation) : 몸의 중심선으로부터 회전하는 동작

⑦ 하향(pronation) : 손바닥을 아래로 해서 아래팔을 회전하는 동작

⑧ 상향(supination) : 손바닥을 위로 해서 아래팔을 회전하는 동작

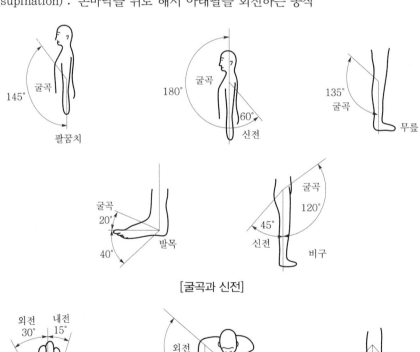

[굴곡과 신전]

[내전과 외전]

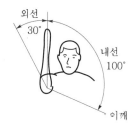 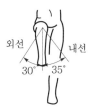 

[내선과 외선]

03 | 근력 및 지구력, 신체활동의 에너지 소비, 동작의 속도와 정확성

학습 POINT
- 신체활동의 에너지소비량을 이해하고 응용한다.
- 동작경제의 원리에 대해 숙지한다.

1 근력과 지구력

1) 힘과 염력

사람이 무게를 들거나 밀고 당길 때에는 작용하는 부하와 인체 부위의 중량으로 인하여 몸의 각 관절에 부하되는 염력이 걸린다.

2) 근력과 지구력

① 근력이란 한 번의 노력에 의해서 근육이 낼 수 있는 힘의 최대치이다.
② 근육은 보통 길이의 1/2까지 수축이 가능하다.
③ 근력은 근육의 단면적에 비례한다.
④ 밀고 당기는 힘은 팔꿈치의 각도에 따라 달라지며, 팔을 앞으로 뻗었을 때 최대로 된다.
⑤ 지구력은 근육을 사용하여 특정한 힘을 유지할 수 있는 시간으로, 부하와 근력의 비의 함수이다.

3) 신체운동의 형태

① 위치동작 : 자동차 브레이크, 기계 스위치의 개폐 등 손발 또는 몸 전체를 사용하는 이동동작으로 위치 정도가 특별히 강조되는 작업
② 연속동작(계속동작) : 자동차 핸들의 조정, 페인트 작업, 바느질, 조각, 그림그리기 등 변화하는 환경과 작업조건에 맞추어 나가며 근육을 통제하는 동작
③ 반복동작 : 망치질과 같이 같은 행동을 반복해서 하는 작업으로, 신경근육 계통의 피로와 이상을 많이 가져온다.
④ 계열동작(연관동작) : 피아노 연주, 타이핑, 재봉틀질 등 발과 손, 왼손과 오른손이 각각 다른 행동

으로 작업하는 것으로 신경에 많은 부담을 준다.

⑤ 조작동작 : 속도계를 보고 작업 행동을 조정하는 것으로, 숙련된 동작방법이 요구된다.

⑥ 정지조정동작 : 물체들기 등 근육운동은 하지 않으나 신체 일부를 어떤 상태로 유지해 두는 것으로, 근육의 평형을 유지하는 동작이다.

2 인체의 활동

1) 에너지소비량

① 인간이 수행하는 작업의 노동강도를 나타내는 것으로, 작업자가 작업을 수행할 때의 작업방법·작업자세·작업속도·작업도구 등에 의해 에너지소비량은 달라진다.

② 에너지소비량은 분당 칼로리 소모량에 의해 측정되며, 단위는 kcal/min이다.

2) 산소소비량

① 산소소비량은 작업부하의 지표로 많이 쓰이는 방법이다.

② 측정은 더글러스(douglas)낭을 사용하여 배기를 수집하고 낭에서 배기의 표본을 취하여 성분을 분석하고, 나머지 배기는 가스미터를 통과시켜 부피를 측정한다.

3) 여러 신체활동에 따른 에너지소비량

수작업 1.6kcal/분 < 팔꿈치 2.7kcal/분 < 미장작업 4.0kcal/분 < 톱질작업 6.8kcal/분 < 벌목작업 8.0kcal/분 < 삽질작업 8.5kcal/분 < 화기 옆에서의 삽질작업 10.2kcal/분 < 짐을 들어 올리는 수작업 16.2kcal/분

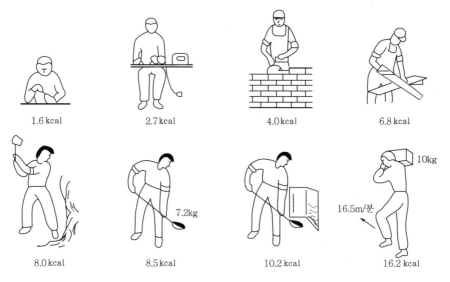

[신체활동에 따른 에너지소비량]

4) 신체활동의 에너지소비량

수면 1.3kcal/분 < 앉은 자세 1.6kcal/분 < 선 자세 2.2kcal/분 < 앉은 자세의 작업 2.7kcal/분 <
벽돌쌓기 4.0kcal/분 < 톱질 6.8kcal/분 < 도끼질 8.0kcal/분 < 삽질 8.5kcal/분

5) 짐을 나르는 방법에 따른 에너지소비량(산소소비량)

등, 가슴 < 머리 < 배낭 < 이마 < 쌀자루 < 목도 < 양손의 순으로 짐을 나르는 데 힘이 더 들어간다.

[짐을 나르는 방법에 따른 산소소비량]

6) 에너지대사율

① 여러 작업에 대해 그 강도에 해당하는 에너지대사를 나타내는 지수이다.
② 노동의 강도는 에너지소비량과 관계가 있는데, 이때 소비된 산소소비량이 기초대사량의 몇 배인가
를 나타낸다.
③ 에너지대사율 = $\dfrac{\text{운동 시의 대사량} - \text{안정 시의 대사량}}{\text{기초대사량}}$

7) 작업효율

① 최적의 조건에서 작업을 할 경우 인간의 인체는 약 30%의 효율을 가지고, 나머지 70%는 열로
변하게 된다.
② 작업효율 = $\dfrac{\text{작업}}{\text{에너지 소비량}} \times 100\%$

8) 기초대사량

① 안정상태에서 생명 유지에 필요한 최소한도의 작용을 유지하기 위해 소비되는 대사량
② 성인의 경우 보통 1,500~1,800kcal/일이며, 기초대사와 여가에 필요한 대사량은 약 2,300kcal/
일이다.

9) 신체반응의 측정

① 인체에 미치는 생리적 부담을 측정 : 맥박수, 산소소비량의 측정
② 심장활동의 측정 : 심전도(ECG)
③ 산소소비량 : 더글러스낭으로 배기를 수집하여 측정

❸ 운동이론

1) 동작경제의 원리

① 가능하다면 물체의 관성을 활용한 낙하식 운반방법을 이용한다.
② 두 팔의 동작은 수직운동 같은 직선동작보다는 유연하고 연속적인 곡선동작을 하는 것이 좋다.
③ 두 손의 동작은 같이 시작하고 같이 끝나도록 한다.
④ 손의 동작은 완만하게 연속적인 동작이 되도록 한다.
⑤ 동선을 최소화하고, 물리적 조건을 활용한다.
⑥ 발이나 몸의 다른 부분으로 할 수 있는 일을 모두 손으로 하지 않는다.
⑦ 중심의 이동은 가급적 적게 한다.
⑧ 가능한 한 자연스럽고 쉬운 리듬으로 일할 수 있도록 동선을 배열한다.
⑨ 가능한 한 동작을 조합하여 하나의 동작으로 한다.
⑩ 작업 중에 서거나 앉기 쉽게 작업 장소 및 의자의 높이를 조절해 둔다.
⑪ 가능한 한 팔꿈치를 몸으로부터 멀리 떨어지지 않도록 한다.

2) 동작경제의 3원칙

① 동작 범위의 최소화
② 동작 수의 조합화
③ 동작 순서의 합리화

3) 운동과 속도의 관계

① 손의 수평운동은 수직운동보다 빠르다.
② 연속적인 곡선운동은 갑자기 여러 번 방향을 바꾸는 운동보다 빠르다.
③ 운동의 최대 속도는 이동시키는 하중에 반비례한다.
④ 운동의 최대 속도에 이르는 데 필요한 시간은 하중에 비례하여 증가한다.
⑤ 운동을 시작하여 끝마치는 데 걸리는 시간은 운동하는 거리에 관계없이 대체로 일정하다.

4) 동작의 합리화를 위한 역학적 조건

① 부하를 적게 한다.
② 물체의 안전성을 유지한다.
③ 충격력을 적게 한다.
④ 접촉면을 작게 하고, 인체 표면에 가해지는 힘을 적게 한다.

04 | 인체계측

학습 POINT
- 인체계측의 방법을 이해한다.
- 인체계측자료의 응용을 숙지한다.

1 인체계측의 방법

① 인체계측은 인간의 신체적 형태와 생리적 현상을 측정하는 것이다.

② 표준자세에서 움직이지 않는 피측정자를 대상으로 각 부위의 길이·둘레·너비·두께 등을 측정하는 형태학적 측정, 움직이는 몸의 자세로 각 구조의 운동기능을 관찰하는 생리학적 측정이 있다.

   ㉠ 형태적 계측(구조적 치수) : 정적 자세에서 신체치수를 측정하는 것

   ㉡ 생리학적 계측(기능적 치수) : 활동 중인 신체의 자세를 측정하는 것

2 인체계측 시 주의사항

① 사람은 항상 움직이므로 여유 있게 치수를 잡아 둔다.

② 평균치 설계는 인체계측에 적합하지 않다.

③ 의자의 길이, 기울기, 높이에 필요한 수치에 대해 쿠션의 변형을 고려한다.

④ 신체 각부의 너비, 두께는 체중과 정비례하는 것으로 간주한다.

3 인체치수의 약산치

① 인체치수는 신장을 기준으로 각 부위의 약산치를 구할 수 있다.

② 신장을 H로 나타낼 때 인체의 각 부분의 약산치는 다음 그림과 같다.

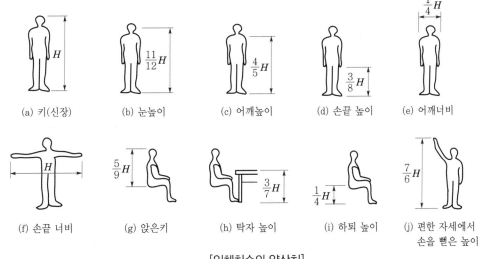

[인체치수의 약산치]

4 인체계측자료의 응용

1) 인체측정자료의 응용원칙

(1) 평균치 설계

① 여러 치수가 평균치와 같은 사람은 거의 없기 때문에 평균치를 이용해서 장비나 설비를 계산하면 사용자 입장에서 불편함이 발생하는 경우가 많다.

② 최대치나 최소치로 설계하기가 부적절할 경우 부득이하게 평균치를 사용한다.

③ 슈퍼마켓의 계산대나 은행의 창구 같은 경우 평균치로 설계한다.

(2) 최대치 설계

① 대상 집단에 대해 관련 인체측정 변수의 상위 백분위수를 기준으로 하며 보통 90, 95 또는 99%치가 사용된다.

② 문의 높이, 탈출구의 크기 등 공간 여유와 그네, 줄사다리 등과 같은 지지장치의 강도 등을 정할 때 사용된다.

(3) 최소치 설계

① 대상 집단에 대해 관련 인체측정 변수의 하위 백분위수를 기준으로 하며 보통 1, 5 또는 10%치가 사용된다.

② 조작자와 제어 버튼 사이의 거리, 선반의 높이, 조작에 필요한 힘 등을 정할 때 사용된다.

(4) 가변적 설계

① 최대치나 최소치를 사용하는 것이 기술적으로 어려운 경우에 집단 특성치의 5%에서 95%치까지의 90% 조절 범위를 대상으로 한다.

② 자동차 좌석의 전후 조절이나 사무실 의자의 상하 조절 등에 사용된다.

2) 퍼센타일(percentile)

① 일정한 어떤 부위의 신체 규격을 가진 사람들과 이보다 작은 사람들의 비율이다.

② 디자인의 특성에 따라 5퍼센타일 또는 95퍼센타일을 주로 사용한다.

5 인체측정의 방법

측정치	측정방법
보폭	왼발 뒤꿈치에서 오른발 뒤꿈치 사이의 길이를 측정
앉은키	앉은 자세에서 의자면에서 머리 끝까지의 수직거리
발 길이	선 자세에서 양발에 체중을 등분하였을 때 왼발 뒤꿈치에서 가장 긴 발가락까지의 거리, 즉 등면에서 수평으로 장지 끝까지를 잰 거리
어깨 폭	삼각근을 가로지르는 최대 수평거리

측정치	측정방법
눈높이	발바닥에서 눈까지의 수직거리
신장	발바닥에서 머리 끝까지의 수직거리
무릎 높이	앉은 자세에서 앞무릎뼈까지의 높이
팔길이	팔을 이레로 똑바로 내려뜨렸을 때 쇄골 꼭대기에서 가운뎃손가락 끝까지의 거리
팔꿈치 높이	팔을 내린 상태에서 발바닥에서 팔꿈치까지의 높이
머리 길이	머리마루점에서 턱끝점까지의 수직거리
어깨너비	선 자세에서 양쪽 어깨점
최대 신체 폭	양팔 끝점의 거리

10 인간의 감각기능

01 | 시각

 학습 POINT
- 눈의 구조와 기능을 이해한다.
- 시각과정을 숙지한다.

- 인간은 주로 시각에 의존하여 외부 세계의 상태에 대한 정보를 수집한다.
- 시각은 감각기관에 들어온 광선이 시신경을 통해서 대뇌에 전달됨으로써 외계를 인지하는 심리적 과정이다.

1) 빛의 감각 순서

결막 → 각막(홍채) → 동공(광선량 조절) → 렌즈(수정체) → 초자체 → 망막(시세포) → 시신경 → 대뇌

2) 시각의 물리적 자극

① 자극원 : 물체가 방사하거나 반사하는 전자방사선 중 가시광선 범위에 한하여 시각체가 반응
② 가시광선 : 우리 눈으로 지각하는 가시광선의 파장 범위는 약 380~780nm이다.

3) 눈의 구조

① 각막 : 빛을 받아들이는 부분이다.
② 홍채 : 동공을 통해 눈으로 들어오는 빛의 양을 조절, **카메라의 조리개**와 같은 역할을 한다.
③ 망막 : 안구벽 가장 안쪽에 위치한 얇고 투명한 막으로, 추상체·간상체와 같은 시세포가 빛에너지를 흡수할 때 **카메라의 필름** 역할을 한다.
④ 수정체
　㉠ 빛을 굴절시키는 역할을 하며, 망막에 상이 잘 맺히도록 한다. **카메라의 렌즈**와 같은 역할을 한다.
　㉡ 멀리 있는 물체를 볼 때에는 모양체 근육이 이완되고 모양체 소대가 팽팽해짐에 따라 수정체의 두께가 얇아져서 빛의 굴절이 작아진다.
　㉢ 반대로 가까운 물체를 볼 때에는 모양체 근육이 수축하고 모양체 소대가 느슨해지기 때문에

수정체가 두꺼워지고 이에 따라 빛의 굴절이 커진다.

⑤ 초자체 : 렌즈 뒤와 망막 사이에서 안구의 형태를 구형으로 유지하는 액체이다.

⑥ 간상체 : 전 색맹으로서 흑색, 백색, 회색만을 감지한다. 명암 정보를 처리하며 초록색에 가장 예민하다.

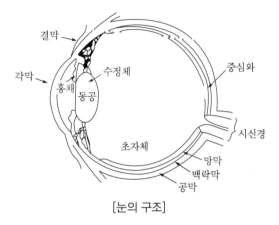

[눈의 구조]

4) 시각의 생리

(1) 시각의 개요

① 시각은 시력, 시야, 광각, 색각의 4가지 요소로 구성된다.

② 형태를 구별할 수 있는 시각은 **복안**[*]을 가지고 있는 곤충류에서 비롯되며, 확실한 형태의 인식은 척추동물로부터 비롯된다.

③ 색채에 대한 인식력은 곤충류에게도 있다.

④ 시각 영역은 수평시야의 시각 범위는 188°, 수직시야는 120°이다.

> **TIP** 복안 : 절지동물 중에서 곤충류·갑각류 따위에서 볼 수 있으며, 여러 방향에 있는 물체의 형태를 동시에 식별할 수 있다.

(2) 결상(image information)

① 어떤 물체에서 나온 광선이 렌즈계를 통과하면서 반사·굴절된 다음 다시 모여서 그 물체와 닮은 상을 만드는 것을 말한다.

② 망막에서의 결상은 독립된 실상이다.

(3) 시력(visual acuity)

① 눈이라는 감각기관에 광선이 들어와 시신경을 통하여 대뇌에 전달함으로써 사물을 감지하는 심리적 과정으로, 눈의 해상력을 의미한다.

② 사물의 형태를 자세히 식별하거나 접근한 2개의 점이나 선을 구별하여 판별하는 능력을 말한다.

　㉠ 중심시력 : 시야의 중심부에서의 시력

　㉡ 주변시력 : 시야의 주변부에서의 시력. 주변시력은 중심시력에 비하여 현저히 낮다.

ⓒ 이상시력 : 난시, 원시, 근시, 색맹 등

(4) 시야(visual field)

① 어느 한 점에 눈을 돌렸을 때 보이는 범위를 시각으로 나타낸 것이다.

② 전체 시야의 바깥한계는 대략 우 100°, 좌 60°, 상 55°, 하 65° 정도이다.

　　㉠ 암점(blind spot) : 시야 중앙부 근처의 보이지 않는 부위(시야결손 부위)

　　㉡ 두 눈 보기 시야(field of binocular vision) : 두 눈으로 한 점을 보게 하면 두 시야는 대부분 겹쳐 보이는 시야

③ 색에 따라 넓혀지는 시야의 순서 : 녹색 → 적색 → 청색 → 황색 → 백색

(5) 굴절이상

① 원시 : 안구의 길이가 짧아서 상이 망막 뒤에 맺히는 현상으로, 볼록렌즈로 교정한다.

② 근시 : 안구의 길이가 너무 커서 상이 망막 앞에 맺히는 현상으로, 오목렌즈로 교정한다.

③ 난시 : 각막의 만곡도가 눈의 경도에 따라 달라 부분적으로 흐리게 되는 눈으로, 원추형 렌즈로 교정한다.

(6) 원근감

① 한 눈 보기보다 두 눈 보기에 의하여 깊이를 지각하여 입체감이 뚜렷하게 된다.

② 깊이의 지각은 두 눈 보기와 깊은 관련성이 있다.

③ 입체시(stereoscopic vision) : 한 물체의 부분들에서 원근이 판정됨으로써 입체감이 강조된다.

5) 순응

① 안구 내부에 입사하는 빛의 양에 따라 망막의 감도가 변화하는 현상과 상태를 말한다.

② 명순응과 암순응

　　㉠ 명순응(light adaptation) : 어두운 곳에서 밝은 곳으로 나갈 때 눈이 부시고 잘 보이지 않는 현상

　　㉡ 암순응(dark adaptation) : 밝은 곳에서 어두운 곳으로 들어가면 처음에는 물체가 잘 보이지 않다가 시간이 지나면 차차 보이게 되는 현상

6) 빛의 강도와 시각의 관계

(1) 명소시와 암소시

① 명소시(light adapted cone vision) : 밝은 곳에서 추상체가 작용하고 있는 상태

② 암소시(dark adapted rod vision) : 어두운 곳에서 간상체만이 작용하고 있는 상태

(2) 시감도와 비시감도

① 시감도(eye sensitivity) : 파장마다 느끼는 빛의 밝기의 정도를 에너지양(1W당)의 광속으로 나타낸 것이다.

② 비시감도(relative sensitivity) : 최대 시감도를 단위로 하여 각 파장의 빛의 시감도를 비율로 나타낸 것이다.

③ 푸르키네(Purkinje) 현상 : 저녁 때 주위가 어두워지면 선명하게 보이던 붉은색이 어둡게 가라앉은 색깔로 보이면서 푸른색이 선명하게 보이는 현상을 말한다. 이는 명소시에서 암소시로 이동함에 따라 시감이 적색에서 청색에 가까운 쪽으로 이동하기 때문이다.

7) 빛의 흐름과 방향성, 확산성

(1) 빛의 흐름

① 인공광은 위쪽에서 아래쪽으로 흐른다.

② 주광은 창문이 가까운 부분에서는 비켜서 위쪽에서, 실내 안쪽부분에서는 수평에 가까운 흐름을 나타낸다.

③ 병용 조명인 경우 인공광과 주광의 중간이다.

(2) 빛의 방향성과 확산성

① 시각환경에 있어서 특정한 방향에서의 빛이 다른 방향에서의 빛에 비하여 현저하게 강할 때 빛의 방향성이 강하다고 한다.

② 인공조명에서 조명기구의 수가 적고 배치가 편중되어 있을 때, 실내마감면의 반사율이 낮을 때에 빛의 방향성이 강하다.

③ 인공조명의 경우 조명기구의 수가 많고 균등하게 배치되어 있을 때, 실내마감의 반사율이 높은 경우에 빛의 확산성이 크다.

02 | 청각

 학습 POINT
- 귀의 구조와 특성을 이해한다.
- 소음과 소리의 복합현상을 이해한다.

1 청각

① 외이(outer ear) : 귓바퀴에서 고막 사이를 말한다. 소리를 모으고 증폭하며 청각기관을 보호하는 역할을 한다.

② 중이(middle ear) : 고막과 내이 사이에 있는 공기가 차 있는 공간

③ 내이(inner ear) : 외이와 중이를 통해 전달된 소리를 뇌로 보내는 역할

④ 소리의 전달과정 : 음원→음의 매체→외이도→고막→중이→달팽이관(임파액)→청신경 →뇌

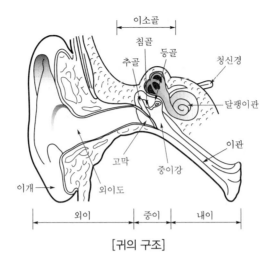

[귀의 구조]

2 소리

1) 소리의 크기 수준

① 폰(phon) : 음의 감각적·주관적 크기의 수준으로, phon으로 표시한 음량의 수준은 이 음과 같은 크기로 들리는 1,000Hz 순음의 음압수준

② 사이클(c/s) : 1초 동안의 진동수

③ 데시벨(dB) : 소리의 강도 레벨로 소리의 음압과 기준음압의 비

④ 음량(sone) : 40dB의 1,000Hz 순음의 크기로 음의 상대적인 크기(1sone＝40phon)

2) 소리의 3요소

① 음의 세기(진폭) : 소리의 강도

② 음의 높이(진동수) : 소리의 높고 낮음을 말하며, Hz와 cps로 나타낸다. 인간은 20~20,000Hz의 진동수를 감지할 수 있는데 이것을 인간의 가청주파수라고 한다.

③ 음색(파형) : 음의 색깔로, 음파의 파형이 다른 것에 의해 음색의 차이가 생긴다.

3) 소리의 특성

음원으로부터의 진동에 의해 발생한다.

① 반사 : 반사될 때의 입사각과 반사각은 같다.

② 굴절 : 소리가 흡수될 때 생기는 소리는 굴절되어도 진동수는 변하지 않는 특성이 있다.

③ 회절 : 소리가 장애물을 우회하여 퍼져 나가거나 구멍을 통하여 나가는 현상을 말한다.

④ 공명 : 발음체의 진동수와 같은 음파를 받으면 자신도 진동을 일으키게 된다.

⑤ 잔향

　㉠ 음 발생이 중지된 후에도 소리가 계속 남아 있는 것을 말한다.

　㉡ 실내는 이용 목적에 따라 알맞은 잔향시간이 필요하다.

　㉢ 음악을 연주하는 실내의 경우 일반 실내보다 잔향시간이 긴 것이 좋다.

⑥ 간섭 : 소리가 동시에 들릴 때 서로 합해지거나 감해져서 들리는 현상이다.

⑦ 맥놀이(beat) : 진동수가 약간 다른 두 소리가 간섭되어 일정한 합성파를 만드는 현상이다.

⑧ 반향(echo)

　㉠ 직접음과 반사된 소리가 시간 차 때문에 한 소리가 둘 이상으로 들리는 것을 말한다.

　㉡ 음원으로부터 소리가 전파되어 나갈 때 도달시간의 차이가 1/15초 이상이 되면 두 음이 분리되어 들린다.

⑨ 흡음감쇠현상

　㉠ 소리가 대기 중에서 전달될 때 점점 작아지는 현상을 말한다.

　㉡ 음의 진동에너지가 열에너지로 변화한다.

⑩ 음의 그림자 : 음이 들리지 않는 영역을 말한다.

4) 소리의 종류

① 순음(단음) : 진동수가 한 종류인 것

② 복음

　㉠ 주기음 : 기초 진동수의 정수배의 소리로서 배음관계가 있다.

　㉡ 비주기음 : 불규칙한 파동으로 성립되며 진동수 간에 배음관계가 없다. 이런 불규칙한 파동을 가지는 소리를 소음이라고 한다.

　㉢ 백색소음 : 가청 범위에 있는 모든 진동수를 내포한 소리

5) 소음

① 소음의 개요

　㉠ **소음의 측정단위는 데시벨(dB)이다.**

　㉡ 보통 조용한 대화는 45dB, 보통 대화는 60~70dB, 이해도를 떨어뜨릴 정도의 큰 목소리의 대화는 80dB이다.

② 소음이 인간에게 미치는 영향

　㉠ 작업능률에 영향을 주어 권태, 피로, 휴식 등의 느낌을 갖게 한다.

　㉡ 소음은 작업량의 저하보다는 작업의 정밀도를 떨어뜨린다.

　㉢ 규칙적인 소음이 불규칙적 소음보다 순응도가 크다.

　㉣ 소음이 강하면 인체의 에너지 소모가 증가한다.

　㉤ 고주파 소음은 저주파 소음보다 작업에 더 방해가 된다.

　㉥ 소음은 단순한 작업보다 복잡한 작업일 경우 더 방해된다.

　㉦ 시각의 원근 조정이나 암순응 등에 소음의 영향은 없다.

　㉧ 정밀작업에서 단시간 동안은 능률이 오히려 향상된다.

③ **소음을 방지하는 방법**

　㉠ 이중유리로 된 창문을 설치한다.

ⓛ 벽이나 천장에 방음장치를 하고, 벽을 불규칙한 모양으로 설계한다.

ⓒ 복도의 출입문은 엇갈리게 설치한다.

ⓔ 바닥에 리놀륨이나 코르크를 깐다.

ⓜ 바닥, 벽, 천장에 흡음재를 사용한다.

ⓗ 돔 형상의 천장은 음이 사람의 머리에 집중하게 되므로 피해야 한다.

6) 소리의 복합현상

① 은폐현상

ⓖ 음압 차가 10dB 이상 날 때 큰 음만 들리고 작은 음이 안 들리는 현상이다.

ⓛ 기차가 지나갈 때 사람의 말소리가 들리지 않는 경우가 해당된다.

② 복합음

ⓖ 일반적인 음 중에서 순음(pure tone)은 거의 없다.

ⓛ 악기의 음은 순음이 아니고 다른 음과 조합된 기본 주파수로 되어 있다.

ⓒ 소음수준이 같은 두 음이 동시에 들릴 때는 음압 레벨이 3dB 정도 증가되어 나타난다.

7) 도플러(Doppler) 효과

① 음원과 관측자가 상대속도를 가질 때 음원의 소리보다 더 높거나 낮은 소리를 듣게 되는 현상

② 기차의 기적소리는 점점 다가올 때 소리가 높이 들리다가 점점 멀어지게 되면 갑자기 낮은 소리로 들린다.

8) 마스킹(masking) 효과

① 청각 마스킹이란 소리가 다른 소음·잡음 등으로 인해 묻혀서 들리지 않는 현상으로, 마스킹 효과라고도 한다.

② 저음이 고음을 잘 마스킹하며 순음의 저음과 고음이 동시에 발생할 때 고음이 잘 안 들리는 현상이다.

③ 목적음과 방해음의 주파수 영역이 가까울수록 마스킹 효과가 커진다.

03 지각

- 지각의 종류와 특성에 대하여 숙지한다.
- 게슈탈트의 4법칙을 숙지한다.

1 지각과 감각

1) 지각

① 지각은 시각, 청각, 촉각 등의 감각기관을 통하여 환경의 사물이나 그 변화를 알아내는 작용이다.

② 몇몇 수용기의 상호작용에 바탕을 두는 총체적 경험이다.

2) 감각

감각은 수용기가 흥분하여 감각중추를 자극함으로써 일어나는 직접적 경험이다.

2 지각

1) 지각의 특성과 지각과정

(1) 지각의 일반적인 특성

① 지각은 초기의 감각자료에만 좌우되지 않고 구성적이고 진실성이 있으며 거의 자동적으로 진행된다.

② 근접 자극은 애매모호하며 근접 자극을 묶는 집단화 과정을 거쳐 장면을 체제화한다.

③ 이룩된 체제화는 어떤 목표를 가진 지각체계인 선택과 결정에 바탕을 둔다.

④ 특정 자극을 유발시키는 중추과정들은 무의식적·구성적·지능적이며 자동적으로 진행된다.

(2) 지각과정

자극 → [지각 → 인지 → 태도] → 반응

2) 지각 연구의 접근

(1) 구성주의

① 영국의 경험주의 철학에 바탕을 두고 있으며, 지각의 근본요소를 감각으로 가정한다.

② 지각에서 판단, 추리, 해석과 같은 인지적 측면을 강조한다.

(2) 형태심리학(Gestalt theory)

① 지각은 과거의 경험과 별개로 자체 법칙에 의해 형성되며, 총체적 구조의 지각이 감각 인식에 선행된다고 가정한다.

② 인간에게는 어떤 질서를 인식하려는 경향이 있어서 수평적·수직적, 대칭적, 기하학적 패턴 등으로 단순화된 질서를 보인다.

(3) 생태심리학(ecological theory)

① 환경 속에서 내재하는 의미를 직접적으로 지각하게 된다는 것으로, 지각은 자극의 생태학적 특성의 결과이다.

② 지각자에 의해 재구성되거나 해석되는 과정은 필요하지 않다.

③ 의미가 환경으로부터 직접 지각되기 때문에 지각의 많은 기초적 측면들을 학습할 필요는 없다.

(4) 확률이론

지각과정에서의 모호성과 불일치성을 극복하기 위하여 환경에 대한 확률적 진술에 의해 검증한다는 것이다.

3) 지각의 기초과정

① 지각의 기초과정은 주어진 자극 장면에서 차이가 나는 에너지를 구별하는 작용에서부터 시작한다.

② 윤곽 형성 → 전경과 배경의 분리 → 체제화 과성으로 진행된다.

ㄱ 윤곽 형성 : 사물이나 자극을 인지한다는 것은 그 자극의 윤곽을 지각한다는 것이다.

ㄴ 전경과 배경의 분리 : 윤곽이 형성된다는 것은 전경(그림, figure)과 배경(바탕, ground)이 분리되어 물체가 지각되는 단계이다.

ㄷ 체제화 과정 : 전경이 형태를 갖추는 것이 지각의 체제화 과정이고, 지각의 구조적 속성을 이루는 과정이다.

4) 지각의 체제화 원리 – 게슈탈트(Gestalt)의 4법칙

(1) 접근성(proximity)

① 비슷한 모양이 서로 가까이 놓여 있을 때 그 모양들이 무리지어 보이는 것, 즉 근접한 감각자료들이 같은 패턴이나 그룹으로 지각되는 것을 말한다.

② 접근성이 클수록 면으로 인식되는 경향이 커진다.

(2) 유사성(similarity)

형태, 규모, 색채, 질감 등 유사한 시각적 요소들이 근접해 있으면 연관되어 보이는 것을 말한다.

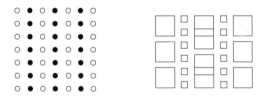

(3) 연속성(continuity)

① 하나의 형식으로 시작한 형태는 그 형식이 계속되는 것, 즉 배열과 진행 방향이 비슷한 것끼리 하나로 보이게 되는 것으로 인식되어 보이는 원리이다.

② 영국 국기는 십자(+)와 대각선(×)의 연속성으로 본다.

(4) 폐쇄성(완결성, closeness)

완전한 형태를 갖추는 방향으로 지각 체제화가 이루어지는 것을 말한다.

5) 지각의 속성

(1) 지각의 항상성

① 정의 : 감각 정보들이 변화함에도 불구하고 물체가 안정된 특성으로 지각되는 현상이다.
② 항상성의 유형 : 색조의 항상성, 색채의 항상성, 크기의 항상성, 모양의 항상성, 위치의 항상성, 방향의 항상성

(2) 착시

① 정의 : 지각의 항상성과 반대되는 현상으로, 원자극을 왜곡해서 지각하는 것이다.
② 착시의 종류
   ㉠ 각도의 착시 : 사선의 연장선이 다르게 보이거나 사선에 의해 직선이 기울어져 보인다.

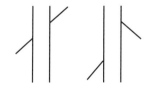 

   ㉡ 분할의 착시 : 분할된 것이 분할되지 않은 것보다 크게 보인다.

   ㉢ 만곡의 착시(헤링의 착시) : 가운데 두 직선이 곡선으로 보인다.

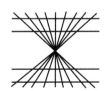 

ㄹ 대소의 착시(뮐러 리어의 착시) : 두 선의 길이나 각도가 주변의 영향에 의해 다르게 보인다.

ㅁ 동심원 착시 : 같은 크기의 원들이 주위에 있는 다른 원의 크기에 의해 대조되어 다르게 보인다.

ㅂ 수직·수평의 착시 : 같은 길이의 선이라도 시선을 위아래로 움직이는 것보다는 옆으로 움직이는 것이 더 쉽기 때문에 수직이 수평보다 길어 보인다.

6) 공간지각

(1) 단안시(한 눈 보기)에 의한 공간지각

① 겹침 또는 중첩 : 한 물체가 다른 물체를 가릴 때 가려진 것은 먼 거리, 가리고 있는 것은 가까운 거리로 느낀다.

② 상대적 크기 또는 직선 조망 : 먼 곳에 있는 것은 가까운 곳에 있는 것보다 망막상이 작다. 따라서 크기가 다른 물체들이 있는 경우에 물체가 작을수록 멀리 있는 것으로 느낀다.

③ 평면에서의 높이 : 평면에서 멀리 떨어져 있는 물체들은 높은 곳에 위치해 있는 것으로 느낀다.

④ 표면의 결 : 원근에 의해 먼 곳에 있는 것은 결이 빽빽하게 보이고, 가까이에 있는 것은 결이 무성하지 않게 보인다.

⑤ 명료도 : 명확하게 보이는 것은 가깝고, 먼 곳에 있는 것은 흐리게 보인다.

⑥ 음영 : 그림자가 물건의 아랫부분에 있으면 볼록하게 보이고, 윗부분에 있으면 오목하게 보인다.

(2) 양안시(두 눈 보기)에 의한 공간지각

① 괴리현상(양안부등) : 물체를 볼 때 두 눈에 약간 다른 상을 맺게 되는 것으로, 깊이(거리)를 지각하는 수단이 된다.

② 이중상 : 가까이 있는 것이나 먼 곳에 있는 것은 망막에 이중상을 맺는다. 따라서 공간지각의 단서가 된다.

③ 수렴현상 : 시점을 고정하기 위하여 시점과 눈의 거리에 따라 두 눈이 한데 모이는 현상이다.

7) 운동지각

(1) 실제 운동지각

① 물체의 운동에 대한 지각은 여러 유형의 정보들이 종합되어 복잡한 판단을 거쳐서 지각된다.

② 다람쥐효과 : 배경이 복잡하면 빠르게, 단순하면 느리게 움직이는 것처럼 느끼며, 움직이는 물체가 적을수록 빨리 움직이는 것처럼 보이는 현상

③ 운동의 잔상

  ㉠ 움직이는 자극에 계속적으로 주목하면 운동의 잔상이 생긴다.

  ㉡ 실제 운동과 반대 방향으로 생긴다.

(2) 비운동에서의 운동지각

① 운동시차

  ㉠ 관찰자가 움직이면 가까운 것은 반대 방향으로, 먼 곳은 같은 방향으로 움직이는 것처럼 보인다.

  ㉡ 타고 있는 기차가 움직일 때 가까운 산과 먼 산을 보면 운동시차가 느껴진다.

② 운동조망 : 반대 방향으로 움직이는 대상 중에서 멀리 있는 것은 천천히, 가까이 있는 것은 빨리 뒤쪽으로 움직이는 현상

③ 운동착각(유인운동)

  ㉠ 정지해 있는 것을 움직이는 것으로 느낀다든지, 반대로 움직이는 것을 정지해 있는 것으로 느끼는 현상이다.

  ㉡ 서 있는 차 속에서 다른 차가 반대 방향으로 움직이면 자기가 탄 차가 움직이는 것처럼 느껴진다.

④ 가현운동(외관운동)

  ㉠ 정지하고 있는 대상물이 마치 운동하고 있는 것처럼 보이는 것으로, 인접된 두 점에 초당 12~20회의 속도로 각각 광선을 투사하면 두 점 사이에 광선이 왔다갔다하는 운동지각을 하게 된다.

  ㉡ 영화나 TV 또는 네온사인 광고에 응용된다.

⑤ 자동운동 : 캄캄한 방에서 조그만 불빛을 보여 주면 비록 이 불빛이 정지되어 있는데도 불구하고 움직이는 것처럼 보이는 현상

8) 잔상

① 망막이 자극을 받은 다음에도 시신경의 흥분이 남아 있는 것을 말한다.

② 잔상의 분류

  ㉠ 긍정 잔상(정의 잔상/양성 잔상) : 어두운 시야에서는 사라진 색과 같은 색이 남는 현상

  ㉡ 부정 잔상(부의 잔상/음성 잔상) : 밝은 곳에서는 사라진 색과 보색관계에 있는 색이 남는 현상

9) 신체감각

피부감각은 피부에 있는 감각점에 의해 느끼는 감각으로, 촉각(압각)·온각·냉각·통가 등 4종류가 있다.

① 촉각(압각)
  ㉠ 피부에서 위치에 따라 압력에 대한 예민함이 다르다.
  ㉡ 촉각에 예민한 부분은 손가락 끝, 입술, 혀끝 등이다.
② 온각 : 생리학적 영점보다 높을 때 느껴지며 예민함이 가장 낮다.
③ 냉각 : 생리학적 영점보다 낮을 때 느껴진다.
④ 통각 : 피부 표면에 가장 넓게 분포되어 있고, 민감한 지각으로 사람마다 통증을 느끼는 정도가 다르다.

10) 평형감각과 운동감각

① 평형감각 : 몸의 균형을 유지하기 위한 감각으로, 신체의 방향과 위치를 신호로 나타낸다.
② 운동감각 : 근육·건 및 관절의 수용기에서 오는 감각으로, 신체의 자세를 유지한다.

11 작업환경조건

INTERIOR ARCHITECTURE

01 | 조명

 학습 POINT ・조명 용어를 이해하고 권장 조도를 숙지한다.

1) 조명의 개요

(1) 조명의 4요소

① 광도(명도)　　② 물체의 크기　　③ 움직임(노출시간)　　④ 대비

(2) 조명 용어

① 광속 : 단위시간당 흐르는 빛의 에너지양으로, 광원의 밝기이다. 단위기호는 lm(루멘)이다.

② 광도 : 단위시간에 어떤 방향으로 송출하고 있는 빛의 강도를 표시하는 것으로, 광원의 방향에 따라 다르다. 단위기호는 cd(칸델라)이다.

③ 조도 : **어떤 물체나 표면에 도달하는 빛의 밀도로, 어느 장소에 대한 밝기를 나타낸다.** 단위기호는 lumen/m²이다.

　ㄱ fc(foot-candle) : 1촉광의 점광원으로부터 1foot 떨어진 곡면 위에 비추는 광도의 밀도

　ㄴ lux(럭스) : 1촉광의 점광원으로부터 1m 떨어진 곡면 위에 비추는 광원의 밀도

　ㄷ 조도 $= \dfrac{광도}{(거리)^2}$

④ 휘도 : 빛을 발하거나 반사하는 표면의 밝기로 cd/cm², Sb[스틸브(stilb)] 등의 단위기호를 쓴다.

⑤ 광속발산도 : 단위면적당 표면에 반사 또는 방출되는 빛의 양(물체의 밝기)으로 단위기호는 L(람베르트), mL(밀리람베르트), fL(푸트람베르트)이다.

　ㄱ 반사율 : 표면에 도달하는 조명과 광속발산도(광도)의 관계

　ㄴ 반사율[%] $= \dfrac{광도[fL]}{조명[fc]} \times 100\%$

2) 조명의 형식

① 직접조명 : 조명기구로부터 직접 조명면에 비치는 방법으로, 조명률은 효과적이나 눈이 부시고 그림자가 생기는 단점이 있다.

② 반식접(반간접)조명 : 직접광과 간접광을 함께 사용하는 방법

③ 간접조명 : 빛이 천장이나 벽에 반사되어 조명면에 비치는 방법으로, 조명률이 낮으며 천장의 반사율 영향을 많이 받으므로 좋지 않다.

④ 확산조명(전반조명) : 실내 전체를 균일하게 밝게 하는 방법으로, 눈의 피로는 적으나 정밀작업에는 좋지 않다.

⑤ 국부조명 : 필요한 장소에만 조명하는 방법. 정밀작업에 적당하다.

직접조명	반직접조명	간접조명	반간접조명	확산조명
10% 90%	40% 60%	90% 10%	60% 40%	

3) 권장 조도

용도		권장 조도[lux]
사무실, 제도실		300~700
병원	진찰실	150~300
	수술실	500~700
주택		70~150
학교 교실		150~300
극장의 관람석, 비상계단		50~70
의류점	상점 내부 전반	70~150
	일반 진열	150~300
	쇼케이스	300~700

4) 실내면의 반사율

실내면	반사율[%]
바닥	20~40
천장	80~90
벽	40~60
가구	25~45

5) 조명설계

(1) 조명설계의 필요요소

① 작업 중 손 가까이를 일정하게 비출 것

② 작업 중 손 가까이를 적당한 밝기로 비출 것

③ 작업부분과 배경 사이에 적당한 콘트라스트가 있을 것

④ 광원 및 다른 물건에서도 눈부신 반사가 없을 것

⑤ 광원이나 각 표면의 반사가 적당한 강도와 색을 지닐 것

⑥ 가장 좋은 조명상태를 유지하기 위하여 손질이나 청소가 쉽도록 할 것

(2) 조명설계의 순서

조명조건의 파악 → 조명방법 및 기구의 선정 → 광원의 높이 결정 → 광원의 간격 설정 → 조도의 선정 → 광원의 크기와 수의 결정

(3) 조명설계 시 유의사항

① 빛의 방향성과 확산성을 고려하여 설계한다.

② 평균조도가 그 작업에 적당해야 한다.

③ 눈부심 방지를 위해 직사휘광 또는 반사휘광에 유의한다.

④ 광원의 색깔도 고려해야 한다.

⑤ 설치, 보수, 유지 등에 대한 경제성을 고려한다.

02 | 온열조건과 소음, 진동

 학습 POINT
- 온열환경의 쾌적조건을 숙지한다.
- 소음, 진동 등을 이해한다.

1 온열조건

1) 온열조건

인체는 체온이 약 37℃로 일정하게 유지되도록 체내에서 온열 조절의 기능을 수행하고 있다.

2) 열생산

인체는 음식물을 통하여 에너지를 생산하며 80% 이상이 열로 전환되고, 20% 미만이 인체활동을 위한 에너지로 사용된다.

3) 열손실

피부를 통한 수증기의 확산작용, 땀분비작용, 호흡, 복사, 대류 등에 의한 열손실이 발생한다.

4) 열평형

인체는 생산되는 열량과 손실되는 열량이 평형을 이루어 생리적 균형을 유지한다.

5) 온열환경의 쾌적조건

① 온도 : 인간이 쾌적하다고 느낄 수 있는 온도는 18~21℃이며 여름철에는 18~24℃, 겨울철에는
17~22℃가 적합하다.

② 상대습도 : 30~70%

③ 기류 : 0.25~0.5m/s는 쾌적하며 1.5m/s 이상이면 불쾌감이 느껴진다.

④ 불쾌지수 : 80 이상이면 거의 대부분의 사람이 불쾌감을 느낀다.

6) 온도에 대한 인체의 변화

(1) 적당한 온도에서 고온으로 바뀔 때

① 체온의 상승

② 혈액이 피하조직을 경유, 혈액순환량이 증가

③ 직장 온도의 감소

④ 발한작용

(2) 적당한 온도에서 저온으로 바뀔 때

① 체온의 감소

② 혈액순환의 감소

③ 직장 온도의 증가

④ 몸이 떨림

2 소음

1) 소음의 종류

① 음의 강도가 매우 큰 소음

② 생리적으로 장애를 일으키는 소음

③ 음색이 불쾌한 소음

④ 사무능률, 연구, 독서를 방해하는 소음

⑤ 음성의 청취를 방해하는 소음

⑥ 휴양과 안면을 방해하는 소음

⑦ 기계 및 기타의 진동음

2) 소음이 인체에 미치는 생리적 영향

① 단기적 효과 : 생리적 반응이 소음을 느끼는 순간 혹은 수 분 정도 지속
② 장기적 효과 : 수 시간, 수일 혹은 수년의 시간을 두고 지속되거나 측정되는 반응

3) 소음이 인체에 미치는 심리적 영향

① 회화장애
② 수면장애
③ 짜증, 불쾌감

4) 소음이 청력에 영향을 미치는 요인

소음의 고저인 주파수, 소음의 강약, 소음의 연속도·충격도, 폭로시간, 개인적인 감수성 등

5) 소음의 방지방법

① 외부소음대책 : 건물의 배치, 규모, 방위, 녹지 등의 요인을 종합적으로 검토하여 대처한다.
② 건축물의 차음성능 : 창, 발코니, 재료의 차음특성을 이용한다.
③ 내부소음대책 : 바닥 충격음, 개폐음, 설비음을 줄이고 흡음재를 사용한다.

3 진동

1) 개요

① 진동은 일반적으로 100Hz 이하인 저주파 전신진동을 말한다.
② 인간이 진동을 감지할 수 있는 역치는 $0.01m/sec^2$ 정도이다.
③ 진동은 하나 이상의 방향면에서 발생하며, 종류와 방향 이외에 진동수와 강도로 나타낸다.
④ 진동은 진동의 강도에 비례하여 시성능을 저하시키며, 10~25Hz 대역에서 민감하게 저하된다.
⑤ 진동이 인간성능에 끼치는 영향
　㉠ 진동은 진폭에 비례하여 시력을 손상시키며, 10~25Hz 대역의 경우에 가장 심하다.
　㉡ 진동은 진폭에 비례하여 추적능력을 손상시키며, 5Hz 이하의 낮은 진동수에서 가장 심하다.
　㉢ 안정되고 정확한 근육 조절을 요하는 작업능률은 진동에 의해서 저하된다.
　㉣ 반응시간, 감시, 형태 식별 등 주로 신경처리에 딸린 임무는 진동의 영향을 덜 받는다.

2) 특성

① 주파수가 높은 쪽보다는 낮은 쪽에서 더 느끼기 쉽다.
② 여성이 진동에 대한 감응도가 높다.
③ 단주기가 되면 실제의 진폭보다 크게 느낀다.
④ 진폭이 크고 주기가 작은 진동일수록 감응도가 높다.

03 | 환기와 피로, 능률

학습 POINT
- 피로의 측정 분류와 측정 대상 항목을 숙지한다.
- 피로를 극복하는 방법을 숙지한다.

1 환기

1) 개요

① 환기는 재실인원이나 각종 기기 등의 오염원에서 발생하는 오염물질 또는 열이나 수증기에 의해 오염, 악화된 실내공기를 맑은 외기와 바꾸어 주는 것을 말한다.

② 실내공기가 오염되면 적당한 환기로 오염공기를 바꾸어 주고 부족한 산소량을 공급해 주어야 한다.

2) 환기방법

① 자연환기 : 바람, 창, 덕트, 온도 차에 의한 환기

② 강제(기계)환기 : 흡입, 고압, 조합환기

3) 환기량

① 인체의 산소 공급을 위한 환기량 : $3.35m^3/h \cdot 인$

② 사무실에서의 1인당 필요환기량 : $30m^3/h \cdot 인$

③ 유해물질 발생량과 필요환기량 : 금연실 $30m^3/h \cdot 인$, 흡연실 $43m^3/h \cdot 인$

2 피로와 능률

1) 피로와 능률의 관계

① 피로는 장시간의 활동이나 작업으로 인해 정신이나 몸이 지친 상태를 말하고, 작업능률의 저하를 가져온다.

② 피로를 극복하는 방법

㉠ 몸에 충분한 칼로리를 공급한다.

㉡ 하고 있는 일을 간간이 한다.

㉢ 쓸데없이 근육을 움직이지 않도록 일을 간소화한다.

㉣ 충분한 휴식시간을 가진다.

③ 정신적 피로의 징후

㉠ 긴장감의 감퇴

㉡ 의지력의 저하

ⓒ 기억력의 감퇴
④ 피로조사의 목적
　　㉠ 작업자의 건강관리
　　㉡ 작업조건, 근무제의 개선
　　㉢ 노동 부담의 평가와 적정화

2) 피로의 측정 분류와 측정 대상 항목

① 순환기능 검사 : 맥박, 혈압 등을 측정, 검사
② 감각기능 검사 : 진동, 온도, 열, 통증, 위치감각 등을 검사
③ 자율신경기능 : 신체가 위급한 상황에 대처하도록 하는 기능
④ 생화학적 측정 : 혈액 농도의 측정, 혈액 수분의 측정, 요 전해질 및 요 단백질의 측정

12 장치 설계 및 개선

01 | 표시장치

 • 시각적 표시장치와 청각적 표시장치의 장단점을 숙지하고 비교한다.

1) 표시장치의 종류

① 정적 표시장치 : 간판, 도표, 그래프, 인쇄물 등과 같이 시간에 따라 변하지 않는 장치

② 농석 표시상치 : 온도세, 기입계, 속도게, 고도게 등괴 같이 어떤 변수나 상항을 ㅣ타ㅐ는 장치

2) 시각적 표시장치

① **정량적 표시장치** : 온도나 속도, 길이의 계량치에 관한 정보를 제공하는 데 사용

  ㉠ 지침 이동형(동침형) : 라디오의 볼륨 레벨처럼 눈금이 고정되고 지침이 이동되는 형

  ㉡ 지침 고정형(동목형) : 몸무게 저울처럼 지침이 고정되고 눈금이 움직이는 형

  ㉢ 계수형(digital) : 전력계, 택시요금계처럼 정확한 값을 표시

② **정성적 표시장치** : 연속적으로 변하는 변수의 대략적인 값이나 변화 추세, 비율 등을 알고자 할 때 사용

  ㉠ 상태 점검을 판정하는 데 사용

  ㉡ 그림 표시형(pictogram)을 사용한다.

3) 시각적 표시장치의 지침설계

① 다이얼 형태의 계기에서는 가급적 지침이 왼편에서 오른편으로, 아래에서 위로 움직이도록 한다.

② 지침이 고정된 형태이거나 또는 움직이는 형태에서도 지침은 눈금에 가까이 있어야 하며 숫자를 가리지 말아야 한다.

③ 선각이 약 20° 정도 되는 뾰족한 지침을 사용한다.

④ 지침의 끝은 가장 가는 눈금선과 같은 폭으로 하고 지침의 끝과 눈금 사이는 가급적 좁은 것이 좋으며 1.5mm 이상이어서는 안 된다.

⑤ 지침은 가급적 숫자나 눈금과 같은 색으로 칠해야 한다.

⑥ 지침의 끝은 작은 눈금과 맞닿되, 겹치지 않게 해야 한다.

⑦ (시차를 없애기 위해) 지침을 눈금면과 밀착할 것

⑧ (원형 눈금의 경우) 지침의 색은 선단에서 눈금의 중심까지 칠할 것

4) 시각표시의 일반 원리

① 가시도, 주목성, 판별 가능도, 이해 가능도 등을 고려

② 적당한 높이와 넓이의 비율을 고려

③ 적당한 글자 획의 폭을 유지

④ 바탕색과 글자의 색을 최대한 대비

⑤ 예상 관망거리에 적당한 크기의 글자를 고려

⑥ 정교한 것보다는 간단한 활자체인 직선체를 사용

⑦ 이탤릭체보다는 고딕체를 사용하며, 글자 사이의 공간을 유지

⑧ 획의 두께가 일정하지 않고 글자 안에 무늬나 줄을 넣은 글자체는 회피할 것

⑨ 가능한 한 등간격 눈금을 사용

⑩ 보통 글자의 가로 대 세로비는 3 : 2가 적당

⑪ 글자 사이의 공간을 적당히 띄워서 사용

⑫ 적합한 조명을 사용

5) 청각적 표시장치

① 신호원 자체가 음일 때

② 무선거리 신호, 항로 정보 등과 같이 연속적으로 변하는 정보를 제시할 때

③ 음성통신 경로가 전부 사용되고 있을 때

6) 청각장치와 시각장치의 특성

청각장치	시각장치
정보가 간단하다.	정보가 복잡하다.
정보가 짧다.	정보가 길다.
정보가 후에 재참조되지 않는다.	정보가 후에 재참조된다.
정보가 시간적인 사상을 다룬다.	정보가 공간적인 위치를 다룬다.
정보가 즉각적인 행동을 요구한다.	정보가 즉각적인 행동을 요구하지 않는다.
수신자의 시각 계통이 과부하상태일 때	수신자의 청각 계통이 과부하상태일 때
수신 장소가 너무 밝거나 암조응 유지가 필요할 때	수신 장소가 너무 시끄러울 때
직무상 수신자가 자주 움직이는 경우	직무상 수신자가 한곳에 머무르는 경우

 제어장치

1) 제어장치의 종류

(1) 양의 조절에 의한 제어

① 연료량, 음량, 회전량 등의 양을 조절하여 제어하는 장치
② 손잡이(knob), 크랭크, 핸들, 레버, 페달

(2) 개폐에 의한 제어

① On-Off로 동작을 개시하거나 중단하도록 제어하는 장치
② 손 누름(push) 버튼, 발 누름 버튼, 똑딱 스위치, 회전전환 스위치

(3) 반응에 의한 제어

① 계기, 신호 또는 감각에 의하여 행하는 제어장치
② 자동 경보 시스템

2) 제어장치와 생리학적 능률

① 제어장치는 팔꿈치에서 어깨 높이 사이에 위치한다.
② 조작 시 어깨의 전방 약간 아래쪽이 적당하다.
③ 고정된 위치에서 조작하는 제어장치는 작업원의 어깨로부터 70cm 이내의 거리를 유지한다.
④ 서 있을 때 어깨의 높이가 가장 힘이 많이 실린다.
⑤ 앉아 있을 때는 팔꿈치 높이에 힘이 많이 실린다.
⑥ 빨리 돌려야 하는 크랭크는 회전축이 신체 전면과 60~90°가 될 때 작업이 용이하다.

3) 손잡이의 필요조건

① 손잡이의 치수는 손잡이의 모양이나 재질과 관련 있다.
② 정밀한 눈금을 조작할 때는 작은 손잡이가 좋고 정밀도가 요구되지는 않으나, 큰 힘이 필요할 때는 큰 손잡이가 적당하다.
③ 서랍의 손잡이는 재질의 차이에 따라 치수가 변경된다.
④ 모양에 따라서 손이 걸리는 방법에 차이가 있으므로 이를 고려해서 치수를 정한다.
⑤ 손에서 벗어날 염려가 없고 촉각에 의해 식별이 가능한 것을 사용한다.
⑥ 필요한 힘에 대하여 적당한 크기의 미끄러움이 적은 것을 택한다.
⑦ 방향성이 한곳으로 한정된 것을 사용한다(좌우 방향, 전후 방향 등).

⑧ 사용자 손의 치수에 적합한 모양의 것을 택하고 비틀림이 없어야 한다.

4) 제어장치의 위치

① 많이 사용하는 제어장치는 팔꿈치에서 어깨 높이의 사이에 설치한다.

② 조작 시 어깨의 전방 약간 아래쪽이 편리하다.

③ 서 있을 때는 어깨의 높이로, 앉아 있을 때는 팔꿈치 높이에서 쥔 손잡이에 가장 힘이 들어간다.

④ 작업원의 몸 중심선보다는 좌우 어느 쪽으로 약간 치우친 것이 좋다.

5) 제어장치 설계 시 기본 요소

① 제어장치의 움직임과 위치 및 제어하는 대상이 서로 일치해야 한다.

② 작업원이 제어장치나 표시장치를 사용할 때의 심리학적·해부학적 능률을 고려해야 한다.

03 | 작업공간과 작업가구의 디자인

 학습 POINT ▶ • 작업영역을 이해하고 작업장 배치원칙을 숙지한다.

1 작업공간

1) 작업영역

작업영역은 인체치수에 신체 각 부위의 움직임, 주로 손발의 움직임을 더한 공간영역이다.

(1) 수평작업역

① 정상작업역 : 위팔을 자연스럽게 수직으로 늘어뜨린 채 아래팔만 편하게 뻗어 파악할 수 있는 구역(34~45cm)

② 최대작업역 : 아래팔과 위팔을 곧게 펴서 파악할 수 있는 구역(55~65cm)

(2) 수직작업역

① 제1영역 : 손이 가장 쉽게 닿는 영역

② 제2영역 : 손을 위로 약간 올려야 닿는 영역

③ 제3영역 : 허리를 구부리거나 앉아야 닿는 영역

④ 제4영역 : 손을 위로 높이 뻗어야 닿는 영역

⑤ 제5영역 : 웅크리고 앉아 허리를 많이 굽혀야 닿는 영역

(3) 입체작업역

수직작업역과 각 점에서의 수평작업역을 합한 것으로, 작업영역을 입체적으로 나타낸 것

2) 작업장 배치의 원칙

① 중요성의 원칙 : 목표 달성에 중요한 정도에 따른 우선순위 설정의 원칙
② 사용빈도의 원칙 : 사용되는 빈도에 따른 우선순위 설정의 원칙
③ 기능별 배치의 원칙 : 부품이 사용되는 빈도에 따른 우선순위 설정의 원칙
④ 사용순서의 원칙 : 순서적으로 사용되는 장치들을 그 순서대로 배치하는 원칙

② 작업가구의 디자인

1) 의자

(1) 의자설계의 원칙

① 의자에 앉았을 때 체중은 둔부의 좌골 결점에 대칭되도록 실려야 한다.
② 의자 좌판의 높이는 5% 이상 되는 사람들을 수용할 수 있게 하며, 좌판 앞부분은 오금 높이보다 높지 않아야 하고 앞 모서리는 5cm 정도 낮아야 한다.
③ 의자 좌판의 폭은 큰 사람에게 맞도록 하고 깊이는 장딴지 여유를 두고 대퇴부를 압박하지 않도록 설계한다.
④ 좌판은 약간 경사져야 하고, 등판은 뒤로 기댈 수 있도록 뒤로 기울인다.
⑤ 사무용 의자의 좌판 각도는 3°, 등판 각도는 100°로 하고 휴식용 의자의 좌판 각도는 25°, 등판 각도는 105~108°로 한다.

(2) 작업용 의자

① 자리면의 높이와 허리의 지지부는 높이가 조정될 수 있도록 한다.
② 자리면의 높이는 책상의 윗면 모서리에서 밑으로 27~30cm가 적당하다.
③ 앞으로 숙인 자세 또는 중립자세용으로 때로는 등받이 또는 허리를 받치기 위해 기대는 데 적합하도록 한다.
④ 좌면 앞 가장자리는 둥글게 하며 약간 뒤쪽으로 경사지게 한다.

(3) 휴식용 의자

① 좌판 높이는 사무용 의자보다 7~8cm 낮은 37~38cm가 적당하다.
② 좌판 각도는 25~26°, 등판 각도는 105~108°가 적당하다.
③ 등받이는 자리면에서 8~14cm에 볼록형(凸)의 패드를 설치해서 등뼈가 완만한 형태가 되도록 한다.

(4) 인체에 피해를 주는 의자

① 팔걸이 간격이 너무 먼 의자
② 자리면이나 등받이의 커브가 너무 깊어 엉덩이 양 측면이나 어깨 등에 압박을 주는 의자

③ 자리면의 높이가 너무 높아 대퇴부에 압박을 가하는 의자

④ 자리면의 깊이가 너무 깊어서 등받이에 바른 자세로 기댈 수 없고 무릎 안쪽이 압박되는 의자

⑤ 등받이가 굽어 허리가 굽어져 척추에 무리를 주는 의자

2) 작업대의 높이

① 섬세한 작업일수록 높으며, 거친 작업 시에는 약간 낮은 것이 적당하다.

② 서서 작업하는 경우는 팔꿈지 높이보다 5~10cm 낮은 작업대를 선택한다.

③ 입식 작업대의 높이는 '섬세한 작업 > 거친 작업 > 힘이 가해지는 작업'의 순이다.

④ 착석식 작업대의 높이는 의자 자리면의 높이, 작업대의 두께 등을 고려하여 설계한다.

⑤ 입식, 좌식 겸용의 작업대의 설계도 고려한다.

04 | 색채의 인간공학 적용에 관한 사항

 학습 POINT · 안전색채에 대한 내용을 이해하고 숙지한다.

1) 색채조절의 효과

작업능률의 향상, 피로의 경감, 재해율의 감소

2) 기기의 색채

① 기계의 큰 부분은 중간색으로 칠하고, 작동하는 부분은 황토색으로 칠한다.

② 파이프, 호스의 연결부, 소방용수의 본체 등은 적색으로 칠한다.

③ 급수관은 황색으로 칠하고, 급수전은 적색으로 착색한다.

④ 전기의 배전반이나 두꺼비집의 외부는 청색으로 칠하고, 문짝 내부는 황색으로 칠한다.

⑤ 공장 내에서 작업하는 기계는 선명한 황색으로 칠한다.

3) 안전색채

① 적색 바탕에 녹색

② 황색 바탕에 흑색

③ 백색 바탕에 흑색, 녹색, 청색

④ 적색(소화시설), 청색(주의 표시), 녹색(안전용구), 황색(경계 표시)

4) 색채조절 시 주의사항

① 보통의 기기에는 채도를 4 이하로 유지해야 한다.

② 색을 볼 때 피로를 느끼는 것은 주로 채도의 영향을 받는다.

③ 기계의 움직이는 부분과 조작의 중심점같이 집섬이 되는 부분은 다른 부분과 대비가 되는 색채를 사용하는 것이 좋다.

④ 도색이 되어야 할 기기에 특별한 주의를 환기시킬 필요가 있을 경우 채도를 높이는 것이 좋다.

[자주 출제되는 중요한 문제는 별표(★)로 강조함]

01 색채지각

01 광원에 따라 물체의 색이 달라져 보이는 것과는 달리 다른 두 가지의 색이 어떤 광원 아래서는 같은 색으로 보이는 현상은?

① 메타메리즘(metamerism)
② 잔상(after image)
③ 분광 반사(spectral reflectance)
④ 연색성(color rendering)

해설 조건등색(metamerism) : 서로 다른 두 가지 색이 하나의 광원 아래서 같은 색으로 보이는 현상

02 물체의 색이 한 가지가 아닌 여러 가지 색으로 보이는 이유는?

① 물체의 표면에서 반사하는 빛의 분광 분포 때문
② 가시광선뿐만 아니라 적외선이나 자외선이 부분적으로 눈에 지각되기 때문
③ 물체가 고유색을 가지고 있어서 색의 차이가 눈에 지각되기 때문
④ 보는 사람의 느낌에 따라 물체의 색이 다르게 보이기 때문

해설 물체의 색이 한 가지가 아닌 여러 가지 색으로 보이는 이유는 물체의 표면에서 반사하는 빛의 분광 분포 때문이다.

03 영화관에 들어갔을 때 한참 후에야 주위 환경을 지각하게 되는 시지각현상은?

① 명순응   ② 색순응
③ 암순응   ④ 시순응

해설 밝은 장소에서 강한 빛에 반응하여 정상적인 감각을 찾는 것을 명순응이라고 하고, 어두운 곳에서 시각적으로 사물을 관찰할 수 있도록 빛을 감지하는 능력을 암순응이라고 한다.

04 빛을 프리즘에 통과하였을 때 나타난 스펙트럼상의 색 중 가장 긴 파장을 가지고 있는 것은?

① 빨강   ② 노랑
③ 녹색   ④ 보라

해설 장파장에서 단파장으로 가는 색의 순서는 빨>주>노>초>파>남>보의 순이다.

★
05 가시광선의 파장 범위는?

① 350~750nm   ② 350~700nm
③ 380~780nm   ④ 200~480nm

해설 가시광선
• 우리가 볼 수 있는 빛의 영역을 가시광선이라고 한다.
• 주파수의 파장 길이는 380~780nm 사이에 있다.

★
06 같은 물체색이라도 조명에 따라 다르게 보이는 현상은?

① 분광특성   ② 연색성
③ 색순응   ④ 등색성

해설 연색성(color rendering)
• 조명이 물체의 색감에 영향을 미치는 현상으로, 같은 물체의 색도 조명에 따라 색이 다르게 보이는 것을 말한다.
• 연색성은 상품을 돋보이게 할 때 많이 이용된다.

정답 ▶ 1. ① 2. ① 3. ③ 4. ① 5. ③ 6. ②

07 베졸드 현상과 관련 있는 것은?

① 색의 대비 ② 동화현상
③ 연상과 상징 ④ 계시대비

해설 베졸드 현상
- 문양이나 선의 색이 배경색에 혼합되어 보이는 동화현상을 말한다.
- 면적이 큰 배경에 비해 작은 도형이나 선분이 가늘고 간격이 좁을수록 더 효과가 나타난다.
- 배경색과 도형의 색의 명도와 색상 차이가 작을수록 효과가 크다.

08 색각에 대한 학설 중 3원색설을 주장한 사람은?

① 헤링 ② 영·헬름홀츠
③ 맥니콜 ④ 먼셀

09 빛의 성질에 대한 설명 중 틀린 것은?

① 빛은 전자기파의 일종이다.
② 빛은 파장에 따라 서로 다른 색감을 일으킨다.
③ 장파장은 굴절률이 크며 산란하기 쉽다.
④ 빛은 간섭, 회절현상 등을 보인다.

해설 빛의 성질
- 장파장일수록 굴절률이 작고 산란하기 어렵다.
- 단파장은 굴절률이 크고 산란하기 쉽다.

10 우리 눈의 시각세포에 대한 설명 중 옳은 것은?

① 간상세포는 밝은 곳에서만 반응한다.
② 추상세포가 비정상이면 색맹 또는 색약이 된다.
③ 간상세포는 색상을 느끼는 기능이 있다.
④ 추상세포는 어두운 곳에서의 시각을 주로 담당한다.

해설 ① 간상체는 약한 빛에서도 형태를 구분할 수 있지만 흑백의 명암에만 작용한다.
- 추상체는 밝은 조명 아래에서 색상을 감지할 수 있게 한다.
- 중심와를 중심으로 우리가 보는 영상이 맺히게 되는데, 이 중심와 주변은 간상체가 거의 없고 추상체 위주로 되어 있다.

11 색의 맑거나 흐린 정도의 차를 의미하는 것은?

① 명도 ② 채도
③ 색상 ④ 색입체

해설
- 채도는 색의 선명도를 나타내는 것이며 색의 순도, 포화도라고도 한다.
- 색의 강약 정도를 나타내는 기준이 된다.
- 순색에 가까울수록 채도는 높아지고, 색이 혼합되면 채도는 낮아진다. 즉, 순색에 무채색이 많을수록 채도는 낮아지고, 무채색이 적을수록 채도는 높아지는 것이다.

12 혼색에 대한 설명 중 옳은 것은?

① 가법혼색을 하면 채도가 증가한다.
② 여러 장의 색필터를 겹쳐서 내는 투과색은 가법혼색이다.
③ 병치혼색을 하면 명도가 증가한다.
④ 가법혼색의 3원색은 빨강(R), 녹색(G), 파랑(B)이다.

해설 가법혼색
- 가법혼색은 빛의 색을 서로 더해서 빛이 점점 밝아지는 원리를 이용하는 것이다.
- 빨강(R), 초록(G), 파랑(B)의 3원색으로 이루어져 있다.

13 감법혼색의 설명 중 틀린 것은?

① 색을 더할수록 밝기가 감소하는 색혼합으로, 어두워지는 혼색을 말한다.
② 감법혼색의 원리는 컬러 슬라이드 필름에 응용되고 있다.
③ 인쇄 시 색료의 3원색인 C, M, Y로 순수한 검은색을 얻지 못하므로 추가적으로 검은색을 사용하며 K로 표기한다.
④ 2가지 이상의 색자극을 반복시키는 계시혼합의 원리에 의해 색이 혼합되어 보이는 것이다.

해설 ④ 계시혼합은 중간혼색이다.

정답 **7.** ② **8.** ② **9.** ③ **10.** ② **11.** ② **12.** ④ **13.** ④

14 ( ) 안에 들어갈 용어를 순서대로 짝지은 것은?

> 일반적으로 모니터상에서 ( )형식으로 색채를 구현하고, ( )에 의해 색채를 혼합한다.

① RGB – 가법혼색
② CMY – 가법혼색
③ Lab – 감법혼색
④ CMY – 감법혼색

15 고흐, 쇠라, 시냑 등 인상파 화가들의 표현기법과 관계가 깊은 것은?

① 계시대비
② 동시대비
③ 회전혼합
④ 병치혼색

해설 병치혼색
• 작은 색점이 섬세하게 병치되어 있을 때 먼 거리에서 보면 색이 혼색되어 보이는 현상이다.
• 점묘화, 컬러TV의 혼색과 직물의 컬러인쇄 등이 해당된다.

16 색의 요소 중 시각적인 감각이 가장 예민한 것은?

① 색상
② 명도
③ 채도
④ 순도

해설 명도
• 색상의 밝기 정도를 말하는데, 밝기 정도에 따라 11단계로 구분된다.
• 인간의 눈은 명도에 가장 민감하다.

17 만화영화는 시간의 차이를 두고 여러 가지 그림이 전개되면서 사람들이 색채를 인식하게 되는데, 이와 같은 원리로 나타나는 혼색은?

① 팽이를 돌렸을 때 나타나는 혼색
② 컬러 슬라이드 필름의 혼색
③ 물감을 섞었을 때 나타나는 혼색
④ 6가지 빛의 원색이 혼합되어 흰빛으로 보여지는 혼색

해설 회전(계시가법)혼색
• 회전원판을 이용하는 맥스웰의 혼색법이 가장 대표적이다.
• 이 혼색은 회전혼색기에 두 색 이상의 색료를 얹어 놓고 고속으로 회전시키면 두 색 이상의 색이 하나의 색으로 보이는 현상이다.
• 혼합하는 두 색의 중간 명도와 중간 색상이 된다.
• 회전속도가 빠를수록 무채색으로 보인다. 우리가 보는 영화 역시 시간 차에 따른 착시를 이용한 연속혼색의 응용이다.

18 감법혼색에서 모든 파장이 제거될 경우 나타날 수 있는 색은?

① 흰색
② 검정
③ 마젠타
④ 노랑

해설 감법혼색
• 색을 더할수록 밝기가 감소하는 색혼합으로 어두워지는 혼색을 말한다.
• 마이너스 혼합이라고도 한다.

19 다음 색상 중 무채색이 아닌 것은?

① 연두색
② 흰색
③ 회색
④ 검정색

해설 무채색
• 흰색, 회색, 검정 등 색상이나 채도가 없고 명도만 있는 색을 말한다.
• 색상을 가지지 않는 회색 차원만을 드러내는 색을 일컫는다.

20 색의 3속성에 관한 설명으로 옳은 것은?

① 명도는 빨강, 노랑, 파랑 등과 같은 색감을 말한다.
② 채도는 색의 강도를 나타내는 것으로, 순색의 정도를 의미한다.
③ 채도는 빨강, 노랑, 파랑 등과 같은 색상의 밝기를 말한다.
④ 명도는 빨강, 노랑, 파랑 등과 같은 색상의 선명함을 말한다.

03 색의 표시

21 오스트발트의 색상환을 구성하는 4가지 기본색은 무엇을 근거로 한 것인가?

① 헤링(Hering)의 반대색설
② 뉴턴(Newton)의 광학이론
③ 영·헬름홀츠(Young−Helmholtz)의 색각 이론
④ 맥스웰(Maxwell)의 회전 색원판 혼합이론

해설 오스트발트의 색채체계는 E. 헤링의 4원색 이론이 기본으로 되어 있다.

22 먼셀의 색입체 수직 단면도에서 중심축 양쪽에 있는 두 색상의 관계는?

① 인접색　　　　② 보색
③ 유사색　　　　④ 약보색

해설 색입체를 무채색 중심으로 수직으로 자르면 무채색 축 좌우에 보색관계를 가진 두 가지의 동일한 색상면이 나타난다.

23 오스트발트는 색상과 명도 단계를 몇 등분하여 등색상삼각형이 되게 하고 이를 기본으로 색채 조화의 이론을 발표하였는가?

① 24색상, 명도 10단계
② 24색상, 명도 8단계
③ 20색상, 명도 7단계
④ 20색상, 명도 5단계

해설
• 오스트발트의 색체계는 E.헤링의 4원색 이론, 즉 빨강(red), 노랑(yellow), 파랑(ultramarine blue), 녹색(sea green)의 색상을 기초로 하고 있다.
• 중간에 주황(orange), 청록(turquoise), 보라(purple), 연두(leaf green)를 더하여 8가지 색상으로 하고 그 8가지 색상을 다시 세 가지 색상으로 나눈 24가지 색상으로 구성된다.

24 다음 색 중 채도가 가장 높은 색은?

① 5R 8/4　　　　② 5R 5/8
③ 5R 7/2　　　　④ 5R 4/6

해설 HV/C의 표기에서 H는 색상, V는 명도, C는 채도를 말하는데, 보기에서 C가 제일 높은 것은 8이다.

25 오스트발트 색채체계와 관련이 없는 것은?

① 헤링의 4원색설
② C+W+B=100%
③ 20색상환
④ 등순계열

해설 20색상환은 먼셀의 색채체계와 관련 있다.

26 먼셀 색입체에 관한 설명 중 옳지 않은 것은?

① 먼셀의 색입체를 color tree라고도 부른다.
② 물체색의 색감각 3속성으로 색상(H), 명도(V), 채도(C)로 나눈다.
③ 무채색을 중심으로 등색상삼각형이 배열되어 복원추체 색입체가 구성된다.
④ 세로축에는 명도(V), 주위의 원주상에는 색상(H), 중심의 가로축에서 방사상으로 늘어나는 추를 채도(C)로 구성한다.

해설 복원추체 색입체는 오스트발트의 색체계이다.

★
27 현재 우리나라 KS규정 색표집이며 색채 교육용으로 채택된 표색계는?

① 먼셀 표색계
② 오스트발트 표색계
③ 문·스펜서 표색계
④ 저드 표색계

해설 현재 우리나라 한국산업규격(KS)에서는 색채표기법으로 먼셀 표색계를 채택하고 있다.

28 색채측정 및 색채관리에 가장 널리 활용되고 있는 것은 어느 것인가?

① Lab 형식　　　　② RGB 형식
③ HSB 형식　　　　④ CMY 형식

해설 Lab 색공간 : 인간 감성에 접근하기 위해 연구된 결과로, 색채측정 및 색채관리에 활용되고 있다.

정답 ▶ **21.** ① **22.** ② **23.** ② **24.** ② **25.** ③ **26.** ③ **27.** ① **28.** ①

29 오스트발트 색상환은 무채색의 축을 중심으로 몇 색상이 배열되어 있는가?

① 9
② 10
③ 24
④ 35

30 식물의 이름에서 유래된 관용색명은?

① 피콕블루(peacock blue)
② 세피아(sepia)
③ 에메랄드그린(emerald green)
④ 올리브(olive)

04 색의 심리

31 다음 중 광명, 희망, 활동, 쾌활 등의 연상 감정을 지닌 색은?

① 빨강(red)
② 주황(yellow red)
③ 노랑(yellow)
④ 자주(red purple)

해설 노랑 : 희망, 광명, 명랑, 유쾌 등 명랑하고 힘찬 느낌을 주는 색이다.

32 다음 색채의 온도감에 관한 설명 중 틀린 것은?

① 빨강, 노랑, 주황은 난색이다.
② 청록, 파랑, 남색은 한색이다
③ 연두, 보라는 중성색이다.
④ 무채색에서 저명도색은 차가운 느낌을 준다.

해설 온도감
• 색상에 따라서 따뜻하고 차갑게 느껴지는 감정효과를 말한다.
• 온도감은 색상에 의한 효과가 가장 강한데 저채도·저명도는 찬 느낌이 강하고, 무채색의 경우 저명도는 따뜻한 느낌을 주고, 고명도는 차가운 느낌을 준다.

33 교통표지판은 주로 색의 어떤 성질을 이용하는가?

① 진출성
② 반사성
③ 대비성
④ 명시성

해설 명시도(시인성)
• 색에 따라 확실히 보이는 색과 그렇지 않은 색이 있는데 어떤 색이 배경색과의 대비에 따라 상대적으로 명도 차이가 생겨 보이는 것을 명시도라고 한다.
• 색의 명시성은 주로 명도관계에서 발생한다.
• 명도 차를 크게 하면 시인성은 높아지게 된다. 특히 유채색끼리일 때는 보색관계가 시인성이 높게 된다.
• 교통표지판, 안전사고 방지시설은 명시성을 이용한 것이다.

34 색채의 중량감에 대한 설명으로 틀린 것은?

① 중량감은 사용색에 따라 가볍게 느끼기도 하고 무겁게 느끼기도 하는 것이다.
② 중량감은 적절히 활용하면 작업능률을 높일 수 있다.
③ 중량감은 색상보다 명도의 영향이 큰 편이다.
④ 중량감은 채도와 관련이 있어 일반적으로 채도가 낮은 색이 가볍게 느껴진다.

해설 색채의 중량감
• 색의 명도에 따라 무겁고 가볍게 보이는 시각현상으로, 고명도일수록 가볍게 느껴지고 저명도일수록 무겁게 느껴진다.
• 중량감은 명도의 영향이 가장 크다. 명도 5~6을 중심으로 그 이상은 가볍게 느껴지고, 그 이하는 무겁게 느껴진다.
• 밝은색의 팽창색은 가벼운 느낌의 색이고, 어두운 색의 수축색은 무거운 느낌의 색이다.

★35 외과병원의 수술실 벽면의 색을 밝은 청록색으로 처리한 것은 어떤 현상을 막기 위한 것인가?

① 푸르키네 현상
② 연상작용
③ 동화현상
④ 잔상현상

해설 잔상
• 원자극이 사라진 후에도 원자극과 비슷한 감각이 일어나는 현상을 말한다.
• 잔상에는 부의 잔상, 정의 잔상, 보색 잔상이 있다.
• 보색 잔상은 보색으로 인하여 생기는 잔상으로, 망막의 피로현상에서 기인한다. 예를 들면 적색 자극의 잔상은 보색인 청록색으로, 청색 자극의 잔상은 보색인 주황색으로 나타난다.

정답 29. ③ 30. ④ 31. ③ 32. ④ 33. ④ 34. ④ 35. ④

36 다음 중 주목성이 가장 높은 색은?

① 적색　　　　　② 회색
③ 녹색　　　　　④ 청색

해설 주목성(유목성)
- 유목성은 색이 우리의 눈을 끄는 힘을 말하는데 시인성이 높은 색은 대체로 유목성도 높아진다.
- 색상의 경우 적색은 유목성이 높고 녹색은 낮다.
- 일반적으로 고명도·고채도의 색이 유목성이 높으며, 시인성에 비해 주관적인 경험 등이 작용한다.

37 사람이 짙은 색 옷을 입으면 얼굴이 희게 보이고, 밝은색 옷을 입으면 얼굴이 검게 보이는 현상은?

① 명도대비　　　② 채도대비
③ 색상대비　　　④ 계시대비

해설 명도대비 : 서로 다른 색의 영향으로 밝은색은 더 밝게, 어두운색은 더 어둡게 느껴지는 색의 대비이다.

38 일반적으로 떠오르는 빨간색의 추상적 연상과 관계있는 내용으로 맞는 것은?

① 피, 정열, 흥분
② 시원함, 냉정함, 청순
③ 팽창, 희망, 광명
④ 죽음, 공포, 악마

해설 빨간색 : 불, 열, 위험, 혁명, 분노 등 감정을 고조시키는 색이다.

39 동일한 색상이라도 주변색의 영향으로 실제와 다르게 느껴지는 현상은?

① 보색　　　　　② 대비
③ 혼합　　　　　④ 잔상

해설 색의 대비 : 우리가 일상생활에서 경험하는 색의 체계는 항상 상대적이다. 이렇게 인접색이나 배경색의 영향으로 원래 색과 다르게 보이는 현상을 색의 대비라고 한다.

40 음(音)과 색에 대한 공감각의 설명 중 틀린 것은?

① 저명도의 색은 낮은 음을 느낀다.
② 순색에 가까운 색은 예리한 음을 느끼게 된다.
③ 회색을 띤 둔한 색은 불협화음을 느낀다.
④ 밝고 채도가 낮은 색은 높은 음을 느끼게 된다.

해설 음악과 색채 사이에는 유사성이 있어서 색채 용어와 음악 용어가 혼용되어 쓰이고 있다.

구분	color
저음	어두운색이나 저명도의 색
고음	밝고 강한 채도의 색
표준음	순색
탁음	회색 기미나 회색 계열의 색

05 색채조화

41 다음 중 주목성이 가장 높은 배색은?

① 자극적이고 대조적인 느낌의 배색
② 온화하고 부드러운 느낌의 배색
③ 초록이나 자주색 계통의 배색
④ 중성색이나 고명도의 배색

해설 강조(accent)배색
- 단조로운 배색에 대조적인 색을 소량 삽입하여 전체의 상태를 돋보이게 하는 방법이다.
- 주조색을 돋보이게 하기 위한 보조색으로 주로 무채색을 사용하는데 강조색은 주조색과 대조적인 색상이나 톤을 사용하는 것으로 강조하는 주목성을 부각시키기 위해 사용하는 것이 특징이다.

42 우리에게 잘 알려진 배색으로서 저녁노을, 가을의 붉은 단풍잎, 동물과 곤충 등의 색들이 조화된다는 색채조화의 원리는?

① 질서성의 원리　　② 친근성의 원리
③ 명료성의 원리　　④ 보색의 원리

해설 친근성의 원리(익숙함의 원리) : 관찰자에게 잘 알려진 배색이 잘 조화된다.

43 '$M = O/C$'는 문·스펜서의 미도를 나타내는 공식이다. 'O'는 무엇을 나타내는가?

① 환경의 요소   ② 복잡성의 요소
③ 구성의 요소   ④ 질서성의 요소

해설 미도
- 색채조화에 관한 미감의 정도를 미도라고 한다.
- 문·스펜서는 수치로 조화의 정도를 계산하는 방법을 제안하였는데 M을 미감의 정도, O는 질서의 요소, C는 복잡성의 요소로 하여 '$M = O/C$'라는 공식을 만들었다.

★
44 색채조화의 원리 중 가장 보편적이며 공통적으로 적용할 수 있는 원리는 저드(D. B. Judd)가 주장하는 정성적 조화론에 속하지 않는 것은?

① 질서의 원리
② 친근성의 원리
③ 명료성의 원리
④ 보색의 원리

해설 저드(Judd)의 색채조화론 : 미국의 색채학자인 저드는 많은 조화론을 검토하고 정량적 조화론이 어느 경우에나 맞을 수 없다고 생각하여 4가지의 색채조화론을 주장하였다.
- 질서의 원리 : 질서가 있는 계획에 의해서 선택될 때 색채는 조화된다.
- 친근성의 원리(익숙함의 원리) : 관찰자에게 잘 알려진 배색이 잘 조화된다.
- 동류(유사성)의 원리 : 배색된 색채가 서로 공통되는 속성을 가질 때 조화된다.
- 명료성의 원리 : 배색된 색채의 차이가 애매하지 않고 명료한 것이 조화된다. 색상 차나 명도, 채도, 면적의 차이가 분명한 배색이 조화롭다.

★
45 문·스펜서의 조화론에서 모든 색의 중심이 되는 순응점은?

① N5   ② N7
③ N9   ④ N10

해설 무채색의 중간 지점이 되는 N5를 순응점으로 삼았다.

46 색채조화에서 공통되는 원리가 아닌 것은?

① 부조화의 원리   ② 질서의 원리
③ 동류의 원리   ④ 유사의 원리

해설 색채조화의 원리

구분	내용
질서	색채조화는 의식할 수 있고, 효과적인 반응을 일으키는 계획에 따라 선택된 색채들일 때 생긴다.
명료성	두 색 이상의 배색을 선택할 때 명료한 색을 선택하여 배색할 때 색채조화가 발생한다.
동류	가장 가까운 색채끼리의 배색은 친근감을 주고 조화를 느끼게 한다.
유사	배색된 색채들의 서로 공통되는 상태, 속성에 관계되어 있을 때 조화를 느끼게 된다.
대비	배색된 색채들의 상태와 속성이 서로 반대되면서도 모호한 점이 없을 때 조화를 느끼게 된다.

★
47 다음 문·스펜서의 색채조화론 중 맞지 않은 것은?

① 동일의 조화(identity)
② 유사의 조화(similarity)
③ 대비의 조화(contrast)
④ 통일의 조화(unity)

해설 문·스펜서의 색채조화론

구분	내용
동일조화	같은 색의 조화
유사조화	유사한 색의 조화
대비조화	반대색의 조화

48 2가지 이상의 색을 목적에 알맞게 조화되도록 만드는 것은?

① 배색   ② 대비조화
③ 유사조화   ④ 대비

해설 합리적인 배색은 두 가지 이상의 색조합 시 좋은 효과를 내기 위한 것이다.

정답 ▶ **43.** ④   **44.** ④   **45.** ①   **46.** ①   **47.** ④   **48.** ①

49 슈브뢸의 색채조화의 원리가 아닌 것은?

① 인접색의 조화
② 근접보색의 조화
③ 등간격 2색의 조화
④ 반대색의 조화

해설 슈브뢸(M. E. Chevreul)의 조화론
- 유사색의 조화 : 서로 가까운 관계나 유사한 색상 끼리의 배색은 조화가 된다.
- 반대색의 조화 : 보색이나 반대되는 색의 관계를 통한 대조는 조화가 된다.
- 근접보색의 조화 : 근접보색관계를 통한 대조는 조화가 된다.
- 등간격 3색의 조화 : 색상환에서 같은 거리에 있는 3색은 조화가 된다.

50 오스트발트의 조화론과 관계없는 것은?

① 다색조화
② 등가색환에서의 조화
③ 부채색의 조화
④ 제1부조화

해설 오스트발트의 조화론
- 무채색의 조화
- 등색상삼각형에서의 조화
- 윤성조화(다색조화)
- 2색상 조화

06 색채관리

★
51 한국의 전통적인 오방색에 해당하는 것은?

① 적, 황, 녹, 청, 자
② 적, 황, 청, 백, 흑
③ 적, 황, 녹, 청, 백
④ 적, 황, 백, 자, 흑

해설 한국 전통색채의 상징
- 적색 : 남쪽   • 황색 : 중앙
- 청색 : 동쪽   • 백색 : 서쪽
- 흑색 : 북쪽

52 기업이 색채를 선택하는 요건으로 가장 적당한 것은?

① 좋은 이미지를 얻고 유리한 마케팅 전개에 적합할 것
② 노사 간에 잘 융합될 수 있는 분위기에 적합할 것
③ 기업의 환경 및 배경을 상징하기에 적합할 것
④ 기업의 성장을 한눈에 느낄 수 있을 것

53 기업의 브랜드 아이덴티티를 높이기 위해 사용되는 색 중 가장 사용빈도가 높은 색에 대한 설명으로 맞는 것은?

① 회색으로 고난, 의지, 암흑을 상징한다.
② 보라색으로 여성적인 이미지와 부를 상징한다.
③ 파란색으로 미래지향, 전진, 젊음을 상징한다.
④ 노란색으로 도전과 하향, 국제적인 감각을 상징한다.

54 색채계획 과정에 대한 설명 중 잘못된 것은?

① 색채환경 분석 : 경합업계의 사용색을 분석
② 색채심리 분석 : 색채구성능력과 심리조사
③ 색채전달 계획 : 아트 디렉션의 능력이 요구되는 단계
④ 디자인에 적용 : 색채규격과 컬러 매뉴얼을 작성하는 단계

해설 색채전달 계획
- 공간을 어떤 이미지로 표현해야 하는지 결정하는 단계이다.
- 기업의 이미지, 색채, 상품색, 광고색 등을 결정하는 것이다.
- 사용될 실내의 조형적 특성, 인접한 색과의 대비나 면적관계, 색채 대상의 시각거리, 광원의 특성 및 조명의 환경도 고려해야 한다.
- 차별화된 마케팅 능력과 컬러 컨설턴트 능력이 필요하다.

정답 49. ③ 50. ④ 51. ② 52. ① 53. ③ 54. ③

55 산업계에서 색채를 잘 사용하여 생산량을 증가 시키려고 한다. 다음 중 가장 합당한 경우는?

① 여러 색상의 표식을 만든다.
② 기계 등에 명시성이 높고, 명쾌한 색을 사용한다.
③ 채도가 낮은 색을 주로 사용한다.
④ 강조색과 환경색을 동일색으로 한다.

56 ★ 색채계획 과정의 올바른 순서는?

① 색채계획 및 설계 → 조사 및 기획 → 색채관리 → 디자인에 적용
② 색채심리 분석 → 색채환경 분석 → 색채전달 계획 → 디자인에 적용
③ 색채환경 분석 → 색채심리 분석 → 색채전달 계획 → 디자인에 적용
④ 색채심리 분석 → 색채상황 분석 → 색채전달 계획 → 디자인에 적용

57 제품색채 설계 시 고려하여야 할 사항으로 옳은 것은?

① 내용물의 특성을 고려하여 정확하고 효과적인 제품색채 설계를 해야 한다.
② 전달되는 표면색채의 질감 및 마감처리에 의한 색채 정보는 고려하지 않아도 된다.
③ 상징적 심벌은 동양이나 서양이나 반드시 유사하므로 단일 색채를 설계해도 무방하다.
④ 스포츠팀의 색채는 지역과 기업을 상징하기에 보다 배타적으로 설계를 고려해야 한다.

58 인류생활, 작업상의 분위기, 환경 등을 상쾌하고 능률적으로 꾸미기 위한 것과 관련된 용어는?

① 색의 조화 및 배색(color harmony and combination)
② 색채조절(color conditioning)
③ 색의 대비(color contrast)
④ 컬러 하모니 매뉴얼(color harmony manual)

해설 색채조절 : 색채가 지닌 물리적 특성과 심리적 효과, 생리적 현상의 관계 등을 이용하여 건축이나 산업환경에 능률성, 편리성, 안전성, 명시성 등을 높여 쾌적한 환경으로 만들기 위해 사용된다.

59 시내버스, 지하철, 기차 등의 색채계획 시 고려할 사항으로 거리가 먼 것은?

① 도장 공정이 간단해야 한다.
② 조색이 용이해야 한다.
③ 쉽게 변색, 퇴색되지 않아야 한다.
④ 프로세스 잉크를 사용한다.

해설 수송기관의 색채계획
• 배색과 재질의 조화
• 쾌적성과 안정감
• 항상성과 계절성
• 환경과의 조화
• 연상성
• 도장 공정이 간단하고 조색이 용이하며 퇴색되지 않는 재료를 사용
• 시인성과 주목성
• 팽창성과 진출성

60 색채계획에 관한 내용으로 적합한 것은?

① 사용 대상자의 유형은 고려하지 않는다.
② 색채 정보의 분석과정에서는 시장 정보, 소비자 정보 등을 고려한다.
③ 색채계획에서는 경제적 환경의 변화는 고려하지 않는다.
④ 재료나 기능보다는 심미성이 중요하다.

07 디지털 색채

61 그림·사진·문서 등을 컴퓨터에 입력하기 위한 장치로 반사광·투과광을 이용, 비트맵 데이터로 전환시키는 입력장치는?

① 디지털 카메라
② 디지타이저
③ 스캐너
④ 디지털 비디오 카메라

62 다음 중 컴퓨터 입력장치가 아닌 것은?

① 스캐너　　　　② 모니터
③ 디지털 카메라　④ 디지타이저

해설 ② 모니터는 출력장치이다.

★
63 (　　) 안에 들어갈 내용을 순서대로 맞게 짝지은 것은?

> 컴퓨터 그래픽 소프트웨어를 활용하여 인쇄물을 제작할 경우 모니터 화면에 보이는 색채와 프린터를 통해 만들어진 인쇄물의 색채는 차이가 난다. 이런 색채 차이가 생기는 이유는 모니터는 (　　) 색채형식을 이용하고 프린터는 (　　) 색채형식을 이용하기 때문이다.

① HVC-RGB　　② RGB-CMYK
③ CMYK-Lab　　④ XYZ-Lab

★
64 컴퓨터 화면상의 이미지와 출력된 인쇄물이 색채가 다르게 나타나는 원인으로 거리가 먼 것은?

① 컴퓨터상에서 RGB로 작업했을 경우 CMYK 방식의 잉크로는 표현될 수 없는 색채 범위가 발생한다.
② RGB의 색역이 CMYK의 색역보다 좁기 때문이다.
③ 모니터의 캘리브레이션 상태와 인쇄기, 출력용지에 따라서도 변수가 발생한다.
④ RGB 데이터를 CMYK 데이터로 변환하면 색상의 손상현상이 나타난다.

해설 ② RGB의 색역이 CMYK의 색역보다 넓다.

65 디지털 이미지에서 색채 단위 수가 몇 이상이면 풀컬러(full color)를 구현한다고 할 수 있는가?

① 4비트 컬러　　② 8비트 컬러
③ 16비트 컬러　　④ 24비트 컬러

해설 디지털 이미지에서 색채 단위 수가 24비트 이상이면 풀컬러(full color)를 구현한다고 한다.

66 디지털 색채에 관한 설명으로 틀린 것은?

① HSB 시스템은 Hue, Saturation, Bright 모드로 구성되어 있다.
② 16진수 표기법은 각각 두 자리씩 RGB값을 나타낸다.
③ Lab 시스템에서 L*는 밝기, a*는 노랑과 파랑의 색대, b*는 빨강과 녹색의 색대를 나타낸다.
④ CMYK 모드 각각의 수치 범위는 0~100%로 나타낸다.

해설 ③ lab 시스템에서 L^*는 명도, a^*는 빨강과 초록, b^*는 노랑과 파랑의 색대를 나타낸다.

67 JPG와 GIF의 장점만을 가진 포맷으로 트루컬러를 지원하고 비손실 압축을 사용하여 이미지 변형이 없이 원래 이미지를 웹상에 그대로 표현할 수 있는 포맷 형식은?

① PCX　　　　② BMP
③ PNG　　　　④ PDF

해설 PNG : JPG와 GIF의 장점만을 가진 포맷으로, 트루컬러를 지원하고 비손실 압축을 사용하여 이미지 변형이 없이 원래 이미지를 웹상에 그대로 표현할 수 있는 포맷 형식이다.

68 디지털 이미지의 특징 중 해상도(resolution)에 대한 설명으로 잘못된 것은?

① 동일한 해상도에서 큰 모니터가 더 선명하고, 작은 모니터일수록 선명도가 떨어진다.
② 하나의 이미지 안에 몇 개의 픽셀을 포함하는가에 대한 척도단위로는 dpi를 사용한다.
③ 해상도는 픽셀들의 집합으로 한 시스템 내에서 픽셀의 개수는 정해져 있다.
④ 해상도는 디스플레이 모니터 안에 있는 픽셀의 숫자로 가로 방향과 세로 방향의 픽셀의 개수를 곱하면 된다.

해설 ① 동일한 해상도에서 큰 모니터일수록 선명도가 떨어진다.

정답 ▶ 62. ②　63. ②　64. ②　65. ④　66. ③　67. ③　68. ①

69 비트(bit)에 대한 내용이 아닌 것은?

① 2의 1제곱인 픽셀(pixel)은 1비트(bit) 픽셀이다.
② 더 많은 비트(bit)를 시스템에 추가하면 할수록 가능한 조합의 수가 늘어나 생성되는 컬러의 수가 증가됨을 뜻한다.
③ 24비트(bit) 컬러는 사람의 육안으로 볼 수 있는 전체 컬러를 밍타하시는 못하시난 서의 그에 가깝게 표현할 수 있다.
④ 디지털 컬러에서 각 픽셀(pixel)은 CMYK의 조합으로 표현된다.

> [해설] 픽셀(pixel)은 RGB의 조합으로 표현된다.

70 디지털 색채체계에 대한 설명 중 옳은 것은?

① RGB 색공간에서 각 색의 값은 0~100%로 표기한다.
② RGB 색공간에서 모든 원색을 혼합하면 검정색이 된다.
③ L*a*b* 색공간에서 L*는 명도를, a*는 빨강과 초록을, b*는 노랑과 파랑을 나타낸다.
④ CMYK 색공간은 RGB 색공간보다 컬러의 범위가 넓어 RGB 데이터를 CMYK 데이터로 변환하면 컬러가 밝아진다.

> [해설] CIE 색공간
> • 1976년 CIE가 추천하여 지각적으로 거의 균등한 간격을 가진 색공간
> • CIE Lab 색공간(L*a*b* 색공간)은 인간 감성에 접근하기 위하여 연구된 결과로, 인간이 색채를 감지하는 노랑−파랑, 초록−빨강의 반대색설에 기초하여 CIE에서 정의한 색공간이다.
> • L은 명도, a와 b는 색도 좌표를 나타낸다. +a*는 빨간색 방향, −a*는 초록색 방향, +b*는 노란색 방향, −b*는 파란색 방향을 나타낸다. 중앙은 무색이다.

08 인간공학 일반

71 인간−기계시스템을 인간에 의한 제어의 정도에 따라 수동 시스템, 기계화 시스템, 자동화 시스템으로 분류할 때, 다음 중 자동화 시스템에 관한 설명으로 틀린 것은?

① 기계는 동력원을 제공한다.
② 인간은 감시, 정비, 유지 등을 담당한다.
③ 표시장치로부터 정보를 얻어 인간이 조종장치를 통해 기계를 통제한다.
④ 기계는 감지, 정보처리, 의사결정 등을 프로그램에 의해 수행한다.

> [해설] 자동화 체계 : 감지, 정보처리 및 의사결정 행동을 포함한 모든 조정을 자동화시킨 체계이다.

★
72 인간과 기계의 능력을 비교하였을 때 다음 중 기계가 인간보다 우수한 기능은?

① 과업 수행에 대한 융통성
② 새로운 방법의 창조능력
③ 장시간 지속된 연속가동성
④ 예기치 못한 사건에 대한 감지능력

> [해설] 기계는 인간에 비해 반복된 작업과 지속된 연속가동성에서 우수하다.

73 작업환경에 관한 문제로 인간공학과 연관 있는 것 중 비교적 거리가 먼 것은?

① 진동, 가속도, 멀미
② 색채, 온도, 조명
③ 환기, 습도
④ 계절, 유행

74 다음 중 인간공학적인 조건을 설계에 반영하고자 할 때 기본적인 고려사항과 가장 거리가 먼 것은?

① 사용자 집단 특성치의 고려
② 제품을 사용하는 특성치의 고려
③ 사용자 집단의 민족적 특성 및 관습의 고려
④ 설계 집단의 능력

정답 ▶ **69.** ④ **70.** ③ **71.** ③ **72.** ③ **73.** ④ **74.** ④

75 다음 중 인간-기계시스템의 기본 기능이 아닌 것은?

① 감지(sensing)
② 정보처리 및 의사결정
③ 행동기능
④ 가치기준 유지

해설 인간-기계시스템의 기능
- 감각(정보의 수용)의 기능 : 인간은 시각·청각· 촉각 등 여러 감각을 통해서, 기계는 전기적·기계적 자극 등을 통해서 감각기능을 수행한다.
- 정보저장의 기능 : 인간의 기억과 유사한 기능으로 여러 가지 방법에 의해 기록된다. 코드화나 상징화된 형태로 저장된다.
- 정보처리 및 의사결정의 기능 : 인간의 정보 처리 과정은 행동에 대한 결정으로 이루어지며, 기계는 정해진 절차에 의해 입력에 대한 예정된 반응으로 결정이 이루어진다.
- 행동기능 : 시스템에서의 행동기능은 결정 후의 행동을 말한다.

★
76 인간-기계의 특성 중 인간이 기계보다 우수한 기능은?

① 명시된 프로그램에 따라 정량적인 정보처리를 한다.
② 반복적인 작업을 신뢰성이 있게 수행한다.
③ 특정 방법이 실패할 경우 다른 방법을 고려하여 선택한다.
④ 물리적인 양을 정확히 계산하거나 측정한다.

해설 인간은 기계에 비해 창의력과 융통성이 우수하다.

77 자동차 디자인을 예로 들 때 인간공학과 직접적으로 결부되는 부분은?

① 자동차의 성능   ② 자동차의 재질
③ 자동차의 가격   ④ 자동차의 조작성

해설 자동차의 조작은 인간의 손이나 도구를 사용하여 작업을 통제하는 체계로, 인간공학과 직접적으로 결부된다.

78 인간-기계체계(man-machine system)에서 인간의 특성이 아닌 것은?

① 자극 입력의 한계성
② 경험의 축적 활용
③ 대량 징보의 신속한 처리능력
④ 해답의 일반화 시도

해설 ③ 대량 정보의 신속한 처리능력은 기계의 특성에 해당된다.

79 다음 중 인간공학의 목적과 관계없는 것은?

① 고용의 증대   ② 제품 개발비의 절감
③ 사고의 방지   ④ 효율적인 사용효과

해설 인간공학의 목적 : 인간공학의 가장 중요한 목적은 인간과 기계 간의 합리화 추구이며, 인간능력에 맞추어 기계나 도구를 설계하는 것이다.
- 제품 개발비의 절감
- 효율적인 사용
- 사고 방지
- 안전성의 향상과 능률의 향상
- 기계 조작의 능률성과 생산성의 향상

80 인간공학에서 고려하여야 될 인간의 특성 요인 중 비교적 거리가 먼 것은?

① 성격 차이   ② 지각, 감각능력
③ 신체의 크기   ④ 민족적, 성별 차이

09 인체계측

81 다음 중 인체측정자료의 응용원칙으로 볼 수 없는 것은?

① 최대치를 이용한 설계원칙
② 평균치를 이용한 설계원칙
③ 조절식 설계원칙
④ 맞춤식 설계원칙

해설 인체측정자료의 응용원칙
- 평균치 설계   - 최대치 설계
- 최소치 설계   - 가변적 설계

정답 ▶ **75.** ④ **76.** ③ **77.** ④ **78.** ③ **79.** ① **80.** ① **81.** ④

82 다음 중 무릎 높이의 실측방법으로 가장 적절한 것은?

① 선 자세에서 측정한다.

② 의자에 앉은 자세에서 측정한다.

③ 누운 자세에서 측정한다.

④ 무릎을 꿇은 자세에서 측정한다.

★
83 그림과 같이 짐을 나르는 방법 중 단위시간당 에너지소비량이 가장 많은 것은?

① 머리   ② 이마

③ 등, 가슴   ④ 양손

> 해설 짐을 나르는 방법에 따른 에너지소비량(산소소비량) : 등, 가슴＜머리＜배낭＜이마＜쌀자루＜목도＜양손의 순으로 짐을 나르는 데 힘이 더 들어간다.

84 다음 중 인체측정에 대한 설명으로 틀린 것은?

① 인체측정자료는 크게 '구조적 인체지수'와 '기능적 인체지수'로 구분된다.

② 인체측정 시에는 마틴식 인체계측기를 이용하여 3차원 계측을 실시한다.

③ 그네줄의 인장강도는 인체측정자료 중 최대치를 이용하여 설계한다.

④ 인체부분의 각 길이는 신장에 대한 비율로 나타낼 수 있으며, 이를 통해 실제로 측정하지 않은 부분의 길이를 추정할 수 있다.

> 해설 마틴식 인체계측기 : 인체의 형태를 길이·폭·둘레·높이·인체 표면의 각도로 계측하는 것으로, 1차원적 계측방법의 대표적인 기기이다.

85 다음 중 동작경제(motion economy)의 원칙과 맞지 않는 것은?

① 양손의 동작을 동시에 한다.

② 동선을 최소화한다.

③ 물리적 조건을 활용한다.

④ 기본 동작을 많이 도입한다.

86 다음 중 일반적으로 인체계측자료의 최소 집단치를 사용하여 설계하는 것이 바람직한 경우는?

① 선반의 높이   ② 그네의 강도

③ 문틀의 높이   ④ 비상탈출구의 크기

> 해설 최소치 설계
> • 대상 집단에 대해 관련 인체측정 변수의 하위 백분위수를 기준으로 하며 보통 1, 5 또는 10%치가 사용된다.
> • 조작자와 제어 버튼 사이의 거리, 선반의 높이, 조작에 필요한 힘 등을 정할 때 사용된다.

87 다음 중 동작경제의 원칙으로 틀린 것은?

① 가능하다면 낙하식 운반방법을 이용한다.

② 두 팔의 동작은 같은 방향으로 수직운동을 한다.

③ 두 손의 동작은 같이 시작하고 같이 끝나도록 한다.

④ 손의 동작은 완만하게 연속적인 동작이 되도록 한다.

> 해설 동작경제의 원리
> • 가능하다면 물체의 관성을 활용한 낙하식 운반방법을 이용한다.
> • 두 팔의 동작은 수직운동 같은 직선동작보다는 유연하고 연속적인 곡선동작을 하는 것이 좋다.
> • 두 손의 동작은 같이 시작하고 같이 끝나도록 한다.
> • 손의 동작은 완만하게 연속적인 동작이 되도록 한다.
> • 동선을 최소화하고, 물리적 조건을 활용한다.
> • 발이나 몸의 다른 부분으로 할 수 있는 일을 모두 손으로 하지 않는다.
> • 중심의 이동은 가급적 적게 한다.
> • 가능한 한 자연스럽고 쉬운 리듬으로 일할 수 있도록 동선을 배열한다.
> • 가능한 한 동작을 조합하여 하나의 동작으로 한다.
> • 작업 중에 서거나 앉기 쉽게 작업 장소 및 의자의 높이를 조절해 둔다.
> • 가능한 한 팔꿈치를 몸으로부터 멀리 떨어지지 않도록 한다.

정답 ▶ 82. ② 83. ④ 84. ② 85. ④ 86. ① 87. ②

88 관절운동에 관계된 용어 설명으로 옳은 것은?

① 굴곡 : 신체부분을 좁게 구부리거나 각도를 좁히는 동작

② 신진 : 신체의 중앙 쪽으로 회전하는 동작

③ 내전 : 신체의 중앙이나 신체의 부분이 붙어 있는 부분에서 멀어지는 방향으로 움직이는 동작

④ 외전 : 신체의 부분이나 부분의 조합이 신체의 중앙이나 그것이 붙어 있는 방향으로 움직이는 동작

해설 인체 부위의 운동
- 굴곡(flexion) : 부위 간의 각도를 감소시키거나 굽히는 동작
- 신전(extension) : 부위 간의 각도를 증가시키는 동작
- 내전(adduction) : 몸의 중심으로 이동하는 동작
- 외전(abduction) : 몸의 중심으로부터 이동하는 동작
- 내선(median rotation) : 몸의 중심선으로 회전하는 동작
- 외선(lateral rotation) : 몸의 중심선으로부터 회전하는 동작
- 하향(pronation) : 손바닥을 아래로 해서 아래팔을 회전하는 동작
- 상향(supination) : 손바닥을 위로 해서 아래팔을 회전하는 동작

89 육체활동에 따른 에너지소비량이 작은 것부터 크기 순으로 잘 정리된 것은?

① 수면<선 자세<앉은 자세<걷기

② 앉은 자세<수면<선 자세<걷기

③ 수면<앉은 자세<걷기<선 자세

④ 수면<앉은 자세<선 자세<걷기

90 짐을 나르는 방법 중 산소소비량이 가장 많은 것은?

① 손에 들고 나른다.

② 카트(cart)를 이용하여 밀고 나른다.

③ 어깨에 메고 나른다.

④ 머리에 이고 간다.

91 1손(sone)은 몇 dB의 1,000Hz 순음의 크기를 말하는가?

① 10　　　　② 20

③ 40　　　　④ 100

해설 음량(sone) : 40dB의 1,000Hz 순음의 크기로 음의 상대적인 크기(1sone은 40phon)

★
92 다음 중 외부의 자극이 사라진 뒤에도 감각 경험이 지속되어 얼마 동안 상이 남아 있는 현상을 무엇이라 하는가?

① 잔상　　　　② 환상

③ 상상　　　　④ 추상

해설 잔상 : 망막이 자극을 받은 다음에도 시신경의 흥분이 남아 있는 것을 말한다.

93 다음 중 소음에 의한 청력 손실이 가장 큰 주파수는?

① 1,000Hz　　　　② 4,000Hz

③ 10,000Hz　　　　④ 20,000Hz

해설 일반적으로 청력 손실이 가장 크게 나타나는 진동수는 약 4,000Hz이다.

94 다음 중 인간의 눈에서 외부의 빛이 가장 먼저 접촉하는 부분은?

① 각막　　　　② 망막

③ 수정체　　　　④ 초자체

95 실내의 빛을 천장면이나 벽면에 부딪친 다음 조명면에 비치도록 하는 조명법은?

① 직접조명법

② 간접조명법

③ 전반조명법

④ 국부조명법

정답 **88.** ① **89.** ④ **90.** ① **91.** ③ **92.** ① **93.** ② **94.** ① **95.** ②

96 다음 중 피로의 측정 분류와 측정 대상 항목이 올바르게 연결된 것은?

① 생화학적 측정 : 에너지대사
② 감각기능 검사 : 안구운동
③ 순환기능 검사 : 뇌파
④ 자율신경기능 : 반응시간

해설 피로의 측정 분류와 측정 내상 항목
• 순환기능 검사 : 맥박, 혈압 등을 측정 검사
• 감각기능 검사 : 진동, 온도, 열, 통증, 위치감각 등을 검사한다.
• 자율신경기능 : 신체가 위급한 상황에 대처하도록 하는 기능
• 생화학적 측정 : 혈액 농도 측정, 혈액 수분 측정, 요 전해질 및 요 단백질 측정

97 다음 중 신체 내에 체성감각에 있어 가장 많은 신경의 수를 가진 것은?

① 압각　　　　② 통각
③ 냉각　　　　④ 온각

★
98 다음 중 정상적인 사람이 들을 수 있는 가청주파수의 범위로 옳은 것은?

① 0~10,000Hz　　② 20~20,000Hz
③ 40~40,000Hz　　④ 60~60,000Hz

해설 음의 높이(진동수)
• 소리의 높고 낮음으로 Hz와 cps로 나타낸다.
• 인간은 20~20,000Hz의 진동수를 감지할 수 있는데 이것을 인간의 가청주파수라고 한다.

99 음원과 관측자가 서로 상대속도를 가질 때 음원의 소리보다 더 높거나 낮은 소리를 듣게 되는 현상을 무엇이라 하는가?

① 도플러 효과　　② 가현운동
③ 은폐작용　　　④ 여파작용

해설 도플러 효과
• 음원과 관측자가 상대속도를 가질 때 음원의 소리보다 더 높거나 낮은 소리를 듣게 되는 현상
• 기차의 기적소리는 점점 다가올 때 소리가 높이 들리다가 점점 멀어지면 갑자기 낮은 소리로 들린다.

100 다음 그림과 같이 (a)와 (b) 각각의 중앙부 각도는 같으나 (b)의 각도가 (a)의 각도보다 작게 보이는 착시현상을 무엇이라 하는가?

(a)　　　　(b)

① 분할의 착시　　② 방향의 착시
③ 대비의 착시　　④ 동화의 착시

11 작업환경조건

101 다음 설명에 해당하는 조명방법은?

> • 조명기구가 간단하기 때문에 효율이 좋다.
> • 벽, 천장의 색조의 영향을 받지 않는다.
> • 균일한 조도는 힘들고, 물체는 강한 음영을 만든다.

① 직접조명　　　② 간접조명
③ 보상조명　　　④ 전반조명

102 다음 중 조명의 위치로 가장 적절한 것은?

103 집단작업 공간의 조명방법으로 조도 분포를 일정하게 하고, 시야의 밝기를 일정하게 만들어 작업의 환경 여건을 개선할 수 있는 것은?

① 방향조명　　　② 전반조명
③ 투과조명　　　④ 근자외선조명

해설 확산조명(전반조명) : 실내 전체를 균일하게 밝게 하는 방법. 눈의 피로는 적으나 정밀작업에는 좋지 않다.

104 다음 중 실내조명의 추천반사율(IES)을 80~90% 정도로 유지해야 효과적인 부분은?

① 바닥　　　　② 천장
③ 창문　　　　④ 가구

실내면	반사율[%]
바닥	20~40
천장	80~90
벽	40~60
가구	25~45

105 1촉광의 점광원으로부터 1m 떨어진 곡면에 비추는 광원의 밀도는?

① foot−candle(ft)　② lux
③ lumen　　　　　④ nt

해설 lux(럭스) : 1촉광의 점광원으로부터 1m 떨어진 곡면 위에 비추는 광원의 밀도

106 소음이 발생하는 작업환경에서 소음방지대책으로 가장 소극적인 형태의 방법은?

① 차단벽 설치
② 소음원의 격리
③ 저소음기계의 사용
④ 작업자의 보호구 착용

107 정신적 피로의 징후가 아닌 것은?

① 긴장감 감퇴　　② 의지력 저하
③ 기억력 감퇴　　④ 주의 범위의 확대

해설 정신적 피로의 징후
• 긴장감 감퇴
• 의지력 저하
• 기억력 감퇴

108 피로조사의 목적과 가장 거리가 먼 것은?

① 작업자의 건강관리
② 작업자 능력의 우열 평가
③ 작업조건, 근무제의 개선
④ 노동 부담의 평가와 적정화

해설 피로조사의 목적
• 작업자의 건강관리
• 작업조건, 근무제의 개선
• 노동 부담의 평가와 적정화

109 단위입체각당 광원에서 방출되는 광속으로 측정하는 광도의 단위는?

① lm　　　　② W
③ cd　　　　④ lux

해설 광도
• 단위시간에 어떤 방향으로 송출하고 있는 빛의 강도를 표시하는 것으로 광원의 방향에 따라 다르다.
• 단위는 cd(칸델라)이다.

110 어떤 물체나 표면에 도달하는 광(光)의 밀도(密度)를 무엇이라 하는가?

① 휘도(brightness)
② 조도(illuminance)
③ 촉광(candle−power)
④ 광도(luminous intensity)

해설 조도
• 어떤 물체나 표면에 도달하는 빛의 밀도로 어느 장소에 대한 밝기를 나타낸다.
• 단위는 $lumen/m^2$

12 장치 설계 및 개선

111 표시장치로 나타내는 정보의 유형에서 연속적으로 변하는 변수의 대략적인 값이나 변화의 추세, 변화율 등을 알고자 할 때 사용되는 정보는?

① 정량적 정보
② 정성적 정보
③ 묘사적 정보
④ 시차적 정보

해설 정성적 표시장치 : 연속적으로 변하는 변수의 대략적인 값이나 변화 추세, 비율 등을 알고자 할 때 사용

112 다음 중 인간공학적 의자설계를 위한 일반적인 고려사항과 가장 거리가 먼 것은?

① 좌면의 무게 부하 분포
② 좌면의 높이와 폭 및 깊이
③ 앉은키의 크기 및 의자의 강도
④ 동체(胴體)의 안정성과 위치 변동의 편리성

해설 의자설계의 원칙
• 의자에 앉았을 때 체중은 둔부의 좌골 결점에 대칭되도록 실려야 한다.
• 의자 좌판의 높이는 5% 이상 되는 사람들을 수용할 수 있게 하며, 좌판 앞부분은 오금 높이보다 높지 않아야 하고 앞 모서리는 5cm 정도 낮아야 한다.
• 의자 좌판의 폭은 큰 사람에게 맞도록 하고 깊이는 장딴지 여유를 두고 대퇴부를 압박하지 않도록 설계한다.
• 좌판은 약간 경사져야 하고 등판은 뒤로 기댈 수 있도록 뒤로 기울인다.
• 사무용 의자의 좌판 각도는 3°, 등판 각도는 100°로 하고 휴식용 의자의 좌판 각도는 25°, 등판 각도는 105~108°로 한다.

113 다음 중 구성요소 배치의 원칙에 해당하지 않는 것은?

① 중요도의 원칙
② 기능성의 원칙
③ 사용빈도의 원칙
④ 작업강도의 원칙

해설 작업장 배치의 원칙
• 중요성의 원칙 : 목표 달성에 중요한 정도에 따른 우선순위 설정의 원칙
• 사용빈도의 원칙 : 사용되는 빈도에 따른 우선순위 설정의 원칙
• 기능별 배치의 원칙 : 부품이 사용되는 빈도에 따른 우선순위 설정의 원칙
• 사용순서의 원칙 : 순서적으로 사용되는 장치들을 그 순서대로 배치하는 원칙

114 다음 중 앉아 있을 때 가장 큰 힘이 작용하는 제어장치의 손잡이 위치는?

① 어깨 높이
② 가슴 높이
③ 무릎 높이
④ 팔꿈치 높이

해설 제어장치와 생리학적 능률
• 제어장치는 팔꿈치에서 어깨 높이 사이에 위치하게 한다.
• 조작 시 어깨의 전방 약간 아래쪽이 적당하다.
• 고정된 위치에서 조작하는 제어장치는 작업원의 어깨로부터 70cm 이내의 거리를 유지하도록 한다.
• 서 있을 때 어깨의 높이가 가장 힘이 많이 실린다.
• 앉아 있을 때는 팔꿈치 높이에 힘이 많이 실린다.
• 빨리 돌려야 하는 크랭크는 회전축이 신체 전면과 60~90°가 될 때 작업이 용이하다.

115 오른쪽 조리대는 오른쪽 조절장치로, 왼쪽 조리대는 왼쪽 조절장치로 조정하도록 설계하는 것은 양립성의 분류 중 어느 것에 해당하는가?

① 운동 양립성
② 공간 양립성
③ 연상 양립성
④ 개념 양립성

116 다음 중 시각적 표시장치보다 청각적 표시장치가 더 효과적인 경우는?

① 전달되는 정보가 복잡한 경우
② 전달되는 정보가 후에 재참조되는 경우
③ 전달되는 정보가 즉각적인 행동을 요구하지 않는 경우
④ 직무상 수신자가 자주 움직이는 경우

해설 청각장치와 시각장치의 비교

청각장치	시각장치
정보가 간단하다.	정보가 복잡하다.
정보가 짧다.	정보가 길다.
정보가 후에 재참조되지 않는다.	정보가 후에 재참조된다.
정보가 시간적인 사상을 다룬다.	정보가 공간적인 위치를 다룬다.
정보가 즉각적인 행동을 요구한다.	정보가 즉각적인 행동을 요구하지 않는다.
수신자의 시각 계통이 과부하 상태일 때	수신자의 청각 계통이 과부하 상태일 때
수신 장소가 너무 밝거나 암조응 유지가 필요할 때	수신 장소가 너무 시끄러울 때
직무상 수신자가 자주 움직이는 경우	직무상 수신자가 한곳에 머무르는 경우

117 다음 중 수공구의 설계와 관련하여 적절하지 않은 것은?

① 손잡이는 가능한 한 얇은 것이 좋다.
② 반복적인 손가락 동작은 피하도록 한다.
③ 손목의 꺾임을 방지해야 한다.
④ 과도한 힘의 가함을 방지해야 한다.

해설 정밀한 눈금을 조작할 때는 작은 손잡이가 좋고, 정밀도가 요구되지는 않으나 큰 힘이 필요할 때는 큰 손잡이가 적당하다.

118 다음 중 작업 내용에 따른 작업대의 높이가 높은 것에서부터 낮은 순서대로 올바르게 나열된 것은?

① 타이핑 작업－쓰고, 읽기 작업－정밀작업
② 정밀작업－쓰고, 읽기 작업－타이핑 작업
③ 쓰고, 읽기 작업－정밀작업－타이핑 작업
④ 정밀작업－타이핑 작업－쓰고, 읽기 작업

해설 입식 작업대의 높이는 섬세한 작업 > 거친 작업 > 힘이 가해지는 작업의 순으로 높아진다.

119 다음 중 작업공간(work space)을 결정하는 데 가장 편리한 방법은?

① 마네킹을 이용하는 방법
② 이론석 인체계측방법
③ 스트로브법
④ 이중 플래니미터법

해설 작업공간 : 인체치수에 신체 각 부위의 움직임, 주로 손발의 움직임을 더한 공간영역이며 작업공간을 결정할 때 마네킹을 이용하면 편리하다.

120 다음 중 기계장치의 동작, 변화과정이나 결과, 환경조건 등의 변동에 관한 정보를 인간이 정확하고 신속하게 지각할 수 있게 하기 위한 연구로 가장 적합한 것은?

① 표시방식의 연구
② 제어방식의 연구
③ 공구의 조건에 관한 연구
④ 인간의 자질능력의 변이에 관한 연구

Interior Architecture

01 건축재료 일반

INTERIOR ARCHITECTURE

01 | 건축재료의 발달

학습 POINT
- 건축재료의 일반적 분류를 이해하고 상대적인 특성을 숙지한다.
- 새로운 건축재료와 난연재료에 대해 알아 둔다.

1 건축재료 일반사항

① 건축물의 사용목적에 따라 기능성과 쾌적성을 갖추도록 계획·설계·시공하는 데 필요한 재료를 총칭하여 건축재료라고 한다.

② 건축재료는 건축물의 구조에서부터 시공·마감에 이르기까지 사용되고 구성되는 건축물의 전반적인 재료를 총칭하며, 공사과정에 사용되는 설비·전기 및 기타 장치를 포함하기도 한다.

③ 건축재료는 자연 재해 및 인적 재해에 대하여 안전하고, 건물 사용에 실용적으로 부합되도록 설계되고 사용되어야 한다.

2 건축재료의 발달과 개발

① 건축재료는 시간의 경과에 따른 파괴력에 대항할 수 있도록 건축물을 견고하게 구성하여, 그 본래의 사용목적을 반영하고 건축물의 수명을 연장시킬 수 있어야 한다.

② 건축의 바탕이 되는 건축물의 구조는 목조·석조·벽돌조·철근콘크리트조 등 구조부의 축조재료를 중심으로 발달되어 왔으며, 구성양식이나 시공과정 등에 따라 다양한 재료가 개발되고 있다.

02 | 건축재료의 분류와 특성

1 건축재료의 분류

1) 생산에 의한 분류

① 천연재료 : 목재, 석재, 점토, 골재 등

② 인공재료 : 시멘트, 콘크리트, 인조목, 인조석, 금속재 등

2) 기능에 의한 분류

① 단열 및 보온 재료 : 암면, 폴리우레탄폼, 질석, 코르크판, 유리섬유 등
② 방수 및 방습 재료 : 시멘트 방수재, 시트 방수재, 도막 방수재, 아스팔트 방수재 등
③ 방화 및 내화 재료 : 철, 벽돌, 석재, 유리, 시멘트, 모르타르, 콘크리트 등

3) 용도에 의한 분류

① 구조재료 : 목구조재, 조적 구조재, 철근콘크리트 구조재 등
② 수장재료 : 타일, 유리, 도료, 금속판, 섬유판, 차단재, 채광재, 창호재 등
③ 설비재료 : 급배수재, 냉난방재, 전기재 등

② 건축재료의 특성

1) 역학적 특성

구분	정의
탄성	재료에 외력이 작용하면 변형이 생기고, 외력이 제거되면 원래의 모양 및 크기로 되돌아가는 성질
소성	재료에 가해진 외력을 제거해도 원상으로 돌아가지 않고 변형된 그대로 남아 있는 성질
점성	유체가 유동하고 있을 때 흐름을 방지하기 위해 유체의 내부에 마찰저항이 생기는 성질
응력	재료에 외력이 작용할 때 재료의 내부에 생기는 외력에 저항하는 성질
강도	외력을 받았을 때 그 외력에 저항하는 성질
경도	재료의 단단한 정도를 말하며, 일반적으로 표면의 성질
강성	재료가 외력을 받아도 쉽게 변형되지 않는 성질
연성	탄성한계 이상의 힘을 받아도 파괴되지 않고 가늘고 길게 늘어나는 성질
취성	재료가 외력을 받아도 변형되지 않거나 미미한 변형을 수반하고 파괴되는 성질
인성	재료가 외력을 받아 변형되면서도 파괴되지 않고 견디는 성질
전성	압력이나 타격에 의해서 파괴되지 않고 박판 형상으로 되는 성질

2) 물리적 특성

(1) 비중

① 재료의 중량을 그와 동일한 체적의 5℃ 물의 중량으로 나눈 값을 말한다.
② 일반적으로 건축재료의 비중은 겉보기 비중으로 표시한다.

재료	비중	재료	비중
구리	8.90	모래	1.60
황동	8.70	자갈	1.70
청동	8.50	일반 석재	2.50
강철	7.80	일반 목재	0.56
알루미늄	2.67	자단목	1.33
화강암	2.62	떡갈나무	1.17
대리석	2.70	티크	0.75
느티나무	0.795	삼나무	0.357
소나무	0.566	버드나무	0.380
잣나무	0.533	오동나무	0.285

(2) 함수율

재료 중에 포함되어 있는 수분의 중량을 그 재료의 건조 시 중량으로 나눈 값으로, %로 표시한다.

(3) 열전도율

① 재료의 열전도 특성을 나타내는 비례정수로 단위길이당 1℃의 온도 차가 있을 때 단위시간 동안 단위면적을 통과하는 열량을 말하며, 단위는 kcal/m·h·℃로 표시한다.

② 은·동·알루미늄 등 금속의 열전도율은 일반적으로 크고, 유리면·암면과 같은 단열재료의 열전도율은 비교적 작다.

구분	재료	열전도율(건조)	열전도율(80% 습윤)
시멘트	PC 콘크리트, 모르타르	1.12 1.12	1.30 1.30
석재	대리석, 화강암	2.40 3.0	–
점토재	타일, 적벽돌	1.10 0.53	1.10 0.69
목재류	경량목재, 중량목재	0.10 0.12~0.16	0.12 0.15~0.18
플라스틱류	바닥용 플라스틱타일, 아스팔트타일	0.16 0.28	0.16 0.28
석고류	석고보드, 석면시멘트 펄라이트판	0.12 0.08	0.15 0.10
보온재, 흡음재	암면 보온재, 암면 흡음판	0.03 0.05	0.36 0.06

TIP 열전도율의 크기 순서 : 알루미늄 > 주철 > 콘크리트 > 코르크판

(4) 비강도

① 재료의 강도를 비중량으로 나눈 값으로 가벼우면서 튼튼한 재료가 요구되는 분야에서 그 척도를 나타내기 위한 값으로, 비강도에 대한 SI 단위는 $Pa \cdot m^3/kg$ 또는 $N \cdot m/kg$으로 표시한다.

② 비강도가 큰 재료들은 가벼우면서도 강도가 높은 물질들로서 일반적으로 탄소섬유, 유리섬유 및 다양한 중합체와 같은 섬유와 초고장력강, 티탄계 합금, 강화플라스틱 등의 복합재료가 있다.

03 | 새로운 재료 및 재료설계

1 건축의 신재료

① 현대 과학과 공업의 발달로 공산품의 제조법이 급속도로 발전하고, 이에 따라 인공재료의 대량생산이 촉진되어 다양한 제품을 양산하게 되었다.

② 재래의 주요 건축재료로 쓰였던 석재·목재·벽돌 등의 자연산 재료가 전반적으로 퇴보하고, 시멘트·철·유리 등의 인공재료를 사용함으로써 새로운 건축물 구성이 가능하게 되었다.

③ 각 재료의 활용

　㉠ 철은 구조재뿐만 아니라 마무리재 또는 창호재로 널리 사용되고 있고, 비철금속은 각종 마감재나 부속철물로 이용도가 높아졌다.

　㉡ 시멘트제품으로는 각종 콘크리트 판류를 비롯하여 관류(管類), 벽돌 등이 광범위하게 쓰인다.

　㉢ 요업제품으로서는 채광유리를 비롯하여 가공 유리판, 유리블록, 유리섬유 등이 특수 용도에 쓰이고 있다.

④ 자연재료의 복합적 활용을 바탕으로 한 신재료의 개발은 각 분야 건축의 실용적 성능을 만족시키고 있다.

⑤ 모든 건축재료가 시대의 변천에 따라 재래식 재료와는 비교할 수 없을 정도로 우수하고, 다양한 재료와 신기술 개발로 다양한 문양·형태·질감의 신재료가 생산되며 사용되고 있다.

⑥ 인간이 거처하고 사용하는 공간을 조합하여 아름답고 기능적이며 쾌적한 환경의 공간으로 구성하기 위한 건축재료는 건축물의 재해에 대한 안전성과 기능성에 큰 영향을 주므로 신중히 선택되어야 한다.

2 청정건강주택

① 새집증후군 문제를 개선하여 거주자에게 건강하고 쾌적한 실내환경을 제공할 수 있도록 일정한 수준 이상의 실내공기질과 환기성능을 확보한 주택이다.

② 청정건강주택 건설기준 자체 평가서에 따른 평가 결과 최소 기준을 충족하고 권장기준 중 3개 이상의 항목에 적합한 주택을 말한다.

③ 사업주체가 주택법에 따라 짓는 주택으로 1,000호 이상 또는 1,000세대 이상을 신축 및 리모델링하는 경우, 주택과 그 부속 토지는 청정건강주택으로 건설해야 한다.

4 | 난연재료의 분류와 요구성능

1 난연재료의 분류

① 난연재료란 불에 타지 않는 성질을 가진 건축재료로서 국토교통부장관이 고시하는 기준에 따라 국립건설시험소장이 품질시험을 실시하여 그 성능이 확인되고 국토교통부장관이 지정하는 자가 행하는 품질검사에 합격된 것을 말한다.

② 건축법 시행령에서 '불에 잘 타지 않는 성능을 가진 재료'라고 명시되어 있는 재료이다.

③ 국토교통부령에서 정한 산업표준화법에 의한 한국산업규격이 정하는 바에 의하여 시험한 결과로 난연 3급에 해당하는 것을 말한다.

④ 합판, 섬유판, 플라스틱판 등의 불에 타는 유기질 재료에 불에 강한 약품을 가공처리한 것이다.

⑤ 난연재료의 종류에는 난연합판, 난연섬유판, 난연플라스틱판 등이 있다.

2 난연재료의 요구성능

① 불에는 타지만 연소는 잘 되지 않는 재료인데, 연소 시 6분간의 화열(최고 온도 약 500℃)에서 변형, 발염, 파손이 생기지 않아야 한다.

② 불이 붙으면 유독가스가 약간 발생하며, 타들어 가는 현상은 발생하지 않아야 한다.

[자주 출제되는 중요한 문제는 별표(★)로 강조함]

01 개구부재료에 요구되는 성능과 가장 거리가 먼 것은?

① 기밀성　　　② 내풍압성
③ 개폐성　　　④ 내동결·융해성

[해설] 개구부재료의 요구성능 : 기밀성, 내풍압성, 개폐성

02 다음 건축재료 중 열전도율이 가장 작은 것은?

① 시멘트모르타르　　② 알루미늄
③ ALC　　　　　　　④ 유리섬유

[해설] 열전도율[W/m·K]
• 시멘트모르타르 : 1.30
• 알루미늄 : 1.64
• ALC : 1.4
• 유리섬유 : 1.05

03 건물의 바닥 충격음을 저감시키는 방법에 관한 설명으로 옳지 않은 것은?

① 완충재를 바닥공간 사이에 넣는다.
② 부드러운 표면마감재를 사용하여 충격력을 작게 한다.
③ 바닥을 띄우는 이중바닥으로 한다.
④ 바닥 슬래브의 중량을 작게 한다.

[해설] 바닥 충격음의 저감방법 : 바닥 슬래브의 밀도(비중)가 높고, 중량의 재료 및 두꺼운 재료를 사용해야 한다.

04 카세인 주원료에 해당하는 것은?

① 소, 돼지 등의 혈액
② 녹말
③ 우유
④ 소, 말 등의 가죽이나 뼈

[해설] 카세인 : 지방질을 뺀 우유로부터 응고 단백질을 만든 건조분말로, 내수성 및 접착력이 우수한 단백질계 동물질 접착제이다.

05 재료의 열팽창계수에 관한 설명으로 옳지 않은 것은?

① 온도의 변화에 따라 물체가 팽창·수축하는 비율을 말한다.
② 길이에 관한 비율인 선팽창계수와 용적에 관한 체적팽창계수가 있다.
③ 일반적으로 체적팽창계수는 선팽창계수의 3배이다.
④ 체적팽창계수의 단위는 W/m·K이다.

[해설] 열팽창계수
• 온도가 1℃ 상승함에 따라 증가하는 체적을 0℃일 때의 체적으로 제한 몫을 체팽창계수(体膨脹係數), 온도가 1℃ 상승함에 따라 증가한 길이를 0℃일 때의 길이로 제한 몫을 선팽창계수(線膨脹係數)라고 한다.
• 0℃ 및 t℃일 때의 체적을 V_0, V, 길이를 l_0, l, 체팽창계수를 α, 선팽창계수를 β라고 하면, $V = V_0(1 + \alpha t)$, $l = l_0(1 + \beta t)$로 표시된다.
• 체팽창계수는 선팽창계수의 약 3배이다.
• 체적팽창계수의 단위는 W/m·℃이다.

06 다음 재료 중 비강도(比强度)가 가장 큰 것은?

① 소나무　　　② 탄소강
③ 콘크리트　　④ 화강암

[해설] 비강도 : 재료의 강도를 비중량으로 나눈 값(가벼우면서 튼튼한 재료가 요구되는 분야에서 그 척도를 나타내기 위한 값)으로, 목재인 소나무의 비강도가 가장 크다(목재 : 900, 금속 : 510).

정답 ▶ 1. ④　2. ④　3. ④　4. ③　5. ④　6. ①

CHAPTER

02 건축재료의 종류 및 특성

INTERIOR ARCHITECTURE

01 | 목재

- 목재의 일반적인 특성을 이해하고 역학적 성질, 방화제, 방부제 및 목재제품의 종류별 특성에 대해 숙지한다.
- 목재의 방화, 방부처리 및 종류, 함수율이 자주 출제되므로 알아 둔다.

1 목재 일반사항

1) 목재의 특징

장점	단점
• 인성 및 탄성이 크다.	• 흡수성이 크다.
• 무게에 비하여 섬유 방향의 강도가 크다.	• 비틀어지고 쪼개지기 쉽다.
• 가볍고 가공이 용이하며, 감촉이 좋다.	• 공기, 온도, 습도에 부식되기 쉽다.
• 열전도율이 낮고, 흡음성이 크다.	• 착화점이 낮아 내화재로 쓸 수 없다.
• 산과 알칼리 및 염분에 대한 저항성이 크다.	• 고층이나 큰 스팬구조의 시공은 불가능하다.
• 수종이 다양하고 외관이 아름답다.	• 함수율에 따른 변형 및 수축·팽창이 크다.
• 시공이 간편하고 생산 공급이 풍부하다.	• 충해에 약하여 내구성 저하가 우려된다.
• 탄소의 비중이 가장 크다.	

2) 목재의 분류

침엽수	활엽수
• 목질이 연하며 가볍다.	• 종류가 다양하고 특성도 일정하지 않다.
• 구조재와 장식재로 쓰인다.	• 주로 장식재로 쓰인다.
• 송백과에 속하며 가공이 용이하다.	• 송백과 이외의 목재를 말한다.
• 전나무, 소나무, 잣나무, 낙엽송, 측백나무, 은행나무, 흑송 등이 있다.	• 오동나무, 참나무, 느티나무, 단풍나무, 박달나무, 밤나무 등이 있다.

> **TIP** 활엽수는 침엽수에 비해 수분 함량이 많으므로 수축이 크다.

3) 목재의 조직

구분		특성
나이테		• 나무의 횡단면에 수심을 중심으로 겹겹이 싸인 동심원형의 조직을 말한다. • 수목의 성장연수를 나타내는 동시에 강도의 표준을 나타낸다.
재종	심재	• 목재의 수심 가까이에 위치하며, 암색이다. • 대부분의 세포가 죽어서 목질부가 굳고 함수율이 작다. • 변재보다 신축이 작고 내후성, 내구성 및 강도가 크다.
	변재	• 목재의 겉껍질 가까이에 위치하며, 담색이다. • 대부분의 세포가 산세포로 되어 있어 수액이 많이 함유되어 있고 유연하다. • 심재보다 신축이 크고 내후성, 내구성 및 강도가 약하다.
나뭇결	곧은결	• 연륜의 직각 방향 • 결이 직선적으로 평행하며 아름답고 결이 좋아 구조재로 쓰인다.
	널결	• 연륜의 접선 방향 • 결이 거칠고 불규칙하기 때문에 판목으로 쓰인다.

TIP 춘재(春材)는 추재(秋材)에 비하여 세포가 비교적 크고, 세포막은 엷으며 연약하다.

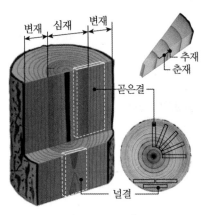

[목재의 조직]

4) 목재의 비중

① 목재의 비중은 섬유질과 공극률에 의해 결정되며, 기건재의 단위용적 무게[g/cm³]로 대략 0.3~1.0이다.

② 공극률

$$공극률(V) = [1 - (r/1.54)] \times 100\% \ (r : 절건비중, 1.54 : 목재의 섬유질 비중)$$

③ 비중이 크면 목재의 공간율이 작아지고, 섬유질 물이 치밀하게 들어 있는 목재이므로 강도가 커진다.

5) 목재의 함수율

① 성장 중인 수목의 수간에는 다량의 수분이 포함되는데 심재보다는 변재, 노목보다는 유목이 수분을 다량 포함한다.

② 함수율

> 함수율[%] = [(건조 전 중량 − 절대건조 시 중량)/절대건조 시 중량] × 100%

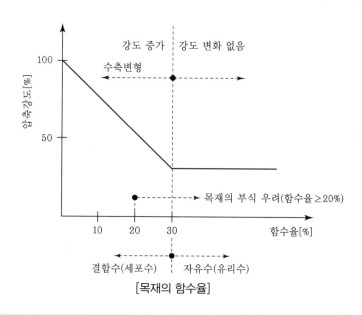

[목재의 함수율]

예제 건조 전 중량이 5kg인 목재를 건조시켜 전건중량이 4kg이 되었다면 이 목재의 함수율은 몇 %인가?

해설 목재의 함수율 $= \left(\dfrac{W_1 - W_2}{W_2}\right) \times 100\% = \dfrac{5-4}{4} \times 100\% = 25\%$

여기서, W_1 : 건조 전 중량
W_2 : 전건 중량

구분	내용
함수율	[(건조 전 중량 − 절대건조 시 중량)/절대건조 시 중량] × 100%
섬유포화점	세포 사이의 수분이 증가하여 세포막 내의 수분만 남고, 세포수가 증발하는 경계점 : 함수율 30%
기건재	대기 중의 습도와 균형상태 : 함수율 15%
전건재	기건재가 더욱 건조해진 상태 : 함수율 0%

6) 목재의 변형

(1) 목재의 수축과 팽창

① 섬유포화점 이하에서 변형이 일어나며, 자연건조가 인공건조보다 변형률이 작다.

② 일반적으로 수축률 및 팽창률은 변재가 심재보다 크다.

③ 섬유포화점 이상의 함수율 상태에서는 강도가 일정하나, 그 이하의 경우에는 **함수율이 작을수록 강도가 더 커진다.**

④ 수축과 팽창은 수종에 따라 상당한 차이가 있다.

⑤ 수축이 과도하거나 고르지 못하면 비틀림 및 변형이 생긴다.

⑥ 비중이 클수록 용적 변화가 크다.

(2) 목재의 수축률

① 촉방향(14%) > 지름 방향(8%) > 축방향(0.35%)

② 무늬결 방향(6~10%) > 곧은결 방향(무늬결 방향의 1/2) > 길이 방향(곧은결 방향의 1/20)

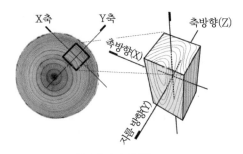

[목재의 수축률]

(3) 목재의 변형 방지방법

① 건조된 기건상태 이상의 목재를 사용한다.

② 곧은결 목재를 사용한다.

③ 가능한 한 경량목재를 사용한다.

④ 널결재의 뒷면(심재 쪽)에 미리 자국을 파서 사용한다.

⑤ 저장고의 습도와 온도를 적정하게 유지 및 관리한다.

7) 목재의 역학적 성질

① 함수율이 작을수록 강도가 커진다(섬유포화점 이상의 함수율 상태 : 역학적 강도 일정).

② 심재는 변재보다 강도가 크며, 비중이 클수록 강도가 크다.

③ 기건재는 대략 1.5배, 전건재는 대략 3배 이상 강도가 높다.

④ 섬유의 평행 방향이 섬유의 직각 방향보다 강도가 크다.

⑤ 목재의 역학적 강도 순서 : 인장강도 > 휨강도 > 압축강도 > 전단강도

구분	인장강도	휨강도	압축강도	전단강도
강도의 구분				
섬유의 평행 방향	200	150	100	침엽수 16, 활엽수 19
섬유의 직각 방향	7~20	10~20	10~20	

8) 목재의 내구성

(1) 목재의 내화성

100℃	180℃	260~270℃	400~450℃	1,000~2,000℃
수분 증발	인화점 (가스 발생)	착화점 (화재위험온도)	발화점 (자연 발화)	최고 온도

(2) 목재의 부패조건

온도	• 25~35℃ : 부패균의 번식 왕성 • 5℃ 이하 55℃ 이상 : 부패균의 번식 중단 및 사멸
습도	• 80~90% : 부패균 발육, 15% 이하 : 부패균의 번식 중단 및 사멸
공기	• 수중에서는 공기가 없으므로 부패균 발생이 없음
함수율	• 20% : 발육 시작, 40~50% : 부패균의 번식 왕성
양분	• 목재의 단백질 및 녹말

TIP 목재의 부패도 측정 : 인공부패균 판정법, 중량 감소법, 압축강도 감소율 측정법 등

9) 목재의 건조

(1) 목재 건조의 필요성

① 목재의 강도를 증가시키고, 비중을 가볍게 한다.
② 부패 및 해충을 예방하고, 수축 및 균열과 같은 목재의 결점을 최소화한다.
③ 약품처리 및 도장과 같은 작업을 용이하게 한다.
④ 운반, 시공을 용이하게 한다.

(2) 목재의 건조방법

자연건조법	• 직사광선과 비를 막고 통풍만으로 건조시키는 방법이다. • 건조비용이 절감되나, 건조기간이 길어지고 변형이 우려된다. • 수액 건조 : 원목을 1년 이상 방치
인공건조법	• 자비법, 증기법, 훈연법, 진공법, 열기법, 전기법, 표면탄화법 등이 있다.
수침건조법	• 약 3~4주간 이상 흐르는 물에 침수시켜 수액을 제거한 후 대기에 건조시키는 방법으로, 건조기간의 단축효과가 있다.

(3) 목재의 결함

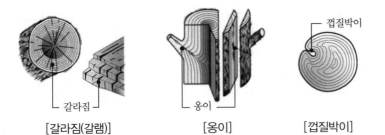

[갈라짐(갈램)]   [옹이]   [껍질박이]   [썩음(썩정이)]

10) 목재의 방부처리

(1) 방부처리법

표면탄화법	목재의 표면을 2~3mm 연소시키는 방부처리법
방부제 도포법	목재가 충분히 건조된 상태에서 방부제를 바르는 방부처리법
침지법	상온의 크레오소트유액 등에 목재를 몇 시간 또는 며칠간 침지하는 방부처리법
상압주입법	침지법과 유사하며 80~120℃ 크레오소트유액 중에 3~6시간 침지한 후 다시 냉액 중에 5~6시간 침지하는 방부처리법
가압주입법	방부액을 70℃ 정도 가열하여 목재 내부에 압력을 가하여 주입시키면 목재 내부의 전면에 방부제가 침투되는 가장 효과적인 방부처리법
생리적 주입법	벌목 전에 나무뿌리에 약액을 주입하여 수간에 이행시키는 방부처리법

(2) 방부제의 종류

구분		특성
수성 방부제	황산동 1% 용액	방부성 우수, 철재 부식 및 인체 유해
	염화아연 4% 용액	내구성 저하, 목질부 약화, 전기전도율 증가
	염화 제2수은 1% 용액	철재 부식 및 인체 유해
	불화소다 2% 용액	철재 및 인체 무해, 내구성 저하, 고가
유성 방부제	크레오소트유(creosoto oil)	방부성 우수, 도장 불가능, 독성 적음, 악취
	콜타르(coal tar)	도장 불가능, 흑갈색
	아스팔트 (asphalt)	가열 도포, 흑색
	유성페인트(oil paint)	도장 가능, 자유로운 착색 가능
유용성 방부제	펜타클로로페놀 (PCP; Penta Chloro Phenol)	방부성 우수, 도장 가능, 무색, 독성 있음, 자극적인 냄새, 성능은 우수하나 고가

> **TIP** 목재 방부제의 필요 성질
> • 균류에 대한 저항성이 클 것
> • 화학적으로 안정될 것
> • 침투성이 클 것

11) 목재의 방화처리

불연도장(도포법)	불연성 재료로 표면 피복	방화페인트, 플라스터, 규산나트륨, 시멘트모르타르 등
방화제(주입법)	불연성 방화제 주입	인산암모늄, 황산암모늄, 붕산, 탄산칼륨, 탄산나트륨 등

12) 통나무의 재적

$$통나무의\ 재적(V) = R \times L$$

여기서, R : 중앙 단면적, L : 재장

② 목재제품

1) 합판

① 합판(plywood)은 함수율 변화에 따른 팽창 및 수축의 방향성이 없고 규격화되어 있어 사용상 편리하며, 통나무에 비하여 얇은 판으로 강도가 높고 건조가 빠르다.

② 일반 판재에 비하여 균질이며, 곡면가공을 하여도 균열이 생기지 않고 무늬가 일정하여 곡면판을 얻을 수 있다.

③ 보통 합판은 단판을 섬유의 직각 방향으로 3mm, 5mm, 7mm, 9mm 등으로 겹쳐서 홀수로 섬유방향이 서로 직교되도록 적층하면서 접착제로 압착시킨 것으로 1류 합판, 2류 합판, 3류 합판이 있으며 소경재라 넓은 판을 만들 수 있다.

④ 특종 합판에는 화장합판, 멜라민 화장합판, 폴리에스테르 화장합판, 프린트 합판, 염화비닐 화장합판, 방화합판, 방충합판, 방부합판, 내수합판 등이 있다.

⑤ 표면가공법으로 흡음효과를 낼 수 있으며, 내장용재·거푸집재·창호재로 사용된다.

2) 집성목재

① 집성목재(glued laminated timber)는 두께 15~50mm의 목재 단판을 섬유 방향과 평행하도록 접착한 구조재로, 목재의 강도를 인위적으로 자유롭게 제작하여 만들 수 있다.

② 곡면의 부재를 제작할 수도 있으며, 충분히 건조된 건조재를 사용하므로 비틀림·변형 등이 생기지 않는다.

③ 강도의 편차가 적도록 제재품이 가진 옹이 등의 결점을 분산시켜 만들며, 목재의 접착제로는 요소수지가 주로 쓰이며 내수용으로는 페놀수지가 쓰인다.

④ 응력에 따라 단면의 크기를 다르게 할 수 있으며, 보나 기둥에 사용할 수 있다.

⑤ 여러 개의 작은 단면을 합칠 때 합판과 같이 섬유 방향을 직교(直交)시키지 않아도 된다.

⑥ 방충성·방부성·방화성이 높은 인공목재 제조가 가능하다.

3) 마루판재

① 플로어링 보드(flooring board) : 두께 9mm, 너비 60mm, 길이 600mm 판재로 양 측면을 제혀쪽매로 만들고, 표면을 상대패로 마감한 판재

② 플로어링 블록(flooring block) : 플로어링 보드를 3~5장씩 붙여서 길이와 너비가 같게 4면을 제혀쪽매로 만든 판재

③ 파키트리 보드(parquetry board) : 경목재판을 두께 9~15mm, 너비 60mm, 길이는 넓이의 3~5 배로 하고 양 측면은 제혀쪽매로 접합하여 만든 판재

④ 파키트리 패널(parquetry panel) : 두께 9~15mm의 파키트리 보드를 4매씩 조합하고 양 측면은 제혀쪽매로 가공하여 뒷면에 흠이 없는 우수한 마루판재

⑤ 파키트리 블록(parquetry block) : 3~5장씩 파키트리 보드를 조합하여 180mm×180mm 또는 300mm×300mm 각판으로 만들어 방습처리한 블록으로, 철물과 모르타르를 써서 콘크리트 마루에 깔도록 만든 판재

4) 섬유판재

① 섬유판재(hard fiber board)는 가로와 세로의 강도 차이가 10% 이하여서 방향성을 고려하지 않아도 되며 강도가 크고, 넓은 면적의 판을 만들 수 있다.

② 내마모성·평활성·경도가 크며, 구멍내기나 휨 등 시공이 용이하다.

③ 가로세로의 신축이 거의 같으므로 비틀림이 작다.

④ 외부 장식용으로 사용할 경우, 평활도와 광택 및 강도가 줄어든다.

5) 파티클보드

① 파티클보드(particle board)는 목재 또는 기타 식물질을 작은 조각으로 하여 합성수지계 접착제를 섞어 고열·고압으로 성형하여 만든 판으로, 칩보드라고도 한다.

② 비중 0.4 이상으로 흡음성·열차단성(단열성)이 우수하며, 방향성이 없고 변형이 극히 적다.

③ 경량이고 못질·구멍뚫기 등 가공이 용이하며, 방습제·방부제·방화제를 첨가해서 방습성·방부성·방화성을 높일 수 있다.

④ 합판에 비해 강도가 약하며, 가공성은 좋으나 내수성이 약하다.

⑤ 두께는 자유로이 만들 수 있으며, 상판·칸막이벽·가구 등에 주로 사용된다.

6) 코펜하겐리브

코펜하겐리브(Copenhagen rib)는 보통 두께 30mm, 너비 100mm 정도의 긴 판에 표면을 리브 가공한 것으로, 강당·집회장 등의 음향 조절 및 일반 건물의 벽 수장재로 사용한다.

7) 코르크보드

코르크보드(cork board)는 코르크나무를 알갱이 모양으로 제조하여 도료에 섞어서 콘크리트 천장이나 벽면의 마무리용으로 주로 사용된다.

8) MDF

① MDF(Medium Density Fiberboard)는 중밀도 섬유판으로도 불리며, 장섬유를 가진 나무를 분쇄하여 섬유질을 추출한 후 접착제를 투입하여 층을 쌓은 후 압축·연마처리한 제품이다.
② 재질이 천연목재보다 균일하여 마감재로 많이 사용되나, 무게가 무겁고 습기에 약하다.
③ 천연목재보다 강도가 크고 변형이 적으며, 한 번 고정철물을 사용한 곳에는 재시공이 어렵다.

| 점토재

 학습 POINT
- 점토재의 물리적 성질과 점토재의 분류별 특성, 점토제품에 따른 성질을 숙지하며 점토의 공정에 관해 알아 둔다.
- 점토재의 물리적 성질, 점토재의 분류별 특성이 자주 출제된다.

1 점토재 일반사항

1) 점토의 물리적 성질

강도	• 인장강도 0.3~1MPa, 압축강도 = 인장강도×5배 • 인장강도는 점토의 조직에 관계하며, 입자 크기가 큰 영향을 준다.
입도	• 입자 크기 0.01~0.02mm
비중	• 비중 2.5~2.6, 불순물이 많을수록 비중이 작다.
가소성	• 습윤상태에서 현저한 가소성을 나타내며, 점토입자가 미세할수록 가소성은 좋아진다.
공극률(기공률)	• 30~90% 내외
함수율	• (기건 시) 작은 것 7~10%, 큰 것 40~50%

 TIP
- 점토의 색상 : 철산화물이 많으면 적색을 띠고, 석회물질이 많으면 황색을 띠게 된다.
- 샤모트 : 점토 반죽에서 가소성을 조절하기 위해 첨가하는, 구운 점토분말을 말한다.

2) 점토재의 분류

구분	토기	도기	석기	자기
소성온도[℃]	700~1,000	1,000~1,300	1,200~1,400	1,300~1,450
색상	유색	백색, 유색	유색	백색
흡수성	20% 이하	10% 이하	3~10%	0~1%
투명성	불투명	불투명	불투명	반투명
특성	흡수성이 크고, 강도가 약함	흡수성이 약간 크고, 두드리면 탁음이 남	강도가 크고, 두드리면 청음이 남	강도가 매우 크고, 두드리면 금속음이 남
용도	기와, 벽돌, 토관	내장타일, 테라코타, 위생도기	바닥타일, 경질 기와, 도관, 클링커타일	외장타일, 바닥타일, 위생도기, 모자이크타일

> **TIP**
> • 흡수성 크기 : 토기 > 도기 > 석기 > 자기
> • 강도 크기 : 토기 < 도기 < 석기 < 자기

② 점토제품

1) 벽돌

(1) 점토벽돌

전답의 흙(점토)을 주원료로 사용하며 소성온도는 900~1,100℃, 배합비율은 점토 : 모래 : 석회의 비율이 7 : 1.5 : 1.5이다.

① 점토벽돌의 치수 및 허용값(단위 : mm)

구분	기존형(재래형)	기본형(표준형)	보일러형	허용값
길이	210	190	225	±3%
너비	100	90	109	±3%
두께	60	57	60	±4%

② 점토벽돌의 강도 및 흡수율

등급	압축강도	흡수율	허용 압축강도	무게	용도	특성
1급	150kg/cm²	20% 이하	22kg/cm²	2.2kg	구조용, 치장용	청음
2급	100kg/cm²	23% 이하	15kg/cm²	2.0kg	칸막이용	탁음
과소품	150~250kg/cm²	15% 이하	50~250kg/cm²	1.7kg	특수 장식용	−

> **TIP** 점토제품의 소성온도 : 제게르콘(SK) 번호로 표현

③ 점토벽돌의 품질

1종 벽돌	허용 압축강도 24.50 N/mm² 이상, 10% 이하
2종 벽돌	허용 압축강도 24.59 N/mm² 이상, 13% 이하
3종 벽돌	허용 압축강도 10.78 N/mm² 이상, 15% 이하

(2) 내화벽돌

① 납석, 규조토 등과 같은 내화광물이 주원료이다.

② 벽돌의 치수 : 230mm×114mm×65mm 정도이며, 내화도가 1,500~2,000℃ 정도로 굴뚝이나 용광로 등 높은 온도를 요하는 장소에 쓰인다.

③ 줄눈으로 내화모르타르(샤모트 ; 구운 점토분말)를 사용하여 가소성을 조절한다.

④ 굴뚝, 난로의 안쌓기용, 보일러 내부용으로 사용된다.

구분	내화도(SK)	용도
저급품	SK 26(1,580℃)~SK 29(1,650℃)	굴뚝, 페치카 안쌓기 등
중급품	SK 30(1,670℃)~SK 33(1,730℃)	보통품, 여러 가지 가마에 사용
고급품	SK 34(1,750℃)~SK 42(2,000℃)	고열 가마에 사용, 기타 요업용

(3) 경량벽돌

경량이며 소리와 열을 차단할 목적으로 만들어진 것으로 저급점토, 목탄가루, 톱밥 등을 혼합하여 성형 후 소성한 것으로 칸막이, 외벽 이적, 철골 주위의 피복 등에 쓰인다.

구분	특성
구멍벽돌	• 속빈벽돌·공동벽돌이라고도 한다. • 중앙에 구멍이 있어 가볍고 단열성·방음성이 있으며 칸막이나 외벽에 쓰이고, 못치기·절단 등이 용이하다.
다공벽돌	• 점토에 30~40%의 분탄·톱밥을 혼합하여 소성시켜 공극을 만들어 성형 소성한 것 • 비중이 1.2~1.5 정도로 가벼워 단열성 및 방음성이 있으나 강도가 약하여 구조용으로는 불가능하다.

2) 타일

구분	특성
폴리싱타일	대형 타일에 주로 사용되며 표면을 연마하여 고광택을 유지하도록 만든 타일이다.
스크래치타일	규격 6cm×21cm, 표면이 긁힌 모양인 외장용 타일로, 시유타일과 무유타일이 있다.
모자이크타일	소형 타일로 바닥재에 많이 사용되며 아트 모자이크, 라스 모자이크 등이 있다.
논슬립타일	계단 디딤판 끝에 붙여 미끄럼막이 역할을 하는 타일이다.
카보런덤타일	알루미늄의 원광인 보크사이트를 2,000~2,300℃로 가열하고, 이를 분쇄하여 소량의 타일 원료를 넣고 프레스하여 소성해서 만든 타일이다.

구분	특성
클링커타일	고온으로 충분히 소성한 타일로서 바닥·옥상에 사용되며, 표면의 모양은 장식효과뿐만 아니라 미끄럼막이로도 유효한 타일이다.

3) 테라코타

① 테라코타(terra-cotta)는 **점토를 반죽하여 조각 형틀로 가압성형, 압축성형하여 만든 점토제품**이다.

② 화강암보다 내화적이고, 대리석보다는 풍화에 강하므로 외장에 적당하다.

③ 일반 석재보다 가볍고, 압축강도는 800~900kg/cm²로 화강암의 1/2 정도이다.

④ 구조용·장식용 테라코타로 구분되며, 주 용도는 돌림대·기둥 주두 등 내·외장 장식용으로 많이 사용된다.

4) 기타 점토제품

구분	특성
세라믹재료	• 내구성, 내열성, 내후성, 화학저항성, 압축강도가 우수하다. • 전기절연성이 있고, 내마모성이 풍부하지만 취성이 있다. • 탄성은 낮아서 충격 변형에 약하다. • 내열성은 1,500℃ 전후에서 열전도율이 낮다.
위생도기	• 위생시설에 쓰이는 변기, 세면기, 싱크, 세탁기, 욕조 등의 총칭이다. • 내산성·내알칼리성으로 표면이 평활하고 색감이 좋으며 작은 구멍 등의 결점이 없고 수세나 청소에 적당해야 한다.
연질타일계 바닥재	• 고무계 타일 : 내마모성 우수, 내수성이 있다. • 리놀륨계 타일 : 내유성은 우수, 내알칼리성·내마모성·내수성이 약하다. • 아스팔트타일 : 내유성·내산성은 우수, 내알칼리성이 약하다. • 전도성 타일 : 정전기 발생이 우려되는 장소에 주로 사용한다.
제겔추	• 노(爐) 중의 고온도를 측정하는 온도계로, 특수한 점토 원료를 조합하여 만든 삼각추
훈소와	• 건조제품을 가마에 넣고, 장작이나 솔가지 등의 연료를 써서 그을린 기와이다. • 표면이 회흑색으로 방수성이 있고 강도가 우수한 점토기와제품이다.

> **TIP 점토제품의 백화현상 방지법**
> • 흡수율이 작은 벽돌이나 잘 구워진 벽돌 및 타일을 사용한다.
> • 우천 시에 조적을 금지하며, 벽돌이나 줄눈에 빗물이 들어가지 않는 구조(벽돌면 상부 빗물막이 설치)로 한다.
> • 수용성 염류가 적은 양질의 벽돌(10% 이하의 흡수율)을 사용하고, 파라핀 도료를 발라 염류의 유출을 막는다.
> • 줄눈용 모르타르에 방수제를 섞어서 사용하거나, 벽면에 실리콘 방수를 한다.
> • 내벽과 외벽 사이의 조적 하단부와 상단부에 통풍구를 만들어 통풍을 위한 건조상태를 유지한다.

03 | 시멘트 및 콘크리트

학습 POINT

• 시멘트의 종류별 성질 및 특수 시멘트의 특성, 시멘트의 배합, 콘크리트의 일반적 성질과 배합설계, 첨부재료, 특수 콘크리트의 성질, 골재와 관련된 비율을 숙지한다.
• 시멘트의 풍화, 고로시멘트 및 슬래그, 콘크리트의 특성, AE감수제, 콘크리트의 물-시멘트 배합비, 콘크리트의 건조수축, 골재 공극률, 함수상태, 흡수율이 자주 출제된다.

1 시멘트의 종류 및 성질

1) 시멘트의 종류

(1) 포틀랜드시멘트

① 보통 포틀랜드시멘트

　㉠ 품질이 우수하고 공정이 간단하고 가장 생산량이 많다.

　㉡ CaO(생석회 65%), SiO_2(실리카 22%), Al_2O_3(산화알루미늄 5.5%), Fe_2O_3(산화철 3%), MgO(마그네시아 2.5%), SO_3(아황산 2%)

> **TIP** 알루민산삼석회(C_3A) : 시멘트 조성광물 중 수축률이 가장 크다.

② 중용열 포틀랜드시멘트

　㉠ 시멘트의 발열량을 저감시킬 목적으로 제조한 시멘트로, 매스콘크리트용으로 사용된다.

　㉡ 보통 포틀랜드시멘트에 비해 수화열이 적고 조기강도는 낮으나 장기강도는 크다.

　㉢ 내식성·내구성이 크며, 댐 축조 및 방사선 차폐용 콘크리트에 쓰인다.

　㉣ 건조수축이 적고 화학저항성이 크다.

③ 조강 포틀랜드시멘트

　㉠ 분말도가 높은 고급 시멘트로, 원료 선택과 제법이 정밀하다.

　㉡ 조기강도가 크고 경화가 빨라서 공기를 단축할 수 있다.

　㉢ 한중공사, 수중공사, 긴급공사에 쓰인다.

④ 백색 포틀랜드시멘트

　㉠ 원료 중에 철분이 0.5% 이내 포함된 흰색 시멘트이다.

　㉡ 보통 포틀랜드시멘트와 품질이 같으며, 미장재료 및 도장재료로 쓰인다.

⑤ 고산화철 포틀랜드시멘트

　㉠ 광재를 시멘트 원료로 사용한 것으로, 내산성·내구성이 우수하다.

　㉡ 수축률과 발열량 및 장기강도가 작다.

　㉢ 화학공장의 건설재료 및 해안 구조물의 축조에 주로 쓰인다.

> **TIP** 포틀랜드시멘트 제조 시 응결시간을 조정하기 위해 석고를 3~4% 넣는다.

(2) 혼합 시멘트

① 고로시멘트

　　㉠ 보통 포틀랜드시멘트에 광재와 석고를 혼합하여 만든 시멘트이다.

　　㉡ 포틀랜드시멘트에 광재의 혼합량은 25~65% 정도이다.

　　㉢ 호안, 배수구, 터널, 지하철공사, 댐, 해안공사 등의 매스콘크리트 공사에 사용된다.

② 플라이애시시멘트

　　㉠ 보통 포틀랜드시멘트에 플라이애시와 생석회를 혼합하여 만든 시멘트이다.

　　㉡ 수화열이 낮으나 장기강도는 커지므로, 수밀성이 큰 매스콘크리트에 사용된다.

　　㉢ 하천공사, 해안공사, 해수공사, 기초공사 등에 쓰인다.

③ 포졸란시멘트

　　㉠ 보통 포틀랜드시멘트에 포졸란 재료를 혼합하여 만든 시멘트이다.

　　㉡ 저발열성으로 콘크리트용으로 사용되며, 고로시멘트와 특성이 동일하다.

(3) 특수 시멘트

① 알루미나시멘트

　　㉠ 주성분은 알루미나, 생석회(CaO), 무수규산 등의 용융물이며 비중이 매우 작다.

　　㉡ 화학작용에 대한 저항이 크나, 알칼리에 강하고 산에 약하다.

　　㉢ 물과 섞은 다음 경화할 때까지의 시간이 짧은 조강 시멘트로 수화열이 높아서 냉한지 및 긴급 공사, 해수공사에 사용된다.

② 팽창 시멘트

　　㉠ 칼슘 클링커에 광재와 포틀랜드 클링커의 혼합물을 넣어 만든 시멘트이다.

　　㉡ 일반적으로 시멘트는 경화 후 건조수축하는데, 팽창성이 있어 무수축 시멘트(킨스 시멘트)라고도 한다.

　　㉢ 응결·경화 중에 적당히 팽창하는 시멘트로, 주로 콘크리트의 수축·균열이 발생하는 것을 방지하기 위해 사용된다.

③ 폴리머시멘트

　　㉠ 시멘트와 폴리머를 결합재로 하여 골재를 혼합해 만든 시멘트이다.

　　㉡ 압축강도·방수성·수밀성이 우수하며, 각종 산이나 알칼리·염류에 강하다.

　　㉢ 외관이 아름답고 시공이 용이하며, 내마모성이 우수하여 바닥재·포장재로 사용된다.

TIP 바라이트 모르타르 : 골재에 바라이트가 포함된 시멘트모르타르로, 방사선 차폐용으로 사용된다.

2) 시멘트의 성질

구분	내용
비중	• 일반적으로 포틀랜드시멘트의 비중은 3.05~3.15 정도이다(풍화된 시멘트, 소성이 부족한 시멘트, 혼화재 포함 시멘트는 비중이 작다). • 시멘트의 비중으로 시멘트의 풍화 정도를 알 수 있으며, 르샤틀리에 비중병을 사용한다. • 시멘트 $1m^3$의 무게는 1,200~2,000kg이며, 보통 1,500kg이다.
분말도	• 시멘트의 분말도란 가루입자의 고운 정도로, 1kg 입자 표면적의 합계로 표시하며 보통 2,800~3,600cm^2/g 정도이다. • 분말도가 클수록 　－물과 접촉 시 수화작용이 촉진된다. 　－발열량이 크고 초기강도가 커서 수밀 콘크리트가 가능하다. 　－균열 발생이 크고 풍화되기 쉽다. 　－초기강도가 크고 장기강도가 저하된다. 　－시공연도가 좋아진다. • 분말도는 시멘트의 성능 중 수화반응, 블리딩, 초기강도 등에 크게 영향을 준다. • 분말도가 크면 수화작용과 풍화작용이 빠르게 진행된다.
안정성	• 시멘트 중에 과잉의 유리석회 또는 마그네시아가 존재할 경우 수화(水和)과정에서 이상팽창이 생기고, 이 때문에 균열·붕괴 등을 일으킨다(안정성이란 이상팽창을 일으키지 않는 성질을 말한다). • 시멘트의 입자 내에 유리석회, 무수황산(SO_3), 산화마그네슘(MgO) 등이 많으면 수화작용에 의해 균열이 발생하여 시멘트 불안정의 원인이 된다. • 석고분이 많은 경우나 소성온도가 낮아 유리 석회분이 많아진 경우도 불안정의 원인이 된다. • 시멘트의 안정성 시험은 시멘트 팽창성의 크랙 및 휨·팽창 등을 조사하는 시험으로, 침수법과 비동법이 있다.
강도	• 배합비·혼합법·온도·습도·재령 등이 일정할 경우, 시멘트의 강도는 대략 250~350 kg/cm^2 정도이다. • 분말도가 크면 조기강도가 증가하며, 온도가 낮으면 조기강도가 저하된다. • 최적의 수량보다 많으면 강도에 반비례한다. • 시멘트의 장기강도 및 수화열 저감에 따른 건조수축을 감소시키기 위해 $2CaO$, SiO_2를 사용한다.

TIP 시멘트의 수경률
• 포틀랜드시멘트의 화학 조성과 성질을 관련시키기 위해 산출하는 계수의 하나
• $\dfrac{CaO[\%]}{SiO_2+Al_2O_3+Fe_2O_3[\%]}$ 로 나타낸다.

2 시멘트의 배합 및 관리

1) 시멘트의 수화작용

① 시멘트는 일반적으로 물을 가수하면 수화작용에 의해 수화열이 발생하여 굳기 시작하는데, 이때 시멘트와 물이 접촉하여 응결 및 경화가 진행되는 현상을 수화작용이라고 한다[실온 20℃(±3℃), 습도 80% 이상인 상태에서 응결시간은 1~10시간 정도이다].

② 시멘트의 적당한 혼입량은 1~3% 정도이며, 석고의 혼입량이 많아짐에 따라 응결이 늦어지다가 어떤 한도를 지나면 다시 빨라진다.

③ 응결시간의 단축요인 : 분말도, 화학성분, 혼합물, 혼화제의 성질, 온습도, 풍화의 정도 등

　　㉠ 시멘트가 새로운 것일 경우

　　㉡ 분말도가 큰 경우

　　㉢ 수량이 적고, 온도가 높을 경우

　　㉣ 습도가 낮은 경우

　　㉤ 물-시멘트비가 작을 경우

　　㉥ 풍화가 적게 될 경우

　　㉦ 알루민산삼석회(C_3A 성분)[*]를 많이 함유할 경우

> **TIP** 알루민산삼석회 : 수화작용이 빨라 1주 이내에 초기강도를 발현하나, 화학저항성이 약하고 건조수축이 크다.

④ 응결시간이 **빠른** 순서 : 알루민산삼석회 > 규산삼석회 > 알루민산철사석회 > 규산이석회

2) 시멘트의 풍화

① 시멘트는 대기 중에 저장하면 수화 생성물을 생성하고 시멘트의 입자는 이들의 화합물로 피복되므로 물과 접촉이 차단되어 강도 증진이 저하된다.

② 비중과 비표면적이 감소하고 압축강도가 크게 저하되며 응결시간이 지연된다[시멘트의 압축강도 저하율 : 15%(1개월), 30%(3개월), 50%(1년)].

③ 풍화의 척도는 시멘트 시료를 1,000℃로 가열한 경우에 감소한 질량인 강열감량을 사용한다.

3) 시멘트의 저장 및 취급

① 시멘트는 지면에서 30cm 이상 띄워서 방습처리한 곳에 적재해야 한다.

② 단기간 저장이라도 13포대 이상, 장기간 저장의 경우 7포대 이상은 쌓지 말아야 한다.

③ 통풍은 풍화를 촉진하므로 필요한 출입구, 채광창 이외에는 공기의 유통을 막기 위해 될 수 있는 대로 개구부를 설치하지 않아야 한다.

④ 창고 주위에 배수 도랑을 두어 우수 침입을 방지해야 한다.

⑤ 시멘트는 현장 입고 순서대로 사용해야 한다.

⑥ 3개월 이상 저장하였거나 습기를 받았다고 생각되면 반드시 실험한 후에 사용해야 한다.

❸ 시멘트제품

구분	특성
시멘트벽돌 및 블록제품	• 압축강도는 1급 60kg/cm² 이상, 2급 40kg/cm² 이상, 3급 35kg/cm² 이상이다. • 블록의 치수는 390mm×190mm×210mm(190mm, 150mm, 100mm)이다. • 주로 건축구조체의 벽 구조용으로 사용된다.
기타 시멘트제품	• 시멘트 기와, 후형 슬레이트, 목모 시멘트판류, 석면 시멘트제품 등이 있다.

4 콘크리트 일반사항

1) 콘크리트의 일반적 성질

(1) 경화되지 않은 콘크리트의 성질

반죽 질기(consistency)	• 물의 양이 많고 적음에 따른 반죽이 되고 진 정도
워커빌리티 = 시공연도 (workability)	• 반죽 질기 여하에 따른 작업의 난이도 • 재료의 분리에 저항하는 성노를 나타내는 성질 • 워커빌리티에 영향을 주는 요소 : 단위수량, 단위 시멘트양, 시멘트의 성질, 골재의 입도 및 입형, 공기량, 혼화재, 온도, 비빔시간 • 슬럼프 시험(slump test)을 통해 측정
블리딩(bleeding)	• 콘크리트 타설 후 시멘트, 골재입자 등의 침하에 따라 물이 분리, 상승되어 콘크리트 표면에 떠오르는 현상을 말한다. • 블리딩 현상으로 골재 및 철근과 페이스트의 부착력이 저하되고, 콘크리트의 수밀성이 저하된다.

재료 분리 (segregation materials)	• 콘크리트가 비비기, 운반, 다지기 등의 시공 중에 재료별로 집중되는 현상
	• 재료 분리의 원인
	  - 굵은 골재의 최대치수가 지나치게 클 경우
	  - 입자가 거친 잔골재를 사용한 경우
	  - 단위골재량이 너무 많은 경우
	  - 단위수량이 너무 많은 경우
	  - 배합이 적절하지 못한 경우

응결(setting)	• 콘크리트가 유동적인 상태에서 겨우 형체를 유지할 수 있을 정도로 엉키는 초기작용
성형성(plasticity)	• 거푸집에 쉽게 다져서 넣을 수 있는 정도
압송성(pumpability)	• 펌프 시공 콘크리트의 워커빌리티(펌프 시공 콘크리트의 경우, 콘크리트가 잘 밀려 나가는 정도)
마감성(finishability)	• 콘크리트의 마무리 정도

TIP • 콘크리트의 공기량
  - 콘크리트 속에 포함되어 있는 기포용적의 콘크리트 전 용적에 대한 백분율
  - AE제 혼입량 증가, 컨시스턴시 증가, 비빔시간에 따라 처음 1~2분간은 공기량이 증가한다.

• 열팽창계수
  - 열팽창에 의한 물체의 팽창비율로, 보통 일정한 압력하에서 온도가 1℃ 올라갈 때마다의 부피증가율로 표시한다.
  - 콘크리트의 열팽창계수 : $1 \times 10^{-5}/℃$

(2) 경화된 콘크리트의 성질

강도	• 콘크리트의 강도는 양생 초기가 가장 중요한 시기로서, 초기 4주간 양생한 시험체의 압축강도를 표준으로 하여 강도를 정한다. • 콘크리트 강도에 영향을 주는 주요 요인 : 물-시멘트비/골재의 성질, 입도, 혼합비/시험체의 형상, 크기/시험, 양생방법
탄성	• 콘크리트 응력과 변형률의 관계는 응력이 작을 때에는 응력과 변형률이 비례하나, 응력이 커지면 응력에 비하여 변형이 더욱 커져서 파괴된다. • 탄성한계 　－압축강도 150~250kg/cm²(0.14~0.19%) 　－인장강도 12~20kg/cm²(0.01~0.012%)
내화성	• 건축구조 재료 중에서 가장 내화성이 우수한 재료이다. • 콘크리트는 260℃ 이상이 되면 강도가 저하되고, 300~350℃ 이상이 되면 강도 저하가 현저하며, 500℃ 이상으로 가열된 콘크리트구조체는 사용을 피한다. • 내화성은 사용 골재의 성질에 크게 관계한다. 　－화산암질 계통은 내화성이 좋다. 　－화강암, 석영질 계통은 내화성이 약하다.
용적 변화	• 콘크리트 중에 모르타르의 양이 많을수록, 물-시멘트비가 클수록 크다. • 온도가 변화하면 콘크리트 체적이 변화한다. • 시멘트풀의 경화제는 약 100℃까지 팽창하나 그 이상의 고온이 되면 수축된다. • 골재는 온도 상승에 따라 계속 팽창한다.
크리프	• 지속적으로 작용하는 하중에 의해서 시간 경과에 따라 콘크리트의 변형이 증대하는 현상 • 크리프 증가에 영향을 주는 주요 요인 　－외부 습도가 낮고, 온도가 높으며, 단위수량이 많을수록 증가 　－물-시멘트비가 크고, 시멘트 페이스트가 많을수록 증가 　－재령이 짧고, 재하시기가 빠를수록 증가 　－대기의 습도가 낮을수록(건조 정도가 높을수록) 증가 　－양생(보양)이 나쁠수록 증가 　－재하응력이 클수록 증가 　－부재치수가 작을수록 증가
중성화	• 수산화석회가 시간 경과와 함께 공기 중의 CO_2의 영향으로 콘크리트 표면으로부터 탄산석회로 변하여 알칼리성을 상실하게 되어 중성화되는 현상 • 중성화의 영향 　－철근 및 콘크리트의 강도 약화 및 구조물 노후로 인한 내구성의 저하 　－누수로 인한 습기 증가로 곰팡이 발생 　－균열로 인한 공기 및 물 유입으로 철근의 부식 발생

건조수축	• 콘크리트가 습윤상태에서 건조하여 수축하는 현상으로, 인장응력에 의한 균열
	• 건조수축에 영향을 주는 주요 요인
	  − 골재 중에 점도분이 많을수록 크다.
	  − 골재가 경질이 아니고, 탄성계수가 작을수록 크다.
	  − 단위 시멘트양 및 단위수량이 클수록 크다.
	  − 공극이 많을수록 크다.
	  − 습윤·양생이 부족할수록 크다(습윤·양생기간이 건조수축에 크게 영향을 주지는 않음).

(3) 콘크리트 강도의 특징

장점	단점
• 압축강도가 크다. • 내화성, 내구성, 내수성, 방청력이 크다. • 강재와의 접착력이 크다.	• 인장강도가 작다. • 무게 중량이 크다. • 경화 시 수축에 의한 균열 발생이 우려된다.

> **TIP**
> • 할렬인장강도시험
>   − 콘크리트의 인장강도를 측정하기 위해 표준 공시체를 옆으로 눕혀서 할렬파괴가 일어나는 하중으로부터 인장강도를 산정하는 시험이다.
>   − 국내에서 콘크리트의 인장강도 측정법으로 주로 사용한다.
> • 콘크리트 시험체의 인장강도
> $$F_t = \frac{2P}{\pi dl} \quad \text{(여기서, } P: \text{하중, } d: \text{직경, } l: \text{길이)}$$
> • 고강도 콘크리트 : 설계기준 압축강도가 40MPa 이상인 콘크리트를 말한다.

2) 콘크리트의 배합

(1) 콘크리트 배합설계

① 콘크리트 배합은 균질하고 소요연도를 가지며 분리가 일어나지 않게 하여야 한다.

② 수밀성·방수성·내마모성 등을 목적으로 하며, 소요강도가 확보되고 내구적이며 경제적이어야 한다.

③ 배합 결정의 순서 : 물−시멘트비를 결정 → 시멘트, 모래, 자갈의 배합비 결정 → AE제 및 혼화제의 사용량 결정

④ 배합설계의 순서 : 소요강도 결정 → 배합강도 결정 → 시멘트 강도 결정 → 물−시멘트비 결정 → 슬럼프값 결정 → 굵은 골재의 최대치수 결정 → 잔골재율 결정 → 표준 배합표 결정 → 비빔 및 계획 배합량 결정

(2) 물−시멘트비

① 물−시멘트비 $= \dfrac{\text{물의 중량}}{\text{시멘트의 중량}} = 50 \sim 70\%$

② 물-시멘트비 산식

㉠ 보통 포틀랜드시멘트 : $X = \dfrac{61}{\dfrac{F}{K} + 0.34}$

㉡ 조강 포틀랜드시멘트 : $X = \dfrac{41}{\dfrac{F}{K} + 0.03}$

㉢ 고로, 실리카시멘트 : $X = \dfrac{110}{\dfrac{F}{K} + 1.09}$

여기서, K : 배합강도에 사용되는 시멘트의 압축강도
F : 재령 공시체의 압축강도

구분	물-시멘트비
보통 콘크리트	50~70%
수밀성, 고강도, 제치장, 해수, 동결·융해 콘크리트	55% 이하
경량, 한중, 차폐, 고성능 콘크리트	60% 이하
보통, 유동화 콘크리트	65% 이하

TIP 시멘트 중량＝시멘트 비중(밀도)×부피

3) 콘크리트 첨부재료

(1) 혼화재(混和材)

① 콘크리트의 성질을 개선하기 위한 목적으로 콘크리트 비빔 시 첨가하여 사용하는 재료이다.
② 부피가 커서 콘크리트 용적계산에 포함(additive)하며 시멘트 사용량의 5% 이상을 사용한다.
③ 포졸란, 플라이애시, 고로슬래그의 분말, 실리카흄 등이 있다.

구분	특성
포졸란	• 블리딩(bleeding) 및 재료의 분리가 적으며 워커빌리티가 우수하다. • 강도의 증진이 늦으나 발열량이 적고 건조수축 및 장기강도가 크다. • 수밀성과 내구성, 해수에 대한 화학적 저항성이 우수하다. • 실리카질 물질을 주성분으로 하며 시멘트의 수화에 의해 생기는 수산화칼슘과 상온에서 서서히 반응하여 불용성 화합물을 만드는 재료이다.
플라이애시	• 워커빌리티가 좋아져 치밀한 콘크리트를 만들 수가 있으나 수량 증가에 대한 강도 저하가 발생할 수 있다. • 기본적으로 수화열이 작으며, 장기강도가 매우 우수하다.

구분	특성
실리카흄	• 실리콘 제조 시 발생하는 초미립자의 규소 부산물에서 얻어지는 혼화재로, 초고강도 콘크리트 제조에 사용된다.
제올라이트	• 미세 다공성 알루미늄 규산염 광물로, 주로 흡착제나 촉매로 활용된다. • 공기 중에 습기가 많을 때는 수증기를 흡수하고 건조 시에는 방출하는 역할을 하며, 보드디르에 혼합하여 성형판 또는 미장재로 사용하는 다공질재료이다.

(2) 혼화제(混和濟)

① 모르타르 및 콘크리트에 첨가하는 재료로서 방수제나 안료, 굳는 속도의 조절에 사용되는 화학약품을 말한다.

② 부피가 적어 콘크리트 용적계산에서 무시하고 시멘트 사용량의 1% 이하로 사용한다.

③ AE제, 분산제, 응결·경화촉진제, 유동화제, 착색제, 방청제, 지연제 등이 있다.

구분	특성
AE제 (공기연행제)	• 시공연도 향상과 수밀성, 콘크리트의 워커빌리티를 개선하고 동해저항성을 증가시킨다. • 콘크리트 용적의 3~6%를 사용하는데, 공기량이 1% 증가함에 따라 압축강도는 3~5% 감소하는 단점이 있다.
분산제	• 워커빌리티와 강도를 증가시키고, 시멘트 사용에 절약효과가 있다. • 동일한 슬럼프에서 단위수량을 12~16% 정도까지 감소시킨다.
응결·경화 촉진제	• 시멘트 사용량의 1~2% 정도 혼합하며, 염화칼슘이 주로 사용된다. • 공극을 메우고 내구성 및 마모성을 증대하기 위해 규산나트륨 혼입량은 시멘트 사용량의 3% 이하로 한다. • 응결촉진제 : 염화칼슘, 염화마그네슘 등으로 시멘트 중량에 2% 내외를 혼합한다.
방수제	• 혼합제 : AE제, 규산나트륨, 분산제, 명반, 지방산 비누 등 • 도포제 : 타르, 파라핀유제, 염화비닐수지, 초산비닐수지, 아스팔트제 등
발포제	• 경량화 또는 단열성을 높이며, 시공연도 조절용으로 사용된다.
지연제	• 응결시간을 지연시킬 용도로 사용된다. • 굳지 않은 콘크리트의 운송시간에 따른 콜드 조인트 발생을 억제하기 위하여 사용된다.

(3) 감수제

① 분산작용을 하여 시멘트입자끼리 서로 반발하게 함으로써 콘크리트의 단위수량을 감소시키는 역할을 한다.

② 워커빌리티, 재료 분리의 저항성, 내구성, 수밀성을 향상시키며 블리딩 및 시멘트 수화열의 감소로 균열을 감소시켜 철근의 부식을 방지한다.

> **TIP** **고성능 AE감수제** : 유동화 콘크리트에 사용되며, 기존 감수제에 비해 콘크리트 운반거리 및 시간에 상대적으로 유리하고, 고내구성 콘크리트 제조에 사용될 수 있다.

4) 특수 콘크리트의 종류

(1) 한중 콘크리트

① 한랭기(월평균 5℃ 이하)에 사용하는 콘크리트이다.

② 극한기(월평균기온 2℃ 이하) 콘크리트 사용 시 주의사항

   ㉠ 시멘트의 가열은 절대 금지하며, 보온시설이 되어 있는 창고에 저장한다.

   ㉡ 물−시멘트비는 60% 이하로 하며, 물은 적게 사용한다.

   ㉢ 어떠한 경우라도 시멘트는 가열하지 않으며 재료의 가열온도는 작업 중 기온이 2~5℃이면 물을, 0℃ 이하면 물과 모래를, −10℃ 이하면 물·모래·자갈을 가열한다.

   ㉣ 부어 넣은 콘크리트의 가열온도는 10~20℃ 정도, 재료의 가열온도는 60℃ 이하로 한다.

   ㉤ 초기강도는 50kg/cm² 이상까지 유지하고, 부어 넣은 후 10일간은 5℃ 이상을 유지한다.

   ㉥ 방동용으로 소금, 염화칼슘, 간수 등을 사용한다.

(2) 경량 콘크리트

① 기건비중이 2.0 이하로, 중량을 경감할 용도로 만들어진 콘크리트이다.

② 주로 경량골재를 사용하며, 구조용 철골철근콘크리트구조에서 철골과 철근의 피복용·열차단용 등으로 쓰인다.

③ 골재의 종류는 천연 경량골재(화산 자갈, 경석, 용암), 인공 경량골재(질석 소성품, 흑요석 소성품, 팽창 점토), 공업 부산물(석탄각, 광재) 등이 있다.

④ 내화성·방음효과가 우수하고, 자중 경감 및 열전도율이 낮아 냉난방의 열손실을 방지할 수 있다.

⑤ 강도가 작고 건조수축이 커서 철근과 콘크리트와의 부착력이 감소된다.

⑥ 단위중량은 경량골재로 사용 시 1.5~1.7t/cm³, 천연골재 사용 시 1.7~2.0t/cm³이다.

⑦ 골재 함수량이 증가하면 압축강도는 저하되며, 열팽창계수는 보통 콘크리트의 60~70%이다.

⑧ 열전도율이 상당히 낮아 단열 및 보온을 위한 용도로 사용된다.

(3) AE제 콘크리트

① 시공연도를 크게 개선하고 내구성 향상을 위해 공기를 연행한 콘크리트이다.

② 적당한 공기량(3~5%)이 있는 콘크리트의 내구성은 향상되나, 공기량을 5% 이상 포함할 때는 강도와 내구성이 저하된다.

③ 콘크리트의 블리딩이 감소되어 재료 분리가 적고, 동결·융해에 대한 저항성이 증대된다.

④ 공기량은 시멘트 사용량이 많을수록 기계비빔이 손비빔보다 증대되며, 비빔시간은 2~5분까지는 증대되나 그 이상은 감소한다.

⑤ 공기량*은 온도가 높을수록, 진동을 많이 줄수록, 시멘트의 분말도가 미세할수록 감소한다.

> **TIP** 공기량 : 콘크리트 속에 포함되어 있는 기포 용적의 콘크리트 전 용적에 대한 백분율

(4) 프리스트레스트 콘크리트

① 콘크리트 속에 강도가 높은 PC강재에 의해 프리스트레스트를 도입한 철근콘크리트의 일종이다.
② 콘크리트 품질은 물-시멘트비 65% 이하, 단위 시멘트양 20kg/cm³ 이상이며, 콘크리트 소요 슬럼프값은 15cm 이하로 하는 것이 표준이다.

(5) 프리팩트 콘크리트

① 거푸집에 자갈·골재와 함께 특수 모르타르를 압입하여 콘크리브를 형성해 가는 공법이다.
② 입자가 밀실하며 내수성·내구성이 우수하고, 블리딩이나 레이턴스가 발생하지 않으며, 동해 및 융해에 강하다.

(6) 진공 콘크리트

① 조기 가수량을 줄여 콘크리트 강도를 높인 콘크리트로, 진공장치에 의해 콘크리트를 붓고 굳지 않은 콘크리트면에 진공층을 만들어 경화하는 데 필요 이상의 물을 끌어올려 제거하는 공법이다.
② 조기강도 및 장기강도가 우수하고, 동결·융해저항성이 증대되어 공기를 단축시킨다.

(7) 서중 콘크리트

① 일평균기온이 25℃를 초과 시 타설하는 콘크리트로, 초기강도의 발현이 빠르다.
② 단점으로는 슬럼프의 저하가 크며, 동일 슬럼프를 얻기 위한 단위수량이 많다.
③ 콘크리트의 응결이 매우 빠르므로 콜드 조인트와 같은 줄눈이 발생하기도 한다.
④ 공기연행이 어려워 공사기간의 조절이 어렵다.

(8) 수밀 콘크리트

① 물결합재비 50% 이하, 공기량 4% 이하이며, 콘크리트의 자체 밀도가 높고 내구적·방수적이어서 물의 침투 방지 및 지하 방수에 사용된다.
② 배합지 단위수량 및 시멘트양은 최소화하고, 굵은 골재량을 늘린다.
③ 혼합시간을 3분 이상으로 하고(된비빔, 진도다짐), 수밀성 개선을 위해 표면활성제를 사용한다.

(9) 쇄석 콘크리트

① 보통 강자갈 대신에 인공적으로 부순 돌을 사용한 콘크리트이다.
② 강도는 보통 콘크리트보다 10~20% 증가하나, 시공연도가 좋지 않아 AE제를 사용한다.
③ 일반적으로 모래는 10% 증가, 모르타르 8% 증가, 자갈양은 10% 감소하여 배합설계를 하며, 주로 안산암이 많이 사용된다.

(10) 매스콘크리트

① 온도 균열이 생길 가능성이 있는 구조물(단면의 치수 : 80cm 이상, 하부가 구속된 50cm 이상의 벽체, 내부의 최고 온도와 외부 온도의 차이 : 25℃ 초과가 예상되는 구조물)에 사용하는 콘크리트이다.
② 수화열이 작은 포틀랜드시멘트, 중정석, 자철광 등과 같은 골재를 사용한다.

③ 단위 시멘트양을 적게 하여 포졸란계 혼화제를 함께 사용하며, 적정 온도 이하로 사용한다.

④ 시멘트를 제외한 재료를 냉각하거나 타설한 콘크리트를 냉각한다.

(11) ALC(Autoclaved Lightweight Concrete)

① 고온·고압에서 양생하여 만든 다공질의 기포 콘크리트이다.

② 규사와 생석회를 주원료로 하며, 비중 0.5 내외로 경량화한 제품이 많으나, 강도가 낮아 구조재로 서는 부적합하다.

③ 경량이므로 시공성이 우수하며, 내화성이 크고 차음성이 있다.

④ 신축성이 작으므로 변형이나 균열이 적어 경제적이다.

⑤ 압축강도는 작고, 휨·인장강도도 상당히 약한 편이다.

⑥ 열전도율이 보통 콘크리트의 1/10 정도로서 단열성이 유리하다.

⑦ 기공구조이기 때문에 흡수율이 높아서 물에 노출된 곳에서는 사용이 불가능하며, 동해에 대한 방수·방습처리가 필요하다.

⑧ 지붕·벽 등에 사용되지만 표면이 마모되기 쉬우므로 사용에 있어서는 보완대책이 필요하다.

5 골재

1) 골재의 품질

① 골재의 비중이 클수록 흡수량이 적으며 내구성이 크고 치밀하다.

② 표면이 거칠고 구형에 가까운 것이 좋고, 유해물이 포함되지 않아야 한다(유해량 3% 이하).

③ 석회석·사암 등 연질 수성암은 사용하지 않아야 하며, 화강암·안산암과 같이 단단하고 강한 것을 사용하여야 한다.

④ 굵은 골재의 치수는 20~40mm가 적당하며, 골재의 세조립이 적당해야 한다.

⑤ 골재의 단위용적 중량은 모래는 1.8kg/L, 자갈은 1.7kg/L가 적당하다.

⑥ 철근콘크리트구조의 경우 수질의 당분 함유량은 0.1~0.2% 이하, 염분의 함유량은 0.01% 이하여야 한다.

⑦ 모래에서는 잔골재일수록 입자 표면적의 총합이 크며, 자갈은 함수량에 의한 용적 변화가 적다.

⑧ 골재가 최대로 부풀어 약 8%의 함수율이 되었을 때, 물을 더 가하면 용적은 감소된다.

⑨ 마른 모래와 같은 용적은 포화상태가 25~35%이며, 최대 팽창은 중량 8% 함유 시에 35% 팽창한다.

> **TIP** 골재의 입자 크기
> • 잔골재 : 5mm체에 85% 이상 통과하는 골재(모래류)
> • 굵은 골재 : 5mm체에 85% 이상 걸리는 골재(자갈류)

2) 골재의 함수상태

절건상태	기건상태	표면건조, 내부포수상태	습윤상태
110℃ 이내에서 24시간 건조상태	공기 중 건조상태	외부 표면은 건조상태, 내부는 수분흡수상태	내·외부 포수상태, 외부는 수분흡수상태

구분	내용
기건함수량	기건상태 함수량의 골재 내부 수량
유효흡수량	(표면건조, 내부포수상태의 수량) − (기건상태의 수량)
흡수량	표면건조, 내부포수상태의 골재 내부 수량
함수량	습윤상태의 골재 내·외부에 함유하는 전체 수량
표면수량	함수량과 흡수량의 차
흡수율	흡수율＝[(표면건조상태 중량−절대건조상태 중량)/절대건조상태 중량]×100%
표면수율	표면수율＝[(습윤상태 중량−표면건조상태 중량)/표면건조상태 중량]×100%

TIP 표면건조, 내부포수상태 : 콘크리트 배합설계의 기준

3) 실적률과 공극률

실적률	공극률
• 골재의 단위용적 중 실적 용적률을 백분율로 나타낸 값이다. • 실적률이 클수록 건조수축, 수화열이 적으며 강도 발현, 수밀성, 마모저항성, 내구성이 증대된다. • 실적률＝1(100%) − 공극률	• 골재의 단위용적 중의 공극률을 백분율로 나타낸 값이다. • 공극률이 클수록 시멘트양이 많이 들고, 콘크리트의 팽창 및 수축이 크다. • 공극률＝[1−(단위용적 중량/비중)]×100%

 금속재

- 금속재 탄소강의 종류, 열처리, 강의 응력-변형률곡선, 부식 그리고 금속제품의 특성 및 용도를 숙지한다.
- 탄소강의 물리적·기계적 성질 및 부식 방지, 비철금속·금속제품의 특성이 자주 출제된다.

금속재의 종류 및 성질

1) 강의 종류

구분	탄소함유량	용도
특별 극연강	0.08% 이하	박판, 전선 등에 사용
극연강	0.08~0.12%	용접관, 리벳, 못, 새시 바 등에 사용
연강	0.12~0.20%	형강, 강판, 철골, 철근 등에 사용
반연강	0.20~0.30%	레일, 차량, 기계용 형강 등에 사용
반경강	0.30~0.40%	볼트, 강널말뚝 등에 사용
경강	0.40~0.50%	스프링, 샤프트, 공구, 피아노선 등에 사용
최경강	0.50~0.80%	스프링, 칼날, 공구 등에 사용

TIP
- 강은 탄소함유량이 적을수록 연질이며, 강도는 작아지나 신장률은 커진다.
- 강재의 강도는 탄소량이 증가함에 따라 상승하며 약 0.85%에서 최대가 되고, 그 이상이 되면 다시 내려간다.

2) 강의 물리적 성질

구분	탄소함유량[%]	융점[℃]	비중	성질
강	0.04~1.7	1,450℃ 이상	7.85	• 구조용 금속재로서 강도가 크고 가단성과 주조성이 있으며 열처리가 가능하다. • 연강 : 철골, 철근, 리벳 등에 사용 • 경강 : 기계, 공구 등에 사용
선철	1.7~4.5	1,100~1,250	백선철 : 7.6, 회선철 : 7.05	• 경질이며 주조성은 좋으나 용접이 불가능하다. • 철광석에서 뽑아낸 것으로 Fe(철) 이외에 불순물이 많이 포함되어 있다. • 창호철물, 장식철물, 맨홀 뚜껑 등에 사용
순철	0.04 이하	1,480℃ 이상	7.87	• 연성과 전성이 크며 가단성이 좋다. • 극연강으로 취급하기 힘드나 알칼리에 강하다.

TIP
- 내식성 : 금속 부식에 대한 저항력으로, 내식성이 매우 높은 금속으로 티타늄이 있다.
- 강은 일반적으로 탄소함유량이 증가할수록 비열·전기저항·내식성·항복강도·인장강도·경도 등은 증가하고, 비중·열전도율·열팽창계수·연신율·단면 수축률 등은 감소한다.

3) 강의 기계적 성질

열전도율	• 39kcal/m·h·℃
열팽창계수	• $10.4 \times 10^{-6} \sim 11.5 \times 10^{-6}$
강도	• 온도에 따라 강도가 변화하는데 100℃ 이상이 되면 인장강도가 증가하며 250℃에서 최대가 된다. • 항복점과 탄성한계는 온도가 상승함에 따라 감소한다. • 연신율(인장시험 때 재료가 늘어나는 비율)은 200~300℃에서 최소가 된다. • 휨강도는 180℃이다. 　－250℃ 이상이 되면 강도가 감소한다. 　－500℃에서는 0℃일 때의 1/2로 감소한다. 　－600℃에서는 0℃일 때의 1/3로 감소한다. 　－900℃에서는 0℃일 때의 1/10로 감소한다.

TIP • 탄소함유량이 많을수록 강도가 증대되나 신도는 감소된다
　• 탄소함유량이 0.9~1%일 때 인장강도는 최대이고, 그 이상일 때 경도는 일정하다.

• 인장강도 $= \dfrac{\text{최대 인장하중}}{\text{시험편의 원단면적}}$

4) 강의 응력 – 변형률곡선

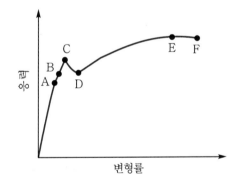

A : 비례한도
B : 탄성한도
C : 상위 항복점
D : 하위 항복점
E : 최대응력
F : 파괴점

비례한도	외력을 가하면 응력은 어느 일정한 값에 도달하기까지는 정비례하여 커지는데, 이때 응력과 비례하여 성립되는 최대한도를 말한다.
탄성한도	외력의 제거 시 응력과 변형이 0(zero)로 돌아가는 최대한도를 말한다.
상위 항복점, 하위 항복점	외력의 작용 시 상위 항복점이 변형되면 응력은 별로 증가하지 않으나 변형은 증가하여 하위 항복점에 도달한다.

5) 강의 열처리

구분	특성
담금질(소입)	• 가열된 강을 물이나 기름 속에서 급속히 냉각시키는 것이다. • 강도, 경도, 내마모성이 증대된다. • 저탄소강은 담금질이 어렵고, 담금질온도는 높아진다. • 탄소함유량이 많을수록 담금질효과가 크다.
뜨임(소려)	• 담금질한 강을 200~600℃ 정도로 다시 가열한 다음 공기 중에서 천천히 냉각시키는 것이다. • 인성이 증대되며, 강인한 강이 되어 변형이 없어진다.
불림(소준)	• 800~1,000℃로 가열한 다음 공기 중에서 천천히 냉각시키는 것이다. • 강의 결정이 미세화되어 강도가 증대되며 강력한 재료를 만들기 위한 방법으로 사용된다.
풀림(소둔)	• 800~1,000℃로 가열한 다음 노 속에서 천천히 냉각시키는 것이다. • 강의 질이 연화되며 비계의 긴결 철선으로 사용된다. • 강의 결정입자가 미세하게 되어 변형이 없어지고, 조직이 균일화된다.

6) 금속재의 부식

금속은 대기, 물, 흙, 전기작용에 의해 부식된다.

(1) 금속의 부식예방법

① 상이한 금속의 접촉을 금하며, 가능한 한 건조한 상태를 유지하는 것이 중요하다.

② 금속 표면이 균질하고 청결하며 평활한 것을 사용한다.

③ 가공 중 변형이 생긴 것은 풀림이나 뜨임과 같은 열처리방법으로 제거하고 사용한다.

④ 내식성이 큰 도료를 피복하여 금속 표면을 보호한다.

(2) 표면도막법

① 도포법 : 유지류, 아스팔트, 콜타르, 경질 고무 합성수지 등으로 도포하는 방법이다.

② 인산염 피막법 : 금속을 인산염 용액에 담가 금속 표면에 피막하는 방법이다.

③ 법랑 마감법 : 금속의 표면에 SiO_2(이산화규소)를 주성분으로 하는 유약을 바르는 방법이다.

④ 도금법 : 금속 표면을 아연, 주석, 니켈, 크롬 용액에 담가 도금하는 방법이다.

⑤ 피복법 : 모르타르 또는 콘크리트로 피복하는 방법이다.

(3) 화학처리법

① 파커라이징 : 금속 표면의 인산철 피막을 화성[*]시키는 방법으로, 비금속 피막에 의한 방법이다.

② 본더라이징 : 금속 표면을 불용성 인산염으로 변화시키는 처리로서 그 자체는 거의 내식성을 가지지 않지만, 도료를 칠하는 데 매우 적합한 바탕이 되는 방법이다.

TIP 화성 : 다른 물질이나 원소가 결합하여 새로운 물질을 형성하는 것

7) 금속재의 종류

(1) 주철

① 주철의 탄소함유량은 2.5~3.5%이며, 주강의 탄소함유량은 1% 이하이다.

② 일반 강보다 내식성이 좋고 주조성이 우수하나, 압연·단조 등의 기계적 가공은 할 수 없다.

③ 용도 : 보통 주철은 선철로 만든 주철로서 방열기, 주철관, 하수관 뚜껑, 계단, 장식철물 등으로 쓰이며 가단 주철은 듀벨, 창호철물, 파이프 이음 등에 사용된다.

(2) 구리

① 열전도율·전기전도율·인성·가공성이 우수하며, 미려한 색과 광택을 지닌다.

② 내식성이 철강보다 크나 산·알칼리에 약하여 암모니아에 침식된다.

③ 주조성이 용이하지 않고, 마무리가 거칠며 불안전하다.

④ 용도 : 냉난방용 설비재료, 장식재료, 전기공사용 등에 사용된다.

(3) 동

① 비중이 8.9이며 고온에 취약하나, 열전도율 및 전기전도율이 가장 크다.

② 주조성은 용이하지 않으며 조직이 거칠고 압연재보다 불량하다.

③ 산 및 알칼리에 약하며 암모니아에 침식되나, 염산에는 강하다.

④ 용도 : 상온에서의 가공이 용이하여 합금제로 많이 사용된다.

(4) 황동

① 구리에 아연을 첨가하여 만든 합금으로, 내식성이 크고 색상이 아름답다.

② 순구리보다 주조하기가 쉬우며 경도와 강도가 크다.

③ 전성과 연성이 풍부해서 얇은 박(箔)이나 가는 철사 등을 만들 수 있다.

④ 용도 : 다양한 장식품, 선박 및 기계의 부품, 창호철물 등에 사용된다.

(5) 청동

① 구리에 주석을 첨가하여 만든 합금으로, 내식성이 크고 주조하기 쉽다.

② 구리의 우수한 전성과 연성을 가지며 아름다운 청록색을 띤다.

③ 용도 : 동상, 실·내외 장식철물, 공예재료 등에 사용된다.

(6) 납

① 비중이 11.4이며, 인장강도가 1.4~8.4로 극히 작다.

② X선의 차단효과가 콘크리트의 100배 정도로 크나, 알칼리에 약하다.

③ 용도 : 내약품성 기구, 급수배관, 트랩 체임버, 스프링클러, 배전반 퓨즈 등에 사용된다.

(7) 알루미늄

① 금속 중 밀도가 낮은 금속으로, 경량이면서 비중이 2.7로 강도가 커서 구조재로 용이하다.

② 열팽창이 철의 2배로 크고, 융점이 낮아 내화성이 적으며, 반사율이 높아 열차단재로 쓰인다.

③ 공기 중에서 엷은 막이 생겨 내부를 보호하며, 불순물이 함유된 것은 부식에 취약하다.

④ 산과 알칼리에 약하므로 접촉면은 반드시 방식처리를 해야 한다.

⑤ 용도 : 값싼 제품에서부터 고부가가치의 건축자재에 이르기까지 다양한 곳에 사용된다.

(8) 주석

① 전성·연성과 내식성이 우수하고, 유기산에 거의 침식되지 않는다.

② 산소나 이산화탄소의 작용을 받지 않아 공기 중이나 수중에서 녹슬지 않는다.

③ 용융점은 낮고, 알칼리에 천천히 침식된다.

④ 주석은 단독으로 사용하는 경우는 드물고, 철판에 도금을 할 때 사용된다.

⑤ 용도 : 지붕재료, 난로의 연통, 방식피복재료, 각종 생활용구, 식품 보존통 등에 사용된다.

(9) 합금강

① 철과 탄소의 합금인 강의 성질을 개량할 목적으로 탄소강에 다른 원소를 한 가지 이상 혼합한 것을 합금강이라고 한다.

② 토목재료로서는 인장력과 항복점이 높고 용접성이 우수하며 내식성이 좋은 구조용 합금강을 주로 사용한다.

③ 강의 특성을 개량한 특수용 합금강에는 스테인리스강이 있다.

④ 용도 : PC 강선, PC 강봉, 교량 강재 등에 사용된다.

(10) 아연

① 청백색의 금속으로 실온에서는 단단하고 부서지기 쉬우며 전성과 연성이 거의 없으나, 100~150℃에서는 전성을 띠어 가는 선이나 얇은 판으로 가공할 수 있다.

② 공기 중에서 물과 이산화탄소와 반응하면 염기성 탄산아연 보호막이 생겨 물이나 공기와 반응하는 것을 막는다.

③ 건조한 공기 중에서는 거의 산화되지 않으며, 묽은 산류에 쉽게 용해된다.

(11) 함석

① 겉에 아연을 입힌 강철판이다.

② 용도 : 지붕을 잇거나 홈통재료 등의 건축재료로 많이 사용된다.

(12) 니켈

전·연성이 풍부하고 내식성이 크며, 아름다운 청백색 광택이 있어 공기 중 또는 수중에서 색이 거의 변하지 않는다.

(13) 스테인리스강

스테인리스강(stainless steel)은 철의 최대 결점인 내식성의 부족을 개선할 목적으로 만들어진 내식용 강의 총칭으로, 크롬 또는 니켈 등을 강에 가하여 녹슬지 않도록 한 금속재료이다.

② 금속제품

1) 구조용 금속제품

① 일반구조용 압연강재
② 용접구조용 압연강재
③ 리벳용 압연강재
④ 형강 및 철근

2) 창호용 금속제품

① 피벗 힌지 : 정첩 대신 축을 사용하여 여닫이문을 회전시키는 장치이다.
② 플로어 힌지 : 정첩으로 유지할 수 없는 무거운 자재 여닫이문에 사용되며, 여닫이문 상·하단에 촉과 소켓을 붙이고 중심축의 작용을 하게 한 장치이다.
③ 도어 스토퍼 : 문을 90° 또는 180° 개방상태에서 정지하게 하는 장치로서 문과 벽의 충돌을 방지한다.
④ 도어 클로저 : 문을 자동으로 닫히게 하는 장치로, 도어 체크와 같은 역할을 한다.

[피벗 힌지]　　　[플로어 힌지]　　　[도어 스토퍼]　　　[도어 클로저]

 TIP
- 여닫이 창호용 철물 : 경첩, 도어 체크, 도어 스톱, 피벗 힌지, 플로어 힌지, 도어 클로저 등
- 미서기, 미닫이 창호용 철물 : 레일, 도어 행거, 크레센트, 호차 등

3) 긴결용 금속제품

① 인서트(insert) : 콘크리트에 구조물을 매기 위해 삽입하는 고정철물로, 주철제 및 철판가공품이 있다.
② 익스팬션 볼트(expansion bolt) : 콘크리트에 다른 부재를 고정하기 위하여 묻어 두는 특수형의 볼트로, 미리 볼트 결합을 위해 암나사나 절삭되어 있는 부품을 매립하는데 이것을 익스팬션 볼트라고 한다.
③ 드라이브핀(drive pin) : 콘크리트벽이나 강재 등에 박는 못으로, 화약을 사용하는 발사총으로 사용한다.
④ 듀벨(dubel) : 전단력에 저항하기 위한 용도로 목구조에 사용하는 보강철물이며, 인장력에 저항하는 볼트와 함께 사용한다.

| [인서트] | [익스팬션 볼트] | [드라이브핀] | [듀벨] |

4) 수장용 금속제품

① 코너비드(corner bead) : 기둥이나 벽의 모서리에 대어 미장바름의 모서리가 상하지 않도록 보호하는 철물이다.

② 조이너(joiner) : 보드 붙임의 조인트 부분에 부착하는 가는 막대 모양의 줄눈재 철물로, 알루미늄이나 플라스틱으로 만든 것이 많고 형상도 여러 종류가 있다.

③ 논슬립(non slip) : 계단의 계단코에 부착하여 미끄러짐·파손·마모를 방지하는 철물로, 재료 형상은 계단의 마감재료나 위치에 따라 종류가 다르며, 놋쇠·고무제·황동제·스테인리스강제 등이 사용된다.

④ 줄눈대(metallic joiner) : 인조석이나 치장줄눈에 사용하는 철물로 인조석 갈기, 테라초 현장갈기, 미장바름벽의 신축·균열 방지효과 및 의장효과를 위해 사용된다.

⑤ 스팬드럴 패널(spandrel panel) : 보통 알루미늄판, 스테인리스강판으로 제작되며 스팬드럴 부분을 덮고 있는 패널이다.

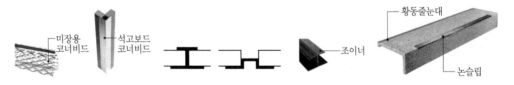

5) 미장용 금속제품

① 메탈라스(metal lath) : 두께 0.4~0.8mm의 연강판에 일정한 방향으로 등간격의 절단면을 내고 옆으로 길게 늘려서 그물코 모양으로 만든 것이다.

② 와이어라스(wire lath) : 보통 철선 또는 아연도금 철선을 짜서 만든 쇠그물로서 둥근형·갑옷형·마름모형 등이 있다.

③ 와이어메시(wire mesh) : 철선을 격자 모양으로 짜고 접점에 전기용접하여 정방형 또는 장방형으로 만든 것으로, 콘크리트 다짐 바닥 및 콘크리트 도로포장의 전열 방지를 위해 주로 사용된다.

④ 펀칭메탈(punching metal) : 판 두께 1.2mm 이하의 박판에 여러 가지 모양을 따서 도려낸 철물이다.

⑤ 익스팬디드 메탈(expanded metal) : 두께 6~13mm의 얇은 강판에 일정한 간격으로 절삭자국을 내어, 절삭자국과 직각 방향으로 잡아당겨 늘려서 그물 모양으로 만든 것이다.

⑥ 데크 플레이트(deck plate) : 바닥구조에 사용하는 골 모양의 파형(波形)으로 성형된 강판으로, 콘크리트 슬래브의 거푸집 패널 또는 바닥판 및 지붕판으로 사용된다.

⑦ 메탈 폼(metal form) : 강철로 만들어진 패널인 콘크리트 형틀로, 반복해서 사용할 수 있어 경제적이지만 형틀을 떼어 내면 콘크리트면이 매끈하여 모르타르와 같은 미장재료가 잘 붙지 않으므로 표면을 거칠게 할 필요가 있다.

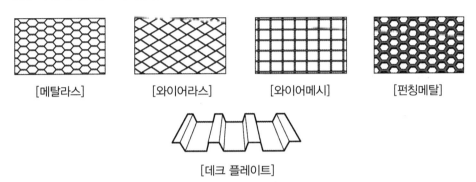

[메탈라스]　　[와이어라스]　　[와이어메시]　　[펀칭메탈]

[데크 플레이트]

05 미장재

 학습 POINT
- 미장재의 재료별 특성과 시멘트모르타르의 제조법 및 사용법을 숙지한다.
- 미장재의 응결·경화에 의한 분류와 미장재의 특성에 관한 문제가 자주 출제된다.

1 미장재의 종류 및 특성

1) 미장재의 종류

(1) 구성재료에 의한 분류

결합재료	다른 미장재료를 결합한 후 경화시키는 역할을 하는 재료로, 시멘트·점토·소석회·합성수지·돌로마이트 등이 있다.
혼화재료	결합재료에 방수성, 내화성, 단열성 등의 특수 성능을 갖도록 하거나 응결시간을 단축, 지연, 촉진시키는 역할을 하는 재료이다.
보강재료	균열 방지 등을 보강하는 역할을 하는 재료이다.
부착재료	바름벽이나 바탕재료를 붙이는 역할을 하는 재료로, 못·스테이플러·커터침 등이 있다.

(2) 응결·경화에 의한 분류

구분	특성
수경성	• 물과 작용하여 경화하는 미장재료이다. • 석고 플라스터, 무수석고 플라스터, 시멘트모르타르, 테라초 현장바름 등이 있다.
기경성	• 공기 중에 경화하는 미장재료이다. • 진흙질, 회반죽, 회사벽, 돌로마이트 플라스터 등이 있다.

> **TIP** 응결촉진제 : 미장재료의 응결시간을 단축시킬 목적으로 첨가하는 촉진제로, 염화칼슘·염화마그네슘 등이 있으며 시멘트 중량의 2% 내외를 혼합한다.

2) 미장재의 특성

구분	재료	특성
시멘트모르타르 바름	보통 포틀랜드 시멘트＋모래＋소석회	• 미장공사에 주로 사용되는 수경성 미장재료로, 내수성 및 강도는 크나 작업성이 나쁘다. • 지하실과 같이 공기의 유통이 나쁜 장소의 미장공사에 적당하다.
석고 플라스터 바름	석고질＋혼화제＋여물	• 순백색으로 미려하고 석회보다 변색이 적다. • 경화강도가 강하고 급경성이며, 수축이 없으므로 치수안정성이 우수하다. • 습기에 의해 변질되기 쉽다. • 반수석고는 가수 후 20~30분에서 급속 경화하지만, 무수석고는 경화가 늦기 때문에 경화촉진제를 필요로 한다.
돌로마이트 플라스터 바름	돌로마이트＋모래＋여물	• 가소성이 높으며 공기와 반응하여 경화한다. • 곰팡이의 발생, 변색이 있으나 냄새는 없다. • 보수성이 용이하며 응결시간이 길어 시공이 용이하다. • 조기강도가 크며 착색이 용이하고 가격도 저렴하다. • 알칼리성으로 페인트 도장은 불가능하다. • 건조수축이 커서 균열 발생이 쉬우므로 여물을 혼합하여 사용한다. • 기경성으로 습기 및 물에 약하므로 지하실에는 사용을 금한다.
경석고 플라스터	시멘트＋무수석고(경석고)	• 킨스 시멘트(Keen's cement)라고도 한다. • 점도가 커서 바름이 용이하고, 매끈하게 마무리된다. • 광택이 있어서 벽이나 마루에 바르는 재료로 사용한다.
회반죽 바름	소석회＋모래＋여물＋해초풀	• 기경성 미장재료로, 공기 중의 탄산가스와 반응하여 단단한 석회가 된다. • 건조·경화 시 수축률이 크므로 삼여물로 균열을 분산, 미세화한다. • 바름 두께는 벽면에서 15mm, 천장면에서 12mm가 표준이다.
마그네시아 시멘트 바름	시멘트＋산화마그네슘 분말＋염화마그네슘＋톱밥	• 리스노이드가 주원료이며, 주로 바닥의 마감에 사용한다. • 착색이 용이하며 경화가 빠르다. • 흡수성이 높고 수축성이 커서 균열의 발생률이 높다. • 고온에 약하고 철물류를 부식시킨다.

구분	재료	특성
인조석 바름	백색시멘트 + 안료 + 대리석	• 테라초 현장바름이라고도 하며 초기에 정벌바름을 하고, 굳은 후에 여러 번 갈아 주고 수산으로 청소한 후 왁스로 광내기한다. • 갈기는 정벌바름 후 손갈기 2일 이상, 기계갈기 5일 이상 지난 후에 한다. • 줄눈대는 황동제를 사용하며, 간격은 보통 90cm, 최대 2m 이내로 한다. • 일반적으로 바닥용으로 쓰이며, 벽체에는 공장제품 테라초판을 사용한다. • 균열 방지, 보수 용이, 바름 구획부분을 설치 목적으로 한다.
특수미장바름	모조석	• 백색시멘트, 종석, 안료를 혼합하여 천연석과 유사한 외관으로 만든 인조석이다.
	리신 바름	• 돌로마이트에 화강석 부스러기, 색모래, 안료 등을 섞어 정벌바름 후 긁어 거친 면으로 마무리한다.
	러프 코트	• 시멘트, 모래, 잔자갈, 안료 등을 반죽한 것을 바탕바름이 마르기 전에 뿌려 발라 거친 면으로 마무리한다.
	리그노이드	• 마그네시아 시멘트에 톱밥, 코르크 가루, 안료 등을 혼합한 모르타르를 반죽한 것으로 탄성이 있어 건물, 차량, 선박 등의 마무리재료로 사용한다.

 TIP • 미장바름에 쓰이는 착색제는 내알칼리성으로 물에 녹지 않아야 하며, 입자가 가늘어야 하고 미장재료에 나쁜 영향을 주지 않는 것이어야 한다.
• 미장재료에 여물을 사용하는 목적은 균열을 방지하기 위해서이다.
• 돌로마이트는 점성이 높아 풀이 필요 없으나, 소석회는 점성이 낮아 바름작업 시 해초풀을 넣어서 부착력을 증대시켜야 한다.

2 제조법 및 사용법

1) 시멘트모르타르의 제조법

시멘트모르타르는 고결재인 시멘트에 모래를 섞어 물반죽하여 쓰는 재료로 배합방법은 다음과 같다.

① 배합 = 물 + 시멘트 + 모래

② 시멘트와 모래의 배합비 : 용적배합, 모래는 체로 친 것을 사용한다.

시멘트 : 모래 = 1 : 3	미장용 바르기, 줄눈쌓기
시멘트 : 모래 = 1 : 1	치장줄눈, 방수, 중요한 개소

③ 배합방법 : 건비빔해 두고 필요시 적당량을 물로 반죽하여 사용하며, 물을 혼합한 후 2시간 이상 경과한 것은 사용하지 않는다.

④ 재료 배합 시에 바탕에 가까울수록 부배합, 정벌에 가까울수록 빈배합이 원칙이다.

⑤ 바르기 : 초벌-재벌-정벌로 3회 바르는 것이 원칙이며, 천장 15mm, 내벽 18mm, 외벽 24mm, 바닥 24~30mm를 표준으로 한다.

⑥ 마감 : 표면이 고운 쇠흙손 마감법과 표면이 거친 나무흙손 마감법이 있다.

⑦ 시멘트 페이스트＝물＋시멘트

2) 시멘트모르타르의 사용법

① 초벌－재벌－정벌로 3회 바르는 것을 원칙으로 하며 천장 15mm, 내벽 18mm, 외벽 24mm, 바닥 24~30mm를 표준으로 한다.

② 표면이 고운 쇠흙손 마감법과 표면이 거친 나무흙손 마감법이 있다.

③ 바탕면에 물축이기를 한 후 초벌을 바른다.

④ 초벌바름 후 1~2주 방치하여 충분히 경화, 균열이 발생한 후 고름질을 하고 재벌을 한다.

⑤ 일반적으로 바름 두께는 바닥은 1회 바름으로 마감하고, 벽이나 기타 부분은 2~3회 바르는데 두껍게 한 번 바르는 것보다 얇게 여러 번 바르는 것이 좋다.

3) 미장 바탕의 선정조건

① 미장을 지지하는 데 필요한 강도와 강성이 있어야 하며, 바름층의 경화 및 건조를 방해하지 않아야 한다.

② 사용조건 및 지진 등의 환경조건에서 미장바름을 지지하는 데 필요한 접착강도를 유지할 수 있는 재질 및 형상이어야 한다.

③ 미장바름의 종류 및 마감 두께에 알맞은 표면상태로서 유해한 요철, 접합부의 어긋남, 균열 등이 없어야 한다.

④ 미장바름의 종류에 화학적으로 적합한 재질로서 녹물에 의한 오손, 화학반응, 흡수 등에 의한 바름층의 약화가 생기지 않아야 한다.

⑤ 미장바름에 적합한 바탕은 내·외벽 등의 부위별 기후조건 및 사용조건을 고려하여 선택한다.

MEMO

합성수지

• 합성수지 중 열경화성수지, 열가소성수지 그리고 합성수지제품의 세부 특징 및 용도를 숙지한다.
• 합성수지의 종류와 일반적 특성이 자주 출제된다.

1 합성수지의 종류 및 특성

1) 합성수지의 종류

(1) 열경화성수지

열에 경화되면 다시 가열해도 연화되지 않는 수지로서 연화점은 130~200℃이며, 2차 성형은 불가능하다.

구분	특성	용도
페놀수지	• 베이클라이트로 알려져 있다. • 내산성·내열성·내수성·강도·전기절연성이 우수하나, 내알칼리성이 약하다.	전기제품, 내수합판, 덕트, 파이프, 발포보온관, 배전판, 전기통신 자재류, 접착제
요소수지	• 무색으로 성능은 페놀수지보다 떨어지며, 착색이 자유롭고 내수성이 다소 약하다.	식기, 완구, 마감재, 조작재, 가구재, 도료, 접착제 등
멜라민수지	• 요소수지보다 성능은 우수하며, 경도가 크고 내수성은 약하다.	멜라민 화장판, 마감재, 조작재, 가구재, 전기부품 등
폴리에스테르수지	• 내후성·내약품성·밀착성·가용성이 우수하나, 내수성·내알칼리성이 부족하다.	도료용, 아케이드 천창, 루버, 칸막이, FRP, 욕조, 물탱크 등
폴리우레탄수지	• 열절연성·내약품성·내열성이 크고, 내충격성·내마모성·강성 등이 우수한 열경화성 수지이다.	연질의 것 : 쿠션재(침구, 의자 등) 경질의 것 : 단열재(냉장고 하우징용재 등)
실리콘수지	• 열절연성이 크고, 발수성·내열성·내약품성·내후성 및 전기적 성능이 우수하다. • 물을 튀기는 성질이 있어 방습켜가 없는 벽체에 주입하여 습기가 스며 오르는 것을 막는 데 사용한다.	방수제, 개스킷, 접착제, 도료, 발포보온관 등
에폭시수지	• 접착력이 우수하며 특히 금속 및 경금속에 접착이 용이하다. • 내약품성·내열성이 양호하나, 가격이 고가이다.	금속도료, 접착제, 방수제, 보온·보냉재, 내수피막제 등
알키드수지	• 내후성이 우수하나, 내수성·내알칼리성은 약하다.	래커, 바니시 등

(2) 열가소성수지

화열에 의해 재연화되고 상온에서는 재연화되지 않는 수지로서 연화점은 60~80℃로, 2차 성형이 가능하다.

구분	특성	용도
아크릴수지	• 투명성·유연성·내후성이 우수하고, 착색이 자유로우며, 자외선 투과율이 크다. • 유기질 유리라고 불리며, 내충격강도가 유리의 10배이다.	도료, 채광판, 유리 대용품, 시멘트 혼화재료 등
염화비닐수지(PVC)	• 전기절연성·내약품성·강도가 우수하며, 가소제에 의해 유연고무와 같은 품질이 된다.	PVC 파이프, 필름, 시트, 바닥용 타일, 파이프, 도료, 접착제 등
초산비닐수지	• 무색투명하며, 접착성이 양호하여 각종 용제에 가용되나, 내열성이 약하다.	비닐론 도료, 도료, 접착제 등
비닐아세틸수지	• 무색투명하며, 밀착성이 양호하다.	접착제, 도료, 안전유리 중간막 등
폴리스티렌수지(PS)	• 스티롤수지라고도 하며, 무색투명하고 내수성·내약품성·전기절연성·가공성이 우수하다. • 유기용제에 침해되기 쉽고 취약한 것이 결점이다.	스티로폼, 파이프, 창유리, 발포보온관, 벽용 타일, 블라인드 도료, 저온단열재 등
폴리에틸렌수지(PE)	• 내화학약품성, 전기절연성, 내수성 등이 매우 우수하다. • 내충격성이 일반 플라스틱의 5배 정도이다.	포장 필름, 방습시트, 전선피복, 도료, 접착제
폴리프로필렌수지(PP)	• 가장 가볍고 기계적 강도가 뛰어나며, 내열성이 우수하다. • 내화학약품성 및 전기적 성능이 뛰어나다.	섬유제품, 필름, 기계공업, 화학장치, 의료기구 등
메타크릴수지	• 투광성, 강인성, 내약품성이 우수하다. • 투명도가 뛰어나고 내후성이 강하며 착색이 자유롭다. • 유기유리의 대표적인 수지로, 유리 대용품으로 광범위하게 사용된다.	방풍유리, 조명기구, 항공기의 방풍유리, 선풍기 날개 등
폴리아미드수지	• 일반적으로 나일론이라고 불리고, 강인하고 내마모성이 우수하다.	알루미늄 새시, 도어 체크, 커튼 롤러, 건축물 장식용품 등
셀룰로이드	• 가공성, 가소성이 양호하나 내열성이 없다.	유리 대용품
ABS수지	• 아크릴로니트릴(A), 브타디엔(B), 스티렌(S) 등으로 이루어진 수지로 충격성, 치수, 경도, 안전성 등의 모든 점이 우수하다.	파이프, 판재, 전기부품 등
불소수지	• 에틸렌의 수소 원자를 한 개 이상 불소 원자로 치환하고 불소화 에틸렌을 중합시켜 만든 열가소성수지이다. • 열이나 추위, 약품 등에 견디는 성질이 뛰어나다.	파이프, 전기절연재료, 패킹 등

2) 합성수지의 특징

(1) 장점

① 가소성이 크고 성형가공성이 용이하다.
② 전성·연성·탄성 및 신장률이 크다.
③ 인장·압축·충격 등에 대한 내력이 크고, 피마형 성능이 우수하다.
④ 안정성이 있고 대기 중에서는 산화·분해·기화·승화 등이 일어나지 않는다.
⑤ 내화학약품성이 크며 전기절연성이 풍부하다.
⑥ 전성이 크고 표면의 광택이 우수하다.

(2) 단점

① 경도·내마모성·표면강도·내화성 및 내열성이 약하다.
② 열에 의한 신장률이 크므로 신축·팽창에 유의해야 한다.
③ 강도 및 탄성계수가 작다(강철의 1/10).

② 합성수지제품

1) 판상제품

구분	특성
폴리에스테르 강화판	내알칼리성으로 유리섬유를 불규칙하게 혼입한 후 상온에 가압하여 성형한 판상제품으로, 설비재·내외수장재에 사용된다.
폴리에스테르 치장판	합판 및 하드보드 등의 표면에 폴리에스테르 피막을 넓게 입힌 판으로 의장효과가 좋은 판상제품으로, 천장판·내벽판·가구판 등에 사용된다.
아크릴판	입상 아크릴 원료에 안료를 혼합하고 열압성형한 착색 투명판상, 반투명판상 제품이다.
염화비닐판	입상 수지 원료를 가열하여 만든 것으로 투명판, 불투명판, 무늬판, 착색 골판형 판상제품이다.
페놀수지판	베이클라이트 평판, 강화목재 적층판, 페놀수지 치장판 등이 있다.

2) 바닥판제품

구분	특성
비닐시트	염화비닐과 초산비닐에 충전제(석면 등) 안료를 넣어 열압성형한 바닥판제품이다.
염화비닐시트	염화비닐에 가소제·석분·코르크 분말 등을 혼합하고 안료를 섞어 압연성형한 바닥판재로, 계단의 논슬립용 타일제품이 있다.
아스팔트시트	아스팔트와 쿠마론인덴수지에 석면, 충전제 및 안료를 많이 섞어 착색 열압한 바닥판제품이다.

07 | 도료 및 접착제

학습 POINT
- 도료, 집착제의 종류와 특성 및 용도를 숙지한다.
- 도료, 접착제의 종류별 용도와 합성수지도료, 특수 도료, 합성수지계 접착제가 자주 출제된다.

◼ 도장재의 종류 및 특성

1) 도장의 역할

① 오염을 방지하며, 표면을 보호하고 내구성을 증대시킨다.
② 미관적으로 아름다운 광택을 준다.
③ 색채 변화를 통해 작업능률을 높일 수 있다.
④ 반사광을 조절하여 눈의 피로감을 줄여 줄 수 있다.

2) 도료의 종류

(1) 수성페인트

① 접착제 + 안료 + 희석제
② 내알칼리성·내수성이 있으며, 시멘트모르타르 및 회반죽 천장 바름에 유용하다.
③ 내구성·내수성이 약하여 실내용으로 사용한다.

(2) 유성페인트

① 안료 + 보일드유 + 희석제
② 내후성·내마모성이 우수하고 가격이 저렴하며 두꺼운 도막을 형성한다.
③ 페인트, 기름 바니시 등의 주원료인 보일유는 시일에 따라 굳은 피막이 된다.
④ 알칼리에 약하므로 콘크리트나 모르타르 플라스터면에는 부적합하다.
⑤ 목재, 석고판류, 철재류 도장용으로 사용한다.

(3) 에나멜 페인트

① 유성바니시 + 안료 또는 유성페인트 + 건조제(페인트와 바니시의 중간)
② 내수성·내후성·내약품성이 매우 우수하여 외장용으로 사용된다.
③ 도막이 견고하고 탄성이 있으며, 광택이 있고 경도가 크다.
④ 시공 시 솔칠보다 뿜칠이 용이하며, 유성페인트보다 건조시간이 **빠르다**.
⑤ 금속면, 옥내·외 목부, 자동차 부품, 외장용으로 사용된다.

(4) 래커

① 질산 섬유소 + 수지 + 휘발성 용제
② 내마모성·내수성·내유성이 우수하며 건조가 **빠르다**.

③ 도막이 견고하고 광택이 양호하며 연마가 용이하다.

④ 도막이 얇고 부착력(내후성)이 약하여 일반적으로 내부용에 사용한다.

⑤ 색 래커, 투명 래커, 특수 래커가 있다.

(5) 바니시

① 유성바니시

    ㉠ 유용성 수지 + 건성유 + 희석제

    ㉡ 무색 또는 담갈색의 투명 도료로 보통 니스라고 하며, 건조가 빠르다.

    ㉢ 내후성이 적어 옥외에는 사용하지 않고, 주로 실내 목부 바탕의 투명 마감으로 사용한다.

② 휘발성 바니시

    ㉠ 수지 + 휘발성 용제 + 안료

    ㉡ 니트로셀룰로오스와 같은 용제에 용해시킨 섬유계 유도체를 주성분으로 하여 여기에 합성수지, 가소제와 안료를 첨가한 도료이다.

    ㉢ 건조가 빠르고 광택이 있으나, 내열성·내광성이 부족하다.

(6) 합성수지도료

① 여러 종류의 수지를 배합하여 수지의 결함을 제거 및 보충한 도료이다.

② 건조시간이 빠르며 도막이 단단하여 인화할 염려가 없어 방화성이 우수하다.

③ 내산성·내알칼리성이 있어 콘크리트면에 사용된다.

④ 투명한 합성수지 사용 시 더욱 선명한 색상을 표현할 수 있다.

⑤ 일반적으로 유성페인트보다 가격이 비싸다.

⑥ 에폭시수지도료 : 내산성·내알칼리성이 우수하고 내마모성이 좋아 콘크리트 바탕면, 내수·내해수(2액형 타르에폭시 도료)를 목적으로 사용된다.

⑦ 워시 프라이머 : 합성수지를 전색제로 쓰고 소량의 안료와 인산을 첨가한 도료로, 도장에 적합하도록 바탕을 처리하는 데 쓰인다.

(7) 소부도료

① 상온에서 건조되지 않기 때문에 도포 후 도막 형성을 위해 가열 공정을 거치는 도료이다.

② 일정 온도로 일정 시간 가열함으로써 칠한 도막 중의 합성수지를 반응·경화시켜 튼튼한 도막을 이루게 하는 도료이다.

(8) 에칭 프라이머

① 금속의 화학적 표면처리용에 사용하는 도료이다.

② 부틸수지·알코올·인산·방청안료 등을 주요 원료로 한다.

(9) 오일스테인

① 목재 무늬를 드러나 보이게 하기 위해 칠하는 유성 착색제이다.

② 목부 착색용에 사용된다.

(10) 특수 도료

구분	특성
방청도료	• 금속면의 보호와 금속의 부식 방지를 목적으로 사용되는 도료이다. • 공기·물·이산화탄소 등이 금속면과 접촉하는 것을 방지하고, 또 화학적으로 녹의 발생을 막는 두 가지 작용을 한다. • 방청안료로서 아연분말과 아연화(산화아연을 주성분으로 하는 백색 안료)를 사용하여 만든 도료로 아연분말(징크 리치) 도료가 있다. • 대표적으로 연단 도료(광명단), 크롬산 아연(징크크로메이트), 알루미늄 도료, 역청질 도료, 함연 방청도료, 방청 산화철 도료(아연분말 프라이머), 규산염 도료, 에칭 프라이머, 워시 프라이머 등이 있다.
방화도료	• 화재 시 불길에서 탈 수 있는 재료의 연소를 방지하기 위해 사용하는 도료이다. • 가연성 물질로 착화 지연에 사용되며, 발포형 방화도료와 비발포형 방화도료 등이 있다. • 유기염류(초산염, 수산염, 유기질 당밀, 사탕 등), 무기염류(인산염, 염화염, 황산염, 붕산염, 규산염 등), 물유리 등이 있다.
발광도료	• 어두운 곳에서 빛을 내는 도료를 말하며, 형광체·인광체 등의 안료를 적당히 전색제에 넣어 만든 도료이다. • 야간이나 어두운 곳에서 쓰는 표지나 계기의 지침 눈금 등에 사용된다. • 인광도료, 야광도료, 숙광도료, 형광도료 등이 있다.
내화도료	• 불에 타기 쉬운 목재 등의 가연물에 발라서 불이 붙지 않게 하는 도료로서, 열을 받으면 유리와 같은 상태가 되며 거품을 일으켜 단열층을 이루는 도료이다.

> **TIP** 테레빈유 : 소나무에서 얻은 무색의 정유(精油)로, 시공성을 증대하기 위한 도료의 원료로 쓰이며 의약품, 유화의 용제, 구두약 등에 사용된다.
>
> **무기안료**
> • 화학적으로 무기질인 안료를 가리키는데, 천연광물 그대로 또는 천연광물을 가공·분쇄하여 만드는 것과 아연·타이타늄·납·철·구리·크롬 등의 금속화합물을 원료로 하여 만드는 것이 있다.
> • 유기안료에 비해 내광성·내열성이 양호하고, 유기용제에 녹지 않으며, 색의 선명도는 유기안료보다 양호하지 않다.
>
> **도장재료의 원료**
> • 주원료 : 도장재료의 원료 중 전색제는 안료를 포함한 도료로, 고체 성분의 안료를 도장면에 밀착시켜 도막을 형성하게 하는 액체 성분을 말한다. 전색제 중 천연수지는 로진·다마르·코펄·셸락 및 에스테르 고무 등이 있고, 합성수지는 알키드수지·페놀수지·에폭시수지·아크릴수지·폴리우레탄수지 등이 있다.
> • 보조첨가원료 : 도장공사 시 작업성을 개선하기 위해 첨가하는 도막 형성의 부요소로, 산화촉진제·침전방지제·가소제 등이 있다.
>
> **도장재료의 도막 형성의 요소**
> • 안료, 유지, 수지 : 재료에 도포된 도료의 피막을 구성하는 주요 성분을 도막의 형성요소라고 한다.
> • 희석제 : 도료의 점성도를 낮추기 위하여 사용하는 혼합 용제이다.

3) 도료 시공 시 유의사항

① 습도 80% 이상, 기온 5℃, 바람이 강한 상태일 경우에는 작업을 중지한다.
② 충분히 건조되지 않은 바탕면, 함수율 20% 이상인 목재면, 시공 후 1개월 미만인 회반죽 바탕면에는 작업을 피한다.
③ 도료 시공 후에는 반드시 밀봉하여 보관한다.
④ 도포 후 즉시 직사광선을 쐬이지 않는다.

 에어리스 스프레이 : 도료 자체에 압력을 가하여 스프레이건 끝의 노즐에서 안개 모양으로 분사되는 기구로, 한 번에 두꺼운 도막을 얻을 수 있으며 넓은 면적의 평판 도장에 최적인 도장방법이다.

4) 도료 보관 시 유의사항

① 도료 보관창고는 주위 건물에서 1.5m 이상 떨어진 곳에 위치하게 한다.
② 도료 보관창고 건물은 반드시 방화구조 및 내화구조로 설치하며 화기엄금 표시를 부착한다.
③ 바닥은 침투성이 없는 내화 바닥재료를 사용한다.
④ 실내에 직사광선을 피하고, 통풍 및 환기가 잘되게 한다.
⑤ 천장에 채광창 설치는 금지하며, 지붕은 경량의 불연재료를 사용한다.
⑥ 사용 중인 도료는 모두 밀봉하여 보관하고, 도료가 묻은 자재는 제거한다.

❷ 접착제의 종류 및 특성

1) 단백질계 접착제

구분	특성 및 용도
식물성 접착제	• 대두교, 대맥 단백질 등이 있다.
동물성 접착제	• 카세인, 아교, 알부민 등이 있다. • 아교는 수피(짐승 가죽)를 삶아서 그 용액을 말린 반투명, 황갈색의 딱딱한 물질로서 합판, 목재 창호, 가구 등의 접착제로 사용된다.

2) 고무계 접착제

구분	특성 및 용도
천연고무	• 채취된 라텍스를 정제한 것으로, 광선을 흡수하여 점차 분해되어 균열이 발생하고 접착성이 높은 고분자물질로 변한다.
네오프렌	• 합성고무의 일종으로, 내유성·내약품성이 우수하다. • 고무, 천, 가죽, 금속, 콘크리트, 유리 등 다용도로 사용된다.
치오콜	• 고무상의 고분자물질로, 내유성 및 내약품성이 우수하나 악취가 나는 결점이 있다. • 송유 호스, 줄눈재, 구멍을 메우는 용도로 사용된다.

3) 합성수지계 접착제

구분	특성 및 용도
에폭시수지 접착제	• 기본 점성이 크며 접착성·내수성·내습성·내약품성·전기절연성이 모두 우수하나, 유연성이 부족하고 가격이 비싸다. • 용도 : 콘크리트의 균열 보수, 금속, 석재, 도자기, 유리, 콘크리트, 플라스틱재 등 광범위한 용도
페놀수지 접착제	• 일반적으로 접착력이 크고, 내수성·내열성·내구성이 우수하지만 사용 가능시간의 온도에 의한 영향을 받는다. • 용도 : 합판, 목재 등
요소수지 접착제	• 접착력이 우수하고 가격이 가장 저렴하며 내수성이 뛰어나지만 노화성이 크다. • 용도 : 합판, 파티클보드 등
멜라민수지 접착제	• 내열성·내수성 및 목재와의 접착성도 우수하나, 가격이 비싸며 단독으로 쓰이지 않는다. • 용도 : 목재, 내수합판 등
비닐수지 접착제	• 내열성·내수성이 떨어져 옥외 사용에 부적합하며, 가격이 저렴하다. • 용도 : 도배 및 목재를 비롯한 광범위한 용도
레조르시놀수지 접착제	• 내수성·내열성이 우수하다. • 용도 : 목재, 내수합판 등
실리콘수지 접착제	• 내수성이 특히 우수하다. • 용도 : 광범위한 용도
퓨란수지 접착제	• 내산성·내알칼리성·접착성이 우수하다. • 용도 : 도자기제품, 콘크리트, 유리제품, 금속용 도료, 화학공장의 벽돌 및 타일, 화학공업용 탱크 등

4) 광물질계 접착제

구분	특성 및 용도
아스팔트 접착제	• 아스팔트 시멘트라고도 하며, 접착성이 우수하고 접착면이 유연하여 내수성·내알칼리성이 우수하며 작업성이 용이하다. • 내약품성으로 가격이 저렴한 반면, 내유성·내용제성이 작다.
규산소다 접착제	• 탄산소다와 석영가루를 융합하여 얻어지는 백색무취의 고체이다. • 용도 : 내화성 및 내산성이 있는 도료의 제조 등

5) 섬유소계 접착제

구분	특성 및 용도
질화면 셀룰로오스 접착제	• 속건성으로 공기에서 빠르게 건조된다. • 용도 : 금속, 유리, 가죽, 목재, 천 등
나트륨 카복시메틸셀룰로오스(CMC)	• 냉수에 잘 용해된다. • 용도 : 종이, 천 등 직물의 마무리재 등

TIP 카세인 접착제
• 우유와 석회, 기타 화학성분을 저온에서 혼합하여 응고된 것을 건조시켜 만든 접착제이다.
• 합판이나 베니어판을 제조하는 데 쓰인다.

건축용 접착제의 요구성능
• 반복적인 진동·충격에 잘 견뎌야 한다.
• 취급이 용이하고 독성이 없어야 한다.
• 고화 시 체적 수축 등에 의한 내부 변형을 일으키지 않아야 한다.
• 장기부하에 의한 크리프가 작아야 한다.

MEMO

08 │ 석재

1 석재의 종류 및 특성

1) 석재의 일반적 성질

(1) 물리적 성질

구분	내용
비중[g/cm³]	• 조암광물의 성질 · 비율 · 공극의 정도에 따라 달라지지만, 평균 2.65이다. • 대리석(2.72) > 화강암(2.65) > 안산암(2.45) > 사암(2.02) > 응회암(1.45) > 부석(1.37)
흡수율[%]	• 흡수율이 크며, 풍화 · 파괴되기 쉽고, 내구성이 저하된다. • 응회암(19) > 사암(18) > 안산암(2.5) > 점판암, 화강암(0.3) > 대리석(0.14)
공극률	• 공극률은 함유하고 있는 전 공극과 겉보기 체적의 비를 말한다.
강도	• 압축강도가 매우 크며 인장강도는 압축강도의 1/10~1/40 정도이다. • 휨강도 및 전단강도는 압축강도에 비해 매우 작다. • 화강암(1,720) > 대리석(1,260) > 안산암(1,150) > 사암(450) > 응회암(180) > 부석(30~60)
내화도	• 700~800℃ : 대리석 • 800℃ : 화강암 • 1,000℃ : 화산암, 안산암, 사암, 응회암
내구성	• 조암광물이 미립자일수록 크며, 조직 및 조암광물의 종류 등에 따라 달라진다. • 조암광물 중에 황화물, 철분 함유광물, 탄산마그네시아 등은 풍화되기 쉽다.

> **TIP** 석재의 압축강도 : 공극률과 구성입자가 클수록 강도가 작다.

(2) 화학적 성질

빗물 또는 화학공장의 가스 등은 석재의 내구성을 저하시키는 중요한 요인이며, 침해작용으로는 산화작용과 용해작용이 있다.

2) 석재의 특징

장점	단점
• 압축강도가 크고, 불연성이다. • 내수성, 내화학성, 내마모성, 내구성이 우수하다. • 외관이 장중하고, 길면 광택이 난다. • 종류, 외관과 색조가 다양하다.	• 인장강도는 압축강도의 1/10~1/40 정도로, 장대재를 얻기 어렵다. • 비중은 크고, 가공성이 나쁘다. • 화열에 의해 균열이 생기거나 파괴된다. • 열에 의해 석회암이나 대리석과 같이 분해되어 강도가 줄어드는 것도 있다.

3) 석재의 분류

(1) 용도에 의한 분류

① 마감용

  ㉠ 외장용 : 화강암, 안산암, 점판암

  ㉡ 내장용 : 대리석, 사문암

② 구조용 : 화강암, 안산암, 사암

(2) 경도에 의한 분류

① 경석 : 압축강도 500 이상, 흡수율 5 미만, 비중 2.5~2.7의 화강암, 안산암, 대리석

② 준경석 : 압축강도 500~100, 흡수율 5~15, 비중 2.0~2.5의 경질 사암, 경질 응회암

③ 연석 : 압축강도 100 이하, 흡수율 15 이상, 비중 2.0 미만의 연질 응회암, 연질 사암

(3) 성인에 의한 분류

① 화성암 : 화강암, 안산암, 경석, 현무암 등

② 수성암 : 점판암, 응회암, 석회석, 사암 등

③ 변성암 : 대리석, 사문암, 트래버틴, 석면 등

4) 석재의 종류

(1) 화성암

구분	특성
화강암	• 주성분은 석영(30%), 장석(65%) 등이다. • 압축강도가 1,600kg/cm²로, 석질이 견고하여 대형 구조재로 사용할 수 있다. • 내마모성·내구성이 우수하고, 흡수성은 낮다. • 내화도가 낮아서 고열을 받는 곳에는 부적당하다. • 가공성이 용이하여 구조용이나 장식재료로 사용된다.
안산암	• 비중·강도·경도가 크고 내화성은 높으나, 내구성 및 색채 등이 떨어진다. • 광택은 화강암보다 낮으며 큰 재료를 얻기가 어렵다. • 주로 기초석이나 석축 등에 쓰인다.

(2) 수성암

구분	특성
점판암	• 이판암이 지압으로 변질된 것이다. • 천연 슬레이트 지붕재, 첨석(貼石), 부석(敷石), 비석(碑石) 등에 사용된다.
응회암	• 강도·내구성이 부족하여 용도가 일정하지 못하나, 내화성은 있다. • 수력에 의하여 운반되어 암석 분쇄물과 혼합, 퇴적·응고된 것이다. • 조적 석재, 석축재, 기초석 등 구조 및 장식 재료로 쓰인다.
석회암	• 유기질 또는 무기물 중에서 석회질이 용해, 침전 및 퇴적되어 응고된 것이다. • 내산성·내화성이 부족하여 도로포장용이나 콘크리트의 원료로 이용된다.
사암	• 흡수율이 높고 내화성이 크며 가공에 편리하다. • 연질 사암은 장식재로 쓰이고, 규산질 사암은 구조재로 사용된다.

(3) 변성암

구분	특성
대리석	• 석회암이 변성되어 결정화한 것으로, 주성분은 탄산석회이다. • 강도는 크나 내구성이 작아서 외장재로는 부적합하다. • 품질의 변화가 심하고 균열이 많아서 통행이나 마모가 많은 장소에는 부적합하다. • 산과 열에 약하여 화학약품을 사용하는 장소에는 부적합하다. • 색채와 재질이 아름다워 실내장식재, 조각용으로 많이 사용된다.
트래버틴	• 용천의 침전물이나 종유굴 속의 석순·종유석 등으로 생겨난 다공질의 대리석으로, 특수한 실내장식용으로 사용된다.

2 석재제품

1) 암면

① 내화성·단열성·보온성·흡음성 등이 우수하고, 절연재 및 음이나 열의 차단재로 쓰인다.
② 고열로 녹여 세공으로 **빼낸** 후 이를 고압공기로 세게 불어서 만든 면상제품이다.
③ 암면 흡음판, 암면 펠트, 암면판, 보온통 등이 있다.

2) 질석

① 비중이 0.2~0.4인 다공질 경석으로, 모르타르·콘크리트판·벽돌 등의 제품이 있다.
② 보온, 방음, 경량, 결로 방지 등의 목적으로 콘크리트블록을 만들어 벽체에 사용된다.

3) 테라초판

① 천연석을 모조할 목적으로 생산되었으며 인조석 자체의 특성을 갖춘 대표적인 인조대리석으로 건축물의 바닥재로 널리 쓰인다.
② 대리석·사문암·화강암 등의 쇄석, 백색시멘트, 안료, 물을 혼합하여 매끈한 면에 타설한 후에 가공, 연마하여 미려한 광택을 낸 석재제품이다.

4) 인조석판

① 대리석·사문암·화강암 등의 쇄석을 백색 포틀랜드시멘트에 안료를 섞어 바른 후에 성형한 모조품으로, 내·외장용으로 마루·벽 등에 쓰인다.

② 천연석의 단점을 보완하여 원가 절감이나 가공의 어려움을 극복하기 위해 만든 제품으로, 착색제 혼입품, 천연 석분 혼입품, 테라초 등이 있다.

> **TIP** 석재의 인력가공 순서 : 혹두기 → 정다듬 → 잔다듬 → 물갈기

기타 재료

> **학습 POINT**
> • 유리의 종류 및 특성, 유리제품의 특성, 단열재와 흡음재의 종류별 특성을 숙지한다.
> • 유리의 일반적 성질, 유리제품별 특성, 단열재료의 요구조건 및 종류별 특성이 자주 출제된다.

1 유리

1) 유리의 특징

(1) 장점

① 반영구적이고 내구성이 큰 불연재료이다.

② 빛의 투과성이 높아 건축의 채광재료로 우수하다.

(2) 단점

① 충격에 약해 파손되기 쉽다.

② 전반적으로 두께가 얇아서 단열 및 차음 효과가 작다.

2) 유리의 일반적 성질

구분	특성
비중	비중은 일반적으로 2.2~6.3의 범위이며, 보통유리는 2.5 내외이다.
경도	일반적으로 경도는 취약하며, 알칼리가 많으면 경도는 감소하고, 알칼리 토금속류가 혼합되면 경도는 증대된다.
강도	유리의 강도는 일반적으로 휨강도와 인장강도를 말하며, 두께·조성 및 열처리에 따라 차이가 있으나 일반적으로 반투명유리는 보통유리의 80%, 망입유리는 90%이다.
열전도율	보통유리의 열전도율은 0.48kcal/m·h·℃로 낮은 편이며, 콘크리트의 1/2 정도로 대리석이나 타일보다 작다.

구분	특성
열팽창률	유리의 열팽창률은 낮으며 보통유리는 20~400℃에서 $(8 \sim 10) \times 10^{-6}$이다.
연화점	보통유리의 연화점은 약 740℃, 칼리유리는 1,000℃ 정도이다.
내열성	두께 1.9mm 유리는 105℃ 이상, 두께 3mm는 80~100℃, 두께 5mm는 60℃ 이상의 온도 차가 발생하면 파괴된다.

TIP 유리의 침식 : 약한 산에는 침식되지 않지만, 염산·황산·질산 등에는 서서히 침식된다.

3) 유리의 종류 및 특성

구분	특성 및 용도
소다석회유리	• 용융하기 쉽고 산에는 강하나, 알칼리에 약하다. • 팽창률과 강도는 크지만, 풍화되기 쉽다. • 용도 : 창유리, 일반 건축용, 일반 병유리 등
칼륨석회유리	• 융점이 높아 용융하기 어렵고 약품에 침식되지 않으며, 일반적으로 투명도가 크다. • 용도 : 장식품, 공예품, 고급용품, 이화학용 기기 등
보헤미아유리	• 칼륨석회유리의 일종으로 잘 용융되지 않고, 내약품성과 투명도가 높다
납유리	• 칼륨납유리의 일종으로서 소다석회유리보다 용융되기 쉽고 내산성·내열성이 낮으나, 비중이 크고 광선의 굴절률·분광률이 크다.
석영유리	• 자외선 투과가 양호하며, 내열성·내식성이 크다. • 용도 : 유리면의 원료, 전등, 살균등용 등

4) 유리제품

(1) 보통 판유리

① 두께 6mm 이하의 박판유리와 두께 6mm 이상의 후판유리가 있다.

② 비중은 2.5 정도이며, 휨강도는 43~63MPa이고, 연화점은 720~750℃이다.

③ 후판유리는 채광용보다는 실내 차단용, 칸막이벽, 통유리문, 스크린(screen), 가구, 특수구조 등에 쓰인다.

④ 용도 : 진열장, 일광욕실, 고급 창문, 출입문, 유리 선반, 창유리 등

(2) 유리블록

① 상자 형태 2개를 합쳐서 고열로 용착시켜 건조공기를 봉입한 중공유리 블록이다.

② 열전도율이 벽돌의 1/4 정도로 실내의 냉난방에 효과적이다.

③ 빛의 난반사 및 굴절투과에 의한 채광효과, 단열성, 장식성, 방음성이 우수하다.

④ 용도 : 내부 장식용, 칸막이벽, 대형건물 지붕 및 지하층 천장, 자연광이 필요한 장소에 주로 사용

(3) 프리즘유리

① 투사되는 빛의 방향을 집중 또는 확산·변화시킬 목적으로 만든 것으로, 테크유리·톱라이트유리·포도유리라고도 한다.

② 다양한 형상이 있으며, 단면 모양에 따라 지향성과 확산성으로 구분한다.

③ 용도 : 지하실이나 옥상의 채광용 등

(4) 폼글라스

① 가는 분말 유리에 카본 발포제를 섞어 가열하고 발포 후 서서히 냉각시켜 만든 것으로, 거품유리 또는 폼글라스라고도 한다.

② 용도 : 단열재, 보온재, 방음재용 등

(5) 강화유리

① 판유리를 약 600℃로 가열했다가 급랭시켜 강도를 높인 안전유리의 일종이다.

② 판유리보다 강도가 3~5배 높아서, 급격한 온도 변화에도 견디며 파손율이 낮다.

③ 한계 이상의 충격으로 깨져도 작고 모서리가 날카롭지 않은 파편으로 부서져 위험성이 적다.

④ 절단, 구멍뚫기 등의 재가공이 어려우므로 초기 열처리 전에 소요치수로 절단한다.

⑤ 용도 : 외부 창유리, 테두리가 없는 유리문, 에스컬레이터 옆판, 계단 난간의 옆판, 자동차 및 선박 등

(6) 망입유리

① 유리 내부에 금속망을 삽입하고 압착하여 성형한 유리로, 철망유리·그물유리라고도 한다.

② 금속망의 원료는 철·놋쇠·알루미늄망 등이며, 깨질 경우에도 파편이 튀지 않는다.

③ 용도 : 도난 및 화재 확산 방지, 엘리베이터 문, 파손되기 쉬운 곳, 안전이 요구되는 곳 등

(7) 접합유리

① 폴리비닐을 2장 이상의 판유리 사이에 넣고 고열로 접합하여 파손 시 파편이 떨어지지 않게 하여 필름의 인장력으로 인한 충격 흡수력을 높인 유리로, 방탄유리의 구성과 관련이 깊다.

② 용도 : 자동차, 기차, 선박 등

(8) 복층유리

① 2장 또는 3장의 유리를 일정한 간격을 두고 건조공기를 넣어 만든 판유리로, 이중유리·겹유리라고도 한다.

② 유리창 표면의 결로현상이나 성에 방지효과, 단열성능 및 방음효과가 크다.

③ 용도 : 단열·방서·방음을 요하는 실내·외벽, 결로방지용, 기차·선박·항공기의 창 등

(9) 스테인드글라스

① 색을 칠하여 무늬나 그림을 나타낸 판유리로, 착색유리라고도 한다.

② 색유리의 접합부는 H자형 단면의 납제 끈으로 끼워 맞춰 모양을 낸다.

③ 용도 : 성당·교회의 창이나, 상업건축의 장식용 등

(10) 스팬드럴유리

① 표면에 세라믹질의 도료를 코팅한 후, 고온에서 반강화시켜 만든 불투명한 색유리이다.

② 미려한 금속성을 가지며, 일반 유리에 비해 강도가 2~3배 세고 **내구성이 우수하다.**

③ 용도 : 슬래브 콘크리트 및 빔이 노출되는 것을 방지하기 위한 충간 부위 등

(11) 열선반사유리

① 빛의 쾌적성을 받아들이고 외부 시선을 막아 주는 효율적인 기능을 가진 유리이다.

② 외부에서는 실내가 안 보이고 거울처럼 보이는 효과를 가지며, 태양열의 차단효과가 우수하여 냉난방비를 절감시킬 수 있다.

③ 용도 : 고충빌딩의 창, 프라이버시를 필요로 하는 곳, 태양열 차단이 필요한 곳 등

(12) 열선흡수유리

① 유리의 성분 중 철분을 줄이거나 철분을 산화제2철의 상태에서 산화제1철로 환원시켜 자외선 투과율을 높인 유리이다.

② 자외선을 50% 이상 90% 내외를 투과시킨다.

③ 흔히 엷은 청색을 띠고, 태양광선 중 **열선(적외선)을 흡수하므로 단열**에 사용된다.

④ 용도 : 자외선의 화학작용을 피해야 할 곳, 의류의 진열창, 식품·약품창고의 창유리 등

(13) 베벨드유리

① 판유리를 한 면 또는 두 면을 가공하여 접합한 유리이다.

② 일반 판유리나 색유리 등과 면취가공한 유리를 꺾어 금속에 끼운 후 용접한 것으로, 다양한 디자인 연출이 가능하여 고급 장식재료로 사용된다.

③ 용도 : 주택의 칸막이벽, 창문, 중문 등

(14) 에칭유리

① 유리가 불화수소에 부식되는 성질을 이용하여 **그림 또는 무늬를 넣어 특수 가공한** 유리이다.

② **5mm 이상의 판유리를 사용**한다.

(15) 형판유리

① 판유리의 한쪽 면 혹은 양면에 모양을 내고 장식을 겸해 확산광을 얻으면서 투시성을 작게 한 판유리이다.

② 용도 : 욕실, 화장실, 현관문 등

(16) 로이유리

① 유리 표면에 금속 또는 금속산화물을 얇게 코팅한 유리이다.

② 열의 이동을 최소화시켜 주는 에너지 절약형 유리로, 저방사유리라고도 한다.

② 벽지 및 휘장류

1) 벽지의 종류

구분	특성
종이벽지	• 색조가 풍부하고 내후성이 우수하며 시공이 용이하다. • 종이가 얇아서 찢어지기 쉬우며 건시장식용으로 주로 사용한다.
섬유벽지	• 종이벽지에 비해 내후성이 우수하며 천연섬유, 합성섬유, 유리섬유 벽지가 있다. • 내구성과 광택이 있으며, 실내장식용으로 주로 사용한다.
비닐벽지	• 무늬와 패턴이 다양하고 가격도 비교적 저렴하다. • 내후성이 우수하나, 통기성이 부족하여 습기가 많은 장소에는 부적합하다.
목질계 벽지	• 수지가공 단판벽지 : 독특한 자연미가 특징이다. • 코르크 벽지 : 얇은 코르크 조각을 붙여 제작된 것으로, 흡음효과가 우수하다.
특수 벽지	• 질석벽지 : 내화성이 우수하며 천장용으로 사용된다. • 아스베스토스 벽지 : 석면＋염화비닐필름＋아스베스토스 시트로 라미네이트한 벽지로, 방화성능이 우수하다. • 지사벽지 : 종이를 이용하여 만든 벽지이다. • 갈포벽지 : 칡넝쿨을 이용하여 만든 벽지이다. • 금속박벽지 : 알루미늄을 안대기 종이에 붙인 것이다.

2) 커튼의 종류

구분	특성
드레이프 커튼	차광성·방음성·보온성이 우수하나, 짜임새가 치밀하여 통기성은 적다.
롤 블라인드	평평한 천이 알맞은 높이 조절에 따라 아래부터 접히면서 올라가도록 만든 블라인드이다.
로만 블라인드	풀코드에 의해 당겨져 아래부터 접히면서 올라가도록 만든 블라인드이다.
베니션 블라인드	날개의 각도를 조절하여 일조와 통풍을 변화시키고 조절할 수 있도록 만든 커튼으로, 수평형과 수직형 블라인드가 있다.

3) 카펫의 종류

구분	특성
컷 타입	• 플러시 : 파일이 같은 길이로 컷되어 있는 타입 • 섀기 : 파일 길이가 25mm 이상인 타입 • 하드 트위스트 : 파일이 강하게 꼬임이 있는 타입 • 사키 소니 : 파일이 약간 꼬임이 있고 길이가 짧으며 밀도가 높은 타입
루프 타입	• 레벨 루프 : 파일 길이가 균일한 루프 • 멀티 레벨 루프 : 파일 길이를 바꾸어 물결형인 루프 • 하이와 로 루프 : 파일 길이를 바꾸어 두 가지 종류의 무늬를 만든 루프
컷과 루프 타입	• 컷과 루프 파일을 함께 이용하여 모양을 만든 카펫

3 단열재 및 흡음재

1) 단열재의 특성

① 보통 다공질의 재료가 많고 열을 차단하는 성능을 가지며, 열전도율의 값이 0.05kcal/m·h·℃ 내외로 낮은 재료를 말한다.

② 일반적으로 다기포의 구성을 가지고 있으므로 연하지만 시공 도중 파손되지 않는다.

③ 흡수된 단열재는 표면을 부식시킬 우려가 있다.

④ 비교적 운반이 용이하고 현장에서의 가공 설치가 쉬우나 정교한 고정은 어렵다.

2) 단열재의 요구조건

① 열전도율, 흡수율, 비중, 통기성이 낮아야 한다.

② 시공성, 내화성, 내부식성이 우수해야 한다.

③ 유독가스가 발생하지 않고, 사용연한에 따른 변질이 없어야 한다.

④ 품질이 균일하고 어느 정도의 기계적인 강도가 있어야 한다.

⑤ 같은 두께인 경우 경량재료가 단열에 더 효과적이다.

3) 단열재의 종류

구분	특성
암면	• 암석을 용융시켜 급랭한 후에 광물섬유 상태로 만든 단열재이다. • 흡음성, 내화성이 우수하고 상온에서 열전도율이 낮은 장점이 있다. • 보온재, 절연재, 철골 내화피복재와 같은 차단재로 사용된다.
유리면	• 유리의 원료를 녹여서 가는 섬유 모양으로 만든 단열재로, 유리솜 또는 글라스울이라고도 한다. • 인장강도, 전기절연성, 내화성, 흡음성, 내식성, 내수성이 우수하다. • 탄성이 작고 굴곡이 약하여 흡수성이 낮은 것이 결점이다. • 주로 플라스틱제품의 보강용으로 쓰이고 전기절연재, 보온재, 방음재, 축전지용 격벽재 등에 사용된다.
석면	• 천연으로 산출되는 무기섬유로 만든 단열재이다. • 내화성·보온성·절연성이 우수하고 인장강도가 크나, 습기를 쉽게 흡수하는 결점이 있다. • 석면 보온판, 석면 보온통, 석면 슬레이트 등으로 제품화되어 사용된다.
폴리우레탄폼	• 단열성이 크고 경질인 제품으로, 현장에서 발포 시공이 가능하다. • 화학적으로 안전한 장점이 있고, 사용시간의 경과에 따라 부피가 줄어들며 열전도율이 높아진다. • 내열성은 높지 않으나 우수한 단열성 때문에 냉동기기에 많이 사용된다.
펄라이트	• 펄라이트입자를 압축성형하여 만든 단열재이다. • 아주 가볍고 수분 침투에 대한 저항성이 우수하다. • 내화성, 흡음성이 크며 내열성이 높아서 배관용 단열재 등에 주로 사용된다.

구분	특성
질석	• 불연성이 우수하며, 방음과 결로 방지가 탁월하다. • 단열벽, 방화벽, 천장에 주로 사용하며 다양한 성형제품이 있다.
발포 폴리스티렌 보온재	• 일반적으로 스티로폼이라고 하며, 폴리스티렌수지에 발포제를 넣은 다공질의 기포 플라스틱이다. • 다른 단열재에 비하여 단열효과가 크고, 흡수율과 비중이 작다. • 시공성 및 내부식성이 우수하며, 모세관현상으로 흡수되지 않는다. • 전기절연성 및 고주파에 대한 절연성이 우수하다. • 체적의 대부분이 공기이므로 열과 냉에 대한 차단효과가 매우 탁월하다. • 일반 접착제에는 침식되기 때문에 반드시 초산비닐계 접착제를 사용한다.
세라믹섬유	• 알루미나, 실리카를 원료로 하여 만든 단열재이다. • 단열재 중에서 가장 높은 온도에서 사용이 가능하다. • 열전도율이 낮으며 내열성 보온재, 우주 항공기 등에 사용된다.
규산칼슘판	• 무기질 단열재료 중 규산질분말과 석회분말을 오토클레이브 중에서 반응시켜 얻은 겔에 보강섬유를 첨가하여 프레스 성형하여 만든 내화 단열판이다. • 내열성, 내수성이 우수하고 중량이 가볍다. • 단열재, 철골 내화피복재 등에 사용된다.

> **TIP** • 무기질 단열재료 : 유리면, 암면, 석면, 규산칼슘판 등
> • 유기질 단열재료 : 경질 우레탄폼, 연질 섬유판, 폴리스티렌폼, 셀룰로오스 섬유판 등

4) 흡음재의 종류

재료 표면에 입사하는 음에너지의 일부를 흡수하여 반사음을 감소시키는 재료를 말한다.

구분	특성
다공질 흡음재	• 재료 내부의 공기진동으로 고음역의 흡음효과를 발휘한다. • 다공질 정도, 재료 두께, 재질의 공기 유동에 대한 저항성 등에 크게 영향을 받는 흡음재이다. • 방송국 스튜디오나 홀 등에 많이 사용되며 연질 섬유판, 암면, 유공 텍스, 유공 석고보드 패널, 시멘트판 등의 제품이 있다.
판상 흡음재	• 적당한 크기나 모양의 관통구멍을 일정 간격으로 설치하여 저음부분에서는 흡음성능이 우수하나, 고음이나 중음부분에서는 흡음성능이 낮다. • 뒷면의 공기층의 강제진동으로 흡음효과를 발휘한다. • 경질 섬유판, 합판, 석고판, 석고보드, 석면판 등의 제품이 있다.
중공형 흡음재	• 가변형 흡음재 : 사용목적에 따른 잔향시간의 조절로, 실의 총흡입량을 가변성 있게 만든 흡음재이다. • 단위 흡음재 : 흡음체를 달거나 붙여서 반사음을 효율적으로 흡수하도록 만든 것으로, 공장이나 기계실 등에 주로 사용된다. • 헬름홀츠 공명체 : 특정 주파수의 음에 대하여 공명현상이 생길 때, 전반적인 평균 잔향시간에 영향을 미치지 않고 공명음만을 흡수하는 방법으로 만든 흡음재이다.

10 | 방수재

1 방수재의 종류 및 특성

1) 아스팔트방수

방수 중에 가장 튼튼한 방수로 가격이 다소 비싸고 공정이 복잡하며, 대표적으로 천연 아스팔트와 석유 아스팔트가 있다.

① 천연 아스팔트 : 레이크 아스팔트, 록 아스팔트, 아스팔타이트
② 석유 아스팔트 : 스트레이트 아스팔트, 블론 아스팔트, 아스팔트 콤파운드, 아스팔트 프라이머

구분	특성
아스팔트 프라이머	• 바탕면에 펠트가 잘 붙게 하기 위한 것으로, 바탕에서 부풀어 오르지 않게 한다. • 블론 아스팔트 : 솔벤트 나프타 : 휘발유의 배합비율＝45 : 30 : 25
아스팔트 콤파운드	• 블론 아스팔트의 내열성, 내한성, 접착성, 내후성 등을 개량하기 위하여 섬유를 혼합한 것이다.
아스팔트 펠트	• 양모나 폐지 등을 펠트상으로 만든 원지에 연질의 스트레이트 아스팔트를 가열, 용융하여 흡수 및 건조시킨 것이다.
아스팔트 루핑	• 양모나 폐지 등을 두꺼운 펠트로 만든 원지에 연질의 스트레이트 아스팔트를 침투시키고, 콤파운드를 피복 후 그 활석분말 또는 운석분말을 부착시킨 것이다.

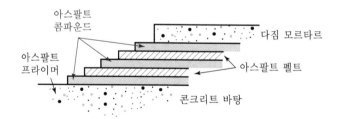

2) 시멘트방수

① 화학적으로 시멘트모르타르나 콘크리트에 도포 또는 혼입하여 모체의 공극을 메워 방수작용을 하게 하는 것이다.
② 시공이 간편하고 가격과 공사비가 저렴한 반면 넓은 면적이나 외부 시공에는 부적합하다.

3) 시트방수

① 바탕면에 시트를 접착시켜 방수작용을 하게 하는 것으로, 시공이 간편하고 효과도 우수하다. 대표적으로 합성고무계와 합성수지계 시트방수가 있다.

② 일반 고무처럼 탄성이 우수하며 상처 및 충격에 대한 복원력이 우수하고, 재료의 물성이 균질하고 물두께층을 형성하므로 방수능력이 뛰어나다.

③ 시트방수는 방수제를 바를 부분이 평탄하지 않거나 좁은 장소에는 적합하지 않다.

4) 도막방수

① 도료제를 바탕면에 여러 번 도포하여 방수막을 만드는 방수방법이다.

② 시공이 간편하고 효과도 우수하며, 넓은 면과 외부 시공이 가능하다.

구분	특성
유제형 도막방수	• 에폭시계와 아크릴수지 에멀션계가 있으며, 일회적으로 도포하거나 시멘트를 혼합하여 도포, 방수한다. • 유제형 도막방수의 특성 − 접착성, 내마모성, 내약품성이 우수하다. − 신축성이 약하여 내균열성이 약하고 고가이다. • 에폭시 도막방수의 특성 − 내약품성, 내마모성이 우수하다. − 화학공장의 방수층을 겸한 바닥 마무리로 적합하다.
용제형 도막방수	• 아크릴고무계·고무아스팔트계·우레탄고무계 등이 있으며, 합성고무도료를 수차례 도포하여 두께 0.5~0.9mm 정도의 방수피막을 만들어 방수한다. • 용제형 도막방수의 특성 − 착색이 자유로우며 균열에 강하다. − 내마모성, 접착성, 유연성이 우수하고 시공이 용이하나 고가이다.

> **TIP** 스트레이트 아스팔트(strait asphalt)
> • 원유로부터 아스팔트 성분을 가능한 한 변화시키지 않고 추출한 것으로, 신장성·접착성·방수성이 매우 풍부하다.
> • 연화점은 비교적 낮고 온도에 대한 감온성과 신도는 크다.
> • 주로 지하 방수공사 및 아스팔트 펠트 삼투용에 사용된다.
>
> 블론 아스팔트(blown asphalt)
> • 아스팔트 제조 중에 공기 또는 공기와 증기의 혼합물을 불어넣어 부분적으로 산화시킨 것으로, 내구력이 크다.
> • 연화점은 비교적 높으나, 온도에 대한 감온성과 신도는 작다.
> • 주로 지붕 방수제로 사용된다.
>
> 합성고무 혼입 아스팔트 : 스트레이트 아스팔트에 비하여 인성·내노화성·탄성·충격저항은 크나, 감온성은 낮다.
>
> 레이크 아스팔트 : 지하에서 생성된 천연 아스팔트가 솟아 나와 지각의 오목한 곳에 표면 퇴적물로서 생긴 것을 말한다.

② 방수재의 용도

구분		용도
천연 아스팔트	레이크 아스팔트	도로포장, 내산공사에 사용한다.
	록 아스팔트	모래, 사암의 바탕면에 사용한다.
	아스팔타이트	절연재료, 포장·방수 원료로 사용한다.
석유 아스팔트		포장재료, 방수재료, 전기절연재료, 지하실, 지붕면에 사용한다.
시멘트방수		화장실, 주방 등 주로 실내의 좁은 면적의 바닥, 벽에 사용한다.
시트방수		지붕, 욕실, 주방 등의 건축구조물이나 고가도로, 지하도, 다리 등의 토목구조물 공사의 평탄한 바닥면에 사용한다.
도막방수		화학공장의 바닥, 바탕 콘크리트의 보수, 아파트 옥상, 지하주차장, 건물의 내외 벽면에 사용한다.

적중 예상문제

[자주 출제되는 중요한 문제는 별표(★)로 강조함]

01 목재

★
01 구조용 목재의 종류와 각각의 특성에 대한 설명으로 옳은 것은?

① 낙엽송 : 활엽수로서 강도가 크고 곧은 목재를 얻기 쉽다.
② 느티나무 : 활엽수로서 강도가 크고 내부식성이 크므로 기둥, 벽판, 계단판 등의 구조체에 국부적으로 쓰인다.
③ 흑송 : 재질이 무르고 가공이 용이하며 수축이 작아 주택의 내장재로 주로 사용된다.
④ 떡갈나무 : 곧은 대재(大材)이며, 미려하여 수장재와 구조재 겸용으로 쓰인다.

해설 구조용 목재
• 낙엽송 : 침엽수로서 구조용 재료에 해당된다.
• 흑송 : 주택의 내장재로 사용되기보다 외장재로 사용된다.
• 떡갈나무 : 활엽수로서 나뭇결이 거칠고 단단하며, 건축재·가구재로 쓰인다.

★
02 목재의 단판(veneer)제법 중 원목을 회전시키면서 연속적으로 얇게 벗기는 것으로 넓은 단판을 얻을 수 있고 원목의 낭비가 적은 것은?

① 로터리 베니어
② 슬라이스드 베니어
③ 소드 베니어
④ 반 소드 베니어

해설 로터리 베니어 : 원목을 소정의 길이로 잘라 찌거나 하여 조직을 연화하고 원목(통나무)을 회전하면서 박판을 벗겨 내어 만든 합판으로, 곧은결 판을 만드는 것은 불가능하다.

03 목재의 자연건조 시 유의할 점으로 옳지 않은 것은?

① 지면에서 20cm 이상 높이의 굄목을 놓고 쌓는다.
② 잔적(piling) 내 공기순환 통로를 확보해야 한다.
③ 외기의 온습도의 영향을 많이 받을 수 있으므로 세심한 주의가 필요하다.
④ 건조기간의 단축을 위하여 마구리부분을 일광에 노출시킨다.

해설 건조기간의 단축을 위하여 마구리부분을 일광에 노출시키면, 급격히 건조되면서 갈라지기 쉽다.

★
04 목재의 강도에 관한 설명 중 틀린 것은?

① 함수율이 높을수록 강도가 크다.
② 심재가 변재보다 강도가 크다.
③ 옹이가 많은 것은 강도가 작다.
④ 추재는 일반적으로 춘재보다 강도가 크다.

해설 목재의 강도 : 함수율이 100%에서 섬유포화점인 30%까지는 강도의 변화가 작으나, 함수율이 30% 이하로 감소하면 강도는 급격히 증가한다. 즉 목재는 함수율이 낮을수록 강도가 크다.

05 목재의 유용성 방부제로 사용되는 것은?

① 크레오소트유   ② 콜타르
③ 불화소다 2% 용액 ④ PCP

해설 목재의 방부제

유성 방부제	크레오소트유, 콜타르
수성 방부제	불화소다 2%용액
유용성 방부제	PCP(Penta Chloro Phenol)

정답 **1.** ② **2.** ① **3.** ④ **4.** ① **5.** ④

★
06 목재의 부패조건에 관한 설명으로 옳은 것은?

① 목재에 부패균이 번식하기에 가장 최적의 온도조건은 35~45℃로서 부패균은 70℃까지 대다수 생존한다.

② 부패균류가 발육 가능한 최저 습도는 45% 정도이다.

③ 하등생물인 부패균은 산소가 없으면 생육이 불가능하므로 지하수면 아래에 박힌 나무말뚝은 부식되지 않는다.

④ 변재는 심재에 비해 고무, 수지, 휘발성 유지 등의 성분을 포함하고 있어 내식성이 크고 부패되기 어렵다.

[해설] **목재의 부패조건**

- 목재의 부패조건은 온도·습도·공기·함수율·양분이며, 그중 하나만 결여되어도 부패균은 번식하지 못한다.
- 심재는 고무, 수지, 휘발성 유지 등의 성분을 포함하고 있어 변재에 비해 내식성이 크고 부패되기 어렵다.

온도	• 25~35℃ : 부패균의 번식 왕성 • 5℃ 이하 55℃ 이상 : 부패균 번식의 중단 및 사멸
습도	• 80~90% : 부패균 발육 • 15% 이하 : 부패균 번식의 중단 및 사멸
공기	• 수중에서는 공기가 없으므로 부패균 발생이 없음
함수율	• 20% : 발육 시작 • 40~50% : 부패균의 번식 왕성
양분	• 목재의 단백질 및 녹말

★
07 목재의 함수율에 관한 설명으로 옳지 않은 것은?

① 함수율 30% 이상에서는 함수율 증감에 따른 강도의 변화가 거의 없다.

② 기건상태인 목재의 함수율은 15% 정도이다.

③ 목재의 진비중은 일반적으로 2.54 정도이다.

④ 목재의 함수율 30% 정도를 섬유포화점이라고 한다.

[해설] 목재의 함수율 : 목재의 진비중은 일반적으로 1.44~1.56 정도이다.

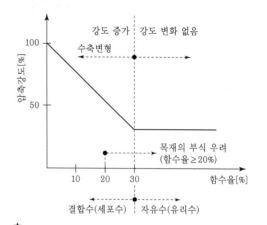

★
08 목재 또는 기타 식물질을 절삭 또는 파쇄하여 소편으로 하여 충분히 건조시킨 후 합성수지 접착제와 같은 유기질의 접착제를 첨가하여 열압제판한 것은?

① 연질 섬유판

② 단판 적층재

③ 플로어링 보드

④ 파티클보드

[해설] **파티클보드**(particle board) : 목재 또는 기타 식물질을 작은 조각으로 하여 합성수지계 접착제를 섞어 고열·고압으로 성형하여 판으로 만든 것으로, 칩보드라고도 한다.

★
09 전건(全乾) 목재의 비중이 0.4일 때, 이 전건(全乾) 목재의 공극률은?

① 26% ② 36%

③ 64% ④ 74%

[해설] 목재의 공극률(V)

$$V = 1 - \left(\frac{r}{1.54}\right) \times 100\%$$

$$= 1 - \frac{0.4}{1.54} \times 100\% ≒ 74\%$$

여기서, r : 절건비중, 1.54 : 목재의 섬유질 비중

정답 ▶ 6. ③ 7. ③ 8. ④ 9. ④

10 목재의 강도에 영향을 주는 요소와 가장 거리가 먼 것은?

① 수종   ② 색깔
③ 비중   ④ 함수율

해설 목재의 강도에 영향을 주는 요소 : 수종, 비중, 함수율, 온도, 자연적 결점 등

★
11 목재에 관한 설명으로 옳지 않은 것은?

① 춘재부는 세포막이 얇고 연하나, 추재부는 세포막이 두껍고 치밀하다.
② 심재는 목질부 중 수심 부근에 위치하고, 일반적으로 변재보다 강도가 크다.
③ 널결은 곧은결에 비해 일반적으로 외관이 아름답고 수축변형이 적다.
④ 4계절 중 벌목의 가장 적당한 시기는 겨울이다.

해설 • 목재의 널결 : 결이 거칠고 불규칙하기 때문에 판목으로 쓰이며, 수축변형이 크다.
• 목재의 곧은결 : 결이 직선적으로 평행하며 아름답고 결이 좋아 구조재로 쓰인다.

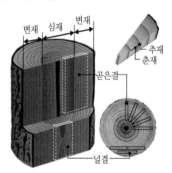

★
12 목재의 방부제가 갖추어야 할 성질로 옳지 않은 것은?

① 균류에 대한 저항성이 클 것
② 화학적으로 안정할 것
③ 휘발성이 있을 것
④ 침투성이 클 것

해설 목재 방부제
• 목재 등의 부패를 방지하기 위하여 쓰는 약제로서 크레오소트유, 불화소다, 염화제2수은, 유화동, 염화아연 등이 있다.
• 균에 대한 저항성 및 목재에 대한 침투성이 커야 하며 화학적으로 안정되고, 효력이 영구적(휘발성이 없을 것)이어야 한다.

★
13 침엽수에 관한 설명으로 옳은 것은?

① 대표적인 수종은 소나무와 느티나무, 박달나무 등이다.
② 재질에 따라 경재(hard wood)로 분류된다.
③ 일반적으로 활엽수에 비하여 직통대재가 많고 가공이 용이하다.
④ 수선세포는 뚜렷하게 아름다운 무늬로 나타난다.

해설 침엽수
• 목질이 연하며 가볍고, 가공이 용이하다.
• 연재로 분류되며, 구조재와 장식재로 쓰인다.
• 수선세포는 가늘고 잘 보이지 않는다.
• 전나무, 소나무, 잣나무, 낙엽송, 측백나무, 은행나무, 흑송 등이 있다.
활엽수
• 종류가 다양하고 특성도 일정하지 않다.
• 경재로 분류되며, 주로 장식재로 쓰인다.
• 수선세포의 종단면에서 얼룩무늬와 광택이 뚜렷하며 아름다운 무늬를 나타낸다.
• 오동나무, 참나무, 느티나무, 단풍나무, 박달나무, 밤나무 등이 있다.

★
14 목재의 성질에 관한 설명으로 옳은 것은?

① 목재의 진비중은 수종, 수령에 따라 현저하게 다르다.
② 목재의 강도는 함수율이 증가하면 할수록 증대된다.
③ 일반적으로 인장강도는 응력의 방향이 섬유 방향에 평행한 경우가 수직인 경우보다 크다.
④ 목재의 인화점은 400~490℃ 정도이다.

정답 ▶ 10. ②   11. ③   12. ③   13. ③   14. ③

해설 목재의 성질

역학적 강도	인장강도
섬유의 평행 방향	200
섬유의 직각 방향	7~20

- 목재의 진비중은 수종, 수령에 관계없이 1.44~1.56 정도이다.
- 목재의 강도는 함수율이 증가할수록 감소하며, 섬유포화점(30%) 이상에서는 강도의 변화가 없다.
- 목재의 인화점은 180℃ 정도로 가연성 가스가 발생되는 시점이다.

02 점토재

15 각 벽돌에 관한 설명 중 옳은 것은?

① 과소벽돌은 질이 견고하고 흡수율이 낮아 구조용으로 적당하다.
② 건축용 내화벽돌의 내화도는 500~600℃의 범위이다.
③ 중공벽돌은 방음벽, 단열벽 등에 사용된다.
④ 포도벽돌은 주로 건물 외벽의 치장용으로 사용된다.

해설 벽돌의 특성
- 과소벽돌 : 부정형 벽돌로 구조용으로 부적당하며, 특수 장식용이나 기초쌓기용으로 사용된다.
- 건축용 내화벽돌의 내화도 : 1,580~1,650℃의 범위이다.
- 포도벽돌 : 건물 외벽의 치장용으로는 부적합하고 도로포장용, 건물 옥상포장용으로 적합하다.

★
16 1종 점토벽돌의 압축강도는 최소 얼마 이상이어야 하는가?

① 10.78N/mm²　　② 18.6N/mm²
③ 20.59N/mm²　　④ 24.5N/mm²

해설 점토벽돌의 허용 압축강도
- 1종 : 24.50N/mm²
- 2종 : 20.59N/mm²
- 3종 : 10.78N/mm²

17 다음 중 점토제품이 아닌 것은?

① 테라초　　② 테라코타
③ 타일　　④ 내화벽돌

해설 테라초 : 인조석판

18 점토제품의 흡수성과 관계된 현상으로 가장 거리가 먼 것은?

① 녹물 오염　　② 백화(白華)
③ 균열　　④ 동해(凍害)

해설 점토제품의 흡수성과 관련된 현상 : 백화(白華)현상 및 균열 발생, 동해(凍害)현상이 우려된다.

19 내화벽돌은 최소 얼마 이상의 내화도를 가져야 하는가?

① SK 10 이상　　② SK 15 이상
③ SK 21 이상　　④ SK 26 이상

해설 내화벽돌의 내화도
- 저급품 : SK 26~SK 29(굴뚝)
- 중급품 : SK 30~SK 33(보통의 가마)
- 고급품 : SK 34~SK 42(고열의 가마)

20 KS L 4201에 따른 점토벽돌의 치수로 옳은 것은? (단, 단위는 mm)

① 190×90×57　　② 190×90×60
③ 210×90×57　　④ 210×90×60

해설 KS L 4201에 따른 점토벽돌의 치수 : 190mm×90mm×57mm

★
21 각 점토제품에 관한 설명으로 옳은 것은?

① 자기질 타일은 흡수율이 매우 낮다.
② 테라코타는 주로 구조재로 사용된다.
③ 내화벽돌은 돌을 분쇄하여 소성한 것으로 점토제품에 속하지 않는다.
④ 소성벽돌이 붉은색을 띠는 것은 안료를 넣었기 때문이다.

해설 점토제품

해설 점토제품
- 테라코타 : 주로 내·외장 장식용으로 많이 사용된다.
- 내화벽돌 : 내화점토를 원료로 하여 만든 점토제품이다.
- 소성벽돌 : 필요한 강도와 성질을 갖도록 소정의 온도에서 소성한 벽돌로, 점토의 산화철 성분 때문에 붉은색을 띤다.

22 점토 소성제품에 대한 설명으로 옳은 것은?

① 내부용 타일은 흡수성이 작고 외기에 대한 저항력이 큰 것을 사용한다.
② 오지벽돌은 도로나 마룻바닥에 까는 두꺼운 벽돌을 지칭한다.
③ 장식용 테라코타는 난간벽, 주두, 창대 등에 많이 사용된다.
④ 경량벽돌은 굴뚝, 난로 등의 내부쌓기용으로 주로 사용된다.

해설 점토 소성제품
- 외부용 타일은 흡수성이 작고 외기에 대한 저항력이 큰 것을 사용한다.
- 오지벽돌은 치장벽돌의 일종이다.
- 도로나 마룻바닥에 까는 두꺼운 점토제품은 클링커타일이다.
- 경량벽돌은 굴뚝, 난로 등의 내부쌓기용보다는 단열성 및 방음성이 필요한 곳에 주로 사용한다.
- 굴뚝, 난로 등의 내부쌓기용은 내화벽돌이 주로 사용된다.

23 점토에 톱밥, 겨, 탄가루 등을 30~50% 정도 혼합, 소성한 것으로 비중은 1.2~1.5 정도이며 절단, 못치기 등의 가공성이 우수한 벽돌은?

① 포도벽돌   ② 과소벽돌
③ 내화벽돌   ④ 다공벽돌

해설 다공벽돌
- 점토에 분탄, 톱밥 등을 30~50% 정도 혼합하여 소성시켜 공극을 만들어 성형 소성한 벽돌이다.
- 비중이 1.2~1.5 정도로 가벼워 단열성 및 방음성이 있으나 강도가 약하여 구조용으로는 불가능하다.

24 점토의 물리적 성질에 관한 설명으로 옳지 않은 것은?

① 비중은 불순한 점토일수록 낮다.
② 점토입자가 미세할수록 가소성은 좋아진다.
③ 인장강도는 압축강도의 약 10배이다.
④ 비중은 약 2.5~2.6 정도이다.

해설 점토
- 인장강도 : 0.3~1MPa
- 압축강도 : 인장강도의 5배

25 타일의 제조공법에 관한 설명으로 옳지 않은 것은?

① 건식제법에는 가압성형의 과정이 포함된다.
② 건식제법이라 하더라도 제작과정 중에 함수하는 과정이 있다.
③ 습식제법은 건식제법에 비해 제조능률과 치수·정밀도가 우수하다.
④ 습식제법은 복잡한 형상의 제품 제작이 가능하다.

해설 건식제법이 습식제법에 비해 제조능률과 치수·정밀도가 우수하다.

★
26 점토제품 중 소성온도가 가장 높고 흡수성이 작으며 타일이나 위생도기 등에 쓰이는 것은?

① 토기   ② 도기
③ 석기   ④ 자기

해설 점토제품의 분류

구분	토기	도기	석기	자기
소성온도 [℃]	700~1,000	1,000~1,300	1,200~1,400	1,300~1,450
색상	유색	백색, 유색	유색	백색
흡수성	20% 이하	10% 이하	3~10%	0~1%
투명성	불투명	불투명	불투명	반투명
특성	흡수성이 크고, 강도가 약함	흡수성이 약간 크고, 두드리면 탁음이 남	강도가 크고 두드리면 청음이 남	강도가 매우 크고, 두드리면 금속음이 남
용도	기와, 벽돌, 토관	내장타일, 경질 기와, 테라코타, 위생도기	바닥타일, 도관, 클링커타일	외장타일, 바닥타일, 위생도기, 모자이크타일

- 흡수성 크기 : 토기>도기>석기>자기
- 강도 크기 : 토기<도기<석기<자기

03 시멘트 및 콘크리트

27 물–시멘트비가 50%일 때 시멘트 10포를 쓴 콘크리트에 필요한 물의 양을 계산하면? (단, 시멘트 1포 중량은 40kg으로 한다.)

① 150L   ② 200L

③ 250L   ④ 300L

해설 물–시멘트비(W/C)= $\dfrac{물의\ 중량}{시멘트의\ 중량} \times 100\%$

$$50\% = \frac{x}{400} \times 100$$

$$\therefore \ x = 200L$$

★28 ALC(Autoclaved Lightweight Concrete)의 특성에 관한 설명 중 옳지 않은 것은?

① 열전도율이 우수한 단열성을 갖고 있지만 단열성으로 인해 발생되는 결로에 유의해야 한다.

② 무기질의 불연성 재료로서 내화구조로 사용할 정도의 내화성을 가지고 있다.

③ 흡음률 및 차음성이 우수하여 높은 흡음성이 요구되는 곳에 특별한 마감 없이 사용할 수 있다.

④ 비중에 비하여 높은 압축강도를 가지고 있지만 구조재로서는 부적합하여 주로 비내력벽으로 사용된다.

해설 ALC의 특성
- 경량 콘크리트 제품으로 흡음률 및 차음성이 우수하나, 높은 흡음성이 요구되는 곳에 특별한 마감 없이 사용하는 것은 부적합하다.
- 용도는 거의 건축용으로, 건축물의 외벽·바닥·지붕 등에 사용된다.

29 콘크리트 슬럼프용 시험기구에 해당되지 않는 것은?

① 수밀평판   ② 압력계

③ 슬럼프콘   ④ 다짐봉

해설 슬럼프용 시험기구 : 콘크리트의 컨시스턴시·시공연도를 시험하는 기구로, 수밀평판·슬럼프콘·다짐봉 등이 있다.

★30 콘크리트의 강도를 결정하는 변수에 관한 설명으로 옳지 않은 것은?

① 물–시멘트비가 일정한 콘크리트에서 공기량 증가에 따른 콘크리트의 강도는 감소한다.

② 물–시멘트비가 일정할 때 빈배합 콘크리트가 부배합의 경우보다 높은 강도를 낼 수 있다.

③ 콘크리트 비빔방법 중 손비빔으로 하는 것보다 기계비빔으로 하는 것이 강도가 커진다.

④ 물–시멘트비가 일정할 때 굵은 골재의 최대치수가 클수록 콘크리트의 강도는 커진다.

해설 콘크리트의 강도 : 물–시멘트비가 일정할 때 굵은 골재의 최대치수가 클수록 콘크리트의 강도는 작아진다.

★31 콘크리트의 수밀성에 관한 설명으로 옳지 않은 것은?

① 물–시멘트비가 작을수록 수밀성은 커진다.

② 다짐이 불충분할수록 수밀성은 작아진다.

③ 습윤·양생이 충분할수록 수밀성은 작아진다.

④ 혼화재 중 플라이애시는 콘크리트의 수밀성을 향상시킨다.

해설 콘크리트의 수밀성
- 콘크리트의 수밀성에 영향을 끼치는 요인으로는 물–시멘트비, 양생방법, 골재의 최대치수, 다짐 및 혼화재료 등이 있다.
- 습윤·양생이 충분할수록 수밀성은 커진다.

정답 ▶ **27.** ② **28.** ③ **29.** ② **30.** ④ **31.** ③

32 콘크리트용 골재에 요구되는 품질 또는 성질로 옳지 않은 것은?

① 골재의 입형은 가능한 한 편평하거나 세장하지 않을 것
② 골재의 강도는 콘크리트 중의 경화 시멘트 페이스트의 강도보다 작을 것
③ 공극률이 작아 시멘트를 절약할 수 있는 것
④ 입도는 조립에서 세립까지 연속적으로 균능히 혼합되어 있을 것

해설 콘크리트용 골재의 강도 : 콘크리트 중의 경화 시멘트 페이스트의 최대 강도 이상이어야 한다.

33 콘크리트에 일정한 하중이 지속적으로 작용하면 하중의 증가가 없어도 콘크리트의 변형이 시간에 따라 증가하는 현상은?

① 크리프(creep)
② 폭렬(explosive fracture)
③ 좌굴(buckling)
④ 체적 변화(cubic volume change)

해설 크리프(creep)
• 지속적으로 작용하는 하중에 의해서 시간의 경과에 따라 콘크리트의 변형이 증대하는 현상이다.
• 온도가 높고 단위수량이 많을수록 증가하고, 물-시멘트비가 크고 시멘트 페이스트가 많을수록 증가한다.

34 잔골재를 각 상태에서 계량한 결과 그 무게가 다음과 같을 때 이 골재의 유효흡수율은?

• 절건상태 : 2,000g
• 기건상태 : 2,066g
• 표면건조, 내부포화상태 : 2,124g
• 습윤상태 : 2,152g

① 1.32% ② 2.81%
③ 6.20% ④ 7.60%

해설 유효흡수율

$$= \frac{[(표면건조, 내부포수상태) - (기건상태)]}{기건상태} \times 100\%$$

$$= \frac{(2,124 - 2,066)}{2,066} \times 100\% = 2.807\%$$

35 다음 시멘트의 성질에 관한 설명으로 옳지 않은 것은?

① 조강 포틀랜드시멘트는 발열량이 높아 지온에서도 강도 발현이 가능하다.
② 플라이애시시멘트는 매스콘크리트 공사, 항만공사 등에 적용된다.
③ 실리카흄시멘트를 사용한 콘크리트는 강도 및 내구성이 뛰어나다.
④ 고로시멘트를 사용한 콘크리트는 해수에 대한 내식성이 좋지 않다.

해설 고로시멘트
• 보통 포틀랜드시멘트에 광재와 석고를 혼합하여 만든 시멘트로, 비중이 작고 장기강도가 크며 해수에 대한 저항성이 크다.
• 호안, 배수구, 터널, 지하철공사, 댐 등의 매스콘크리트 공사에 사용된다.

★
36 콘크리트 타설 중 발생되는 재료 분리에 대한 대책으로 가장 알맞은 것은?

① 굵은 골재의 최대치수를 크게 한다.
② 바이브레이터로 최대한 진동을 가한다.
③ 단위수량을 크게 한다.
④ AE제나 플라이애시 등을 사용한다.

해설 콘크리트의 재료 분리 방지대책
• 굵은 골재의 치수를 작게 하고, 진동다짐을 피하며 단위수량을 작게 한다.
• 콘크리트 타설용 AE제나 플라이애시 등을 첨가하면 재료 분리가 발생하지 않고 수밀성이 현저하게 향상된다.

37 시멘트의 주요 조성화합물 중에서 재령 28일 이후 시멘트 수화물의 강도를 지배하는 것은?

① 규산제3칼슘 ② 규산제2칼슘
③ 알루민산제3칼슘 ④ 알루민산철제4칼슘

정답 ▶ **32.** ② **33.** ① **34.** ② **35.** ④ **36.** ④ **37.** ②

해설 규산제2칼슘 : 수화속도가 상대적으로 늦지만, 장기간에 걸쳐서 시멘트가 단단해지게 한다.

38 시멘트의 응결과 경화에 영향을 주는 요인에 관한 설명으로 옳지 않은 것은?

① 온습도가 높으면 응결, 경화가 빠르다.
② 혼합 용수가 많으면 응결, 경화가 늦다.
③ 풍화된 시멘트는 응결, 경화가 늦다.
④ 분말도가 낮으면 응결, 경화가 빠르다.

해설 시멘트의 응결과 경화 : 가수량이 적을수록, 온도가 높을수록, 분말도가 높을수록 빨라진다.

★
39 시멘트의 분말도가 클수록 나타나는 콘크리트의 성질에 해당되지 않는 것은?

① 수화작용이 촉진된다.
② 초기강도가 증진된다.
③ 풍화작용이 억제된다.
④ 응결속도가 빨라진다.

해설 시멘트의 분말도가 클수록 나타나는 콘크리트의 성질
• 수화작용이 촉진된다.
• 초기강도가 증진된다.
• 풍화작용이 촉진된다.
• 응결속도가 빨라진다.

★
40 중용열 포틀랜드시멘트에 관한 설명으로 옳지 않은 것은?

① 수화열량이 적어 한중공사에 적합하다.
② 단기강도는 조강 포틀랜드시멘트보다 작다.
③ 내구성이 크며 장기강도가 크다.
④ 방사선 차단용 콘크리트에 적합하다.

해설 중용열 포틀랜드시멘트
• 보통 포틀랜드시멘트에 비해 수화열이 적고 단기강도는 낮으나 장기강도는 크다.
• 내식성·내구성이 크며, 댐 축조 및 방사선 차단용 콘크리트에 쓰인다.
• 한중공사에는 수화열이 높은 시멘트(조강 포틀랜드시멘트, 산화알루미늄)가 적합하다.

41 콘크리트의 배합설계에 관한 설명으로 옳지 않은 것은?

① 콘크리트의 배합강도는 설계기준 강도와 양생온도나 강도 편차를 고려하여 정한다.
② 용적배합의 표시방법으로는 절대 용적배합, 표준계량 용적배합, 현장계량 용적배합 등이 있다.
③ 콘크리트의 배합은 각 구성재료의 단위용적의 합이 1.8m³가 되는 것을 기준으로 한다.
④ 콘크리트의 배합은 시멘트, 물, 잔골재, 굵은 골재의 혼합비율을 결정하는 것이다.

해설 콘크리트의 배합설계 : 콘크리트의 배합은 각 구성재료의 단위용적의 합이 1.0m³가 되는 것을 기준으로 한다.

42 콘크리트의 재료적 특성에 관한 설명으로 옳지 않은 것은?

① 압축강도 및 인장강도가 높다.
② 내화적·내구적이다.
③ 철근 및 철골 등의 철재에 대한 방청력이 뛰어나다.
④ 수축 및 균열 발생의 우려가 크다.

해설 콘크리트 : 압축강도는 크나, 인장강도는 낮다(압축강도의 1/9~1/13 정도).

★
43 굳지 않은 콘크리트의 성질로서 주로 물의 양이 많고 적음에 따른 반죽의 되고 진 정도를 나타내는 용어는?

① 컨시스턴시   ② 플라스티시티
③ 피너셔빌리티   ④ 펌퍼빌리티

해설 콘크리트의 성질
• 성형성(plasticity) : 거푸집에 쉽게 다져서 넣을 수 있는 정도
• 마감성(finishability) : 콘크리트의 마무리 정도
• 압송성(pumpability) : 펌프 시공 콘크리트의 워커빌리티

정답 ▶ **38.** ①, ④ **39.** ③ **40.** ① **41.** ③ **42.** ① **43.** ①

44 다음 중 시멘트의 안정성 측정 시험법은?

① 오토클레이브 팽창도 시험
② 브레인법
③ 표준체법
④ 슬럼프 시험

해설 오토클레이브 팽창도 시험 : 고온·고압의 수증기 속에 새료를 누고, 시멘트의 안성성이나 애사의 녈화를 살피는 시험이다.

★
45 각종 시멘트에 관한 설명으로 옳지 않은 것은?

① 보통 포틀랜드시멘트 : 석회석이 주원료이다.
② 알루미나시멘트 : 보크사이트와 석회석을 원료로 한다.
③ 실리카시멘트 : 수화열이 크고 내해수성이 작다.
④ 고로시멘트 : 초기강도는 약간 낮지만 장기 강도는 높다.

해설 실리카시멘트 : 포틀랜드시멘트의 클링커에 실리카질 백토를 섞어 미분쇄하여 만든 혼합 시멘트로, 수화열이 작아서 초기강도는 낮으나 장기강도가 높고 해수 등에 대한 화학저항성이 크다.

★
46 콘크리트용 혼화제에 관한 설명으로 옳은 것은?

① 지연제는 굳지 않은 콘크리트의 운송시간에 따른 콜드 조인트 발생을 억제하기 위하여 사용된다.
② AE제는 콘크리트의 워커빌리티를 개선하지만 동결·융해에 대한 저항성을 저하시키는 단점이 있다.
③ 급결제는 초미립자로 구성되며 이를 사용한 콘크리트의 초기강도는 작으나, 장기강도는 일반적으로 높다.
④ 감수제는 계면활성제의 일종으로 굳지 않은 콘크리트의 단위수량을 감소시키는 효과가 있으나 골재 분리 및 블리딩 현상을 유발하는 단점이 있다.

해설 콘크리트용 혼화제
• AE제 : 콘크리트의 워커빌리티를 개선하고, 시공 연도 향상과 수밀성·동해저항성을 증가시킨다.
• 급결제 : 콘크리트의 초기강도는 크나, 장기강도는 일반적으로 낮다.
• 감수제 : 굳지 않은 콘크리트의 단위수량을 감소시키며, 골재 분리 및 블리딩 현상을 방지한다.

47 시멘트를 저장할 때의 주의사항으로 옳지 않은 것은?

① 장기간 저장 시에는 7포 이상 쌓지 않는다.
② 통풍이 원활하도록 한다.
③ 저장소는 방습처리에 유의한다.
④ 3개월 이상된 것은 재시험하여 사용한다.

해설 시멘트 저장 시 주의사항
• 시멘트는 **지면에서 30cm 이상 띄워서 방습처리한 곳에 적재**해야 한다.
• 단기간 저장이라도 13포대 이상, 장기간 저장은 7포대 이상 쌓지 말아야 한다.
• **통풍은 풍화를 촉진하므로** 필요한 출입구, 채광창 외에는 공기의 유통을 막기 위해 될 수 있는 대로 개구부를 설치하지 않아야 한다.
• 창고 주위에 배수 도랑을 두어 우수 침입을 방지해야 한다.
• 시멘트는 **현장 입고 순서대로 사용**해야 한다.
• 3개월 이상 저장하였거나 습기를 받았다고 생각되면 반드시 실험 후에 사용해야 한다.

48 콘크리트의 내구성에 관한 설명으로 옳지 않은 것은?

① 콘크리트의 동해에 의한 피해를 최소화하기 위해서는 흡수성이 큰 골재를 사용해야 한다.
② 콘크리트 중성화는 표면에서 내부로 진행하며 페놀프탈레인 용액을 분무하여 판단한다.
③ 콘크리트가 열을 받으면 골재는 팽창하므로 팽창균열이 생긴다.
④ 콘크리트에 포함되는 기준치 이상의 염화물은 철근 부식을 촉진시킨다.

해설 콘크리트 동해
- 콘크리트 속의 수분이 동결·융해를 반복한 결과, 갈라짐이 발생한다든지 콘크리트의 표층이 벗겨져 떨어진다든지 하여 표층부분부터 파괴되어 점차로 열화(劣化)하는 현상을 말한다.
- 콘크리트의 동해 피해를 줄이려면 흡수성이 작은 골재를 사용해야 한다.

★
49 시멘트를 대기 중에 저장하게 되면 공기 중의 습기와 탄산가스가 시멘트와 결합하여 그 품질상태가 변질되는데 이 현상을 무엇이라 하는가?

① 동상현상　　② 알칼리 골재반응
③ 풍화　　　　④ 응결

해설 시멘트의 풍화
- 시멘트는 대기 중에 저장하면, 수화 생성물을 생성하고 시멘트의 입자는 이들의 화합물로 피복되므로 물과 접촉이 차단되어서 강도 증진이 저하된다.
- 비중과 비표면적이 감소하고 압축강도가 크게 저하되며 응결시간이 지연된다[시멘트 압축강도 저하율 15%(1개월), 30%(3개월), 50%(1년)].
- 풍화의 척도는 시멘트 시료를 1,000℃로 가열한 경우에 감소한 질량인 강열감량을 사용한다.

50 보통 포틀랜드시멘트 제조 시 석고를 넣는 주목적으로 옳은 것은?

① 강도를 높이기 위하여
② 균열을 줄이기 위하여
③ 응결시간의 조절을 위하여
④ 수축·팽창을 줄이기 위하여

해설 포틀랜드시멘트 제조 시 응결시간을 조절하기 위해서 석고를 3~4% 넣는다.

MEMO

04 금속재

51 철강의 부식 및 방식에 대한 설명 중 틀린 것은?

① 철강의 표면은 대기 중의 습기나 탄산가스와 반응하여 녹을 발생시킨다.
② 철강은 물과 공기에 번갈아 접촉되면 부식되기 쉽다.
③ 방식법에는 철강의 표면을 Zn, Sn, Ni 등과 같은 내식성이 강한 금속으로 도금하는 방법이 있다.
④ 일반적으로 산에는 부식되지 않으나 알칼리에는 부식된다.

해설 철강의 부식 : 철강은 일반적으로 산에는 부식되고, 알칼리에는 부식되지 않는다.

52 구조용 강재에 반복하중이 작용하면 항복점 이하의 강도에서도 파괴될 수 있다. 이와 같은 현상을 무엇이라 하는가?

① 피로파괴　　② 인성파괴
③ 연성파괴　　④ 취성파괴

해설 피로파괴 : 고체재료에 반복응력(應力)을 연속으로 가하면 인장강도보다 훨씬 낮은 응력에서 재료가 파괴되는데, 이것을 재료의 피로라고 하며, 피로에 의한 파괴를 피로파괴라고 한다.

53 다음 중 탄소강의 성질에 대한 설명으로 옳은 것은?

① 합금강에 비해 강도와 경도가 크다.
② 보통 저탄소강은 철근이나 강판을 만드는 데 쓰인다.
③ 열처리를 해도 성질의 변화가 없다.
④ 탄소함유량이 많을수록 강도는 지속적으로 커진다.

해설 탄소강의 성질 : 합금강에 비해 강도와 경도가 작으며 열처리에 변화가 있고, 탄소함유량이 적을수록 연질이며 강도도 작아지나 신장률은 커진다.

정답 ▶ **49.** ③ **50.** ③ **51.** ④ **52.** ① **53.** ②

54 다음 금속재료에 대한 설명 중 옳지 않은 것은?

① 청동은 황동과 비교하여 주조성이 우수하다.
② 아연함유량 50% 이상의 황동은 구조용으로 적합하다.
③ 알루미늄은 상온에서 판, 선으로 압연가공하면 경도와 인장강도가 증가하고 연신율이 감소한다.
④ 아연은 청색을 띤 백색금속이며, 비점이 비교적 낮다.

해설 아연함유량 50% 이상의 황동은 인장강도가 떨어져 구조용으로 적합하지 않다.

★
55 건축용 각종 금속재료 및 제품에 관한 설명 중 틀린 것은?

① 구리는 화장실 주위와 같이 암모니아가 있는 장소나, 시멘트·콘크리트 등 알칼리에 접하는 경우에는 빨리 부식하기 때문에 주의해야 한다.
② 납은 방사선의 투과도가 낮아 건축에서 방사선 차폐재료로 사용된다.
③ 알루미늄은 대기 중에서는 부식이 쉽게 일어나지만 알칼리나 해수에는 강하다.
④ 니켈은 전성·연성이 풍부하고 내식성이 크며 아름다운 청백색 광택이 있어 공기 중 또는 수중에서 색이 거의 변하지 않는다.

해설 알루미늄 : 공기 중에서 엷은 막이 생겨 내부를 보호하며, 불순물이 함유된 것은 부식에 취약하고 산과 알칼리에 약하므로 접촉면은 반드시 방식처리를 해야 한다.

★
56 보통 철선 또는 아연도금 철선으로 마름모형, 갑옷형으로 만들며 시멘트모르타르 바름 바탕에 사용되는 금속제품은?

① 와이어라스(wire lath)
② 와이어메시(wire mesh)
③ 메탈라스(metal lath)
④ 익스팬디드 메탈(expanded metal)

해설 금속제품
• 와이어메시(wire mesh) : 철선을 격자 모양으로 짜고 접점에 전기용접하여 정방형 또는 장방형으로 만든 것으로, 콘크리트 다짐 바닥 및 콘크리트 도로포장의 전열 방지를 위해 주로 사용된다.
• 메탈라스(metal lath) : 두께 0.4~0.8mm의 연강판에 일정한 방향으로 등간격의 절단면을 내고 옆으로 길게 늘려서 그물코 모양으로 만든 것이다.
• 익스팬디드 메탈(expanded metal) : 두께 6~13mm의 얇은 강판에 일정한 간격으로 절삭자국을 내서 절삭자국과 직각 방향으로 잡아당겨 늘려서 그물 모양으로 만든 것이다.

[와이어메시]　　[메탈라스]　　[와이어라스]

57 다음 철물 중 창호용이 아닌 것은?

① 안장쇠
② 크레센트
③ 도어체인
④ 플로어 힌지

해설 안장쇠 : 양식 목조건축 등의 큰보와 작은보를 설치하는 데 사용되는 안장 모양의 철물이다.

★
58 금속의 부식 방지를 위한 관리대책으로 옳지 않은 것은?

① 가능한 한 이종금속을 인접 또는 접촉시켜 사용할 것
② 큰 변형을 준 것은 가능한 한 풀림하여 사용할 것
③ 표면을 평활하고 깨끗이 하며, 가능한 한 건조상태를 유지할 것
④ 부분적으로 녹이 발생하면 즉시 제거할 것

해설 금속의 부식 방지대책
• 상이한 금속의 접촉을 금하며, 가능한 한 건조한 상태를 유지하는 것이 중요하다.
• 금속 표면이 균질하고 청결하며 평활한 것을 사용한다.
• 가공 중 변형이 생긴 것은 풀림이나 뜨임과 같은 열처리방법으로 제거하고 사용한다.
• 내식성이 큰 도료를 피복, 금속 표면을 보호한다.

정답 ▶ 54. ② 55. ③ 56. ① 57. ① 58. ②

59 알루미늄과 철재의 접촉면 사이에 수분이 있을 때 알루미늄이 부식되는 현상은 어떠한 작용에 기인한 것인가?

① 열분해작용 　　② 전기분해작용
③ 산화작용 　　　④ 기상작용

해설 전기분해작용
• 반응용기(cell)에 전기에너지를 가해서 물질의 분해 혹은 변환을 유도하는 모든 반응을 말한다.
• 서로 다른 금속의 접촉면에 수분이 있을 경우, 전기분해가 일어나 이온화 경향이 큰 쪽이 음극이 되어 금속의 전기적 부식작용이 발생한다.

★
60 금속 가공제품에 관한 설명으로 옳은 것은?

① 조이너는 얇은 판에 여러 가지 모양으로 도려낸 철물로서 환기구, 라디에이터 커버 등에 이용된다.
② 펀칭메탈은 계단의 디딤판 끝에 대어 오르내릴 때 미끄러지지 않게 하는 철물이다.
③ 고니비드는 벽·기둥 등의 모서리부분의 미장바름을 보호하기 위하여 사용한다.
④ 논슬립은 천장·벽 등에 보드류를 붙이고 그 이음새를 감추고 누르는 데 쓰이는 것이다.

해설 금속 가공제품
• 조이너 : 보드 붙임의 조인트 부분에 부착하는 가는 막대 모양의 줄눈재 철물로, 알루미늄제나 플라스틱제의 것이 많고, 형상도 여러 종류가 있다.
• 펀칭메탈 : 판 두께 1.2mm 이하의 박판에 여러 가지 모양을 따서 도려낸 철물이다.
• 논슬립 : 계단의 계단코에 부착하여 미끄러짐·파손·마모를 방지하는 철물로, 재료 형상은 계단 마감재료나 위치에 따라 종류가 다르며, 놋쇠·고무제·황동제·스테인리스강재 등이 사용된다.

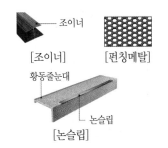

[조이너]　　　[펀칭메탈]

[논슬립]

61 철강제품 중에서 내식성·내마모성이 우수하고 강도가 높으며, 장식적으로도 광택이 미려한 Cr−Ni합금의 비자성 강(鋼)은?

① 스테인리스강 　　② 탄소강
③ 주철 　　　　　　④ 주강

해설 스테인리스강(stainless steel) : 철의 최대 결점인 내식성의 부족을 개선할 목적으로 만들어진 내식용 강의 총칭으로, 크롬 또는 니켈 등을 강에 가하여 녹슬지 않도록 한 금속재료이다.

★
62 금속재에 관한 설명으로 옳지 않은 것은?

① 알루미늄은 경량이지만 강도가 커서 구조재료로도 이용된다.
② 두랄루민은 알루미늄합금의 일종으로 구리, 마그네슘, 망간, 아연 등을 혼합한다.
③ 납은 내식성이 우수하나 방사선 차단효과가 작다.
④ 주석은 단독으로 사용하는 경우는 드물고, 철판에 도금을 할 때 사용된다.

해설 납의 성질
• 비중이 11.4이며, 인장강도가 1.4~8.4로 극히 작다.
• X선의 차단효과가 콘크리트의 100배 정도로 크나, 알칼리에 약하다.
• 용도 : 내약품성 기구, 급수배관, 트랩 체임버, 스프링클러, 배전반 퓨즈 등의 제작에 사용된다.

05 미장재

63 섬유벽 바름에 대한 설명으로 틀린 것은?

① 주원료는 섬유상 또는 입상 물질과 이들의 혼합재이다.
② 균열 발생은 크나, 내구성이 우수하다.
③ 목질 섬유, 합성수지 섬유, 암면 등이 쓰인다.
④ 시공이 용이하기 때문에 기존 벽에 덧칠하기도 한다.

해설 섬유벽 바름 : 균열의 염려가 적으며, 현장작업이 용이하다.

64 다음 중 수경성 미장재료가 아닌 것은?

① 시멘트모르타르
② 돌로마이트 플라스터
③ 인조석 바름
④ 석고 플라스터

해설 미장재료의 종류

수경성	기경성
물과 작용하여 경화하는 것	공기 중에 경화하는 것
석고 플라스터, 무수석고 플라스터, 시멘트모르타르, 테라초 현장바름, 인조석 바름 등	진흙질, 회반죽, 회사벽, 돌로마이트 플라스터 등

돌로마이트 플라스터
• 가소성이 높으며, 공기와 반응하여 경화하는 기경성 미장재료이다.
• 곰팡이가 발생하고 변색되지만, 냄새는 나지 않는다.
• 보수성이 용이하며, 응결시간이 길어 시공이 용이하다.
• 초기강도가 크고 착색이 용이하며 가격도 저렴하다.
• 알칼리성으로 페인트 도장은 불가능하다.

★
65 미장재료에 여물을 사용하는 가장 주된 이유는?

① 유성페인트로 착색하기 위해서
② 균열을 방지하기 위해서
③ 점성을 높여 주기 위해서
④ 표면의 경도를 높여 주기 위해서

해설 미장재료에 여물을 사용하는 이유는 균열을 방지하기 위해서이다.

66 미장바름에 쓰이는 착색제에 요구되는 성질로 옳지 않은 것은?

① 물에 녹지 않아야 한다.
② 입자가 굵어야 한다.
③ 내알칼리성이어야 한다.
④ 미장재료에 나쁜 영향을 주지 않는 것이어야 한다.

해설 미장바름에 쓰이는 착색제는 입자가 가늘어야 한다.

67 인조석 바름재료에 관한 설명으로 옳지 않은 것은?

① 주재료는 시멘트, 종석, 돌가루, 안료 등이다.
② 돌가루는 부배합의 시멘트가 건조수축할 때 생기는 균열을 방지하기 위해 혼입한다.
③ 안료는 불에 녹지 않고 내알칼리성이 있는 것을 사용한다.
④ 종석의 알 크기는 2.5mm체에 100% 통과하는 것으로 한다.

해설 인조석 바름재료
• 돌과 비슷한 느낌을 주기 위한 마감방법으로 씻어내기, 갈기, 잔다듬 등이 있다.
• 자연의 돌이나 각종 쇄석을 시멘트, 백색시멘트 등으로 조합해서 바른다.
• 종석의 알 크기는 2.5mm체에 50% 통과하는 것으로 한다.

★
68 미장재료의 종류와 특성에 관한 설명으로 옳지 않은 것은?

① 시멘트모르타르는 시멘트 결합재로 하고 모래를 골재로 하여 이를 물과 혼합하여 사용하는 수경성 미장재료이다.
② 테라초 현장바름은 주로 바닥에 쓰이고 벽에는 공장제품 테라초판을 붙인다.
③ 소석회는 돌로마이트 플라스터에 비해 점성이 높고, 작업성이 좋기 때문에 풀을 필요로 하지 않는다.
④ 석고 플라스터는 경화·건조 시 치수안정성이 우수하며 내화성이 높다.

해설 • 소석회 : 점성이 낮아서 바름작업 시 해초풀을 넣어서 부착력을 증대시켜야 한다.
• 돌로마이트 플라스터 : 돌로마이트·석회·모래·여물 등을 혼합한 바름재료로, 소석회에 비해서 점성이 높아 풀이 필요 없으며 경도가 크다.

64. ② **65.** ② **66.** ② **67.** ④ **68.** ③

69 회반죽 바름 시 사용하는 해초풀은 채취 후 1~2년 경과된 것이 좋은데 그 이유는 무엇인가?

① 염분 제거가 쉽기 때문이다.
② 점도가 높기 때문이다.
③ 알칼리도가 높기 때문이다.
④ 색상이 우수하기 때문이다.

해설 해초풀
• 미역 등의 바다풀을 끓여서 회반죽에 섞으면 부착이 잘되고 균열을 방지할 수 있다.
• 염분 제거를 위해 해초풀 채취 후 1~2년 경과된 것을 사용한다.

70 회반죽의 주요 배합재료로 옳은 것은?

① 생석회, 해초풀, 여물, 수염
② 소석회, 모래, 해초풀, 여물
③ 소석회, 돌가루, 해초풀, 생석회
④ 돌가루, 모래, 해초풀, 여물

해설 회반죽
• 소석회, 모래, 여물, 해초풀 등을 섞어 만든 미장용 반죽으로 목조 바탕, 콘크리트블록, 벽돌 바탕 등에 흙손으로 발라서 벽체나 천장 등을 보호하며 미화하는 용도로 사용된다.
• 가수량이 불충분하면 벽면에 팽창성 균열이 생긴다.

06 합성수지

71 다음 합성수지 중 방수성이 가장 강한 수지는?

① 퓨란수지   ② 멜라민수지
③ 실리콘수지   ④ 알키드수지

해설 방수성의 크기 순서
실리콘 > 에폭시 > 페놀 > 멜라민 > 요소 > 아교

★
72 금속과의 접착성이 크고 내약품성과 내열성이 우수하여 금속도료 및 접착제, 콘크리트 균열 보수제 등으로 사용되는 열경화성수지는?

① 에폭시수지   ② 아크릴수지
③ 염화비닐수지   ④ 폴리에틸렌수지

해설 에폭시수지
• 열경화성수지로 접착력이 우수하여 특히 금속 및 경금속 접착이 용이하다.
• 내약품성 · 내열성이 양호하나 가격이 고가이며, 금속도료 · 접착제 · 방수제 · 보온보냉재 · 내수피막제 등에 사용된다.

합성수지의 종류

열경화성수지	열가소성수지
열에 경화되면 다시 가열해도 연화되지 않는 수지로서 2차 성형은 불가능	화열에 의해 재연화되고 상온에서는 재연화되지 않는 수지로서 2차 성형이 가능
연화점 : 130~200℃	연화점 : 60~80℃
요소수지, 페놀수지, 멜라민수지, 실리콘수지, 에폭시수지, 폴리에스테르수지	염화비닐수지, 초산비닐수지, 폴리스티렌수지, 아크릴수지, 폴리에틸렌수지

73 프탈산과 글리세린수지를 변성시킨 포화 폴리에스테르수지로 내후성, 접착성이 우수하며 도료나 접착제 등으로 사용되는 합성수지는?

① 알키드수지
② ABS수지
③ 스티롤수지
④ 에폭시수지

해설 알키드수지 : 내후성 · 접착성이 우수하나 내수성 · 내알칼리성은 약하며, 래커 · 바니시 등이 있다.

74 멜라민수지에 관한 설명 중 옳지 않은 것은?

① 무색투명하며 착색이 자유롭다.
② 내열성이 600℃ 정도로 높다.
③ 전기절연성이 우수하다.
④ 판재류, 식기류, 전화기 등에 쓰인다.

해설 멜라민수지
• 멜라민과 폼알데하이드를 반응시켜 만든 열경화성수지로서 열 · 산 · 용제에 대하여 강하고, 전기적 성질도 뛰어나다.
• 멜라민수지의 내열성은 110~130℃ 정도이다.
• 식기 · 잡화 · 전기기기 등의 성형재료로 쓰인다.

75 열가소성수지로서 평판 성형되어 유리와 같이 이용되는 경우가 많고 유기유리라고도 불리는 것은?

① 아크릴수지   ② 멜라민수지
③ 폴리에틸렌수지   ④ 폴리스티렌수지

해설 아크릴수지
• 투명성·유연성·내후성이 우수하고, 작색이 자유로우며, 자외선 투과율이 크다.
• 내충격강도가 유리의 10배이다.
• 도료, 채광판, 유리 대용품, 시멘트 혼화재료 등에 사용된다.

76 합성수지별 주 용도를 표기한 것으로 옳지 않은 것은?

① 실리콘수지 – 방수피막
② 에폭시수지 – 접착제
③ 멜라민수지 – 가구판재
④ 알키드수지 – 바닥판재

해설 알키드수지, 셀룰로오스수지 : 도료로 사용되는 합성수지이다.

77 주로 열경화성수지로 분류되며, 유리섬유로 강화된 평판 또는 판상제품, 욕조 등에 사용되는 것은?

① 아크릴수지   ② 폴리에스테르수지
③ 폴리에틸렌수지   ④ 초산비닐수지

해설 폴리에스테르수지 : 열경화성수지로, 내후성·밀착성·가용성이 우수하나, 내수성·내알칼리성이 부족하다.

78 석탄산과 포르말린의 축합반응에 의하여 얻어지는 합성수지로서 전기절연성, 내수성이 우수하며 덕트, 파이프, 접착제, 배전판 등에 사용되는 열경화성 합성수지는?

① 페놀수지   ② 염화비닐수지
③ 아크릴수지   ④ 불소수지

해설 페놀수지
• **베이클라이트**로 알려져 있으며, 내산성·내열성·내수성·강도·전기절연성이 모두 우수하나, 내알칼리성이 약하다.
• 전기제품, 내수합판, 덕트, 파이프, 발포보온관, 배전판, 전기통신 자재류, 접착제로 사용된다.

79 FRP, 욕조, 물탱크 등에 사용되는 내후성과 내약품성이 뛰어난 열경화성수지는?

① 불소수지
② 불포화 폴리에스테르수지
③ 초산비닐수지
④ 폴리우레탄수지

해설 불포화 폴리에스테르수지 : 에폭시수지와 함께 대표적인 FRP의 매트릭스로, 욕조와 자동차·요트의 바디 등 많은 용도에 사용되고 있다.

★
80 열가소성수지에 관한 설명으로 옳지 않은 것은?

① 축합반응으로부터 얻어진다.
② 유기용제로 녹일 수 있다.
③ 1차원적인 선상구조를 가진다.
④ 가열하면 분자결합이 감소하며 부드러워지고 냉각하면 단단해진다.

해설 • 열가소성수지 : 중합반응을 하여 고분자로 된 것으로, 일반적으로 무색투명하여 열에 연화되고 냉각하면 원래의 모양으로 굳어진다.
• 열경화성수지 : 축합반응을 되풀이하여 고분자로 된 것으로, 최후에는 용제에도 녹지 않고 열을 가해도 연화되지 않는다.

07 도료 및 접착제

81 방화(防火)도료의 원료와 가장 거리가 먼 것은?
① 아연화
② 물유리
③ 제2인산암모늄
④ 염소 화합물

해설 방화도료 : 가연성 물질로 착화 지연에 사용된다.
- 유기염류 : 초산염, 수산염, 유기질(당밀, 사탕 등) 등
- 무기염류 : 인산염, 염화염, 황산염, 붕산염, 규산염 등
- 물유리 등

★
82 유성페인트에 대한 설명 중 옳지 않은 것은?

① 내알칼리성이 우수하다.
② 건조시간이 길다.
③ 붓바름 작업성이 뛰어나다.
④ 보일유와 안료를 혼합한 것을 말한다.

해설 유성페인트 : 알칼리에 약하므로 콘크리트나 모르타르 플라스터면에는 부적합하다.

83 기본 점성이 크며 내수성, 내약품성, 전기절연성이 모두 우수한 만능형 접착제로 금속, 플라스틱, 도자기, 유리, 콘크리트 등의 접합에 사용되며 내구력도 큰 합성수지계 접착제는?

① 에폭시수지 접착제 ② 네오프렌 접착제
③ 요소수지 접착제   ④ 페놀수지 접착제

해설 에폭시수지 접착제 : 내수성·내습성·내약품성·접착력은 우수하나, 유연성이 부족하고 가격이 비싸다.

84 한 번에 두꺼운 도막을 얻을 수 있으며 넓은 면적의 평판 도장에 최적인 도장방법은?

① 브러시칠   ② 롤러칠
③ 에어 스프레이   ④ 에어리스 스프레이

해설 에어리스 스프레이 : 도료 자체에 압력을 가하여 스프레이건 끝의 노즐에서 안개 모양으로 분사되는 기구로, 넓은 면적의 평판 도장에 적합하다.

★
85 특수 도료 중 방청도료의 종류와 거리가 먼 것은?

① 인광도료
② 알루미늄 도료
③ 역청질 도료
④ 징크크로메이트 도료

해설 방청도료
- 각종 금속, 특히 철이 녹스는 것을 방지하기 위한 도료를 말한다.
- 공기·물·이산화탄소 등이 금속면과 접촉하는 것을 방지하고, 또 화학적으로 녹의 발생을 막는 두 가지 작용을 한다.
- 대표적인 종류에는 연단 도료(광명단), 함연 방청도료, 규산염 도료, 역청질 도료, 알루미늄 도료, 크롬산 아연(징크크로메이트), 워시 프라이머 등이 있다.

인광도료
- 어두운 곳에서 빛을 내는 도료를 말한다.
- 야간이나 어두운 곳에서 쓰는 표지나 계기의 지침 눈금 등에 사용된다.

★
86 합성수지도료에 관한 설명으로 옳지 않은 것은?

① 일반적으로 유성페인트보다 가격이 매우 저렴하여 널리 사용된다.
② 유성페인트보다 건조시간이 빠르고 도막이 단단하다
③ 유성페인트보다 내산성, 내알칼리성이 우수하다.
④ 유성페인트보다 방화성이 우수하다.

해설 합성수지도료
- 여러 종류의 수지를 배합하여 수지의 결함을 제거 및 보충한 도료이다.
- 건조시간이 빠르며 도막이 단단하다.
- 내산성·내알칼리성으로 방화성이 우수하다.
- 일반적으로 유성페인트보다 가격이 비싸다.

유성페인트
- 안료＋보일드유＋희석제를 배합해 만든 도료이다.
- 내후성·내마모성이 우수하고 가격이 저렴하며, 두꺼운 도막을 형성한다.
- 페인트, 기름 바니시 등의 주원료인 보일유는 시일에 따라 굳은 피막이 된다.
- 알칼리에 약하므로 콘크리트나 모르타르 플라스터면에는 부적합하다.

정답 ▶ 82. ① 83. ① 84. ④ 85. ① 86. ①

87 도장공사 시 작업성을 개선하기 위한 보조첨가제(도막 형성의 부요소)로 볼 수 없는 것은?

① 산화촉진제　　② 침전방지제
③ 전색제　　　　④ 가소제

해설 전색제
• 안료를 포함한 도료로, 고체 성분의 안료를 도장 면에 밀착시켜 노막을 형성하게 하는 액체 성분을 말한다.
• 시간을 짧게 하기 위해 일반적으로 건조성이 좋은 유류 등이 사용된다.
• 도장재료의 원료 중 전색제는 주원료에 해당되고, 산화촉진제·침전방지제·가소제 등은 보조첨가제에 해당된다.

08 석재

88 각 석재에 관한 설명으로 옳지 않은 것은?

① 대리석은 강도는 높지만 내화성이 낮고 풍화되기 쉽다.
② 현무암은 내화성은 좋으나 가공이 어려우므로 부순돌로 많이 사용된다.
③ 트래버틴은 화성암의 일종으로 실내장식에 쓰인다.
④ 점판암은 얇은 판 채취가 용이하여 지붕재료로 사용된다.

해설 트래버틴 : 변성암으로 실내장식용으로 사용된다.

★
89 석재의 일반적인 특징에 관한 설명으로 옳지 않은 것은?

① 내구성, 내화학성, 내마모성이 우수하다.
② 외관이 장중하고, 석질이 치밀한 것을 갈면 미려한 광택이 난다.
③ 압축강도에 비해 인장강도가 작다.
④ 가공성이 좋으며 장대재를 얻기 용이하다.

해설 석재 : 인장강도는 압축강도의 1/10~1/40 정도로, 장대재를 얻기 어렵고 비중이 크며 가공성이 나쁘다.

90 감람석이 변질된 것으로 암녹색 바탕에 흑백색의 무늬가 있고, 경질이나 풍화성으로 인하여 실내장식용으로서 대리석 대용으로 사용되는 암석은?

① 사문암　　　　② 응회암
③ 안산암　　　　④ 점판암

해설 마감용 석재
• 외장용 : 화강암, 안산암, 점판암
• 내장용 : 대리석, 사문석

★
91 석재의 성질에 관한 설명으로 옳지 않은 것은?

① 화강암은 온도 상승에 의한 강도 저하가 심하다.
② 대리석은 산성비에 약해 광택이 쉽게 없어진다.
③ 부석은 비중이 커서 물에 쉽게 가라앉는다.
④ 사암은 함유광물의 성분에 따라 암석의 질, 내구성, 강도에 현저한 차이가 있다.

해설 부석
• 화산이 폭발할 때 나오는 분출물 중에서 지름이 4mm 이상 되는 다공질의 암괴를 말한다.
• 속돌, 경석이라고도 하며 비중이 작아 물에 뜬다.
• 마그마가 대기 중에 방출될 때 휘발성 성분이 빠져나가면서 기공이 생긴 것이다.

92 건축용으로 많이 사용되는 석재의 역학적 성질 중 압축강도에 관한 설명으로 옳지 않은 것은?

① 중량이 클수록 강도가 크다.
② 결정도와 결합상태가 좋을수록 강도가 크다.
③ 공극률과 구성입자가 클수록 강도가 크다.
④ 함수율이 높을수록 강도는 저하된다.

해설 석재의 압축강도 : 공극률과 구성입자가 클수록 강도가 작다.

93 인조석이나 테라초 바름에 쓰이는 종석이 아닌 것은?

① 화강석　　　② 사문암
③ 대리석　　　④ 샤모트

해설 • 인조석 : 대리석, 사문암, 화강석 등의 쇄석과 백색시멘트, 안료 등을 혼합하여 색조나 성질을 천연석재와 비슷하게 만든 석재이다.
• 샤모트 : 내화찰흙을 구워서 가루로 만든 것으로, 내화벽돌쌓기 줄눈재료로 쓰인다.

94 다음 석재 중 압축강도가 일반적으로 가장 큰 것은?

① 화강암　　　② 사문암
③ 사암　　　　④ 응회암

해설 석재의 경도에 의한 분류
• 경석 : 압축강도 500 이상, 흡수율 5 미만, 비중 2.5~2.7. 화강암, 안산암, 대리석
• 준경석 : 압축강도 500~100, 흡수율 5~15, 비중 2.0~2.5. 경질 사암, 경질 응회암
• 연석 : 압축강도 100 이하, 흡수율 15 이상, 비중 2.0 미만. 연질 응회암, 연질 사암

09 기타 재료

★
95 단열재가 갖추어야 할 조건으로 틀린 것은?

① 열전도율이 낮을 것
② 비중이 클 것
③ 흡수율이 낮을 것
④ 내화성이 좋을 것

해설 단열재의 구비조건
• 열전도율, 흡수율, 비중, 통기성이 낮아야 한다.
• 시공성, 내화성, 내부식성이 우수해야 한다.
• 유독가스가 발생하지 않고, 사용연한에 따른 변질이 없어야 한다.
• 균일한 품질을 가지며, 어느 정도의 기계적인 강도가 있어야 한다.

96 흡음재료의 특성에 대한 설명으로 옳은 것은?

① 유공판재료는 연질 섬유판, 흡음텍스가 있다.
② 판상재료는 뒷면의 공기층의 강제진동으로 흡음효과를 발휘한다.
③ 유공판재료는 재료 내부의 공기진동으로 고음역의 흡음효과를 발휘한다.
④ 다공질재료는 적당한 크기나 모양의 관통구멍을 일정 간격으로 설치하여 흡음효과를 발휘한다.

해설 흡음재료 : 재료 표면에 입사하는 음에너지의 일부를 흡수하여 반사음을 감소시키는 재료를 말한다.

유공판재료	다공질재료
경질 섬유판	연질 섬유판, 흡음텍스
적당한 크기나 모양의 관통구멍을 일정 간격으로 설치하여, 저음역의 흡음효과를 발휘한다.	재료 내부의 공기진동으로 고음역의 흡음효과를 발휘한다.

★
97 강화유리에 관한 설명으로 옳지 않은 것은?

① 보통 판유리를 600℃ 정도 가열했다가 급랭시켜 만든 것이다.
② 강도는 보통 판유리의 3~5배 정도이고 파괴 시 둔각파편으로 파괴되어 위험이 방지된다.
③ 온도에 대한 저항성이 매우 약하므로 적당한 완충제를 사용하여 튼튼한 상자에 포장한다.
④ 가공 후 절단이 불가능하므로 소요치수대로 주문 제작한다.

해설 강화유리
• 판유리를 약 600℃로 가열했다가 급랭시켜 강도를 높인 안전유리의 일종이다.
• 판유리와 투시성은 같으나 판유리보다 강도가 3~5배 높아서 급격한 온도 변화에도 견디며 파손율이 낮다.
• 한계 이상의 충격으로 깨져도 작고 모서리가 날카롭지 않은 파편으로 부서져 위험성이 적다.
• 절단, 구멍뚫기 등의 재가공이 어려우므로 초기 열처리 전에 소요치수로 절단한다.

정답 ▶ 93. ④　94. ①　95. ②　96. ②　97. ③

98 유리의 표면을 초고성능 조각기로 특수가공처리하여 만든 유리로서, 5mm 이상의 후판유리에 그림이나 글 등을 새겨 넣은 유리는?

① 에칭유리　　② 강화유리
③ 망입유리　　④ 로이유리

해설 에칭유리 : 유리면에 부식액의 방호막을 붙이고 그 막을 모양에 맞게 오려 낸 뒤, 불화수소와 불화삼모니아를 혼합한 유리 부식액 등을 발라 필요한 모양을 새겨 넣은 유리를 말한다.

★
99 단열재에 관한 설명으로 옳지 않은 것은?

① 유리면 : 유리섬유를 이용하여 만든 제품으로서 유리솜 또는 글라스울이라고도 한다.
② 암면 : 상온에서 열전도율이 낮은 장점을 가지고 있으며 철골 내화피복재로서 많이 이용된다.
③ 석면 : 불연성, 보온성이 우수하고 습기에서 강하여 사용이 적극 권장되고 있다.
④ 펄라이트 보온재 : 경량이며 수분 침투에 대한 저항성이 있어 배관용의 단열재로 사용된다.

해설 석면 : 내화성 및 단열성은 우수하나 습기에 약하고, 환경오염물질이므로 사용을 지양한다.

★
100 유리에 관한 설명으로 옳지 않은 것은?

① 강화유리는 보통유리보다 3~5배 정도 내충격강도가 크다.
② 망입유리는 도난 및 화재 확산 방지 등에 사용된다.
③ 복층유리는 방음·방서·단열효과가 크고, 결로방지용으로도 우수하다.
④ 판유리 중 두께 6mm 이하의 얇은 판유리를 후판유리라고 한다.

해설 후판유리 : 두께 6mm 이상인 유리로 채광용보다는 실내 차단용, 칸막이벽, 스크린(screen), 통유리문, 가구, 특수구조 등에 쓰인다.

101 유리의 일반적인 성질에 관한 설명으로 옳지 않은 것은?

① 철분이 많을수록 자외선 투과율이 높아진다.
② 깨끗한 창유리의 흡수율은 2~6% 정도이다.
③ 투과율은 유리의 맑은 정도, 착색, 표면상태에 따라 달라진다.
④ 열전도율은 대리석, 타일보다 작은 편이다.

해설 철분이 많을수록 자외선 투과율이 낮아진다.

10 방수재

102 다음 방수공법 중 멤브레인 방수공법이 아닌 것은?

① 아스팔트방수　　② 시트방수
③ 도막방수　　④ 무기질계 침투방수

해설 멤브레인 방수공법 : 막에 의한 방수를 멤브레인 방수공법이라고 하며, 아스팔트방수·시트방수·도막방수 등이 있다.

★
103 아스팔트를 천연 아스팔트와 석유 아스팔트로 구분할 때 천연 아스팔트에 해당되지 않는 것은?

① 레이크 아스팔트　② 록 아스팔트
③ 블론 아스팔트　④ 아스팔타이트

해설 아스팔트
• 방수 중에 가장 튼튼한 방수로, 가격이 다소 비싸고 공정이 복잡하며, 대표적으로 천연 아스팔트와 석유 아스팔트가 있다.
• 천연 아스팔트 : 레이크 아스팔트, 록 아스팔트, 아스팔타이트
• 석유 아스팔트 : 스트레이트 아스팔트, 블론 아스팔트, 아스팔트 콤파운드, 아스팔트 프라이머

104 다음 중 도막 방수재를 사용한 방수공사 시공 순서에 있어 가장 먼저 해야 할 공정은?

① 바탕 정리　　② 프라이머 도포
③ 담수 시험　　④ 보호재 시공

해설 방수공사 시공 순서
바탕 정리>프라이머 도포>보호재 시공>담수 시험

105 콘크리트 표면에 도포하면 방수재료 성분이 침투하여 콘크리트 내부 공극의 물이나 습기 등과 화학작용이 일어나 공극 내에 규산칼슘 수화물 등과 같은 불용성의 결정체를 만들어 조직을 치밀하게 하는 방수제는?

① 규산질계 도포 방수제
② 시멘트 액체 방수제
③ 실리콘계 유기질용액 방수제
④ 비실리콘계 고분자용액 방수제

해설 • 규산질계 도포 방수제
  −포틀랜드시멘트·석영입자 및 특수 화학제가 혼합된 제품으로, 콘크리트 내 모세관 공극에 침투하여 결정을 형성하는 침투성 방수제이다.
  −콘크리트에 존재하는 물과 반응하여 계속적으로 결정을 형성하므로 지속적인 수밀화 콘크리트를 만드는 데 사용된다.
• 시멘트 액체 방수제 : 방수제와 규산질 미분말, 시멘트, 잔골재의 기조합형태의 분말재료를 이용한 방수제이다.
• 실리콘계 유기질용액 방수제 : 실리콘계와 유기질계를 이용한 방수제이다.
• 비실리콘계 고분자용액 방수제 : 비실리콘계의 합성수지를 이용한 방수제이다.

106 도막 방수재료의 특징으로 옳지 않은 것은?

① 복잡한 부위의 시공성이 좋다.
② 누수 시 결함 발견이 어렵고, 국부적으로 보수가 어렵다.
③ 신속한 작업 및 접착성이 좋다.
④ 바탕면의 미세한 균열에 대한 저항성이 있다.

해설 도막방수
• 도료제를 바탕면에 여러 번 도포하여 방수막을 만드는 방수방법이다.
• 시공이 간편하고 효과가 우수하며, 넓은 면과 외부 시공도 가능하다.
• 누수 시 결함 발견이 쉬우며, 국부적 보수도 가능하다.

107 아스팔트와 피치(pitch)에 관한 설명으로 옳지 않은 것은?

① 아스팔트와 피치의 단면은 광택이 있고 흑색이나.
② 피치는 아스팔트보다 냄새가 강하다.
③ 아스팔트는 피치보다 내구성이 있다.
④ 아스팔트는 상온에서 유동성이 없지만 가열하면 피치보다 빨리 부드러워진다.

해설 아스팔트와 피치
• 아스팔트란 정유공장에서 석유를 분별증류했을 때 최종적으로 남는 물질 중 하나로, 상온에서 검은색의 반고체 상태로 존재한다.
• 매우 점성이 높고 딱딱한 반고체/반액체 수지를 피치라고 부르는데, 아스팔트에 비해서 내구력이 부족하고 감온비가 높아서 지상에서는 부적합한 역청재료이다.
• 아스팔트는 상온에서는 유동성이 없으나, 가열하면 유동성이 많은 액체가 되고, 피치보다는 늦게 부드러워진다.

★
108 스트레이트 아스팔트(a)와 블론 아스팔트(b)의 성질을 비교한 것으로 옳지 않은 것은?

① 신도는 a가 b보다 크다.
② 연화점은 b가 a보다 크다.
③ 감온성은 a가 b보다 크다.
④ 접착성은 b가 a보다 크다.

해설 스트레이트 아스팔트(strait asphalt)
• 원유로부터 아스팔트 성분을 가능한 한 변화시키지 않고 추출한 것으로, 신장성·접착성·방수성이 매우 풍부하다.
• 연화점은 비교적 낮고 온도에 대한 감온성과 신도는 크다.
• 주로 지하 방수공사 및 아스팔트 펠트 삼투용에 사용된다.
블론 아스팔트(blown asphalt)
• 아스팔트 제조 중에 공기 또는 공기와 증기의 혼합물을 불어넣어 부분적으로 산화시킨 것으로, 내구력이 크다.
• 연화점은 비교적 높으나 온도에 대한 감온성과 신도는 작다.
• 주로 지붕 방수제로 사용된다.

★
109 휘발유 등의 용제에 아스팔트를 희석시켜 만든 유액으로서 방수층에 이용되는 아스팔트제품은?

① 아스팔트 루핑
② 아스팔트 프라이머
③ 아스팔트 싱글
④ 아스팔트 펠트

해설 **아스팔트제품**
- **아스팔트 루핑** : 양모나 폐지 등을 두꺼운 펠트로 만든 원지에 연질의 스트레이트 아스팔트를 침투시키고, 콤파운드를 피복 후 그 활석분말 또는 운석분말을 부착시킨 것이다.
- **아스팔트 프라이머** : 아스팔트를 휘발유 등의 용제로 희석하여 만든 것이며, 바탕면에 펠트가 잘 붙게 하기 위한 것으로, 바탕에서 부풀어 오르지 않게 한다(블론 아스팔트 : 솔벤트 아스팔트 : 휘발유의 배합비율＝45 : 30 : 25).
- **아스팔트 펠트** : 양모나 폐지 등을 펠트상으로 만든 원지에 연질의 스트레이트 아스팔트를 가열, 용융하여 흡수 및 건조시킨 것이다.

110 방수공사에서 아스팔트 품질의 결정요소와 가장 거리가 먼 것은?

① 침입도
② 신도
③ 연화점
④ 마모도

해설 방수공사 시 아스팔트 품질의 결정요소 : 침입도, 신도, 신장성, 접착성, 방수성, 감온성, 연화점, 인성, 내노화성, 단성, 충격지항성 등이 있다.

Interior Architecture

01 일반구조

INTERIOR ARCHITECTURE

01 | 건축구조의 일반사항

 학습 POINT
• 구조의 재료, 양식, 시공방법에 의한 분류에 대해 알아 둔다.
• 조립식 구조의 장단점 및 분류에 대해 알아 둔다.
• 구조양식의 분류에서 가구식 구조에 대해 알아 둔다.

1 건축구조의 개념

① 각종 건축재료를 사용하여 각 건축이 지니는 목적에 적합한 건축물을 형성하는 일 또는 그 구조물을 말한다.
② 건물의 뼈대가 되는 축부구조(軸部構造)부터 안팎의 마무리에 이르는 세부구조까지 포함한다.

2 건축구조의 분류

1) 재료에 의한 분류

구분	장점	단점
목구조	• 간단한 구조 • 시공 용이 • 외관 미려	• 내구성, 내화성 부족 • 부패 우려
조적구조	• 외관이 장중 • 방화성, 보온성, 내구성	• 횡력에 약함 • 결로 발생
철근콘크리트구조 (RC)	• 고층건물에 적합 • 내화성, 내진성, 내구성 • 경제적	• 균일 시공이 어려움 • 습식구조 • 긴 공기, 큰 자중
철골철근콘크리트구조 (SRC)	• 고층 건축에 적합 • 내화성, 내진성, 내구성	• 고가의 공사비 • 긴 공기, 시공이 복잡
철골구조 (SS)	• 내진성, 내풍성 • 시공, 해체가 용이 • 큰 스팬(span)이 가능	• 고가의 공사비 • 내화성 부족 • 좌굴에 취약

2) 구조양식에 의한 분류

구분	내용	예
가구식 구조	목재, 강재 등 가늘고 긴 부재를 접합하여 뼈대를 구축한 구조	목구조, 철골구조
조적식 구조	시멘트블록, 벽돌, 돌 등 개개의 재료를 접착재료로 쌓아 만든 구조	블록구조, 벽돌구조, 돌구조
일체식 구조	전 구조체를 일체로 만든 구조	철근콘크리트구조, 철골철근콘크리트구조, 철골조
조립식 구조	주요 부재를 공장에서 제작한 후 현장에서 짜 맞추는 구조	조립식 철근콘크리트조, 알루미늄 커튼월조, 프리패브조

3) 시공방법에 의한 분류

구분	내용
건식구조	• 기성재를 짜 맞추는 구성 • 물을 사용하지 않는 공정 ┐ • 작업 간단, 공사기간 단축 ├ 가구식 구조 • 대량생산, 경제성 고려 ┘
습식구조	• 모르타르, 콘크리트를 쓰는 구조 ┐ 일체식 구조, 조적식 구조 • 물을 사용하는 공정 ┘
현장구조	• 현장에서 제작·가공하여 조립·설치하는 구조
조립식 구조	• 건축물의 구조부재를 공장에서 생산·가공하는 공장구조 • 부분조립하여 현장에서 짜 맞추는 구조 • 장점 －생산성 향상으로 가격 안정 －대량생산으로 공기 단축 －기계화 시공으로 높은 정밀도 －노동력, 거푸집 공사비 절감 • 단점 －평면이 획일적이어서 평면의 다양성 부족 －각 부품과의 접합부가 일체화되기 어려움 －시장의 한계로 경제성이 문제 －생산 공장과 조립 현장과의 거리 제한 －별도의 건설장비가 필요

	시공상 공법 분류	필드공법	• 현장에서 거푸집을 짜서 콘크리트를 부어 넣는 공법
		틸트업공법	• 현장에서 크레인을 사용해서 부재를 수직으로 세우면서 조립하는 공법
		리프트업 공법	• 공기가 짧고 정밀 시공이 가능 • 진보된 공법으로 슬래브(slab)를 기둥으로 끌어올려 설치

구분			내용
조립식 구조	구조상 공법 분류	SPH공법	• Standard Public Housing • 벽판의 크기 : 3m×6m 내외, 대형 벽판 PC공법 • 바닥판 : 20m²(5t) 이하, 벽량 : 10cm/m² 이상 • 수직 조인트 : 벽모서리의 돌출된 철근을 상호 용접한 후 그라우팅 방식 • 수평 조인트 : 이설 철판을 상호 용접하는 방식 • 연속기초 • 내력벽의 두께 : 18cm 이상, H/22 이상
		HPC공법	• H형강 뼈대에 PC판이 매달린 형식의 구조체 • 구조물 기둥보는 콘크리트 피복 • 접합은 고장력볼트와 용접 겸용
		RPC공법	• 라멘 철근콘크리트조 건축물 조립방식 • 철근콘크리트 기둥과 보 • 뼈대를 먼저 조립한 후 용접 및 고장력볼트로 바닥, 벽판을 접합
		카뮤공법	• 고층 아파트 공법 • 프랑스식 대형 패널 • 벽판 : 보온재가 삽입된 샌드위치 부재를 사용

3 특수구조

구분	특성	이미지
곡면식 구조	• 돔(dome)구조, 셸(shell)구조 • 얇은 곡면으로 된 구조	
절판식 구조	• 철근콘크리트구조체를 꺾어서 만든 구조	
공기막 구조	• 한두 겹의 막 내부에 공기를 넣은 가압에 의해 하중을 부담하는 구조	
현수식 구조	• 경간이 큰 구조에서 사용 • 케이블로 구조체를 매달아 하중을 받는 구조	

02 | 건축물의 각 구조

학습 POINT
• 목재 : 이음, 쪽매에 대해 숙지한다.
• 조적 : 벽돌 줄눈의 종류, 벽돌쌓기, 석재의 종류에 대해 숙지힌다.
• 철근콘크리트 : 철근이음, 피복 두께, 슬래브에 대해 알아 둔다.
• 철골 : 강재접합, 보의 종류에 대해 알아 둔다.

1 목구조

1) 목구조의 특징

(1) 장점

① 건물이 다른 구조체에 비해 경량이다.

② 재료의 운반 및 시공이 간편하다.

③ 공사기간이 짧고, 공사비가 저렴하다.

④ 비중이 작고 비중에 비해 강도가 크다.

⑤ 탄성·강도·인성이 크며, 열전도율·열팽창률이 작아 단열적이다.

⑥ 내산성·내약품성이 있고 염분에 강하다.

⑦ 수종·색채가 다양하며 무늬가 우아하고 아름답다.

(2) 단점

① 고층건물, 간사이가 큰 건축의 구조가 불가능하다.

② 비내화적이고 내구성이 약하다.

③ 함수율에 따른 변형률, 팽창·수축이 크다.

④ 수종이 다양하고 재질이 일정하지 않다.

2) 목재의 규격

구분		규격
각재	정척물	• 1.8m, 2.7m, 3.6m
	장척물	• 4.5m, 5.4m, 6.3m
	단척물	• 1.8m 이하
	난척물	• 2.1m, 2.4m, 3.0m
	구조재	• 9cm 각, 10cm 각, 12cm 각이 표준 • 보통 각재는 두께 6cm 이상, 두께의 3배 미만의 너비
널재	너비	• 9~10cm, 12cm, 13.5cm, 15cm, 18cm, 21cm, 24cm 등
	두께	• 6mm, 9mm, 12mm, 15mm, 18mm, 21mm, 24mm, 30mm, 36mm 등

3) 목재의 역학적 성질

구분	내용
강도의 크기	인장강도 > 휨강도 > 압축강도 > 전단강도
허용강도	목재의 최고 강도의 1/7~1/8 정도
허용응력도	목재의 파괴강도를 안전율로 나눈 값
섬유의 평행 방향의 강도	섬유의 직각 방향의 강도보다 큼

4) 목재의 접합

(1) 일반적인 원칙

① 응력이 균등하게 전달되게 한다.
② 이음과 맞춤은 응력이 작은 곳에서 실시하고, 응력 방향은 직각으로 한다.
③ 접합면은 단순한 모양으로 틈 없이 완전 밀착시킨다.
④ 트러스, 평보는 왕대공 가까이에서 이음한다.
⑤ 큰 응력을 받을 경우 이음, 맞춤 시 보강철물을 사용한다.
⑥ 모양에 치중하지 않으며, 공작이 간단한 것이 좋다.

(2) 이음

2개 이상의 부재를 길이 방향으로 수평결합으로 잇는 접합

종류	내용	이미지
맞댄이음	• 두 부재가 동일면 내에서 접합하는 이음 • 나무 또는 철판을 덧판으로 대고 큰못이나 볼트를 사용하여 조인다. • 인장력을 받는 평보에 사용	
겹침이음	• 2개의 부재를 겹쳐 볼트, 못으로 보강 후 듀벨과 볼트 겸용 • 트러스 접합 용도	
따낸이음	• 두 부재가 물리도록 따내고 맞추어 이음 • 안전한 이음을 위해 볼트, 산지, 못 조임으로 보강	–
	• 빗이음 : 장선, 띠장, 서까래에 사용. 볼트, 못보다 뒤틀림에 강하다.	
	• 주먹장이음 : 토대, 중도리, 멍에 등에 사용. 강한 힘에는 사용 불가	
	• 엇걸이이음 : 평보, 기둥, 토대, 처마도리, 중도리에 사용. 구부림이음	
	• 빗턱이음 : 보 이음에 사용	

(3) 맞춤

목재의 섬유 방향을 서로 직각 또는 경사지게 하여 수직결합으로 맞추는 접합

종류	내용
장부맞춤	• 가장 튼튼한 맞춤으로 모든 맞춤에 사용 　－빗턱통맞춤 : 왕대공＋ㅅ자보 　－가름장맞춤 : 왕대공＋마룻대 　－짧은장부맞춤 : 왕대공＋평보 　－걸림턱맞춤 : 평보＋깔도리 　－안장맞춤 : 평보＋ㅅ자보 　－부채장부맞춤 : 모서리 기둥＋토대 　－빗걸림턱맞춤 : 멍에＋토대 　－주먹장맞춤 : 토대＋토대
연귀맞춤	• 부재의 마구리를 보이지 않게 감추면서 맞닿는 경사각에 빗잘라 대는 튼튼한 맞춤으로, 모서리·문짝 등에 사용

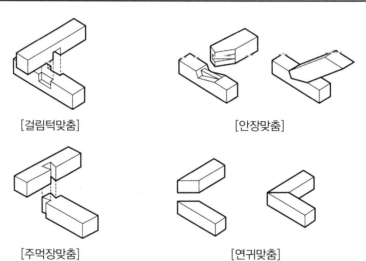

[걸림턱맞춤] [안장맞춤]

[주먹장맞춤] [연귀맞춤]

(4) 쪽매

종류	맞댄쪽매	빗쪽매	오늬쪽매	제혀쪽매	반턱쪽매	딴혀쪽매	틈막이쪽매
모양							
조건	• 널의 너비는 좁은 것이 좋으며, 보통 10cm로 완전 건조한다. • 널의 두께는 15~24mm, 널 두께의 3배 길이의 못으로 장선마다 박는다.						

(5) 보강철물

종류	특징	사용 개소	이미지
못	• 못의 길이 : 나무 두께의 2.5~3배, 마무리는 3~3.5배 • 못의 지름 : 널 두께의 1/6 이하 • 네모못, 갈고리못, 가시못 • 나사못은 구조용으로, 동제·황동제는 수장·창호 등 세밀가공 용도로 사용함. 나사못 길이의 1/3 이상 돌려 박는다.	–	
볼트	• 재질에 따른 구분 : 볼트, 상볼트, 흑볼트 • 형상에 따른 구분 : 갈고리볼트, 양나사볼트, 외나사볼트, 주걱볼트 • 구조용 12mm, 경미한 곳은 9mm 사용 • 인장력에 저항	• 볼트 : ㅅ자보+평보, 달대공+ㅅ자보 • 양나사볼트 : 처마도리+깔도리 • 주걱볼트 : 보+처마도리 • 앵커볼트 : 기초+토대	
꺾쇠	• 부재와 부재를 간단하게 접합시키는 철물 • 종류 : 주걱꺾쇠, 엇꺾쇠, 보통 꺾쇠 • 재질의 단면 : 원형, 각형, 평형. 주로 원형의 단면에 사용	• 꺾쇠 : 토대+기둥 • 엇꺾쇠 : 달대공+ㅅ자보 • 양면 꺾쇠 : 빗대공+ㅅ자보	
듀벨	• 볼트와 함께 사용하며, 접합재 상호 간의 변위를 방지 • 전단력에 저항 • 배치는 동일 섬유 방향에 엇갈리게 배치	–	
띠쇠	• 띠형의 철판에 볼트 구멍, 가시못을 뚫는 것 • 종류 : ㄱ자쇠, 안장쇠, 보통 띠쇠, 감잡이쇠 등	• 왕대공+ㅅ자보, 토대+기둥	
안장쇠	• 안장 모양으로 띠쇠를 구부려 만든 것 • 큰보와 작은보의 맞춤에 사용	• 큰보+작은보	
ㄱ자쇠	• 모서리 기둥, 가로세로 맞춤에 사용	• 모서리 기둥+층도리	
감잡이쇠	• 평보와 ㅅ자보 밑에, 평보를 대공에 달아맬 때 사용	• 평보+왕대공, 토대+기둥	

5) 목구조의 구성재

(1) 토대

① 역할 : 상부의 하중을 기초에 전달하는 구성재

② 기초에 2~4m마다 앵거볼트를 연결하여 기둥 밑을 고정한다.

③ 지상에서 최소 20cm 이상 높게 설치, 하부는 방부처리로 습기를 방지한다.

④ 토대와 토대의 이음 : 턱걸이주먹장이음, 엇걸이산지이음

(2) 기둥

본기둥	• 통재기둥 　－1층에서 2층까지 이음이 없이 1개의 재로 상하층을 연결하는 기둥 　－중요 모서리나 기둥 중간에 5~7m 길이로 배치 • 평기둥 　－ 층별로 구분된 기둥 　－ 가로재와 가로재로 구분되는 거리를 기둥의 간사이라고 한다. 　－ 통재기둥 사이에 1.8m 간격으로 배치
샛기둥	• 본기둥 사이에 벽체를 이루는 기둥 • 가새의 옆휨을 막는 데 유효하다. • 크기는 반쪽 또는 1/3쪽 • 400~600mm 간격으로 배치

(3) 도리

층도리	• 2층 목조건물 바닥이 있는 부분에 수평으로 대는 가로재 • 기둥과 동일한 치수 • 춤은 너비의 1배
깔도리	• 상층 기둥 위에 가로 대어 기둥의 머리를 고정 • 지붕보 : 양식 지붕틀의 평보를 받는 도리 • 기둥과 같은 크기나 다소 춤이 큰 도리를 사용 • 깔도리이음, 엇걸이산지이음
처마도리	• 깔도리 위에 지붕틀을 걸고, 지붕틀 평보 위에 깔도리와 같은 방향으로 처마도리를 걸쳐 댄다. • 기둥과 같은 크기, 다소 작은 부재를 사용 • 엇갈이산지이음

(4) 꿸대

① 지붕과 기둥 사이를 가로로 꿰뚫어 넣어 연결하는 수평재를 말한다.

② 토대에서 도리까지 50~100cm 간격으로 배치한다.

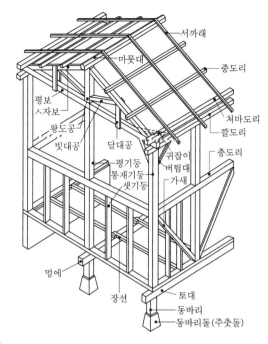

지붕구조
• ㅅ자보, 중도리, 서까래
• 마룻대, 왕대공, 빗대공, 달대공

천장구조
• 반자틀

벽구조
• 통재기둥, 평기둥, 샛기둥
• 층도리, 깔도리, 처마도리

보강재료
• 귀잡이, 버팀대, 가새

마루구조
• 1층 마루, 2층 마루
• 동바리, 토대, 멍에, 장선

(5) 가새

① 개요
　　㉠ 목구조 벽체를 수평력에 견디게 하고 안정된 구조를 위해 대각선으로 빗대는 구조로, 목조건물
　　　에서 가장 중요한 요소이다.
　　㉡ 가새의 배치법, 치수를 검토하여 내진설계해야 한다.

② 분류
　　㉠ **인장력 가새**
　　　• 기둥 단면적의 1/5 이상의 목재를 사용해야 한다.
　　　• 지름 9mm 이상의 철근을 사용한다.
　　㉡ **압축력 가새** : 기둥 단면적의 1/3 이상의 목재를 사용해야 한다.

③ 배치
　　㉠ 인장응력, 압축응력을 받을 수 있도록 X자형 배치로 한다.
　　㉡ 기둥이나 보에 대칭이 되도록 좌우대칭 구조로 한다.
　　㉢ 기둥이나 보의 중간에 가새의 끝단을 대지 않는다.
　　㉣ 경사는 45°에 가까울수록 유리하다.
　　㉤ 단면이 클수록 유리하다.

④ 보강법
　　㉠ 기둥의 1/2인 경우 볼트로 조인다.
　　㉡ 샛기둥과 같은 치수로 기둥에 빗통을 넣고 장부맞춤 볼트로 조인다.

(6) 버팀대

① 수평력에 약하지만, 가새를 댈 수 없는 곳에 유리하다.
② 기둥 단면에 적당한 크기를 사용한다.
③ 기둥 따내기는 되도록 작게 한다.

(7) 귀잡이

① 수평력에 약하지만, 가새를 댈 수 없는 곳에 유리하다.
② 기둥 단면에 적당한 크기를 사용한다.
③ 기둥 따내기는 되도록 작게 한다.

(8) 인방

① 창문틀을 끼울 수 있는 **뼈**대를 말한다.
② 기둥과 기둥에 가로로 대어 창문틀의 하중을 기둥에 전달한다.

6) 마루의 구조

마룻널 쪽매	• 쪽매 : 마룻널을 장선에 붙여 대는 것(맞댄쪽매, 반턱쪽매, 제혀쪽매) • 제혀쪽매 　－ 사상 이상석인 마룻널 깔기 　－ 보행 시 진동으로 못이 솟아오르는 일이 없다. • 마루의 보행 시 진동을 방지하기 위해 바닥에 리놀륨, 비닐타일, 코르크판, 고무타일 등을 붙여 깐다.

7) 지붕의 구조

지붕의 종류는 건물의 크기, 형태, 성질, 종류, 기후에 따라 결정된다.

지붕 물매	• 물매는 수평거리(10cm)에 대한 직각삼각형의 수직 높이로 표시 • 된물매 : 지붕 경사가 45° 이상 • 되물매 : 지붕 경사가 45°일 때
왕대공 지붕틀	• 응력상태 　－ ㅅ자보 : 왕대공 지붕틀에서 압축응력과 중도리에 의한 휨모멘트를 동시에 받는 부재로 압축재이다. 　－ 평보 : 왕대공 지붕틀에서 인장응력과 천장 하중에 의한 휨모멘트를 동시에 받는 부재로 인장재이다. 　－ 왕대공, 달대공 : 수직부재로 인장재이다. 　－ 빗대공 : 압축응력 • 부재의 크기 　－ ㅅ자보 : 100mm × 200mm 　－ 평보, 왕대공 : 100mm × 180mm 　－ 마룻대 : 100mm × 120mm 　－ 중도리 : 100mm × 100mm 　－ 빗대공 : 100mm × 90mm

절충식 지붕틀	• 보를 걸고 그 보 위에 동자기둥, 대공을 세워 중도리와 마룻대를 걸쳐 대어 서까래를 받게 한 지붕틀 • 조립이 간단하고 공사비가 저렴하다. 간사이 6m 이내의 소규모 건물에 사용 • 지붕보의 배치 간격 : 1.8m
양식 지붕틀	• 삼각형 구조 　－역학적 계산에 의한 부재를 사용하고 지붕의 하중을 받게 한다. 　－튼튼한 트러스 형태 • ㅅ자보, 빗대공 : 압축력 • 평보, 왕대공, 대공 : 인장력

> **TIP** • 종보 : 지붕보 위에 동자기둥과 대공을 세우고 위에 받는 부재
> • 우미량 : 동자기둥 또는 대공을 받는 부재

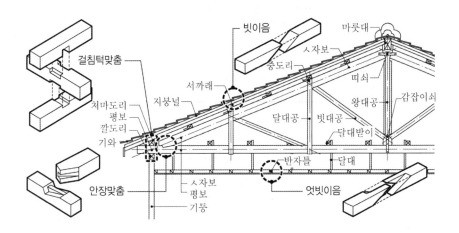

② 조적구조

1) 벽돌구조

(1) 특징

① 장점

　㉠ 구조, 시공이 간단하다.

　㉡ 내화적, 내구적이다.

　㉢ 외관이 장중하고 미려하다.

② 단점

　㉠ 건물 자체의 중량이 무겁고 공사비가 많이 든다.

　㉡ 벽두께가 두꺼워지므로 실내면적이 감소한다.

　㉢ 수직력이 강하다.

ⓔ 풍압력, 지진으로 인한 횡력에 약한 구조체이다.

(2) 벽돌구조의 분류

① 내력벽

ⓐ 건물의 모든 하중을 벽체가 받는다.

ⓑ 지붕 및 기타 상부 하중을 지반으로 전달한다.

ⓒ 주택, 저층형 건물에 사용한다.

② 장막벽

ⓐ 벽체는 칸막이 역할을 한다.

ⓑ 내·외부의 의장성을 띤 구조체이다.

ⓒ 대형, 중형 건물층의 주 칸막이로 사용한다.

(3) 벽돌의 규격 및 허용값

종별	길이(L)	너비(D)	두께(T)
표준형(장려형)	190	90	57
기존형(재래형)	210	100	60
치수 허용값[%]	±3	±3	±4

(4) 벽돌의 종류 및 품질

종별	흡수율	압축강도	허용 압축강도	무게
특수 고강도 벽돌	15% 이하	150~250kg/cm² 이상	50~250kg/cm² 이상	1.7kg/장
1급 벽돌－1호, 2호	20% 이하	150kg/cm² 이상	22kg/cm² 이상	2.2kg/장
2급 벽돌－1호, 2호	23% 이하	100kg/cm² 이상	15kg/cm² 이상	2.0kg/장

(5) 벽돌쌓기

① 모르타르

ⓐ 보통 포틀랜드시멘트를 사용한다.

ⓑ 모래는 입도 1.2~2.5mm 강모래를 사용한다.

ⓒ 배합비

- 일반쌓기용 모르타르 : 1 : 3, 내력벽·장막벽에 사용
- 특수쌓기용 모르타르 : 1 : 1~1 : 2, 아치와 특수부분 쌓기
- 치장쌓기용 모르타르 : 1 : 1 : 3(시멘트 : 석회 : 모래), 치장쌓기

② 줄눈

ⓐ 줄눈의 크기 : 보통 10mm가 표준이고, 내화벽돌은 6mm

ⓑ 막힌줄눈 : 집중하중에 안전성이 있는 조적법

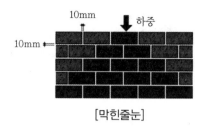

[막힌줄눈]

ⓒ 통줄눈

- 의장적 효과

- 집중하중 현상이 일어나 균열 발생이 우려된다.

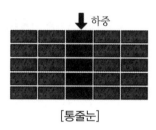

[통줄눈]

ⓔ 치장줄눈

- 줄눈파기 깊이 : 8~10mm

- 배합 모르타르 : 1 : 1~1 : 2, 방수·색조 모르타르를 사용

ⓜ 치장줄눈의 종류

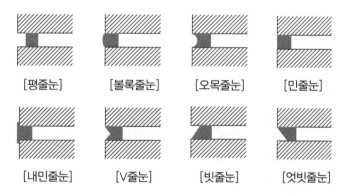

[평줄눈]　　[볼록줄눈]　　[오목줄눈]　　[민줄눈]

[내민줄눈]　　[V줄눈]　　[빗줄눈]　　[엇빗줄눈]

③ 벽돌쌓기법

ⓙ 벽돌 마름질

- 온장 : 길이쌓기, 마구리쌓기에 그대로 이용

- 칠오토막 : 화란식 쌓기의 모서리부분에 사용

- 이오토막 : 영식 쌓기, 불식 쌓기의 모서리부분에 사용

- 반토막 : 1.5~2.0B의 영식 쌓기에 사용

- 반반절 : 1.5~2.0B의 불식 쌓기에 사용

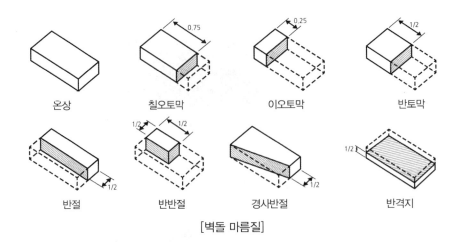

온상	칠오토막	이오토막	반토막
반절	반반절	경사반절	반격지

[벽돌 마름질]

ⓛ 일반 쌓기

• **영식(영국식) 쌓기**

- 한 켜는 마구리쌓기, 다음 한 켜는 길이쌓기로 교대로 쌓는다.

- 마구리쌓기 축의 모서리 벽 끝에 반절이나 이오토막을 사용한다.

- **벽돌쌓기법 중 가장 튼튼한 쌓기법으로, 내력벽 쌓기에 많이 이용된다.**

• **불식(프랑스식) 쌓기**

- 매 켜에 길이와 마구리가 번갈아 나오게 쌓는 방법이다.

- 통줄눈이 많아 구조적으로 튼튼하지 않지만 외관상 보기가 좋다.

• **화란식(네덜란드식) 쌓기** : 영식 쌓기와 거의 같으나 모서리에 칠오토막을 사용한다.

• **미식(미국식) 쌓기**

- 뒷면은 영식 쌓기, 표면은 치장벽돌로 쌓는 방법이다.

- 5켜는 길이쌓기, 다음 한 켜는 마구리쌓기를 한다.

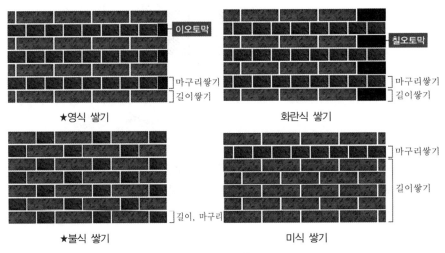

[일반 쌓기]

ⓒ 특수 쌓기

- **영롱쌓기**

  −벽돌면에 구멍을 내어 쌓는 방법이다.

  −장막벽이며 장식적인 효과가 있다.

- **엇모쌓기**

  −벽돌을 45° 각도로 모서리면이 나오게 쌓는 방식이다.

  −벽면에 변화감을 주며 음영효과가 있다.

[영롱쌓기]　　　　　[엇모쌓기]

ⓔ 내쌓기, 들여쌓기

- 1단씩 1/8B 한 켜, 2단씩 1/4B 두 켜씩 내쌓는데 벽두께의 2.0B(2배)의 최대한도로 내민다.
- 띠돌림을 만들기 위하여 벽면에서 부분적으로 내쌓는 방식이다.
- 벽체에 마루를 놓거나 장선의 보받이에 적용한다.

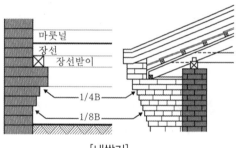

[내쌓기]

ⓜ 공간쌓기 : 이중벽 쌓기로, 내부 공간의 방음·방한·방습·방서의 효과를 위해 벽 중간에 공간을 둔다.

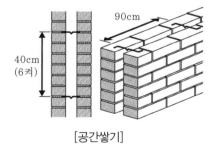

[공간쌓기]

ⓗ 인방보

- 개구부의 상부구조를 지지한다.
- 상부에서 오는 하중을 좌우벽으로 전달시키기 위해 대는 보

- 개구부 길이가 1.8m가 넘는 경우 철근콘크리트보 위에 치장벽돌을 쌓는다.
- 20cm 이상을 벽에 걸치도록 쌓는다.

ⓐ 창대
- 창문 개구부에 알맞은 끝마무리
- 빗물이 자연스럽게 흘러내리도록 창 밑의 벽체를 보호하는 부재

④ 벽체의 일반사항

㉠ 벽의 길이 : 10m 이하

㉡ 최상층 내력벽의 높이 : 4m가 넘지 않도록 하며, 벽 높이는 당해 층고의 1/20 이상

㉢ 내력벽에 둘러싸인 바닥면적 : 80m²를 넘을 수 없다.

㉣ 칸막이벽의 두께 : 9cm 이상, 이중벽 시공 시 한쪽 벽은 내력벽으로 한다.

㉤ 토압을 받는 내력벽 : 2.5m 이하

㉥ 조적조 벽체의 두께 결정요소
- 건축물의 높이
- 벽의 높이
- 건축물의 층수
- 벽의 길이
- 조적되는 재료의 종류

⑤ 벽돌의 균열

㉠ 계획, 설계 미비
- 기초의 부동침하
- 하중의 불균형, 집중하중, 이동하중, 벽체의 강도가 부족
- 건물의 평면, 입면의 불균형 및 벽의 불합리한 배치
- 벽의 길이, 높이, 두께와의 문제
- 개구부 크기의 불합리 및 불균형

㉡ 시공 결함
- 벽돌, 모르타르의 강도가 부족
- 재료의 신축성
- 부분적 시공 결함
- 이질재와의 접합부, 장막벽 상부의 모르타르 충전이 부족

㉢ 대책
- 내력을 증진시키는 시공 및 치수의 정확성을 유지한다.
- 설계계획의 합리화를 꾀한다.
- 재료의 인장강도가 큰 것을 사용한다.

⑥ 백화현상

㉠ 정의 : 벽돌 벽체에 물이 스며들어 벽돌의 성분과 모르타르의 성분이 결합하여 벽돌 벽체에

흰가루가 생기는 현상

ⓛ 원인 : 벽 표면에 물이 스며들어 화학반응에 의해 생긴 탄산소다, 황산고토류 때문이다.

ⓒ 방지법

• 파라핀 도료를 발라 염류가 나오는 것을 방지한다.

• 깨끗한 물, 질 좋은 벽돌, 모르타르를 사용하여 빗물의 침입을 방지한다.

• 빗물막이를 둔다.

• 벽면에 비눗물, 명반용액을 바른다.

ⓓ 처리법 : 염산과 물의 비율이 1 : 5의 용액으로 씻어 백화를 제거한다. 완전 제거는 어렵지만, 시일 경과에 따라 백화현상이 생기는 것이 조금씩 줄어든다.

2) 블록구조

(1) 블록구조의 특성

① 내화성, 내풍성, 내진성이 있다.

② 내구성 : 철근으로 보강하면 횡력에 강하다.

③ 차단성 : 단열성과 목조에 비하여 약 3배의 소음차단성이 있다.

④ 대량생산이 가능하고 시공이 용이하다.

⑤ 공기가 단축되고 경비가 절감된다.

(2) 블록구조의 종류

구분	특성
조적식 블록조	• 단순히 모르타르로 접착하여 쌓는 구조로, 큰 건물에서는 부적합하다. • 2층 정도의 건축물에 알맞다.
거푸집 블록조	• ㄱ자형, ㄷ자형, T자형, ㅁ자형 등의 블록을 사용 • 살 두께가 얇고 속이 없는 블록 • 조적구조 : 라멘구조가 가능하다.
보강블록조	• 4, 5층 정도의 큰 건물에 사용이 가능하며 가장 이상적인 구조이다. • 블록의 빈 속에 철근 및 콘크리트로 보강하여 수평, 수직하중을 견딜 수 있다.
블록장막벽	• 콘크리트조·철골조 등에 라멘구조의 장막벽으로 쌓는 것으로, 비내력벽식 구조이다.

(3) 블록의 규격 및 허용값

구분	규격[mm]			허용값	
	길이	높이	두께	길이·두께	높이
기본형 블록	390	190	190 150 100	±2	±3
이형 블록	• 길이, 높이 및 두께의 최소치수는 90mm 이상 • 기본형 블록과 동일한 크기의 치수, 허용 차를 가진 횡근용 블록, 모서리용 블록				

(4) 벽의 두께 및 길이

구분		내용
벽의 두께	내력벽	• 15cm 이상 또는 지점 간 거리의 1/50 이상
	비내력벽	• 9cm 이상, 밖의 벽은 창문틀이 있으므로 15cm 이상
벽의 길이	내력벽	• 최소 길이 55cm 이상 • 길이 10m 이하 • 길이 10m 이상 시 부축벽, 붙임기둥 등을 설치
	부축벽, 붙임벽	• 길이는 벽 높이의 1/3 이상
	서로 떨어진 벽	• 길이의 합계 : 그 층 벽 길이의 1/2 이상
	내력벽의 한 방향	• 길이의 합계 : 그 층 바닥면적 1m² 에 대하여 0.15m 이상
	내력벽으로 둘러싸인 바닥	• 면적 : 80m² 이하

(5) 블록쌓기

① 모르타르

  ㉠ 시멘트와 모래의 용적 배합비 : (시멘트 : 모래) = (1 : 3~1 : 5)

  ㉡ 모르타르의 강도는 블록 강도의 1.3~1.5배이다.

② 블록쌓기 : 1일 블록쌓기 높이는 1.2~1.5m

  ㉠ 인방보는 좌우 지지벽에 20cm 이상 물리게 시공한다.

  ㉡ 두꺼운 살의 방향이 위로 가게 쌓는다.

  ㉢ 사춤 시 블록 3~4켜를 쌓을 때마다 콘크리트를 부어 넣고 다진다.

  ㉣ 사춤 중단 시 블록 윗면에서 5cm 정도 밑에 둔다.

3) 돌의 구조

(1) 돌의 구조적 특징

① 장점

  ㉠ 내구성, 내화성, 방한성, 방서성, 강도가 우수하다.

    ⓒ 압축과 풍화에 강하다.

    ⓒ 외관이 장중하고 미려하다.

    ⓔ 양질의 석재가 풍부하다.

② 단점

    ㉠ 긴 부재를 얻기 어려우며 가공이 어렵다.

    ⓛ 공사기간이 길고 시공이 까다로우며 가격이 비싸다.

    ⓒ 지체 중량이 무겁다.

    ⓔ 지진, 풍하중, 횡력에 약하다.

(2) 석재의 종류

종류	특성
화강암	• 석재 중 가장 가공성이 우수하다. • 강도, 경도, 내마모성, 재질감, 광택 등이 우수하다. • 흡수성이 적어서 구조용, 장식용으로 가장 많이 사용한다. • 내화도는 약 800℃로, 화열이 닿으면 균열이 발생한다.
응회암	• 연질, 경량으로 가공성이 우수하다. • 강도가 약하고 흡수율이 높아서 풍화, 변색되기 쉽다. • 가격이 저렴하다.
안산암	• 경석으로 산출량이 많다. • 내화력이 좋고 내구성이 커서 구조재로 우수하다. • 재질이 좋지 않아서 광택, 가공성이 떨어진다.
대리석	• 풍화성, 마모성, 내구성이 좋지 않아 실내마감재로 사용한다. • 광택, 빛깔, 무늬가 좋아서 장식용, 조각용으로 우수하다. • 내화도는 700℃로, 산·화열에 약하다.
점판암	• 바닥재료 • 지붕재료

(3) 석재의 가공

구분		내용
돌 쪼개기	부리 쪼갬	• 잭 해머로 세로구멍을 뚫어 부리를 넣고 쪼갠다.
	톱켜기	• 톱을 사용하여 켠다. 화강석, 대리석 등의 붙임돌
표면 마무리	마무리 순서	• 메다듬 → 정다듬 → 도드락다듬 → 잔다듬 → 물갈기 → 광내기
	표면 형상에 의한 분류	• 혹두기 : 거친 돌면을 가공하여 심한 요철이 없게 한다. • 모치기 : 돌의 줄눈부분은 모를 접어 잔다듬한다.

❸ 철근콘크리트구조

1) 철근콘크리트의 특징

(1) 장점

① 내구성, 내화성, 내진성, 내풍성이 크다.

② 공사비가 저렴하고 유지, 관리가 우수하다.

③ 재료 구입이 용이하다.

④ 설계, 치수, 형태가 자유롭다.

⑤ 방음, 도난 등의 보안적 효과가 있다.

(2) 단점

① 다른 구조체보다 자중이 무겁고 유효 단면적이 작다.

② 가설물(거푸집) 비용이 많이 든다.

③ 습식구조로 공사기간이 길어진다.

④ 구조물 보강, 철거작업이 어렵다.

2) 철근콘크리트구조의 성립

① 콘크리트는 압축력에 강하고, 철근은 인장력에 강하므로 서로 보완관계이다.

② 콘크리트에 매립된 철근은 콘크리트 피복으로 녹슬지 않아서 내구적이다.

③ 철근과 콘크리트는 선팽창계수가 거의 같다(1×10^{-5}).

④ 철근과 콘크리트는 부착응력이 크다.

3) 철근이음 및 정착

구분	내용		비고
이음 길이	작은 인장력	25D 이상	D : 철근 지름
	큰 인장력	40D 이상	
정착 길이	인장철근	L $\geq$ 40D	
	압축철근	L $\geq$ 25D	

4) 철근의 피복 두께

① 피복 목적 : 내구성, 내화성, 부착력의 확보

② 피복 두께 : 콘크리트 표면에서 가장 근접한 철근 표면까지의 두께

구분		피복 두께[mm]
수중에 타설하는 콘크리트		100
영구히 흙에 묻히는 콘크리트		80
직접 노출되는 콘크리트 (옥외 공기와 흙에 접함)	D29 이상 철근	60
	D25 이하 철근	50
	D16 이하 철근	40
직접 접하지 않는 콘크리트 (옥외 공기와 흙에 접하지 않음)	슬래브, 벽체, 장선 / D35 초과	40
	슬래브, 벽체, 장선 / D35 이하	20
	기둥, 보	40
	철판의 두께, 셸	20

[철근의 최소 피복 두께]

5) 시멘트의 종류

구분		특성
포틀랜드시멘트	보통 포틀랜드시멘트	• 주성분인 실리카, 알루미늄, 산화철 및 석회를 포함한 원료를 적당한 비율로 혼합한 뒤 그것을 소성하여 얻은 클링커에 적량의 석고 3~4%를 가하여 섞는다. • 일반적으로 시멘트라고 하면 보통 포틀랜드시멘트를 말한다.
	조강 포틀랜드시멘트	• 조기강도가 우수하여 28일 압축강도를 7일에 낸다. • 긴급공사에 사용
	중용열 포틀랜드시멘트	• 조기강도가 떨어지고 장기강도가 우수하며, 방사선 차단효과가 있다.
혼합 시멘트	고로시멘트	• 장기강도가 우수하고 해수에 대한 저항력이 크다. • 댐공사에 사용
	실리카시멘트	• 비중이 가장 작고 시공연도가 증진된다.
	플라이애시시멘트	• 수밀성이 좋아서 수화열, 건조수축이 적다. • 댐공사에 사용
기타 시멘트	알루미나시멘트	• 조기강도가 매우 높아서 긴급공사에 사용한다. 보통 포틀랜드시멘트의 28일 강도가 1일에 가능하다.
	팽창 시멘트	• 수축률 20~30% • 이어치기 콘크리트용

6) 시멘트 강도 및 배합

구분	내용
시멘트 강도	• 압축강도 : 1일 – 3일 – 7일 – 28일 • 조기강도 : 알루미나시멘트 > 조강 포틀랜드시멘트 > 보통 포틀랜드시멘트 > 고로시멘트 > 중용열 포틀랜드시멘트 • 강도에 영향을 주는 요소 　– 물–시멘트비 　– 골재 성질과 입도 　– 골재 혼합비 　– 시험체의 형상, 크기 　– 양생방법과 재령 　– 시공방법
배합설계 순서	설계기준 강도(소요강도) 결정 → 배합강도 결정 → 시멘트 강도 결정 → 물–시멘트비 결정 → 슬럼프값 결정 → 골재입도의 결정 → 배합의 결정 → 보정 → 재료 계량 → 배합의 변경

7) 철근콘크리트보

(1) 보의 종류

① 단순보 : 양단이 블록, 벽돌, 석조벽이며 얹혀 있는 보

② 연속보 : 2개 이상의 스팬이 일체로 연결된 보

③ 내민보 : 연속보의 한 끝이나 지점, 즉 고정된 한 끝이 지점에서 내밀어 달려 있는 보

(2) 보의 구조

① 보구조의 종류 : 장방형 보, T형 보

② 보의 단면치수

　㉠ 보의 유효춤 : 스팬(span)의 1/10~1/16

　㉡ 보의 너비 : 1/2~2/3, 25cm 이상

　㉢ 헌치 길이 : 헌치 춤의 3배

③ 철근의 배근형태

　㉠ 주근

　　• D13mm 이상 사용

　　• 철근 간격은 2.5cm 이상

　　• 공칭지름의 1.5D 이상

　㉡ 늑근

　　• D10mm 이상 사용(6mm)

　　• 간격은 보의 춤의 1/2 이하 또는 30cm 이하

- 별도의 계산을 요하지 않을 경우 보의 춤의 3/4 이하 또는 45cm 이하로 한다.
- 간격은 단부로 갈수록 하중이 무거워지므로 촘촘하게 한다.
- 중앙부에서는 단부에 비해 넓게 배근하며, 일반적으로 단부 간격의 2배로 한다.

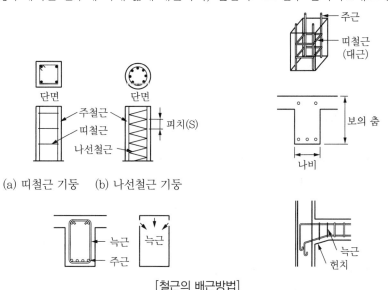

(a) 띠철근 기둥   (b) 나선철근 기둥

[철근의 배근방법]

8) 철근콘크리트 슬래브

(1) 슬래브의 구분

① 1방향 슬래브($\lambda > 2$)

   ㉠ 슬래브의 단변 쪽으로 하중 전달

   ㉡ 단변에는 주근 배치, 장변에는 온도철근을 배치

② 2방향 슬래브($\lambda \leq 2$)

   ㉠ 슬래브 양방향으로 하중 전달

   ㉡ 단변에는 주근 배치, 장변에는 배력근을 배치

(2) 슬래브의 배근

① 슬래브구조의 개요

   ㉠ 원형 철근 : 주근, 배근은 D 9mm 이상

   ㉡ 이형 철근 : 주근, 배근은 D10mm 이상

   ㉢ 철근비 : 콘크리트 전단면적의 0.2% 이상

② 슬래브의 배근 간격

   ㉠ 단변 방향

   - 20cm 이하
   - 지름 9mm 미만의 용접철망은 15cm 이하

ⓛ 장변 방향
- 30cm 이하
- 지름 9mm 미만의 용접철망은 20cm 이하

(3) 슬래브의 종류

① 장선 슬래브

ⓐ 장선과 슬래브가 한 방향으로 일체가 된 구조

ⓑ 양단은 보, 벽체를 지지한다.

ⓒ 슬래브는 장선을 지지한다.

② 플랫 슬래브

ⓐ 보가 없는 바닥판 구성으로 기둥에 직접 전달하는 구조이다.

ⓑ 간단한 구조로, 실내이용률이 높으며 층 높이는 낮게 한다.

ⓒ 단점 : 주두의 철근층이 여러 겹이라서 바닥판이 두껍다. 고정하중이 증대되어 뼈대의 강성에 문제가 발생한다.

③ 워플 플랫 슬래브

ⓐ 우물반자 형태로 두 방향의 슬래브구조

ⓑ 직은 돔형의 거푸집을 시용한다.

9) 철근콘크리트 기둥

구분		내용
기둥의 단면치수	기둥의 간격	• 25~30배의 무근콘크리트 강도와 같다. • 도리 방향 : 4~6m • 보 방향 : 5.5~8m • 최소 단면적 : 600cm² 이상 • 최소 단면 : 20cm 이상 • 주요 지점 간 길이 : 길이의 1/15 이상 중 가장 큰 값
	철근의 배근형태	• 주근 : $D13(\phi12)$mm 이상 • 사각형 기둥 : 주근 4개 이상 • 원형, 다각형 기둥 : 주근 6개 이상 • 철근 이음의 위치 : 층 높이의 2/3 이하로 하고, 철근의 이음 수는 철근 수의 1/2 • 기둥의 띠철근 　－ $D6$mm 이상으로 하여 좌굴을 방지한다. 　－ 보통 $D10$mm 사용 • 띠철근의 간격 　－ 주근 지름의 16배 이하 　－ 띠철근 지름의 48배 이하 • 기둥의 최소 폭 : 30cm 이하 중 최솟값

4 철골구조

1) 특징

(1) 장점

① 자중이 가볍고 고강도이다.
② 조립, 해체가 용이하다.
③ 정밀도가 높은 시공으로 높은 구조물을 얻을 수 있다.
④ 수평력에 강하다.
⑤ 내진적이며 인성이 크다.
⑥ 큰 스팬(span)의 건물, 고층건물에 적합하다.

(2) 단점

① 내구성, 내화성이 약해서 강도 저하나 변경이 쉽게 일어난다.
② 비내화성이므로 화재에 불리하다.
③ 압축재(기둥)의 좌굴이 생기기 쉽다.
④ 부재가 고가이므로 건축비가 비싸다.

2) 강재의 표시법

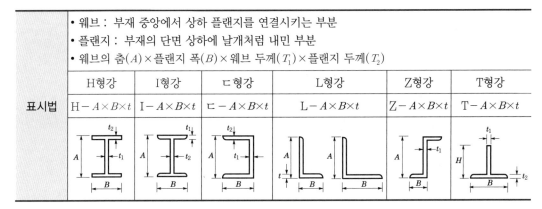

	• 웹브 : 부재 중앙에서 상하 플랜지를 연결시키는 부분 • 플랜지 : 부재의 단면 상하에 날개처럼 내민 부분 • 웹브의 춤(A)×플랜지 폭(B)×웹브 두께(T_1)×플랜지 두께(T_2)					
	H형강	I형강	ㄷ형강	L형강	Z형강	T형강
표시법	H－$A×B×t$	I－$A×B×t$	ㄷ－$A×B×t$	L－$A×B×t$	Z－$A×B×t$	T－$A×B×t$

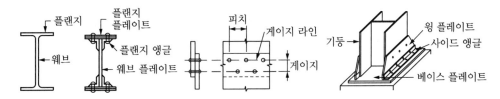

3) 강재의 접합

(1) 리벳 접합

① 2개의 강재에 구멍을 뚫어 약 800~1,000℃ 정도 가열한 후 리벳을 박는다.

② 시공에 따른 강도의 영향이 적고 신뢰도가 높다.

③ 접합재에 구멍을 뚫기 때문에 재료의 단면이 결손된다.

④ 엇모배치, 정렬배치 중 정렬배치를 많이 사용한다.

(2) 리벳 관련용어

① 게이지 : 게이지 라인과 게이지 라인 간의 거리

② 게이지 라인 : 리벳의 중심선을 연결하는 선

③ 피치(pitch) : 리벳과 리벳 중심 간의 거리

④ 클리어런스(clearance) : 리벳과 수직재 면의 거리

⑤ 그립(grip) : 리벳으로 접합하는 재의 총두께

⑥ 연단거리 : 리벳 구멍, 볼트 구멍의 중심에서 부재 끝단까지의 거리

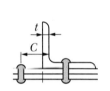
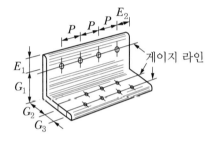

C : 클리어런스
P : 피치
G_1, G_2, G_3 : 게이지
E_1, E_2 : 연단거리

4) 볼트, 리벳의 접합

① 고력볼트

　㉠ 강도 80~130kg/mm²의 고강도 강으로 제작

　㉡ 특수 고력볼트 : 전단형 볼트, 그립볼트, 지압형 볼트

　㉢ 너트가 풀리지 않는 마찰접합

　㉣ 접합부의 강성이 높아 변형이 없다.

　㉤ 마찰접합의 경우 볼트에는 전단력이 생기지 않는다.

　㉥ 소음이 적으며 시공이 정확하다. 노동력 감소, 공기 단축

② 리벳 병용

　㉠ 리벳과 고력볼트 병용 : 각각 허용응력을 부담한다.

　㉡ 리벳과 보통볼트 병용 : 리벳이 모든 힘을 받는다.

　㉢ 리벳과 용접 병용 : 용접이 모든 힘을 받는다.

　㉣ 용접과 고력볼트 병용 : 용접이 모든 힘을 받는다.

　㉤ 용접과 고력볼트, 리벳, 볼트 병용 : 용접이 모든 힘을 받는다.

5) 용접접합

장점	• 수밀성, 일체성이 확보된다. • 강재 절약 시 판 두께의 중량이 감소한다. • 소음, 진동이 없다. • 접합부의 강성이 높다(응력 전달이 확실).
단점	• 용접결함에 대한 검사가 어렵고 비용, 장비, 시간이 많이 필요하다. • 용접열에 의한 변형이 발생한다 • 용접사의 기술에 의존한다. • 용접의 재질상태에 따라 응력 집중현상이 발생한다.
결함	• 오버랩(overlap) : 용착금속이 모재와 융합되지 않고 덮여 있는 부분 • 위핑 홀(weeping hole) : 용접부분 표면에 생기는 작은 구멍 • 언더컷(under cut) : 용접금속이 홈에 차지 않고 가장자리가 남아 있는 것 • 슬래그 섞임(slag inclusion) : 용접한 부분의 용접금속 속에 슬래그가 섞여 있는 것 • 블로 홀(blow hole) : 용접부분 안에 기포가 생기는 것 • 크랙(crack) : 용접 후 냉각 시 갈라지는 것

6) 철골부재의 역할

웨브(web), 스티프너(stiffener)	• 웨브는 전단력 부담 • 전단면에 대하여 전단응력이 균등하게 분포한다. • 웨브 좌굴 방지 　-하중점 스티프너 : 양쪽 웨브 두께의 1.5배 이하의 유효폭 구성. 압축재로 취급. 좌굴 　　길이는 보의 춤 0.7배 　-중간 스티프너 : 전단 좌굴에 대한 웨브 플레이트 보강 　-수평 스티프너 : 휨, 압축 좌굴에 대한 웨브 플레이트 보강
플랜지(flange), 커버 플레이트 (cover plate)	• 보의 단면 상하에 날개처럼 내민 부분 • 플랜지와 커버 플레이트의 수는 4개 이하 • 커버 플레이트의 전단면적은 플랜지 전단면적의 60% 이하 • 용접 조립에 의한 보의 플랜지는 될 수 있는 한 1장의 플레이트로 구성 • 커버 플레이트는 휨모멘트의 크기에 따라 조정

7) 철골보의 종류

종류	특성	이미지
격자보	• 웨브를 상하부 플랜지에 90°로 조립한 보 • 가장 경미한 하중을 받는 곳에 사용한다. • 보를 노출시키지 않는다. • 철골철근콘크리트구조에 사용	
판보	• 웨브에 철판을 대고 상하부 플랜지 철판을 용접한다. • ㄴ형강을 리벳 접합 • 트러스보다 안전한 형태로 전단력이 크게 작용한다. • 철교, 크레인 등에 사용	플랜지 웨브

종류	특성	이미지
트러스보	• 각종 형강과 거싯 플레이트를 사용해서 조립한 보 • 스팬(span)이 큰 구조물에 사용	
래티스보	• 상하 플랜지에 ㄱ형강을 쓰고 웨브재를 45°, 60° 등의 경사로 어긋대어 접합한 보 • 전단력에 약하고, 경미한 보의 구법이다. • 철골구조, 철골철근콘크리트구조에 사용	
형강보	• H형강, ㄷ형강, I형강을 주로 사용 • 휨모멘트는 플랜지, 전단력은 웨브가 부담한다. • 가동이 간단하고 현장 조립이 신속하여 경제적이다. • 중도리, 장선 등 작은보에 사용	—

8) 트러스

구분		내용
형태	절점	드러스의 각 부재가 만나는 점
	타이(tie)	상하 중간에 위치한 웨브재 중 인장력에 견디는 재
	격간(panel)	절점 간의 간격
	간사이(span)	트러스 지지점의 중심 거리
	스트럿(strut)	상하 중간에 위치한 웨브재 중 압축력에 견디는 재
	상현재	상부 압축재
	하현재	하부 인장재
	웨브재	보의 웨브 부재
종류	워렌 트러스	대체로 상·하현이 평행일 경우 사용
	하우 트러스	각종 길이 스팬에 가장 많이 사용
	프래트(pratt) 트러스	웨브재 중 수직재는 압축력, 사재는 인장력을 받는데 응력상태가 하우 트러스와는 정반대
	핑크 트러스	경사진 지붕의 각종 스팬에 사용(목조 혼용)
이미지	[워렌 트러스]	[하우 트러스] [프래트 트러스]

9) 강관의 구조

(1) 특성

① 직접 용접, 고장력볼트의 접합방식으로 간단하게 접합이 가능하다.

② 원형 단면으로 강성 및 휨강도가 크다.

③ 접합부 단면 절단의 용이성, 가공성이 크다.

(2) 스페이스 프레임

① 종류

　㉠ 스페이스 프레임 : 트러스를 종횡으로 배치하여 판을 구성

　㉡ 구형 스페이스 프레임 : 구성형식에 따라 트러스를 종횡으로 구성

　㉢ 삼각형, 육각형 스페이스 프레임 : 60°로 경사진 트러스를 종횡으로 조립하여 구성

② 장점

　㉠ 절판 및 곡면 구조로 응용이 가능하다.

　㉡ 트러스의 높이를 50%까지 낮게 할 수 있으며 강재의 양을 절약할 수 있다.

　㉢ 동일 부재를 반복 조립하므로 작업이 용이하다.

　㉣ 지진 및 수평력에 대한 저항력이 크다.

[자주 출제되는 중요한 문제는 별표(★)로 강조함]

★
01 왕대공 지붕틀에서 압축력과 휨모멘트를 동시에
받는 부재는?

① 왕대공　　　　② ㅅ자보
③ 빗대공　　　　④ 중도리

해설 ㅅ자보 : 압축응력과 중도리에 의한 휨모멘트를 동
시에 받는 부재로 압축재이다.

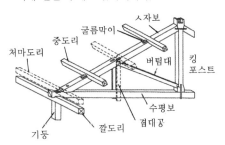

02 다음 그림과 같은 목재의 이음의 종류는?

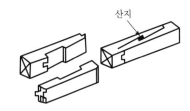

① 엇빗이음　　　② 겹침이음
③ 엇걸이이음　　④ 긴촉이음

해설 엇걸이이음
• 평보, 기둥, 토대, 중도리, 처마도리에 사용한다.
• 구부림에 효과적인 이음이다.
• 휨을 받는 가로부재의 내이음에 사용한다.

★
03 벽돌벽에 장식적으로 여러 모양의 구멍을 내어
쌓는 방식을 무엇이라 하는가?

① 영식 쌓기　　　② 영롱쌓기
③ 불식 쌓기　　　④ 공간쌓기

해설 영롱쌓기 : 벽돌을 여러 모양으로 구멍을 내어 장식
적으로 쌓는 방법

04 목구조에서 각 부재의 접합부 및 벽체를 튼튼하게
하기 위하여 사용되는 부재와 관련 없는 것은?

① 귀잡이　　　　② 버팀대
③ 가새　　　　　④ 장선

해설 목구조의 구성재 : 귀잡이, 버팀대, 가새, 인방, 토
대, 기둥, 도리, 꿸대

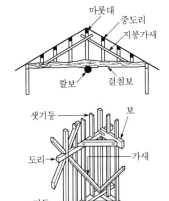

▶용어 설명
장선 : 마루구조에서 마룻널 바로 밑에 있는
하중을 받는 역할의 부재로, 마루판을 직접 받
치는 가로재이다.

정답 ▶ 1. ② 　2. ③ 　3. ② 　4. ④

05 목재의 이음 중 따낸이음에 속하지 않는 것은?

① 주먹장이음　　② 엇걸이이음

③ 덧판이음　　　④ 메뚜기장이음

해설 따낸이음 : 주먹장이음, 엇걸이이음, 메뚜기장이음, 빗턱이음, 빗이음, 엇빗이음

★
06 기본 벽돌(190×90×57) 2.0B 벽두께 치수로 옳은 것은? (단, 공간쌓기 아님)

① 390mm　　　② 420mm

③ 430mm　　　④ 450mm

해설
• 벽체의 두께 : 벽돌의 길이(190mm)를 B(Brick)로 하고 이에 대한 배율을 말한다.
• 기본 벽돌 2.0B＝190mm＋10mm(줄눈 너비)
　　　　　　　　＋190mm＝390mm

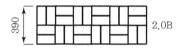

07 그림과 같이 마름질된 벽돌의 명칭은?

① 이오토막　　② 칠오토막

③ 반토막　　　④ 반절

해설 반절 : 벽돌을 긴 방향으로 절반으로 등분한 것

08 벽돌구조에서 벽면이 고르지 않을 때 사용하고 평줄눈, 빗줄눈에 대해 대조적인 형태로 비슷한 질감을 연출하는 효과를 주는 줄눈의 형태는?

① 오목줄눈　　② 볼록줄눈

③ 내민줄눈　　④ 민줄눈

해설 내민줄눈
• 벽면이 고르지 않을 때 사용
• 질감 연출효과

09 벽돌쌓기법 중 프랑스식 쌓기에 대한 설명으로 옳은 것은?

① 한 켜에서 길이쌓기와 마구리쌓기가 번갈아 나타난다.

② 한 켜는 길이쌓기, 다음 켜는 마구리쌓기가 반복된다.

③ 5켜는 길이쌓기, 다음 1켜는 마구리쌓기로 반복된다.

④ 반장 두께로 장식적으로 구멍을 내어 가며 쌓는다.

해설 프랑스식(불식) 쌓기
• 한 켜에 길이쌓기와 마구리쌓기가 번갈아 나오게 쌓는 방법이다.
• 통줄눈이 많아 구조적으로 튼튼하지 않지만 외관상으로 보기가 좋다.

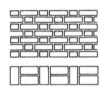

10 조적조에서 내력벽으로 둘러싸인 부분의 바닥면적은 최대 몇 m² 이하로 하는가?

① 50m²　　　② 60m²

③ 70m²　　　④ 80m²

해설 조적조 내력벽의 바닥면적 : 내력벽으로 둘러싸인 부분의 바닥면적은 80m²를 초과할 수 없다.

★
11 철근콘크리트구조에 관한 설명으로 옳지 않은 것은?

① 철근과 콘크리트의 선팽창계수는 거의 동일하므로 일체화가 가능하다.

② 철근콘크리트구조에서 인장력은 철근이 부담하는 것으로 한다.

③ 습식구조이므로 동절기 공사에 유의하여야 한다.

④ 타 구조에 비해 경량구조이므로 형태의 자유도가 높다.

해설 철근콘크리트구조
- 인장력은 철근이 부담하는 것으로 한다.
- 압축력은 콘크리트가 부담하도록 설계한다.
- 일체식으로 구성된 구조이다.
- 내화성, 내진성, 내구성이 강하다.
- 습식구조이므로 농절기 공사에 유의해야 한다.

12 철근콘크리트조의 벽판을 현장 수평지면에서 제작하여 굳은 다음 제자리에 옮겨 놓고, 일으켜 세워서 조립하는 공법은?

① 리프트 슬래브 공법
② 커튼월 공법
③ 포스트텐션 공법
④ 틸트업 공법

해설 틸트업 공법 : 철근콘크리트조의 벽판을 현장 수평지면에서 제작하여 굳은 다음 제자리에 옮겨 놓고, 일으켜 세워서 조립하는 공법을 말한다.

13 철근콘크리트구조에서 압축부재가 원형 띠철근으로 둘러싸인 경우 축방향 주철근의 최소 개수는 얼마인가?

① 3개   ② 4개
③ 5개   ④ 6개

해설 철근콘크리트구조의 주철근
- 주근은 $D13mm$ 이상
- 주근의 개수 : 장방형 기둥, 원형 기둥 모두 4개 이상

14 철근콘크리트의 특성에 관한 설명으로 옳지 않은 것은?

① 콘크리트는 철근이 녹스는 것을 방지한다.
② 철근은 인장력에는 효과적이지만 압축력에는 저항하지 못한다.
③ 철근과 콘크리트는 선팽창계수가 거의 같다.
④ 철근콘크리트구조체는 내화적이다.

해설 철근 : 인장력에는 효과적이고 압축력에 저항한다.

15 다음 용어 중 철골구조와 가장 관계가 먼 것은?

① 인서트(insert)
② 사이드 앵글(side angle)
③ 웨브 플레이트(web plate)
④ 윙 플레이트(wing plate)

해설 인서트 : 콘크리트벽이나 슬래브 등에 마감재나 바탕재를 고정시키기 위한 쇠붙이

★
16 철골조 기둥(작은 지름 25cm 이상)이 내화구조 기준에 부합하기 위해서 두께 최고 7cm 이상을 보강해야 하는 재료에 해당되지 않는 것은?

① 콘크리트블록   ② 철망 모르타르
③ 벽돌   ④ 석재

해설 철골조 기둥의 내화구조기준
- 두께 6cm(5cm) 이상을 보강해야 하는 재료 : 철망 모르타르
- 두께 7cm 이상을 보강해야 하는 재료 : 콘크리트블록, 벽돌, 석재루 덮인 것

17 철골구조의 접합에서 두 부재의 두께가 다를 때 같은 두께가 되도록 끼워 넣는 부재는?

① 거싯 플레이트(gusset plate)
② 필러 플레이트(filler plate)
③ 커버 플레이트(cover plate)
④ 베이스 플레이트(base plate)

해설 필러 플레이트 : 철골구조의 접합에서 두 부재의 두께가 다를 때 같은 두께가 되도록 끼워 넣는 부재

★
18 철골보에서 스티프너를 사용하는 주목적은?

① 보 전체의 비틀림 방지
② 웨브 플레이트의 좌굴 방지
③ 플랜지 앵글의 단면 보강
④ 용접작업의 편의성 향상

해설 철골보 스티프너 : 보의 전단응력도가 커서 좌굴의 우려가 있을 경우, 판재의 좌굴 방지를 위해 웨브에 부착히는 보강재

정답 **12.** ④ **13.** ② **14.** ② **15.** ① **16.** ② **17.** ② **18.** ②

19 철골에 내화피복을 하는 이유로 옳은 것은?

① 내구성의 확보
② 마감재 부착성의 향상
③ 화재에 대한 부재의 내력 확보
④ 단열성 확보

해설 철골에 내화피복을 하는 이유 : 철골이 열에 약하므로 화재에 대한 부재의 내력을 확보하기 위해서이나.

★
20 철골구조에 관한 설명으로 옳지 않은 것은?

① 수평력에 약하며 공사비가 저렴한 편이다.
② 철근콘크리트구조에 비해 내화성이 부족하다.
③ 고층 및 장스팬 건물에 적합하다.
④ 철근콘크리트구조물에 비하여 중량이 가볍다.

해설 철골구조의 단점
• 부재가 고가이므로 건축비가 비싸다.
• 내화성이 부족하다.
• 좌굴에 취약하다.

21 철골구조에서 그림과 같은 H형강의 올바른 표기법은?

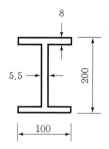

① H−100×200×5.5×8
② H−100×200×8×5.5
③ H−200×100×5.5×8
④ H−200×100×8×5.5

해설 강재 표시법＝웨브의 춤(A)×플랜지 폭(B)×웨브 두께(t_1)×플랜지 두께(t_2)

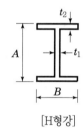

[H형강]

CHAPTER

02 건축사

I N T E R I O R A R C H I T E C T U R E

01 | 실내디자인사

• 한국건축의 시대적 특징을 숙지한다.
• 서양건축의 역사적 순서를 숙지한다.
• 시대별 대표양식, 대표작가에 대하여 알아 둔다.

1 한국 실내디자인사

1) 한국 건축양식의 의장상 특징

① 배흘림기둥 : 건축물 기둥의 중간은 굵고 위아래로 가면서 점차 가늘게 된 주형으로, 구조상의 안정과 착시현상 교정기법. 서양건축의 엔타시스와 동일하다.

② 안쏠림기법 : 건축물 기둥을 만들 때 수직으로 올리는 것이 아니라 기둥을 약간 안쪽으로 기울여 만든 착시현상 교정기법

③ 귀솟음기법 : 건축물 기둥과 모서리 기둥의 높이를 같게 할 경우 양쪽 끝이 중심보다 낮게 보이는 착시현상 교정기법

　㉠ 건축의 귀기둥(귀퉁이에 세워진 기둥)보다 높게 하는 기법

　㉡ 그리스 파르테논 신전의 중앙부가 처져 보이는 것을 막기 위해 중앙부의 기둥을 높게 하는 것을 반대로 이용한 기법

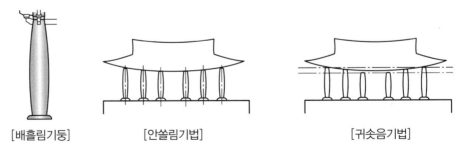

[배흘림기둥]　　　[안쏠림기법]　　　[귀솟음기법]

④ 기둥 : 수직적 요소
⑤ 지붕의 처마, 용마루, 기단 : 수평적 요소

⑥ 지붕 기와의 골, 창호살의 짜임 : 선들의 조화

⑦ 비례와 균형미

⑧ 친근감을 주는 인간적 척도

⑨ 비대칭 평면구조

⑩ 처마 곡선, 자연과의 조화

2) 목조 건축양식 – [공포(두공)의 형식]

구분	특성	대표 건축물	이미지
주심포식	• 기둥 위에만 공포가 있는 형식 • 주두와 첨차, 소로들로 구성되는 공포를 짜는 식 • 쌍S자 각, 배흘림기둥, 주두의 굽면이 곡면	수덕사 대웅전, 부석사 무량수전, 봉정사 극락전, 강릉 객사문	
다포식	• 공포(貢包)를 기둥의 위쪽뿐만 아니라 기둥과 기둥 사이의 공간에도 짜 올리는 형식 • 기둥 사이에 놓인 포를 주간포(柱間包) 또는 간포(間包)라고도 한다. • 주심포형식에 비해 화려하고, 익공형식에 비해 격이 높아 궁궐의 정전 등에 주로 사용	심원사 보광전 : 다포식으로 가장 오래됨	
익공식	• 주심포계 중에서 새의 날개 형상의 부재를 키운 공포형식 • 기둥 위에만 공포가 있는 형식 • 소규모 건축	서울 문묘 명륜당, 강릉 오죽헌, 경복궁 향원정	
절충식	• 주심포식과 다포식 수법이 혼용	개심사 대웅전	—

3) 한옥의 기능

구분	기능
안채	• 주인마님을 비롯한 여성들의 공간 • 대문으로부터 가장 안쪽에 위치한다. • 구성 : 안방 – 안대청 – 건넌방 – 부엌
사랑채	• 외부 손님에게 숙식을 대접하는 공간 • 이웃, 친지들의 친목을 도모하는 공간 • 자녀의 학문, 교양을 교육하는 공간
행랑채	• 하인들의 기거, 곡식의 저장창고
사당채	• 조상 숭배의식의 의례공간 • 대문으로부터 가장 안쪽, 안채의 안대청 뒤쪽, 사랑채 뒤쪽의 가장 높은 공간
별당채	• 규모가 있는 집안의 가옥에는 집의 뒤쪽, 안채의 뒤쪽에 위치한다. • 이용하는 사람에 따라 불리는 이름이 다르다. 　– 결혼 전의 딸이 기거하면 : 초당 　– 결혼 전의 남자들의 글공부방 : 서당
반빗간	• 일반 사대부 집안에서 별채로 만든 부엌간

② 서양 실내디자인사

1) 서양 건축양식의 발달 순서

구분	발달 순서
고대건축	원시 → 서아시아 → 이집트 → 그리스 → 로마
중세건축	초기 기독교 → 비잔틴 → 사라센 → 로마네스크 → 고딕
근세건축	르네상스 → 바로크 → 로코코
근대건축	고전주의 → 낭만주의 → 절충주의
현대건축	미술공예운동 → 아르누보 → 세제션 → 표현주의 → 바우하우스 → 구성주의 → 시카고파 → 국제건축

2) 고대건축

① 서아시아건축

특징	• 서남아시아 티그리스강과 유프라테스강 주변, 고대 메소포타미아문명 • 장방형의 방, 아치(arch), 볼트(vault)구조 • 진흙, 벽돌, 갈대(reed) 재료를 사용 • 평지붕, 신전, 궁전건축이 특징
대표 건축물	• 솔로몬 신전, 지구라트(Ziggurat), 바빌로니아 신전, 아시리아의 사르곤 왕궁

② 이집트건축

특징	• 나일강 유역에 형성된 고대 이집트문명 양식 • 왕을 위한 암굴 분묘와 신전의 석조건축 • 나일강의 점토, 흙벽돌 재료를 사용 • 식물(야자, 연꽃, 파피루스), 조각주의 기둥이 특징
대표 건축물	• 피라미드, 마스터바, 암굴 신전, 오벨리스크

③ 그리스건축

특징	• 그리스 헬레니즘문화를 배경으로 전개된 양식 • 신의 주거 개념 신전건축 • 기둥의 엔타시스(entasis) 착시현상을 적용 • 자연적 지형을 그대로 이용한 조화와 균형의 극장 및 경기장 관람석을 건축 • 석재 가공기술의 3가지 주범 오더(order) −도리아식(Doric) : 남성적, 직선, 단순, 간단한 양식 −이오니아식(Ionian) : 여성적, 곡선, 우아, 경쾌, 소용돌이 문양의 주두 −코린트식(Corinthian) : 화려한, 장식적, 아칸서스 나뭇잎을 디자인한 주두 • 그리스 신전 : 원주, 엔타블러처, 박공 3가지로 구성 • 그리스 주택 : 장방형 평면, 출입문 채광, 무(無)창
대표 건축물	• 파르테논 신전, 에레크테이온 신전, 포세이돈 신전, 에피다우로스 극장 등

④ 로마건축

특징	• 여러 나라 건축양식의 종합으로 석재와 벽돌을 이용한 아치, 볼트방식을 사용 • 실용적인 서양건축의 내부 공간을 형성 • 방대한 규모와 대리석, 모자이크 등의 화려한 장식 표현의 건축 • 석회석, 콘크리트와 석재, 화산재가 주재료 • 열주식 중정형식의 주택 • 5가지 기둥 오더(order) −도리아식(Doric) : 남성적, 직선, 단순, 간단한 양식 −이오니아식(Ionian) : 여성적, 곡선, 우아, 경쾌, 소용돌이 문양의 주두 −코린트식(Corinthian) : 화려한, 장식적, 아칸서스 나뭇잎을 디자인한 주두 −터스칸식(Tuscan) : 단순화시킨 그리스 도리아식의 주범양식 −컴포지트식(composite) : 코린트식과 이오니아식의 복합주범양식
대표 건축물	• 콜로세움, 판테온 신전, 바실리카 울피아, 카라칼라 욕장, 콘스탄티누스 개선문

3) 중세건축

① 초기 기독교건축

특징	• 기독교건축의 발달로 외부 장식이 간단 • 로마 건축양식을 계승 −가구식 구조 : 목재, 철재 등 가늘고 긴 재료를 조립하여 만든 구조 −아케이드 구법 : 기둥과 교각에 의해 지탱되는 아치(arch)가 연속적으로 이어진 복도와 같은 공간

특징	• 교회 건축양식의 정립으로 로마시대의 공공건물 바실리카를 교회 건물로 사용. 바실리카식 교회 양식의 탄생
대표 건축물	• 구 성베드로 성당, 바실리카식 교회당, 성 칼리스투스 카타콤 등

② 비잔틴건축

특징	• 로마건축을 기반으로 사라센문화와 동양적 건축요소를 혼합한 건축양식 　－그리스 십자형 평면과 동양의 돔(dome)구조를 혼용 • 펜덴티브(pendentive) 돔(정방형 평면의 4면에 삼각형을 세워 원형 평면을 만들고 그 위에 반원구의 돔을 올려 놓은 구조), 채색유리 사용으로 아케이드 구법 발달 • 화려한 색채의 평면 장식으로 장식적 효과 • 벽돌과 콘크리트가 주재료, 석재가 부재료 • 중앙집중적 돔건축 : 기단부의 창으로 들어오는 채광은 성소의 신비롭고 숭고한 분위기를 연출
대표 건축물	• 성 소피아 성당, 성 마르크 성당, 성 이레네 성당 등

③ 로마네스크건축

특징	• 과도기적 건축양식으로 이탈리아를 중심으로 유럽 지역에서 교회건축에 집중 　－로마건축보다 한 단계 아래 • 초기 기독교 건축문화인 바실리카 양식에서 유래되었으며 크리스트교건축의 십자가형 평면을 기본으로 실내와 중앙 복도에는 네이브, 양옆 복도는 아일(aisle)로 구분 • 석재를 주재료로 사용하여 아치, 볼트, 피어 등을 조적해 교차볼트 기법 발달 • 가장 특징적 요소는 교회 건축물의 반원 아치 • 작은 원형의 장미창(rose window), 차륜형 창(wheel type window)을 사용해 신성한 빛 이미지를 구현 • 교회건축의 특징 : 어두운 실내, 작은 창, 착색유리 장식
대표 건축물	• 피사 성당, 성 미카엘 교회, 아헨 성당 등

④ 고딕건축

특징	• 종교건축의 최고 절정기로, 구조적 문제를 역학적으로 해결하며 중세 교회건축을 완성 • 직사각형의 평면, 입면요소가 서측 정면에 집중 • 구조 : 리브볼트(rib vault), 첨두아치(pointed arch), 플라잉 버트레스(flying buttress), 강렬한 대칭 발달 　－리브볼트 : 볼트의 무게를 줄이기 위해 교차볼트에 첨두형 리브를 덧대어 구조적으로 보강 　－첨두아치 : 작은 횡압력과 아치 반지름 정점의 자유로운 높이 조절로 천장, 창, 출입구, 아케이드, 가루 문양, 일반 장식에 사용 　－플라잉 버트레스 : 횡압력에 대한 저항을 증가시키는 건축기법으로, 주벽과 떨어져 있는 경사진 아치형으로 벽을 받치는 노출보 부축벽의 자중을 증가시킴 • 스테인드글라스를 통한 자연 채광양식의 발전으로, 넓은 고창과 원형창의 형성이 특징
대표 건축물	• 노트르담 성당, 쾰른 대성당, 밀라노 대성당 등

4) 근세건축

① 르네상스건축

특징	• 14~16세기에 일어난 문화운동으로 학문, 예술의 부활, 재생의 의미를 가짐 • 15세기 명확한 수의 비례, 조화의 원리를 개념으로 사용하여 그리스, 로마시대 문화와 고전주의 건축양식에 맞춰 이탈리아에서 시작 • 중앙집중형 평면과 중앙 돔에 의한 단일공간화 • 외장요소에서 수평선 강조로 인간의 사회관과 횡적 유내를 싱징 • 주재료 : 석재, 벽돌, 콘크리트 • 코린트식 주범, 박공, 아치, 아케이드 등 고전적 요소를 이용한 장식적 기둥 • 망사르드 지붕과 천장
대표 건축물	• 성 베드로 사원, 성 로렌조 사원, 플로렌스 대성당, 루브르궁 등

② 바로크건축

특징	• 17세기 말 이탈리아를 중심으로 실내장식, 회화, 조각, 감각에 중점을 둔 양식 • 웅대하고 동적임, 화려하고 과장됨, 열정적이고 다양함의 종합예술 • 모든 건축적 경험과 역동성을 부가함 • 극적이고 복합적인 굴곡과 곡선의 움직임이 풍부함 • 건축물의 안팎은 금빛의 눈부신 조각이나 그림으로 장식
대표 건축물	• 베르사이유 궁전, 성 로렌조 성당, 성 베드로 성당, 성 파울 성당 등

③ 로코코건축

특징	• 바로크건축의 최종 단계 • 18세기 프랑스를 중심으로 발전한 귀족과 부르주아의 예술, 개인의 프라이버시를 중시한 실내장식 • 우아, 경쾌, S자형의 곡선, 비대칭적인 장식, 이국적인 풍취. 세련미와 화려한, 유희적, 여성적, 감각적 공간을 구성 • 부드러운 곡선 디자인으로 공간을 창조
대표 건축물	• 오텔 드 수비즈(프랑스), 조지안 하우스(영국), 상수시궁(독일 포츠담)

5) 근대건축

① 고전건축

특징	• 18~19세기 말 프랑스에서 시작된 그리스, 로마의 문화와 예술의 건축양식 　－그리스, 로마의 주범양식을 모방 　－바로크·로코코건축의 과도한 장식과 퇴폐적인 것에 반발한 과도기 건축으로, 고전주의 건축을 부흥시킨 신고전주의건축 • 일정한 균형, 규칙, 안정, 위엄의 형식을 구성. 장대한 규모, 순수 기하학적 입방체로 단순하고 규모가 큰 건축을 추구함 • 대칭, 비례, 질서, 조화, 정적인 2차원적 건축을 구성
대표 건축물	• 베를린 왕립극장, 베를린 고대미술관 등

② 낭만주의건축

특징	• 민족의 기원으로 삼고 있던 중세 고딕 건축양식에 관심 • 고딕건축의 방식과 방법을 유지 : 구조와 재료의 정직한 표현이라는 진실성을 반영 • 영국은 낭만주의건축의 발상지로 유럽에 전파 − 19세기 말 현대건축운동인 미술공예운동을 유발
대표 건축물	• 영국 국회의사당, 보티브 성당

③ 절충주의건축

특징	• 활발한 역사 연구, 과거 양식에 관한 객관적 이해와 평가를 통해 과거의 모든 건축양식의 복원, 절충으로 새로운 건축양식의 창조를 시도 − 그리스, 로마 : 신고전주의건축 − 고딕 : 낭만주의건축 • 그리스, 로마, 신고전주의, 낭만주의 등 일정한 양식에 국한되지 않고 과거의 모든 양식 을 이용 • 일정한 기준 없이 건축가의 주관에 의한 각종 양식을 종합
대표 건축물	• 파리 오페라하우스, 로열 파빌리온 등

6) 현대건축

① 미술공예운동

특징	• 19세기 후반~20세기 초, 영국의 윌리엄 모리스가 대량생산과 기계에 의한 저급제품의 생산에 반기를 든 데서 시작됨 • 장식이 과다한 빅토리아시대의 제품을 지양 • 간결한 선과 비례를 중시 • 수공예에 의한 예술로의 복귀
대표 건축물	• 윌리엄 모리스의 붉은 집

② 아르누보

특징	• 영국의 수공예운동과 상징주의의 영향을 받아 벨기에 브뤼셀에서 시작하여 전 유럽으로 확산된 낭만주의적 예술운동 • 모던 디자인으로 전환하는 과도기 디자인 운동의 중요한 역할을 함 • 바로크의 조형적 개념 표현과 형태 추구 • 로코코의 비대칭 원리 • 곡선적 형태, 철의 조형적 가능성, 종합예술 • 과거 양식에서의 탈피를 모색함 • 곡선가구, 가구디자인을 인용한 장식적 양식 • 벽돌, 콘크리트 재료로 노출 및 강철을 이용함 • 창시자 : 루이스 설리번(미국), 빅토르 오르타(벨기에) • 대표작가 : 안토니오 가우디(스페인)

대표 건축물	• 안토니오 가우디 : 카사밀라, 사그라다 파밀리아 성당 • 찰스 레니 매킨토시 : 영국 글래스고 미술학교 • 엑토르 기마르 : 파리 지하철 역사의 출입문, 튜린가의 저택 • 빅토르 오르타 : 타셀 주택

③ 세제션

특징	• 1897년 오스트리아 건축가 호프만에 의해 제창된 운동 • 과거 역사주의 양식에서 분리, 해방 지향 운동으로 예술활동 • 빈 공방(1903) : 직선을 주조로 한 수직, 수평에 의한 단순한 기하학적 구성의 인테리어와 가구디자인을 표방하여 제작, 생산 • 빈의 분리파 : 오토 바그너, 요제프 호프만
대표 건축물	• 요제프 호프만 : 브뤼셀의 슈토클레트 저택 • 오토 바그너 : 빈 우체국 • 올리 리히 : 세제션관 • 피터 베렌스 : 터빈 공장

④ 표현주의

특징	• 1919년 독일에서 1차 세계대전 후 패전국가의 사회적 혼란 등에 의해 억압된 불안한 생활에 대한 감정의 반발로 일시적으로 나타난 사조 • 불안정, 동적인 느낌을 강조
대표 건축물	• 한스 펠치히 : 베를린 대극장 • 에리히 멘델존 : 아인슈타인 탑

⑤ 바우하우스

특징	• 1919년 독일공작연맹의 지도자인 그로피우스가 바이마르에 미술학교와 공예학교를 병합하여 설립 • 표준화, 공업화를 통한 공장생산과 대량생산방식을 예술에 도입 • 20세기 모던 디자인의 3가지 과제 : 형태의 기능성, 구조의 단순성, 작품의 양산화 • 건축을 중심으로 한 모든 예술의 통합
대표 건축가	• 발터 그로피우스 • 미스 반 데어 로에 : 단순성의 디자인 철학 • 마르셀 브로이어 : 바우하우스의 가구 공방의 지도자. 세스카 의자, 바실리카 의자를 디자인

⑥ 구성주의

특징	• 1차 세계대전 직후 모스크바에서 시작돼 전 유럽으로 확대됨 • 모든 면에서 구조를 최대한 강조함 • 가장 효율적인 공간으로 조성된 형태에서 미를 추구함
대표 건축가	• 르 코르뷔지에 : 모듈러(modular)라는 설계단위를 설정하고 실천 −르 모듈러 : 형태 비례에 대한 학설 −근대건축의 5원칙 제안 : 필로티, 자유로운 평면, 옥상정원, 도미노 시스템, 연속된 창

⑦ 시카고파

특징	• 19세기 말 미국의 시카고에서 시작 • 재래의 양식주의적 건축과 달리 합리주의적, 기능주의적 사상을 주장 • 철골구조의 긴축물, 난순한 벽면의 구성, 개구부를 폭넓은 유리창으로 함 • 근대적인 사무소 건축 발전에 이바지
대표 건축물	• 홀라버드 : 타코마 빌딩 • 프랭크 로이드 라이트 : 카프만 주택(낙수장), 존슨 빌딩, 구겐하임 미술관

⑧ 국제건축

특징	• 1920년에서 1930년경 널리 유행 • 국제주의 건축이라는 용어는 제창자인 발터 그로피우스가 사용 　－민족적, 지역 간의 격차 해소 • 실용적 기능의 중시, 재료와 구조의 합리적 적용
대표 건축가	• 르 코르뷔지에, 미스 반 데어 로에, 발터 그로피우스, 알바르 알토, 프랭크 로이드 라이트 　－미스 반 데어 로에 : 주로 대단위 면적의 유리를 사용 • 르 코르뷔지에, 아메데 오장팡 : 잡지 《에스프리누보》(신정신) 발간 • 몬드리안, 도제부르크, 아우트 : 잡지 《드 스틸》 발간

[자주 출제되는 중요한 문제는 별표(★)로 강조함]

01 조선시대에 실내공간의 분위기를 연출할 수 있도록 상징성과 암시적인 의미의 조각으로서 건축의 장식성을 두드러지게 한 건축물은 어느 것인가?

① 서원 ② 주택
③ 사찰 ④ 향교

해설 사찰 : 불상·탑 등을 모셔 놓고 승려와 신자들이 거처하면서 불도를 닦고 교리를 설파하는 건축물 혹은 소재 영역으로 조선시대 건축의 장식성을 두드러지게 한 건축물이다.

02 다음 중 익공계 양식에 관한 설명으로 옳지 않은 것은?

① 조선시대 초 우리나라에서 독자적으로 발전된 공포양식이다.
② 향교, 서원, 사당 등 유교 건축물에서 주로 사용되었다.
③ 주심포양식이 단순화되고 간략화된 형태이다.
④ 봉정사 극락전이 대표적인 건축물이다.

해설 봉정사 극락전 : 사람인자(人) 모양의 맞배지붕에 지붕 처마를 받치는 장식인 공포가 위에만 있는 주심포양식

03 한국건축 의장계획의 특징과 가장 거리가 먼 것은?

① 인위적 기교
② 풍수지리 사상
③ 친근감을 주는 인간적 척도
④ 시각적 착각 교정

해설 한국건축의 의장계획의 특징 : 풍수지리 사상, 친근감을 주는 인간적 척도, 시각적 착각 교정, 지붕의 처마 곡선미

04 한국의 궁궐건축을 최초 창건한 순서대로 옳게 나열한 것은?

① 경복궁 – 창덕궁 – 창경궁 – 경희궁
② 창덕궁 – 경복궁 – 경희궁 – 창경궁
③ 창경궁 – 경희궁 – 창덕궁 – 경복궁
④ 경희궁 – 창경궁 – 창덕궁 – 경복궁

해설 한국 궁궐건축의 창건 순서
경복궁(1395년) → 창덕궁(1405년) → 창경궁(1483년) → 경희궁(1616년)

05 한국의 전통사찰 본당에서 내부 공간 구성의 1차 인지요소로서 공간의 심리적이고 극적인 효과를 유도시키는 구성요소라고 할 수 있는 것은?

① 마루 ② 개구부
③ 공포대 ④ 기단

해설 공포대
• 한국 목공 건축양식의 구분요소
• 주심포식, 다포식, 익공식
• 한국 전통사찰 본당에서 내부 공간 구성의 1차 인지요소로서 주두, 소로, 첨차 등으로 이루어져 있다.
• 심리적이고 극적인 효과를 유도하는 구성요소

정답 1. ③ 2. ④ 3. ① 4. ① 5. ③

06 한국의 목조건축에서 입면 구성요소에 의해 이루어지는 특성과 가장 거리가 먼 것은?

① 실용성　　② 장식성
③ 의장성　　④ 구조성

해설 한국 목조건축의 입면 구성요소 : 장식성, 의장성, 구조성

★
07 다음 중 주심포양식의 건물은?

① 창덕궁 인정전　　② 수덕사 대웅전
③ 봉정사 대웅전　　④ 창덕궁 명정전

해설 주심포양식 : 수덕사 대웅전, 봉정사 극락전, 부석사 무량수전, 강릉 객사문, 관음사 원통전

08 로마네스크 건축양식에 해당하는 것은?

① 피사 대성당　　② 솔즈베리 대성당
③ 파르테논 신전　　④ 노트르담 사원

해설 피사 대성당
* 유럽 중세 시기에 이탈리아의 상업도시였던 피사에 위치해 있는 이탈리아 로마네스크건축을 대표하는 주교좌 성당(대성당)
* 피사의 사탑이라는 이름으로 알려진 종루, 세례당, 묘지 캄포산토('성스러운 토지'라는 뜻) 등을 갖추었다.
* 팔레르모 해전의 승리를 기념해서 1063년 그리스인 부스케투스(Buschetus)의 설계에 의해서 기공→1118년에 헌당→12세기 말에 라이날두스(Raynaldus)가 서측 부분을 연장해서 돔을 설치→13세기에 피사노(Pisano)가 완성해서 준공

★
09 르 코르뷔지에(Le Corbusier)가 제시한 근대건축의 5원칙에 속하지 않는 것은?

① 유기적 공간　　② 필로티
③ 옥상정원　　④ 자유로운 평면

해설 르 코르뷔지에의 근대건축 5원칙
* 도미노 시스템　　• 자유로운 평면
* 옥상정원　　• 필로티
* 수평창

10 한국 전통건축 관련용어에 관한 설명으로 옳지 않은 것은?

① 평방 : 기둥 상부의 창방 위에 놓아 다포계 건물의 주간포작을 설치하기 용이하도록 하기 위한 직사각형 단면의 부재이다.
② 연등천장 : 따로 반자를 설치하지 않고 서까래를 그대로 노출시킨 천장이며, 구조미를 나타낸다.
③ 귀솟음 : 기둥머리를 건물 안쪽으로 약간씩 기울여 주는 것을 말하며, 오금법이라고도 한다.
④ 활주 : 추녀 밑을 받치고 있는 기둥을 말한다.

해설 귀솟음 : 건물 중앙에서 양쪽 끝으로 갈수록 기둥을 점차 높여 주는 건축기법

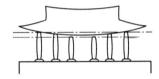

보기 ③은 안쏠림기법에 관한 설명이다.

11 로마네스크건축의 실내디자인에 관한 설명으로 옳지 않은 것은?

① 주택에서 홀(hall)공간을 매우 중요시하였다.
② X자형 스툴이 일반적으로 사용되었다.
③ 가구류는 신분을 나타내기도 하였다.
④ 반원아치형 볼트가 많이 사용되었으나 창에는 사용되지 않았다.

해설 로마네스크건축
* 주택에서 홀(hall)공간을 매우 중요시하였다.
* X자형 스툴이 일반적으로 사용되었다.
* 가구류는 신분을 나타내기도 하였다.
* 교차볼트 기법을 볼 수 있다.
* 고측창은 착색유리로 장식되었다.
* 3차원적인 기둥 간격의 단위로 구성되었다.

정답 ▶ **6.** ①　**7.** ②　**8.** ①　**9.** ①　**10.** ③　**11.** ④

12 로코코양식의 가장 대표적인 디자이너로 볼 수 있는 사람은?

① 페터 플뢰트너(Peter Flötner)
② 위그 샹뱅(Hugues Sambin)
③ 프랑수아 퀴비에(François Cuvilliés)
④ 윌리엄 모리스(William Morris)

해설 로코코양식
- 대표 디자이너 : 프랑수아 퀴비에
- 세련된 곡선으로 아름다움을 표현
- 기능별로 여러 개의 방을 실제 사용하기 편하게 배치
- 프라이버시를 중시

13 미스 반 데어 로에가 디자인한 바르셀로나 의자에 관한 설명 중 옳지 않은 것은?

① 크롬으로 도금된 철재의 완전한 곡선으로 인하여 이 의자는 모던운동 전체를 대표하는 상징물이 되었다.
② 현대에도 계속 생산되며 공공건물의 로비 등에 많이 쓰인다.
③ 의자의 덮개는 폴리에스테르 파이버 위에 가죽을 씌워 만들었다.
④ 값이 저렴하며 대량생산에 적합하다.

해설 바르셀로나 의자(Barcelona chair)
- 1929년 바르셀로나에서 열린 국제박람회의 독일 정부관을 위해 미스 반 데어 로에가 디자인
- X자 강철 파이프 다리, 가죽 등받이
- 가격이 비싸며 대량생산에 적합하지 않다.

★
14 서양 건축양식을 시대순에 맞게 나열한 것은?

① 비잔틴-로코코-로마-르네상스
② 바로크-로마-이집트-비잔틴
③ 이집트-바로크-로마-르네상스
④ 이집트-로마-비잔틴-바로크

해설 서양 건축양식의 시대순
이집트 → 서아시아 → 그리스 → 로마 → 초기 기독교 → 비잔틴 → 로마네스크 → 고딕 → 르네상스 → 바로크 → 로코코

15 르네상스 건축양식의 실내장식에 관한 설명으로 옳지 않은 것은?

① 실내장식 수법은 외관의 구성수법을 그대로 적용하였다.
② 실내디자인 요소로서 계단이 차지하는 비중은 작았다.
③ 바닥 마감은 목재와 석재가 주로 사용되었다.
④ 문양은 그로테스크 문양과 아라베스크 문양이 주로 사용되었다.

해설 르네상스 건축양식
- 15세기 명확한 수의 비례, 조화의 원리를 개념으로 사용하여 그리스, 로마시대 문화와 고전주의 건축양식에 맞춰 이탈리아에서 시작됐다.
- **중앙집중형 평면과 중앙 돔에 의한 단일공간화**
- 외장요소에서 수평선 강조로 인간의 사회관과 횡적 유대를 상징한다.
- 주재료 : 석재, 목재, 벽돌, 콘크리트
- 코린트식 주범, 박공, 아치, 아케이드 고전적 요소를 이용한 장식적 기둥
- 그로테스크·아라베스크 문양을 사용, 망사르드 지붕과 천장

16 그리스의 오더 중 기단부는 단 사이에 수평 홈이 있으며, 주두는 소용돌이 형태의 나선형인 벌류트로 구성된 것은?

① 이오닉 오더   ② 도릭 오더
③ 코린티안 오더   ④ 터스칸 오더

해설 이오닉 오더
- 소용돌이 형상의 주두가 특징
- 나선형인 벌류트 구성
- 단 사이에 홈이 있는 기단
- 아키트레이브 2개의 수평 홈에 세 부분의 띠벽이 있음.

정답 ▶ 12. ③ 13. ④ 14. ④ 15. ② 16. ①

CHAPTER

03 건축법

INTERIOR ARCHITECTURE

01 | 건축법 총칙

학습 POINT
- 건축법 관련용어에 대해 숙지한다.
- 건축법 관련규정에 대해 알아 둔다.
- 건축행위에 대해 알아 둔다.

1 총칙

1) 건축법의 목적

① 건축물의 대지, 구조, 설비의 기준과 건축물의 용도 등에 관하여 규정
② 건축물의 안전, 기능 및 미관을 향상시킴으로써 공공복리의 증진 도모

2) 건축법의 용어 정의

구분	정의
신축	• 건축물이 없는 대지(기존 건축물이 철거 또는 멸실된 대지 포함)에 새로이 건축물을 축조하는 것(부속 건축물만 있는 대지에 새로이 주된 건축물을 축조하는 것 포함. 개축 또는 재축에 해당하는 경우는 제외)
증축	• 기존 건축물이 있는 대지 안에서 건축물의 건축면적, 연면적, 층수 또는 높이를 증가시키는 것
개축	• 기존 건축물의 전부 또는 일부(내력벽, 기둥, 보, 지붕틀 중 3개 이상이 포함되는 경우)를 철거하고 그 대지 안에 종전과 동일한 규모의 범위 안에서 건축물을 다시 축조하는 것
재축	• 건축물이 천재지변, 기타 재해에 의하여 멸실된 경우에 그 대지 안에 종전과 동일한 규모의 범위 안에서 다시 축조하는 것
이전	• 건축물을 그 주요구조부를 해체하지 아니하고 동일한 대지 안의 다른 위치로 옮기는 것
대수선	• 건축물의 주요구조부에 대한 수선 또는 변경 및 외부 형태의 변경으로 증축, 개축 또는 재축에 해당하지 아니하는 것 • 내력벽 : 벽면적을 30m² 이상 해체하여 수선, 변경하는 것 • 기둥, 보, 지붕틀 : 증설, 해체하거나 기둥을 3개 이상 해체하여 수선 또는 변경하는 것

구분	정의
대수선	• 방화벽, 방화구획을 위한 바닥 또는 벽 : 증설, 해체하거나 수선 또는 변경하는 것 • 주 계단, 피난계단, 특별피난계단 : 증설, 해체하거나 수선 또는 변경하는 것 • 미관지구 안의 건축물 : 외부 형태(담장을 포함)를 변경하는 것 • 다가구주택 및 다세대주택의 가구, 세대 간 경계벽 : 증설, 해체하거나 수선, 변경하는 것
내수재료	• 인조석, 콘크리트 등 내수성을 가진 재료
내화구조	• 화재에 견딜 수 있는 성능을 가진 구조로서 국토교통부령이 정하는 기준에 적합한 재료
방화구조	• 화염의 확산을 막을 수 있는 성능을 가진 구조로서 국토교통부장관이 정하는 기준에 적합한 재료
불연재료	• 불에 타지 아니하는 성질을 가진 재료
준불연재료	• 불연재료에 준하는 성질을 가진 재료
난연재료	• 불에 잘 타지 아니하는 성질을 가진 재료
부속 건축물	• 동일한 대지 안에서 주된 건축물과 분리된 부속 용도의 건축물로서 주된 건축물의 이용 또는 관리에 필요한 건축물
부속 용도	• 건축물의 주된 용도의 기능에 필수적인 용도 − 건축물의 설비, 대피 및 위생, 기타 이와 유사한 시설의 용도 − 사무, 작업, 집회, 물품 저장, 주차, 기타 이와 유사한 시설의 용도 − 구내 식당, 구내 탁아소, 구내 운동시설 등 종업원의 후생복리시설 및 구내 소각시설, 기타 이와 유사한 시설의 용도 − 관계법령에서 주된 용도의 부수시설로 그 설치를 의무화하고 있는 시설의 용도

02 건축물의 구조 및 재료

학습 POINT
• 계단참, 난간의 설치기준에 대해 숙지한다.
• 거실의 반자 높이, 채광, 환기에 대해 숙지한다.
• 피난계단의 설치기준 및 특별피난계단, 옥외피난계단의 설치기준에 대해 숙지한다.
• 방화구조, 내화구조에 대해 알아 둔다.

1 건축물 구조

1) 계단의 설치기준 – 계단참, 난간

(1) 일반 계단의 설치기준

구분	계단, 계단참의 폭	단 높이	단 너비
• 초등학교 학생용 계단	150cm 이상	16cm 이하	26cm 이상
• 중·고등학교 학생용 계단	150cm 이상	18cm 이하	26cm 이상

구분	계단, 계단참의 폭	단 높이	단 너비
• 문화 및 집회 시설(공연장, 집회장, 관람장), 판매시설(도매·소매시장, 상점에 한함), 기타 이와 유사한 용도에 쓰이는 건축물의 계단 • 바로 위층부터 최상층까지의 거실의 바닥면적 합계가 200m² 이상인 계단 • 거실의 바닥면적 합계가 100m² 이상인 지하층 계단	120cm 이상	–	–
• 기타 계단	60cm 이상	–	–

(2) 계단참, 난간의 설치기준

① 계단참의 높이 : 3m가 넘는 경우 3m마다 1.2m 이상의 계단참을 설치
② 난간의 높이 : 1m가 넘는 경우 그 계단 및 계단참의 양측에 난간 설치
③ 중간 난간의 높이 : 3m가 넘는 경우 계단의 중간에 3m 이내마다 난간 설치
  예외 계단의 단 높이가 15cm 이하이고, 단 너비가 30cm 이상인 것은 제외

(3) 난간 손잡이 등의 설치기준

① 설치 대상 건축물 : 공동주택, 근린생활시설, 종교시설, 노유자시설, 의료시설, 업무시설, 숙박시설, 판매시설, 위락시설, 문화 및 집회 시설, 관광휴게시설의 용도에 쓰이는 건축물의 주 계단, 피난계단, 특별피난계단
② 난간 및 바닥 구조의 기준
  ㉠ 양측에 벽 등이 있어 난간이 없는 경우에 손잡이를 설치한다.
  ㉡ 손잡이는 벽 등으로부터 5cm 이상 이격, 계단으로부터 85cm의 위치에 설치한다.
  ㉢ 설치 손잡이의 최대 지름은 3.2~3.8cm의 원형, 타원형의 단면으로 한다.
  ㉣ 아동의 이용에 안전한 기준

(4) 경사로의 설치기준

① 경사도는 1 : 8 이하로 할 것
② 재료 마감 : 미끄러지지 않는 재료로 하고, 표면은 거친 면으로 마감한다.

2) 거실의 반자 높이와 채광, 환기

(1) 거실의 반자 높이

① 반자 높이 : 방의 바닥면으로부터 반자까지의 높이
② 다만, 반자 높이가 다른 부분이 있는 경우에는 그 각 부분의 반자 면적에 따라 가중평균한 높이로 한다.

구분	반자 높이	예외 규정
일반 용도의 거실	2.1m 이상	—
문화 및 집회 시설(전시장, 동식물원 제외), 종교시설, 장례시설, 또는 위락시설 중 유흥주점의 용도로 쓰이는 건축물의 관람실·집회실로서 바닥면적이 200m² 이상인 것	4.0m 이상 (노대 아랫부분은 2.7m 이상)	기계환기장치를 설치한 경우는 제외

(2) 거실의 채광 및 환기

① 단독주택 및 공동주택의 거실, 교육연구시설 중 학교의 교실, 의료시설의 병실 및 숙박시설의 객실에는 국토교통부령으로 정하는 기준에 따라 채광 및 환기를 위한 창문 등이나 설비를 설치하여야 한다.

② 다음 어느 하나에 해당하는 건축물의 거실(피난층의 거실은 제외)에는 배연설비를 해야 한다.

  ㉠ 6층 이상인 건축물로서

  • 제2종 근린생활시설 중 공연장, 종교집회장, 인터넷컴퓨터게임시설제공업소 및 다중생활시설(공연장, 종교집회장 및 인터넷컴퓨터게임시설제공업소는 해당 용도로 쓰는 바닥면적의 합계가 각각 300m² 이상인 경우만 해당)

  • 문화 및 집회시설, 종교시설, 판매시설, 운수시설

  • 의료시설(요양병원 및 정신병원은 제외)

  • 교육연구시설 중 연구소

  • 노유자시설 중 아동 관련시설, 노인복지시설(노인요양시설은 제외)

  • 수련시설 중 유스호스텔

  • 운동시설, 업무시설, 숙박시설, 위락시설, 관광휴게시설, 장례시설

  ㉡ 다음 어느 하나에 해당하는 용도로 쓰는 건축물

  • 의료시설 중 요양병원 및 정신병원

  • 노유자시설 중 노인요양시설, 장애인 거주시설 및 장애인 의료재활시설

  • 제1종 근린생활시설 중 산후조리원

③ 오피스텔에 거실 바닥으로부터 높이 1.2m 이하 부분에 여닫을 수 있는 창문을 설치하는 경우에는 추락 방지를 위한 안전시설을 설치하여야 한다.

④ 건축물의 11층 이하의 층에는 소방관이 진입할 수 있는 창을 설치하고, 외부에서 주야간에 식별할 수 있는 표시를 해야 한다.

  예외 대피공간 등을 설치한 아파트, 비상용 승강기를 설치한 아파트는 제외

거실 채광을 위한 창문면적	거실 바닥면적의 1/10 이상
거실 환기를 위한 창문면적	거실 바닥면적의 1/20 이상

3) 복도와 출구의 설치기준

(1) 복도의 너비 및 설치기준

구분	양측에 거실이 있는 복도	기타 복도
유치원, 초등학교, 중학교, 고등학교의 복도 너비	2.4m 이상	1.8m 이상
공동주택, 오피스텔의 복도 너비	1.8m 이상	1.2m 이상
거실의 바닥면적 합계가 200m² 이상인 층의 복도 너비	1.5m 이상 (의료시설 복도는 1.8m 이상)	1.2m 이상

구분	당해 층의 바닥면적 합계	복도의 유효너비
• 문화 및 집회 시설 (공연장, 집회장, 관람장, 전시장)	1,000m² 이상	2.4m 이상
• 노유자시설(아동·노인복지시설)	500m² 이상 1,000m² 미만	1.8m 이상
• 수련시설(생활권 수련시설) • 위락시설 중 유흥주점의 관람실·집회실과 접하는 복도 너비	500m² 미만	1.5m 이상

설치 대상	설치기준	바닥면적
문화 및 집회 시설 중 공연장의 복도	공연장의 개별관람실의 바깥쪽에는 그 양쪽 및 뒤쪽에 각각 복도를 설치	300m² 이상
	하나의 층에 개별관람실을 2개소 이상 연속하여 설치하는 경우에는 관람실 바깥쪽의 앞쪽과 뒤쪽에 각각 복도를 설치	300m² 미만

(2) 관람실 등으로부터의 출구의 설치기준

설치 대상	설치기준	바닥면적
문화 및 집회 시설 중 공연장의 개별관람실	• 각 출구의 유효폭은 1.5m 이상 • 관람실별로 2개소 이상 설치 • 개별관람실 출구의 유효폭의 합계는 개별관람실의 바닥면적 100m² 마다 0.6m의 비율로 산정한 너비 이상으로 할 것 • 관람실 또는 집회실로부터 바깥쪽으로의 출구로 쓰이는 문은 안여닫이로 해서는 안 됨	300m² 이상

(3) 건축물의 바깥쪽으로의 출구의 설치기준

설치 대상		설치기준	
• 문화 및 집회 시설(전시장, 동식물원은 제외) • 판매시설, 종교시설 • 의료시설 중 장례식장 • 업무시설 중 국가 또는 지방자치단체의 청사 • 위락시설 • 교육연구시설 중 학교 • 승강기를 설치하여야 하는 건축물 • 연면적 5,000m² 이상의 창고시설	피난층의 계단으로부터 건축물 바깥쪽 출구까지의 보행거리	계단에서부터 옥외 출구까지	30m 이하
		주요구조부가 내화구조, 불연재료	50m 이하
		16층 이상 공동주택	40m 이하
	피난층 외의 거실의 각 부분으로부터 건축물의 바깥쪽 출구까지의 보행거리	거실에서부터 옥외 출구까지	60m 이하
		주요구조부가 내화구조, 불연재료	100m 이하
		16층 이상 공동주택	80m 이하

(4) 회전문의 설치기준

① 계단이나 에스컬레이터로부터 2m 이상의 거리를 둘 것

② 회전문과 문틀 사이 및 바닥 사이는 다음에서 정하는 간격을 확보하고 틈 사이를 고무와 고무펠트의 조합체 등을 사용하여 신체나 물건 등에 손상이 없도록 할 것

　㉠ 회전문과 문틀 사이는 5cm 이상

　㉡ 회전문과 바닥 사이는 3cm 이하

③ 출입에 지장이 없도록 일정한 방향으로 회전하는 구조로 할 것

④ 회전문의 중심축에서 회전문과 문틀 사이의 간격을 포함한 회전문 날개 끝부분까지의 길이는 140cm 이상이 되도록 할 것

⑤ 회전문의 회전속도는 분당 회전수가 8회를 넘지 아니하도록 할 것

⑥ 자동회전문은 충격이 가하여지거나 사용자가 위험한 위치에 있는 경우에는 전자감지장치 등을 사용하여 정지하는 구조로 할 것

2 건축물의 피난시설

1) 직통계단의 설치기준

(1) 피난층에서의 보행거리

피난층의 계단 및 거실로부터 건축물 바깥쪽으로의 출구에 이르는 보행거리

구분	원칙	주요구조부가 내화구조, 불연재료
계단에서부터 옥외로의 출구까지	30m 이하	50m 이하 (16층 이상 공동주택 : 40m)
거실에서부터 옥외로의 출구까지 **예외** 피난에 지장이 없는 출입구가 있는 것은 제외	60m 이하	100m 이하 (16층 이상 공동주택 : 80m)

(2) 피난층이 아닌 층에서의 보행거리

① 피난층이 아닌 층에서 거실 각 부분으로부터 피난층, 직접 지상으로 통하는 출입구가 있는 층
② 지상으로 통하는 직통계단은 경사로 포함

구분	보행거리
원칙	30m 이하
주요구조부가 내화구조, 불연재료로 된 건축물	50m 이하 (16층 이상 공동주택 : 40m 이하)

(3) 직통계단을 2개소 이상 설치하여야 하는 건축물

건축물의 피난층이 아닌 층에서는 피난층 또는 지상으로 통하는 직통계단(경사로 포함)을 2개소 이상 설치한다.

설치 대상	해당부분	면적
• 문화 및 집회 시설(전시장, 동식물원 제외) • 제2종 근린생활시설 중 공연장, 종교집회장(바닥면적 합계가 300m² 이상) • 장례시설, 종교시설 • 위락시설 중 유흥주점	그 층의 관람실, 집회실의 바닥면적 합계	200m² 이상
• 단독주택 중 다중주택, 다가구주택 • 제2종 근린생활시설 중 학원, 독서실, 인터넷컴퓨터게임시설제공업소(바닥면적 합계가 300m² 이상) • 판매시설 • 운수시설(여객용 시설만 해당) • 의료시설(입원실이 없는 치과병원은 제외) • 교육연구시설 중 학원 • 노유자시설 중 아동 관련시설, 노인복지시설 • 수련시설 중 유스호스텔 또는 숙박시설 • 숙박시설	3층 이상의 층으로서 그 층의 해당 용도로 쓰이는 거실의 바닥면적 합계	
• 지하층	그 층 거실의 바닥면적의 합계	
• 공동주택(층당 4세대 이하는 제외) • 업무시설 중 오피스텔	그 층의 해당 용도에 쓰이는 거실의 바닥면적 합계	300m² 이상
• 위에 해당하지 않는 용도	3층 이상 층으로서 그 층 거실의 바닥면적의 합계	400m² 이상

2) 피난계단의 설치기준 및 구조

피난계단의 설치기준	• 5층 이상의 층으로부터 피난층 또는 지상으로 통하는 직통계단 • 지하 2층 이하의 층으로부터 피난층 또는 지상으로 통하는 직통계단 **예외** 주요구조부가 내화구조, 불연재료로 된 건축물로서 −5층 이상의 층의 바닥면적 합계가 200m² 이하 −5층 이상의 층의 바닥면적 200m² 이내마다 방화구획된 경우

피난계단의 구조	• 계단실의 창문, 출입구, 기타 개구부를 제외하고 당해 건축물의 다른 부분과 내화구조의 벽으로 구획 • 계단실의 벽, 반자의 실내에 접하는 부분의 마감은 불연재료 • 계단실에 채광이 될 수 있는 창문 등이 있거나 예비전원에 의한 조명설비를 할 것 • 계단실의 바깥쪽에 접하는 창문 등은 당해 건축물의 다른 부분에 설치하는 창문 등으로부터 2m 이상의 거리에 설치 • 계단실의 옥내에 접하는 창문 등은 망이 들어 있는 유리의 붙박이창으로서 그 면적은 각각 1m² 이하로 할 것 • 출입구의 유효폭은 0.9m 이상으로 하고 갑종 방화문 및 을종 방화문을 설치, 계단을 내화구조로 하고 피난층 또는 지상까지 직접 연결할 것

특별피난계단의 설치기준	• 건축물의 11층(공동주택의 경우에는 16층) 이상의 층
	  [예외] 갓복도식의 공동주택과 바닥면적이 400m² 미만인 층은 제외
	• 지하 3층 이하의 층으로부터 피난층 또는 지상으로 통하는 직통계단
	  [예외] 바닥면적이 400m² 미만인 층은 제외
	• 판매 및 영업 시설 중 도매시장, 소매시장 및 상점의 용도에 쓰이는 층으로부터 직통계단은 그중 1개소 이상 특별피난계단으로 설치할 것
	• 건축물의 5층 이상의 층으로서 다음과 같은 시설
	 −문화 및 집회 시설 중 전시장, 동식물원, 판매·영업시설, 운동시설, 위락시설, 관광휴게시설(다중이 이용하는 시설에 한함), 수련시설 중 생활권 수련시설의 용도에 쓰이는 층에는 직통계단 외에 그 층의 당해 용도에 쓰이는 바닥면적의 합계가 2,000m²를 넘는 경우에는 그 넘는 매 2,000m² 이내마다 1개소의 피난계단 또는 특별피난계단을 설치하여야 한다(4층 이하의 층에 쓰이지 아니하는 피난계단, 특별피난계단에 한함).

특별피난계단의 구조	• 계단실, 노대 및 부속실은 창문 등을 제외하고 내화구조 • 옥내와 계단실을 연결할 때는 노대나 부속실을 통하여 연결할 것 • 실내에 접하는 마감재료는 불연재료 • 계단실 및 부속실에는 채광이 될 수 있는 창문 등이 있거나 예비전원에 의한 조명설비를 할 것 • 계단실, 노대, 부속실의 옥외면에 면하는 개구부, 창, 출입구는 당해 건축물의 다른 부분에 설치하는 개구부 등으로부터 2m 이상 거리를 띄워서 설치 • 망입유리의 붙박이창으로서 그 면적은 각각 1m² 이하로 할 것 • 출입구의 유효너비는 0.9m 이상, 피난 방향으로 열 수 있도록 함 • 계단은 내화구조로 하고 피난층 또는 지상까지 직접 연결로 할 것 • 출입구의 구조 −옥내로부터 노대 또는 부속실로 통하는 출입구 : 갑종 방화문 −노대 또는 부속실에서 계단실로 통하는 출입구 : 갑종 방화문, 을종 방화문 • 특별피난계단은 돌음계단으로 해서는 안 된다.
옥외피난계단의 설치기준	• 건축물의 3층 이상의 층(피난층을 제외한다.)으로서 다음 용도에 쓰이는 층의 경우에는 직통계단 외에 그 층으로부터 지상으로 통하는 옥외피난계단을 따로 설치 −문화 및 집회 시설 중 공연장, 위락시설 중 주점영업의 용도에 쓰이는 층으로서 그 층 거실의 바닥면적의 합계가 300m² 이상 −문화 및 집회 시설 중 집회장의 용도에 쓰이는 층으로서 그 층 거실의 바닥면적의 합계가 1,000m² 이상

3 건축물의 방화구조 및 내화구조

1) 방화구획의 기준

① 주요구조부가 내화구조 또는 불연재료로 된 건축물
② 연면적 1,000m²를 넘는 것은 다음의 기준에 의하며 **내화구조의 바닥, 벽, 갑종 방화문**(자동 방화셔터 포함)으로 구획한다.

건축물 규모	구획기준		비고
11층 이상의 층	실내마감이 불연재료인 경우	바닥면적 500m²(1,500m²) 이내마다 구획	( ) 안의 면적은 스프링클러 등의 자동식 소화설비를 설치한 경우
	실내마감이 불연재료가 아닌 경우	바닥면적 200m²(600m²) 이내마다 구획	
10층 이하의 층	바닥면적 1,000m²(3,000m²) 이내마다 구획		
3층 이상의 층, 지하층	층마다 구획(단, 지하 1층에서 지상으로 직접 연결되는 경사로 부위는 제외)		

2) 내화구조 및 방화벽

(1) 내화구조

① 다음에 해당하는 건축물(3층 이상의 건축물 및 지하층이 있는 건축물로서 2층 이하인 건축물의 경우에는 지하층 부분에 한함)의 주요구조부는 내화구조로 한다.
② 연면적 500m² 이하인 단층의 부속 건축물로서 외벽 및 처마의 밑변을 방화구조로 한 것으로, 무대 바닥은 예외로 한다.

건축물 용도	당해 용도 사용 바닥면적 합계	비고
• 문화 및 집회 시설(전시장, 동식물원 제외) • 종교시설 • 장례시설 • 위락시설 중 주점영업의 용도에 쓰이는 건축물로서 관람실, 집회실	200m² 이상	옥외관람석의 경우 1,000m² 이상
• 제2종 근린생활시설 중 공연장, 집회장	300m² 이상	
• 문화 및 집회 시설 중 전시장 및 동식물원 • 판매시설 • 운수시설 • 교육연구시설에 설치하는 체육관, 강당 • 수련시설 • 운동시설 중 체육관 및 운동장 • 위락시설(주점영업 제외)	500m² 이상	–

건축물 용도	당해 용도 사용 바닥면적 합계	비고
• 창고시설 • 위험물 저장 및 처리 시설 • 자동차 관련시설 • 방송통신시설 중 방송국, 전신전화국 및 촬영소 • 묘지 관련시설 중 화장장 • 관광휴게시설	500m² 이상	–
• 공장	2,000m² 이상	예외 화재 위험이 적은 공장으로 국토교통부령이 정하는 공장
• 건축물의 2층이 단독주택 중 다중주택, 다가구주택, 공동주택 • 제1종 근린생활시설(의료용도에 쓰이는 시설) • 제2종 근린생활시설 중 다중생활시설 • 의료시설 • 노유자시설 중 아동 관련시설, 노인복지시설 • 수련시설 중 유스호스텔 • 업무시설 중 오피스텔 • 숙박시설 • 장례시설	400m² 이상	–
• 3층 이상의 건축물 • 지하층이 있는 건축물 　예외 2층 이하인 경우는 지하층 부분에 한함	모든 건축물	예외 단독주택(다중주택, 다가구주택 제외), 동물 및 식물 관련시설, 발전시설(발전소의 부속 용도 제외), 교도소 및 소년원 또는 묘지 관련시설(화장장 제외)과 철강 관련업종의 공장 중 제어실로 사용하기 위하여 연면적 50m² 이하로 증축하는 부분

(2) 대규모 건축물의 방화벽

① 방화벽의 설치 대상

　㉠ 연면적이 1,000m² 이상인 건축물은 방화벽으로 구획하되, 각 구획의 바닥면적 합계는 1,000m² 미만이어야 한다.

　㉡ 예외
　　• 주요구조부가 내화구조이거나 불연재료인 건축물
　　• 단독주택, 공관, 동물 및 식물 관련시설, 교정시설, 군사시설, 화장장을 제외한 묘지 관련시설은 제외
　　• 내부 설비의 구조상 방화벽으로 구획할 수 없는 창고시설

② 방화벽의 구조

　　㉠ 방화벽의 양쪽 끝과 위쪽 끝은 외벽면, 지붕면으로부터 0.5m 이상 돌출하게 할 것

　　㉡ 방화벽에 설치하는 출입문의 너비와 높이는 각각 2.5m 이하로 하고 갑종 방화문을 설치

　　㉢ 내화구조로서 홀로 설 수 있는 구조로 할 것

3) 방화문의 구분

① 방화문은 갑종 방화문 및 을종 방화문으로 구분하되, 그 기준은 국토교통부령으로 정한다.

② 방화문의 구분

　　㉠ 60분＋방화문 : 연기 및 불꽃을 차단할 수 있는 시간이 60분 이상이고, 열을 차단할 수 있는 시간이 30분 이상인 방화문

　　㉡ 60분 방화문 : 연기 및 불꽃을 차단할 수 있는 시간이 60분 이상인 방화문

　　㉢ 30분 방화문 : 연기 및 불꽃을 차단할 수 있는 시간이 30분 이상 60분 미만인 방화문

4 건축물의 내부마감재료

건축물 용도	마감재료	
	거실의 벽, 반자의 실내에 접하는 부분 (반자돌림대, 창대, 기타 이와 유사한 것은 제외)	복도, 계단, 기타 통로의 반자, 벽의 실내에 접하는 부분 (반자돌림대, 창대, 기타 이와 유사한 것은 제외)
① 단독주택 중 다중주택, 다가구주택	불연재료, 준불연재료, 난연재료	불연재료, 준불연재료
② 공동주택		
③ 제2종 근린생활시설 중 공연장, 종교집회장, 인터넷컴퓨터게임시설제공업소, 학원, 독서실, 당구장		
④ 위험물 저장 및 처리 시설(자가난방과 자가발전 등의 용도로 쓰는 시설을 포함), 자동차 관련시설, 발전시설, 방송통신시설 중 방송국·촬영소		
⑤ 5층 이상인 층 거실의 바닥면적의 합계가 500m² 이상인 건축물		
⑥ 문화 및 집회시설, 종교시설, 판매시설, 운수시설, 의료시설, 교육연구시설 중 학교·학원, 노유자시설, 수련시설, 업무시설 중 오피스텔, 숙박시설, 위락시설, 장례시설		
①~⑥의 용도에 쓰이는 거실 등을 지하층 또는 지하의 공작물에 설치한 경우	불연재료, 준불연재료	
⑥의 용도에 쓰이는 건축물의 거실		

> **예외** 주요구조부가 내화구조 또는 불연재료로 된 건축물로서 그 거실의 바닥면적 합계가 200m²(스프링클러나 이와 비슷한 자동식 소화설비를 설치한 바닥면적은 제외) 이내마다 방화구획이 되어 있는 건축물은 제외

03 | 건축물의 설비

• 배연설비의 구조기준에 대해 알아 둔다.
• 승용승강기의 설치기준 및 건축물 용도에 대해 알아 둔다.

1 건축설비

1) 전문기술자의 협력을 받아야 하는 건축물

건축물의 설계자는 건축물에 대한 구조안전을 확인하는 경우에 건축구조기술사 등의 협력을 받아야 한다.

구분		자격 및 대상 건축물
건축구조기술사	• 구조계산의 자격	• 건축구조기술사
	• 구조계산의 대상 건축물	• 층수가 6층 이상 건축물 • 다중이용건축물 • 특수구조건축물 • 지진구역의 건축물 중 국토교통부령으로 정하는 건축물
건축기계설비기술사, 공조냉동기계기술사	• 건축설비의 설계, 감리	–
	• 에너지절약계획서를 제출하여야 하는 건축물	–
	• 숙박시설 및 병원	중앙집중식 냉난방설비 설치 건축물 : 당해 용도에 사용되는 바닥면적의 합계가 2,000m² 이상인 건축물
	• 판매시설	중앙집중식 냉난방설비 설치 건축물 : 당해 용도에 사용되는 바닥면적의 합계가 3,000m² 이상인 건축물
	• 일반목욕장, 특수목욕장 • 실내수영장, 냉동·냉장시설 • 항온항습시설, 특수청정시설	당해 용도에 사용되는 바닥면적의 합계가 500m² 이상인 건축물
	• 개별난방을 설치한 공동주택 • 개별난방을 설치한 창고시설을 제외한 건축물	당해 용도에 사용되는 바닥면적의 합계가 1,000m² 이상인 건축물

2) 배연설비

(1) 배연설비의 설치 대상 건축물

① 6층 이상의 건축물

　　㉠ 제2종 근린생활시설 중 공연장, 종교집회장은 바닥면적의 합계가 300m² 이상

　　㉡ 문화 및 집회 시설, 장례시설, 운동시설

　　㉢ 위락시설, 전시시설, 운수시설(다중이용시설에 한함)

　　㉣ 관광휴게시설, 수련시설 중 유스호스텔, 숙박시설, 판매시설

　　㉤ 의료시설, 노유자시설 중 아동시설·노인시설, 업무시설

　　㉥ 교육연구시설 중 연구소

② 피난층은 제외

(2) 배연설비의 구조기준

구분	구조기준
배연구의 구조	• 열감지기, 연기감지기에 의하여 자동으로 열 수 있는 구조로 하되, 손으로도 열고 닫을 수 있도록 할 것 • 예비진원에 의하여 열 수 있는 구조
배연창의 유효면적	• 1m² 이상으로 바닥면적의 1/100 이상 단, 바닥면적의 산정에 있어서 거실 바닥면적의 1/20 이상으로 환기창을 설치한 거실의 면적은 이에 산입하지 않는다.
배연창의 개수	• 방화구획마다 1개소 이상의 배연창을 설치하되 바닥에서 1m 이상의 높이에 설치

(3) 특별피난계단, 비상용 승강기의 승강장에 설치하는 배연설비 기준

구분	구조기준
배연구의 구조	• 배연구에 설치하는 수동 개방장치와 자동 개방장치(열감지기, 연기감지기에 의한 것을 말한다.)는 손으로 열고 닫을 수 있도록 한다. • 평상시 닫힌 상태를 유지하며, 연 경우 배연에 의한 기류로 인하여 닫히지 않도록 주의 • 배연구가 외기에 접하지 않는 경우에는 배연기를 설치
배연구, 배연풍도	• 배연구, 배연풍도는 불연재료 • 화재 발생 시 원활하게 배연시킬 수 있는 규모 • 외기 또는 평상시에 사용하지 아니하는 굴뚝에 연결할 것
배연기	• 배연구의 열림에 따라 자동적으로 작동할 것 • 충분한 공기 배출과 가압능력이 있어야 한다. • 배연기에는 예비전원을 설치
공기유입방식	• 급기가압방식, 급배기방식으로 하는 경우 소방관계법령의 규정에 적합하게 한다.

(4) 건축물에 설치하는 굴뚝

① 굴뚝의 옥상 돌출부는 지붕면으로부터의 수직거리를 1m 이상으로 할 것. 다만, 용마루·계단탑·옥탑 등이 있는 건축물에 있어서 굴뚝의 주위에 연기의 배출을 방해하는 장애물이 있는 경우에는 그 굴뚝의 상단을 용마루·계단탑·옥탑 등보다 높게 하여야 한다.

② 굴뚝의 상단으로부터 수평거리 1m 이내에 다른 건축물이 있는 경우에는 그 건축물의 처마보다 1m 이상 높게 할 것

③ 금속제 굴뚝으로서 건축물의 지붕 속, 반자 위 및 가장 아랫바닥 밑에 있는 굴뚝의 부분은 금속 외의 불연재료로 덮을 것

④ 금속제 굴뚝은 목재, 기타 가연재료로부터 15cm 이상 떨어져서 설치할 것

　예외　두께 10cm 이상인 금속 외의 불연재료로 덮은 경우에는 제외

3) 배관설비

급배수용 배관설비	• 건축물의 주요 부분을 관통하여 배관할 때는 건축물의 구조내력에 지장이 없도록 할 것 • 배관설비를 콘크리트에 묻을 때는 부식의 우려가 있는 재료는 부식방지조치를 할 것 • 승강기의 승강로 안에는 승강기의 운행에 필요한 배관설비 이외에 불필요한 배관설비는 설치하지 아니할 것 • 압력탱크, 급탕설비에는 폭발 등의 위험을 막을 수 있는 시설을 설치
배수용 배관설비	• 배관설비의 오수에 접하는 부분은 내수재료를 사용 • 배관설비에는 위생에 지장이 없도록 배수트랩, 통기관을 설치 • 배출시키는 빗물 또는 오수의 양, 수질에 따라 적당한 용량을 사용, 경사지게 하거나 그에 적합한 재질을 사용 • 지하실 등 공공하수도로 자연배수를 할 수 없는 곳에는 배수 용량에 맞는 강제 배수시설을 설치

4) 환기설비

설치 대상	• 건축물의 객실, 조리장, 관람석 • 집회장, 식당	• 바닥면적의 합계가 500m² 이상인 대중음식점 • 관광숙박시설, 위락시설, 관람·집회시설 • 이와 유사한 용도에 쓰이는 건축물
환기설비의 구조	자연환기	• 공기흡입구는 거실의 반자 높이의 1/2 이하의 높이에 설치하여 외기와 통하는 구조로 한다. • 공기흡입구, 배기구, 배기통의 맨 윗부분에는 빗물, 먼지를 방지할 수 있는 설비를 설치한다. • 환기에 적합한 공기흡입구, 배기통을 갖춘다. • 배기통의 상부는 직접 외기에 개방하며, 기류에 의한 지장이 없어야 한다. • 배기구는 거실의 반자 또는 반자 아래 80cm 이내의 높이에 설치하여 외기와 통하는 구조로 한다.

환기설비의 구조	기계환기	• 공기의 흡입, 배기는 기계식으로 한다. • 풍도는 공기를 오염시키지 않는 재료로 한다. • 공기흡입구, 배기구의 위치와 구조는 실내에 들어오는 공기의 분포를 균등하게 하고, 공기의 기류가 부분적으로 일어나지 않도록 한다. • 공기흡입구, 배기구의 배기통 맨 윗부분에는 빗물, 먼지를 방지할 수 있는 설비를 설치한다. • 공기흡입구, 배기구에 설치하는 환풍기는 외기의 기류로 인한 환기 능력이 저하되지 않는 구조로 한다.

2 승강기

1) 승용승강기

설치 대상	• 층수가 6층 이상 • 연면적 2,000m² 이상인 건축물 • 층수가 6층인 건축물로 각 층 거실의 바닥면적 300m² 이내마다 설치(단, 1개소 이상 직통계단을 설치한 경우는 제외)			
설치기준	건축물 용도	6층 이상의 거실면적의 합계		
		3,000m² 이하	3,000m² 초과	산정방식
	• 의료시설 (병원, 격리병원) • 문화 및 집회 시설 (공연장, 집회장, 관람장) • 판매시설 (상점, 도매·소매시장)	2대	2대에 3,000m²를 초과하는 경우, 그 초과하는 매 2,000m² 이내마다 1대의 비율로 가산한 대수	$2 + \dfrac{A - 3000m^2}{2000m^2}$
	• 문화 및 집회 시설 (전시장, 동식물원) • 숙박시설 • 업무시설 • 위락시설	1대	1대에 3,000m²를 초과하는 경우, 그 초과하는 매 2,000m² 이내마다 1대의 비율로 가산한 대수	$1 + \dfrac{A - 3000m^2}{2000m^2}$
	• 공동주택 • 교육연구시설 • 노유자시설 • 기타 시설	1대	1대에 3,000m²를 초과하는 경우, 그 초과하는 매 3,000m² 이내마다 1대의 비율로 가산한 대수	$1 + \dfrac{A - 3000m^2}{3000m^2}$
승강기 구조	• 건축물에 설치하는 승강기, 에스컬레이터, 비상용 승강기의 구조는 승강기 제조 및 관리에 관한 법률이 정하는 바에 따른다.			

2) 비상용 승강기

설치 대상	• 높이 31m를 넘는 건축물 • 비상용 승강기의 설치 제외 대상 　－높이 31m를 넘는 각 층의 바닥면적 합계가 500m² 이하인 건축물 　－높이 31m를 넘는 각 층을 거실 외의 용도로 쓰는 건축물 　－높이 31m를 넘는 부분의 층수가 4개 층 이하로 당해 각 층의 바닥면적 합계 200m² 이내마다 방화구획한 건축물(벽, 바자가 실내에 접하는 부분의 마감을 불연재료로 한 경우 500m²)
설치기준	• 높이 31m를 넘는 각 층의 바닥면적 중 최대 바닥면적 　－1,500m² 이하 : 1대 이상 　－1,500m² 초과 : 1대＋1,500m²를 넘는 3,000m² 이내마다 1대씩 가산 • 산정방식 $= 1 + \dfrac{A - 1500\text{m}^2}{3000\text{m}^2}$
승강장 구조	• 피난층이 있는 승강장 출입구로부터 도로 또는 공지에 이르는 거리가 30m 이하여야 함 • 승강장의 바닥면적은 비상용 승강기 1대에 6m² 이상(단, 옥외 승강장을 설치한 경우에는 그러하지 아니하다.)으로 해야 함 • 채광이 되는 창문을 설치 • 예비전원에 의한 조명설비를 설치 • 승강장 출입구 부근의 잘 보이는 곳에 비상용 승강기임을 알 수 있는 표지를 설치 • 승강장은 피난층을 제외한 각 층의 내부와 연결될 수 있도록 한다. 그 출입구(승강로의 출입구 제외)에는 갑종 방화문을 설치 • 노대 또는 외부를 향하여 열 수 있는 창문이나 제14조 제2항의 규정에 의한 배연설비를 설치 • 승강장의 창문, 출입구, 기타 개구부를 제외한 부분은 당해 건축물의 다른 부분과 내화구조의 바닥, 벽으로 구획 • 벽 및 반자가 실내에 접하는 부분의 마감재료(마감을 위한 바탕을 포함한다.)는 불연재료로 할 것
승강장의 승강로 구조	• 승강로는 전 층을 단일구조로 연결하여 설치한다. • 승강로는 당해 건축물의 다른 부분과 내화구조로 구획해야 한다.

CHAPTER 03 적중 예상문제

02 건축물의 구조 및 재료

01 건물의 피난층 외의 층에서는 거실의 각 부분으로부터 피난층 또는 지상으로 통하는 직통계단까지 보행거리를 최대 얼마 이하로 해야 하는가? (단, 예외사항은 제외)

① 10m   ② 20m
③ 30m   ④ 40m

[해설] 직통계단의 설치기준 : 직통계단까지 보행거리는 30m 이하가 되도록 설치

★ 02 건축법상의 주요구조부에 해당하지 않는 것은?

① 내력벽   ② 기둥
③ 지붕틀   ④ 최하층 바닥

[해설] 주요구조부 : 내력벽, 기둥, 지붕틀, 바닥, 보, 주계단

★ 03 피난층 또는 지상으로 통하는 직통계단을 특별피난계단으로 설치하여야 하는 층에 해당하는 것은? (단, 당해 층의 바닥면적은 400m² 이상임)

① 건축물의 10층
② 지하 2층
③ 계단실형 공동주택의 16층
④ 갓복도식 공동주택의 11층

[해설] 특별피난계단의 설치 대상 : 건축물의 11층(공동주택은 16층 이상) 이상인 층으로부터 피난층 또는 지상으로 통하는 직통계단은 특별피난계단으로 설치해야 한다(단, 갓복도식 공동주택 제외).

04 다음은 건축물의 3층 이상인 층으로서 직통계단 외에 그 층으로부터 지상으로 통하는 옥외피난계단을 설치하여야 하는 대상에 관한 내용이다. ( ) 안에 알맞은 것은?

> 문화 및 집회 시설 중 집회장의 용도로 쓰는 층으로서 그 층 거실의 바닥면적의 합계가 ( ) 이상인 것

① 500m²   ② 1,000m²
③ 1,500m²   ④ 2,000m²

[해설] 옥외피난계단의 설치기준 : 문화 및 집회 시설 중 집회장의 용도에 쓰이는 층으로서 그 층 거실의 바닥면적의 합계가 1,000m² 이상

05 건축관계법령상 복도의 최소 유효너비의 기준이 가장 작은 것은? (단, 양옆에 거실이 있는 복도)

① 오피스텔   ② 초등학교
③ 유치원   ④ 고등학교

[해설] 복도의 유효너비

구분	양측에 거실이 있는 복도	기타 복도
공동주택, 오피스텔	1.8m 이상	1.2m 이상
유치원, 초·중·고	2.4m 이상	1.8m 이상

★ 06 단독주택에서 거실의 바닥면적이 200m²인 거실에 창문을 설치하여 채광을 하고자 할 때 그 채광 창문의 최소면적은?

① 40m²   ② 30m²
③ 20m²   ④ 10m²

정답 ▷ 1. ③ 2. ④ 3. ③ 4. ② 5. ① 6. ③

해설 거실의 채광을 위한 개구부의 면적 : 바닥면적의 1/10 이상
∴ 채광면적 $= 200m^2 \times 1/10 = 20m^2$

07 건축물의 내부에 설치하는 피난계단의 구조에 대한 기준으로 옳지 않은 것은?

① 계단실은 창문, 출입구, 기타 개구부를 제외한 당해 건축물의 다른 부분과 내화구조의 벽으로 구획할 것
② 계단실에는 예비전원에 의한 조명설비를 할 것
③ 계단실의 바깥쪽과 접하는 창문 등은 당해 건축물의 다른 부분에 설치하는 창문 등으로부터 2m 이상의 거리를 두고 설치할 것
④ 계단실의 실내에 접하는 부분의 마감은 난연재료로 할 것

해설 내부 피난계단의 구조 : 계단실의 실내에 접하는 부분의 마감은 불연재료로 할 것

03 건축물의 설비

08 비상용 승강기의 승강장 구조에 대한 기준으로 옳지 않은 것은?

① 승강장의 바닥면적은 비상용 승강기 1대에 대하여 10m² 이상으로 할 것
② 벽 및 반자가 실내에 접하는 부분의 마감재료는 불연재료로 할 것
③ 채광이 되는 창문이 있거나 예비전원에 의한 조명설비를 할 것
④ 피난층이 있는 승강장의 출입구로부터 도로 또는 공지에 이르는 거리가 30m 이하일 것

해설 비상용 승강기 승강장의 구조기준 : 승강장의 바닥면적은 비상용 승강기 1대에 대하여 6m² 이상으로 할 것. 단, 옥외 승강장을 설치하는 경우에는 예외로 한다.

09 특별피난계단 및 비상용 승강기의 승강장에 설치하는 배연설비의 구조에 관한 기준으로 옳지 않은 것은?

① 배연구 및 배연풍도는 불연재료로 하고, 화재가 발생한 경우 원활하게 배연시킬 수 있는 규모로서 외기 또는 평상시에 사용하지 아니하는 굴뚝에 연결할 것
② 배연구에 설치하는 수동 개방장치 또는 자동 개방장치(열감지기 또는 연기감지기에 의한 것을 말한다.)는 손으로도 열고 닫을 수 없도록 할 것
③ 배연구는 평상시에는 닫힌 상태를 유지하고, 연 경우에는 배연에 의한 기류로 인하여 닫히지 아니하도록 할 것
④ 배연구가 외기에 접하지 아니하는 경우에는 배연기를 설치할 것

해설 배연설비의 설치기준 : 배연구는 연기감지기 또는 열감지기에 의하여 자동으로 열 수 있는 구조로 하되, 손으로도 열고 닫을 수 있도록 할 것

★
10 배연설비의 설치기준으로 옳지 않은 것은?

① 건축물이 방화구획으로 구획된 경우에는 그 구획마다 1개소 이상의 배연창을 설치하되, 배연창의 상변과 천장 또는 반자로부터 수직거리가 1.2m 이내일 것
② 배연구는 예비전원에 의하여 열 수 있도록 할 것
③ 배연창 설치에 있어 반자 높이가 바닥으로부터 3m 이상인 경우에는 배연창의 하변이 바닥으로부터 2.1m 이상의 위치에 놓이도록 설치할 것
④ 배연구는 연기감지기 또는 열감지기에 의하여 자동으로 열 수 있는 구조로 하되, 손으로도 열고 닫을 수 있도록 할 것

해설 배연설비의 설치기준 : 건축물이 방화구획으로 구획된 경우에는 그 구획마다 1개소 이상의 배연창을 설치하되, 배연창의 상변과 천장 또는 반자로부터 수직거리가 0.9m 이내일 것

11 각 층 바닥면적이 1,000m²인 10층의 공연장에 설치해야 할 승용승강기의 최소 대수는? (단, 문화 및 집회 시설 중 공연장, 8인승 이상 15인승 이하의 승강기임)

① 1대
② 2대
③ 3대
④ 4대

승용승강기의 설치기준

건축물 용도	6층 이상의 거실면적의 합계		
	3,000m² 이하	3,000m² 초과	산정방식
• 의료시설(병원, 격리병원) • 문화·집회 시설(공연장, 집회장, 관람장) • 판매시설(상점, 도매·소매시장)	2대	2대에 3,000m²를 초과하는 경우→그 초과하는 매 2,000m² 이내마다 1대의 비율로 가산한 대수	$2 + \dfrac{A - 3000\text{m}^2}{2000\text{m}^2}$

$$\therefore \ 2 + \dfrac{A - 3000\text{m}^2}{2000\text{m}^2}$$

$$= 2 + \dfrac{(1000 \times 5) - 3000\text{m}^2}{2000\text{m}^2} = 3\text{대}$$

※ 8인승 이상 15인승 이하 기준으로 산정. 16인승 이상의 승강기는 2대로 산정

★
12 건축물의 설계자가 건축구조기술사의 협력을 받아 구조의 안전을 확인하여야 하는 건축물의 최소 층수 기준은?

① 3층 이상
② 4층 이상
③ 5층 이상
④ 6층 이상

건축구조기술사에 의한 구조계산
• 6층 이상 건축물
• 경간 20m 이상 건축물
• 다중이용건축물
• 지진구역 건축물 중 국토교통부령으로 정하는 건축물
• 특수 설계, 시공, 공법이 필요한 건축물
• 내민구조의 차양 길이가 3m 이상인 건축물

13 비상용 승용승강기를 설치하지 아니할 수 있는 건축물의 기준으로 옳지 않은 것은?

① 높이 31m를 넘는 각 층을 거실 외의 용도로 쓰는 건축물
② 높이 31m를 넘는 층수가 4개 층 이하로서 당해 각 층의 바닥면적 합계가 200m² 이내마다 방화구획으로 구획한 건축물
③ 높이 31m를 넘는 각 층의 바닥면적 합계가 500m² 이하인 건축물
④ 높이 31m를 넘는 층수가 4개 층 이하로서 당해 각 층의 바닥면적 합계가 600m² 이내마다 방화구획으로 구획한 건축물(단, 벽 및 반자가 실내에 접하는 부분의 마감을 불연재료로 한 경우)

비상용 승강기의 설치기준 : 높이 31m를 넘는 층수가 4개 층 이하로서 당해 각 층의 바닥면적 합계가 200m² 이내마다 방화구획으로 구획한 건축물(단, 벽 및 반자가 실내에 접하는 부분의 마감을 불연재료로 한 경우)

14 급배수 등의 용도를 위하여 건축물에 설치하는 배관설비의 설치 및 구조에 관한 기준으로 옳지 않은 것은?

① 배관설비의 오수에 접하는 부분은 내수재료를 사용할 것
② 지하실 등 공공하수도로 자연배수를 할 수 없는 곳에는 배수 용량에 맞는 강제 배수시설을 설치할 것
③ 우수관과 오수관은 통합하여 배관할 것
④ 콘크리트구조체에 배관을 매설하거나 배관이 콘크리트구조체를 관통할 경우에는 구조체에 덧관을 미리 매설하는 등 배관의 부식을 방지하고 그 수선 및 교체가 용이하도록 할 것

배관설비의 설치기준 : 우수관과 오수관은 분리하여 배관해야 한다.

04 소방법

I N T E R I O R   A R C H I T E C T U R E

01 | 화재예방, 소방시설 설치·유지 및 안전관리에 관한 법률

 학습 POINT
- 소방법의 목적을 알아 둔다.
- 소방법의 용어 정의를 숙지한다.
- 소방시설의 종류를 숙지한다.

1 총칙

1) 소방법의 목적

① 화재를 예방, 경계하거나 진압하고 화재, 재난, 재해, 그 밖의 위급상황에서의 구조, 구급활동을 통한 국민의 생명, 신체 및 재산 보호
② 공공의 안녕 및 질서 유지와 사회복지 증진에 기여

2) 소방법의 용어 정의

구분	내용
소방대상물	• 건축물, 차량, 선박, 선박건조구조물, 산림, 그 밖의 공작물 또는 물건
소방시설	• 소화설비, 경보설비, 피난설비, 소화용수설비, 그밖에 소화활동설비로 대통령령이 정하는 것 • 소화설비 　－소화기구 : 수동식 소화기, 자동식 소화기, 간이 소화용구 　－옥내소화전설비 　－옥외소화전설비 　－스프링클러설비, 간이스프링클러설비, 화재조기진압용 스프링클러설비 　－물분무소화설비, 미분무소화설비, 포소화설비 외 • 경보설비 　－비상경보설비 : 비상벨 　－단독경보형 감지기 　－비상방송설비 　－누전경보기 　－자동화재탐지설비, 시각경보기

구분	내용
소방시설	− 자동화재속보설비 − 가스누설경보기 − 통합감시시설 • 피난설비 　− 유도등 : 유도표지 　− 비상조명등, 휴대용 비상조명등 　− 완강기, 구조대, 피난사다리, 미끄럼대, 피난밧줄 외 피난기구 　− 인명구조기구 : 방열복, 공기호흡기 • 소화용수설비 　− 상수도소화용수설비 　− 소화구조, 저수조, 그 밖의 소화용수설비 • 소화활동설비 　− 제연설비 　− 연결송수관설비 　− 연결살수설비 　− 비상콘센트설비 　− 무선통신보조설비 　− 연소방지설비
특정소방대상물	• 소방시설을 설치하여야 하는 소방대상물로서 대통령령이 정하는 것(별표 2에 규정)
특수 장소	• 공연장, 집회장, 식품접객업소, 숙박업소, 의료기관, 학교, 공장 등
소방본부장	• 특별시, 광역시, 도('시·도'라 함)에서 화재의 예방, 경계, 진압, 조사 및 구조, 구급 등의 업무를 담당하는 부서의 장
소방대장	• 소방본부장 또는 소방서장 등 화재, 재난, 재해, 그 밖의 위급한 상황이 발생한 현장에서 소방대를 지휘하는 자
관계인	• 소방대상물의 소유자, 관리자, 점유자
★피난층	• 곧바로 지상으로 갈 수 있는 출입구가 있는 층
비상구	• 주된 출입구 외에 화재 발생 등 비상시에 건축물 또는 공작물의 내부로부터 지상, 그밖에 안전한 곳으로 피난할 수 있는 출입구 • 가로 75cm 이상, 세로 150cm 이상 크기의 출입구
★무창층	• 지상층 개구부로 건축물의 채광, 환기, 통풍을 위하여 만든 창, 출입구 면적의 합계가 당해 층의 바닥면적의 1/30 이하가 되는 층 • 개구부의 크기는 지름 50cm 이상의 원이 내접할 수 있게 하고, 개구부는 도로 또는 차량이 진입할 수 있는 빈터를 향한다. • 해당 층의 바닥면으로부터 개구부 밑부분까지의 높이가 1.2m 이내 • 화재 시 건축물로부터 쉽게 피난할 수 있도록 개구부 창살, 그 밖의 장애물 설치가 없어야 한다. • 내부 또는 외부에서 쉽게 파괴 또는 개방이 가능해야 한다.

구분	내용
실내장식물	• 건축물 내부의 천장 또는 벽에 설치하는 것 • 너비 10cm 이하인 반자돌림대를 제외한 장식물 • 가구류 : 옷장, 식탁, 식탁의자, 찬장 외 이와 유사한 유 • 집기류 : 사무용 책상, 사무의자, 계산대 외 이와 유사한 유 • 종이류 : 두께가 2mm 이상, 합성수지류, 섬유류를 주원료로 한 물품 • 합판 또는 목재 • 공간을 구획하기 위하여 설치하는 칸막이, 간이 칸막이 • 흡음재, 방음재

02 화재예방, 소방시설 설치·유지 및 안전관리에 관한 법률 시행령

학습 POINT

• 소방본부장·소방서장의 건축허가 동의 대상 건축물에 대해 숙지한다.
• 소방안전관리자를 두어야 하는 특정소방대상물에 대해 알아 둔다.
• 방염 대상 특정소방대상물에 대해 숙지한다.
• 방염성능의 기준에 대해 알아 둔다.

1 건축허가 등의 동의, 대상물의 범위

1) 소방본부장 또는 소방서장의 건축허가 및 사용승인에 대한 동의 대상 건축물의 범위

법 제7조 제5항에 따라 건축허가 등을 할 때 미리 소방본부장 또는 소방서장의 동의를 받아야 하는 건축물 등의 범위는 다음 표와 같다.

건축허가 등 동의 대상 건축물 (소방본부장 또는 소방서장의 동의)	• 건축물	연면적 400m² 이상인 건축물 (건축법 시행령 제119조 제1항 제4호에 따라 산정된 면적)
	• 학교시설 (학교시설사업촉진법 제5조의 2 제1항)	★연면적 100m² 이상인 건축물
	• 노유자시설 및 수련시설	★연면적 200m² 이상인 건축물
	• 정신의료기관 (정신보건법 제3조 제5호에 따른 정신의료기관, 입원실이 없는 정신과의원은 제외)	연면적 300m² 이상인 건축물
	• 의료재활시설 (장애인복지법 제58조 제1항 제4호에 따른 장애인 의료재활시설)	연면적 300m² 이상인 건축물

건축허가 등 동의 대상 건축물 (소방본부장 또는 소방서장의 동의)	차고, 주차장 또는 주차용도로 사용되는 시설	• 차고, 주차장으로 사용되는 층 중 바닥면적이 200m² 이상인 층이 있는 시설 • 승강기 등 기계장치에 의한 주차시설로서 자동차 20대 이상을 주차할 수 있는 시설
	지하층 또는 무창층이 있는 건축물	• 바닥면적이 150m² 이상인 층 • 공연장의 경우 바닥면적이 100m² 이상인 층
	• 항공기 격납고, 관망탑, 항공관제탑, 방송용 송수신탑	
	• 〈별표 2〉의 규정에 의한 특정소방대상물 중 위험물 저장 및 처리 시설, 지하구	

2) 소방본부장 또는 소방서장의 건축허가 등의 동의 대상에서 제외되는 특정소방대상물

건축허가 등 동의 대상 제외 특정소방대상물	다음 어느 하나에 해당하는 특정소방대상물은 소방본부장 또는 소방서장의 건축허가 등의 동의 대상에서 제외된다. ① 〈별표 5〉의 규정에 의하여 특정소방대상물에 설치되는 소화기구, 누전경보기, 피난기구, 방열복, 공기호흡기 및 인공소생기, 유도등 또는 유도표지가 법 제9조 제1항에 따른 화재안전기준에 적합한 경우의 그 특정소방대상물 ② 건축물의 증축 또는 용도변경으로 인하여 해당 특정소방대상물에 추가로 소방시설이 설치되지 아니하는 경우의 그 특정소방대상물

② 소방안전관리자를 두어야 하는 특정소방대상물

1) 소방안전관리자를 두어야 하는 특정소방대상물

소방안전관리자를 두어야 하는 특정소방대상물	소방안전관리자를 선임하여야 하는 특정소방대상물은 다음 어느 하나에 해당하는 특정소방대상물로 한다. 다만, 공공기관의 소방안전관리에 관한 규정을 적용받는 특정소방대상물은 제외한다.
	① 〈별표 2〉의 특정소방대상물 중 다음 어느 하나에 해당하는 것으로서 동식물원, 철강 등 불연성 물품을 저장·취급하는 창고, 위험물 저장 및 처리 시설 중 위험물제조소 등 지하구를 제외한 것(이하 특급 소방안전관리대상물이라 함)
	  ㉠ 50층 이상(지하층은 제외한다.)이거나 지상으로부터 높이가 200m 이상인 아파트
	  ㉡ 30층 이상(지하층을 포함한다.)이거나 지상으로부터 높이가 120m 이상인 특정소방대상물(아파트 제외)
	  ㉢ 연면적이 20만 m² 이상인 특정소방대상물(아파트 제외)
	② 〈별표 2〉의 특정소방대상물 중 특급 소방안전관리대상물을 제외한 다음 어느 하나에 해당하는 것으로서 동식물원, 철강 등 불연성 물품을 저장·취급하는 창고, 위험물 저장 및 처리 시설 중 위험물제조소 등 지하구를 제외한 것(이하 1급 소방안전관리대상물이라 함)
	  ㉠ 30층 이상(지하층은 제외)이거나 지상으로부터 높이가 120m 이상인 아파트
	  ㉡ 연면적 15,000m² 이상인 특정소방내상물(아파트 제외)
	  ㉢ 층수가 11층 이상인 특정소방대상물(아파트 제외)
	  ㉣ 가연성가스를 1천톤 이상 저장·취급하는 시설

소방안전관리자를 두어야 하는 특정소방대상물	③ 〈별표 2〉의 특정소방대상물 중 특급 소방안전관리대상물 및 1급 소방안전관리대상물을 제외한 다음 어느 하나에 해당하는 것 　㉠ 〈별표 5〉에 따라 스프링클러설비, 간이스프링클러설비 또는 물분무 등 소화설비[호스릴(hose reel) 방식만을 설치한 경우는 제외한다.]를 설치하는 특정소방대상물 　㉡ 가스 제조설비를 갖추고 도시가스사업의 허가를 받아야 하는 시설 또는 가연성가스를 100톤 이상 1,000톤 미만 저장·취급하는 시설 　㉢ 지하구 　㉣ 공동주택관리법 시행령 제2조 각 호의 어느 하나에 해당하는 공동주택 　㉤ 문화재보호법 제23조에 따라 보물 또는 국보로 지정된 목조건축물

2) 소방안전관리자 및 소방안전관리보조자의 선임 대상자

(1) 특급 소방안전관리대상물의 관계인

특급 소방안전관리대상물의 관계인	특급 소방안전관리대상물의 관계인은 다음 어느 하나에 해당하는 사람 중에서 소방안전관리자를 선임하여야 한다. ① 소방기술사 또는 소방시설관리사의 자격이 있는 사람 ② 소방설비기사의 자격을 취득한 후 5년 이상 1급 소방안전관리대상물의 소방안전관리자로 근무한 실무경력(법 제20조 제3항에 따라 소방안전관리자로 선임되어 근무한 경력은 제외한다. 이하 같다.)이 있는 사람 ③ 소방설비산업기사의 자격을 취득한 후 7년 이상 1급 소방안전관리대상물의 소방안전관리자로 근무한 실무경력이 있는 사람 ④ 소방공무원으로 20년 이상 근무한 경력이 있는 사람 ⑤ 다음 어느 하나에 해당하는 사람으로서 소방청장이 실시하는 특급 소방안전관리대상물의 소방안전관리에 관한 시험에 합격한 사람 　㉠ 1급 소방안전관리대상물의 소방안전관리자로 5년(소방설비기사의 경우 2년, 소방설비산업기사의 경우 3년) 이상 근무한 실무경력이 있는 사람 　㉡ 1급 소방안전관리대상물의 소방안전관리자로 선임될 수 있는 자격이 있는 사람으로서 특급 또는 1급 소방안전관리대상물의 소방안전관리보조자로 7년 이상 근무한 실무경력이 있는 사람 　㉢ 법 제41조 제1항 제3호 및 이 영 제38조에 따라 특급 소방안전관리대상물의 소방안전관리에 대한 강습 교육을 수료한 사람

(2) 1급 소방안전관리대상물의 관계인

1급 소방안전
관리대상물의
관계인
	1급 소방안전관리대상물의 관계인은 다음의 어느 하나에 해당하는 사람 중에서 소방안전
	관리자를 선임하여야 한다. 다만, 다음 ④부터 ⑥까지에 해당하는 사람은 안전관리자로
	선임된 해당 소방안전관리대상물의 소방안전관리자로만 선임할 수 있다.
	① 소방설비기사 또는 소방설비산업기사의 자격이 있는 사람
	② 산업안전기사 또는 산업안전산업기사의 자격을 취득한 후 2년 이상 2급 소방안전관
	 리대상물 또는 3급 소방안전관리대상물의 소방안전관리자로 근무한 실무경력이 있
	 는 사람
	③ 소방공무원으로 7년 이상 근무한 경력이 있는 사람
	④ 위험물기능장, 위험물산업기사 또는 위험물기능사 자격을 가진 사람으로서 위험물
	 안전관리법 제15조 제1항에 따라 위험물안전관리자로 선임된 사람
	⑤ 고압가스안전관리법 제15조 제1항, 액화석유가스의 안전관리 및 사업법 제34조 제1
	 항 또는 도시가스사업법 제29조 제1항에 따라 안전관리자로 선임된 사람
	⑥ 전기사업법 제73조 제1항 및 제2항에 따라 전기안전관리자로 선임된 사람
	⑦ 다음 어느 하나에 해당하는 사람으로서 소방청장이 실시하는 1급 소방안전관리대상
	 물의 소방안전관리에 관한 시험에 합격한 사람
	 ㉠ 고등교육법 제2조 제1호부터 제6호까지의 어느 하나에 해당하는 학교(이하 '대학'
	  이라 한다.)에서 소방안전관리학과를 전공하고 졸업한 사람으로서 2년 이상 2급
	  소방안전관리대상물 또는 3급 소방안전관리대상물의 소방안전관리자로 근무한
	  실무경력이 있는 사람
	 ㉡ 대학에서 소방안전 관련 교과목(소방청장이 정하여 고시하는 교과목을 말한다. 이하
	  같다.)을 12학점 이상 이수하고 졸업하거나 소방안전 관련학과(소방청장이 정하여
	  고시하는 학과를 말한다. 이하 같다.)를 전공하고 졸업한 사람으로서 3년 이상 2급
	  소방안전관리대상물 또는 3급 소방안전관리대상물의 소방안전관리자로 근무한 실
	  무경력이 있는 사람
	 ㉢ 소방행정학(소방학, 소방방재학을 포함한다.) 또는 소방안전공학(소방방재공학,
	  안전공학을 포함한다.) 분야에서 석사학위 이상을 취득한 사람
	 ㉣ ㉠, ㉡에 해당하는 경우 외에 5년 이상 2급 소방안전관리대상물의 소방안전관리
	  자로 근무한 실무경력이 있는 사람
	 ㉤ 법 제41조 제1항 제3호 및 이 영 제38조에 따라 특급 소방안전관리대상물 또는
	  1급 소방안전관리대상물의 소방안전관리에 대한 강습 교육을 수료한 사람
	 ㉥ 2급 소방안전관리대상물의 소방안전관리자로 선임될 수 있는 자격이 있는 사람으
	  로서 특급 또는 1급 소방안전관리대상물의 소방안전관리보조자로 5년 이상 근무
	  한 실무경력이 있는 사람
	 ㉦ 2급 소방안전관리대상물의 소방안전관리자로 선임될 수 있는 자격이 있는 사람으
	  로서 2급 소방안전관리대상물의 소방안전관리보조자로 7년 이상 근무한 실무경
	  력(특급 또는 1급 소방안전관리대상물의 소방안전관리보조자로 근무한 5년 미만
	  의 실무경력이 있는 경우에는 이를 포함하여 합산한다.)이 있는 사람
	⑧ 제1항에 따라 특급 소방안전관리대상물의 소방안전관리자 자격이 인정되는 사람

(3) 2급 소방안전관리대상물의 관계인

2급 소방안전 관리대상물의 관계인	2급 소방안전관리대상물의 관계인은 다음 어느 하나에 해당하는 사람 중에서 소방안전관리자를 선임하여야 한다. 다만, 제3호에 해당하는 사람은 보안관리자 또는 보안감독자로 선임된 해당 소방안전관리대상물의 소방안전관리자로만 선임할 수 있다. ① 건축사, 산업안전기사, 산업안전산업기사, 건축기사, 건축산업기사, 일반기계기사, 전기기능장, 전기기사, 전기산업기사, 전기공사기사 또는 전기공사산업기사 자격을 가진 사람 ② 위험물기능장, 위험물산업기사 또는 위험물기능사 자격을 가진 사람 ③ 광산보안기사 또는 광산보안산업기사 자격을 가진 사람으로서 광산보안법 제13조에 따라 광산보안 관리직원(보안관리자 또는 보안감독자만 해당한다.)으로 선임된 사람 ④ 소방공무원으로 3년 이상 근무한 경력이 있는 사람 ⑤ 다음 어느 하나에 해당하는 사람으로서 소방청장이 실시하는 2급 소방안전관리대상물의 소방안전관리에 관한 시험에 합격한 사람 ㉠ 대학에서 소방안전관리학과를 전공하고 졸업한 사람 ㉡ 대학에서 소방안전 관련 교과목을 6학점 이상 이수하고 졸업하거나 소방안전 관련 학과를 전공하고 졸업한 사람 ㉢ 소방본부 또는 소방서에서 1년 이상 화재 진압 또는 그 보조 업무에 종사한 경력이 있는 사람 ㉣ 의용소방대원으로 3년 이상 근무한 경력이 있는 사람 ㉤ 군부대(주한 외국 군부대를 포함한다.) 및 의무소방대의 소방대원으로 1년 이상 근무한 경력이 있는 사람 ㉥ 위험물안전관리법 제19조에 따른 자체 소방대의 소방대원으로 3년 이상 근무한 경력이 있는 사람 ㉦ 대통령 등의 경호에 관한 법률에 따른 경호 공무원 또는 별정직 공무원으로서 2년 이상 안전 검측 업무에 종사한 경력이 있는 사람 ㉧ 경찰공무원으로 3년 이상 근무한 경력이 있는 사람 ㉨ 법 제41조 제1항 제3호 및 이 영 제38조에 따라 2급 소방안전관리대상물의 소방안전관리에 대한 강습 교육을 수료한 사람 ㉩ 소방안전관리보조자로 선임될 수 있는 자격이 있는 사람으로서 특급, 1급 또는 2급 소방안전관리대상물의 소방안전관리보조자로 3년 이상 근무한 실무경력이 있는 사람 ⑥ 제1항 및 제2항에 따라 특급 또는 1급 소방안전관리대상물의 소방안전관리자 자격이 인정되는 사람

❸ 특정소방대상물의 방염

1) 방염성능기준 이상의 실내장식물 등을 설치하여야 하는 특정소방대상물

① 근린생활시설 중 체력단련장, 숙박시설, 방송통신시설 중 방송국 및 촬영소
② 건축물의 옥내에 있는 시설 : 문화 및 집회 시설, 종교시설, 운동시설(수영장은 제외)
③ 의료시설 중 종합병원, 요양병원 및 정신의료기관(입원실이 없는 정신건강의학의원은 제외)

④ 노유자시설 및 숙박이 가능한 수련시설

⑤ 다중이용업소

⑥ 교육연구시설 중 합숙소

⑦ ①~⑥의 시설에 해당하지 아니하는 것으로서 층수(건축법 시행령 제119조 제1항 제9호에 따라 산정한 층수)가 11층 이상인 것(아파트는 제외)

2) 방염대상물품

제조 또는 가공 공정에서 방염처리를 한 물품(합판, 목재류의 경우에는 설치 현장에서 방염처리를 한 것을 포함)으로서 다음의 어느 하나에 해당하는 것

① 창문에 설치하는 커튼류(블라인드 포함)

② 카펫, 두께가 2mm 미만인 벽지류(종이벽지 제외)

③ 전시용 합판 또는 섬유판, 무대용 합판 또는 섬유판

④ 암막, 무대막(영화 및 비디오물의 진흥에 관한 법률 제2조 제10호에 따른 영화상영관에 설치하는 스크린과 다중이용업소의 안전관리에 관한 특별법 시행령 제2조 제7호의 4에 따른 골프연습장업에 설치하는 스크린 포함)

3) 소방본부장 또는 소방서장의 방염제품 사용 권장

소방본부장 또는 소방서장은 규정에 의한 물품 외에 다중이용업소·의료시설·숙박시설·장례식장에서 사용하는 침구류·소파·의자에 대하여 방염처리가 필요하다고 인정되는 경우, 방염처리된 제품 사용을 권장할 수 있다.

4) 다중이용업소의 방염 대상 실내장식물

① 합판이나 목재

② 공간을 구획하기 위하여 설치하는 간이 칸막이(접이식 등 이동 가능한 벽체나 천장 또는 반자가 실내에 접하는 부분까지 구획하지 않는 벽체)

③ 종이류(두께 2mm 이상), 합성수지류 또는 섬유류를 주원료로 한 물품

④ 흡음이나 방음을 위하여 설치하는 흡음재(흡음용 커튼 포함) 또는 방음재(방음용 커튼 포함)

⑤ 다만, 가구류(옷장, 찬장, 식탁, 식탁용 의자, 사무용 책상, 사무용 의자 및 계산대, 그밖에 이와 비슷한 것)와 너비 10cm 이하인 반자돌림대 등과 건축법 제52조에 따른 내부마감재료는 제외한다.

4 방염성능의 기준

① 버너의 불꽃을 제거한 때부터 불꽃을 올리며 연소하는 상태가 그칠 때까지 시간은 20초 이내

② 버너의 불꽃을 제거한 때부터 불꽃을 올리지 아니하고 연소하는 상태가 그칠 때까지 시간은 30초 이내

③ 탄화한 면적은 50m² 이내, 탄화한 길이는 20cm 이내

④ 불꽃에 의하여 완전히 녹을 때까지 **불꽃의 접촉횟수는 3회 이상**

⑤ 소방청장이 정하여 고시한 방법으로 발연량을 측정하는 경우 **최대 연기밀도는 400 이하**

03 | 화재예방, 소방시설 설치·유지 및 안전관리에 관한 법률 시행규칙

- 소방법에 대해 숙지한다.
- 옥내소화전설비를 숙지한다.
- 스프링클러설비를 숙지한다.

1 소방시설의 설치·유지

1) 소방시설의 설치 대상물

종류	소방시설의 적용기준	
소화기구	• 수동식 소화기, 간이소화용구	• 연면적 33m² 이상 • 지정 문화재 및 가연성가스를 저장, 취급하는 시설 • 터널
	• 자동식 소화기	• 11층 이상의 아파트 중 6층 이상 15층 이하의 세대별 주방(다만, 자동소화설비가 설치된 층은 제외) • 주거용 주방 자동소화장치를 설치 : 아파트, 30층 이상 오피스텔의 전 층
옥내 소화전설비	• 소방대상물(지하가 중 터널 제외)	• 연면적 3,000m² 이상
	• 지하층·무창층(축사 제외), 층수가 4층 이상	• 바닥면적이 600m² 이상의 전 층
	• 근린생활시설, 위락시설 • 판매시설, 숙박시설, 노유자시설 • 의료시설, 업무시설 • 방송통신시설, 공장·창고시설 • 항공기 및 자동차 관련시설, 복합건축물	• 연면적 1,500m² 이상 • 지하층, 무창층, 층수가 4층 이상 층 중 바닥면적이 300m² 이상의 전 층
	• 공장 및 창고 시설로서 소방기본법 시행령에서 정하는 특수가연물을 저장·취급하는 것	• 수량의 750배 이상
	• 건축물의 옥상에 설치된 차고, 주차장으로서 차고, 주차의 용도로 사용되는 부분	• 바닥면적 200m² 이상

종류	소방시설의 적용기준	
옥외 소화전설비	• 지하 1층, 2층 　-동일구 내에 둘 이상의 특정소방대상물이 행정안전부령으로 정하는 연소 우려가 있는 구조인 경우 이를 하나의 특정소방대상물로 본다.	• 바닥면적의 합계가 9,000m² 이상
	• 문화재보호법에 따라 국보 또는 보물로 지정된 목조 건축물	• 연면적 1,000m² 이상
	• 공장 또는 창고시설로서 소방기본법 시행령에서 정하는 특수가연물을 저장·취급하는 곳	• 수량의 750배 이상
물분무 소화설비	• 공장, 창고, 특수가연물을 저장·취급하는 곳	• 수량의 1,000배 이상
	• 차고, 주차용 건축물	• 연면적 800m² 이상
	• 건축물 내부에 설치된 차고로 주차용도로 사용되는 부분	• 바닥면적 200m² 이상
	• 승강기 등 기계장치에 의한 주차시설	• 20대 이상 주차
	• 전기실, 발전실, 변전실(가연성 절연유를 사용하지 아니하는 변압기, 전류차단기 등의 전기기기와 가연성 피복을 사용하지 아니한 전선 및 케이블만 실지한 전기실, 발전실, 변전실 제외), 축전지실, 통신기기실, 전산실. 단, 이 경우 동일한 방화구획 내 2개 이상의 실이 설치되어 있는 경우에는 이를 1개의 실로 보아 바닥면적에서 제외한다.	• 바닥면적 300m² 이상
스프링클러 설비	• 문화 및 집회 시설(동식물원 제외) • 종교시설(사찰, 제실, 사당 제외) • 운동시설(물놀이형 시설 제외) • 우측에 해당하는 전 층	• 수용인원 100인 이상 • 영화상연관의 용도로 쓰이는 층의 바닥면적이 지하층·무창층인 경우는 500m² 이상, 그 밖의 층의 경우는 1,000m² 이상 • 무대부가 지하층, 무창층, 층수가 4층 이상인 층에 있는 경우는 300m² 이상 • 그 밖의 층에 무대부가 있는 경우에 무대부의 바닥면적이 500m² 이상
	• 판매시설, 운수시설 • 창고시설 중 물류터미널 • 우측에 해당하는 전 층	• 바닥면적의 합계가 5,000m² 이상 • 수용인원 500인 이상
	• 층수가 6층 이상인 특정소방대상물	• 전 층 : 주택법령에 따라 기존의 아파트를 연면적 및 층고의 변경이 없는 리모델링의 경우 사용검사 당시의 기준을 적용

종류	소방시설의 적용기준	
스프링클러 설비	• 의료시설 중 정신의료기관, 종합병원, 병원, 치과병원, 한방병원, 요양병원(정신병원 제외) • 노유자시설 • 숙박이 가능한 수련시설	• 바닥면적이 600m² 이상의 전 층
	• 천장, 반자(반자가 없는 경우에는 지붕의 옥내에 면하는 부분)의 높이기 10m를 넘는 랙식 창고(선반 또는 이와 비슷한 것을 설치하고 승강기에 의하여 수납을 운반하는 장치를 갖춘)	• 바닥면적의 합계가 1,500m² 이상
	• 지하가(터널 제외)	• 연면적 1,000m² 이상
	• 특정소방대상물의 지하층, 무창층(축사 제외) • 층수가 4층 이상인 층	• 바닥면적 1,000m² 이상인 층
	• 교육연구시설, 수련시설 내에 있는 학생 수용 기숙사 • 복합건축물	• 연면적 5,000m² 이상인 경우의 전 층
비상경보설비	• 연면적 400m² 이상(지하가 중 터널 또는 사람이 거주하지 아니하거나 벽이 없는 축사 제외) • 지하층, 무창층의 바닥면적이 150m² 이상(공연장인 경우 100m² 이상) • 지하가 중 터널로서 길이가 500m 이상 • 50명 이상의 근로자가 작업하는 옥내작업장	—
비상방송설비	• 연면적 3,500m² 이상 • 지하층을 제외한 층수가 11층 이상 • 지하층의 층수가 3개 층 이상	—
자동 화재탐지설비	• 근린생활시설(목욕장은 제외) • 의료시설, 숙박시설, 위락시설 • 장례시설, 복합건축물	• 연면적 600m² 이상
	• 공동주택 • 근린생활시설 중 목욕장 • 문화 및 집회 시설, 종교시설 • 판매시설, 운수시설, 운동시설 • 업무시설, 공장·창고시설 • 위험물 저장·처리시설 • 항공기·자동차 관련시설 • 교정·군사시설 중 국방·군사시설 • 발전시설, 관광휴게시설 • 지하가(터널 제외)	• 연면적 1,000m² 이상

종류	소방시설의 적용기준	
자동 화재탐지설비	• 교육연구시설(교육시설 내에 있는 기숙사·합숙소 포함) • 수련시설(수련시설 내에 있는 기숙사·합숙소 포함, 숙박시설이 있는 수련시설은 제외) • 동식물 관련시설(기둥과 지붕만으로 구성되어 외부와 기류가 통하는 장소는 제외) • 분뇨·쓰레기처리시설 • 교정·군사시설(국방·군사시설 제외) • 묘지 관련시설	• 연면적 2,000m² 이상
	• 지하가 중 터널	• 길이 1,000m² 이상
	• 노유자시설	• 연면적 400m² 이상
	• 숙박시설이 있는 수련시설	• 수용인원 100명 이상
	• 공장·창고시설로 소방기본법 시행령으로 정하는 특수가연물을 저장·취급하는 시설	• 〈별표 2〉에서 정하는 수량의 500배 이상
자동 화재속보설비	• 업무시설, 공장·창고시설 • 교정·군사시설 중 국방·군사시설 • 발신실(사람이 근무하지 않는 시간에는 무인경비 시스템으로 관리하는 시설만 해당)	• 바닥면적이 1,500m² 이상인 층
	• 노유자시설	• 바닥면적이 500m² 이상인 층
제연설비	• 문화 및 집회 시설, 종교시설, 운동시설의 무대부	• 바닥면적 200m² 이상
	• 문화 및 집회 시설 중 영화상영관	• 수용인원 100명 이상
	• 근린생활시설, 판매시설, 운수시설 • 숙박시설, 위락시설, 창고시설 중 물류터미널로서 지하층, 무창층	• 바닥면적이 1,000m² 이상인 모든 층
	• 지하가(터널 제외)	• 연면적 1,000m² 이상
	• 지하가 중 교통량, 경사도 등 터널의 특성을 고려해 행정안전부령으로 정하는 위험등급 이상에 해당하는 터널	• 길이가 500m 이상
	• 특정소방대상물(갓복도형 아파트 제외)에 부설된 특별피난계단, 비상용 승강기의 승강장	—
소화용수설비	• 연면적 5,000m² 이상(위험물 저장·처리시설 중 가스시설, 지하가 중 터널·지하구 제외)	—
	• 가스시설로 지상에 노출된 탱크의 저장용량의 합계가 100톤 이상	—

종류	소방시설의 적용기준	
연결 송수관설비	• 층수가 5층 이상	• 연면적 6,000m² 이상
	• 특정소방대상물로 지하층을 포함하는 층수가 7층 이상	–
	• 특정소방대상물로 지하층의 층수가 3개 층 이상이고 지하층의 바닥면적 합계가 1,000m² 이상	–
	• 지하가 중 터널	• 길이가 1,000m 이상
단독경보형 감지기	• 연면적 1,000m² 미만의 아파트 • 연면적 1,000m² 미만의 기숙사 • 연면적 600m² 미만의 숙박시설 • 연면적 400m² 미만의 유치원	–
	• 교육연구시설, 수련시설 내에 있는 합숙소, 기숙사	• 연면적 2,000m² 미만
피난기구	• 특정소방대상물의 모든 층에 화재안전기준에 적합한 피난기구를 설치	–
인명구조기구	• 지하층을 포함하는 층수가 7층 이상인 관광호텔에 설치 • 지하층을 포함하는 층수가 5층 이상인 병원에 설치	–
비상조명등	• 지하층을 포함하는 층수가 5층 이상	• 연면적 3,000m² 이상
	• 특정소방대상물의 지하층, 무창층	• 바닥면적 450m² 이상
	• 지하가 중 터널	• 길이 500m 이상

01 소방시설 설치·유지 및 안전관리법률

01 다음 중 소방시설의 구분에 속하지 않는 것은?

① 소화설비   ② 급수설비
③ 경보설비   ④ 피난설비

해설 소방시설 : 소화설비, 경보설비, 피난설비, 소화용수설비, 소화활동설비

02 소화활동설비에 해당되는 것은?

① 스프링클러설비
② 자동화재탐지설비
③ 상수도소화용수설비
④ 연결송수관설비

해설 소화활동설비 : 제연설비, 연결송수관설비, 연결살수설비, 비상콘센트설비, 무선통신보조설비, 연소방지설비

★
03 다음 소방시설 중 소화설비에 해당되지 않는 것은?

① 연결살수설비
② 스프링클러설비
③ 옥외소화전설비
④ 소화기구

해설 소화설비
• 소화기구
• 옥내소화전설비, 옥외소화전설비
• 스프링클러설비, 간이스프링클러설비, 화재조기진압용 스프링클러설비
• 물분무소화설비, 미분무소화설비, 포소화설비, 이산화탄소 소화설비, 할로겐화합물 소화설비, 청정소화약제 소화설비, 분말소화설비

[사주 출세뇌는 중요한 문제는 별표(★)로 강조함]
04 다음 중 경보설비에 포함되지 않는 것은?

① 자동화재속보설비
② 비상조명등
③ 비상방송설비
④ 누전경보기

해설 경보설비
• 화재 발생을 통보하는 기계, 기구 또는 설비
• 비상경보설비, 비상방송설비, 누전경보설비, 자동화재탐지설비, 자동화재속보설비, 가스누설경보기

★
05 소방시설법령에서 정의한 무창층에 해당하는 기준으로 옳은 것은?

> A : 무창층과 관련된 일정 요건을 갖춘 개구부 면적의 합계
> B : 해당 층의 바닥면적

① A/B ≤ 1/10   ② A/B ≤ 1/20
③ A/B ≤ 1/30   ④ A/B ≤ 1/40

해설 무창층이 되기 위한 기준 : 피난소화활동상 유효한 개구부 면적의 합계가 해당 층 바닥면적의 1/30 이하

★
06 화재예방, 소방시설 설치·유지 및 안전관리에 관한 법률 시행령에 따른 피난층의 정의로 옳은 것은?

① 피난기구가 설치된 층
② 곧바로 지상으로 갈 수 있는 출입구가 있는 층
③ 비상구가 연결된 층
④ 무창층 외의 층

해설 피난층 : 곧바로 지상으로 갈 수 있는 출입구가 있는 층

정답 ▶ 1. ② 2. ④ 3. ① 4. ② 5. ③ 6. ②

07 소방시설 중 피난설비에 해당되지 않는 것은?

① 유도등　　　　② 비상방송설비
③ 비상조명등　　④ 인명구조기구

해설
• 피난설비 : 유도등, 비상조명등, 인명구조기구, 휴대용 비상조명등, 미끄럼대, 피난사다리, 구조대, 완강기, 피난교, 피난밧줄, 공기안전매트, 그 밖의 피난기구, 방열복, 공기호흡기 및 인공소생기
• 경보설비 : 비상방송설비

02 소방시설 설치·유지 및 안전관리법률 시행령

08 특정소방대상물의 관계인은 관계법령에 따라 소방안전관리자 선임 사유가 발생한 날로부터 며칠 이내에 선임하여야 하는가?

① 7일　　　　② 15일
③ 30일　　　④ 45일

해설 소방안전관리자의 선임 기일 : 관계법령에 따라 소방안전관리자 선임 사유가 발생한 날로부터 30일 이내에 선임하여야 한다.

★
09 소방시설법령에 따른 방염대상물품의 방염성능 기준으로 옳지 않은 것은?

① 불꽃에 의하여 완전히 녹을 때까지 불꽃의 접촉횟수는 5회 이상일 것
② 탄화(炭化)한 면적은 50m² 이내, 탄화한 길이는 20cm 이내일 것
③ 버너의 불꽃을 제거한 때부터 불꽃을 올리지 아니하고 연소하는 상태가 그칠 때까지 시간은 30초 이내일 것
④ 소방청장이 정하여 고시한 방법으로 발연량(發煙量)을 측정하는 경우 최대 연기밀도는 400 이하일 것

해설 소방시설법령상 방염대상물품은 불꽃에 의하여 완전히 녹을 때까지 불꽃의 접촉횟수는 3회 이상이어야 한다.

10 공동 소방안전관리자 선임 대상 특정소방대상물이 되기 위한 연면적 기준은? (단, 복합 건축물의 경우)

① 1,000m² 이상　② 1,500m² 이상
③ 3,000m² 이상　④ 5,000m² 이상

해설 공동 소방안전관리자 선임 대상 특정소방대상물은 복합건축물의 경우 연면적이 5,000m² 이상인 것 또는 층수가 5층 이상인 것이다.

★
11 방염성능기준 이상의 실내장식물 등을 설치하여야 하는 특정소방대상물에 해당되지 않는 것은?

① 층수가 11층 이상인 아파트
② 교육연구시설 중 합숙소
③ 숙박이 가능한 수련시설
④ 방송통신시설 중 방송국

해설 방염성능기준 이상의 실내장식물 설치 제외 대상 : 층수가 11층 이상인 건축물 중에서 아파트는 제외

★
12 건축허가 등을 할 때 미리 소방본부장 또는 소방서장의 동의를 받아야 하는 대상 건축물의 최소 연면적 기준은?

① 400m² 이상　　② 500m² 이상
③ 600m² 이상　　④ 1,000m² 이상

해설 소방본부장 또는 소방서장의 동의를 받아야 하는 대상 건축물의 연면적 허가기준 : 연면적이 400m²(학교시설 등을 건축하고자 하는 경우에는 100m², 노유자시설 및 수련시설의 경우에는 200m²) 이상인 건축물

★
13 특정소방대상물에 사용하는 실내장식물 중 방염대상물품에 속하지 않는 것은?

① 창문에 설치하는 커튼류
② 두께가 2mm 미만인 종이벽지
③ 전시용 섬유판
④ 전시용 합판

해설 방염대상물품 : 카펫, 두께가 2mm 미만인 벽지류로서 종이벽지는 제외

14 다음 (　) 안에 적합한 것은?

> 지진·화산재해대책법 제14조 제1항 각 호의 시설 중 대통령령으로 정하는 특정소방대상물에 대통령령으로 정하는 소방시설을 설치하려는 자는 지진이 발생할 경우 소방시설이 정상적으로 작동될 수 있도록 (　)이 정하는 내진설계기준에 맞게 소방시설을 설치하여야 한다.

① 국토교통부장관　② 소방서장
③ 소방청장　④ 행정안전부장관

해설 지진·화산재해대책법령에 따른 소방시설의 내진설계기준은 소방청장이 정한다.

---

03 소방시설 설치·유지 및 안전관리법률 시행규칙

15 단독경보형 감지기를 설치하여야 하는 특정소방대상물에 해당하지 않는 것은?

① 연면적 800m²인 아파트 등
② 연면적 1,200m²인 기숙사
③ 수련시설 내에 있는 합숙소로서 연면적이 1,500m²인 것
④ 연면적 500m²인 숙박시설

해설 연면적 1,000m² 미만의 기숙사에는 단독경보형 감지기를 설치해야 한다.

16 화재안전기준에 따라 소화기구를 설치하여야 하는 특정소방대상물의 최소 연면적 기준은?

① 20m² 이상　② 33m² 이상
③ 42m² 이상　④ 50m² 이상

해설 수동식 소화기, 간이소화용구의 설치 대상 : 연면적 33m² 이상, 지정문화재 및 가스시설

17 문화 및 집회 시설에 쓰이는 건축물의 거실에 배연설비를 설치하여야 할 경우에 해당하는 최소 층수 기준은?

① 6층　② 10층
③ 16층　④ 20층

해설 배연설비의 설치기준 : 6층 이상 건축물로서 문화 및 집회 시설, 종교시설, 장례시설, 운동시설, 위락시설, 전시시설 등의 용도로 쓰이는 건축물

18 비상경보설비를 설치하여야 할 특정소방대상물의 기준으로 옳지 않은 것은? (단, 지하구, 모래·석재 등 불연재료 창고 및 위험물 저장·처리시설 중 가스시설은 제외)

① 연면적 400m²(지하가 중 터널 또는 사람이 거주하지 않거나 벽이 없는 축사 등 동식물 관련시설은 제외한다.) 이상인 것
② 지하층 또는 무창층의 바닥면적이 150m² (공연장의 경우 100m²) 이상인 것
③ 지하가 중 터널로서 길이가 500m 이상인 것
④ 30명 이상의 근로자가 작업하는 옥내작업장

해설 50명 이상의 근로자가 작업하는 옥내작업장에는 비상경보설비를 설치하여야 한다.

CHAPTER
05 실내환경

INTERIOR ARCHITECTURE

01 | 열 및 습기 환경

학습 POINT

- 건축물 계획을 위한 기후환경 요소 및 에너지 절약 설계기준을 이해한다.
- 온열환경의 변수와 인체 열쾌적 요소의 특징에 대해 알아 둔다.
- 전열에 대해 이해한다.
- 습기, 결로의 정의와 특성 및 방지대책에 대해 알아둔다.

1 건물과 열, 습기

1) 기후환경 요소

기후환경의 특성을 대표하는 요소로, 기온·습도·바람·강수량·일조·일사 등이 있으며, 연간 수량 및 분포를 의미한다.

2) 에너지 절약 설계기준에 따른 권장사항

① 공동주택은 인동간격을 넓게 하여 저층부의 일사수열량을 증대시킨다.
② 외벽 부위는 외단열로 시공하며, 건물의 창호는 가능한 한 작게 설계한다.
③ 건축물은 대지의 향, 일조, 주 풍향 등을 고려하여 배치하며, 남향 또는 남동향 배치를 한다.

2 실내환경과 체감

1) 온열환경의 물리적 변수

열환경 4요소 : 기온, 습도, 기류, 복사열로 인체의 열쾌적에 영향을 미치는 요소를 말한다.

2) 열쾌적의 주요 기후요소

기온, 풍속, 비와 눈, 습도, 바람

3 전열

1) 개요

① 열의 전달 또는 열의 이동을 밀한다.
② 복사·전도·대류현상이 있으며, 현상이 복합되어 일어난다.

2) 종류

① 복사 : 고온의 물체 표면에서 저온의 물체 표면으로 공간의 전자기파에 의해 열이 전달되는 현상을 말한다.
② 열전도 : 구조체의 내부에서 일어나는 열의 이동을 말하며, 열이 고온 부분에서 저온 부분으로 물질을 통해서 이동하는 현상을 말한다.

3) 정상·비정상 전열과 실온

(1) 전도에 의한 전열

① 벽이나 지붕 같은 구조체 내에서 고온측에서 저온측으로 열이 이동하는 현상을 말한다.
② 실내 표면에서 실외 표면으로의 열의 이동은, 겨울에는 열손실이 발생하고 여름에는 열취득이 발생한다.
③ 정상상태(steady state) : 열이 흐르는 구조체에서의 온도 분포가 시간과 더불어 변화하지 않고 일정하게 변화하는 전열방식을 말한다.
④ 비정상상태(unsteady state) : 열이 흐르는 구조체에서의 온도나 열류가 시간과 더불어 변화하는 전열방식을 말한다.

(2) 건축에 있어서의 열의 흐름

실외기온·일사 등이 항상 변화하고 실내에서 열의 획득과 손실이 변화하나, 건축재료의 비열·밀도·열확산율 등의 열적 해석이 복잡하여 건축에서의 전열현상을 편의상 정상상태로 해석한다.

4 습기와 결로

1) 습기

(1) 정의

공기 속 또는 재료 속에 기체 또는 액체의 형태로 존재하는 수분을 의미한다.

(2) 습도의 변화

① 공기 중의 수증기량은 급격한 기상 변화가 없으면 하루 종일 일정하게 나타나며, 포화 수증기압은 기온의 변화에 따라 변한다.

② 인간의 쾌적감에는 절대습도보다 상대습도가 더 크게 영향을 준다.

2) 결로

(1) 개요

① 공기 중의 수증기에 의해서 발생하는 습윤상태를 의미한다.

② 겨울에 많이 발생하며 난방에 따른 실내·외의 온도 차가 큰 경우에 주로 발생한다.

③ 습공기의 노점온도보다 낮은 위치에서 발생한다.

④ 현관 주위의 칸막이벽 등 구조상 벽의 두께가 얇아지는 내벽이나 북향 벽, 최상층의 천장에 발생하기 쉽다.

(2) 결로의 방지대책

① 환기로 습한 공기를 제거하고, 난방으로 건물 내부의 표면온도를 올려서 제거한다.

② 부엌·욕실 등의 수증기를 외부로 배출하고, 구조체를 단열하며, 방습층을 설치한다. 열적으로 유리한 외측 단열공법으로 시공하고, 단열재는 외부에, 방습층은 내부에 설치한다.

02 | 공기환경

학습 POINT
- 실내공기의 오염 원인과 오염지표에 대해 숙지한다.
- 실내환기의 목적 및 환기방법의 종류에 대해 이해한다.
- 실내환기의 계획에 대해 이해한다.

1 실내공기의 오염

1) 실내공기의 오염 원인

① 신진대사·난방 등에 의한 CO·CO_2 증가, O_2의 감소와 체열로 인한 온습도의 증가

② 거동·의복·담배연기 등에서 생기는 먼지, 연기에 의한 탁한 공기 및 각종 세균의 증가

2) 실내공기의 오염지표

① 각종 오염요소들의 농도가 CO_2 농도에 비례하고 산소함유량에 반비례하기 때문에, CO_2 농도가 실내공기 오염의 지표로 사용된다.

② CO_2 최대 허용치는 일상생활 시 0.1%, 8시간 노동작업 시 0.05%, 다수인이 재실 시 0.07%를 기준으로 한다.

❷ 실내환기의 계획

1) 실내환기의 목적

① 인체의 호흡에 필요한 신선한 산소의 공급 및 호흡으로 인한 CO_2나 수증기의 제거
② 건물 내부의 각종 오염물질의 배출로 감염 위험의 감소 및 내부의 결로 방지를 위한 열이나 수분의 제거

2) 실내환기의 방법

(1) 자연환기

① 중력환기 : 건물 내·외부의 온도 차에 의한 공기밀도의 압력 차에 의한 환기
② 풍력환기 : 자연풍이 건물에 부딪혀 생기는 기류의 압력 차에 의한 환기

(2) 인공환기(기계환기, 강제환기)

① 기계의 사용방식에 의한 분류

종류	급기	배기	환기량	용도
제1종 환기(병용식)	기계	기계	임의, 일정	병원, 거실, 지하극장, 변전실
제2종 환기(안입식)	기계	자연	임의, 일정	반도체 공장, 무균실, 수술실
제3종 환기(흡출식)	자연	기계	임의, 일정	주방, 화장실, 욕실, 흡연실 등 열과 냄새가 많은 곳

② 기류 방향에 따른 분류 : 상향 환기, 하향 환기, 혼용 환기
③ 환기 부위에 따른 분류 : 전반 환기, 국부 환기

3) 실내환기의 효율적 계획

① 위치에 관계없이 2개 이상의 창을 다른 방향의 벽으로 분리시키는 것이 좋다.
② 자연환기 시에 풍력환기와 중력환기가 함께 이루어지도록 하며, 루버나 블라인드로 기류속도를 조절하는 것이 좋다.
③ 유입구는 하부에, 유출구는 상부에 설치하며, 1층 바닥은 GL보다 높게 하여 먼지가 실내로 들어오는 것을 방지하는 것이 좋다.

MEMO

빛환경

> **학습 POINT**
> • 빛의 성질과 특성을 알아 둔다.
> • 주광조명과 인공조명의 특징을 이해한다.
> • 실내공간의 조명설계를 위한 조명방식의 종류와 특성을 이해한다.

1 빛환경

1) 빛의 정의

좁은 의미의 빛은 일반적으로 사람이 볼 수 있는 가시광선으로, 약 380~780nm 사이의 파장을 가진 전자기파이며, 넓은 의미로는 모든 종류의 전자기파를 말한다.

2) 빛의 성질과 특성

(1) 빛의 성질

투과, 반사, 굴절의 성질을 가진다.

(2) 빛의 특성

광속, 광도, 조도[*], 휘도, 광속발산도의 특성을 가진다.

> **TIP** 조도 : 발광체의 단위면적당 표면에서 반사·방출되는 빛의 밝기로, 기호는 I, 단위는 cd(candela)이다.

2 시각환경

1) 시각환경

(1) 순응

안구의 내부로 입사하는 빛의 양에 따라 망막의 감도가 변화하는 현상과 변화하는 상태를 말한다.

(2) 가시도 향상방법

휘도 레벨과 조도 레벨을 증가시키며, 물체와의 가시거리를 줄인다.

(3) 거실의 용도에 따른 조도(바닥 위 85cm 수평면의 조도)

거실의 용도 구분		조도[lx]	거실의 용도 구분		조도[lx]
거주	• 독서, 식사, 조리	150	집무	• 설계, 제도, 계산	700
				• 일반사무	300
집회	• 회의	300	작업	• 검사, 시험, 정밀검사, 수술	700
	• 집회	150		• 일반작업, 제조, 판매	300
	• 공연, 관람	70		• 포장, 세척	150
오락	• 오락, 일반	150			

2) 현휘(glare)

(1) 정의

시야 내에 휘도가 높은 광원, 반사물체 등에 의해 빛이 눈에 들어와 대상을 보기 어렵게 하거나 눈부심으로 불쾌감을 느끼게 하는 상태를 말한다.

(2) 발생 원인

① 주위가 어둡고 광선의 휘도가 높으며, 물체와 주위 사이가 고휘도 대비인 경우
② 광원이 시선에 가깝고 광원의 표면석이 큰 경우와 광원의 수가 많은 경우

3) 자연채광(주광조명)

(1) 정의

인공적인 조명을 사용하지 않고 낮 동안에 태양을 광원으로 채광하는 것으로, 주광조명이라고도 한다.

(2) 주광조명방식

정광창, 측광창, 고측광창, 정측광창의 방식을 사용한다.

(3) 합리적 주광조명 계획

① 주요 작업면에는 직사일광을 피하고, 주광을 고르게 확산·분산시키며, 창을 근접시킨다.
② 천창·고창 등 높은 곳에서 주광을 입사시키고, 측창의 경우 양측 채광을 한다.
③ 내부에 가능한 한 많은 주광을 입사시키고, 주변 벽과의 대비가 심하지 않도록 한다.

4) 인공조명 설계

(1) 광원의 종류

백열등, 형광등, 고압 수은등, 나트륨등, 메탈힐라이드등, 할로센등 등이 있다.

(2) 건축화조명

① 천장·벽·기둥 등 건축부분을 활용하여 조명기구를 설치하는 방식이다.

② 빛이 주로 확산하며, 음영이 부드러워 쾌적한 환경을 만들 수 있다.

③ 발광면이 크고 감각이 현대적이다.

③ 실내의 조명설계

1) 실내조명방식

① 직접조명 : 어둡고 밝음이 적고 조명률이 좋으며, 벽·천장의 반사율의 영향이 작다. 눈부심이 발생하며 소요 전력이 크다.

② 간접조명 : 반사광에 의해 음영이 부드럽고 차분한 분위기와 균일한 조도를 얻을 수 있다.

2) 조명설계의 순서

소요조도의 결정 → 광원(조명) 종류의 선정 → 조명방식 및 조명기구 선정 → 광속 조도의 계산 → 소요 조명기구 수 산정 → 조명기구의 배치계획

04 | 음환경

학습 POINT
- 음의 정의 및 음향현상별 의미를 이해한다.
- 소음의 방지계획과 잔향의 의미, 최적 잔향시간에 대해 이해한다.
- 흡음의 의미와 실내의 음향계획, 설계방법에 대해 알아둔다.

① 음의 일반사항

1) 음의 개요

(1) 정의

물체의 진동에 의해 발생하고 매질의 진동으로 인해 전달되는 파동으로, 음파라고도 한다.

(2) 특성

회절[*], 간섭[*], 에코(울림), 공명, 확산, 반사[*], 잔향, 굴절[*], 감쇠 등이 있다.

> TIP
> - 회절 : 진행 중인 음이 장애물을 만나면, 파동이 직진하지 않고 장애물의 뒤로 돌아가는 현상
> - 간섭 : 2개 이상의 음파가 동시에 어떤 점에 도달하면 서로 강화시키거나 약화시키는 현상
> - 반사 : 일정한 방향으로 진행하는 음이 장애물에 부딪쳐서 진행 방향과 반대로 방향이 바뀌는 현상
> - 굴절 : 밀도가 다른 면을 통과하는 음의 속도가 달라져 일부는 반사되고, 일부는 흡수되는 현상

2) 소음

(1) 유형별 종류

정상소음, 간헐소음, 변동소음, 충격소음, 생활소음 등

(2) 소음의 방지계획

① 소음이 큰 도로변은 방음벽을 설치하고 이중유리를 설치한다. 실내측에 고성능 흡음재를 설치하고 무겁고 단단한 재료로 벽체를 시공한다.
② 실내에서 발생하는 소음은 음의 반사가 일어나지 않도록 유도하고, 벽체의 투과손실을 크게 하여 소음의 침입을 막는다.

3) 잔향

(1) 잔향시간

① 정의 : 실내음향 환경을 평가하는 중요한 요소로, 일정 세기의 음을 발생시켜 정상상태가 되었을 때 음의 발생을 중지시킨 후 실내의 음에너지 평균밀도가 최초 값보다 $1/10^6$(백만분의 일)이 되거나, 음압이 $1/1,000$ 또는 60dB로 감쇠되기까지 필요한 시간이다.
② 실의 용적, 실내 표면적, 실의 평균흡음률, 음원, 수음점의 거리, 반사면의 위치, 각 실의 용도, 청중 수 등에 따라 달라지며 적정 잔향시간보다 길어지면 명료성이 저하된다.
③ 잔향시간은 실내흡음률과 실의 표면적에 반비례하고 실의 용적에 비례하며, 음원의 위치나 측정의 위치와는 무관하다.

(2) 최적의 잔향시간 계획

① 흡음재의 사용량을 증가시키면 잔향시간이 줄어들고, 실의 용적이 클수록, 흡음력이 작을수록 잔향시간이 길어진다.
② 회화·강연·연극 등을 행하는 실에서는 잔향시간이 짧아야 하며, 음악은 다소 긴 잔향시간이 필요하다.
③ 잔향시간이 짧은 실에서 긴 실의 순서 : 강연, 연극 → 실내악 → 종교음악

2 실내음향

1) 흡음과 차음

(1) 흡음

① 물체 표면에 입사하는 음에너지가 마찰저항, 진동 등에 의해 열에너지로 변하는 현상이다.
② 벽체 등에 입사한 음파의 반사율을 낮추고 흡수시켜 실내의 음에너지를 최대한 소멸시키는 작용이다.

③ 다공질성 흡음재, 판(막)진동 흡음재, 가변성 흡음재, 구멍판 흡음재, 공명기형 흡음재 등의 흡음재를 사용하여 소음 레벨을 저하시킨다.

(2) 차음과 투과손실

① 차음 : 외부와의 음의 교류를 차단하는 작용을 말한다.

② 투과손실 : 음원이 재료나 구조물에 부딪히고 흡수되어 감소된 정도를 말하며, 음의 투과율이 작을수록 차음 력은 커지며 벽체의 두께와 질량에 비례한다.

2) 실내의 음향계획

(1) 실내음향의 특성

① 음원과 수음점과의 거리가 멀어져도 음의 세기는 크게 감소하지 않으며, 음원이 정지한 후에 도달하는 반사음에 의해 잔향이 생긴다.

② 실의 형태나 마감재료에 의해 반향, 울림, 기타 여러 특이현상이 발생할 수 있다.

(2) 실내의 음향계획방법

① 실내 전체에 고른 음압의 분포를 위해 음원 발생지에는 반사재를, 실의 후면에는 흡음재를 설치한다.

② 음향 분포는 부채꼴형의 평면이 가장 좋고, 타원형·원형은 음의 집점·반향이 일어나며, 평행과 대칭을 피하는 것이 좋다.

③ 객석은 가급적 무대 음원에 가까이 배치하여 음원으로부터의 거리를 가능한 한 짧게 한다.

④ 진동·소음 같은 방해음을 차단하고, 에코 등 장애현상이 생기지 않도록 하여 명료도를 높인다.

[자주 출제되는 중요한 문제는 별표(★)로 강조함]

01 열 및 습기 환경

01 겨울철 벽체 표면결로의 방지대책으로 옳지 않은 것은?

① 실내의 환기횟수를 줄인다.
② 실내의 발생 수증기량을 줄인다.
③ 단열 강화에 의해 실내측 표면온도를 상승시킨다.
④ 직접 가열이나 기류 촉진에 의해 표면온도를 상승시킨다.

해설 표면결로의 방지대책 : 환기로 절대습도를 저하시키고 벽 근처의 기류 정체를 방지한다.

★
02 인체의 열적 쾌적감에 영향을 미치는 물리적 온열요소에 속하지 않는 것은?

① 기류   ② 기온
③ 복사열   ④ 공기의 밀도

해설 물리적 온열의 4요소 : 기온·습도·기류·복사열로, 인체의 열쾌적에 영향을 미친다.

03 벽체의 내부 결로의 방지대책으로 옳지 않은 것은?

① 단열공법은 내단열공법으로 시공한다.
② 벽체 내부로 수증기의 침입을 억제한다.
③ 벽체의 내부 온도가 노점온도 이상이 되도록 단열을 강화한다.
④ 방습층은 온도가 높은 단열재의 실내측에 위치하도록 한다.

해설 내부 결로의 방지대책
• 단열공법은 외단열공법으로 한다.
• 벽체의 내부 온도가 노점온도 이상이 되도록 단열을 강화한다.
• 열적으로 유리한 외측 단열공법으로 시공, 단열재는 저온측인 외부에, 방습층은 고온측인 내부에 설치한다.
• 벽체 실외측에 공기층을 두어 통기시키고, 단열재 외기측 표면에 방풍층을 설치한다.
• 욕실, 주방 등에서 과도한 수증기 발생을 억제한다.

02 공기환경

★
04 거실의 채광 및 환기를 위한 창문 등이나 설비에 관한 기준 내용으로 옳은 것은?

① 채광을 위하여 거실에 설치하는 창문 등의 면적은 그 거실의 바닥면적의 20분의 1 이상이어야 한다.
② 환기를 위하여 거실에 설치하는 창문 등의 면적은 그 거실의 바닥면적의 10분의 1 이상이어야 한다.
③ 오피스텔에 거실 바닥으로부터 높이 1.2m 이하 부분에 여닫을 수 있는 창문을 설치하는 경우에는 높이 1.0m 이상의 난간이나 이와 유사한 추락 방지를 위한 안전시설을 설치하여야 한다.
④ 수시로 개방할 수 있는 미닫이로 구획된 2개의 거실은 1개의 거실로 본다.

정답 ▶ 1. ① 2. ④ 3. ① 4. ④

① 채광을 위하여 거실에 설치하는 창문 등의 면적은 그 거실의 바닥면적의 10분의 1 이상이어야 한다.

② 환기를 위하여 거실에 설치하는 창문 등의 면적은 그 거실의 바닥면적의 20분의 1 이상이어야 한다.

③ 오피스텔에 거실 바닥으로부터 높이 1.2m 이하 부분에 여닫을 수 있는 창문을 설치하는 경우에는 높이 1.2m 이상의 난간이나 이와 유사한 추락 방지를 위한 안전시설을 설치하여야 한다.

05 자연환기에 관한 설명으로 옳지 않은 것은?

① 개구부 면적이 클수록 환기량은 많아진다.

② 실내외의 온도 차가 클수록 환기량은 많아진다.

③ 일반적으로 공기 유입구와 유출구의 높이 차이가 클수록 환기량은 많아진다.

④ 2개의 창을 한쪽 벽면에 설치하는 것이 양쪽 벽에 대면하여 설치하는 것보다 효과적이다.

자연환기를 위한 창 설치 : 한쪽에 큰 창을 두는 것보다 절반 크기의 창 2개를 서로 마주 보게 설치하는 것이 환기계획상 유리하다.

03 빛환경

06 다음 중 실내조명 설계 순서에서 가장 먼저 이루어져야 할 사항은?

① 소요조도 결정　② 조명기구 배치

③ 조명방식 결정　④ 소요 전등 수 결정

옥내조명의 설계 순서

① 소요조도의 결정

② 광원(조명) 종류의 선정

③ 조명방식 및 조명기구의 선정

④ 광속 조도의 계산

⑤ 소요 조명기구 수의 산정

⑥ 조명기구의 배치계획

07 다음 중 평균 연색평가수가 가장 낮은 광원은?

① 할로겐램프

② 주광색 형광등

③ 고압 나트륨램프

④ 메탈할라이드램프

연색평가수(Rd) : 제논등 > 주광색 형광등 > 메탈할라이드등 > 백열전구 > 형광등 > 수은등 > 나트륨등

★
08 조명 용어와 사용단위의 연결이 옳은 것은?

① 광속 − 루멘[lm]

② 조도 − 칸델라[cd]

③ 휘도 − 럭스[lux]

④ 광도 − 데시벨[dB]

조명 용어와 단위

구분	정의	기호	단위
광속	광원에서 발산되는 빛의 양	F	lm(lumen)
광도	단위면적당 표면에서 반사, 방출되는 빛의 밝기	I	cd(candela)
조도	빛의 단위면적당 광속의 밀도	E	lux(lux)
휘도	빛을 발산하는 표면 밝기, 조명을 받아 빛나는 표면의 밝기	L	$cd/m^2 = nt(nit)$, $cd/cm^2 = sb(stilb)$

★
09 다음 설명에 알맞은 건축화조명방식은?

> 벽면 전체 또는 일부분을 광원화하는 방식으로 광원을 넓은 벽면에 매입함으로써 비스타적인 효과를 낼 수 있으며 시선의 배경으로 작용할 수 있다.

① 코브조명　　② 광창조명

③ 코퍼조명　　④ 광천장조명

해설 건축화조명
- 코브조명 : 천장 주위에 설치된 홈 안에 광원을 설치하여 부드럽고 눈부심이 없는 보조조명의 방식
- 광창조명 : 광천장과 같은 방식으로 광원을 넓은 면적의 벽면에 매입하여 광고판 등에 이용하는 방식
- 코퍼조명 : 천장에 사각형 또는 원형의 구멍을 뚫어 단차를 두어 천장 내부에 광원을 설치하는 방식
- 광천장조명 : 천장에 광원을 설치하고 확산성 재료를 마감처리하여 천장면 전체에서 발광하는 방식

10 할로겐램프에 관한 설명으로 옳지 않은 것은?

① 휘도가 낮다.
② 형광램프에 비해 수명이 짧다.
③ 흑화가 거의 일어나지 않는다.
④ 광속이나 색온도의 저하가 적다.

해설 할로겐램프
- 백열전구에 비해 수명이 2~3배 길며, 흑화현상이 없어 광속 저하가 낮다.
- 전력 소모가 적고 연색성이 양호한 편이며, 크기가 작으니 휘도는 매우 높다.
- 자동차 헤드라이트, 무대조명, 백화점·미술관의 스포트라이트

04 음 환경

11 실내의 음향계획에 관한 설명으로 옳지 않은 것은?

① 잔향시간은 실의 유형에 맞도록 한다.
② 배경소음 및 외부소음 등은 허용 레벨 이하로 한다.
③ 실내에 적절한 레벨의 소리가 균일하게 분포되도록 한다.
④ 반향은 직접 음의 크기를 증가시키므로 균일하게 발생되도록 한다.

해설 반향은 직접 음의 크기를 감소시키므로 음향장애가 발생하지 않도록 부재의 크기, 형상, 마감을 검토한다.

12 잔향시간에 관한 설명으로 옳지 않은 것은?

① 잔향시간은 실의 용적에 영향을 받는다.
② 잔향시간은 실의 흡음력에 반비례한다.
③ 잔향시간이 길수록 명료도는 좋아진다.
④ 적정 잔향시간은 실의 용도에 따라 결정된다.

해설 잔향시간 : 적정 잔향시간보다 길어지면 명료성이 저하된다.

부록

과년도
출제문제

자주 출제되는 중요한 문제는 별표(★)로 강조했습니다. 마무리 학습할 때 한 번 더 풀어 보기를 권합니다.

Interior Architecture

2016년 1회 과년도 출제문제

INTERIOR ARCHITECTURE

1과목 실내디자인론

01 디자인 원리에 관한 설명으로 옳지 않은 것은?

① 대비조화는 부드럽고 차분한 여성적인 이미지를 준다.

② 유사조화는 시각적으로 동일한 요소들에 의해 이루어진다.

③ 조화란 전체적인 조립방법이 모순 없이 질서를 잡는 것이다.

④ 통일은 변화와 함께 모든 조형에 대한 미의 근원이 되는 원리이다.

[해설] • 유사조화(단순조화) : 같은 성격의 요소의 조합으로, 뚜렷하고 선명하며 **여성적** 이미지를 전달한다.
• 대비조화 : 상반된 요소의 조합으로, 화려하고 극적이며 남성적 이미지를 전달한다.

★
02 다음 설명에 알맞은 조명의 연출기법은?

> 빛의 각도를 이용하는 방법으로 수직면과 평행한 조명을 벽에 조사시킴으로써 마감재의 질감을 효과적으로 강조하는 기법

① 실루엣 기법   ② 스파클 기법
③ 글레이징 기법   ④ 빔플레이 기법

[해설] • 실루엣 기법 : 물체의 형상만을 강조하는 기법으로, 물체면의 세밀한 묘사가 불가능한 기법
• 스파클 기법 : 어두운 환경에서 순간적인 반짝임을 이용한 기법
• 빔플레이 기법 : 강조하고자 하는 물체에 의도적인 광선을 조사시킴으로써 광선 그 자체가 시각적인 특성을 지니게 하는 기법

03 조명기구 자체가 하나의 예술품과 같이 강조되거나 분위기를 살려 주는 역할을 하는 장식조명에 속하지 않는 것은?

① 펜던트   ② 브래킷(bracket)
③ 샹들리에   ④ 캐스케이드

[해설] 캐스케이드 : 경사면에 부딪치며 떨어지는 계단식 폭포

04 실내디자인의 전개과정에서 실내디자인에 착수하기 전, 프로젝트의 전모를 분석하고 개념화하며 목표를 명확하게 하는 초기 단계는?

① 조닝(zoning)

② 레이아웃(layout)

③ 프로그래밍(programming)

④ 개요 설계(schematic design)

[해설] 프로그래밍 과정
목표 설정 → 조사 → 분석 → 종합 → 결정

★
05 부엌의 효율적인 작업 진행에 따른 작업대의 배치 순서로 가장 알맞은 것은?

① 준비대 → 개수대 → 조리대 → 가열대 → 배선대

② 준비대 → 조리대 → 개수대 → 가열대 → 배선대

③ 준비대 → 가열대 → 개수대 → 조리대 → 배선대

④ 준비대 → 개수대 → 가열대 → 조리대 → 배선대

06 출입구에 통풍기류를 방지하고 출입인원을 조절할 목적으로 설치하는 문은?

① 접이문　　　② 회전문
③ 여닫이문　　④ 미닫이문

해설 문의 종류

구분	특징	평면
접이문	• 칸막이 문이나 간이문 • 아코디언문, 주름문	
회전문	• 열손실 최소로 줄임 • 통풍기류 방지 • 출입인원 조절	
여닫이문	• 900~1000mm×2,100mm • 비상문 등 피난문은 밖여 닫이가 원칙	
미닫이문	• 벽 안으로 문이 들어감 • 문이 서로 겹쳐지지 않음	

07 주거공간을 행동 반사에 따라 정적 공간과 동적 공간으로 구분할 수 있다. 다음 중 정적 공간에 속하는 것은?

① 서재　　　② 식당
③ 거실　　　④ 부엌

해설 • 정적 공간 : 서재, 침실 등
• 동적 공간 : 식당, 부엌, 거실, 세탁실 등

08 다음과 같은 방향의 착시현상과 가장 관계가 깊은 것은?

> 사선이 2개 이상의 평행선으로 중단되면 서로 어긋나 보인다.

① 분트 도형　　② 폰츠 도형
③ 쾨니히의 목걸이　④ 포겐도르프 도형

해설 포겐도르프 도형

09 다음 중 리듬을 이루는 원리와 가장 거리가 먼 것은?

① 균형　　　② 반복
③ 전이　　　④ 방사

해설 리듬의 원리
• 반복(repetition) : 색채, 질감, 문양, 형태 등이 반복되면서 대상의 의미를 강조하는 수단으로 사용되기도 한다. 질서감은 있으나 단조로움을 느낄 수 있음.
• 점이, 점진(gradation) : 형태들의 크기, 방향, 색깔 등의 요소들이 점차적으로 변화함.
• 대립(opposition) : 갑작스런 변화로 상반된 분위기를 조성하는 리듬. 자극적 리듬
• 변이(transition) : 상반된 요소를 반복 배치하는 것
• 방사(radiation) : 중심에서 여러 방향으로 확산되거나(원심적 방사), 집중되는(구심적 방사) 리듬

10 다음 중 실내디자인을 준비하는 과정에서 기본적으로 파악되어야 할 내부적 조건에 해당되는 것은?

① 입지적 조건　　② 건축적 조건
③ 설비적 조건　　④ 경제적 조건

해설 • 내부적 조건 : 고객의 요구사항, 고객의 경제적 조건, 설계 대상의 계획 목적, 사용자의 행위 및 개성 조건, 주변 환경 등
• 외부적 조건 : 입지적 조건, 건축적 조건, 설비적 조건, 법규적 조건 등

11 실내디자이너의 역할과 조건에 관한 설명으로 옳지 않은 것은?

① 실내의 가구디자인 및 배치를 계획하고 감독한다.
② 공사의 전(全) 공정을 충분히 이해하고 있어야 한다.
③ 공간 구성에 필요한 모든 기술과 도구를 사용할 수 있어야 한다.
④ 인간의 요구를 지각하고 분석하며 이해하는 능력을 갖추어야 한다.

정답　6. ②　7. ①　8. ④　9. ①　10. ④　11. ③

해설 ③ 실내디자이너는 공사의 각 공정의 시공을 관리·감독하는 역할을 하므로 공간 구성에 필요한 모든 기술과 도구를 사용할 수 있는 사람은 각 공정의 기술자가 하는 일이다.

12 다음 중 실내공간에 침착함과 평형감을 부여하는 데 가장 효과적인 디자인 원리는?

① 리듬　　　　② 균형
③ 변화　　　　④ 대비

해설 균형 : 인간의 주의력에 의해 감지되는 시각적 무게의 평형상태를 뜻하는 가장 일반적인 미학이다.

★
13 상점의 상품 진열계획에 관한 설명으로 옳지 않은 것은?

① 골든스페이스는 바닥에서 높이 850~1,250mm의 범위이다.
② 운동기구 등 중량의 물품은 바닥에 가깝게 배치하는 것이 좋다.
③ 통로 측에 상품을 진열하는 경우, 높이 2m 이하로 중점상품을 대량으로 진열한다.
④ 상품의 특징과 성격 등 전시효과를 극대화하여 구매 욕구를 자극하여 판매를 촉진시키는 계획이 되도록 한다.

해설 ③ 통로 측에 상품을 진열하는 경우, 높이 1.5m 이하로 중점상품을 대량으로 진열한다.

14 전시실의 순회유형 중 연속순회형식에 관한 설명으로 옳은 것은?

① 동선이 단순하고 공간을 절약할 수 있는 장점이 있다.
② 뉴욕의 근대 미술관, 뉴욕의 구겐하임 미술관이 대표적이다.
③ 중심부에 하나의 큰 홀을 두고 그 주위에 각 전시실을 배치한 형식으로 장래의 확장에 유리하다.
④ 각 실에 직접 들어갈 수 있는 점이 유리하며, 필요시에는 자유로이 독립적으로 폐쇄할 수 있다.

해설 연속순회형식
• 사각형 또는 다각형의 각 전시실이 연속적으로 동선을 형성하는 형식으로, 소규모 전시실에 적합하다.
• 장점 : 동선이 단순하고 공간이 절약되며 전시 벽면을 많이 만들 수 있다.
• 단점 : 1실을 폐쇄하면 전체 동선이 막히며, 많은 실을 순서별로 통해야 한다.

15 점과 선에 관한 설명으로 옳지 않은 것은?

① 점은 선과 선이 교차할 때 발생한다.
② 선은 기하학적 관점에서 폭은 있으나 방향성이 없다.
③ 하나의 점은 관찰자의 시선을 화면 안의 특정한 위치로 이끈다.
④ 점이 이동한 궤적에 의해 생성된 선을 포지티브선이라고도 한다.

해설 선의 성질
• 두 개 이상의 점들의 집합에 의해서 생성되며, 길이와 위치만 있다.
• 폭과 부피가 없으며, 넓이와 깊이의 개념도 없다.
• 선은 여러 가지 조형효과를 낼 수 있다.

16 세포형 오피스(cellular type office)에 관한 설명으로 옳지 않은 것은?

① 연구원, 변호사 등 지식집약형 업종에 적합하다.
② 조직 구성원 간의 커뮤니케이션에 문제점이 있을 수 있다.
③ 개인별 공간을 확보하여 스스로 작업공간의 연출과 구성이 가능하다.
④ 하나의 평면에서 직제가 명확한 배치로 상하급의 상호 감시가 용이하다.

해설 세포형 오피스
• 복도를 통해 개실로 각각 들어가는 형식으로, 소규모 사무실이 많은 임대형 빌딩이나 연구실용 오피스이다.
• 독립성이 있고 쾌적감을 줄 수 있으나 공사비가 비싸고 각 부서 간 커뮤니케이션이 불편하다.

17 사무소 건물의 엘리베이터 계획에 관한 설명으로 옳지 않은 것은?

① 조닝 영역별 관리 운전의 경우 동일 조닝 내의 서비스층은 같게 한다.

② 서비스를 균일하게 할 수 있도록 건축물의 중심부에 설치한다.

③ 교통 수요량이 많은 경우는 출발 기준층이 2개 이상이 되도록 계획한다.

④ 초고층, 대규모 빌딩의 경우는 서비스 그룹을 분할(조닝)하는 것을 검토한다.

해설 ③ 출발 기준층은 가능한 한 1개 층으로 한다. 다만, 초고층 빌딩의 경우는 입주인원의 변화를 고려하여 2개 층(예 : 지하층 및 1층)으로 할 수 있고, 이 경우는 명확한 안내가 되도록 해야 한다.

18 다음의 가구에 관한 설명 중 ( ) 안에 알맞은 용어는?

> (㉠)은 등받이와 팔걸이가 없는 형태의 보조 의자로 가벼운 작업이나 잠시 걸터앉아 휴식을 취할 때 사용된다. 더 편안한 휴식을 위해 발을 올려놓는 데도 사용되는 (㉠)을 (㉡)이라 한다.

① ㉠ 스툴, ㉡ 오토만

② ㉠ 스툴, ㉡ 카우치

③ ㉠ 오토만, ㉡ 스툴

④ ㉠ 오토만, ㉡ 카우치

해설 • 스툴(stool) : 팔걸이와 등받이가 없는 의자
• 오토만(ottoman) : 팔걸이와 등받이가 없는, 발을 올려놓는 작은 의자
• 카우치(couch) : 기댈 수 있는 한쪽 끝이 올라간 긴 의자. 잠을 자기 위한 의자

19 고딕건축에서 엄숙함, 위엄 등의 느낌을 주기 위해 사용한 디자인 요소는?

① 곡선

② 사선

③ 수평선

④ 수직선

해설 수직선의 느낌 : 구조적인 높이감, 상승감, 존엄성, 엄숙함, 남성적

20 실내공간을 구성하는 기본 요소에 관한 설명으로 옳지 않은 것은?

① 바닥은 고저 차로 공간의 영역을 조정할 수 있다.

② 천장을 높이면 영역의 구분이 가능하며 친근하고 아늑한 공간이 된다.

③ 다른 요소들이 시대와 양식에 의한 변화가 현저한 데 비해 바닥은 매우 고정적이다.

④ 벽은 공간을 에워싸는 수직적 요소로 수평 방향을 차단하여 공간을 형성하는 기능을 한다.

해설 • 천장을 낮추면 영역의 구분이 가능하며 친근하고 아늑한 공간이 된다.
• 천장이 높으면 좁은 공간도 확장된 느낌이 들고 개방감과 웅장함이 있는 공간이 된다.

2과목 색채 및 인간공학

21 인체의 구조에 있어 근육의 부착점인 동시에 체격을 결정지으며 수동적 운동을 하는 기관은?

① 소화계

② 신경계

③ 골격계

④ 감각기계

22 인간공학에 있어 시스템 설계과정의 주요 단계가 다음과 같은 경우 단계별 순서를 맞게 나열한 것은?

> ㉠ 촉진물 설계
> ㉡ 목표 및 성능 명세 결정
> ㉢ 계면 설계
> ㉣ 기본 설계
> ㉤ 시험 및 평가
> ㉥ 체계의 정의

① ㉡→㉥→㉣→㉢→㉠→㉤

② ㉡→㉥→㉢→㉥→㉠→㉤

③ ㉥→㉢→㉣→㉡→㉠→㉤

④ ㉥→㉡→㉣→㉢→㉠→㉤

해설 시스템의 설계과정 단계 : 목표 및 성능 명세 결정 → 체계의 정의→ 기본 설계→ 계면 설계→ 촉진물 설계→ 시험 및 평가

23 폰(phon)에 관한 설명으로 틀린 것은?

① 1,000Hz, 40dB 음은 40폰에 해당된다.
② 폰값은 음의 상대적인 크기를 나타낸다.
③ 음량(loudness)을 나타내기 위하여 사용하는 척도의 하나다.
④ 특정 음과 같은 크기로 들리는 1,000Hz 순음의 음압수준[dB]값으로 정의된다.

해설 폰(phon) : 음의 감각적·주관적 크기의 수준으로, phon으로 표시한 음량의 수준은 이 음과 같은 크기로 들리는 1,000Hz 순음의 음압수준

24 일반적인 조명설계방식으로 틀린 것은?

① 광원과 기물에 눈부신 반사가 없도록 할 것
② 작업 중 손 가까이를 적당한 밝기로 비출 것
③ 각 좌석은 왼쪽에서 빛이 들어오도록 할 것
④ 작업부분과 배경 사이에 콘트라스트(contrast) 차이를 없앨 것

해설 ④ 작업부분과 배경 사이는 밝고 어두움의 대비를 통해 작업을 하는 것이 효과적이다.

25 동작범위(range of motion) 중 머리가 좌우로 회전되는 정상적(normal) 동작범위는?

① 좌우 60°
② 좌우 120°
③ 좌우 180°
④ 좌우 360°

해설 정상적 범위는 좌우 120°, 최대 범위는 좌우 180°이다.

★
26 반사율이 가장 높아야 하는 곳은?

① 벽
② 바닥
③ 가구
④ 천장

해설
• 명도는 천장 9 이상, 벽면은 8 전후, 바닥은 6 이하가 좋다.
• 따라서 반사율이 가장 높아야 하는 곳은 천장이다.

27 밝은 곳에서 어두운 곳으로 이동할 때 눈의 적응과정을 암순응이라 한다. 암순응을 촉진하기 위하여 사용하는 색으로 가장 적절한 것은?

① 적색
② 백색
③ 초록색
④ 노란색

해설 암순응(dark adaptation)
• 밝은 곳에서 어두운 곳으로 들이가면 처음에는 물체가 잘 보이지 않다가 시간이 지나면 차차 보이게 되는 현상
• 밝은 곳에서는 푸른색보다 적색이 잘 지각되고, 어두운 곳에서는 적색보다 푸른색이 잘 지각된다.
• 암순응을 촉진하기 위해서는 적색을 사용하는 것이 효과적이다.

★
28 동작경제의 법칙에서 벗어나는 것은?

① 동작의 범위는 최소화한다.
② 중심의 이동을 가급적 많이 한다.
③ 두 손의 동작은 같이 시작하고 같이 끝나도록 한다.
④ 급격한 방향 전환을 없애고 연속 곡선운동으로 바꾼다.

해설 동작경제의 원리
• 가능하다면 물체의 관성을 활용한 낙하식 운반방법을 이용한다.
• 두 팔의 동작은 수직운동 같은 직선동작보다는 유연하고 연속적인 곡선동작을 하는 것이 좋다.
• 두 손의 동작은 같이 시작하고 같이 끝나도록 한다.
• 손의 동작은 완만하게 연속적인 동작이 되도록 한다.
• 동선을 최소화하고, 물리적 조건을 활용한다.
• 발이나 몸의 다른 부분으로 할 수 있는 일을 모두 손으로 하지 않는다.
• 중심의 이동은 가급적 적게 한다.
• 가능한 한 자연스럽고 쉬운 리듬으로 일할 수 있도록 동선을 배열한다.
• 가능한 한 동작을 조합하여 하나의 동작으로 한다.
• 작업 중에 서거나 앉기 쉽게 작업 장소 및 의자의 높이를 조절해 둔다.
• 가능한 한 팔꿈치를 몸으로부터 멀리 떨어지지 않도록 한다.

정답 **23.** ② **24.** ④ **25.** ② **26.** ④ **27.** ① **28.** ②

29 다음은 시각 표시장치의 그림이다. 판독 시 오독률이 가장 높은 것은?

표시방식	모델
수직식	10 ─ 5 ← ─ 0
수평식	↓ 0 5 10
반원식	5 0 ↑ 10
원형식	0 9 3 6

① 수직식　　　　② 수평식
③ 반원식　　　　④ 원형식

해설 시각 표시장치를 판독할 때 수평식에 비해 수직식은 중앙을 인식하는 능력이 떨어져 오독률이 높다.

30 인간이 기계보다 우수한 내용으로 맞는 것은?

① 큰 힘과 에너지를 낸다.
② 상당한 기간 일할 수 있다.
③ 새로운 해결책을 찾아 낸다.
④ 반복적인 작업에 대해 신뢰성이 높다.

31 색채조절을 실시할 때 나타나는 효과와 가장 관계가 먼 것은?

① 눈의 긴장과 피로가 감소된다.
② 보다 빨리 판단할 수 있다.
③ 색채에 대한 지식이 높아진다.
④ 사고나 재해를 감소시킨다.

해설 색채조절의 효과
• 눈부심, 피로감의 감소
• 작업 의욕의 향상
• 사고나 재해의 감소효과
• 쾌적한 실내 이미지
• 시각 전달의 목적에 맞는 감각성과 명시성

32 다음 색 중 관용색명과 계통색명의 연결이 틀린 것은? [단, 한국산업규격(KS) 기준]

① 커피색－탁한 갈색
② 개나리색－선명한 연두
③ 딸기색－선명한 빨강
④ 밤색－진한 갈색

해설 • 기본색명 : 색상을 중심으로 구분. 국내에서는 현재 12개의 색명을 기본색명으로 정하고 있다.
• 관용색명 : 쥐색, 밤색, 하늘색 등과 같이 어떤 사물의 이름을 빗대어서 붙인 색명을 말한다.
• 개나리색, 병아리색, 바나나색은 노랑과 관계가 있다.

★
33 문(P. Moon)·스펜서(D. E. Spencer)의 색채조화론에 있어서 조화의 종류가 아닌 것은?

① 배색의 조화　　② 동등의 조화
③ 유사의 조화　　④ 대비의 조화

해설 문·스펜서의 색채조화의 종류 : 동일조화, 유사조화, 대비조화

34 다음 중 이성적이며 날카로운 사고나 냉정함을 표현할 수 있는 색은?

① 연두　　　　　② 파랑
③ 자주　　　　　④ 주황

해설 파랑 : 이성적이며 차가움, 냉정함을 표현하는 색상이다.

35 간상체는 전혀 없고 색상을 감지하는 세포인 추상체만이 분포하여 망막과 뇌로 연결된 시신경이 접하는 곳으로 안구로 들어온 빛이 상으로 맺히는 지점은?

① 맹점　　　　　② 중심와
③ 수정체　　　　④ 각막

36 색을 일반적으로 크게 구분하면 다음 중 어느 것인가?

① 무채색과 톤　　② 유채색과 명도
③ 무채색과 유채색　④ 색상과 채도

해설 색의 구분 : 색은 크게 무채색과 유채색으로 분류된다.

37 한국산업규격(KS)의 색이름에 대한 수식어 사용 방법을 따르지 않은 색이름은?

① 어두운 보라
② 연두 느낌의 노랑
③ 어두운 적회색
④ 밝은 보랏빛 회색

> **해설** 색이름에 사용하는 수식형용사 : 해맑은, 밝은, 어두운, 짙은, 연한, 칙칙한, 아주 연한, 선명한, 탁한 등

38 색의 경연감과 흥분 진정에 관한 설명으로 틀린 것은?

① 고명도, 저채도 색이 부드러운 느낌을 준다.
② 난색계, 고채도 색은 흥분색이다.
③ 라이트(light) 색조는 부드러운 느낌을 준다.
④ 한색보다 난색이 딱딱한 느낌을 준다.

> **해설**
> • 색채의 경연감 : 색채의 부드럽고 딱딱한 느낌. 색의 명도·채도에 따라 좌우된다.
> • 색채의 흥분과 진정 : 난색계의 고채도는 흥분을 일으키고, 한색계의 저채도는 마음을 진정시켜 준다.
> ④ 한색은 차갑고 **딱딱한** 느낌을 주며, 난색은 **따뜻**하고 **부드러운** 느낌을 준다.

★ 39 저드(D. B. Judd)의 색채조화의 4원리가 아닌 것은?

① 대비의 원리
② 질서의 원리
③ 친근감의 원리
④ 명료성의 원리

> **해설** 저드의 색채조화 4원리
> • 질서의 원리
> • 유사의 원리
> • 친근감의 원리
> • 명료성의 원리

40 다음 기업색채 계획의 순서 중 ( ) 안에 알맞은 내용은?

> 색채환경 분석 → ( ) → 색채전달 계획 → 디자인에 적용

① 소비계층 선택
② 색채심리 분석
③ 생산심리 분석
④ 디자인 활동 개시

3과목 건축재료

41 내화벽돌은 최소 얼마 이상의 내화도를 가져야 하는가?

① SK 10 이상
② SK 15 이상
③ SK 21 이상
④ SK 26 이상

> **해설** 내화벽돌의 내화도
> • 저급품 : SK 26~SK 29(굴뚝)
> • 중급품 : SK 30~SK 33(보통의 가마)
> • 고급품 : SK 34~SK 42(고열의 가마)

★ 42 열가소성수지가 아닌 것은?

① 염화비닐수지
② 초산비닐수지
③ 요소수지
④ 폴리스티렌수지

> **해설** 합성수지의 종류
>
> | 열경화성수지 | 열가소성수지 |
> |---|---|
> | 열에 경화되면 다시 가열해도 연화되지 않는 수지로서 2차 성형은 불가능 | 화열에 의해 재연화되고 상온에서는 재연화되지 않는 수지로서 2차 성형이 가능 |
> | 연화점 : 130~200℃ | 연화점 : 60~80℃ |
> | 요소수지, 페놀수지, 멜라민수지, 실리콘수지, 에폭시수지, 폴리에스테르수지 | 염화비닐수지, 초산비닐수지, 폴리스티렌수지, 아크릴수지, 폴리에틸렌수지 |

43 단열재에 관한 설명으로 옳지 않은 것은?

① 열전도율이 낮은 것일수록 단열효과가 좋다.
② 열관류율이 높은 재료는 단열성이 낮다.
③ 같은 두께인 경우 경량재료인 편이 단열효과가 나쁘다.
④ 단열재는 보통 다공질의 재료가 많다.

> **해설** 단열재의 특성 : 같은 두께인 경우 **경량재료**가 단열에 더 **효과적**이다.

44 콘크리트의 방수성, 내약품성, 변형성능의 향상을 목적으로 다량의 고분자재료를 혼입한 시멘트는?

① 내황산염 포틀랜드시멘트
② 저열 포틀랜드시멘트
③ 메이슨리시멘트
④ 폴리머시멘트

해설 폴리머시멘트
• 시멘트와 폴리머를 결합재로 하여 골재를 혼합해 만든 시멘트이다.
• 압축강도·방수성·수밀성이 우수하고, 각종 산이나 알칼리·염류에 강하다.
• 외관이 아름답고 시공이 용이하며, 내마모성이 우수하여 바닥재 및 포장재로 사용된다.

★
45 목재의 화재위험온도(착화점)는 평균 얼마 정도인가?

① 160℃　　② 240℃
③ 330℃　　④ 450℃

해설 목재의 연소

인화점	착화점	발화점
180℃	260~270℃	400~450℃
목재 가스에 불이 붙음	불꽃 발생으로 착화(화재 위험)	자연 발화

★
46 콘크리트의 수밀성에 관한 설명으로 옳지 않은 것은?

① 물-시멘트비가 작을수록 수밀성은 커진다.
② 다짐이 불충분할수록 수밀성은 작아진다.
③ 습윤·양생이 충분할수록 수밀성은 작아진다.
④ 혼화재 중 플라이애시는 콘크리트의 수밀성을 향상시킨다.

해설 콘크리트의 수밀성 : 콘크리트의 수밀성에 영향을 끼치는 요인으로는 물-시멘트비, 양생방법, 골재의 최대치수, 다짐 및 혼화재료 등이 있으며, 습윤·양생이 충분할수록 수밀성은 커진다.

47 콘크리트용 골재에 관한 설명으로 옳지 않은 것은?

① 바다모래를 콘크리트에 사용하기 위해서는 세척을 하고 난 후 사용하여야 한다.
② 골재가 콘크리트에서 차지하는 체적은 약 70~80% 정도이다.
③ 쇄석골재는 보통 안산암을 파쇄하여 쓴다.
④ 강자갈과 쇄석을 쓴 콘크리트 중 물-시멘트비 등의 제반 조건이 같으면 강자갈을 쓴 콘크리트의 강도가 크다.

해설 콘크리트용 골재 : 물-시멘트비 등의 제반 조건이 같으면, 강자갈을 사용한 콘크리트보다 쇄석을 사용한 콘크리트의 강도가 15~30% 정도 크다.

★
48 목재의 일반적인 성질에 대한 설명으로 옳지 않은 것은?

① 석재나 금속에 비하여 가공하기가 쉽다.
② 건조한 것은 타기 쉽고 건조가 불충분한 것은 썩기 쉽다.
③ 열전도율이 커서 보온재료로 사용이 곤란하다.
④ 아름다운 색채와 무늬로 장식효과가 우수하다.

해설 목재의 성질 : 목재는 열전도율이 작아서 보온재료로 사용이 용이하다.

49 금속과의 접착성이 크고 내약품성과 내열성이 우수하여 금속도료 및 접착제, 콘크리트 균열 보수제 등으로 사용되는 열경화성수지는?

① 에폭시수지　　② 아크릴수지
③ 염화비닐수지　　④ 폴리에틸렌수지

해설 에폭시수지
• 열경화성수지로 접착력이 우수하여 특히 금속 및 경금속 접착이 용이하다.
• 내약품성·내열성이 양호하나 가격이 고가이며, 금속도료·접착제·방수제·보온보냉재·내수피막제 등에 사용된다.

50 방화(防火)도료의 원료와 가장 거리가 먼 것은?

① 아연화　　　② 물유리
③ 제2인산암모늄　　④ 염소 화합물

[해설] 방화도료 : 가연성 물질로 착화 지연에 사용된다.
- 유기염류 : 초산염, 수산염, 유기질(당밀, 사탕 등) 등
- 무기염류 : 인산염, 염화염, 황산염, 붕산염, ㎸산염 등
- 물유리 등

★ 51 잔골재를 각 상태에서 계량한 결과 그 무게가 다음과 같을 때 이 골재의 유효흡수율은?

- 절건상태 : 2,000g
- 기건상태 : 2,066g
- 표면건조, 내부포화상태 : 2,124g
- 습윤상태 : 2,152g

① 1.32%　　　② 2.81%
③ 6.20%　　　④ 7.60%

[해설] 유효흡수율

$$= \frac{[(표면건조, 내부포수상태) - (기건상태)]}{기건상태} \times 100\%$$

$$= \frac{2,124 - 2,066}{2,066} \times 100 = 2.807\%$$

52 콘크리트에 일정한 하중이 지속적으로 작용하면 하중의 증가가 없어도 콘크리트의 변형이 시간에 따라 증가하는 현상은?

① 크리프(creep)
② 폭렬(explosive fracture)
③ 좌굴(buckling)
④ 체적 변화(cubic volume change)

[해설] 크리프(creep)
- 지속적으로 작용하는 하중에 의해서 시간의 경과에 따라 콘크리트의 변형이 증대하는 현상이다.
- 온도가 높고 단위수량이 많을수록 증가하고, 물-시멘트비가 크고 시멘트 페이스트가 많을수록 증가한다.

53 강의 기계적 가공법 중 회전하는 롤러에 가열상태의 강을 끼워 성형해 가는 방법은?

① 압출　　　② 압연
③ 사출　　　④ 단조

[해설] 압연 : 강괴를 가열하고 롤러로 압축하여 소요의 형태로 성형하는 가공법이다.

54 유성페인트에 대한 설명 중 옳지 않은 것은?

① 내알칼리성이 우수하다.
② 건조시간이 길다.
③ 붓바름 작업성이 뛰어나다.
④ 보일유와 안료를 혼합한 것을 말한다.

[해설] 유성페인트 : 알칼리에 약하므로 콘크리트나 모르타르 플라스터면에는 부적합하다.

55 다음 석재 중 내화도가 가장 큰 것은?

① 사문암　　　② 대리석
③ 석회석　　　④ 응회암

[해설] 석재의 내화도 : 사문암·대리석·석회석은 내화도가 600~800℃, 사암·응회암 등의 수성암 계통은 1,000℃ 정도로 내화성이 크다.

★ 56 목재의 부패조건에 관한 설명으로 옳은 것은?

① 목재에 부패균이 번식하기에 가장 최적의 온도조건은 35~45℃로서 부패균은 70℃까지 대다수 생존한다.
② 부패균류가 발육 가능한 최저 습도는 45% 정도이다.
③ 하등생물인 부패균은 산소가 없으면 생육이 불가능하므로 지하수면 아래에 박힌 나무말뚝은 부식되지 않는다.
④ 변재는 심재에 비해 고무, 수지, 휘발성 유지 등의 성분을 포함하고 있어 내식성이 크고 부패되기 어렵다.

해설 목재의 부패조건

- 목재의 부패조건은 온도·습도·공기·함수율·양분이며, 그중 하나만 결여되어도 부패균은 번식하지 못한다.
- 심재는 고무, 수지, 휘발성 유지 등의 성분을 포함하고 있어 **변재에 비해 내식성이 크고 부패되기 어렵다.**

온도	• 25~35℃ : 부패균의 번식 왕성 • 5℃ 이하 55℃ 이상 : 부패균 번식의 중단 및 사멸
습도	• 80~90% : 부패균 발육 • 15% 이하 : 부패균 번식의 중단 및 사멸
공기	• 수중에서는 공기가 없으므로 부패균 발생이 없음
함수율	• 20% : 발육 시작 • 40~50% : 부패균의 번식 왕성
양분	• 목재의 단백질 및 녹말

57 담금질을 한 강에 인성을 주기 위하여 변태점 이하의 적당한 온도에서 가열한 다음 냉각시키는 조작을 의미하는 것은?

① 풀림
② 불림
③ 뜨임질
④ 사출

해설 뜨임질 : 강의 열처리방법 중 담금질한 강을 200~600℃ 정도로 다시 가열한 다음 공기 중에서 천천히 냉각시키는 것이다.

58 목재는 화재가 발생하면 순간적으로 불이 확산하여 큰 피해를 주는데 이를 억제하는 방법으로 옳지 않은 것은?

① 목재의 표면을 플라스터로 피복한다.
② 염화비닐수지로 도포한다.
③ 방화페인트로 도포한다.
④ 인산암모늄 약제를 주입한다.

해설 목재의 방화처리법

- 도포법 : 불연성 재료로 표면 피복(**방화페인트**, 규산나트륨, 플라스터, 시멘트모르타르 등)
- 주입법 : 불연성 방화제 주입(인산**암모늄**, 황산암모늄, 붕산 등)

59 흡음재료의 특성에 대한 설명으로 옳은 것은?

① 유공판재료는 연질 섬유판, 흡음텍스가 있다.
② 판상재료는 뒷면의 공기층의 강제진동으로 흡음효과를 발휘한다.
③ 유공판재료는 재료 내부의 공기진동으로 고음역의 흡음효과를 발휘한다.
④ 다공질재료는 적당한 크기나 모양의 관통구멍을 일정 간격으로 설치하여 흡음효과를 발휘한다.

해설 흡음재료 : 재료 표면에 입사하는 음에너지의 일부를 흡수하여 반사음을 감소시키는 재료를 말한다.

유공판재료	다공질재료
경질 섬유판	연질 섬유판, 흡음텍스
적당한 크기나 모양의 관통구멍을 일정 간격으로 설치하여, 저음역의 흡음효과를 발휘한다.	재료 내부의 공기진동으로 고음역의 흡음효과를 발휘한다.

★
60 ALC제품에 관한 설명으로 옳지 않은 것은?

① 압축강도에 비해서 휨·인장강도는 상당히 약한 편이다.
② 열전도율이 보통 콘크리트의 1/10 정도로서 단열성이 유리하다.
③ 내화성능을 보유하고 있다.
④ 흡수율이 낮아 물에 노출된 곳에서도 사용이 가능하다.

해설 ALC제품의 특성 : 경량성·내구성·단열성·차음성·시공성이 우수하나, 흡수율이 높아서 물에 노출된 곳에서는 사용이 불가능하다.

4과목 건축 일반

61 내부 슬래브 거푸집으로 적당하지 않은 것은?

① 합판 거푸집(plywood form)
② 데크 플레이트(deck plate)
③ 테이블 거푸집(table form)
④ 슬라이딩 거푸집(sliding form)

정답 57. ③ 58. ② 59. ② 60. ④ 61. ④

해설 슬라이딩 거푸집
- 외부에서 콘크리트를 부어 가면서 타설한다.
- 경화 정도에 따라 거푸집을 수직 또는 수평으로 이동시키면서 연속 타설한다.
- 돌출부가 있는 내부에서는 부적합하다.

★
62 경보설비의 종류에 속하지 않는 것은?

① 누전경보기   ② 자동화재탐지설비
③ 비상방송설비   ④ 무선통신보조설비

해설 경보설비
- 화재 발생을 통보하는 기계·기구 또는 설비
- 비상경보설비, 비상방송설비, 누전경보설비, 자동화재탐지설비, 자동화재속보설비, 가스누설경보기

63 건축물의 지하층에 설치하는 비상탈출구의 유효너비 및 유효높이는 각각 최소 얼마 이상으로 하여야 하는가?

① 0.5m, 0.5m   ② 0.5m, 0.75m
③ 0.75m, 0.75m   ④ 0.75m, 1.5m

해설 지하층 비상탈출구의 설치기준
- 유효너비 : 0.75m 이상
- 유효높이 : 1.5m 이상

64 종교시설의 집회실 바닥면적이 200m² 이상인 경우의 최소 반자 높이는?

① 2.1m   ② 2.5m
③ 3.0m   ④ 4.0m

해설 종교시설의 집회실 : 바닥면적이 200m² 이상인 경우 반자 높이는 4m 이상으로 설치해야 한다.

★
65 비상방송설비를 설치하여야 하는 특정소방대상물의 기준으로 옳지 않은 것은?

① 지하층을 제외한 층수가 11층 이상인 건축물
② 상시 50인 이상의 근로자가 작업하는 옥내작업장
③ 지하층의 층수가 3층 이상인 건축물
④ 연면적 3,500m² 이상인 건축물

해설 비상방송설비의 설치기준
- 지하층의 층수가 3층 이상인 것
- 지하층을 제외한 층수가 11층 이상인 것
- 연면적 3,500m² 이상인 것

66 목재의 이음 중 따낸이음에 속하지 않는 것은?

① 주먹장이음   ② 엇걸이이음
③ 덧판이음   ④ 메뚜기장이음

해설 따낸이음 : 주먹장이음, 엇걸이이음, 메뚜기장이음, 빗턱이음, 빗이음, 엇빗이음

67 비상용 승강기를 설치하지 아니할 수 있는 건축물의 기준으로 옳지 않은 것은?

① 높이 31m를 넘는 각 층을 거실 외의 용도로 쓰는 건축물
② 높이 31m를 넘는 층수가 4개 층 이하로서 당해 각 층의 바닥면적 합계가 200m² 이내마다 방화구획으로 구획한 건축물
③ 높이 31m를 넘는 각 층의 바닥면적 합계가 500m² 이하인 건축물
④ 높이 31m를 넘는 층수가 4개 층 이하로서 당해 각 층의 바닥면적 합계가 600m² 이내마다 방화구획으로 구획한 건축물(단, 벽 및 반자가 실내에 접하는 부분의 마감을 불연재료로 한 경우)

해설 비상용 승강기의 설치기준 : 높이 31m를 넘는 층수가 4개 층 이하로서 당해 각 층의 바닥면적 합계가 200m² 이내마다 방화구획으로 구획한 건축물(단, 벽 및 반자가 실내에 접하는 부분의 마감을 불연재료로 한 경우)에는 비상용 승강기를 설치하지 아니할 수 있다.

68 각 층 바닥면적이 1,000m²인 10층의 공연장에 설치해야 할 승용승강기의 최소 대수는? (단, 문화 및 집회 시설 중 공연장, 8인승 이상 15인승 이하의 승강기임)

① 1대   ② 2대
③ 3대   ④ 4대

해설 공연장 승강기의 설치기준

건축물 용도	6층 이상의 거실면적의 합계		
	3,000m² 이하	3,000m² 초과	산정방식
• 의료시설(병원, 격리병원) • 문화·집회시설(공연장, 집회장, 관람장) • 판매시설(상점, 도매·소매시장)	2대	2대에 3,000m² 초과하는 경우→ 그 초과하는 매 2,000m² 이내마다 1대의 비율로 가산한 대수	$2 + \dfrac{A - 3000\text{m}^2}{2000\text{m}^2}$

$$\therefore \ 2 + \frac{A - 3000\text{m}^2}{2000\text{m}^2} = 2 + \frac{(1000 \times 5) - 3000}{2000} = 3\text{대}$$

※ 8인승 이상 15인승 이하 기준으로 산정함.
16인승 이상의 승강기는 2대로 산정함.

★
69 문화 및 집회 시설로서 스프링클러설비를 모든 층에 설치하여야 할 경우에 대한 기준으로 옳지 않은 것은?

① 수용인원이 100인 이상인 것
② 무대부가 4층 이상의 층에 있는 경우에는 무대부의 면적이 200m² 이상인 것
③ 무대부가 지하층, 무창층에 있는 경우 무대부의 면적이 300m² 이상인 것
④ 영화상영관의 용도로 쓰이는 층의 바닥면적이 지하층 또는 무창층인 경우 500m² 이상인 것

해설 문화 및 집회 시설의 스프링클러설비 설치기준 : 무대부가 지하층, 무창층 또는 층수가 4층 이상인 층에 있는 경우에는 무대부 면적이 300m² 이상인 것

70 다음 (   ) 안에 적합한 것은?

> 특정소방대상물에 대통령령으로 정하는 소방시설을 설치하려는 자는 지진이 발생할 경우 소방시설이 정상적으로 작동될 수 있도록 (   )이 정하는 내진설계기준에 맞게 소방시설을 설치하여야 한다.

① 소방본부장   ② 소방서장
③ 국민안전처장관   ④ 행정안전부장관

해설 소방시설을 설치하려는 자는 지진이 발생할 경우 소방시설이 정상적으로 작동될 수 있도록 소방서장이 정하는 내진설계기준에 맞게 소방시설을 설치하여야 한다.

71 마름돌이 두드러진 부분을 쇠메로 쳐서 대강 다듬는 정도의 돌 표면 마무리기법을 무엇이라 하는가?

① 혹두기   ② 도드락다듬
③ 잔다듬   ④ 버너구이 마감

해설 혹두기 : 마름돌이 두드러진 부분을 쇠메로 쳐서 큰 요철을 없애는 거친 표면 마무리기법

72 복합건축물의 피난시설에 대한 기준에 대한 설명으로 옳지 않은 것은?

① 공동주택 등과 위락시설 등은 서로 이웃하지 아니하도록 배치할 것
② 거실의 벽 및 반자가 실내에 면하는 부분의 마감은 불연재료로만 설치할 것
③ 공동주택 등과 위락시설 등은 내화구조로 된 바닥 및 벽으로 구획하여 서로 차단할 것
④ 공동주택 등의 출입구와 위락시설 등의 출입구는 서로 그 보행거리가 30m 이상이 되도록 설치할 것

해설 복합건축물의 피난시설 : 거실의 벽 및 반자가 실내에 면하는 부분의 마감은 불연재료, 준불연재료, 난연재료로 설치할 것

MEMO

정답   69. ②   70. ②   71. ①   72. ②

73 철근콘크리트 기둥에 사용하는 띠철근에 관한 설명으로 옳지 않은 것은?

① 기둥의 양단부보다 중앙부에 많이 배근한다.
② 콘크리트가 수평으로 터져 나가는 것을 구속한다.
③ 주근의 좌굴을 방지한다.
④ 수평력에 의해 발생하는 전단력에 저항한다.

해설 띠철근 : 기둥의 양단부에 많이 배근한다.

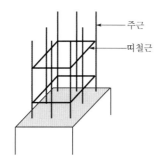
주근
띠철근

74 특정소방대상물의 관계인은 그 대상물에 설치되어 있는 소방시설 등에 대하여 정기적으로 자체 점검을 하거나 관리업자 또는 총리령으로 정하는 기술자격자로 하여금 정기적으로 점검하게 하여야 하는데 이 기술자격자에 해당되는 자는?

① 소방안전관리자로 선임된 건축설비기사
② 소방안전관리자로 선임된 소방기술사
③ 소방안전관리자로 선임된 소방설비기사(기계분야)
④ 소방안전관리자로 선임된 소방설비기사(전기분야)

해설 소방기술사 : 특정소방대상물의 소방시설에 대한 정기 점검을 담당하는 기술자격자

75 그리스의 오더 중 기단부는 단 사이에 수평홈이 있으며, 주두는 소용돌이 형태의 나선형인 벌류트로 구성된 것은?

① 이오닉 오더   ② 도릭 오더
③ 코린티안 오더   ④ 터스칸 오더

해설 이오닉 오더
• 소용돌이 형상의 주두가 특징
• 나선형인 벌류트로 구성
• 단 사이에 홈이 있는 기단
• 아키트레이브 2개의 수평홈에 세 부분의 띠벽

★
76 건축관계법규에 따라 단독주택 및 공동주택의 거실 등에 적용하는 채광 및 환기에 관한 기준으로 옳지 않은 것은?

① 환기를 위하여 거실에 설치하는 창문 등의 최소면적 기준은 기계환기장치 및 중앙관리방식의 공기조화설비를 설치하는 경우에는 적용받지 않는다.
② 채광을 위한 창문 등의 면적은 그 거실 바닥면적의 1/10 이상이어야 한다.
③ 환기를 위하여 거실에 설치하는 창문 등의 면적은 그 거실 바닥면적의 1/10 이상이어야 한다.
④ 채광 및 환기 관련기준을 적용함에 있어 수시로 개방할 수 있는 미닫이로 구획된 2개의 거실은 1개의 거실로 본다.

해설 환기를 위하여 거실에 설치하는 창문 등의 면적은 그 거실 바닥면적의 1/20 이상이어야 한다.

★
77 방염성능기준 이상의 실내장식물 등을 설치하여야 하는 특정소방대상물에 해당되지 않는 것은?

① 근린생활시설 중 체력단련장
② 방송통신시설 중 방송국
③ 의료시설 중 종합병원
④ 층수가 11층인 아파트

해설 방염성능기준 이상 실내장식물 설치 대상에서 층수가 11층 이상인 건축물 중 아파트는 제외된다.

정답 73. ① 74. ② 75. ① 76. ③ 77. ④

78 철골에 내화피복을 하는 이유로 옳은 것은?

① 내구성 확보
② 마감재의 부착성 향상
③ 화재에 대한 부재의 내력 확보
④ 단열성 확보

해설 철골에 내화피복을 하는 이유는, 철골이 열에 약하므로 화재에 대한 부재의 내력을 확보하기 위해서이다.

79 한국의 목조건축에서 입면 구성요소에 의해 이루어지는 특성과 가장 거리가 먼 것은?

① 실용성 ② 장식성
③ 의장성 ④ 구조성

해설 한국 목조건축의 입면 구성요소 : 장식성, 의장성, 구조성

80 신축 또는 리모델링하는 100세대 이상의 공동주택은 자연환기설비 또는 기계환기설비를 설치하여 최소 시간당 몇 회 이상의 환기가 이루어지도록 해야 하는가?

① 0.5회 ② 0.6회
③ 0.8회 ④ 1.0회

해설 신축 또는 리모델링 주택 또는 건축물은 시간당 0.5회 이상의 환기가 이루어질 수 있도록 자연환기설비 또는 기계환기설비를 설치하여야 한다.

2016년 2회 과년도 출제문제

INTERIOR ARCHITECTURE

1과목 실내디자인론

01 실내의 기본 요소 중 바닥에 관한 설명으로 옳지 않은 것은?

① 공간을 구성하는 수평적 요소이다.
② 촉각적으로 만족할 수 있는 조건을 요구한다.
③ 고저 차를 통해 공간의 영역을 조정할 수 있다.
④ 다른 요소들에 비해 시대와 양식에 의한 변화가 현저하다.

[해설] ④ 벽과 천장은 시대와 양식에 의한 변화가 현저한데 비해 바닥은 매우 고정적이다.

02 실내디자이너의 역할과 작업에 관한 설명으로 옳지 않은 것은?

① 건축 및 환경과의 상호성을 고려하여 계획하여야 한다.
② 인간의 활동을 도와 주며, 동시에 미적인 만족을 주는 환경을 창조한다.
③ 효율적인 공간 창출을 위하여 제반 요소에 대한 분석작업이 우선되어야 한다.
④ 실내디자이너의 작업은 이용자 특성에 대한 제약을 벗어나 공간예술 창조의 자유가 보장되어야 한다.

[해설] 실내디자이너의 역할 : 실내디자이너는 대상 공간의 사용자의 정보와 요구사항을 정확히 파악, 분석하여 공간에 반영해야 한다.

03 가구의 배치계획에 관한 설명으로 옳지 않은 것은?

① 평면도에 계획되며 입면계획을 고려하지 않는다.
② 실의 사용목적과 행위에 적합한 가구 배치를 한다.
③ 가구 사용 시 불편하지 않도록 충분한 여유 공간을 두도록 한다.
④ 가구의 크기 및 형상은 전체 공간의 스케일과 시각적·심리적 균형을 이루도록 한다.

[해설] ① 창의 위치 때문에 입면계획을 고려해야 한다.

04 디자인의 원리 중 대비에 관한 설명으로 옳지 않은 것은?

① 극적인 분위기를 연출하는 데 효과적이다.
② 상반된 요소가 밀접하게 접근하면 할수록 대비의 효과는 감소된다.
③ 강력하고 화려하며 남성적인 이미지를 주지만 지나치게 크거나 많은 대비의 사용은 통일성을 방해할 우려가 있다.
④ 질적·양적으로 전혀 다른 둘 이상의 요소가 동시에 혹은 계속적으로 배열될 때 상호의 특징이 한층 강하게 느껴지는 통일적 현상이다.

[해설] ② 상반된 요소의 거리가 밀접할수록 대비의 효과는 증대된다.

05 다음 중 전시공간의 규모 설정에 영향을 주는 요인과 가장 거리가 먼 것은?

① 전시방법
② 전시의 목적
③ 전시공간의 평면형태
④ 전시자료의 크기와 수량

해설 전시공간의 규모 : 관람자의 수에 비례하며 전시물의 크기와 수량에 맞게 적정한 관람공간을 확보하도록 설정한다.

★
06 수평 블라인드로 날개의 각도, 승강으로 일광, 조망, 시각의 차단 정도를 조절할 수 있는 것은?

① 롤 블라인드
② 로만 블라인드
③ 베니션 블라인드
④ 버티컬 블라인드

해설
• 롤 블라인드 : 셰이드 블라인드라고도 하며, 천을 감아올리는 형식의 블라인드
• 로만 블라인드 : 상부의 줄을 당기면 단이 생기면서 접히는 형식의 블라인드
• 버티컬 블라인드 : 수직 블라인드

07 비주얼 머천다이징(VMD)에 관한 설명으로 옳지 않은 것은?

① VMD의 구성은 IP, PP, VP 등이 포함된다.
② VMD의 구성 중 IP는 상점의 이미지와 패션 테마의 종합적인 표현을 일컫는다.
③ 상품계획, 상점계획, 판촉 등을 시각화시켜 상점 이미지를 고객에게 인식시키는 판매전략을 말한다.
④ VMD란 상품과 고객 사이에서 치밀하게 계획된 정보 전달의 수단으로서 디스플레이의 기법 중 하나다.

해설 VMD(Visual MerchanDising)의 구성요소
• IP(Item Presentation) : 실제 판매가 이루어지는 곳
• VP(Visual Presentation) : 상점과 상품의 아이덴티티 확립을 위한 계획
• PP(Point of sale Presentation) : 상품의 진열계획

08 알바르 알토가 디자인한 의자로 자작나무 합판을 성형하여 만들었으며, 목재가 지닌 재료의 단순성을 최대한 살린 것은?

① 바실리 의자
② 파이미오 의자
③ 레드 블루 의자
④ 바르셀로나 의자

해설
• 바실리 의자 : 마르셀 브로이어가 칸딘스키를 위해 디자인한 의자. 최초로 강철 파이프를 휘어서 만든 의자로, 재료에 대한 정확한 해석과 기하학적 비례가 뛰어난 의자
• 레드 블루 의자 : 게리트 리브벨트가 디자인. 규격화한 판재를 이용, 곡면을 탈피한 직선적인 의자. 적, 황, 청의 원색을 사용
• 바르셀로나 의자 : 미스 반 데어 로에가 디자인. 가죽 등받이와 좌석, X자형의 강철 파이프 다리로 구성

09 어떤 공간에 규칙성의 흐름을 주어 경쾌하고 활기 있는 표정을 주고자 한다. 다음의 디자인 원리 중 가장 관계가 깊은 것은?

① 조화
② 리듬
③ 강조
④ 통일

해설
• 조화 : 둘 이상의 요소가 한 공간 내에서 결합될 때 발생하는 미적 현상으로, 전체적인 조립방법이 모순 없이 질서를 잡는 것이다.
• 리듬 : 리듬은 규칙적인 요소들의 반복으로 디자인에서 시각적인 질서를 부여하는 통제된 운동감이며, 청각의 원리가 시각적으로 표현되므로 통일성을 기본으로 동적인 변화를 말한다.
• 강조 : 디자인의 부분 부분에 주어진 강세, 즉 강도의 다양한 정도를 의미한다.
• 통일 : 디자인 대상의 전체에 미적 질서를 부여하는 것으로, 모든 형식의 구심점이 되는 기본 원리이다.

★
10 다음과 같은 특징을 가진 조명의 연출기법은?

> 물체의 형상만을 강조하는 기법으로 시각적인 눈부심은 없으나 물체면의 세밀한 묘사는 할 수 없다.

① 스파클 기법
② 실루엣 기법
③ 월워싱 기법
④ 글레이징 기법

해설 • 스파클 기법 : 어두운 환경에서 순간적인 반짝임을 이용한 기법
• 월워싱 기법 : 수직벽면을 빛으로 쓸어내리는 듯한 효과. 수직벽면에 균일한 조도의 빛을 비추는 조명 연출기법
• 글레이징 기법 : 빛의 각도를 이용하여 수직면과 평행한 조명을 벽에 조사시킴으로써 마감재의 질감을 효과적으로 강조하는 기법

11 사무소 건축의 오피스 랜드스케이핑(office land-scaping)에 관한 설명으로 옳지 않은 것은?

① 공간을 절약할 수 있다.
② 개방식 배치의 한 형식이다.
③ 조경면적의 확대를 목적으로 하는 친환경 디자인 기법이다.
④ 커뮤니케이션의 융통성이 있고, 장애 요인이 거의 없다.

해설 오피스 랜드스케이프(office landscape)
• 장점
　－커뮤니케이션이 원활하다.
　－이동형 칸막이 때문에 공간의 융통성이 좋다.
　－전 면적을 유효하게 이용할 수 있어 공간 절약에 효율적이다.
• 단점
　－소음으로 업무의 효율성이 떨어진다.
　－개인의 프라이버시가 결여되기 쉽다.
　－인공조명, 기계환기가 필요하다.

12 역리도형 착시의 사례로 가장 알맞은 것은?

① 헤링 도형
② 자스트로의 도형
③ 펜로즈의 삼각형
④ 쾨니히의 목걸이

해설 역리도형 착시 : 모순도형 혹은 불가능한 형이라고도 한다.

[펜로즈의 삼각형]

13 가장 완전한 균형의 상태로 공간에 질서를 주기 용이한 디자인 원리는?

① 대칭적 균형　　② 능동의 균형
③ 비정형 균형　　④ 비대칭 균형

해설 대칭적 균형 : 축을 중심으로 하여 서로 대칭관계를 말한다. 수동적 균형, 보수성, 안정성, 통일감, 기계적인 특성이 있다.

★
14 상점의 판매형식 중 대면판매에 관한 설명으로 옳지 않은 것은?

① 종업원의 정위치를 정하기 어렵다.
② 포장대나 캐시대를 별도로 둘 필요가 없다.
③ 고객과 마주 대하기 때문에 상품 설명이 용이하다.
④ 소형 고가품인 귀금속, 카메라 등의 판매에 적합하다.

해설 대면판매형식
• 판매원과 고객이 쇼케이스를 사이로 1 : 1 상담 판매하는 형식
• 주로 고가품이나 상품의 설명이 필요한 시계, 카메라, 화장품, 귀금속 등이 속한다.

★
15 더블베드(double bed)의 크기로 알맞은 것은?

① 1,000×2,000mm　② 1,350×2,000mm
③ 1,500×2,000mm　④ 2,000×2,000mm

해설 침대 사이즈
• 싱글베드 : 1,000mm×2,000mm
• 세미더블베드 : 1,100~1,300mm×2,000mm
• 더블베드 : 1,350~1,400mm×2,000mm
• 퀸베드 : 1,500mm×2,000mm
• 킹베드 : 2,000mm×2,000mm

16 다음 중 집중효과가 가장 큰 것은?

① 　②

③ 　④

해설 점의 성질과 조형효과

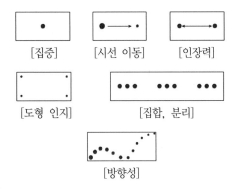

[집중]　　[시선 이동]　　[인장력]

[도형 인지]　　　[집합, 분리]

[방향성]

★
17 다음 설명에 알맞은 특수전시기법은?

> • 하나의 사실 또는 주제의 시간 상황을 고정시켜 연출하는 것으로 현장에 임한 느낌을 주는 기법이다.
> • 어떤 상황을 배경과 실물 또는 모형으로 재현하여 현장감·공간감을 표현하고, 배경에 맞는 부시적 효과와 상황을 만든다.

① 디오라마 전시
② 파노라마 전시
③ 아일랜드 전시
④ 하모니카 전시

해설 • 파노라마 전시 : 하나의 사실 혹은 주제를 시간적인 연속성을 가지고 선형으로 연출하는 전시기법
• 아일랜드 전시 : 사방에서 감상할 필요가 있는 조각물이나 모형을 전시하기 위해 벽면에서 띄워서 전시하는 전시기법
• 하모니카 전시 : 통일된 주제의 전시 내용이 규칙적 혹은 반복적으로 배치되는 전시기법

18 주거공간을 주 행동에 의해 구분할 경우, 다음 중 사회공간에 속하지 않는 것은?

① 거실　　　　② 식당
③ 서재　　　　④ 응접실

해설 ③ 서재는 개인공간에 속한다.

19 형태의 분류 중 인간의 지각, 즉 시각과 촉각으로는 직접 느낄 수 없고 개념적으로만 제시할 수 있는 형태로서 순수형태라고도 하는 것은?

① 인위적 형태　　② 현실적 형태
③ 이념적 형태　　④ 직설적 형태

해설 • 이념적 형태(negative form, 네거티브 형태): 인간의 지각에 의해 인식할 수 있는 순수형태, 상징적 형태, 추상적 형태. 점, 선, 면, 입체 등
• 현실적 형태(positive form, 포지티브 형태) : 실제 존재하는 모든 물상
－자연적 형태 : 인간의 의지와 관계없이 끊임없이 변화
－추상적 형태 : 자연의 구상형태를 인간이 자기 감정을 전달할 수 있는 시각적 형태로 추상화하여 표현한 형태
－인위적 형태 : 휴먼 스케일이 기준인 3차원적인 형태

★
20 부엌 작업대의 배치유형 중 일렬형에 관한 설명으로 옳지 않은 것은?

① 작업대를 벽면에 한 줄로 붙여 배치하는 유형이다.
② 작업대 전체의 길이는 4,000~5,000mm 정도가 가장 적당하다.
③ 부엌의 폭이 좁거나 공간의 여유가 없는 소규모 주택에 적합하다.
④ 작업대가 길어지면 작업 동선이 길게 되어 비효율적이 된다.

해설 일렬형 : 소규모의 좁은 부엌에 적합하며 작업대 전체의 길이는 2,700~3,000mm가 적당하다.

MEMO

2과목 색채 및 인간공학

21 대비효과를 크게 하기 위해 색광을 이용하는 조명방법은?

① 색채조명
② 투과조명
③ 방향조명
④ 근자외선조명

해설 ① 색채조명은 색광을 이용한 대비효과가 크다.

22 음량에 관한 척도 중 어떤 음을 phon값으로 표시한 음량수준은 이 음과 같은 크기로 들리는 몇 Hz 순음의 음압수준[dB]인가?

① 10
② 100
③ 500
④ 1,000

해설 폰(phon) : 음의 감각적·주관적 크기의 수준으로, phon으로 표시한 음량의 수준은 이 음과 같은 크기로 들리는 1,000Hz 순음의 음압수준이다.

23 다음은 부품 배치의 원리에 관한 내용이다. 각각의 번호와 해당하는 원리가 맞게 짝지어진 것은?

> ㉠ 가장 자주 사용되는 다이얼을 제어판 중심부에 위치시킨다.
> ㉡ 온도계와 온도 제어장치는 한곳에 모아야 한다.

① ㉠ 사용빈도의 원리, ㉡ 기능성의 원리
② ㉠ 사용빈도의 원리, ㉡ 중요도의 원리
③ ㉠ 중요도의 원리, ㉡ 사용순서의 원리
④ ㉠ 기능성의 원리, ㉡ 사용순서의 원리

해설 작업장 배치의 원칙
• 중요성의 원칙 : 목표 달성에 중요한 정도에 따른 우선순위 설정의 원칙
• 사용빈도의 원칙 : 사용되는 빈도에 따른 우선순위 설정의 원칙
• 기능별 배치의 원칙 : 부품이 사용되는 빈도에 따른 우선순위 설정의 원칙
• 사용순서의 원칙 : 순서적으로 사용되는 장치들은 그 순서대로 배치하는 원칙

24 공장에서 작업자가 팔을 계속적으로 뻗어 기계의 부속품을 조립할 경우, 근육의 고정된 긴장 때문에 피로해지고 기술도 감소되므로 작업자가 자기 팔꿈치를 되도록 몸에 끌어당겨서 일할 수 있도록 기계가 설계되어야 한다. 이때 상완과 하완 사이의 각도가 몇 도가 되도록 끌어당기는 것이 적합한가?

① 45°
② 60°
③ 90°
④ 120°

25 On–Off 스위치 혹은 증감에 대한 기본적 원리 중 적절치 않은 것은?

① On이나 증은 위 방향으로, Off나 감은 아래 방향으로
② On이나 증은 전방으로, Off나 감은 후방으로
③ On이나 증은 좌측으로, Off나 감은 우측으로
④ 경사 패널에 장치된 조작구에는 상하전후 조작의 명확한 구별이 없음

해설 ③ On이나 증은 우측, Off나 감은 좌측으로 위치한다.

★
26 소음성 난청이 가장 잘 발생할 수 있는 주파수의 범위로 맞는 것은?

① 1,000~2,000Hz
② 10,000~12,000Hz
③ 3,000~5,000Hz
④ 13,000~15,000Hz

해설 소음성 난청 : 일상에서 소음에 오랫동안 노출되어 소리를 잘 들을 수 없는 상태로, 4,000Hz에서 가장 심하게 청력이 떨어진다.

27 인간–기계의 통합체계 중 반자동체계를 무엇이라 하는가?

① 수동체계
② 기계화 체계
③ 정보체계
④ 인력이용체계

해설 인간-기계시스템의 분류 : 인간에 의한 제어 역할 정도에 따라 다음의 세 가지로 분류할 수 있다.
• 수동화 체계 : 인간의 손이나 도구를 사용하여 작업을 통제하는 체계
• 기계화 체계(반자동체계) : 다양한 부품에 의해 운전자가 조정하는 체계. 기계적 연결단위는 기계에 의존하나 제어부분은 작업자가 통제한다.
• 자동화 체계 : 감지, 정보처리 및 의사결정의 행동을 포함한 모든 조정을 자동화시킨 체계이다.

28 피로의 측정 분류와 측정 대상 항목이 맞게 연결된 것은?

① 순환기능 검사 : 뇌파
② 감각기능 검사 : 안구운동
③ 자율신경기능 : 반응시간
④ 생화학적 측정 : 에너지대사

해설 • 순환기능 검사 : 맥박, 혈압 등을 측정, 검사
• 감각기능 검사 : 진동, 온도, 열, 통증, 위치감각 등을 검사
• 자율신경기능 : 신체가 위급한 상황에 대처하도록 하는 기능
• 생화학적 측정 : 혈액 농도 측정, 혈액 수분 측정, 요 전해질 및 요 단백질을 측정

29 인간의 오류를 줄이는 가장 적극적인 방법은?

① 오류 경로 제어(path control)
② 오류 근원 제어(source control)
③ 수용기 제어(receiver control)
④ 작업조건의 법제화(legislative system)

해설 인간의 오류를 줄이는 가장 적극적인 방법은 오류 근원 제어방법이다.

30 색의 온도감을 좌우하는 가장 큰 요소는?

① 색상   ② 명도
③ 채도   ④ 면적

해설 온도감 : 색상에 따라서 따뜻하고 차갑게 느껴지는 감정효과를 말한다.

31 상품의 색채기획 단계에서 고려해야 할 사항으로 옳은 것은?

① 가공, 재료특성보다는 시장성과 심미성을 고려해야 한다.
② 재현성에 얽매이지 말고 색상관리를 해야 한다.
③ 유사제품과 연계제품의 색채와의 관계성은 기획 단계에서 고려되지 않는다.
④ 색료를 선택할 때 내광성, 내후성을 고려해야 한다.

해설 • 색채계획은 공간의 규모나 성질, 용도에 따라서 배색과 그 양의 배분을 구체화시켜 명확하게 표현하는 것이다.
• 최종 결과에 대한 관리방법까지 고려해야 한다.

32 다음 손의 그림과 같이 손바닥 방향으로 꺾이는 관절운동은?

① 배굴   ② 외향
③ 내향   ④ 굴곡

해설 굴곡(flexion) : 부위 간의 각도를 감소시키거나 굽히는 동작

★
33 다음 중 (   ) 안의 내용으로 옳은 것은?

> 우리가 백열전구에서 느끼는 색감과 형광등에서 느끼는 색감이 차이가 나는 이유는 색의 (   ) 때문이다.

① 순응성   ② 연색성
③ 항상성   ④ 고유성

해설 연색성 : 조명이 물체의 색감에 영향을 미치는 현상을 말한다.

34 두 가지 이상의 색을 목적에 알맞게 조화되도록 만드는 것은?

① 배색   ② 대비조화

③ 유사조화   ④ 대응색

해설 배색 : 두 가지 이상의 색조합 시 좋은 효과를 내기 위한 것이다.

35 다음 중 나팔꽃, 신비, 우아함을 연상시키는 색은?

① 청록   ② 노랑

③ 보라   ④ 회색

해설 보라색 : 창조, 신비, 우아, 신성 등 숭고한 느낌이 나는 색이다.

★
36 한국의 전통색의 상징에 대한 설명으로 옳은 것은?

① 적색-남쪽   ② 백색-중앙

③ 황색-동쪽   ④ 청색-북쪽

해설 한국의 전통색채의 상징
- 적색 : 남쪽
- 백색 : 서쪽
- 황색 : 중앙
- 청색 : 동쪽
- 흑색 : 북쪽

37 다음 색상 중 무채색이 아닌 것은?

① 연두색   ② 흰색

③ 회색   ④ 검정색

해설 무채색 : 흰색, 회색, 검정색 등 색상이나 채도가 없고 명도만 있는 색이다. 연두색은 유채색이다.

★
38 비렌의 색채조화 원리에서 가장 단순한 조화이면서 일반적으로 깨끗하고 신선해 보이는 조화는?

① Color-Shade-Black

② Tint-Tone-Shade

③ Color-Tint-White

④ White-Gray-Black

해설 비렌의 색채조화론
- 비렌은 색채지각은 카메라나 과학기기와 같은 자극에 대한 단순한 반응이 아니라 정신적인 반응에 지배된다고 주장하였다.
- 색삼각형을 작도하고 순색, 흰색, 검은색을 꼭짓점에 위치시킨 뒤 각 연장선상에 색상의 변화를 주었다.
- 색삼각형에서 직선상의 연속적인 배열
  -W-T-C : 밝고 화사함이 있다.
  -C-S-B : 색의 깊이와 풍부함이 있다.
  -W-G-B : 무채색의 자연스러운 조화
- Tint-Tone-Shade : 가장 세련되고 감동적이다.
- White-Color-Black : 색채조화의 기본 구조로 모두 조화를 이룬다.
- Tint-Tone-Shade-Gray : 색채조화의 기본색 3개와 2차색 또한 조화를 이룬다.

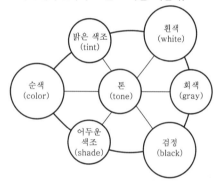

39 오스트발트의 등색상삼각형에서 흰색(W)에서 순색(C) 방향과 평행한 색상의 계열은?

① 등순색 계열   ② 등흑색 계열

③ 등백색 계열   ④ 등가색 계열

해설 오스트발트의 등색상삼각형

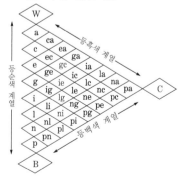

40 먼셀(Munsell) 색상환에서 GY는 어느 색인가?

① 자주   ② 연두

③ 노랑   ④ 하늘색

해설 먼셀의 색상환

• 색상은 색상 차이가 등간격으로 보이는 주요한 다섯 가지 색상 R(빨강), Y(노랑), G(초록), B(파랑), P(보라)에 다섯 가지 중간 색상 YR(주황), GY(연두), BG(청록), PB(남색), RP(자주)를 정하여 10가지 색상으로 하였다.

• 각 색상마다 5를 중심으로 0에서 10까지 눈금을 등간격으로 찍어서 모든 색상을 100으로 하였다.

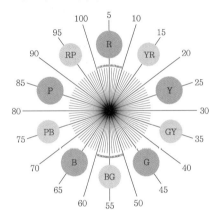

3과목   건축재료

41 다음 재료 중 비강도(比强度)가 가장 큰 것은?

① 소나무   ② 탄소강

③ 콘크리트   ④ 화강암

해설 비강도 : 재료의 강도를 비중량으로 나눈 값(가벼우면서 튼튼한 재료가 요구되는 분야에서 그 척도를 나타내기 위한 값)으로, 목재인 소나무의 비강도가 가장 크다(목재 : 900, 금속 : 510).

42 합판(plywood)의 특성이 아닌 것은?

① 순수 목재에 비하여 수축·팽창률이 크다.

② 비교적 좋은 무늬를 얻을 수 있다.

③ 필요한 소정의 두께를 얻을 수 있다.

④ 목재의 결점을 배제한 양질의 재를 얻을 수 있다.

해설 합판 : 순수 목재에 비하여 수축·팽창률이 작다.

43 트럭믹서에 재료만 공급받아서 현장으로 가는 도중에 혼합하여 사용하는 콘크리트는?

① 센트럴 믹스트 콘크리트

② 슈링크 믹스트 콘크리트

③ 트랜싯 믹스트 콘크리트

④ 배처플랜트 콘크리트

해설 트랜싯 믹스트 콘크리트 : 배처플랜트에서 계측한 재료를 트럭믹서에 실어서 목적지까지 옮기는 과정이나 목적지에 도착한 시점에서 비비기가 끝난 콘크리트를 말한다.

★
44 KS F 2503(굵은 골재의 밀도 및 흡수율 시험방법)에 따른 흡수율 산정식은 다음과 같다. 여기서 A가 의미하는 것은?

$$Q = \frac{B-A}{A} \times 100\%$$

① 절대건조상태 시료의 질량[g]

② 표면건조, 내부포화상태 시료의 질량[g]

③ 시료의 수중 질량[g]

④ 기건상태 시료의 질량[g]

해설 흡수율 = [(표면건조상태의 질량 − 절대건조상태의 질량)/절대건조상태의 질량] × 100%

★
45 각 시멘트의 성질에 관한 설명으로 옳지 않은 것은?

① 조강 포틀랜드시멘트는 발열량이 높아 저온에서도 강도 발현이 가능하다.

② 플라이애시시멘트는 매스콘크리트 공사, 항만공사 등에 적용된다.

③ 실리카흄시멘트를 사용한 콘크리트는 강도 및 내구성이 뛰어나다.

④ 고로시멘트를 사용한 콘크리트는 해수에 대한 내식성이 좋지 않다.

해설 고로시멘트

• 보통 포틀랜드시멘트에 광재와 석고를 혼합하여 만든 시멘트로, 비중이 작고 장기강도가 크며 해수에 대한 저항성이 크다.

• 호안, 배수구, 터널, 지하철공사, 댐 등의 매스콘크리트 공사에 사용된다.

정답   **40.** ②   **41.** ①   **42.** ①   **43.** ③   **44.** ①   **45.** ④

46 다음 중 방청도료에 해당되지 않는 것은?

① 광명단   ② 알루미늄 도료
③ 징크크로메이트   ④ 오일스테인

해설 오일스테인 : 방청도료가 아니라 목재 무늬를 드러나 보이게 하기 위해 칠하는 유성 착색제이다.

★
47 목재의 힘수율에 관한 설명으로 옳지 않은 것은?

① 함수율 30% 이상에서는 함수율 증감에 따른 강도의 변화가 거의 없다.
② 기건상태인 목재의 함수율은 15% 정도이다.
③ 목재의 진비중은 일반적으로 2.54 정도이다.
④ 목재의 함수율 30% 정도를 섬유포화점이라 한다.

해설 목재의 진비중 : 일반적으로 1.44~1.56 정도이다.

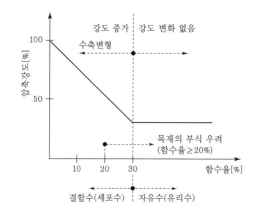

48 철근콘크리트 바닥판 밑에 반자틀이 계획되어 있음에도 불구하고 실수로 인하여 인서트(insert)를 설치하지 않았다고 할 때 인서트의 효과를 낼 수 있는 철물의 설치방법으로 옳지 않은 것은?

① 익스팬션 볼트(expansion bolt) 설치
② 스크루 앵커(screw anchor) 설치
③ 드라이브핀(drive pin) 설치
④ 개스킷(gasket) 설치

해설 개스킷(gasket) : 금속이나 그 밖의 재료가 서로 접촉할 경우, 접촉면에서 가스나 물이 새지 않도록 하기 위하여 끼워 넣는 패킹이다.

49 바람벽이 바탕에서 떨어지는 것을 방지하는 역할을 하는 것으로서 충분히 건조되고 질긴 삼, 어저귀, 종려털 또는 마닐라삼을 사용하는 재료는?

① 러프 코트(rough coat)
② 수염
③ 리신 바름(lithin coat)
④ 테라초 바름

해설 수염 : 벽에 발라 놓은 회반죽이 떨어지는 것을 막기 위하여 목조 졸대 바탕 위에 박아 대는 줄을 말한다.

★
50 원목을 일정한 길이로 절단하여 이것을 회전시키면서 연속적으로 얇게 벗긴 것으로 원목의 낭비를 막을 수 있는 합판 제조법은?

① 슬라이스드 베니어
② 소드 베니어
③ 로터리 베니어
④ 반원 슬라이스드 베니어

해설 로터리 베니어 : 원목을 소정의 길이로 잘라 찌거나 하여 조직을 연화하고 원목(통나무)을 회전하면서 박판을 벗겨 내어 만든 합판으로, 곧은결 판을 만드는 것은 불가능하다.

51 화산석으로 된 진주석을 900~1,200℃의 고열로 팽창시켜 만들며, 주로 단열·보온·흡음 등의 목적으로 사용되는 재료는?

① 트래버틴(travertine)
② 펄라이트(pearlite)
③ 테라초(terrazzo)
④ 석면(asbestos)

해설 펄라이트(pearlite) : 진주암·흑요석 따위를 부순 다음 1,000℃ 안팎에서 구워 다공질로 만든 것으로, 가볍고 단열·흡음효과가 뛰어나 주로 건축 골재로 사용된다.

52 다음 중 외장용으로 가장 부적합한 석재는?

① 화강암   ② 안산암
③ 대리석   ④ 점판암

정답 46. ④   47. ③   48. ④   49. ②   50. ③   51. ②   52. ③

해설 대리석 : 강도는 크나, 열과 산에 약하여 외장재료 는 부적합하다.

53 각 벽돌에 관한 설명 중 옳은 것은?

① 과소벽돌은 질이 견고하고 흡수율이 낮아 구조용으로 적당하다.
② 건축용 내화벽돌의 내화도는 500~600℃의 범위이다.
③ 중공벽돌은 방음벽, 단열벽 등에 사용된다.
④ 포도벽돌은 주로 건물 외벽의 치장용으로 사용된다.

해설 벽돌의 특성
• 과소벽돌 : 부정형 벽돌로 구조용으로 부적당하 며, 특수 장식용이나 기초쌓기용으로 사용된다.
• 건축용 내화벽돌의 내화도 : 1,580~1,650℃의 범위이다.
• 포도벽돌 : 건물 외벽의 치장용으로는 부적합하 고 도로포장용, 건물 옥상포장용으로 적합하다.

54 프탈산과 글리세린수지를 변성시킨 포화 폴리에 스테르수지로 내후성, 접착성이 우수하며 도료 나 접착제 등으로 사용되는 합성수지는?

① 알키드수지　　② ABS수지
③ 스티롤수지　　④ 에폭시수지

해설 알키드수지 : 내후성·접착성이 우수하나, 내수성· 내알칼리성은 약하며, 래커·바니시 등이 있다.

55 강의 일반적 성질에 관한 설명으로 옳지 않은 것은?

① 탄소함유량이 증가할수록 강도는 증가한다.
② 탄소함유량이 증가할수록 비열·전기저항 이 커진다.
③ 탄소함유량이 증가할수록 비중·열전도율 이 올라간다.
④ 탄소함유량이 증가할수록 연신율·열팽창 계수가 떨어진다.

해설 강의 성질 : 일반적으로 탄소함유량이 증가할수록 비열·전기저항·내식성·항복강도·인장강도·경 도 등은 증가하고, 비중·열전도율·열팽창계수·연 신율·단면 수축률 등은 감소한다.

56 미장재료에 여물을 사용하는 가장 주된 이유는?

① 유성페인트로 착색하기 위해서
② 균열을 방지하기 위해서
③ 점성을 높여 주기 위해서
④ 표면의 경도를 높여 주기 위해서

해설 미장재료에 여물을 사용하는 목적은 균열을 방지하 기 위해서이다.

57 시멘트와 그 용도와의 관계를 나타낸 것으로 옳 지 않은 것은?

① 조강 포틀랜드시멘트 - 한중공사
② 중용열 포틀랜드시멘트 - 댐공사
③ 백색 포틀랜드시멘트 - 타일 줄눈공사
④ 고로슬래그시멘트 - 마감용 착색공사

해설 고로슬래그시멘트는 해수에 대한 저항성이 크므로 해 양 구조물 및 해안 근접지 건축물에 사용하고, 마감용 착색공사는 백색 포틀랜드시멘트를 주로 사용한다.

58 다음 중 수경성 미장재료가 아닌 것은?

① 시멘트모르타르
② 돌로마이트 플라스터
③ 인조석 바름
④ 석고 플라스터

해설 미장재료의 종류

수경성	기경성
물과 작용하여 경화하는 것	공기 중에 경화하는 것
석고 플라스터, 무수석고 플라스터, 시멘트모르타 르, 테라초 현장바름, 인 조석 바름 등	진흙질, 회반죽, 회사 벽, 돌로마이트 플라스 터 등

돌로마이트 플라스터
• 가소성이 높으며, 공기와 반응하여 경화하는 기경 성 미장재료이다.
• 곰팡이가 발생하고 변색되지만, 냄새는 나지 않는다.
• 보수성이 용이하며, 응결시간이 길어 시공이 용이 하다.
• 초기강도가 크고 착색이 용이하며 가격도 저렴하다.
• 알칼리성으로 페인트 도장은 불가능하다.

59 목재의 자연건조 시 유의할 점으로 옳지 않은 것은?

① 지면에서 20cm 이상 높이의 굄목을 놓고 쌓는다.
② 잔적(piling) 내 공기순환 통로를 확보해야 한다.
③ 외기의 온습도의 영향을 많이 받을 수 있으므로 세심한 주의가 필요하다.
④ 건조기간의 단축을 위하여 마구리부분을 일광에 노출시킨다.

해설 건조기간의 단축을 위하여 마구리부분을 일광에 노출시키면, 급격히 건조되면서 갈라지기 쉽다.

★
60 콘크리트 타설 중 발생되는 재료 분리에 대한 대책으로 가장 알맞은 것은?

① 굵은 골재의 최대치수를 크게 한다.
② 바이브레이터로 최대한 진동을 가한다.
③ 단위수량을 크게 한다.
④ AE제나 플라이애시 등을 사용한다.

해설 콘크리트의 재료 분리 방지대책
• 굵은 골재의 치수를 작게 하고, 진동다짐을 피하며 단위수량을 작게 한다.
• 콘크리트 타설용 AE제나 플라이애시 등을 첨가하면 재료 분리가 발생하지 않고 수밀성이 현저하게 향상된다.

4과목 건축 일반

61 화재예방, 소방시설 설치·유지 및 안전관리에 관한 법률 제7조(건축허가 등의 동의)에 근거하여 건축물의 사용승인 시 소방본부장 또는 소방서장이 사용승인에 동의를 갈음할 수 있는 방식으로 옳은 것은?

① 건축물관리대장 확인
② 건축물의 사용승인확인서에 날인
③ 소방시설공사의 사용승인신청서 교부
④ 소방시설공사의 완공검사증명서 교부

해설 건축물의 사용승인 시 소방본부장 또는 소방서장은 소방시설공사의 완공검사증명서를 교부하여 사용승인에 동의를 갈음할 수 있다.

62 철골구조의 접합에서 두 부재의 두께가 다를 때 같은 두께가 되도록 끼워 넣는 부재는?

① 거싯 플레이트(gusset plate)
② 필러 플레이트(fillor plate)
③ 커버 플레이트(cover plate)
④ 베이스 플레이트(base plate)

해설 필러 플레이트 : 철골구조의 접합에서 두 부재의 두께가 다를 때 같은 두께가 되도록 끼워 넣는 부재

63 거실용도에 따른 조도기준은 바닥에서 몇 cm의 수평면 조도를 말하는가?

① 50cm   ② 65cm
③ 75cm   ④ 85cm

해설 거실의 용도에 따른 조도기준은 바닥에서 85cm의 수평면을 조도기준으로 한다.

64 기초의 부동침하 원인과 가장 관계가 먼 것은?

① 한 건물에 기능상 다른 기초를 병용하였을 때
② 건물의 길이가 길지 않을 때
③ 하부층의 지반에 연약지반이 존재할 때
④ 지하수위가 변경되었을 때

해설 부동침하의 원인 : 건물의 길이가 길 때

★
65 소방시설 중 피난설비에 해당되지 않는 것은?

① 유도등   ② 비상방송설비
③ 비상조명등   ④ 인명구조기구

해설 비상방송설비는 경보설비에 해당한다.

66 다음 중 평보에 가장 적합한 이음은?

① 맞댄이음   ② 겹친이음
③ 홈이음   ④ 빗걸이이음

해설 맞댄이음
- 아무런 가공 없이 두 부재의 말구면을 붙여 놓은 것
- 수평응력을 받지 않고 수직응력만 받는 부재에서 사용
- 평보에 가장 적합한 이음

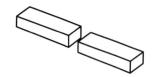

67 소방시설 등의 자체 점검 중 종합정밀점검 대상에 해당하지 않는 것은?

① 스프링클러설비가 설치된 연면적 5,000m² 인 특정소방대상물
② 물분무 등 소화설비가 설치된 연면적 3,000 m²인 특정소방대상물
③ 제연설비가 설치된 터널
④ 연면적 5,000m²이고 층수가 16층인 아파트

해설 종합정밀점검 대상
- 스프링클러설비 또는 물분무 등 소화설비가 설치된 연면적 5,000m² 이상인 특정소방대상물(위험물 제조소 등은 제외)
- 단, 아파트는 연면적 5,000m² 이상이고 11층 이상

68 개별관람석의 바닥면적이 600m²인 공연장의 관람석 출구의 유효너비 합계는 최소 얼마 이상인가?

① 3m
② 3.6m
③ 4m
④ 4.6m

해설 개별관람석 출구의 유효너비 : 공연장의 개별관람석 출구의 유효폭의 합계는 개별관람석의 바닥면적 100m²마다 0.6m 이상의 비율로 산정한 폭 이상일 것
∴ 개별관람석 출구의 유효폭의 합계
$$= \frac{600\text{m}^2}{100\text{m}^2} \times 0.6\text{m} = 3.6\text{m}$$

69 건축물의 피난층 외의 층에서 피난층 또는 지상으로 통하는 직통계단을 설치할 때 거실의 각 부분으로부터 직통계단에 이르는 최대 보행거리 기준은? (단, 주요구조부가 내화구조 또는 불연재료로 구성, 16층 이상의 공동주택은 제외)

① 30m 이하
② 40m 이하
③ 50m 이하
④ 60m 이하

해설 건축물의 피난층 외의 층에서 피난층 또는 지상으로 통하는 직통계단을 설치할 때 거실의 각 부분으로부터 직통계단에 이르는 최대 보행거리는 50m 이하이어야 한다.

★
70 건축물의 방화구획 설치기준으로 옳지 않은 것은?

① 5층 이하의 층은 층마다 구획할 것
② 10층 이하의 층은 바닥면적 1,000m² 이내마다 구획할 것(단, 자동식 소화설비 미설치의 경우)
③ 지하층은 층마다 구획할 것
④ 11층 이상의 층은 바닥면적 200m² 이내마다 구획할 것(단, 자동식 소화설비 미설치의 경우)

해설 방화구획의 설치기준
- 주요구조부가 내화구조 또는 불연재료로 된 건축물
- 연면적 1,000m²를 넘는 것은 내화구조의 바닥, 벽, 갑종 방화문(자동방화셔터 포함)으로 구획
- 3층 이상의 층, 지하층은 층마다 구획(면적과 무관)

★
71 벽돌쌓기법 중 프랑스식 쌓기에 대한 설명으로 옳은 것은?

① 한 켜에서 길이쌓기와 마구리쌓기가 번갈아 나타난다.
② 한 켜는 길이쌓기, 다음 켜는 마구리쌓기가 반복된다.
③ 5켜는 길이쌓기, 다음 1켜는 마구리쌓기로 반복된다.
④ 반장 두께로 장식적으로 구멍을 내어 가며 쌓는다.

해설 프랑스식(불식) 쌓기
- 한 켜에 길이쌓기와 마구리쌓기가 번갈아 나오게 쌓는 방법
- 통줄눈이 많아 구조적으로 튼튼하지 못하다.
- 외관상으로 보기가 좋다.

72 다음 중 르 코르뷔지에와 가장 관계가 먼 것은?

① 도미노 시스템
② 자유로운 파사드
③ 옥상정원
④ 유기적 건축

해설 르 코르뷔지에의 근대건축 5원칙
- 도미노 시스템
- 자유로운 파사드
- 옥상정원
- 필로티
- 수평창

73 고대의 한국건축에서 가장 중요하게 영향을 준 요소는?

① 자연조건　　　② 사회조직
③ 경제제도　　　④ 정치제도

해설 고대의 한국건축에서 가장 중요하게 영향을 준 요소는 자연조건이다.

74 문화 및 집회 시설, 운동시설, 관광휴게시설로서 자동화재탐지설비를 설치하여야 할 특정소방대상물의 연면적 기준은?

① 1,000m² 이상　　② 1,500m² 이상
③ 2,000m² 이상　　④ 2,300m² 이상

해설 자동화재탐지설비의 설치기준 : 문화 및 집회 시설, 종교시설, 판매시설, 운수시설, 운동시설로서 **연면적 1,000m² 이상**

75 벽돌구조에서 벽면이 고르지 않을 때 사용하고 평줄눈, 빗줄눈에 대해 대조적인 형태로 비슷한 질감을 연출하는 효과를 주는 줄눈의 형태는?

① 오목줄눈　　　② 볼록줄눈
③ 내민줄눈　　　④ 민줄눈

해설 내민줄눈
- 벽면이 고르지 않을 때 사용한다.
- 질감 연출효과가 있다.

76 특정소방대상물에서 사용하는 방염대상물품에 해당되지 않는 것은?

① 창문에 설치하는 커튼류
② 종이벽지
③ 전시용 섬유판
④ 섬유류 또는 합성수지류 등을 원료로 하여 제작된 소파

해설 특정소방대상물에서 사용하는 방염대상물품
- 카펫, 두께가 2mm 미만인 벽지류(종이벽지 제외)
- 전시용 합판 또는 섬유판, 무대용 합판 또는 섬유판
- 암막, 무대막(영화상영관, 골프연습장에 설치하는 스크린 포함)
- 창문에 설치하는 커튼류, 블라인드

77 철근콘크리트구조에 관한 설명 중 옳지 않은 것은?

① 형태를 자유롭게 구성할 수 있다.
② 지하 및 수중 구축을 할 수 있다.
③ 자체 중량이 크고 시공의 정밀도를 높이기 위한 노력이 필요하다.
④ 내진적·내풍적이나 내화성이 부족하다.

해설 철근콘크리트의 장점 : 내구성·내화성·내진성·내풍성이 크다.

정답 72. ④　73. ①　74. ①　75. ③　76. ②　77. ④

78 건축물의 출입구에 설치하는 회전문은 계단이나 에스컬레이터로부터 최소 얼마 이상의 거리를 두어야 하는 가?

① 2m 이상
② 3m 이상
③ 4m 이상
④ 5m 이상

해설 회전문의 설치기준

- 계단이나 에스컬레이터로부터 2m 이상의 거리를 둘 것
- 회전문의 회전속도는 분당 회전수가 8회를 넘지 아니하도록 할 것
- 회전문의 중심축에서 회전문과 문틀 사이의 간격을 포함한 회전문 날개 끝부분까지의 길이는 140cm 이상이 되도록 할 것

79 다음 중 두께에 관계없이 방화구조에 해당하는 것은?

① 시멘트모르타르 위에 타일 붙임
② 철망 모르타르
③ 심벽에 흙으로 맞벽지기한 것
④ 석고판 위에 회반죽을 바른 것

해설 방화구조 : 화염의 확산을 막을 수 있는 성능을 가진 구조

구조	두께
심벽에 흙으로 맞벽치기를 한 것	두께에 관계없이 인정

80 주택의 거실에 채광을 위하여 설치하는 창문 등의 면적은 거실 바닥면적의 얼마 이상이어야 하는가?

① 1/2
② 1/5
③ 1/10
④ 1/20

해설 창문면적의 설치기준

구분	건축물의 용도	창문면적
채광	• 단독주택 거실 • 공동주택 거실	거실 바닥면적의 1/10 이상
환기	• 학교 교실 • 의료시설 병실 • 숙박시설 객실	거실 바닥면적의 1/20 이상

2016년 3회 과년도 출제문제

INTERIOR ARCHITECTURE

1과목 실내디자인론

01 백화점의 엘리베이터 계획에 관한 설명으로 옳지 않은 것은?

① 교통 동선의 중심에 설치하여 보행거리가 짧도록 배치한다.

② 여러 대의 엘리베이터를 설치하는 경우, 그룹별 배치와 군 관리 운전방식으로 한다.

③ 일렬배치는 6대를 한도로 하고, 엘리베이터 중심 간 거리는 8m 이하가 되도록 한다.

④ 엘리베이터 홀은 엘리베이터 정원 합계의 50% 정도를 수용할 수 있어야 하며, 1인당 점유면적은 0.5~0.8m²로 계산한다.

해설 엘리베이터 배치계획

• 일렬배열 : 4대 이하로 한다.

• 알코브 배열 : 4~6대인 경우의 배열. 대면거리는 3.5~4.5m로 한다.

• 대면배치 : 4~8대인 경우의 배열. 대면거리는 3.5~4.5m로 한다. 고층용과 저층용으로 분리하여 그룹별로 관리한다.

[일렬배열]　[대면배열]　　[알코브 배열]

02 시티 호텔(city hotel) 계획에서 크게 고려하지 않아도 되는 것은?

① 주차장　　　② 발코니

③ 연회장　　　④ 레스토랑

해설 ② 발코니는 리조트 호텔 계획에서 고려해야 할 공간이다.

03 다음 설명이 의미하는 것은?

> • 르 코르뷔지에가 창안
> • 인체를 황금비로 분석
> • 공업생산에 적용

① 패턴　　　　② 조닝

③ 모듈러　　　④ 그리드

해설 • 패턴 : 일정한 형태나 양식에 질서를 부여하여 배열한 것으로, 점·선·형태·공간·빛·색채 등을 도형화한 것이다.

• 조닝 : 단위공간 사용자의 특성·목적 등에 따라 몇 개의 생활권으로 구분하는 것

• 그리드 : 수평·수직의 격자의 안내선

★
04 다음 그림과 같은 주택 부엌가구의 배치유형은?

① 일렬형　　　② ㄷ자형

③ 병렬형　　　④ 아일랜드형

해설 병렬형

• 작업대가 마주 보고 있어 동선이 짧아 효과적이다.

• 작업대와 작업대의 사이는 800~1,200mm이 적당하다.

05 한국 전통가구 중 수납계 가구에 속하지 않는 것은?

① 농 ② 궤
③ 소반 ④ 반닫이

해설 ③ 소반 : 작은 밥상

06 붙박이가구에 관한 설명으로 옳지 않은 것은?

① 공간의 효율성을 높일 수 있다.
② 건축물과 일체화하여 설치하는 기구이다.
③ 실내 마감재와의 조화 등을 고려해야 한다.
④ 필요에 따라 그 설치 장소를 자유롭게 움직일 수 있다.

해설 ④ 붙박이가구는 건축화 가구로 건축물과 일체화하여 설치하는 고정적인 가구이다.

07 상점의 매장계획에 관한 설명으로 옳지 않은 것은?

① 매장의 개성 표현을 위해 바닥에 고저 차를 두는 것이 바람직하다.
② 진열대의 배치형식 중 굴절 배열형은 대면 판매와 측면판매방식이 조합된 형식이다.
③ 바닥, 벽, 천장은 상품에 대해 배경적 역할을 해야 하며 상품과 적절한 균형을 이루도록 한다.
④ 상품군의 배치에 있어 중점상품은 주 통로에 접하는 부분에 상호 연관성을 고려한 상품을 연속시켜 배치한다.

해설 ① 매장의 바닥 고저 차는 고객의 동선을 끊기게 하고 안전상에도 좋지 않으므로 가급적 피한다.

08 다음 중 인체 지지용 가구가 아닌 것은?

① 소파 ② 침대
③ 책상 ④ 작업 의자

해설 인체 지지용 가구 : 휴식을 목적으로 한 가구. 소파, 침대, 의사

09 다음 설명에 가장 알맞은 실내디자인의 조건은?

> 최소의 자원을 투입하여 공간의 사용자가 최대로 만족할 수 있는 효과가 이루어져야 한다.

① 기능적 조건 ② 심미적 조건
③ 경제적 조건 ④ 물리적·환경적 조건

해설 실내디자인의 조건
• 기능적 조건 : 인간공학에 따른 공간의 규모, 공간 배치, 동선, 사용빈도 등 고려
• 심미적 조건 : 예술성, 시대성, 문화성
• 경제적 조건 : 최소의 비용으로 최대의 효과
• 물리적·환경적 조건 : 기상, 기후 등 외부 조건으로부터의 보호
• 창조적 조건 : 독창성

★
10 다음 설명에 알맞은 특수전시방법은?

> • 일정한 형태의 평면을 반복시켜 전시공간을 구획하는 방식이다
> • 동일 종류의 전시물을 반복하여 전시할 경우에 유리하다.

① 디오라마 전시 ② 파노라마 전시
③ 아일랜드 전시 ④ 하모니카 전시

해설 • 디오라마 전시 : 현장감을 실감나게 표현하는 방법으로 하나의 사실 또는 주제의 시간 상황을 고정시켜 연출하는 전시기법
• 파노라마 전시 : 하나의 사실 혹은 주제를 시간적인 연속성을 가지고 선형으로 연출하는 전시기법
• 아일랜드 전시 : 사방에서 감상할 필요가 있는 조각물이나 모형을 전시하기 위해 벽면에서 띄워서 전시하는 전시기법

11 설계에 착수하기 전에 과제의 전모를 분석하고 개념화하며, 목표를 명확히 하는 초기 단계의 작업인 프로그래밍에서 '공간 간의 기능적 구조 해석'과 가장 관계가 깊은 것은?

① 개념의 도출 ② 환경적 분석
③ 사용주의 요구 ④ 스페이스 프로그램

해설 스페이스 프로그램 : 공간을 분석하는 작업으로 프로젝트에 각 소요공간의 종류를 파악하고 각 공간의 사용자의 연령, 기호, 사용 시간대, 기능 등을 분석하여 효율적인 공간면적을 산정하는 작업을 말한다.

12 사무실의 책상의 배치유형 중 대향형에 관한 설명으로 옳지 않은 것은?

① 면저효율이 좋다.
② 각종 배선의 처리가 용이하다.
③ 커뮤니케이션 형성에 유리하다.
④ 시선에 의해 프라이버시를 침해할 우려가 없다.

해설 대향형 : 면적효율이 좋고 커뮤니케이션 형성에 유리하여 공동작업의 업무형태로 업무가 이루어지는 사무실에 유리하나, 프라이버시를 침해할 우려가 있다.

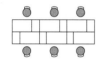

[대향형]

13 펜로즈의 삼각형과 가장 관계가 깊은 착시의 유형은?

① 길이의 착시　② 방향의 착시
③ 역리도형 착시　④ 다의도형 착시

해설 역리도형의 착시 : 모순도형 혹은 불가능한 형

[펜로즈의 삼각형]

14 벽의 기능에 관한 설명으로 옳지 않은 것은?

① 인간의 시선이나 동선을 차단
② 외부로부터의 안전 및 프라이버시 확보
③ 공기와 빛을 통과시켜 통풍과 채광을 결정
④ 수직적 요소로서 수평 방향을 차단하여 공간 형성

해설 ③은 창문에 대한 설명이다.

15 실내공간을 심리적으로 구획하는 데 사용하는 일반적인 방법이 아닌 것은?

① 화분　② 기둥
③ 조각　④ 커튼

해설 공간의 구획
• 차단적 구획 : 물리적 방법으로 높이 1.5m 이상으로 구획. 수평·수직 방향으로 분리. 긴밀이벽, 이동형 스크린벽, 유리창, 커튼, 블라인드, 수납장 등
• 심리적·도덕적 구획 : 가변적 구획. 가구, 기둥, 식물, 소품, 바닥·천장의 단 차이
• 지각적 구획 : 서로 다른 이미지로 구획. 조명, 색채, 마감재, 복도, 공간형태의 변화

★
16 다음 설명에 알맞은 블라인드의 종류는?

> • 셰이드(shade)라고도 한다.
> • 단순하고 깔끔한 느낌을 준다.
> • 창 이외에 칸막이 스크린으로도 효과적으로 사용할 수 있다.

① 롤 블라인드
② 로만 블라인드
③ 베니션 블라인드
④ 버티컬 블라인드

해설 • 로만 블라인드 : 상부의 줄을 당기면 단이 생기면서 접히는 형식의 블라인드
• 베니션 블라인드 : 수평 블라인드
• 버티컬 블라인드 : 수직 블라인드

17 다음 그림과 같이 많은 점이 근접되었을 때 효과로 가장 알맞은 것은?

① 면으로 지각　② 부피로 지각
③ 물체로 지각　④ 공간으로 지각

해설 많은 점이 근접되었을 때 면으로 지각한다.

정답 12. ④　13. ③　14. ③　15. ④　16. ①　17. ①

18 실내건축의 요소들이 한 공간에서 표현될 때 상호관계에 대한 미적 판단이 되는 원리는?

① 리듬　　　　② 균형
③ 강조　　　　④ 조화

해설 조화 : 둘 이상의 요소가 한 공간 내에서 결합될 때 발생하는 미적 현상으로, 전체적인 조립방법이 모순 없이 질서를 잡는 것이다.

19 디자인 원리 중 일반적으로 규칙적인 요소들의 반복에 의해 나타나는 통제된 운동감으로 정의되는 것은?

① 강조　　　　② 균형
③ 비례　　　　④ 리듬

해설 리듬 : 규칙적인 요소들의 반복으로 디자인에서 시각적인 질서를 부여하는 통제된 운동감이며, 청각의 원리가 시각적으로 표현되므로 통일성을 기본으로 동적인 변화를 말한다.

★
20 사무소 건축의 실단위계획 중 개방식 배치에 관한 설명으로 옳지 않은 것은?

① 소음의 우려가 있다.
② 프라이버시의 확보가 용이하다.
③ 모든 면적을 유용하게 이용할 수 있다.
④ 방의 길이나 깊이에 변화를 줄 수 있다.

해설 개방식 배치 : 오픈된 큰 실에 각각의 부서들이 이동형 칸막이로 구획되고 중역들을 위한 분리된 작은 방을 두는 형식
• 장점
　−커뮤니케이션이 원활하다.
　−이동형 칸막이 때문에 공간의 융통성이 좋다.
　−전 면적을 유효하게 이용할 수 있어 공간 절약에 효율적이다.
• 단점
　−소음으로 업무의 효율성이 떨어진다.
　−개인의 프라이버시가 결여되기 쉽다.
　−인공조명, 기계환기가 필요하다.

2과목　색채 및 인간공학

21 다음 그림은 게슈탈트(Gestalt)의 법칙 중 무엇에 해당하는가?

① 접근성　　　　② 단순성
③ 연속성　　　　④ 폐쇄성

해설 접근성 : 비슷한 모양이 서로 가까이 놓여 있을 때 그 모양들이 무리지어 보이는 것이다.

22 인간−기계체계(man−machine system)에서 '정보의 보관'과 관련된 것이 아닌 것은?

① CRT 모니터
② 하드디스크
③ 콤팩트디스크
④ USB 저장장치

해설 ① CRT 모니터는 출력장치이다.

23 다음 그림과 같이 검지를 움직일 때 가동역을 표현한 것으로 맞는 것은?

① 굴곡과 신전　　　　② 내선과 외선
③ 상향과 하향　　　　④ 내전과 외전

해설 • 내전 : 몸의 중심으로 이동하는 동작
• 외전 : 몸의 중심으로부터 이동하는 동작

24 인간공학에 있어 체계 설계과정의 주요 단계가 다음과 같을 때 가장 먼저 진행하는 단계는?

> - 기본 설계
> - 체계의 정의
> - 계면 설계
> - 촉진물 설계
> - 시험 및 평가
> - 목표 및 성능 명세 결정

① 기본 설계
② 계면 설계
③ 체계의 정의
④ 목표 및 성능 명세 결정

해설 체계 설계의 주요 단계 : 목표 및 성능 명세 결정 → 체계의 정의 → 기본 설계 → 계면(인터페이스) 설계 → 촉진물 설계 → 시험 및 평가

25 다음 그림과 같이 (a)와 (b) 각각의 중앙부 각도는 같으나 (b)의 각도가 (a)의 각도보다 작게 보이는 착시현상을 무엇이라 하는가?

(a)   (b)

① 분할의 착시
② 방향의 착시
③ 대비의 착시
④ 동화의 착시

해설 대소(길이, 대비)의 착시(뮐러 리어의 착시) : 두 선의 길이나 각도가 주변의 영향에 의해 다르게 보인다.

26 미국 NIOSH에서 제시한 들기작업 지침에서 최적의 환경에서 들기작업을 할 때의 최대 허용 무게는 얼마인가?

① 15kg
② 23kg
③ 28kg
④ 30kg

27 감각수용기의 종류와 반응시간의 관계에서 반응시간이 가장 빠른 감각은?

① 시각
② 청각
③ 촉각
④ 후각

해설 청각의 반응속도는 0.13초, 시각의 반응속도는 0.17초이다.

★
28 신체치수의 개략 비율 중 신장의 길이를 H로 했을 때 앉은 높이로 가장 적당한 것은?

① $\dfrac{1}{4}H$
② $\dfrac{3}{5}H$
③ $\dfrac{4}{5}H$
④ $\dfrac{5}{9}H$

해설

(a) 키(신장)　(b) 눈높이　(c) 어깨 높이

(d) 손끝 높이　(e) 어깨너비　(f) 손끝 너비

(g) 앉은키　(h) 탁자 높이　(i) 하퇴 높이

(j) 편한 자세에서 손을 뻗은 높이

29 단위입체각당 광원에서 방출되는 광속으로 측정하는 광도의 단위는?

① lm
② W
③ cd
④ lux

정답　**24.** ④　**25.** ③　**26.** ②　**27.** ②　**28.** ④　**29.** ③

해설 광도
- 단위시간에 어떤 방향으로 송출하고 있는 빛의 강도를 표시하는 것으로, 광원의 방향에 따라 다르다.
- 단위는 cd(칸델라)이다.

30 청각의 마스킹(masking) 효과에 관한 설명으로 맞는 것은?

① 저음은 고음을 마스크하기 쉽다.
② 목적음(目的音)이 다른 음의 청취력을 감소시킨다.
③ 마스크 음의 음압수준이 커지면 주파수의 범위는 좁아진다.
④ 마스크 음의 음압수준이 커지면 마스킹 효과가 저하된다.

해설 마스킹 효과 : 소리가 다른 소음·잡음 등으로 인해 묻혀 들리지 않는 현상으로, 저음이 고음을 마스킹하기 쉽다.

★
31 우리 눈으로 지각하는 가시광선의 피장 범위는?

① 약 280~680nm
② 약 380~780nm
③ 약 480~880nm
④ 약 580~980nm

해설 우리가 볼 수 있는 빛의 영역을 가시광선이라고 하는데, 주파수의 파장 범위는 약 380~780nm 사이에 있다.

★
32 일반적으로 사무실의 색채설계에서 가장 높은 명도가 요구되는 것은?

① 바닥   ② 가구
③ 벽   ④ 천장

해설 명도는 천장 9 이상, 벽면은 8 전후, 바닥은 6 이하가 좋다.

33 다음 중 감법혼색을 사용하지 않은 것은?

① 컬러 슬라이드   ② 컬러 영화필름
③ 컬러 인화사진   ④ 컬러 텔레비전

해설 감법혼색(감산혼색) : 색을 더할수록 밝기가 감소하는 색혼합으로, 어두워지는 혼색을 말한다.
④ 컬러 텔레비전은 중간혼색이다.

34 CIE Lab 모형에서 L이 의미하는 것은?

① 명도   ② 채도
③ 색상   ④ 순도

해설 ① L은 명도를 나타낸다.

35 오스트발트 색체계에서 등순 계열의 조화에 해당하는 것은?

① ca－ea－ga－ia
② pa－pc－pe－pg
③ ig－le－ne－pa
④ gc－ie－lg－ni

해설 오스트발트 색체계의 등색상삼각형

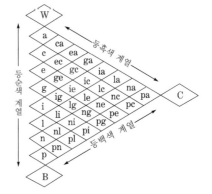

36 3색 이상 다른 밝기를 가진 회색을 단계적으로 배열했을 때 명도가 높은 회색과 접하고 있는 부분은 어둡게 보이고 반대로 명도가 낮은 회색과 접하고 있는 부분은 밝게 보인다. 이들 경계에서 보이는 대비현상은?

① 보색대비   ② 채도대비
③ 연변대비   ④ 계시대비

해설 연변대비 : 어떤 두 색이 인접해 있을 때 색상, 명도, 채도의 대비현상이 더 강하게 나타난다.

정답 **30.** ① **31.** ② **32.** ④ **33.** ④ **34.** ① **35.** ④ **36.** ③

37 배색방법 중 하나로 단계적으로 명도, 채도, 색상, 톤의 배열에 따라서 시각적인 자연스러움을 주는 것으로 3색 이상의 다색배색에서 이와 같은 효과를 낼 수 있는 배색방법은?

① 반복배색　　　② 강조배색
③ 연속배색　　　④ 트리콜로 배색

해설 연속(gradation)배색 : 점점 명도가 낮아진다거나 순차적으로 색상이 변하는 등 연속적인 변화의 방법이 점이적인 배색으로, 색채의 조화로운 배열에 의해 시각적인 유목감(사람의 시선을 끄는 심리적 특징)을 주는 배색이다.

38 색채계획에 관한 내용으로 적합한 것은?

① 사용 대상자의 유형은 고려하지 않는다.
② 색채 정보의 분석과정에서는 시장 정보, 소비자 정보 등을 고려한다.
③ 색채계획에서는 경제적 환경 변화는 고려하지 않는다.
④ 재료나 기능보다는 심미성이 중요하다.

★
39 문·스펜서의 색채조화이론에서 조화의 내용이 아닌 것은?

① 입체조화　　　② 동일조화
③ 유사조화　　　④ 대비조화

해설 문·스펜서의 색채조화의 종류
• 동일조화
• 유사조화
• 대비조화

40 중량감에 관한 색의 심리적인 효과에 가장 영향이 큰 것은?

① 명도　　　　　② 순도
③ 색상　　　　　④ 채도

해설 색채의 중량감 : 색의 명도에 따라 무겁고 가볍게 보이는 시각현상이다.

3과목　건축재료

41 멜라민수지에 관한 설명 중 옳지 않은 것은?

① 무색투명하며 착색이 자유롭다.
② 내열성이 600℃ 정도로 높다.
③ 전기절연성이 우수하다.
④ 반사류, 식기류, 선와기 등에 쓰인다.

해설 멜라민수지의 내열성 : 110~130℃ 정도이다.

42 특수 모르타르의 일종으로서 주 용도가 광택 및 특수 치장용으로 사용되는 것은?

① 규산질 모르타르
② 질석 모르타르
③ 석면 모르타르
④ 합성수지 혼화 모르타르

해설 합성수지 혼화 모르타르 : 시멘트, 각종 합성수지, 모래로 구성되며 주로 치장용으로 사용된다.

43 감람석이 변질된 것으로, 암녹색 바탕에 흑백색의 무늬가 있고 경질이나 풍화성으로 인하여 실내장식용으로서 대리석 대용으로 사용되는 암석은?

① 사문암　　　　② 응회암
③ 안산암　　　　④ 점판암

해설 석재
• 외장용 마감재 : 화강암, 안산암, 점판암
• 내장용 마감재 : 대리석, 사문암

44 보크사이트와 석회석을 원료로 하는 시멘트로 화학저항성 및 내수성이 우수하며 조기에 극히 치밀한 경화체를 형성할 수 있어 긴급공사 등에 이용되는 시멘트는?

① 고로시멘트
② 실리카시멘트
③ 중용열 포틀랜드시멘트
④ 알루미나시멘트

정답　37. ③　38. ②　39. ①　40. ①　41. ②　42. ④　43. ①　44. ④

해설 알루미나시멘트
- 주성분은 알루미나, 생석회(CaO), 무수규산 등의 용융물로 구성된다.
- 비중이 매우 작고 화학작용에 대한 저항이 크며, 알칼리에는 강하고 산에는 약하다.
- 물과 섞은 다음 경화할 때까지의 시간이 짧은 조강 시멘트로, 수화열이 높아서 냉한지공사 및 긴급공사·해수공사에 사용된다.

45 미장바름에 쓰이는 착색제에 요구되는 성질로 옳지 않은 것은?

① 물에 녹지 않아야 한다.
② 입자가 굵어야 한다.
③ 내알칼리성이어야 한다.
④ 미장재료에 나쁜 영향을 주지 않는 것이어야 한다.

해설 미장바름 착색제의 필요 성질 : 입자가 가늘어야 한다.

★
46 목재 및 기타 식물의 섬유질 소편에 합성수지 접착제를 도포하여 가열·압착성형한 판상제품은?

① 파티클보드   ② 시멘트 목질판
③ 집성목재   ④ 합판

해설 파티클보드 : 목재 또는 기타 식물질을 작은 조각으로 하여 합성수지계 접착제를 섞어 고열·고압으로 성형하여 판으로 만든 것으로, 칩보드라고도 한다.

★
47 시멘트의 분말도가 클수록 나타나는 콘크리트의 성질에 해당되지 않는 것은?

① 수화작용이 촉진된다.
② 초기강도가 증진된다.
③ 풍화작용이 억제된다.
④ 응결속도가 빨라진다.

해설 시멘트의 분말도가 클수록 나타나는 콘크리트의 성질
- 수화작용이 촉진된다.
- 초기강도가 증진된다.
- 풍화작용이 촉진된다.
- 응결속도가 빨라진다.

48 유리 내부에 특수금속막 코팅으로 적외선을 반사시켜 열의 이동을 극소화시킨 고기능성 유리로 창을 통해 흡수·손실되는 에너지 흐름을 제한하여 단열성을 향상시킨 유리는?

① 로이유리   ② 접합유리
③ 열선반사유리   ④ 스팬드럴유리

해설 로이유리 : 유리 표면에 금속 또는 금속산화물을 얇게 코팅한 것으로서 열의 이동을 최소화시켜 주는 에너지 절약형 유리로, 저방사유리라고도 한다.

49 건축용 구조재로 사용하기에 가장 부적당한 것은?

① 경질 사암   ② 응회암
③ 휘석안산암   ④ 화강암

해설 응회암 : 구조재로 부적당하고 특수장식재·내화재 등으로 사용하기에 적합하다.

50 KS F 4052에 따라 방수공사용 아스팔트는 사용 용도에 따라 4종류로 분류된다. 이 중 감온성이 낮은 것으로서 주로 일반 지역의 노출지붕 또는 기온이 비교적 높은 지역의 지붕에 사용하는 것은?

① 1종(침입도지수 3 이상)
② 2종(침입도지수 4 이상)
③ 3종(침입도지수 5 이상)
④ 4종(침입도지수 6 이상)

해설 방수공사용 아스팔트의 사용 용도
- 1종 : 실내 및 지하구조 부분에 사용
- 2종 : 일반 지역의 물매가 느린 옥내 구조부에 사용
- 3종 : 일반 지역의 노출지붕 또는 기온이 비교적 높은 지역의 지붕에 사용
- 4종 : 일반 지역 외에 주로 한랭지역의 지붕에 사용

51 면의 날실에 천연 칡잎을 씨실로 하여 짠 것으로 우아하지만 충격에 약한 벽지는?

① 실크벽지   ② 비닐벽지
③ 무기질 벽지   ④ 갈포벽지

해설 갈포벽지 : 칡넝쿨을 이용하여 만든 벽지이다.

52 시멘트의 주요 조성화합물 중에서 재령 28일 이후 시멘트 수화물의 강도를 지배하는 것은?

① 규산제3칼슘
② 규산제2칼슘
③ 알루민산제3칼슘
④ 알루민산철제4칼슘

해설 규산제2칼슘 : 수화속도가 상대적으로 늦은 편이시만, 장기간에 걸쳐서 시멘트가 단단해지게 한다.

★
53 콘크리트의 배합설계에 관한 설명으로 옳지 않은 것은?

① 콘크리트의 배합강도는 설계기준 강도와 양생온도나 강도 편차를 고려하여 정한다.
② 용적배합의 표시방법으로는 절대 용적배합, 표준계량 용적배합, 현장계량 용적배합 등이 있다.
③ 콘크리트의 배합은 각 구성재료의 단위용적의 합이 1.8m³가 되는 것을 기준으로 한다.
④ 콘크리트의 배합은 시멘트, 물, 잔골재, 굵은 골재의 혼합비율을 결정하는 것이다.

해설 콘크리트의 배합 : 각 구성재료의 단위용적의 합이 1.0m³가 되는 것을 기준으로 한다.

★
54 스테인리스강(stainless steel)은 탄소강에 어떤 주요 금속을 첨가한 합금강인가?

① 알루미늄(Al)   ② 구리(Cu)
③ 망간(Mn)   ④ 크롬(Cr)

해설 스테인리스강(stainless steel) : 철의 최대 결점인 내식성의 부족을 개선할 목적으로 만들어진 내식용 강의 총칭으로, 크롬 또는 니켈 등을 강에 가하여 녹슬지 않도록 한 금속재료이다.

55 다음 재료 중 단열재료에 해당하는 것은?

① 우레아폼
② 어쿠스틱 텍스
③ 유공 석고보드
④ 테라초판

해설 우레아폼 : 현장 발포시켜 시공 부위에 주입하거나 분사하는 단열재로, 내열성·시공성이 우수하다.

56 다음 금속재료에 대한 설명 중 옳지 않은 것은?

① 청동은 황동과 비교하여 주조성이 우수하다.
② 아연함유량 50% 이상의 황동은 구조용으로 적합하다.
③ 알루미늄은 상온에서 판·선으로 압연가공하면 경도와 인장강도가 증가하고, 연신율이 감소한다.
④ 아연은 청색을 띤 백색금속이며, 비점이 비교적 낮다.

해설 아연함유량 50% 이상의 황동은 인장강도가 떨어져 구조용으로 적합하지 않다.

★
57 절대건조비중(r)이 0.75인 목재의 공극률은?

① 약 25.0%   ② 약 38.6%
③ 약 51.3%   ④ 약 75.0%

해설 공극률 $= 1 - \left(\dfrac{r}{1.54} \right) \times 100\% = 1 - \dfrac{0.75}{1.54} \times 100\%$
$= 51.3\%$
여기서, r : 절건비중, 1.54 : 목재 섬유질 비중

58 목재의 외관을 손상시키며 강도와 내구성을 저하시키는 목재의 흠에 해당하지 않는 것은?

① 갈라짐(crack)   ② 옹이(knot)
③ 지선(脂線)   ④ 수피(樹皮)

해설 수피(樹皮) : 수목의 줄기, 가지, 뿌리의 2차 목부 원주체의 바깥쪽에 포함된 전 조직을 말한다.

59 열가소성수지로서 평판 성형되어 유리와 같이 이용되는 경우가 많고 유기유리라고도 불리는 것은?

① 아크릴수지   ② 멜라민수지
③ 폴리에틸렌수지   ④ 폴리스티렌수지

해설 아크릴수지
• 투명성·유연성·내후성이 우수하고, 착색이 자유로우며, 자외선 투과율이 크다.
• 내충격강도가 유리의 10배이고, 평판 성형되어 유리와 같이 이용되어 유기유리라고도 한다.

60 점토 소성제품에 대한 설명으로 옳은 것은?

① 내부용 타일은 흡수성이 적고 외기에 대한 저항력이 큰 것을 사용한다.

② 오지벽돌은 도로나 마룻바닥에 끼는 두꺼운 벽돌을 지칭한다.

③ 장식용 테라코타는 난간벽, 주두, 창대 등에 많이 사용된다.

④ 경량벽돌은 굴뚝, 난로 등의 내부쌓기용으로 주로 사용된다.

해설 점토 소성제품
• **외부용 타일**은 흡수성이 적고 외기에 대한 저항력이 큰 것을 사용한다.
• 오지벽돌은 치장벽돌의 일종이다.
• 도로나 마룻바닥에 끼는 두꺼운 점토제품은 클링커타일이다.
• **경량벽돌**은 굴뚝, 난로 등의 내부쌓기용보다는 단열성 및 방음성이 필요한 곳에 주로 사용한다.
• 굴뚝, 난로 등의 내부쌓기용은 **내화벽돌**이 주로 사용된다.

4과목 건축 일반

61 특이한 조형과 규칙이 없는 평면으로 대표되는 롱샹 성당을 건축한 사람은?

① 존 포프(John R. Pope)

② 미스 반 데어 로에(Mies van der Rohe)

③ 프랭크 로이드 라이트(F. L. Wright)

④ 르 코르뷔지에(Le Corbusier)

해설 르 코르뷔지에
• 주요 작품 : 롱샹 성당, 사보이 주택, 마르세유 집단주택 등
• 롱샹 성당 : 특이한 조형과 규칙이 없는 평면을 가진 대표적 건축물

★
62 다음 소방시설 중 소화설비에 속하지 않는 것은?

① 소화기구   ② 옥외소화전설비

③ 물분무소화설비 ④ 제연설비

해설 소화설비 : 소화기구, 물분무소화설비, 옥외소화전설비

63 그림과 같이 마름질된 벽돌의 명칭은?

① 이오토막   ② 칠오토막

③ 반토막   ④ 반절

해설 반절 : 벽돌을 긴 방향으로 절반으로 등분한 것

★
64 건축물을 건축하거나 대수선하는 경우 건축물의 건축주는 건축물의 설계자로부터 구조안전의 확인 서류를 받아 착공신고를 하는 때에 그 확인 서류를 허가권자에게 제출하여야 하는데 이러한 규정에 해당되는 건축물의 기준으로 옳지 않은 것은?

① 처마 높이가 7m 이상인 건축물

② 층수가 3층 이상인 건축물

③ 국토교통부령으로 정하는 지진구역 안의 건축물

④ 높이가 13m 이상인 건축물

해설 구조안전 확인 대상 건축물
• 처마 높이가 9m 이상인 건축물
• 층수가 3층 이상인 건축물
• 연면적 500m² 이상
• 높이 13m 이상인 건축물
• 경간 10m 이상인 건축물
• 국토교통부령으로 정하는 지진구역 안의 건축물

65 보강블록조에서의 벽량은 내력벽 길이의 총합계를 그 층의 무엇으로 나눈 값인가?

① 적재하중   ② 벽면적

③ 개구부 면적   ④ 바닥면적

해설 보강블록조의 벽량 : 내력벽 길이의 총합계를 그 층의 바닥면적으로 나눈 값

66 보강블록조에 테두리보(wall girder)를 설치하는 이유와 가장 관계가 먼 것은?

① 가로철근의 정착을 위해서
② 분산된 벽체를 일체화시키기 위해서
③ 횡력에 의한 벽체의 수직균열을 막기 위해서
④ 집중하중을 직접 받는 블록을 보강하기 위해서

해설 보강블록조의 테두리보 설치 목적 : 세로철근의 끝을 정착시키기 위해서

67 잔향시간에 관한 설명으로 옳지 않은 것은?

① 잔향시간은 실용적에 영향을 받는다.
② 잔향시간은 실의 흡음력에 반비례한다.
③ 잔향시간이 길수록 명료도는 좋아진다.
④ 잔향시간이 짧을수록 음의 명료도는 좋아진다.

해설 잔향시간이 길수록 명료도는 저하된다.

68 문화 및 집회 시설 중 공연장의 개별관람석(바닥면적이 300m² 이상) 각 출구의 유효너비는 최소 얼마 이상인가?

① 1.0m   ② 1.5m
③ 2.0m   ④ 2.5m

해설 개별관람석 출구의 유효너비
• 출구는 관람석별로 2개소 이상 설치
• 각 출구의 유효너비는 1.5m 이상 설치
• 개별관람석의 바닥면적 100m²마다 0.6m의 비율로 산정한 너비 이상 설치

69 인체의 열쾌적에 영향을 미치는 물리적 온열의 4요소에 해당하지 않는 것은?

① 기온   ② 습도
③ 청정도   ④ 기류속도

해설 온열의 4요소 : 기온, 습도, 기류속도, 복사열

70 5층 이상 또는 지하 2층 이하인 층에 설치하는 직통계단은 국토교통부령으로 정하는 기준에 따라 피난계단 또는 특별피난계단으로 설치하여야 하는데, 이에 해당하는 경우가 아닌 것은? (단, 건축물의 주요구조부가 내화구조 또는 불연재료로 되어 있는 경우)

① 5층 이상인 층의 바닥면적 합계가 250m²인 경우
② 5층 이상인 층의 바닥면적 합계가 300m²인 경우
③ 5층 이상인 층의 바닥면적 150m²마다 방화구획이 되어 있는 경우
④ 5층 이상인 층의 바닥면적 300m²마다 방화구획이 되어 있는 경우

해설 ③ 5층 이상인 층의 바닥면적 200m² 이내마다 방화구획이 되어 있는 경우

71 로코코양식의 가장 대표적인 디자이너로 볼 수 있는 사람은?

① 페테르 플뢰트너(Peter Flötner)
② 위그 샴벵(Hugues Sambin)
③ 프랑수아 퀴비에(François Cuvilliés)
④ 윌리엄 모리스(William Morris)

해설 로코코양식
• 대표 디자이너 : 프랑수아 퀴비에
• 세련된 곡선으로 아름다움 표현
• 기능별로 여러 개의 방을 사용하기 편하게 배치
• 프라이버시 중시

72 그림과 같은 벽 A의 대린벽으로 옳은 것은?

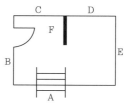

① B와 E   ② C와 D
③ E와 D   ④ B와 C

해설 대린벽 : 서로 직각으로 교차되는 내력벽

73 철근콘크리트의 특성에 관한 설명으로 옳지 않은 것은?

① 콘크리트는 철근이 녹스는 것을 방지한다.
② 철근은 인장력에는 효과적이지만 압축력에는 저항하지 못한다.
③ 철근과 콘크리트는 선팽창계수가 거의 같다.
④ 철근콘크리트구조체는 내화적이다.

해설 철근은 인장력에 효과적이고 압축력에 저항한다.

★
74 기본 벽돌(190×90×57) 2.0B 벽두께 치수로 옳은 것은? (단, 공간쌓기 아님)

① 390mm　　② 420mm
③ 430mm　　④ 450mm

해설 기본 벽돌 2.0B 쌓기=190mm+10mm(줄눈 너비)
+190mm=390mm

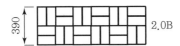

75 공동 소방안전관리자 선임 대상 특정소방대상물의 층수 기준은? (단, 복합건축물의 경우)

① 3층 이상　　② 5층 이상
③ 8층 이상　　④ 10층 이상

해설 소방안전관리자 선임 대상인 복합건축물 : 연면적 5,000m² 이상, 층수가 5층 이상

76 현존하는 한국 목조건축 중 가장 오래된 것은?

① 송광사 국사전　　② 봉정사 극락전
③ 창경궁 명정전　　④ 경복궁 근정전

해설 봉정사 극락전 > 송광사 국사전 > 경복궁 근정전 > 창경궁 명정전의 순으로 건립되었다.

77 건축관계법규에서 규정하는 방화구조가 되기 위한 철망 모르타르의 최소 바름 두께는?

① 1.0cm　　② 2.0cm
③ 2.7cm　　④ 3.0cm

해설 철망 모르타르의 바름 두께 : 방화구조가 되기 위한 철망 모르타르의 바름 두께는 2cm 이상이어야 한다.

78 옥상광장 또는 2층 이상인 층에 있는 노대의 주위에 설치하여야 하는 난간의 최소 높이의 기준은?

① 1.0m 이상　　② 1.1m 이상
③ 1.2m 이상　　④ 1.5m 이상

해설 난간의 높이 : 옥상광장 또는 2층 이상인 층에 있는 노대나 그밖에 이와 비슷한 것의 주위에는 높이 1.2m 이상의 난간을 설치해야 한다.

★
79 다음 중 방염대상물품에 해당하지 않는 것은?

① 두께 2mm의 종이벽지
② 카펫
③ 암막
④ 블라인드

해설 방염대상물품 : 커튼류(블라인드 포함), 암막, 카펫, 두께가 2mm 미만인 벽지류로서 종이벽지를 제외한 것

★
80 건축허가 등을 할 때 미리 소방본부장 또는 소방서장의 동의를 받아야 하는 건축물 등의 연면적 기준으로 옳은 것은? (단, 노유자시설 및 수련시설의 경우)

① 100m² 이상　　② 200m² 이상
③ 300m² 이상　　④ 400m² 이상

해설 건축허가 시 사전동의 대상 : 노유자시설 및 수련시설의 경우 연면적 200m² 이상인 건축물

2017년 1회 과년도 출제문제

I N T E R I O R   A R C H I T E C T U R E

1과목 실내디자인론

01 침대 옆에 위치하는 소형 테이블로 베드 사이드 테이블이라고도 하는 것은?

① 티 테이블　　② 엔드 테이블
③ 나이트 테이블　　④ 다이닝 테이블

해설 엔드 테이블 : 소파나 의자 옆에 위치하며 손이 쉽게 닿는 범위 내에 전화기, 문구 등 필요한 물품을 올려놓거나 수납하며 찻잔, 컵 등을 올려놓기도 하여 차탁자의 보조용으로도 사용되는 테이블

★
02 사무소 건축의 실단위계획 중 개방식 배치에 관한 설명으로 옳지 않은 것은?

① 독립성 확보가 용이하다.
② 방의 길이나 깊이에 변화를 줄 수 있다.
③ 오피스 랜드스케이프는 일종의 개방식 배치이다.
④ 전 면적을 유효하게 이용할 수 있어 공간 절약상 유리하다.

해설 개방식 배치 : 전체 실이 오픈되어 있기 때문에 소음으로 인해 업무의 효율성이 떨어지고 개인의 프라이버시가 결여되기 쉽다.

03 치수계획에 있어 적정치수를 설정하는 방법으로 최소치+α, 최대치−α, 목표치±α가 있는데, 이때 α는 적정치수를 끌어내기 위한 어떤 치수인가?

① 조정치수　　② 기본치수
③ 유동치수　　④ 가능치수

해설 α는 조정치수 혹은 여유치수라고 한다.

04 다음과 같은 거실의 가구 배치의 유형은?

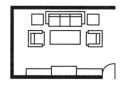

① ㄱ자형　　② ㄷ자형
③ 대면형　　④ 직선형

해설 ㄷ자형(U자형) : 단란한 분위기를 주며 여러 사람과의 대화 시 적합하다.

05 다음 중 다의도형 착시와 가장 관계가 깊은 것은?

① 루빈의 항아리
② 포겐도르프 도형
③ 쾨니히의 목걸이
④ 펜로즈의 삼각형

해설 다의도형 착시

06 호텔의 중심기능으로 모든 동선체계의 시작이 되는 공간은?

① 객실　　② 로비
③ 클로크　　④ 린넨실

해설 • 클로크 : 호텔이나 극장 등에서 외투나 기타 휴대품을 맡겨 두는 곳이다.
• 린넨실 : 호텔에서 침구류나 타월 등 모든 직물을 관리하는 곳이다.

07 균형(balance)에 관한 설명으로 옳지 않은 것은?

① 대칭적 균형은 가장 완전한 균형의 상태이다.
② 대칭적 균형은 공간에 질서를 주기가 용이하다.
③ 비대칭적 균형은 시각적 안정성을 가져올 수 없다.
④ 비대칭적 균형은 대칭적 균형보다 자연스러우며 풍부한 개성을 표현할 수 있다.

해설 • 대칭적 균형 : 축을 중심으로 하여 서로 대칭관계
• 비대칭적 균형 : 대칭 균형보다 자연스러운 균형. 시각적 무게나 시선의 정도는 같으나 중심점에서 형태나 구성이 다른 것

08 백화점의 에스컬레이터에 관한 설명으로 옳지 않은 것은?

① 수송능력이 엘리베이터에 비해 크다.
② 대기시간이 없고 연속적인 수송설비이다.
③ 승강 중 주위가 오픈되므로 주변 광고효과가 크다.
④ 서비스 대상인원의 10~20% 정도를 에스컬레이터가 부담하도록 한다.

해설 ④ 서비스 대상인원의 70~80% 정도를 에스컬레이터가 부담하도록 한다.

09 다음 중 마르셀 브로이어(Marcel Breuer)가 디자인한 의자는?

① 바실리 의자　　② 파이미오 의자
③ 레드 블루 의자　　④ 바르셀로나 의자

해설 • 바실리 의자 : 마르셀 브로이어

• 파이미오 의자 : 알바르 알토
• 레드 블루 의자 : 게리트 리트벨트
• 바르셀로나 의자 : 미스 반 데어 로에

10 전통 한옥의 구조에서 중채 또는 바깥채에 있어 주로 남자가 기거하고 손님을 맞이하는 데 쓰이던 곳은?

① 안방　　② 대청
③ 사랑방　　④ 건넌방

해설 • 안방 : 주로 여자가 거처하는 방
• 대청 : 안방과 건넌방 사이의 마루
• 건넌방 : 노인이나 자녀가 거처하는 방
• 정주간 : 부엌과 방 사이에 벽이 없이 부뚜막과 방바닥이 잇닿은 곳
• 바당 : 부엌
• 행랑채 : 머슴이 거처하는 곳
• 별당 : 사랑채와 안채에서 출입할 수 있는 별도의 집. 상류층 한옥에만 있다.

11 다음 설명에 알맞은 전통가구는?

> • 책이나 완상품을 진열할 수 있도록 여러 층의 층널이 있다.
> • 사랑방에서 쓰인 문방가구로 선반이 정방형에 가깝다.

① 서안　　② 경축장
③ 반닫이　　④ 사방탁자

해설 • 서안 : 독서를 하거나 글을 쓰기 위한 좌식 책상
• 경축장 : 장식이 없는 사랑방용 단층장으로, 문서나 서책을 수납하는 용도로 사용한다.
• 반닫이 : 위층은 의류나 이불·소품을 수납하고, 아래층은 의류·책·제기 등을 보관하는 수납용 장이다.

12 실내디자이너의 역할에 관한 설명으로 가장 알맞은 것은?

① 내부 공간의 설계만을 담당한다.
② 건축 공정을 제외한 실내구조에 대한 이해가 있어야 한다.
③ 모든 실내디자인은 디자이너의 입장에서 고려되고 계획되어야 한다.
④ 기조 원리와 재료들에 대한 지식과 함께 대인관계의 기술도 알아야 한다.

정답　7. ③　8. ④　9. ①　10. ③　11. ④　12. ④

해설 ① 실내디자이너의 영역은 순수한 내부 공간과 특수 공간(선박, 비행기, 우주선, 열차 등), 건축물의 주변 환경까지 포함한다.
② 실내디자이너는 디자인의 기초 원리를 비롯하여 공간 내 요소들에 대한 폭넓은 지식이 필요하며 건축 공정의 제반 사항에 대한 지식 및 이해를 필요로 한다.
③ 모든 실내디자인은 건축주 혹은 클라이언트 입장에서 고려하여 계획되어야 한다.

★
13 상점의 판매형식 중 측면판매에 관한 설명으로 옳지 않은 것은?

① 직원 동선의 이동성이 많다.
② 고객이 직접 진열된 상품을 접촉할 수 있다.
③ 대면판매에 비해 넓은 진열면적의 확보가 가능하다.
④ 시계, 귀금속점, 카메라점 등 전문성이 있는 판매에 주로 사용된다.

해설 ④ 시계, 귀금속점, 카메라점 등 전문성이 있는 판매는 대면판매형식이다.

14 실내공간을 형성하는 주요 기본 요소로서 다른 요소들이 시대와 양식에 의한 변화가 현저한 데 비해 매우 고정적인 것은?

① 벽 ② 천장
③ 바닥 ④ 기둥

해설 바닥 : 실내공간을 형성하는 가장 기본적인 수평적 요소로서 시대와 양식에 의한 변화를 주기가 어렵다.

15 할로겐전구에 관한 설명으로 옳지 않은 것은?

① 소형화가 가능하다.
② 안정기와 같은 점등장치를 필요로 한다.
③ 효율, 수명 모두 백열전구보다 약간 우수하다.
④ 일반적으로 점포용, 투광용, 스튜디오용 등에 사용된다.

해설 할로겐전구 : 할로겐 물질이 유리관 내에 들어 있는 상태에서 점등시키므로 **별도의 점등장치가 필요 없다.**

16 형태를 의미구조에 의해 분류하였을 때 다음 설명에 해당하는 것은?

> 인간의 지각, 즉 시각과 촉각 등으로 직접 느낄 수 없고 개념적으로만 제시될 수 있는 형태로서 순수형태 혹은 상징적 형태라고도 한다.

① 현실적 형태 ② 인위적 형태
③ 이념적 형태 ④ 추상적 형태

해설 • 이념적 형태(negative form, 네거티브 형태): 인간의 지각에 의해 인식할 수 있는 순수형태. 상징적 형태. 추상적 형태. 점, 선, 면, 입체 등
• 현실적 형태(positive form, 포지티브 형태) : 실제 존재하는 모든 물상
　－자연적 형태 : 인간의 의지와 관계없이 끊임없이 변화
　－추상적 형태 : 자연의 구상형태를 인간이 자기 감정을 전달할 수 있는 시각적 형태로 추상화하여 표현한 형태
　－인위적 형태 : 휴먼 스케일이 기준인 3차원적인 형태

17 작업대의 길이가 2m 정도인 간이부엌으로 사무실이나 독신자 아파트에 주로 설치되는 부엌의 유형은?

① 키친네트(kitchenette)
② 오픈 키친(open kitchen)
③ 다용도 부엌(utility kitchen)
④ 아일랜드 키친(island kitchen)

해설 • 오픈 키친(open kitchen) : 반독립형 부엌으로, 주로 원룸 시스템에 적용되는 완전히 개방된 형식의 부엌
• 다용도 부엌(utility kitchen) : 부엌의 작업 관련 식기, 양념통, 칼, 조리도구 등을 보관하는 랙 혹은 이동형 테이블(바퀴가 달린)을 갖춘 부엌
• 아일랜드 키친(island kitchen) : 취사용 작업대가 하나의 섬처럼 부엌의 중앙에 설치된 부엌

18 천장에 관한 설명으로 옳지 않은 것은?

① 바닥면과 함께 공간을 형성하는 수평적 요소이다.

② 천장은 마감방식에 따라 마감 천장과 노출 천장으로 구분할 수 있다.

③ 시각적 흐름이 최종적으로 멈추는 곳이기에 지각의 느낌에 영향을 미친다.

④ 공간의 개방감과 확장성을 도모하기 위하여 입구는 높게 하고 내부 공간은 낮게 처리한다.

해설 ④ 공간의 개방감과 확장성을 도모하기 위하여 내부 공간은 높게 처리한다.

★
19 사무소 건축의 코어 유형 중 코어 프레임(core frame)이 내력벽 및 내진구조의 역할을 하므로 구조적으로 가장 바람직한 것은?

① 독립형 ② 중심형
③ 편심형 ④ 분리형

해설 • 독립형 : 코어와 상관없이 자유로운 내부 공간을 만들 수 있으나 설비 덕트, 배관 등을 사무실까지 끌어들이는 데 제약이 있다. 방재상 불리하며 바닥면적이 커지면 피난시설의 서브 코어가 필요하다. 내진구조에 불리하다.
• 편심형 : 바닥면적이 작은 경우에 적합하고, 고층인 경우 구조상 불리하다.
• 분리형 : 중·대규모 건물에 적합하다. 2방향 피난에 이상적이며, 방재상 유리하다.

20 그리스의 파르테논 신전에서 사용된 착시교정 수법에 관한 설명으로 옳지 않은 것은?

① 기둥의 중앙부를 약간 부풀어 오르게 만들었다.

② 모서리 쪽의 기둥 간격을 보다 좁혀지게 만들었다.

③ 기둥과 같은 수직부재를 위쪽으로 갈수록 바깥쪽으로 약간 기울어지게 만들었다.

④ 아키트레이브, 코니스 등에 의해 형성되는 긴 수평선은 위쪽으로 약간 볼록하게 만들었다.

해설 • 배흘림(entasis) : 기둥의 중앙부가 가늘어 보이는 것을 교정하기 위해 기둥 중앙부에서 약간 부풀어 오르게 만들었다.
• 양쪽 모서리 기둥들이 가늘어 보이는 것을 교·보정하기 위해 양쪽 모서리 기둥을 굵고 간격이 좁게 하였다.
• 안쏠림 : 바깥쪽 기둥 상단이 약간씩 바깥쪽으로 벌어져 보이는 것을 교정하기 위해 양측 모서리 기둥을 안쪽으로 기울였다.
• 라이즈(rise) : 긴 수평선의 중앙부가 처져 보이는 것을 교·보정하기 위해 기단, 아키트레이브, 코니스들이 이루는 긴 수평선들은 약간 위로 볼록하게 만들었다.

2과목 색채 및 인간공학

21 인간이 기계보다 우수한 기능에 해당하는 것은?

① 예기치 못한 사건의 감지

② 반복적인 작업의 신뢰성 있는 수행

③ 입력 신호에 대한 일관성 있는 반응

④ 암호화된 정보의 신속하고 대량 보관

해설 인간은 기계에 비해 순간적인 적응능력이 뛰어나다.

22 인간공학적 사고방식과 관련이 가장 먼 것은?

① 인간과 기계와의 합리성 유지

② 작업 설계 시 인간 중심의 수작업화 설계

③ 인간의 특성에 알맞은 기계나 도구의 설계

④ 인간의 건강상 문제 예방과 효율성 증대

23 인체측정자료의 응용원칙으로 볼 수 없는 것은?

① 조절식 설계원칙

② 맞춤식 설계원칙

③ 최대치를 이용한 설계원칙

④ 평균치를 이용한 설계원칙

해설 인체측정자료의 응용원칙
• 평균치 설계 • 최대치 설계
• 최소지 실계 • 가변적 설계

24 산업안전보건법상 근로자가 상시 작업하는 작업면의 조도기준으로 맞는 것은? (단, 갱내 작업장과 감광재료를 취급하는 작업장은 제외한다.)

① 기타 작업 : 100 lux 이상
② 보통 작업 : 200 lux 이상
③ 정밀작업 : 300 lux 이상
④ 초정밀작업 : 800 lux 이상

25 어떤 물체나 표면에 도달하는 광(光)의 밀도(密度)를 무엇이라 하는가?

① 휘도(brightness)
② 조도(illuminance)
③ 촉광(candle-power)
④ 광도(luminous intensity)

해설 조도 : 단위면적이 단위시간에 받는 빛의 양

26 작업공간의 디스플레이 설계에 대한 설명으로 맞는 것은?

① 조절장치는 키가 큰 사람의 도달 영역 안에 있어야 한다.
② 디스플레이와 눈과의 거리는 연령이 증가할수록 가까워진다.
③ 작업자의 시선은 수평선상으로부터 아래로 30도 이하로 하는 것이 좋다.
④ 디스플레이 화면과 근로자의 눈과의 거리는 40cm 이상으로 확보하는 것이 좋다.

27 인간의 운동기능에서 진전(振顫 ; 떨림)이 증가되는 경우는?

① 힘을 주고 있을 때
② 작업 대상물에 기계적인 마찰이 있을 때
③ 손 떨림의 경우 손이 심장 높이에 있을 때
④ 몸과 작업에 관계되는 부위가 잘 지지되어 있을 때

28 눈의 구조에 있어 광선의 초점이 망막 위에 상이 맺히도록 조절하는 부위는?

① 황반
② 각막
③ 홍채
④ 수정체

해설 수정체
• 빛을 굴절시키는 역할을 하며 망막에 상이 잘 맺히도록 한다.
• 카메라의 렌즈와 같은 역할을 한다.

29 착시에 관한 설명으로 틀린 것은?

① 눈이 받는 자극에 대한 지각의 착각현상을 말한다.
② '루빈의 항아리'의 예에서 보듯이 보는 관점에 따라 형태가 다르게 지각된다.
③ 동일한 길이의 선이라도 조건을 어떻게 부여하는가에 따라 길이가 다르게 지각된다.
④ '랜돌트(Landholt)의 C형 고리'는 착시현상을 설명하는 데 가장 널리 사용되고 있다.

해설 ④ 랜돌트의 C형 고리는 시력 측정 시 사용하는 표기방법이다.

30 인간공학적 의자설계를 위한 일반적인 고려사항과 가장 거리가 먼 것은?

① 좌면의 무게 부하 분포
② 좌면의 높이와 폭 및 깊이
③ 앉은키의 크기 및 의자의 강도
④ 동체(胴體)의 안정성과 위치 변동의 편리성

31 먼셀의 색입체 수직 단면도에서 중심축 양쪽에 있는 두 색상의 관계는?

① 인접색
② 보색
③ 유사색
④ 약보색

해설 색입체를 무채색 축을 중심으로 수직으로 자르면 무채색 축 좌우에 보색관계를 가진 두 가지의 동일한 색상면이 나타난다.

32 시내버스, 지하철, 기차 등의 색채계획 시 고려할 사항으로 거리가 먼 것은?

① 도장 공정이 간단해야 한다.
② 조색이 용이해야 한다.
③ 쉽게 변색, 퇴색되지 않아야 한다.
④ 프로세스 잉크를 사용한다.

해설 수송기관의 색채계획 시 고려할 사항
• 배색과 재질의 조화
• 쾌적성과 안정감
• 항상성과 계절성
• 환경과의 조화
• 연상성
• 도장 공정이 간단하고 조색이 용이하며 퇴색되지 않는 재료를 사용
• 시인성과 주목성
• 팽창성과 진출성

★
33 우리나라의 한국산업규격(KS)으로 채택된 표색계는?

① 오스트발트   ② 먼셀
③ 헬름홀츠   ④ 헤링

해설 우리나라 한국산업규격(KS)에서는 색채표기법으로 먼셀 표색계를 채택하고 있다.

34 색의 동화작용에 관한 설명 중 옳은 것은?

① 잔상효과로서 나중에 본 색이 먼저 본 색과 섞여 보이는 현상
② 난색 계열의 색이 더 커 보이는 현상
③ 색들끼리 영향을 주어서 옆의 색과 닮은 색으로 보이는 현상
④ 색점을 섬세하게 나열 배치해 두고 어느 정도 떨어진 거리에서 보면 쉽게 혼색되어 보이는 현상

해설 동화작용 : 둘러싸고 있는 색이나 주위의 색과 닮아 보이는 현상을 말한다.

35 컴퓨터 화면상의 이미지와 출력된 인쇄물의 색채가 다르게 나타나는 원인으로 거리가 먼 것은?

① 컴퓨터상에서 RGB로 작업했을 경우 CMYK 방식의 잉크로는 표현될 수 없는 색채 범위가 발생한다.
② RGB의 색역이 CMYK의 색역보다 좁기 때문이다.
③ 모니터의 캘리브레이션 상태와 인쇄기, 출력용지에 따라서도 변수가 발생한다.
④ RGB 데이터를 CMYK 데이터로 변환하면 색상 손상현상이 나타난다.

해설 ② RGB의 색역이 CMYK의 색역보다 넓다.

★
36 먼셀의 색채조화론의 핵심인 균형원리에서 각 색들이 가장 조화로운 배색을 이루는 평균명도는?

① N4   ② N3
③ N5   ④ N2

해설 • 먼셀의 조화론은 인간 중심의 이론이다.
• 회전혼색법을 사용하여 두 개 이상의 색을 배열하였을 때 평균명도의 결과가 N5인 것이 가장 조화되고 안정적이라는 원칙을 중심으로 한다.

★
37 감법혼색에서 모든 파장이 제거될 경우 나타날 수 있는 색은?

① 흰색   ② 검정
③ 마젠타   ④ 노랑

해설 감법혼색 : 색을 더할수록 밝기가 감소하는 색혼합이다.

38 유채색의 경우 보색 잔상의 영향으로 먼저 본 색의 보색이 나중에 보는 색에 혼합되어 보이는 현상은?

① 계시대비   ② 명도대비
③ 색상대비   ④ 면적대비

해설 계시대비 : 먼저 본 색의 영향으로 다음 색이 다른 색으로 느껴지는 현상을 말한다.

정답   32. ④ 33. ② 34. ③ 35. ② 36. ③ 37. ② 38. ①

39 색을 지각적으로 고른 감도의 오메가 공간을 만들어 조화시킨 색채학자는?

① 오스트발트　　② 먼셀
③ 문·스펜서　　　④ 비렌

해설 오메가 공간을 설정한 학자는 문·스펜서이다.

40 빛이 프리즘을 통과할 때 니디는 분광현상 중 굴절현상이 제일 큰 색은?

① 보라　　　　② 초록
③ 빨강　　　　④ 노랑

해설 빛이 프리즘을 통과하여 굴절현상이 가장 큰 색은 보라색이다.

3과목　건축재료

41 다음 건축재료 중 열전도율이 가장 작은 것은?

① 시멘트모르타르　② 알루미늄
③ ALC　　　　　　④ 유리섬유

해설 열전도율[W/m·k]
• 시멘트모르타르 : 1.30
• 알루미늄 : 1.64
• ALC : 1.4
• 유리섬유 : 1.05

★
42 수경성 미장재료에 해당되는 것은?

① 회반죽
② 돌로마이트 플라스터
③ 석고 플라스터
④ 회사벽

해설 미장재료의 종류

수경성	기경성
물과 작용하여 경화하는 것	공기 중에 경화하는 것
석고 플라스터, 무수석고 플라스터, 시멘트모르타르, 테라초 현장바름, 인조석 바름 등	진흙질, 회반죽, 회사벽, 돌로마이트 플라스터 등

43 복층유리의 사용효과로서 옳지 않은 것은?

① 전기전도성 향상
② 결로의 방지
③ 방음성능의 향상
④ 단열효과에 따른 냉난방 부하 경감

해설 복층유리 : 결로방지용으로 우수하고, 방음 및 단열 효과가 크나, 전기선도성 향상과는 무관하다.

44 벽돌벽 두께 1.5B, 벽면적 40m² 쌓기에 소요되는 점토벽돌(190mm×90mm×57mm)의 소요량은? (단, 할증률은 3%로 계산)

① 8,850장　　② 8,960장
③ 9,229장　　④ 9,408장

해설 점토벽돌 소요량
• 일반적인 줄눈 너비 : 10mm 이하
• 표준형 붉은벽돌 1m²당 1.5B 쌓기 정미량 : 224장
• 벽돌양(1.5B 쌓기, 표준형, 붉은벽돌)
＝40m²×224장×1.03＝9,229장

45 목재 건조방법 중 자연건조법에 해당되는 것은?

① 훈연건조　　② 수침법
③ 진공건조　　④ 증기건조

해설 수침법 : 수중에 약 3~4주간 이상 흐르는 물에 침수시켜 수액을 제거한 후 대기에 건조시키는 방법으로, 건조기간 단축효과가 있다.

46 콘크리트의 재료적 특성에 관한 설명으로 옳지 않은 것은?

① 압축 및 인장 강도가 높다.
② 내화적·내구적이다.
③ 철근 및 철골 등의 철재에 대한 방청력이 뛰어나다.
④ 수축 및 균열 발생의 우려가 크다.

해설 콘크리트 : 압축강도는 크나, 인장강도는 낮다(압축강도의 1/9~1/13 정도).

47 리녹신에 수지, 고무물질, 코르크 분말, 안료 등을 섞어 마포(hemp cloth) 등에 발라 두꺼운 종이 모양으로 압연성형한 제품은?

① 염화비닐판　　② 비닐타일
③ 리놀륨　　　　④ 무석면타일

해설 리놀륨
• 아마인유(亞麻仁油)의 산화물인 리녹신에 나뭇진, 고무질 물질, 코르크 가루 따위를 섞어 삼베 같은 데에 발라서 두꺼운 종이 모양으로 눌러 편 제품이다.
• 서양식 건물의 바닥이나 벽에 붙이는데, 내구성·내열성·탄력성 등이 뛰어나다.

★
48 각종 금속의 성질에 관한 설명으로 옳지 않은 것은?

① 알루미늄은 콘크리트와 접촉하면 침식된다.
② 동은 대기 중에서는 내구성이 있으나 암모니아에는 침식되기 쉽다.
③ 동은 주물로 하기 어려우나 청동이나 황동은 쉽다.
④ 납은 산이나 알칼리에 강하므로 콘크리트에 매설해도 침식되지 않는다.

해설 납의 성질 : 내산성이 크나, 알칼리에는 침식된다.

49 건물의 바닥 충격음을 저감시키는 방법에 관한 설명으로 옳지 않은 것은?

① 완충재를 바닥공간 사이에 넣는다.
② 부드러운 표면마감재를 사용하여 충격력을 작게 한다.
③ 바닥을 띄우는 이중바닥으로 한다.
④ 바닥 슬래브의 중량을 작게 한다.

해설 바닥 충격음 저감방법 : 바닥 슬래브의 밀도(비중)가 높고, 중량의 재료 및 두꺼운 재료를 사용해야 한다.

50 석고나 탄산칼슘을 주원료로 하고 도배지를 붙이는 바탕의 요철이나 줄눈, 균열이나 구멍 보수에 사용하는 것은?

① 수용성 실러　　② 용제형 실러
③ 퍼티(putty)　　④ 코킹(cocking)

해설 퍼티(putty) : 산화주석이나 탄산칼슘을 12~18%의 건성유로 반죽한 물질로, 줄눈·균열이나 구멍 보수에 사용한다.

51 유리의 표면을 초고성능 조각기로 특수가공처리하여 만든 유리로서 5mm 이상의 후판유리에 그림이나 글 등을 새겨 넣은 유리는?

① 에칭유리　　　② 강화유리
③ 망입유리　　　④ 로이유리

해설 에칭유리 : 유리면에 부식액의 방호막을 붙이고 그 막을 모양에 맞게 오려 낸 뒤, 불화수소와 불화암모니아를 혼합한 유리 부식액 등을 발라 그림이나 글 등을 새겨 넣은 유리이다.

★
52 아스팔트를 천연 아스팔트와 석유 아스팔트로 구분할 때 천연 아스팔트에 해당되지 않는 것은?

① 레이크 아스팔트　② 록 아스팔트
③ 블론 아스팔트　　④ 아스팔타이트

해설 아스팔트
• 방수 중에 가장 튼튼한 방수로, 가격이 다소 비싸고 공정이 복잡하며, 대표적으로 천연 아스팔트와 석유 아스팔트가 있다.
• 천연 아스팔트 : 레이크 아스팔트, 록 아스팔트, 아스팔타이트
• 석유 아스팔트 : 스트레이트 아스팔트, 블론 아스팔트, 아스팔트 콤파운드, 아스팔트 프라이머

53 점토에 톱밥, 겨, 탄가루 등을 30~50% 정도 혼합, 소성한 것으로 비중은 1.2~1.5 정도이며 절단, 못치기 등의 가공성이 우수한 벽돌은?

① 포도벽돌　　　② 과소벽돌
③ 내화벽돌　　　④ 다공벽돌

해설 다공벽돌
• 점토에 분탄, 톱밥 등을 30~50% 정도 혼합하여 소성시켜 공극을 만들어 성형 소성한 벽돌이다.
• 비중이 1.2~1.5 정도로 가벼워 단열성 및 방음성이 있으나 강도가 약하여 구조용으로는 불가능하다.

정답　47. ③　48. ④　49. ④　50. ③　51. ①　52. ③　53. ④

54 합성수지별 주 용도를 표기한 것으로 옳지 않은 것은?

① 실리콘수지 – 방수피막
② 에폭시수지 – 접착제
③ 멜라민수지 – 가구판재
④ 알키드수지 – 바닥판재

해설 알키드수지, 셀룰로오스수지 : 도료로 시용되는 합성수지이다.

★
55 굳지 않은 콘크리트의 성질로서 주로 물의 양의 많고 적음에 따른 반죽의 되고 진 정도를 나타내는 용어는?

① 컨시스턴시
② 플라스티시티
③ 피니셔빌리티
④ 펌퍼빌리티

해설 • 성형성(plasticity) : 거푸집에 쉽게 다져서 넣을 수 있는 정도
• 마감성(finishability) : 콘크리트의 마무리 정도
• 압송성(pumpability) : 펌프 시공 콘크리트의 워커빌리티(펌프 시공 콘크리트의 경우 콘크리트가 잘 밀려 나가는 정도)

★
56 목재 및 기타 식물의 섬유질 소편에 합성수지 접착제를 도포하여 가열·압착성형한 판상제품은?

① 합판
② 파티클보드
③ 집성목재
④ 파키트리보드

해설 파티클보드(particle board) : 목재 또는 기타 식물질을 작은 조각으로 하여 합성수지계 접착제를 섞어 고열·고압으로 성형하여 판으로 만든 것으로, 칩보드라고도 한다.

57 다음 암석 중 화성암에 속하지 않는 것은?

① 화강암
② 안산암
③ 섬록암
④ 석회암

해설 • 화성암 : 화강암, 안산암, 섬록암, 현무암, 경석
• 수성암 : 석회암

58 강의 기계적 성질 중 항복비를 옳게 나타낸 것은?

① $\dfrac{인장강도}{항복강도}$

② $\dfrac{항복강도}{인장강도}$

③ $\dfrac{변형률}{인장강도}$

④ $\dfrac{인장강도}{변형률}$

해설 항복비 : 강재의 항복강도를 인장강도로 나누어 백분율로 표현한 것이다.

59 용제 또는 유제상태의 방수제를 바탕면에 여러 번 칠하여 방수막을 형성하는 방수법은?

① 아스팔트 루핑 방수
② 도막방수
③ 시멘트방수
④ 시트방수

해설 도막방수
• 도료제를 바탕면에 여러 번 도포하여 방수막을 만드는 방수방법이다.
• 시공이 간편하고 효과도 우수하며 넓은 면과 외부 시공도 가능하다.
• 화학공장 바닥, 바탕 콘크리트의 보수, 아파트 옥상, 지하주차장, 건물의 내외 벽면에 사용된다.

★
60 중용열 포틀랜드시멘트의 특징이나 용도에 해당되지 않는 것은?

① 수화속도가 비교적 빠르다.
② 수화열이 적다.
③ 건조수축이 적다.
④ 댐공사 등에 사용된다.

해설 중용열 포틀랜드시멘트
• 수화열이 적고 수화속도가 비교적 느리다.
• 건조수축이 적고, 내구성·내식성이 풍부하다.
• 댐 축조 및 방사선 차단용 콘크리트에 사용된다.

정답 **54.** ④ **55.** ① **56.** ② **57.** ④ **58.** ② **59.** ② **60.** ①

4과목 건축 일반

61 25층 업무시설로서 6층 이상의 거실면적 합계가 36,000m²인 경우 승강기 최소 설치 대수는? (단, 16인승 이상의 승강기로 설치한다.)

① 7대   ② 8대

③ 9대   ④ 10대

해설 승용승강기의 설치기준

건축물 용도	6층 이상의 거실면적의 합계		
	3,000m² 이하	3,000m² 초과	산정방식
• 문화 및 집회 시설(전시장, 동식물원) • 숙박시설 • 업무시설 • 위락시설	1대	1대에 3,000m² 초과하는 경우→ 그 초과하는 매 2,000m² 이내마 다 1대의 비율로 가산한 대수	$1 + \dfrac{A - 3000\text{m}^2}{2000\text{m}^2}$

$1 + \dfrac{A - 3000\text{m}^2}{2000\text{m}^2}$

$= 1 + \dfrac{36000 - 3000}{2000} = 17.5 늑 18$대

※ 16인승 이상의 승강기는 2대로 산정하므로 9대 설치

62 방화에 장애가 되어 같은 건축물 안에 함께 설치할 수 없는 용도로 묶인 것은?

① 아동 관련시설 – 의료시설

② 아동 관련시설 – 노인복지시설

③ 기숙사 – 공장

④ 노인복지시설 – 소매시장

해설 방화에 장애가 되는 용도제한 : 노유자시설 중 아동 관련시설 또는 노인복지시설, 판매시설 중 도매시장 또는 소매시장은 방화에 장애가 되어 같은 건축물 안에 함께 설치할 수 없다.

63 조적식 구조 벽체의 길이가 12m일 때 이 벽체에 설치할 수 있는 최대 개구부 폭의 합계는? (단, 각 층의 대린벽으로 구획된 벽체의 경우)

① 2m   ② 3m

③ 4m   ④ 6m

해설 조적식 구조의 개구부 : 최대 개구부 폭의 합계는 대린벽으로 구획된 벽에서 문꼴 너비의 합계를 그 벽 길이의 1/2 이하로 한다.

$$\therefore \ 12 \times \dfrac{1}{2} = 6\text{m}$$

★
64 스프링클러설비를 설치하여야 하는 특정소방대상물 중 문화 및 집회 시설(동식물원 제외)에서 모든 층에 스프링클러설비를 설치하여야 하는 경우에 해당하는 수용인원의 최소 기준으로 옳은 것은?

① 50명 이상   ② 100명 이상

③ 200명 이상   ④ 300명 이상

해설 스프링클러설비의 설치기준

• 수용인원 100인 이상

• 영화상영관의 용도로 쓰이는 층의 바닥면적이 지하층 또는 무창층인 경우 500m² 이상, 그 밖의 층의 경우에는 1,000m² 이상

• 무대부가 지하층, 무창층 또는 지하층을 제외한 층수가 4층 이상인 층에 있는 경우에는 300m² 이상, 그 밖의 층의 경우에는 500m² 이상인 무대부

65 건축화조명방식과 거리가 먼 것은?

① 정측광 채광   ② 다운라이트

③ 광천장조명   ④ 코브라이트

해설 정측광 채광 : 관람자가 서 있는 위치 상부의 천장을 불투명하게 하여 측벽에 가깝게 채광창을 설치하는 방법

66 조적식 구조에서 철근콘크리트구조로 된 윗인방을 설치하여야 하는 개구부 상부의 최소 폭의 기준은?

① 0.5m   ② 1.0m

③ 1.8m   ④ 2.5m

해설 폭이 1.8m가 넘는 개구부의 상부 인방에는 철근콘크리트구조의 인방보를 설치해야 한다.

정답   61. ③   62. ④   63. ④   64. ②   65. ①   66. ③

67 예술수공예(art and crafts)운동에 관한 설명으로 옳은 것은?

① 새로운 산업사회의 도래로 한정된 과거 양식의 재현에서 벗어나 과거 양식 전체를 취사 선택하여 새로운 형태를 창출하였다.
② 산업화가 초래한 도덕적·예술적 타락상에서 수공예술의 중요성을 강조하여 생활의 미를 향상시키고자 하였다.
③ 수직·수평의 엄격한 기하학적 질서와 색채를 조형의 기본으로 삼았다.
④ 리듬 있는 조형적 구성과 부분과 전체의 원활한 융합에 의한 동적 표현을 목표로 하였다.

해설 미술공예운동(art and crafts)
• 예술의 대중성 추구
• 예술 및 일용품의 질적 향상
• 기계생산의 거부와 수공업으로의 복귀
• 지역적 전통재료를 사용
• 대표 건축가 : 윌리엄 모리스

68 미스 반 데어 로에가 디자인한 바르셀로나 의자에 관한 설명 중 옳지 않은 것은?

① 크롬으로 도금된 철재의 완전한 곡선으로 인하여 이 의자는 모던운동 전체를 대표하는 상징물이 되었다.
② 현대에도 계속 생산되며 공공건물의 로비 등에 많이 쓰인다.
③ 의자의 덮개는 폴리에스테르 파이버 위에 가죽을 씌워 만들었다.
④ 값이 저렴하며 대량생산에 적합하다.

해설 바르셀로나 의자(Barcelona chair)
• 1929년 바르셀로나에서 열린 국제박람회의 독일 정부관을 위해 미스 반 데어 로에가 디자인
• X자 강철 파이프 다리
• 가죽 등받이
• **가격이 비싸며 대량생산에 부적합하다.**

69 소방특별조사를 실시하는 경우에 해당되지 않는 것은?

① 관계인이 소방시설법 또는 다른 법령에 따라 실시하는 소방시설, 방화시설, 피난시설 등에 대한 자체 점검 등이 불성실하거나 불완전하다고 인정되는 경우
② 국가적 행사 등 주요 행사가 개최되는 장소 및 그 주변의 관계 지역에 대하여 소방안전관리 실태를 점검할 필요가 있는 경우
③ 화재가 발생되지 않아 일상적인 점검을 요하는 경우
④ 재난예측정보, 기상예보 등을 분석한 결과 소방대상물에 화재, 재난, 재해의 발생 위험이 높다고 판단되는 경우

해설 소방특별조사
• 소방안전관리업무 수행에 관한 사항
• 소방계획서 이행에 관한 사항
• 화재의 예방조치 등에 관한 사항
• 불을 사용하는 설비 등의 관리와 특수가연물의 저장·취급에 관한 사항
• 위험물안전관리법에 따른 안전관리에 관한 사항
• 다중이용업소의 안전관리에 관한 특별법에 따른 안전관리에 관한 사항

★
70 특정소방대상물에 사용하는 실내장식물 중 방염대상물품에 속하지 않는 것은?

① 창문에 설치하는 커튼류
② 두께가 2mm 미만인 종이벽지
③ 전시용 섬유판
④ 전시용 합판

해설 방염대상물품
• 카펫, 두께가 2mm 미만인 벽지류(종이벽지는 제외)
• 전시용 합판 또는 섬유판, 무대용 합판 또는 섬유판
• 암막, 무대막(영화상영관, 골프연습장에 설치하는 스크린 포함)
• 창문에 설치하는 커튼류, 블라인드

71 비상용 승강기 승강장의 구조에 대한 기준으로 옳지 않은 것은?

① 승강장의 바닥면적은 비상용 승강기 1대에 대하여 10m² 이상으로 할 것
② 벽 및 반자가 실내에 접하는 부분의 마감재료는 불연재료로 할 것
③ 채광이 되는 창문이 있거나 예비전원에 의한 조명설비를 할 것
④ 피난층이 있는 승강장의 출입구로부터 도로 또는 공지에 이르는 거리가 30m 이하일 것

해설 비상용 승강기 승강장의 바닥면적은 비상용 승강기 1대에 대하여 6m² 이상으로 할 것. 단, 옥외 승강장을 설치하는 경우에는 예외로 한다.

★
72 방염성능기준 이상의 실내장식물 등을 설치하여야 하는 특정소방대상물에 해당되지 않는 것은?

① 근린생활시설 중 체력단련장
② 건축물외 옥내에 있는 종교시설
③ 의료시설 중 종합병원
④ 건축물의 옥내에 있는 수영장

해설 방염성능기준 이상의 실내장식물을 설치해야 하는 특정소방대상물 : 다중이용업소, 숙박시설, 체력단련장, 방송통신시설 중 방송국·촬영소, 문화·집회시설, 운동시설(단, 건축물의 옥내에 있는 것에 한하되, 수영장은 제외)

73 화재예방, 소방시설 설치·유지 및 안전관리에 관한 법률 시행령에 따른 피난층의 정의로 옳은 것은?

① 피난기구가 설치된 층
② 곧바로 지상으로 갈 수 있는 출입구가 있는 층
③ 비상구가 연결된 층
④ 무창층 외의 층

해설 피난층 : 곧바로 지상으로 갈 수 있는 출입구가 있는 층

74 차음성이 높은 재료로 볼 수 없는 것은?

① 재질이 단단한 것
② 재질이 무거운 것
③ 재질이 치밀한 것
④ 재질이 다공질인 것

해설 차음성
• 재질이 단단한 것
• 재질이 무거운 것
• 재질이 치밀한 것

75 그림과 같은 트러스의 명칭은?

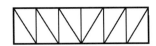

① 평하우 트러스 ② 평프래트 트러스
③ 워렌 트러스 ④ 핑크 트러스

해설 프래트 트러스(pratt truss)
• 사재(斜材)가 만재 하중에 의하여 인장력을 받도록 배치한 트러스
• 상대적으로 부재 길이가 짧은 수직재가 압축력을 받는 장점이 있다.
• 지간 45~60m 적용

★
76 주요구조부를 내화구조로 처리하지 않아도 되는 시설은?

① 공장으로서 해당 용도 바닥면적의 합계가 500m²인 건축물
② 문화 및 집회 시설 중 전시장으로서 해당 용도 바닥면적의 합계가 500m²인 건축물
③ 운동시설 중 체육관으로서 해당 용도 바닥면적의 합계가 600m²인 건축물
④ 수련시설 중 유스호스텔로서 해당 용도 바닥면적의 합계가 500m²인 건축물

해설 공장용도에 쓰이는 건축물로서 바닥면적의 합계가 2,000m² 이상인 건축물은 주요구조부를 내화구조로 하여야 한다.

정답 **71.** ① **72.** ④ **73.** ② **74.** ④ **75.** ② **76.** ①

77 건축물 종류에 따른 복도의 유효너비 기준으로 옳지 않은 것은? (단, 양옆에 거실이 있는 복도)

① 공동주택 : 1.5m 이상
② 유치원 : 2.4m 이상
③ 초등학교 : 2.4m 이상
④ 오피스텔 : 1.8m 이상

해설 복도의 유효너비

구분	양측에 거실이 있는 복도
공동주택, 오피스텔	1.8m 이상
유치원, 초·중·고	2.4m 이상

78 건축물의 거실(피난층의 거실은 제외)에 국토교통부령으로 정하는 기준에 따라 배연설비를 하여야 하는 건축물이 아닌 것은? (단, 6층 이상인 건축물)

① 문화 및 집회 시설
② 종교시설
③ 요양병원
④ 숙박시설

해설 배연설비 설치 제외 건축물 : 의료시설 중 요양병원, 정신병원

79 특정소방대상물의 관계인은 관계 법령에 따라 소방안전관리자 선임 사유가 발생한 날로부터 며칠 이내에 선임하여야 하는가?

① 7일　　　　② 15일
③ 30일　　　　④ 45일

해설 소방안전관리자의 선임 기일 : 관계 법령에 따라 소방안전관리자 신임 사유가 발생한 날로부터 30일 이내에 선임하여야 한다.

★
80 소방시설 중 소화설비에 해당되지 않는 것은?

① 옥내소화전설비
② 스프링클러설비
③ 옥외소화전설비
④ 연결송수관설비

해설 • 연결송수관설비는 소화활동설비에 해당한다.
• 소화설비 : 소화기구, 옥내소화전설비, 옥외소화전설비, 스프링클러설비, 간이스프링클러설비, 화재조기진압용 스프링클러설비, 물분무소화설비, 미분무소화설비, 포소화설비, 이산화탄소 소화설비, 할로겐화합물 소화설비, 청정소화약제 소화설비, 분말소화설비
• 소화활동설비 : 연결송수관설비, 제연설비, 연결살수설비, 비상콘센트설비, 무선통신보조설비, 연소방지설비

2017년 2회 과년도 출제문제

I N T E R I O R   A R C H I T E C T U R E

1과목 실내디자인론

01 장식물의 선정과 배치상의 주의사항으로 옳지 않은 것은?

① 좋고 귀한 것은 돋보일 수 있도록 많이 진열한다.
② 여러 장식품들이 서로 조화를 이루도록 배치한다.
③ 계절에 따른 변화를 시도할 수 있는 여지를 남긴다.
④ 형태, 스타일, 색상 등이 실내공간과 어울리도록 한다.

해설 장식물은 좋고 귀한 것을 돋보이도록 진열하는 것보다 공간의 분위기를 정리하고 공간에 조화롭게 선정, 배치하는 것이 좋다.

★02 바닥에 관한 설명으로 옳지 않은 것은?

① 공간을 구성하는 수평적 요소이다.
② 고저 차로 공간의 영역을 조정할 수 있다.
③ 촉각적으로 만족할 수 있는 조건을 요구한다.
④ 벽, 천장에 비해 시대와 양식에 의한 변화가 현저하다.

해설 벽과 천장은 시대와 양식에 의한 변화가 현저한 데 비해 바닥은 매우 고정적이다.

03 다음 중 조닝(zoning) 계획 시 고려해야 할 사항과 가장 거리가 먼 것은?

① 행동 반사   ② 사용목적
③ 사용빈도   ④ 지각심리

해설 조닝계획 시 필수사항 : 사용자의 특성, 사용목적, 사용빈도, 사용시간, 사용행위 등

★04 다음 중 2인용 침대인 더블베드(double bed)의 크기로 가장 적당한 것은?

① 1,000mm×2,100mm
② 1,150mm×1,800mm
③ 1,350mm×2,000mm
④ 1,600mm×2,400mm

해설 침대 사이즈
• 싱글베드 : 1,000mm×2,000mm
• 세미더블베드 : 1,100~1,300mm×2,000mm
• 더블베드 : 1,350~1,400mm×2,000mm
• 퀸베드 : 1,500mm×2,000mm
• 킹베드 : 2,000mm×2,000mm

05 의자 및 소파에 관한 설명으로 옳지 않은 것은 어느 것인가?

① 소파가 침대를 겸용할 수 있는 것을 소파 베드라 한다.
② 세티는 동일한 두 개의 의자를 나란히 합쳐서 2인이 앉을 수 있도록 한 것이다.
③ 라운지 소파는 편히 누울 수 있도록 쿠션이 좋으며 머리와 어깨부분을 받칠 수 있도록 한쪽 부분이 경사져 있다.
④ 체스터필드는 고대 로마시대 음식물을 먹거나 잠을 자기 위해 사용했던 긴 의자로 좌판의 한쪽 끝이 올라간 형태이다.

해설 체스터필드 : 소파의 골격에 솜을 많이 넣어 천을 씌운 커다란 의자

06 다음 중 상점 내에 진열 케이스를 배치할 때 가장 우선적으로 고려해야 할 사항은?

① 고객의 동선
② 마감재의 종류
③ 실내의 색채계획
④ 진열 케이스의 수량

해설 상점 내 고객의 동선은 매우 중요하며 충동구매가 가능하도록 가능한 한 길게, 종업원 동선과 서로 교차하지 않도록 한다.

07 실내디자인의 프로세스를 조사·분석 단계와 디자인 단계로 나눌 경우 다음 중 조사·분석 단계에 속하지 않는 것은?

① 종합 분석　　　② 정보의 수집
③ 문제점의 인식　　④ 아이디어 스케치

해설 아이디어 스케치 : 디자인을 구체화하기 전에 발상이나 이미지를 스케치로 구상하는 것으로, 아이디어 스케치는 설계·디자인 과정에서 필요하다.

★
08 다음과 같은 특징을 가지는 부엌 작업대의 배치 유형은?

> • 부엌의 폭이 좁은 경우나 규모가 작아 공간의 여유가 없을 경우에 적용한다.
> • 작업대는 길이가 길면 작업 동선이 길어지므로 총길이는 3,000mm를 넘지 않도록 한다.

① 일렬형　　　　② 병렬형
③ ㄱ자형　　　　④ ㄷ자형

해설 일렬형 : 좁은 부엌에 적합하나 동선이 길어지므로 2.7~3.0m가 적당하다.

09 조명기구의 설치방법에 따른 분류에서 천장에 매달려 조명하는 방식으로 조명기구 자체가 빛을 발하는 액세서리 역할을 하는 것은?

① 브래킷　　　　② 펜던트
③ 스탠드　　　　④ 캐스케이드

해설 캐스케이드 : 경사면에 부딪치며 떨어지는 계단식 폭포

10 착시현상에 관한 설명으로 옳지 않은 것은?

① 같은 길이의 수직선이 수평선보다 길어 보인다.
② 사선이 2개 이상의 평행선으로 중단되면 서로 어긋나 모인다.
③ 같은 크기의 2개의 부채꼴에서 아래쪽의 것이 위의 것보다 커 보인다.
④ 달 또는 태양이 지평선에 가까이 있을 때가 중천에 떠 있을 때보다 작아 보인다.

해설 ① 같은 길이의 수직선이 수평선보다 길어 보인다.
→ 길이의 착시

[분트도형]

② 사선이 2개 이상의 평행선으로 중단되면 서로 어긋나 보인다. → 방향의 착시

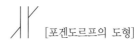

[포겐도르프의 도형]

③ 같은 크기의 2개의 부채꼴에서 아래쪽의 것이 위의 것보다 커 보인다. → 크기의 착시

[자스트로의 도형]

11 VMD(Visual MerchanDising)의 구성에 속하지 않는 것은?

① VP　　　　　② PP
③ IP　　　　　④ POP

해설 VMD(Visual MerchanDising)의 구성요소
• VP(Visual Presentation) : 상점과 상품의 아이덴티티 확립을 위한 계획
• PP(Point of sale Presentation) : 상품의 진열계획
• IP(Item Presentation) : 실제 판매가 이루어지는 곳

12 사무소 건축의 엘리베이터 계획에 관한 설명으로 옳지 않은 것은?

① 출발 기준층은 2개 층 이상으로 한다.
② 승객의 층별 대기시간은 평균 운전 간격 이하가 되게 한다.
③ 군 관리 운전의 경우 동일군 내의 서비스 층은 같게 한다.
④ 초고층, 대규모 빌딩인 경우는 서비스 그룹을 분할(조닝)하는 것을 검토한다.

> 해설 ① 출발 기준층은 가능한 한 1개 층으로 한다. 다만, 초고층 빌딩의 경우는 입주인원의 변화를 고려하여 2개 층(예 : 지하층 및 1층)으로 할 수 있고, 이 경우는 명확한 안내가 되도록 해야 한다.

13 다음 중 단독주택의 현관 위치 결정에 가장 주된 영향을 끼치는 것은?

① 건폐율
② 도로의 위치
③ 주택의 규모
④ 거실의 크기

> 해설 현관의 위치 : 도로와의 관계, 대지의 형태 등에 의해 결정된다.

★
14 개방형 사무실(open office)에 관한 설명으로 옳지 않은 것은?

① 소음이 적고 독립성이 있다.
② 전체 면적을 유용하게 사용할 수 있다.
③ 실의 길이나 깊이에 변화를 줄 수 있다.
④ 주변 공간과 관련하여 깊은 구역의 활용이 용이하다.

> 해설 개방식 배치 : 오픈된 큰 실에 각각의 부서들이 이동형 칸막이로 구획되고 중역들을 위한 분리된 작은 방을 두는 형식
> • 장점
> 　− 커뮤니케이션이 원활하다.
> 　− 이동형 칸막이 때문에 공간의 융통성이 좋다.
> 　− 전 면적을 유효하게 이용할 수 있어 공간 절약에 효율적이다.
> • 단점
> 　− 소음으로 인해 업무의 효율성이 떨어진다.
> 　− 개인의 프라이버시가 결여되기 쉽다.
> 　− 인공조명, 기계환기가 필요하다.

15 디자인 원리 중 대비에 관한 설명으로 옳지 않은 것은?

① 상반된 성격의 결합에서 이루어진다.
② 극적인 분위기를 연출하는 데 효과적이다.
③ 많은 대비의 사용은 화려하고 우아한 여성적인 이미지를 준다.
④ 모든 시각적 요소에 대하여 상반된 성격의 결합에서 이루어진다.

> 해설 ③ 많은 대비의 사용은 조화와 통일을 깨기 쉽다.

★
16 다음 중 황금비례를 나타낸 것은?

① 1 : 1.414
② 1 : 1.618
③ 1 : 1.681
④ 1 : 1.861

17 문과 창에 관한 설명으로 옳지 않은 것은?

① 문은 공간과 인접공간을 연결시켜 준다.
② 문의 위치는 가구 배치와 동선에 영향을 준다.
③ 이동창은 크기와 형태에 세약 없이 자유로이 디자인할 수 있다.
④ 창은 시야, 조망을 위해서는 크게 하는 것이 좋으나 보온과 개폐의 문제를 고려하여야 한다.

> 해설 ③은 고정창에 관한 설명이다.

★
18 다음 설명에 알맞은 전시공간의 특수전시방법은?

> 사방에서 감상해야 할 필요가 있는 조각물이나 모형을 전시하기 위해 벽면에서 띄워서 전시하는 방법

① 디오라마 전시
② 파노라마 전시
③ 아일랜드 전시
④ 하모니카 전시

> 해설 • 디오라마 전시 : 현장감을 실감나게 표현하는 방법으로, 하나의 사실 또는 주제의 시간 상황을 고정시켜 연출하는 전시기법
> • 파노라마 전시 : 하나의 사실 혹은 주제를 시간적인 연속성을 가지고 선형으로 연출하는 전시기법
> • 하모니카 전시 : 통일된 주제의 전시 내용이 규칙적 혹은 반복적으로 배치되는 전시기법

정답 **12.** ① **13.** ② **14.** ① **15.** ③ **16.** ② **17.** ③ **18.** ③

19 다음 중 엄숙, 의지, 신앙, 상승 등을 연상하게 하는 선은?

① 수직선 ② 수평선
③ 사선 ④ 곡선

해설 수직선의 느낌 : 구조적인 높이감, 엄숙, 상승감, 존엄성, 남성적

★
20 베니션 블라인드에 관한 설명으로 옳지 않은 것은?

① 수평형 블라인드이다.
② 날개 사이에 먼지가 쌓이기 쉽다는 단점이 있다.
③ 셰이드라고도 하며 단순하고 깔끔한 느낌을 준다.
④ 날개의 각도를 조절하여 일광, 조망 및 시각의 차단 정도를 조정하는 장치이다.

해설 롤 블라인드 : 셰이드라고도 하며, 천을 감아올려 높이 조절이 가능하고 칸막이나 스크린의 효과도 얻을 수 있다.

2과목 색채 및 인간공학

21 소음이 전달되지 못하도록 하기 위해서는 그 음원을 음폐하고, 그 한계 내에 있는 벽을 어떤 구조로 하는 것이 가장 바람직한가?

① 공명 ② 분산
③ 이동 ④ 흡음

해설 소음을 방지하는 방법
• 이중유리로 된 창문을 설치한다.
• 벽이나 천장에 방음장치를 하고 벽을 불규칙한 모양으로 설계한다.
• 복도의 출입문은 엇갈리게 설치한다.
• 바닥에 리놀륨이나 코르크를 깐다.
• **바닥, 벽, 천장에 흡음재를 사용한다.**
• 돔 형상의 천장은 음이 사람의 머리에 집중하게 되므로 피해야 한다.

22 가까운 물체의 상이 망막 뒤에서 맺히는 상태를 무엇이라 하는가?

① 근시 ② 난시
③ 원시 ④ 정상시

해설 원시 : 안구의 길이가 짧아서 상이 망막 뒤에 맺히는 현상으로, 볼록렌즈로 교정한다.

23 인간-기계시스템의 기본 기능이 아닌 것은?

① 행동기능
② 감지(sensing)
③ 가치기준 유지
④ 정보처리 및 의사결정

해설 인간-기계시스템의 기능
• **감각(정보의 수용)기능** : 인간은 시각·청각·촉각 등 여러 감각을 통해서, 기계는 전기적·기계적 자극 등을 통해서 감각기능을 수행한다.
• **정보저장기능** : 인간의 기억과 유사한 기능으로 여러 가지 방법에 의해 기록된다. 코드화나 상징화된 형태로 저장된다.
• **정보처리 및 의사결정의 기능** : 인간의 정보 처리 과정은 행동에 대한 결정으로 이루어지며, 기계는 정해진 절차에 의해 입력에 대한 예정된 반응으로 결정이 이루어진다.
• **행동기능** : 시스템에서의 행동기능은 결정 후의 행동을 말한다.

24 인체의 구조를 체계적으로 나열한 것으로 맞는 것은?

① 세포(cells) → 기관(organs) → 조직(tissues) → 계(system)
② 세포(cells) → 조직(tissues) → 기관(organs) → 계(system)
③ 세포(cells) → 조직(tissues) → 계(system) → 기관(organs)
④ 세포(cells) → 계(system) → 기관(organs) → 조직(tissues)

25 귀의 구조에 있어 내부에는 임파액(림프액)으로 차 있으며, 이 자극을 팽창시켜 청신경으로 보내는 기관은?

① 난원창   ② 중이골
③ 정원창   ④ 달팽이관

해설 소리의 전달과정
음원 → 음의 매체 → 외이도 → 고막 → 중이 → 달팽이관(임파액) → 청신경 → 뇌

26 정수기에서 청색은 냉수, 적색은 온수를 나타내는 것은 양립성(compatibility)의 종류 중 무엇에 해당하는가?

① 운동 양립성   ② 개념적 양립성
③ 공간적 양립성   ④ 묘사적 양립성

27 수공구 설계의 기본 원리로 볼 수 없는 것은?

① 손잡이의 단면은 원형을 피할 것
② 손잡이의 재질은 미끄럽지 않을 것
③ 양손잡이를 모두 고려한 설계일 것
④ 공구의 무게를 줄이고 무게의 균형이 유지될 것

해설 손잡이의 필요조건
• 손잡이의 치수는 손잡이의 모양이나 재질과 관련이 있다.
• 정밀한 눈금을 조작할 때는 작은 손잡이가 좋고, 정밀도가 요구되지는 않으나 큰 힘이 필요할 때는 큰 손잡이가 적당하다.
• 서랍의 손잡이는 재질의 차이에 따라 치수가 변경된다.
• 모양에 따라서 손이 걸리는 방법에 차이가 있으므로, 이를 고려해서 치수를 정한다.
• 손에서 벗어날 염려가 없고 촉각에 의해 식별이 가능한 것을 사용한다.
• 필요한 힘에 대하여 적당한 크기의 미끄러움이 적은 것을 택한다.
• 방향성이 한곳으로 한정된 것을 사용한다(좌우 방향, 전후 방향 등).
• 사용자 손의 치수에 적합한 모양의 것을 택하고 비틀림이 없어야 한다.

28 시스템의 설계과정에서 가장 먼저 수행되어야 할 단계는?

① 기본 설계 단계
② 시험 및 평가 단계
③ 시스템의 정의 단계
④ 목표 및 성능 명세의 결정 단계

해설 체계설계의 주요 단계
목표 및 성능 명세 결정 → 체계의 정의 → 기본 설계 → 계면(인터페이스) 설계 → 촉진물 설계 → 시험 및 평가

29 조명의 위치로 가장 적절한 것은?

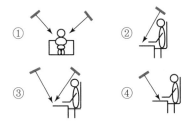

30 식물의 이름에서 유래된 관용색명은?

① 피콕블루(peacock blue)
② 세피아(sepia)
③ 에메랄드그린(emerald green)
④ 올리브(olive)

해설 식물과 관련 있는 관용색명(고유색명) : 굴색, 밤색, 가지색, 살구색, 올리브색, peach, rose 등이 있다.

★
31 다음 그림 중 같은 무게의 짐을 운반할 때 가장 에너지가 적게 소모되는 방법은?

[Double Pack]   [Rice Bag]   [Yoke]   [Hands]

① Double Pack   ② Rice Bag
③ Yoke   ④ Hands

해설 짐을 나르는 방법에 따른 에너지소비량(산소소비량) : 등, 가슴<머리<배낭<이마<쌀자루<목도< 양손의 순으로 짐을 나르는 것이 힘이 더 들어간다.

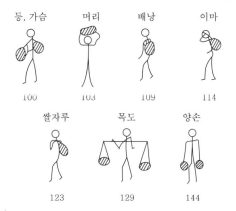

등, 가슴 100 · 머리 103 · 배낭 109 · 이마 114
쌀자루 123 · 목도 129 · 양손 144

★32 '가을의 붉은 단풍잎, 붉은 저녁놀, 겨울 풍경색 등과 같이 친숙한 것들을 아름답게 생각하는 것'을 저드의 색채조화이론으로 설명한다면 어느 원리인가?

① 질서의 원리 ② 비모호성의 원리
③ 친근감의 원리 ④ 동류성의 원리

해설 미국의 색채학자인 저드는 많은 조화론을 검토하고 정량적 조화론이 어느 경우에나 맞을 수 없다고 생각하여 4가지의 색채조화론을 발표하였다.
• 질서의 원리 : 질서가 있는 계획에 의해서 선택될 때 색채는 조화된다.
• 친근성의 원리(익숙함의 원리) : 관찰자에게 잘 알려진 배색이 잘 조화된다.
• 동류(유사성)의 원리 : 배색된 색채가 서로 공통되는 속성을 가질 때 조화된다.
• 명료성의 원리 : 배색된 색채의 차이가 애매하지 않고 명료한 것이 조화된다. 색상 차나 명도, 채도, 면적의 차이가 분명한 배색이 조화롭다.

★33 밝은 곳에서 어두운 곳으로 이동하면 주위의 물체가 잘 보이지 않다가 어두움 속에서 시간이 지나면 식별할 수 있는 현상과 관련 있는 인체의 반응은?

① 항상성 ② 색순응
③ 암순응 ④ 고유성

해설 • 명순응 : 밝은 장소에서 강한 빛에 반응하여 정상적인 감각을 가지는 것
• 암순응 : 어두운 곳에서 시각적으로 사물을 관찰할 수 있도록 빛을 감지하는 능력

34 희망, 명랑함, 유쾌함과 같이 색에서 느껴지는 심리적·정서적 반응은?

① 구체적 연상 ② 추상적 연상
③ 의미적 연상 ④ 감성적 연상

해설 색의 연상 : 구체적 연상과 추상적 연상이 있는데, 적색을 보고 불을 연상한다면 구체적 연상에 해당되고, 정열·애정·희망을 연상한다면 추상적 연상에 해당된다.

35 다음 중 가장 짠맛을 느끼게 하는 색은?

① 회색 ② 올리브그린
③ 빨강색 ④ 갈색

해설 짠맛을 느끼게 하는 색 : 연한 녹색과 회색, 연한 청색과 회색의 배색이다.

36 기본색명(basic color names)에 대한 설명 중 틀린 것은?

① 기본적인 색의 구별을 나타내기 위한 전문용어이다.
② 국가와 문화에 따라 약간씩 차이가 있다.
③ 한국산업규격(KS) A 0011에서는 무채색 기본색명으로 하양, 회색, 검정의 3개를 규정하고 있다.
④ 기본색명에는 스칼렛, 보랏빛 빨강, 금색 등이 있다.

해설 • 한국산업규격에서 사용되는 기본 색이름은 먼셀의 10색상환을 바탕으로 유채색과 무채색을 서술하는 총 15색의 기본 색이름을 표기하였다.
• 기본색명은 색상을 중심으로 구분, 현재는 국내에서 12개의 색명을 기본색명으로 정하고 있다.
• 12개의 기본색명은 빨강(적), 주황, 노랑(황), 연두, 초록(녹), 청록, 파랑(청), 남색, 보라, 자주(자), 분홍, 갈색이다.

37 방화, 금지, 정지, 고도위험 등의 의미를 전달하기 위해 주로 사용되는 색은?

① 노랑   ② 녹색
③ 파랑   ④ 빨강

해설 빨강 : 방화, 금지, 정지, 위험, 분노 등의 의미를 전달

38 디지털 이미지에서 색채 단위 수가 몇 이상이면 풀컬러(full color)를 구현한다고 할 수 있는가?

① 4비트 컬러   ② 8비트 컬러
③ 16비트 컬러   ④ 24비트 컬러

해설 대부분 데스크톱 컬러 스캐너와 소프트웨어는 RGB에 적용 가능한 256개의 단계를 섞어 1,670만 개가 넘는 색을 제공하는 24비트 색을 사용한다.

39 '$M = O/C$'는 문·스펜서의 미도를 나타내는 공식이다. 'O'는 무엇을 나타내는가?

① 환경의 요소
② 복잡성의 요소
③ 구성의 요소
④ 질서성의 요소

해설 문·스펜서는 수치로 조화의 정도를 계산하는 방법을 제안하였는데 M을 미감의 정도, O는 질서의 요소, C는 복잡성의 요소로 하여 '$M = O/C$'라는 공식을 만들었다.

40 만화영화는 시간의 차이를 두고 여러 가지 그림이 전개되면서 사람들이 색채를 인식하게 되는데, 이와 같은 원리로 나타나는 혼색은?

① 팽이를 돌렸을 때 나타나는 혼색
② 컬러 슬라이드 필름의 혼색
③ 물감을 섞었을 때 나타나는 혼색
④ 6가지 빛의 원색이 혼합되어 흰빛으로 보여지는 혼색

해설 중간혼색으로 회전혼색에 해당된다.

3과목 **건축재료**

41 가공이 용이하고 내식성이 커 논슬립, 난간, 코너비드 등의 부속철물로 이용되는 금속은?

① 니켈   ② 아연
③ 황동   ④ 주석

해설 황동
• 구리에 아연을 첨가하여 만든 합금으로, 내식성이 크고 색상이 아름다우며, 전성·연성이 풍부해서 얇은 박(箔)이나 가는 철사 등을 만들 수 있다.
• 다양한 장식품, 논슬립, 코너비드, 황동줄눈대, 창호철물 등에 사용된다.

42 보통 판유리 연화온도의 범위로 가장 적당한 것은?

① 1,400~1,500℃   ② 1,000~1,200℃
③ 700~750℃   ④ 500~550℃

해설 보통 판유리의 연화온도 : 720~750℃

43 급경성으로 내알칼리성 등의 내화학성이나 접착력이 크고 내수성이 우수하며 금속, 석재, 도자기, 유리, 콘크리트, 플라스틱재 등의 접착에 모두 사용되는 접착제는?

① 페놀수지 접착제
② 요소수지 접착제
③ 멜라민수지 접착제
④ 에폭시수지 접착제

해설 에폭시수지 접착제의 특성 : 내수성·내습성·내약품성·접착력이 우수하며, 콘크리트의 균열 보수나 금속·플라스틱재 등의 접합에 사용된다.

44 KS L 4201에 따른 점토벽돌의 치수로 옳은 것은? (단, 단위는 mm)

① 190×90×57   ② 190×90×60
③ 210×90×57   ④ 210×90×60

해설 KS L 4201에 따른 점토벽돌의 치수 :
190mm(길이)×90mm(너비)×57mm(높이)

45 수지를 지방유와 가열·융합하고, 건조제를 첨가한 다음 용제를 사용하여 희석하여 만든 도료는?

① 래커
② 유성바니시
③ 유성페인트
④ 내열도료

> **해설** 유성바니시
> • 유용성 수지 + 선성유 + 희석세로 구성된다.
> • 무색 또는 담갈색의 투명 도료로, 보통 니스라고 하며 건조가 빠르다.
> • 내후성이 적어 옥외에는 사용하지 않고, 주로 목부 바탕의 투명 마감으로 사용한다.

★ 46 열린 여닫이문이 저절로 닫히게 하는 철물로서 여닫이문의 윗막이대와 문틀 상부에 설치하는 창호철물은?

① 크레센트
② 도어 클로저
③ 도어 스톱
④ 도어 홀더

> **해설** 도어 클로저 : 문을 자동으로 닫히게 하는 장치로, 도어 체크와 같은 역할을 한다.

47 내충격성·내열성·내후성·투명성 등의 특징이 있고, 유연성 및 가공성이 우수하며 강화유리의 150배 이상의 충격도를 가진 재료는?

① 아크릴 시트
② 고무타일
③ 폴리카보네이트
④ 블라인드

> **해설** 폴리카보네이트 : 내충격성·내열성·내후성·투명성·유연성 및 가공성이 우수하며, 강화유리의 150배 이상의 충격도를 가진 재료이다.

★ 48 단열재의 선정조건으로 옳지 않은 것은?

① 흡수율이 낮을 것
② 비중이 클 것
③ 열전도율이 낮을 것
④ 내화성이 좋을 것

> **해설** 단열재의 선정조건 : 흡수율·비중·열전도율이 작고, 상온에서 내화성 및 시공성이 좋아야 한다.

49 상온에서 건조되지 않기 때문에 도포 후 도막 형성을 위해 가열 공정을 거치는 도장재료는?

① 소부도료
② 에나멜 페인트
③ 아연분말 도료
④ 래커 샌딩 실러

> **해설** 소부도료 : 일정 온도로 일정 시간 가열함으로써 칠한 도막 중의 합성수지를 반응·경화시켜 튼튼한 도막을 이루게 하는 도료이다.

50 모르타르 배합수 중의 미응결수나 빗물 등에 의해 시멘트 중의 가용성 성분이 용해되어 그 용액이 조적조 표면에 백색 물질로 석출되는 현상은?

① 백화현상
② 침하현상
③ 크리프 변형
④ 체적 변형

> **해설** 백화현상 : 모르타르 배합 중의 미응결수나 빗물 등이 시멘트 속의 석회를 용해시켜 수산화석회를 만들고, 공기 중의 이산화탄소와 결합하여 수산화칼슘을 생성하여 조적조 표면을 백색 물질로 오염시키는 현상이다.

★ 51 석회암이 변화되어 결정화한 것으로 실내장식재, 조각재로 사용되는 것은?

① 화강암
② 대리석
③ 응회암
④ 안산암

> **해설** 대리석
> • 석회암이 변성되어 결정화한 것으로, 주성분은 탄산석회로 강도는 크나, 내구성이 적어 외장재로는 부적합하다.
> • 품질의 변화가 심하여 균열이 많아서 통행이나 마모가 많은 장소에는 부적합하다.
> • 산과 열에 약하여 화학약품을 사용하는 장소에는 부적합하다.

52 다음 중 도막 방수재를 사용한 방수공사 시공 순서에 있어 가장 먼저 해야 할 공정은?

① 바탕 정리
② 프라이머 도포
③ 담수 시험
④ 보호재 시공

Interior Architecture

해설 방수공사의 시공 순서
바탕 정리 > 프라이머 도포 > 보호재 시공 > 담수 시험

★
53 각종 단열재에 관한 설명으로 옳지 않은 것은?

① 암면은 암석으로부터 인공적으로 만들어진 내열성이 높은 광물섬유를 이용하여 만드는 제품으로 단열성, 흡음성이 뛰어나다.
② 세라믹 파이버의 원료는 실리카와 알루미나이며, 알루미나의 함유량을 늘리면 내열성이 상승한다.
③ 경질 우레탄폼은 방수성, 내투습성이 뛰어나기 때문에 방습층을 겸한 단열재로 사용된다.
④ 펄라이트판은 천연의 목질섬유를 원료로 하며, 단열성이 우수하여 주로 건축물의 외벽 단열재 바름에 사용된다.

해설 펄라이트판
• 진주암·송지석 등을 분쇄하여 소성·팽창시켜 제조한 백색의 다공질 경석판이다.
• 단열성 및 내열성이 우수하여 단열재·내화재로 사용된다.

54 보통유리에 관한 설명으로 옳지 않은 것은?

① 건조상태에서 전도체이다.
② 급히 가열하거나 냉각시키면 파괴되기 쉽다.
③ 불연재료이지만 방화용으로서는 적당하지 않다.
④ 창유리의 강도는 보통 휨강도를 말한다.

해설 보통유리는 건조상태에서 부전도체이다.

55 다음 시멘트 중 조기강도가 가장 큰 것은?

① 중용열 포틀랜드시멘트
② 고로시멘트
③ 알루미나시멘트
④ 실리카시멘트

해설 시멘트의 조기강도 순서
알루미나시멘트 > 조강 포틀랜드시멘트 > 보통 포틀랜드시멘트 > 고로시멘트 > 중용열 포틀랜드시멘트

56 다음 도료 중 내마모성, 내수성, 내유성이 우수하나 도막이 얇고 부착력이 약한 도료는?

① 수성페인트   ② 유성페인트
③ 유성바니시   ④ 래커

해설 래커
• 질산 섬유소 + 수지 + 휘발성 용제
• 내마모성·내수성·내유성이 우수하며 건조가 빠르다.
• 도막이 얇고 부착력(내후성)이 약하여 일반적으로 내부용에 사용한다.

57 1종 점토벽돌의 압축강도는 최소 얼마 이상이어야 하는가?

① $10.78N/mm^2$ ② $18.6N/mm^2$
③ $20.59N/mm^2$ ④ $24.5N/mm^2$

해설 점토벽돌의 허용 압축강도
• 1종 : $24.50N/mm^2$
• 2종 : $20.59N/mm^2$
• 3종 : $10.78N/mm^2$

58 목재의 유용성 방부제로 사용되는 것은?

① 크레오소트유
② 콜타르
③ 불화소다 2% 용액
④ PCP

해설 목재의 방부제

유성 방부제	크레오소트유, 콜타르
수성 방부제	불화소다 2% 용액
유용성 방부제	PCP(Penta Chloro Phenol)

★
59 목재를 소편(小片, chip)으로 만들어 유기질의 접착제를 첨가하여 가열·압착성형한 판재제품은?

① 섬유판   ② 파티클보드
③ 목모보드   ④ 코펜하겐리브

해설 파티클보드(particle board) : 목재 또는 기타 식물질을 작은 조각으로 하여 합성수지계 접착제를 섞어 고열·고압으로 성형하여 판으로 만든 것으로, 칩보드라고도 한다.

정답 53. ④ 54. ① 55. ③ 56. ④ 57. ④ 58. ④ 59. ②

★
60 중용열 포틀랜드시멘트에 관한 설명으로 옳지 않은 것은?

① 수화열량이 적어 한중공사에 적합하다.
② 단기강도는 조강 포틀랜드시멘트보다 작다.
③ 내구성이 크며 장기강도가 크다.
④ 방사선 차단용 콘크리트에 적합하다.

해설 중용열 포틀랜드시멘트
• 보통 포틀랜드시멘트에 비해 수화열이 적고 단기 강도는 낮으나 장기강도는 크다.
• 내식성·내구성이 크며, 댐 축조 및 방사선 차단용 콘크리트에 쓰인다.
• 한중공사에는 수화열이 높은 시멘트(조강 포틀랜드시멘트, 산화알루미늄)가 적합하다.

4과목 **건축 일반**

61 결로의 발생 원인과 가장 거리가 먼 것은?

① 실내습기의 과다 발생
② 잦은 환기
③ 시공 불량
④ 시공 직후 콘크리트, 모르타르 등의 미건조 상태

해설 생활습관에 의한 환기 부족은 결로 발생의 원인이 된다.

★
62 주요구조부를 내화구조로 하여야 하는 건축물에 해당되지 않는 것은?

① 당해 용도의 바닥면적 합계가 500m²인 판매시설
② 당해 용도의 바닥면적 합계가 600m²인 문화 및 집회 시설 중 전시장
③ 당해 용도의 바닥면적 합계가 2,000m²인 공장
④ 당해 용도의 바닥면적 합계가 300m²인 창고시설

해설 바닥면적 합계가 500m² 이상인 창고시설은 내화구조로 해야 한다.

63 비상용 승강기를 설치하지 아니할 수 있는 건축물의 기준으로 옳지 않은 것은?

① 높이 31m를 넘는 각 층을 거실 외의 용도로 쓰는 건축물
② 높이 31m를 넘는 각 층의 바닥면적 합계가 500m² 이하인 건축물
③ 높이 31m를 넘는 층수가 4개 층 이하로서 당해 각 층의 바닥면적 합계가 300m² 이내마다 방화구획으로 구획한 건축물
④ 높이 31m를 넘는 층수가 4개 층 이하로서 당해 각 층의 바닥면적 합계가 500m²(벽 및 반자가 실내에 접하는 부분의 마감을 불연재료로 한 경우) 이내마다 방화구획으로 구획한 건축물

해설 비상용 승강기 설치 제외 대상 : 높이 31m를 넘는 층수가 4개 층 이하로서 당해 각 층의 바닥면적 합계가 200m² 이내마다 방화구획으로 구획한 건축물 (단, 벽 및 반자가 실내에 접하는 부분의 마감을 불연재료로 한 경우)

64 조명설계의 순서 중 가장 우선인 것은?

① 조명기구의 배치
② 조명방식의 결정
③ 광원의 선택
④ 소요조도의 결정

해설 조명설계 순서
소요조도의 결정 → 조명방식의 결정 → 광원의 선택 → 조명기구의 배치

65 로마네스크건축의 실내디자인에 관한 설명으로 옳지 않은 것은?

① 주택에서 홀(hall)공간을 매우 중요시하였다.
② X자형 스툴이 일반적으로 사용되었다.
③ 가구류는 신분을 나타내기도 하였다.
④ 반원아치형 볼트가 많이 사용되었으나 창에는 사용되지 않았다.

해설 로마네스크건축의 특성 : 교차볼트 기법을 볼 수 있다.

66 학교의 바깥쪽에 이르는 출입구에 계단을 대체하여 경사로를 설치하고자 한다. 필요한 경사로의 최소 수평 길이는? (단, 경사로는 직선으로 되어 있으며 1층의 바닥 높이는 지상보다 50cm 높다.)

① 2m   ② 3m

③ 4m   ④ 5m

해설 구배 1/8의 경사로를 설치한다고 보면,
0.5m × 8 = 4m

★
67 건축물의 건축주가 해당 건축물의 설계자로부터 구조안전의 확인 서류를 받아 착공신고를 하는 때에 그 확인 서류를 허가권자에게 제출하여야 하는 대상의 기준으로 옳지 않은 것은?

① 층수가 2층(주요구조부인 기둥과 보를 설치하는 건축물로서 그 기둥과 보가 목재인 목구조 건축물의 경우에는 3층) 이상인 건축물

② 높이가 13m 이상인 건축물

③ 처마 높이가 9m 이상인 건축물

④ 기둥과 기둥 사이의 거리가 9m 이상인 건축물

해설 ④ 기둥과 기둥 사이의 거리가 10m 이상인 건축물

★
68 소방시설법령에 따른 방염대상물품의 방염성능기준으로 옳지 않은 것은?

① 불꽃에 의하여 완전히 녹을 때까지 불꽃의 접촉횟수는 5회 이상일 것

② 탄화(炭化)한 면적은 50m² 이내, 탄화한 길이는 20cm 이내일 것

③ 버너의 불꽃을 제거한 때부터 불꽃을 올리지 아니하고 연소하는 상태가 그칠 때까지 시간은 30초 이내일 것

④ 국민안전처장관이 정하여 고시한 방법으로 발연량(發煙量)을 측정하는 경우 최대 연기밀도는 400 이하일 것

해설 방염대상물품의 방염성능기준 : 불꽃에 의하여 완전히 녹을 때까지 불꽃의 접촉횟수는 3회 이상이어야 한다.

69 숙박시설의 객실 간 경계벽이 소리를 차단하는데 장애가 되는 부분이 없도록 하기 위해 갖춰야 할 구조기준에 미달된 것은?

① 철근콘크리트조로서 두께가 15cm인 것

② 철골철근콘크리트조로서 두께가 15cm인 것

③ 콘크리트블록조로서 두께가 15cm인 것

④ 무근콘크리트조로서 두께가 15cm인 것

해설 숙박시설의 차음기준 : 콘크리트블록조의 경우 두께가 19cm인 것

★
70 철골보에서 스티프너를 사용하는 주목적은?

① 보 전체의 비틀림 방지

② 웨브 플레이트의 좌굴 방지

③ 플랜지 앵글의 단면 보강

④ 용접작업의 편의성 향상

해설 철골보 스티프너
• 웨브에 부착하는 조강재
• 보의 전단응력도가 커서 좌굴의 우려가 있을 경우 판재의 좌굴 방지를 위해 사용한다.

★
71 건축허가 등을 할 때 미리 소방본부장 또는 소방서장의 동의를 받아야 하는 건축물 등의 범위에 대한 기준으로 옳지 않은 것은?

① 연면적이 100m² 이상인 노유자시설

② 차고·주차장으로 사용되는 바닥면적이 200m² 이상인 층이 있는 주차시설

③ 승강기 등 기계장치에 의한 주차시설로서 자동차 20대 이상을 주차할 수 있는 시설

④ 지하층 또는 무창층이 있는 건축물로서 바닥면적이 150m² 이상인 층이 있는 것

해설 건축허가 사전동의 대상 : 노유자시설 및 수련시설의 경우에는 200m² 이상인 건축물

정답   66. ③   67. ④   68. ①   69. ③   70. ②   71. ①

★
72 르 코르뷔지에(Le Corbusier)가 제시한 근대건축의 5원칙에 속하지 않는 것은?

① 유기적 공간　　② 필로티
③ 옥상정원　　　　④ 자유로운 평면

해설　르 코르뷔지에의 근대건축 5원칙
- 노미노 시스템
- 자유로운 평면
- 옥상정원
- 필로티
- 수평창

★
73 소방시설 중 소화설비가 아닌 것은?

① 자동화재탐지설비
② 스프링클러설비
③ 옥외소화전설비
④ 소화기구

해설　① 자동화재탐지설비는 경보설비에 해당한다.

★
74 벽돌벽을 여러 모양으로 구멍을 내어 장식적으로 쌓는 방법은?

① 공간쌓기　　　② 엇모쌓기
③ 무늬쌓기　　　④ 영롱쌓기

해설　영롱쌓기 : 벽돌을 여러 모양으로 구멍을 내어 장식적으로 쌓는 방법

★
75 무창층이 되기 위한 기준은 피난소화활동상 유효한 개구부 면적의 합계가 해당 층 바닥면적의 얼마 이하일 때인가?

① 1/10　　　　② 1/20
③ 1/30　　　　④ 1/50

해설　무창층이 되기 위한 기준 : 피난소화활동상 유효한 개구부 면적의 합계가 해당 층 바닥면적의 1/30 이하이어야 한다.

★
76 비상콘센트설비를 설치하여야 하는 특정소방대상물의 기준에 해당되지 않는 것은?

① 가스시설 중 지상에 노출된 탱크의 용량이 30톤 이상인 탱크시설
② 층수가 11층 이상인 특정소방대상물의 경우에는 11층 이상의 층
③ 지하층의 층수가 3층 이상이고 지하층의 바닥면적의 합계가 1,000m² 이상인 것은 지하층의 모든 층
④ 지하가 중 터널로서 길이가 500m 이상인 것

해설　비상콘센트설비 설치 제외 대상 : 가스시설과 지하구는 제외

★
77 방염성능기준 이상의 실내장식물 등을 설치하여야 하는 특정소방대상물에 해당되지 않는 것은?

① 층수가 11층 이상인 아파트
② 교육연구시설 중 합숙소
③ 숙박이 가능한 수련시설
④ 방송통신시설 중 방송국

해설　방염성능기준 이상의 실내장식물 설치 제외 대상 : 건축법 시행령 제119조 제1항 제9호에 따라 산정한 층수가 11층 이상인 건축물 중 아파트는 제외된다.

★
78 건축물 증축 시 건축허가 권한이 있는 행정기관이 건축허가 등을 할 때 미리 동의를 받아야 하는 대상으로 옳은 것은?

① 국무총리
② 소방안전관리자
③ 국민안전처장관
④ 소방본부장이나 소방서장

해설　건축물 증축 시 건축허가 권한이 있는 행정기관이 건축허가 등을 할 때 동의 대상에 해당하는 경우 미리 소방본부장·소방서장의 동의를 받아야 한다.

정답　**72.** ① **73.** ① **74.** ④ **75.** ③ **76.** ① **77.** ① **78.** ④

79 연결송수관설비를 설치하여야 하는 특정소방대상물의 기준 내용으로 옳지 않은 것은? (단, 가스시설 또는 지하구는 제외)

① 층수가 5층 이상으로서 연면적 6,000m² 이상인 것

② 지하층을 포함하는 층수가 7층 이상인 것

③ 지하층의 층수가 3층 이상이고 지하층의 바닥면적의 합계가 1,000m² 이상인 것

④ 지하가 중 터널로서 길이가 500m 이상인 것

해설 연결송수관설비의 설치기준 : 지하가 중 터널로서 길이가 1,000m 이상인 것

80 철근콘크리트구조에서 압축부재가 원형 띠철근으로 둘러싸인 경우 축방향 주철근의 최소 개수는 얼마인가?

① 3개   ② 4개
③ 5개   ④ 6개

해설 철근콘크리트 압축부재 주철근
• 주근은 D13mm 이상
• 주근의 개수 : 장방형 기둥, 원형 기둥 모두 4개 이상

2017년 3회 과년도 출제문제

INTERIOR ARCHITECTURE

1과목 실내디자인론

01 르 코르뷔지에의 모듈러에 따른 인체의 기본 치수로 옳지 않은 것은?

① 기본 신장 : 183cm
② 배꼽까지의 높이 : 113cm
③ 어깨까지의 높이 : 162cm
④ 손을 들었을 때 손끝까지 높이 : 226cm

해설 ③ 어깨까지의 높이는 규정되지 않았다.

르 코르뷔지에의 모듈러에 따른 인체의 기본 치수

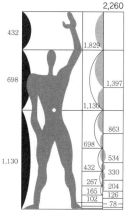

02 형태의 지각심리 중 루빈의 항아리와 가장 관계가 깊은 것은?

① 유사성
② 폐쇄성
③ 형과 배경의 법칙
④ 프래그난츠의 법칙

해설 • 유사성 : 게슈탈트의 지각심리. 유사한 형태, 크기, 색채, 질감 등이 하나의 형태로 지각된다.
• 폐쇄성 : 게슈탈트의 지각심리. 불완전한 시각요소들을 하나의 형태로 지각한다.
• 프래그난츠의 법칙 : 게슈탈트의 지각원리 중 하나로 단순화의 원리를 말한다.
• 프래그난츠의 세 가지 기본 원리
　－형태는 양과 질에서 간결화된다.
　－단순화(pragnanz)는 질서의 법칙이다.
　－단순화는 의미의 간결화를 구한다.

03 광원의 연색성에 관한 설명으로 옳지 않은 것은?

① 연색성을 수치로 나타낸 것을 연색평가수라고 한다.
② 평균 연색평가수(Ra)가 100에 가까울수록 연색성이 나쁘다.
③ 연색성은 기준 광원 밑에서 본 것보다 색의 보임이 나빠질수록 떨어진다.
④ 물체가 광원에 의하여 조명될 때 그 물체의 색의 보임을 정하는 광원의 성질을 말한다.

해설 연색성
• 태양광(주광)을 기준으로 하여 어느 정도 주광과 비슷한 색상을 연출할 수 있는지를 나타내는 지표이다.
• 연색성은 평균 연색평가수(Ra)가 0에 가까울수록 연색성이 나쁘다.
• 조명의 연색성 : 태양광＞백열등, 할로겐등＞메탈할라이드등＞형광등＞수은등＞나트륨등

04 점과 선에 관한 설명으로 옳지 않은 것은?

① 선은 면의 한계, 면들의 교차에서 나타난다.
② 크기가 같은 두 개의 점에는 주의력이 균등하게 작용한다.
③ 곡선은 약동감, 생동감 넘치는 에너지와 속도감을 준다.
④ 배경의 중심에 있는 하나의 점은 시선을 집중시키는 효과가 있다.

해설 곡선의 느낌 : 유연, 경쾌, 여성적, 부드러움, 동적

05 황금분할(golden section)에 관한 설명으로 옳지 않은 것은?

① 1 : 1.618의 비율이다.
② 기하학적 분할방식이다.
③ 루트 직사각형비와 동일하다.
④ 고대 그리스인들이 창안하였다.

해설 루트 직사각형이 비 : 1 : 1.414로 사각형의 한 변을 1로 했을 때 긴 변의 길이가 무리수가 되는 것

[황금비]

[루트비]

06 다음 중 상점에서 대면판매의 적용이 가장 곤란한 상품은?

① 화장품　　　② 운동복
③ 귀금속　　　④ 의약품

해설 대면판매형식 : 고가품이나 상품의 설명이 필요한 시계, 카메라, 화장품, 귀금속 등이 이에 속한다.

★
07 2인용 침대인 더블베드(double bed)의 크기로 가장 적당한 것은?

① 1,000mm × 2,000mm
② 1,150mm × 2,000mm
③ 1,350mm × 2,000mm
④ 1,600mm × 2,000mm

해설 침대 사이즈
• 싱글베드 : 1,000mm × 2,000mm
• 세미더블베드 : 1,100~1,300mm × 2,000mm
• 더블베드 : 1,350~1,400mm × 2,000mm
• 퀸베드 : 1,500mm × 2,000mm
• 킹베드 : 2,000mm × 2,000mm

08 주택의 부엌을 리노베이션하고자 할 경우 가장 우선적으로 고려해야 할 사항은?

① 각 부위별 조명
② 조리용구의 수납공간
③ 위생적인 급배수방법
④ 조리 순서에 따른 작업대 배열

해설 부엌은 가사노동이 집중된 곳으로, 작업 동선을 최소화하기 위해 조리 순서에 따른 작업대의 배열이 중요하다.

★
09 사무소 건축의 실단위계획 중 개방식 배치에 관한 설명으로 옳지 않은 것은?

① 모든 면적을 유용하게 이용할 수 있다.
② 업무 성격의 변화에 따른 적응성이 낮다.
③ 공간의 길이나 깊이에 변화를 줄 수 있다.
④ 소음이 많으며 프라이버시의 확보가 어렵다.

해설 개방식 배치 : 커뮤니케이션이 원활하고, 공간의 융통성이 좋아서 업무 성격의 변화에 따른 적응성이 높다.

10 주택의 평면계획 시 공간의 조닝 방법에 속하지 않는 것은?

① 사용빈도에 의한 조닝
② 사용시간에 의한 조닝
③ 실의 크기에 의한 조닝
④ 사용자의 특성에 의한 조닝

해설 조닝 계획 시 필수사항 : 사용자의 특성, 사용목적, 사용빈도, 사용시간, 사용행위

정답 4. ③ 5. ③ 6. ② 7. ③ 8. ④ 9. ② 10. ③

11 실내공간을 구성하는 기본 요소 중 벽에 관한 설명으로 옳지 않은 것은?

① 외부로부터의 방어와 프라이버시의 확보 역할을 한다.
② 수직적 요소로서 수평 방향을 차단하여 공간을 형성한다.
③ 다른 요소들이 시대와 양식에 의한 변화가 현저한 데 비해 벽은 매우 고정적이다.
④ 인간의 시선이나 동선을 차단하고 공기의 움직임, 소리의 전파, 열의 이동을 제어한다.

해설 ③은 바닥에 대한 설명이다.

12 다음 설명에 알맞은 디자인 원리는?

> • 규칙적인 요소들의 반복에 의해 나타나는 통제된 운동감으로 정의된다.
> • 청각의 원리가 시각적으로 표현된 것이라 할 수 있다.

① 리듬
② 균형
③ 강조
④ 대비

해설 • 균형 : 디자인에서의 균형은 인간의 주의력에 의해 감지되는 시각적 무게의 평형상태를 뜻하는 가장 일반적인 미학이다.
• 강조 : 디자인의 부분 부분에 주어진 강세, 즉 강도의 다양한 정도를 의미한다.
• 대비 : 모든 시각적 요소에 대하여 극적 분위기를 주는 상반된 성격의 결합에 의해 이루어지는 원리이다.

13 다음 중 평면계획 시 고려해야 할 사항과 가장 거리가 먼 것은?

① 동선처리
② 조명 분포
③ 가구 배치
④ 출입구의 위치

해설 • 실내 평면계획에서 가장 먼저 고려할 중요한 요소는 동선이다.
• 조명의 분포는 평면계획을 한 후 평면에 따라 결정된다.

14 상점에서 쇼윈도, 출입구 및 홀의 입구부분을 포함한 평면적인 구성요소와 아케이드, 광고판, 사인 및 외부 장치를 포함한 입면적인 구성요소의 총체를 뜻하는 용어는?

① VMD
② 파사드
③ AIDMA
④ 디스플레이

15 공간의 차단적 분할에 사용되는 요소에 속하지 않는 것은?

① 커튼
② 열주
③ 조명
④ 스크린벽

해설 차단적 구획
• 물리적 방법으로 높이 1.5m 이상으로 구획
• 수평·수직 방향으로 분리
• 칸막이벽, 이동형 스크린벽, 유리창, 커튼, 블라인드, 수납장 등

16 다음 설명에 알맞은 거실의 가구 배치유형은?

> • 가구를 두 벽면에 연결시켜 배치하는 형식으로 시선이 마주치지 않아 안정감이 있다.
> • 비교적 적은 면적을 차지하기 때문에 공간 활용이 높고 동선이 자연스럽게 이루어지는 장점이 있다.

① 대면형
② 코너형
③ U자형
④ 복합형

해설 • 대면형 : 중앙 테이블을 중심으로 마주 보도록 배치. 가구가 차지하는 면적이 크고 동선이 길어진다.
• U자형(ㄷ자형) : 단란한 분위기를 주며 여러 사람과의 대화 시 적합하다.
• 복합형 : 다기능을 가진 비교적 넓은 공간에 여러 유형을 조합하여 배치

★
17 광원을 천장의 높낮이 차 또는 벽면의 요철 등을 이용하여 가린 후 벽이나 천장의 반사광으로 간접조명하는 건축화조명방식은?

① 코퍼조명
② 코브조명
③ 광창조명
④ 광천장조명

정답 11. ③ 12. ① 13. ② 14. ② 15. ③ 16. ② 17. ②

해설 • 코퍼조명 : 우물천장 사이드에 광원을 숨겨 설치
한 간접조명
• 광창조명 : 유리나 루버 등의 확산용 판으로 된
광원을 벽면 안에 설치한 직접조명
• 광천장조명 : 유리나 루버 등의 확산용 판으로 된
광원을 천장 안에 설치한 직접조명

18 다음 설명에 알맞은 한국 전통가구는?

> 책이나 완상품을 진열할 수 있도록 여러 층의
> 층널이 있고 네 면이 모두 트여 있으며 선반이
> 정방형에 가까운 사랑방에서 쓰인 문방가구

① 문갑   ② 고비
③ 사방탁자   ④ 반닫이장

해설 • 문갑 : 안방이나 사랑방에서 문서나 문구 등 개인
적인 물건 등을 보관하는 가구. 가로로 서랍이 여
러 개 달리고 문이 달려 있는 것도 있고 탁자형과
서안형, 민짜로 된 상자형 등이 있다.
• 고비 : 두루마리 문서를 끼워 보관하는 서함
• 반닫이장 : 위층은 의류나 이불·소품을 수납하고,
아래층은 의류·책·제기 등을 보관하는 가구

★
19 다음과 같은 특징을 가지는 사무소 건축의 코어
형식은?

> • 유효율이 높은 계획이 가능하다.
> • 코어 프레임이 내력벽 및 내진구조가 가능
> 하므로 구조적으로 바람직한 유형이다.

① 중심코어   ② 편심코어
③ 양단코어   ④ 독립코어

해설 • 편심코어형 : 바닥면적이 작은 경우에 적합하고,
고층인 경우 구조상 불리하다.
• 양단코어 : 중·대규모 건물에 적합하다. 2방향
피난에 이상적이며, 방재상 유리하다.
• 외코어형(독립코어) : 코어와 상관없이 자유로운
내부 공간을 만들 수 있으나 설비 덕트, 배관 등을
사무실까지 끌어들이는 데 제약이 있다. 방재상
불리하며 바닥면적이 커지면 피난시설의 서브코
어가 필요하다. 내진구조에 불리하다.

★
20 사방에서 감상해야 할 필요가 있는 조각물이나
모형을 전시하기 위해 벽면에서 띄워서 전시하
는 방법은?

① 아일랜드 전시   ② 하모니카 전시
③ 파노라마 전시   ④ 디오라마 전시

해설 • 하모니카 전시 : 통일된 주제의 전시 내용이 규칙
적 혹은 반복적으로 배치되는 전시기법
• 파노라마 전시 : 하나의 사실 혹은 주제를 시간적
인 연속성을 가지고 선형으로 연출하는 전시기법
• 디오라마 전시 : 현장감을 실감나게 표현하는 방
법으로, 하나의 사실 또는 주제의 시간 상황을 고
정시켜 연출하는 전시기법

2과목 색채 및 인간공학

★
21 밝은 곳에서 어두운 곳으로 들어갔을 때 빛을 느
끼는 정도가 상승하게 기는 현상을 무엇이라 하는
가?

① 난시   ② 근시
③ 암순응   ④ 명순응

해설 • 암순응(dark adaptation) : 밝은 곳에서 어두운 곳
으로 들어가면 처음에는 물체가 잘 보이지 않다가
시간이 지나면 차차 보이게 되는 현상을 말한다.
• 명순응(light adaptation) : 어두운 곳에서 밝은 곳
으로 나갈 때 눈이 부시고 잘 보이지 않는 현상을
말한다.

22 근육의 대사(metabolism)에 관한 설명으로 가
장 거리가 먼 것은?

① 산소를 소비하여 에너지를 발생시키는 과정
이다.
② 음식물을 기계적 에너지와 열로 전환하는
과정이다.
③ 신체활동 수준이 아주 낮은 경우에는 젖산
이 축적된다.
④ 산소소비량을 측정하면 에너지소비량을 측
정할 수 있다.

23 인간공학이라는 뜻으로 사용된 에르고노믹스 (ergonomics)의 어원에 관한 내용 중 가장 거리가 먼 것은?

① 작업의 관리 ② 물체의 법칙
③ 학문의 의미 ④ 일의 자연적 법칙

해설 인간공학의 어원 : 유럽 등지에서 인간공학이라는 뜻으로 사용된 에르고노믹스(ergonomics)의 어원은 Ergon(작업)+Nomos(관리)+ics(학문)가 결합된 말로서, 인간의 작업을 적정하게 관리하는 학문을 의미한다.

★
24 인체치수의 개략 비율에서 키를 *H*로 했을 때 앉은키는?

① $\frac{3}{8}H$ ② $\frac{5}{9}H$

③ $\frac{3}{7}H$ ④ $\frac{1}{4}H$

해설

(a) 키(신장) (b) 눈높이 (c) 어깨 높이

(d) 손끝 높이 (e) 어깨너비 (f) 손끝 너비

(g) 앉은키 (h) 탁자 높이 (i) 하퇴 높이

(j) 편한 자세에서 손을 뻗은 높이

25 수평작업 영역면에서 편하게 작업을 할 수 있도록 하면서 상완을 자연스럽게 몸에 붙인 채로 전완을 움직였을 때에 생기는 영역을 무엇이라 하는가?

① 정상작업 영역 ② 최대작업 영역
③ 최소작업 영역 ④ 입체작업 영역

해설 수평작업역
• 정상작업역 : 위팔(상완)을 자연스럽게 수직으로 늘어뜨린 채, 아래팔(전완)만 편하게 뻗어 파악할 수 있는 구역(34~45cm)
• 최대작업역 : 아래팔과 위팔을 곧게 펴서 파악할 수 있는 구역(55~65cm)

26 계기반의 복합표시법 원칙으로 틀린 것은?

① 각 요소의 표시양식을 통일시킬 것
② 관련성 있는 표시형식만을 모아서 놓을 것
③ 불필요한 표시로 작업원을 혼란시키지 말 것
④ 한 개의 계기 내에는 3개 이상의 지침을 사용할 것

27 소리의 강도를 나타내는 단위로 맞는 것은?

① fL ② dB
③ lux ④ nit

해설 데시벨(dB) : 소리의 강도 레벨로 소리의 음압과 기준 음압의 비

28 다음의 내용은 게슈탈트의 법칙 중 어떤 요소를 설명하는 것인가?

> 더 가까이 있는 두 개 또는 그 이상의 시각요소들은 패턴이나 그룹으로 보여질 가능성이 크다.

① 배타성 ② 접근성
③ 연속성 ④ 폐쇄성

해설 접근성(proximity)
• 비슷한 모양이 서로 가까이 놓여 있을 때 그 모양들이 무리지어 보이는 것, 즉 근접한 감각자료들이 같은 패턴이나 그룹으로 지각되는 것을 말한다.
• 접근성이 클수록 면으로 인식되는 경향이 커진다.

29 4개의 대안이 존재하는 경우 정보량은 몇 비트인가?

① 0.5비트   ② 1비트

③ 2비트   ④ 4비트

30 신체는 근육을 움직이지 않고 누워 있을 때에도 생명을 유지하기 위하여 일정량의 에너지를 필요로 한다. 이처럼 생명 유지에 필요한 단위시간당 에너지양을 무엇이라 하는가?

① 최소대사율   ② 최소에너지양

③ 신진대사율   ④ 기초대사율

해설 기초대사량
• 안정상태에서 생명 유지에 필요한 최소한도의 작용을 유지하기 위해 소비되는 대사량
• 성인의 경우 보통 1,500~1,800kcal/일이며, 기초대사와 여가에 필요한 대사량은 약 2,300kcal/일이다.

31 식품에 대한 기호를 조사한 결과 단맛과 관계가 깊은 색은?

① 빨강   ② 노랑

③ 파랑   ④ 자주

해설 적색에 주황색이나 붉은 기미의 황색 배색은 단맛과 관계있다.

32 오스트발트 색체계에 관한 설명 중 틀린 것은?

① 색상은 yellow, ultramarine, blue, red, sea green을 기본으로 하였다.

② 색상환은 4원색의 중간색 4색을 합한 8색을 각각 3등분하여 24색상으로 한다.

③ 무채색은 백색량+흑색량=100%가 되게 하였다.

④ 색표시는 색상기호, 흑색량, 백색량의 순으로 한다.

해설 ④ 색표시는 색상기호, 백색량, 흑색량의 순서로 표기한다.

33 오스트발트의 조화론과 관계가 없는 것은?

① 다색조화

② 등가색환에서의 조화

③ 무채색의 조화

④ 제1부조화

해설 오스트발트의 조화론
• 무채색의 조화
• 등색상삼각형에서의 조화
• 윤성조화(다색조화)
• 2색상 조화

34 인류생활, 작업상의 분위기, 환경 등을 상쾌하고 능률적으로 꾸미기 위한 것과 관련된 용어는?

① 색의 조화 및 배색(color harmony and combination)

② 색채조절(color conditioning)

③ 색의 대비(color contrast)

④ 컬러 하모니 매뉴얼(color harmony manual)

해설 색채조절 : 색채가 지닌 물리적 특성과 심리적 효과, 생리적 현상의 관계 등을 이용하여 건축이나 산업환경에 능률성, 편리성, 안전성, 명시성 등을 높여 쾌적한 환경으로 만들기 위해 사용되어 왔다.

35 색료혼합에 대한 설명으로 틀린 것은?

① Magenta와 Yellow를 혼합하면 Red가 된다.

② Red와 Cyan을 혼합하면 Blue가 된다.

③ Cyan과 Yellow를 혼합하면 Green이 된다.

④ 색료혼합의 2차색은 Red, Green, Blue이다.

해설 ② Blue는 Cyan과 Magenta의 혼합이다.

36 동일한 색상이라도 주변색의 영향으로 실제와 다르게 느껴지는 현상은?

① 보색   ② 대비

③ 혼합   ④ 잔상

해설 색의 대비 : 우리가 일상생활에서 경험하는 색의 체계는 항상 상대적이다. 이렇게 인접색이나 배경색의 영향으로 원래 색과 다르게 보이는 현상을 색의 대비라고 한다.

정답 **29.** ③ **30.** ④ **31.** ① **32.** ④ **33.** ④ **34.** ② **35.** ② **36.** ②

37 해상도에 대한 설명으로 틀린 것은?

① 한 화면을 구성하고 있는 화소의 수를 해상도라고 한다.

② 화면에 디스플레이된 색채 영상의 선명도는 해상도와 모니터의 크기에 좌우된다.

③ 해상도의 표현방법은 가로 화소 수와 세로 화수 수로 나타낸다.

④ 동일한 해상도에서 모니터가 커질수록 해상도는 높아져 더 선명해진다.

38 색채 표준화의 기본 요건으로 거리가 먼 것은?

① 국제적으로 호환되는 기록방법

② 체계적이고 일관된 질서

③ 특수 집단을 위한 범용적이고 실용적인 목적

④ 모호성을 배제한 정량적 표기

해설 • 색채는 인간의 감성과 관련하여 주관적 느낌이 강하기 때문에 표준화가 필요하다.
• 색채표준은 색을 일정하고 정확하게 측정, 기록, 전달, 관리하기 위한 수단이다.
• 색채를 기록하는 방법에는 직접 눈으로 보고 색채를 식별할 수 있도록 색표를 기준으로 하는 방법과 수치적으로 미리 약속된 방법에 따라 기록하는 방법이 있다.
• 색채표준체계는 현색계와 혼색계가 있다.

39 문·스펜서의 색채조화론 중 조화의 영역이 아닌 것은?

① 동일조화   ② 유사조화

③ 대비조화   ④ 눈부심

해설 ④ 눈부심은 부조화의 영역이다.

40 명도와 채도에 관한 설명으로 틀린 것은?

① 순색에 검정을 혼합하면 명도와 채도가 낮아진다.

② 순색에 흰색을 혼합하면 명도와 채도가 높아진다.

③ 모든 순색의 명도는 같지 않다.

④ 무채색의 명도 단계도(value scale)는 명도 판단의 기준이 된다.

3과목 건축재료

41 KS F 2527에 규정된 콘크리트용 부순 굵은 골재의 물리적 성질을 알기 위한 시험 항목 중 흡수율의 기준으로 옳은 것은?

① 1% 이하   ② 3% 이하

③ 5% 이하   ④ 10% 이하

해설 굵은 골재의 흡수율 : 3% 이하

★
42 여닫이 창호용 철물이 아닌 것은?

① 경첩   ② 도어 체크

③ 도어 스톱   ④ 레일

해설 • 여닫이 창호용 철물 : 경첩, 도어 체크, 도어 스톱, 피벗 힌지, 플로어 힌지, 도어 클로저 등
• 미서기, 미닫이 창호용 철물 : 레일, 도어 행거, 크레센트, 호차 등

★
43 시멘트의 응결과 경화에 영향을 주는 요인에 관한 설명으로 옳지 않은 것은?

① 온습도가 높으면 응결, 경화가 빠르다.

② 혼합 용수가 많으면 응결, 경화가 늦다.

③ 풍화된 시멘트는 응결, 경화가 늦다.

④ 분말도가 낮으면 응결, 경화가 빠르다.

해설 시멘트의 응결과 경화 : 가수량이 적을수록, 온도가 높을수록, 분말도가 높을수록 빨라진다.

44 기본 점성이 크며 내수성, 내약품성, 전기절연성이 모두 우수한 만능형 접착제로 금속, 플라스틱, 도자기, 유리, 콘크리트 등의 접합에 사용되며 내구력도 큰 합성수지계 접착제는?

① 에폭시수지 접착제 ② 네오프렌 접착제

③ 요소수지 접착제   ④ 페놀수지 접착제

해설 에폭시수지 접착제 : 내수성·내습성·내약품성·전기절연성이 우수한 만능형 접착제이나, 유연성이 부족하고 가격이 비싸다.

45 구리와 주석의 합금으로 내식성이 크며 주조하기 쉽고 표면에 특유의 아름다운 청록색을 가지고 있어 건축장식철물 또는 미술공예재료에 사용되는 것은?

① 황동　　　　② 청동
③ 양은　　　　④ 적동

해설 청동
- 구리에 주석을 첨가하여 만든 합금으로, 내식성이 크고 주조하기 쉬우며 구리의 우수한 전성과 연성을 가지고 아름다운 청록색을 띤다.
- 동상, 실내·외 장식철물, 공예재료 등에 사용된다.

★
46 목재 또는 기타 식물질을 절삭 또는 파쇄하여 소편으로 하여 충분히 건조시킨 후 합성수지 접착제와 같은 유기질의 접착제를 첨가하여 열압제판한 것은?

① 연질 섬유판　　② 단판 적층재
③ 플로어링보드　　④ 파티클보드

해설 파티클보드(particle board) : 목재 또는 기타 식물질을 작은 조각으로 파쇄하여 합성수지계 접착제를 섞어 고열·고압으로 성형하여 판으로 만든 것으로, 칩보드라고도 한다.

★
47 각 점토제품에 관한 설명으로 옳은 것은?

① 자기질 타일은 흡수율이 매우 낮다.
② 테라코타는 주로 구조재로 사용된다.
③ 내화벽돌은 돌을 분쇄하여 소성한 것으로 점토제품에 속하지 않는다.
④ 소성벽돌이 붉은색을 띠는 것은 안료를 넣었기 때문이다.

해설 점토제품
- 테라코타 : 주로 내·외장 장식용으로 많이 사용된다.
- 내화벽돌 : 내화점토를 원료로 하여 만든 점토제품이다.
- 소성벽돌 : 필요한 강도와 성질을 갖도록 소정의 온도에서 소성한 벽돌로, 점토의 산화철 성분 때문에 붉은색을 띤다.

48 콘크리트 표면에 도포하면 방수재료 성분이 침투하여 콘크리트 내부 공극의 물이나 습기 등과 화학작용이 일어나 공극 내에 규산칼슘 수화물 등과 같은 불용성의 결정체를 만들어 조직을 치밀하게 하는 방수제는?

① 규산질계 도포 방수제
② 시멘트 액체 방수제
③ 실리콘계 유기질용액 방수제
④ 비실리콘계 고분자용액 방수제

해설
- 규산질계 도포 방수제
  - 포틀랜드시멘트·석영입자 및 특수 화학제가 혼합된 제품으로, 콘크리트 내 모세관 공극에 침투하여 결정을 형성하는 침투성 방수제이다.
  - 콘크리트에 존재하는 물과 반응하여 계속적으로 결정을 형성하므로 지속적인 수밀화 콘크리트를 만드는 데 사용된다.
- 시멘트 액체 방수제 : 방수제와 규산질 미분말, 시멘트, 잔골재의 기조합형태의 분말재료를 이용한 방수제이다.
- 실리콘계 유기질용액 방수제 : 실리콘계와 유기질계를 이용한 방수제이다.
- 비실리콘계 고분자용액 방수제 : 비실리콘계의 합성수지를 이용한 방수제이다.

49 석고계 플라스터 중 가장 경질이며 벽 바름재료뿐만 아니라 바닥 바름재료로도 사용되는 것은?

① 킨스 시멘트
② 혼합석고 플라스터
③ 회반죽
④ 돌로마이트 플라스터

해설 킨스 시멘트 : 반수염(半水鹽)으로 소성한 석고에 명반액을 함침·수화(水和)시켜 약 100℃로 소성하여 제조되는 무수석고를 주성분으로 한 시멘트로, 도장이나 각종 석고제품에 사용된다.

50 물–시멘트비가 60%, 단위 시멘트양이 300kg/m³일 경우 필요한 단위수량은?

① 150kg/m³　　② 180kg/m³
③ 210kg/m³　　④ 340kg/m³

해설 단위수량 : 300kg/m³×0.6＝180kg/m³

51 각 석재에 관한 설명으로 옳지 않은 것은?

① 대리석은 강도는 높지만 내화성이 낮고 풍화되기 쉽다.
② 현무암은 내화성은 좋으나 가공이 어려우므로 부순돌로 많이 사용된다.
③ 트래버틴은 화성암의 일종으로 실내장식에 쓰이다
④ 점판암은 얇은 판 채취가 용이하여 지붕재료로 사용된다.

[해설] 트래버틴 : **변성암**으로 실내장식용으로 사용된다.

52 목재의 난연성을 높이는 방화제의 종류가 아닌 것은?

① 제2인산암모늄 ② 황산암모늄
③ 붕산 ④ 황산동 1% 용액

[해설]
• 방화제의 종류 : 제2인산암모늄, 황산암모늄, 붕산, 탄산칼륨, 탄산나트륨
• 황산동 1% 용액 : **수용성 방부제**로 방부성은 우수하나 철재를 부식시키고 인체에 유해하다.

53 주로 열경화성수지로 분류되며, 유리섬유로 강화된 평판 또는 판상제품, 욕조 등에 사용되는 것은?

① 아크릴수지 ② 폴리에스테르수지
③ 폴리에틸렌수지 ④ 초산비닐수지

[해설] 폴리에스테르수지 : 내후성·밀착성·가용성이 우수하나, 내수성·내알칼리성이 부족하다.

열경화성수지	열가소성수지
열에 경화되면 다시 가열해도 연화되지 않는 수지로서 2차 성형은 불가능	화열에 의해 재연화되고 상온에서는 재연화되지 않는 수지로서 2차 성형이 가능
연화점 : 130~200℃	연화점 : 60~80℃
요소수지, 페놀수지, 멜라민수지, 실리콘수지, 에폭시수지, 폴리에스테르수지	염화비닐수지, 초산비닐수지, 폴리스티렌수지, 아크릴수지, 폴리에틸렌수지

54 건축공사의 일반 창유리로 사용되는 것은?

① 석영유리 ② 붕규산유리
③ 칼리석회유리 ④ 소다석회유리

[해설] 소다석회유리 : 일반 건축물의 창유리, 일반 병유리 제조 등에 사용된다.

55 커튼월이나 프리패브재의 접합부, 새시 부착 등의 충전재로 가장 적당한 것은?

① 아교 ② 알부민
③ 실링재 ④ 아스팔트

[해설] 실링재 : 다양한 접합부에 충전재로 사용되며, 용도에 따라 금속용·콘크리트용·유리용 등으로 구분된다.

56 기존 건축마감재의 재료성능 한계를 극복하기 위하여 바이오기술, 환경기술 및 나노기술을 융합한 친환경건축 마감자재 개발이 활발하게 진행되고 있다. 이 중 기능성 마감소재인 광촉매의 기능과 가장 거리가 먼 것은?

① 원적외선 방출기능
② 항균·살균기능
③ 자정(self-cleaning)기능
④ 유기오염물질 분해기능

[해설] 광촉매의 정의
• 빛을 받아들여 화학반응을 촉진시키는 물질을 말한다.
• 이러한 반응을 광화학반응이라고 한다.
광촉매의 기능
• **공기정화기능** : 기상 중의 유해물질(악취물질, 대기오염물질 등)을 산화, 분해하는 기능
• **수질정화기능** : 액상 중의 유해물질을 산화, 분해하는 기능
• **자정(self-cleaning)기능** : 건물 외벽 등의 오염을 분해하여 비 또는 물 등에 의해서 씻겨 흘러내리게 하는 기능
• **항균·살균기능** : 세균의 증식을 억제 또는 세균의 생육 수를 시간 경과에 따라 감소시키는 기능

[정답] 51. ③ 52. ④ 53. ② 54. ④ 55. ③ 56. ①

57 목재의 강도에 영향을 주는 요소와 가장 거리가 먼 것은?

① 수종   ② 색깔
③ 비중   ④ 함수율

해설 목재의 강도에 영향을 주는 요소 : 수종, 비중, 함수율, 온도, 자연적 결점 등

58 목재의 결점에 해당되지 않는 것은?

① 옹이   ② 지선
③ 입피   ④ 수선

해설 수선 : 목재의 횡단면에서 나이테를 횡단하여 방사상으로 달리는 선으로, 수목의 양분 운반이나 저장의 역할을 한다.

★
59 각종 시멘트에 관한 설명으로 옳지 않은 것은?

① 보통 포틀랜드시멘트 — 석회석이 주원료이다.
② 알루미나시멘트 — 보크사이트와 석회석을 원료로 한다.
③ 실리카시멘트 — 수화열이 크고 내해수성이 작다.
④ 고로시멘트 — 초기강도는 약간 낮지만 장기강도는 높다.

해설 실리카시멘트 : 포틀랜드시멘트의 클링커에 실리카질 백토를 섞어 미분쇄하여 만든 혼합 시멘트로, 수화열이 작아서 초기강도는 낮으나 장기강도가 높고 해수 등에 대한 화학저항성이 크다.

60 보통 페인트용 안료를 바니시로 용해한 것은?

① 클리어 래커   ② 에멀션 페인트
③ 에나멜 페인트   ④ 생옻칠

해설 • 에나멜 페인트 : 유성바니시+안료 또는 유성페인트+건조제(페인트와 바니시의 중간)
• 에멀션 페인트 : 수성페인트+합성수지+유화제(수성페인트와 유성페인트의 특성 겸비)

4과목 건축 일반

61 다음 중 주심포양식의 건물은?

① 창덕궁 인정전
② 수덕사 대웅전
③ 봉정사 대웅전
④ 창경궁 명정전

해설 주심포양식 : 수덕사 대웅전, 봉정사 극락전, 부석사 무량수전, 강릉 객사문, 관음사 원통전

★
62 벽돌 벽체쌓기에서 입면으로 볼 경우 같은 켜에 벽돌의 길이와 마구리가 번갈아 보이도록 하는 쌓기법은?

① 불식 쌓기   ② 영식 쌓기
③ 화란식 쌓기   ④ 미식 쌓기

해설 프랑스식(불식) 쌓기
• 한 켜에 길이쌓기와 마구리쌓기가 번갈아 나오게 쌓는 방법
• 통줄눈이 많아 구조적으로 튼튼하지 못하다.
• 외관상으로 보기가 좋다.

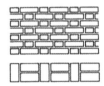

★
63 방염대상물품에 대한 방염성능기준으로 옳지 않은 것은?

① 탄화한 면적 — $50cm^2$ 이내
② 탄화한 길이 — 20cm 이내
③ 불꽃에 의해 완전히 녹을 때까지 불꽃의 접촉횟수 — 3회 이상
④ 소방청장이 정하여 고시한 방법으로 발연량을 측정하는 경우 최대 연기밀도 — 300 이하

해설 방염대상물품의 방염성능기준 : 소방청장이 정하여 고시한 방법으로 발연량을 측정하는 경우 최대 연기밀도는 400 이하

정답 57. ② 58. ④ 59. ③ 60. ③ 61. ② 62. ① 63. ④

64 건물의 피난층 외의 층에서는 거실의 각 부분으로부터 피난층 또는 지상으로 통하는 직통계단까지의 보행거리를 최대 얼마 이하가 되도록 하여야 하는가? (단, 건축물의 주요구조부가 내화구조 또는 불연재료로 되어 있지 않은 경우)

① 10m   ② 20m
③ 30m   ④ 40m

해설 건물의 피난층 외의 층에서는 거실의 각 부분으로부터 피난층 또는 지상으로 통하는 직통계단까지의 보행거리는 최대 30m 이하가 되도록 해야 한다.

65 인체의 열쾌적에 직접적인 영향을 미치는 요소와 가장 거리가 먼 것은?

① 기류   ② 습도
③ 일조   ④ 기온

해설 온열 4요소 : 기류, 습도, 기온, 복사열

66 교육연구시설 중에서 학교의 교실 바닥면적이 300m²인 경우 환기를 위하여 설치하여야 하는 창문 등의 최소 면적은?

① 5m²   ② 10m²
③ 15m²   ④ 30m²

해설 거실의 환기를 위한 개구부의 면적은 바닥면적의 1/20 이상으로 한다.

$$\therefore \ 환기면적 = 300m^2 \times \frac{1}{20} = 15m^2$$

★
67 방염성능기준 이상의 실내장식물 등을 설치하여야 하는 특정소방대상물에 해당되지 않는 것은?

① 아파트를 제외한 건축물로서 층수가 11층 이상인 것
② 방송통신시설 중 방송국
③ 건축물의 옥내에 있는 종교시설
④ 건축물의 옥내에 있는 수영장

해설 방염성능기준 이상의 실내장식물 설치 제외 대상 : 건축물의 옥내에 있는 운동시설 중 수영장은 제외된다.

68 소방안전관리대상물의 소방계획서에 포함되어야 하는 사항이 아닌 것은?

① 화재예방을 위한 자체 점검계획 및 진압대책
② 증축·개축·재축·이전·대수선 중인 단독주택의 공사장 소방안전관리에 대한 사항
③ 소방시설, 피난시설 및 방화시설의 점검, 정비계획
④ 피난층 및 피난시설의 위치와 피난경로의 설정, 장애인 및 노약자의 피난계획 등을 포함한 피난계획

해설 ② 증축·개축·재축·이전·대수선 중인 특정소방대상물의 공사장 소방안전관리에 관한 사항은 소방계획서 작성 사항이 아니다.

69 건축물에 설치하는 계단의 높이가 최소 얼마를 넘을 경우에 계단의 양옆에 난간을 설치해야 하는가?

① 1m   ② 2m
③ 3m   ④ 3.5m

해설 난간의 설치기준 : 높이 1m를 넘는 계단 및 계단참의 양측에는 난간(벽 또는 이에 대치되는 것을 포함)을 설치해야 한다.

★
70 건축물을 건축하거나 대수선하고자 할 때 건축물의 건축주가 해당 건축물의 설계자로부터 구조안전의 확인 서류를 받아 착공신고를 하는 때에 그 확인 서류를 허가권자에게 제출하여야 하는 경우에 해당되는 것은?

① 높이가 8m인 건축물
② 연면적이 300m²인 건축물
③ 처마 높이가 9m인 건축물
④ 기둥과 기둥 사이의 거리가 7m인 건축물

해설 구조안전의 확인 서류 제출 대상
• 처마 높이가 9m 이상인 건축물
• 높이가 13m 이상인 건축물
• 연면적이 500m²인 건축물
• 기둥과 기둥 사이의 거리가 10m 이상인 건축물

정답 64. ③   65. ③   66. ③   67. ④   68. ②   69. ①   70. ③

71 공동 소방안전관리자의 선임이 필요한 소방대상물 중 하나인 고층건축물은 지하층을 제외한 층수가 몇 층 이상인 건축물만을 대상으로 하는가?

① 6층 ② 11층
③ 16층 ④ 18층

해설 공동 소방안전관리자의 선임 : 고층건축물은 지하층을 제외한 층수가 11층 이상인 건축물만 해당

★
72 서양의 건축양식이 시대순으로 옳게 나열된 것은?

① 초기 기독교 – 비잔틴 – 로마네스크 – 고딕
② 로마네스크 – 초기 기독교 – 비잔틴 – 고딕
③ 초기 기독교 – 비잔틴 – 고딕 – 로마네스크
④ 고딕 – 초기 기독교 – 비잔틴 – 로마네스크

해설 서양 건축양식(시대순)
이집트 → 서아시아 → 그리스 → 로마 → 초기 기독교 → 비잔틴 → 로마네스크 → 고딕 → 르네상스 → 바로크 → 로코코

★
73 다음 소방시설 중 소화설비에 속하지 않는 것은?

① 연결송수관설비
② 스프링클러설비
③ 옥내소화전설비
④ 물분무 등 소화설비

해설 연결송수관설비 : 소화활동설비에 속한다.

74 철근콘크리트조의 벽판을 현장 수평지면에서 제작하여 굳은 다음 제자리에 옮겨 놓고, 일으켜 세워서 조립하는 공법은?

① 리프트 슬래브 공법
② 커튼월 공법
③ 포스트텐션 공법
④ 틸트업 공법

해설 틸트업 공법 : 철근콘크리트조의 벽판을 현장의 수평지면에서 제작하여 제자리에 옮겨 놓고, 일으켜 세워서 조립하는 공법

75 천장, 벽, 기둥 등의 건축부분에 광원을 만들어 계획한 건축화조명의 장점으로 거리가 먼 것은?

① 명랑한 느낌을 준다.
② 구조상으로 비용이 저렴한 편이다.
③ 발광면이 넓고 눈부심이 적은 편이다.
④ 조명기구가 보이지 않도록 할 수 있다.

해설 건축화조명의 단점 : 구조상으로 비용이 많이 든다.

76 6층 이상의 거실면적의 합계가 18,000m² 이상인 문화 및 집회 시설 중 전시장의 승용승강기 설치 대수로 옳은 것은? (단, 8인승 이상 15인승 이하의 승강기)

① 6대 ② 7대
③ 8대 ④ 9대

해설 승용승강기의 설치기준

건축물 용도	6층 이상의 거실면적의 합계		
	3,000m² 이하	3,000m² 초과	산정방식
• 문화 및 집회 시설(전시장, 동식물원) • 숙박시설 • 업무시설 • 위락시설	1대	1대에 3,000m² 초과하는 경우→ 그 초과하는 매 2,000m² 이내마다 1대의 비율로 가산한 대수	$1 + \dfrac{A - 3000\text{m}^2}{2000\text{m}^2}$

$$\therefore \; 1 + \frac{A - 3000\text{m}^2}{2000\text{m}^2} = 1 + \frac{18000 - 3000}{2000}$$
$$= 8.5 ≒ 9대(소수점 이하는 1대로 본다.)$$

★
77 건축허가 등을 함에 있어서 미리 소방본부장 또는 소방서장의 동의를 받아야 하는 건축물의 연면적 기준은?

① 150m² 이상 ② 330m² 이상
③ 400m² 이상 ④ 500m² 이상

해설 건축허가 시 사전동의 대상 : 연면적이 400m²(학교시설 등을 건축하고자 하는 경우에는 100m², 노유자시설 및 수련시설의 경우에는 200m²) 이상인 건축물

정답 **71.** ② **72.** ① **73.** ① **74.** ④ **75.** ② **76.** ④ **77.** ③

78 절충식 목조 지붕틀에 관한 설명으로 옳지 않은 것은?

① 지붕보의 배치 간격은 1.8m 정도로 한다.

② 대공이 매우 높을 때는 종보를 사용하기도 한다.

③ 모임지붕일 경우 지붕귀의 부분에는 대공을 받치노록 우ㅣ량을 사용한다.

④ 중도리는 대공 위에, 마룻대는 동자기둥 위에 수평으로 걸쳐 대고 서까래를 받게 한다.

해설 절충식 목조 지붕틀 : 보를 걸고 그 보 위에 동자기둥, 대공을 세워 중도리와 마룻대를 걸쳐 대고 서까래를 받게 한 지붕틀

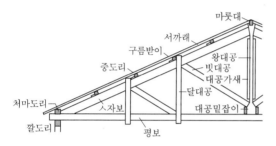

79 갑종 방화문의 경우 일정시간 이상의 비차열성 능이 확보되어야 하는데 그 기준으로 옳은 것은?

① 30분 이상　② 1시간 이상

③ 2시간 이상　④ 3시간 이상

해설 갑종 방화문의 성능기준 : 비차열 1시간 이상

80 화재안전기준에 따라 소화기를 설치하여야 하는 특정소방대상물의 최소 연면적 기준은?

① 20m² 이상　② 33m² 이상

③ 42m² 이상　④ 50m² 이상

해설 수동식 소화기 또는 간이소화용구의 설치기준 : 연면적 33m² 이상

2018년 1회 과년도 출제문제

INTERIOR ARCHITECTURE

실내디자인론

01 다음 설명에 알맞은 사무소 건축의 구성요소는?

> 고대 로마건축의 실내에 설치된 넓은 마당 또는 주위에 건물이 둘러 있는 안마당을 뜻하며 현대건축에서는 이를 실내화시킨 것을 말한다.

① 몰(mall)
② 코어(core)
③ 아트리움(atrium)
④ 랜드스케이프(landscape)

해설 • 몰(mall) : 도심지 내 상업시설로, 고객의 편의를 위한 보행도로로 벤치·화단이나 분수 등을 계획하여 휴식공간을 제공하기도 한다.
• 코어(core) : 수직교통시설(계단실, 엘리베이터), 화장실, 설비관계 등을 건물의 일부분에 집약시켜 공간의 유효면적을 높이기 위한 공간이다.
• 랜드스케이프(landscape) : 단순히 풍경, 조경이라는 뜻이라기보다 주변 환경과 건축을 종속적인 관계로 보는 것을 거부하며 서로 소통하고 통합적이며 대등한 관계로 보는 건축양식을 말한다.

02 주거공간의 주 행동에 따른 분류에 속하지 않는 것은?

① 개인공간
② 정적 공간
③ 작업공간
④ 사회공간

해설 주거공간의 구역 구분
• 주 행동에 의한 구역 구분 : 개인공간, 사회공간, 노동공간, 보건·위생공간, 기타 현관·복도·계단 등
• 행동 반사에 의한 분류 : 정적 공간, 동적 공간
• 주야 사용에 의한 구역 구분

03 점에 관한 설명으로 옳지 않은 것은?

① 많은 점이 같은 조건으로 집결되면 평면감을 준다.
② 두 점의 크기가 같을 때 주의력은 균등하게 작용한다.
③ 하나의 점은 관찰자의 시선을 화면 안에 특정한 위치로 이끈다.
④ 모든 방향으로 펼쳐진 무한히 넓은 영역이며 면들의 교차에서 나타난다.

해설 점의 특성
• 모든 조형요소의 최초의 요소로서 크기는 없고, 위치만 있다.
• 선의 끝과 끝, 선의 교차, 선과 면의 교차에 의해 생성된다.

★
04 다음 설명에 알맞은 블라인드의 종류는?

> • 셰이드(shade) 블라인드라고도 한다.
> • 천을 감아올려 높이 조절이 가능하며 칸막이나 스크린의 효과도 얻을 수 있다.

① 롤 블라인드
② 로만 블라인드
③ 베니션 블라인드
④ 버티컬 블라인드

해설 • 로만 블라인드 : 상부의 줄을 당기면 단이 생기면서 접히는 형식의 블라인드
• 베니션 블라인드 : 수평 블라인드
• 버티컬 블라인드 : 수직 블라인드

05 비정형 균형에 관한 설명으로 옳지 않은 것은?

① 능동의 균형, 비대칭 균형이라고도 한다.
② 대칭 균형보다 자연스러우며 풍부한 개성을 표현할 수 있다.
③ 가장 완전한 균형의 상태로 공간에 질서를 주기가 용이하다.
④ 물리적으로는 불균형이지만 시각상 힘의 정도에 의해 균형을 이루는 것을 말한다.

해설 ③은 대칭적 균형에 관한 설명이다.

06 천장고와 층고에 관한 설명으로 옳은 것은?

① 천장고는 한 층의 높이를 말한다.
② 일반적으로 천장고는 층고보다 작다.
③ 한 층의 천장고는 어디서나 동일하다.
④ 천장고와 층고는 항상 동일한 의미로 사용된다.

해설 ③ 천장고는 어디서나 동일하지 않다.

07 '루빈의 항아리'와 가장 관련이 깊은 형태의 지각심리는?

① 그루핑 법칙
② 역리도형 착시
③ 형과 배경의 법칙
④ 프래그난츠의 법칙

해설 • 그루핑 법칙 : 게슈탈트의 지각심리로, 인간은 형태 및 사물을 인지할 때 하나의 그룹으로 인지한다는 법칙
• 역리도형 착시 : 모순도형 혹은 불가능한 형이라고도 한다. 펜로즈의 삼각형과 펜로즈의 계단이 있다.
• 프래그난츠의 법칙 : 게슈탈트의 지각원리 중 하나로, 단순화의 원리를 말한다.
• 프래그난츠의 세 가지 기본 원리
 － 형태는 양과 질에서 간결화된다.
 － 단순화(pragnanz)는 질서의 법칙이다.
 － 단순화는 의미의 간결화를 구한다.

08 실내디자인의 계획조건 중 외부적 조건에 속하지 않는 것은?

① 개구부의 위치와 치수
② 계획 대상에 대한 교통수단
③ 소화설비의 위치와 방화구획
④ 실의 규모에 대한 사용자의 요구사항

해설 • 내부적 조건 : 고객의 요구사항, 고객의 경제적 조건, 설계 대상의 계획 목적, 사용자의 행위 및 개성 조건, 주변 환경 등
• 외부적 조건 : 입지적 조건, 건축적 조건, 설비적 조건, 법규적 조건 등

09 문(門)에 관한 설명으로 옳지 않은 것은?

① 문의 위치는 가구 배치에 영향을 준다.
② 문의 위치는 공간에서의 동선을 결정한다.
③ 회전문은 출입하는 사람이 충돌할 위험이 없다는 장점이 있다.
④ 미닫이문은 문틀에 경첩을 부착한 것으로 개폐를 위한 면적이 필요하다.

해설 미닫이문 : 벽 안으로 문이 들어가는 형식으로, 문은 서로 겹쳐지지 않는다.

★
10 다음 설명에 알맞은 조명의 연출기법은?

> 물체의 형상만을 강조하는 기법으로, 시각적인 눈부심이 없고 물체의 형상은 강조되나 물체면의 세밀한 묘사는 할 수 없다.

① 스파클 기법   ② 실루엣 기법
③ 월워싱 기법   ④ 글레이징 기법

해설 • 스파클 기법 : 어두운 환경에서 순간적인 반짝임을 이용한 기법
• 월워싱 기법 : 수직벽면을 빛으로 쓸어내리는 듯한 효과. 수직벽면에 균일한 조도의 빛을 비추는 조명 연출기법
• 글레이징 기법 : 빛의 각도를 이용하여 수직면과 평행한 조명을 벽에 조사시킴으로써 마감재의 질감을 효과적으로 강조하는 기법

정답 5. ③ 6. ② 7. ③ 8. ④ 9. ④ 10. ②

11 스툴(stool)의 종류 중 편안한 휴식을 위해 발을 올려놓는 데도 사용되는 것은?

① 세티 　　　　 ② 오토만
③ 카우치 　　　 ④ 이지 체어

해설 · 세티 : 동일한 의자 2개를 나란히 합쳐서 2인이 앉을 수 있는 의자
· 카우치 : 기댈 수 있는 한쪽 끝이 올라간 긴 의자. 잠을 자기 위한 의자
· 이지 체어 : 라운지체어. 작은 휴식용 안락의자

12 아일랜드형 부엌에 관한 설명으로 옳지 않은 것은?

① 부엌의 크기에 관계없이 적용이 용이하다.
② 개방성이 큰 만큼 부엌의 청결과 유지·관리가 중요하다.
③ 가족 구성원 모두가 부엌일에 참여하는 것을 유도할 수 있다.
④ 부엌의 작업대가 식당이나 거실 등으로 개방된 형태의 부엌이다.

해설 아일랜드형 부엌 : 부엌 중앙에 독립된 작업대가 하나의 섬처럼 설치된 부엌으로, 비교적 규모가 있는 부엌에 이용된다.

13 상업공간의 동선계획에 관한 설명으로 옳지 않은 것은?

① 고객 동선은 가능한 한 길게 배치하는 것이 좋다.
② 판매 동선은 고객 동선과 일치하도록 하며 길고 자연스럽게 구성한다.
③ 상업공간 계획 시 가장 우선순위는 고객의 동선을 원활히 처리하는 것이다.
④ 관리 동선은 사무실을 중심으로 매장, 창고, 작업장 등이 최단거리로 연결되는 것이 이상적이다.

해설 ② 판매 동선은 고객 동선과 가급적 교차를 피하고 짧게 한다.

14 다음 중 단독주택에서 거실 규모의 결정요소와 가장 거리가 먼 것은?

① 가족 수 　　　 ② 가족 구성
③ 가구의 배치형식 ④ 전체 주택의 규모

해설 거실의 규모는 가족 수, 가족 구성, 전체 주택의 규모, 접객 빈도 등에 따라 결정된다.

15 오피스 랜드스케이프에 관한 설명으로 옳지 않은 것은?

① 독립성과 쾌적감의 이점이 있다.
② 밀접한 팀워크가 필요할 때 유리하다.
③ 유효면적이 크므로 그만큼 경제적이다.
④ 작업 패턴의 변화에 따른 조절이 가능하다.

해설 오피스 랜드스케이프(office landscape)
· 장점
－커뮤니케이션이 원활하다.
－이동형 칸막이 때문에 공간의 융통성이 좋다.
－전 면적을 유효하게 이용할 수 있어 공간 절약에 효율적이다.
· 단점
－소음으로 업무의 효율성이 떨어진다.
－개인의 프라이버시가 결여되기 쉽다.
－인공조명, 기계환기가 필요하다.

★16 다음 설명에 알맞은 건축화조명의 종류는?

> 창이나 벽의 상부에 설치하는 방식으로 상향일 경우 천장에 반사하는 간접조명의 효과가 있으며, 하향일 경우 벽이나 커튼을 강조하는 역할을 한다.

① 광창조명 　　　 ② 코퍼조명
③ 코니스조명 　　 ④ 밸런스조명

해설 · 광창조명 : 유리나 루버 등의 확산용 판으로 된 광원을 벽면 안에 설치한 직접조명
· 코퍼조명 : 우물천장 사이드에 광원을 숨겨 설치한 간접조명
· 코니스조명 : 벽면의 상부에 길게 설치되어 모든 빛을 아래로 직사하는 조명

17 주택의 실 구성형식 중 LD형에 관한 설명으로 옳은 것은?

① 식사공간이 부엌과 다소 떨어져 있다.
② 이상적인 식사공간 분위기 조성이 용이하다.
③ 식당기능만으로 할애된 독립된 공간을 구비한 형식이다.
④ 거실, 식당, 부엌의 기능을 한곳에서 수행할 수 있도록 계획된 형식이다.

해설 부엌의 유형
• 독립형 부엌 : 비교적 규모가 큰 주택의 부엌. 가사노동 동선이 길어진다.
• LK(Living Kitchen) : 거실＋부엌
• DK(Dining Kitchen) : 식사실＋부엌
• LD(Living Dining) : 거실＋식사실
• LDK(Living Dining Kitchen) : 거실＋식사실＋부엌
• 아일랜드 키친(island kitchen) : 부엌 중앙에 독립된 작업대가 하나의 섬처럼 설치된 부엌
• 키친네트(kitchenette) : 원룸이나 사무실에 설치하는 2m 정도의 소형 간이부엌
• 클로젯 키친(closet kitchen) : 작업대가 하나로 통합된 최소의 부엌

18 다음 중 실내디자인의 조건과 거리가 먼 것은?

① 기능적 조건   ② 경험적 조건
③ 정서적 조건   ④ 환경적 조건

해설 실내디자인의 조건
• 물리적·환경적 조건 : 기상, 기후 등 외부 조건으로부터의 보호
• 기능적 조건 : 인간공학에 따른 공간의 규모, 공간 배치, 동선, 사용빈도 등 고려
• 정서적·심미적 조건 : 예술성, 시대성, 문화성
• 창조적 조건 : 독창성
• 경제적 조건 : 최소의 비용으로 최대의 효과

19 상점의 파사드(façade) 구성요소에 속하지 않는 것은?

① 광고판   ② 출입구
③ 쇼케이스   ④ 쇼윈도

해설 파사드 : 쇼윈도, 출입구 및 홀의 입구부분을 포함한 평면적인 구성요소와 아케이드, 광고판, 사인, 외부 장치를 포함한 입체적인 구성요소의 총체

20 좁은 공간을 시각적으로 넓게 보이게 하는 방법에 관한 설명으로 옳지 않은 것은?

① 한쪽 벽면 전체에 거울을 부착시키면 공간이 넓게 보인다.
② 가구의 높이를 일정 높이 이하로 낮추면 공간이 넓게 보인다.
③ 어둡고 따뜻한 색으로 공간을 구성하면 공간이 넓게 보인다.
④ 한정되고 좁은 공간에 소규모의 가구를 놓으면 시각적으로 넓게 보인다.

해설 공간이 넓어 보이는 색 : 팽창색, 진출색, 밝은색, 따뜻한 색

2과목 색채 및 인간공학

21 원래의 감각과 반대의 밝기 또는 색상을 가지는 잔상은?

① 정의 잔상   ② 양성적 잔상
③ 음성적 잔상   ④ 명도적 잔상

해설 원자극의 형상과 닮았지만 밝기와 색상이 반대인 잔상은 부의 잔상(음성 잔상)이다.

22 피로조사의 목적과 가장 거리가 먼 것은?

① 작업자의 건강관리
② 작업자 능력의 우열 평가
③ 작업조건, 근무제의 개선
④ 노동 부담의 평가와 적정화

해설 피로조사의 목적
• 작업자의 건강관리
• 작업조건, 근무제의 개선
• 노동 부담의 평가와 적정화

23 그림과 같은 인간-기계시스템의 정보 흐름에 있어 빈칸의 (a)와 (b)에 들어갈 용어로 맞는 것은?

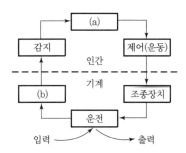

① (a) 표시장치, (b) 정보처리
② (a) 의사결정, (b) 정보저장
③ (a) 표시장치, (b) 의사결정
④ (a) 정보처리, (b) 표시장치

해설 인간-기계시스템

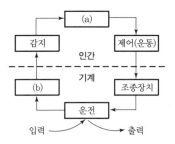

24 표시장치를 디자인할 때 고려해야 할 내용으로 틀린 것은?

① 지시가 변한 것을 쉽게 발견해야 한다.
② 계기는 요구된 방법으로 빨리 읽을 수 있어야 한다.
③ 그 계기는 다른 계기와 동일한 모양이어야 한다.
④ 제어의 움직임과 계기의 움직임이 직관적으로 일치해야 한다.

해설 표시장치는 가시도, 주목성, 판별 가능도, 이해 가능도 등을 고려해야 한다.

25 인간의 청각을 고려한 신호 표현을 구상할 때의 내용으로 틀린 것은?

① 청각으로 과부하되지 않게 한다.
② 지나치게 고강도의 신호는 피한다.
③ 지속적인 신호로 인지할 수 있게 한다.
④ 주변 소음 수준에 상대적인 세기로 설정한다.

26 인간공학에 관한 설명으로 가장 거리가 먼 것은?

① 단일 학문으로서 깊이 있는 분야이므로 다른 학문과는 관련지을 수 없는 독립된 분야이다.
② 체계적으로 인간의 특성에 관한 정보를 연구하고 이들의 정보를 제품 및 환경 설계에 이용하고자 노력하는 학문이다.
③ 인간이 사용하는 제품이나 환경을 설계하는 데 인간의 생리적·심리적인 면에서의 특징이나 한계점을 체계적으로 응용한다.
④ 인간이 사용하는 제품이나 환경을 설계하는 데 인간의 특성에 관한 정보를 응용함으로써 안전성·효율성을 제고하고자 하는 학문이다.

해설 인간공학은 다른 학문과의 연계성을 추구하는 분야이다.

27 색채조화이론에서 보색조화와 유사색조화 이론과 관계있는 사람은?

① 슈브뢸(M.E.Chevreul)
② 베졸드(Bezold)
③ 브뤼케(Brücke)
④ 럼포드(Rumford)

해설 슈브뢸의 조화론
• 슈브뢸은 《색채조화와 대비의 원리》라는 책에서 "색채조화는 유사성의 조화와 대조에서 이루어진다."라고 주장하였다.
• 이 조화론은 잔상과 계속대비, 동시대비의 효과와 병치혼합의 연구로 옵아트, 인상주의 등의 화파에 영향을 주기도 하였다.

28 일반적으로 관찰되는 인체측정자료의 분포곡선으로 맞은 것은?

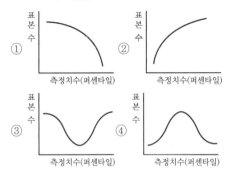

★
29 색의 요소 중 시각적인 감각이 가장 예민한 것은?

① 색상　　　　　② 명도
③ 채도　　　　　④ 순도

해설 인간의 눈은 명도에 가장 민감하다.

30 음압수준(sound pressure level)을 산출하는 식으로 맞은 것은? (단, P_0는 기준음압, P_1은 주어진 음압을 의미한다.)

① dB 수준 $= 10\log\left(\dfrac{P_1}{P_0}\right)$

② dB 수준 $= 20\log\left(\dfrac{P_1}{P_0}\right)$

③ dB 수준 $= 10\log\left(\dfrac{P_1}{P_0}\right)^3$

④ dB 수준 $= 20\log\left(\dfrac{P_1}{P_0}\right)^3$

31 단위시간에 어떤 방향으로 발산되고 있는 빛의 양은?

① 광도　　　　　② 광량
③ 광속　　　　　④ 휘도

해설 광도
• 단위시간에 어떤 방향으로 송출하고 있는 빛의 강도를 표시하는 것으로, 광원의 방향에 따라 다르다.
• 단위는 cd(칸델라)이다.

32 인간이 수행하는 작업의 노동강도를 나타내는 것은?

① 인간생산성　　② 에너지소비량
③ 기초대사율　　④ 노동능력대사율

해설 에너지소비량
• 인간이 수행하는 작업의 노동강도를 나타내는 것으로, 작업자가 작업을 수행할 때의 작업방법·작업자세·작업속도·작업도구 등에 의해 에너지소비량은 달라진다.
• 에너지소비량은 분당 칼로리 소모량에 의해 측정되며 단위는 kcal/min이다.

33 1905년에 색상, 명도, 채도의 3속성에 기반한 색채분류 척도를 고안한 미국의 화가이자 미술교사였던 사람은?

① 오스트발트　　② 헤링
③ 먼셀　　　　　④ 저드

해설 먼셀 표색계 : 1905년 먼셀에 의해 창안되었으며, 물체 표면의 색지각을 기초로 심리적인 색의 속성을 색상(H), 명도(V), 채도(C)로 규정하였다. HV/C로 표기한다.

34 다음 이미지 중에서 주로 명도와 가장 상관관계가 높은 것은?

① 온도감　　　　② 중량감
③ 강약감　　　　④ 경연감

해설 색채의 중량감 : 색의 명도에 따라 무겁고 가볍게 보이는 시각현상이다.

35 KS(한국산업규격)의 색명에 대한 설명이 틀린 것은?

① KS A 0011에 명시되어 있다.
② 색명은 계통색명만 사용한다.
③ 유채색의 기본 색이름은 빨강, 주황, 노랑, 연두, 초록, 청록, 파랑, 남색, 보라, 자주, 분홍, 갈색이다.
④ 계통색명은 무채색과 유채색 이름으로 구분한다.

해설 색명에는 관용색명과 계통색명이 있다.

36 색의 온도감에 대한 설명 중 틀린 것은?

① 색의 온도감은 대상에 대한 연상작용과 관계가 있다.
② 난색은 일반적으로 포근, 유쾌, 만족감을 느끼게 하는 색채이다.
③ 녹색, 자색, 적자색, 청자색 등은 중성색이다.
④ 한색은 일반적으로 수축, 후퇴의 성질을 가지고 있다.

해설 ③ 녹색·자주·황록색은 중성색이나, 청자색은 한색이다.

37 제품색채 설계 시 고려해야 할 사항으로 옳은 것은?

① 내용물의 특성을 고려하여 정확하고 효과적인 제품색채 설계를 해야 한다.
② 전달되는 표면 색채의 질감 및 마감처리에 의한 색채 정보는 고려하지 않아도 된다.
③ 상징적 심벌은 동양이나 서양이나 반드시 유사하므로 단일색채를 설계해도 무방하다.
④ 스포츠팀의 색채는 지역과 기업을 상징하기에 보다 배타적으로 설계를 고려하여야 한다.

38 먼셀 표색계에서 정의한 5개의 기본 색상 중에 해당되지 않는 것은?

① 빨강　② 보라
③ 파랑　④ 주황

해설 먼셀 표색계의 5개 기본 색상은 **빨강, 노랑, 초록, 파랑, 보라**이다.

39 다음 중 유사색상의 배색은?

① 빨강-노랑
② 연두-녹색
③ 흰색-흑색
④ 검정-파랑

해설 유사색상의 배색은 서로 인접한 색에 의한 배색이다.

40 문·스펜서의 색채조화론에 대한 설명 중 틀린 것은?

① 먼셀 표색계로 설명이 가능하다.
② 정량적으로 표현이 가능하다.
③ 오메가 공간으로 설정되어 있다.
④ 색채의 면적관계를 고려하지 않았다.

해설 문·스펜서는 면적이 조화에 영향을 미치는 경우에 채도가 높은 색은 면적을 작게 한다고 규정하고, 작은 면적의 강한 색과 큰 면적의 약한 색과는 어울린다는 배색의 균형을 식으로 나타냈다.

3과목　건축재료

41 카세인의 주원료에 해당하는 것은?

① 소, 돼지 등의 혈액
② 녹말
③ 우유
④ 소, 말 등의 가죽이나 뼈

해설 카세인 : 지방질을 뺀 우유로부터 응고 단백질을 만든 건조분말로, 내수성 및 접착력이 우수한 단백질계 동물질 접착제이다.

42 석고보드에 관한 설명으로 옳지 않은 것은?

① 방수, 방화 등 용도별 성능을 가지도록 제작할 수 있다.
② 벽, 천장, 칸막이 등에 합판 대용으로 주로 사용된다.
③ 내수성, 내충격성은 매우 강하나 단열성, 차음성이 부족하다.
④ 주원료인 소석고에 혼화제를 넣고 물로 반죽한 후 2장의 강인한 보드용 원지 사이에 채워 넣어 만든다.

해설 석고보드 : 내수성·내충격성은 약하나, 단열성·차음성이 우수하다.

43 2장 이상의 판유리 사이에 접착성이 강한 플라스틱 필름을 삽입하고 고열·고압으로 처리한 유리는?

① 강화유리   ② 복층유리
③ 망입유리   ④ 접합유리

해설 접합유리
- 유리 파손 시 파편이 되어 날아가는 것을 방지하기 위하여 두 개 이상의 유리판 사이에 수지층을 넣어 만든 유리이다.
- 일반 유리판 사이에 플라스틱으로 접합된 유리섬유를 끼워 넣은 유리를 말한다.

★
44 석재의 일반적인 특징에 관한 설명으로 옳지 않은 것은?

① 내구성, 내화학성, 내마모성이 우수하다.
② 외관이 장중하고, 석질이 치밀한 것을 갈면 미려한 광택이 난다.
③ 압축강도에 비해 인장강도가 작다.
④ 가공성이 좋으며 장대재를 얻기 용이하다.

해설 석재의 단점
- 장대재를 얻기 어렵고 비중이 크며 가공성이 나쁘다.
- 인장강도는 압축강도의 1/10~1/40 정도이다.

45 인조석 등 2차 제품의 제작이나 타일의 줄눈 등에 사용하는 시멘트는?

① 백색 포틀랜드시멘트
② 초조강 포틀랜드시멘트
③ 중용열 포틀랜드시멘트
④ 알루미나시멘트

해설 백색 포틀랜드시멘트 : 제조 공정은 보통 시멘트와 같으나 성분 중에 산화철(Fe_2O_3)이 거의 포함돼 있지 않은 백색 점토와 석회석을 원료로 한 순백의 시멘트

46 콘크리트 슬럼프용 시험기구에 해당되지 않는 것은?

① 수밀평판   ② 압력계
③ 슬럼프콘   ④ 다짐봉

해설 슬럼프용 시험기구 : 콘크리트의 컨시스턴시·시공 연도를 시험하는 기구로, 수밀평판·슬럼프콘·다짐봉 등이 있다.

★
47 단열재에 관한 설명으로 옳지 않은 것은?

① 유리면−유리섬유를 이용하여 만든 제품으로서 유리솜 또는 글라스울이라고도 한다.
② 암면−상온에서 열전도율이 낮은 장점을 가지고 있으며 철골 내화피복재로서 많이 이용된다.
③ 석면−불연성·보온성이 우수하고 습기에서 강하여 사용이 적극 권장되고 있다.
④ 펄라이트 보온재−경량이며 수분 침투에 대한 저항성이 있어 배관용의 단열재로 사용된다.

해설 석면 : 내화성 및 단열성은 우수하나 습기에 약하고, 환경오염물질이므로 사용을 지양한다.

★
48 전건(全乾) 목재의 비중이 0.4일 때, 이 전건(全乾) 목재의 공극률은?

① 26%   ② 36%
③ 64%   ④ 74%

해설 목재의 공극률(V)

$$V = 1 - \left(\frac{r}{1.54}\right) \times 100\%$$

$$= 1 - \frac{0.4}{1.54} \times 100\% \fallingdotseq 74\%$$

여기서, r : 절건비중, 1.54 : 목재의 섬유질 비중

★
49 실외 조적공사 시 조적조의 백화현상 방지법으로 옳지 않은 것은?

① 우천 시에는 조적을 금지한다.
② 가용성 염류가 포함되어 있는 해사를 사용한다.
③ 줄눈용 모르타르에 방수제를 섞어서 사용하거나, 흡수율이 작은 벽돌을 선택한다.
④ 내벽과 외벽 사이 조적 하단부와 상단부에 통풍구를 만들어 통풍을 통한 건조상태를 유지한다.

정답   43. ④   44. ④   45. ①   46. ②   47. ③   48. ④   49. ②

해설 백화현상 방지법
- 가용성 염류가 포함되어 있는 해사를 사용하면 백화현상이 증대될 수 있으므로 주의해야 한다.
- 파라핀 도료를 발라서 염류의 유출을 막는다.

★ 50 다음 철물 중 창호용이 아닌 것은?
① 안장쇠　　② 크레센트
③ 도어 체인　④ 플로어 힌지

해설 안장쇠 : 양식 목조건축 등의 큰보와 작은보를 설치하는 데 사용되는 안장 모양의 철물이다.

51 석탄산과 포르말린의 축합반응에 의하여 얻어지는 합성수지로서 전기절연성, 내수성이 우수하며 덕트, 파이프, 접착제, 배전판 등에 사용되는 열경화성 합성수지는?
① 페놀수지　　② 염화비닐수지
③ 아크릴수지　④ 불소수지

해설 페놀수지
- 베이클라이트로 알려져 있으며, 내산성·내열성·내수성·강도·전기절연성 모두 우수하나 내알칼리성은 약하다.
- 전기제품, 내수합판, 덕트, 파이프, 발포보온관, 배전판, 전기통신 자재류, 접착제로 사용된다.

합성수지의 종류

열경화성수지	열가소성수지
열에 경화되면 다시 가열해도 연화되지 않는 수지로서 2차 성형은 불가능	화열에 의해 재연화되고 상온에서는 재연화되지 않는 수지로서 2차 성형이 가능
연화점 : 130~200℃	연화점 : 60~80℃
요소수지, 페놀수지, 멜라민수지, 실리콘수지, 에폭시수지, 폴리에스테르수지	염화비닐수지, 초산비닐수지, 폴리스티렌수지, 아크릴수지, 폴리에틸렌수지

52 금속면의 화학적 표면처리재용 도장재로 가장 적합한 것은?
① 셀락니스　　② 에칭 프라이머
③ 크레오소트유　④ 캐슈

해설 에칭 프라이머 : 금속의 표면처리용에 사용하는 도료로, 부틸수지·알코올·인산·방청안료 등을 주요 원료로 한다.

53 유리에 관한 설명으로 옳지 않은 것은?
① 강화유리는 보통유리보다 3~5배 정도 내충격강도가 크다.
② 망입유리는 도난 및 화재 확산 방지 등에 사용된다.
③ 복층유리는 방음, 방서, 단열효과가 크고 결로방지용으로도 우수하다.
④ 판유리 중 두께 6mm 이하의 얇은 판유리를 후판유리라고 한다.

해설 후판유리 : 두께 6mm 이상인 유리로 채광용보다는 실내 차단용, 칸막이벽, 스크린(screen), 통유리문, 가구, 특수구조 등에 쓰인다.

★ 54 스트레이트 아스팔트(A)와 블론 아스팔트(B)의 성질을 비교한 것으로 옳지 않은 것은?
① 신도는 A가 B보다 크다.
② 연화점은 B가 A보다 크다.
③ 감온성은 A가 B보다 크다.
④ 접착성은 B가 A보다 크다.

해설 스트레이트 아스팔트(strait asphalt)
- 원유로부터 아스팔트 성분을 가능한 한 변화시키지 않고 추출한 것으로, 신장성·접착성·방수성이 매우 풍부하다.
- 연화점은 비교적 낮고 온도에 대한 감온성과 신도는 크다.
- 주로 지하 방수공사 및 아스팔트 펠트 삼투용에 사용된다.

블론 아스팔트(blown asphalt)
- 아스팔트 제조 중에 공기 또는 공기와 증기의 혼합물을 불어넣어 부분적으로 산화시킨 것으로, 내구력이 크다.
- 연화점은 비교적 높으나 온도에 대한 감온성과 신도는 작다.
- 주로 지붕 방수제로 사용된다.

정답 50. ①　51. ①　52. ②　53. ④　54. ④

55 각 합성수지와 이를 활용한 제품의 조합으로 옳지 않은 것은?

① 멜라민수지 – 천장판
② 아크릴수지 – 채광판
③ 폴리에스테르수지 – 유리
④ 폴리스티렌수지 – 발포보온판

해설 • 폴리에스테르수지 : 도료, 접착제 등
• 불포화 폴리에스테르수지 : 아케이드 천장, 루버, 칸막이 등
• 메타크릴수지 : 유리

★
56 목재 섬유포화점에서의 함수율은 약 몇 %인가?

① 20%　　　　② 30%
③ 40%　　　　④ 50%

해설 목재의 섬유포화점 : 세포 사이의 수분이 증가하여 세포막 내의 수분만 남고 세포수가 증발하는 경계점으로, 함수율은 30%이다.

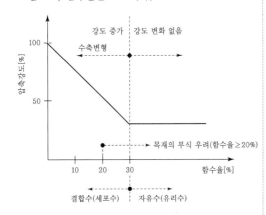

57 점토의 물리적 성질에 관한 설명으로 옳지 않은 것은?

① 비중은 불순한 점토일수록 낮다.
② 점토입자가 미세할수록 가소성은 좋아진다.
③ 인장강도는 압축강도의 약 10배이다.
④ 비중은 약 2.5~2.6 정도이다.

해설 점토 : 인장강도는 0.3~1MPa이고, 압축강도는 인장강도의 5배이다.

58 속빈 콘크리트블록(KS F 4002)의 성능을 평가하는 시험 항목과 거리가 먼 것은?

① 기건비중 시험
② 전단면적에 대한 압축강도 시험
③ 내충격성 시험
④ 흡수율 시험

해설 속빈 콘크리트블록
• 콘크리트블록의 경량화나 보강용 철근을 삽입할 목적으로 구멍을 뚫은 블록이다.
• 성능 평가 시험은 주로 건축물에 사용하는 속빈 콘크리트블록의 치수, 기건비중, 압축강도, 흡수율을 측정한다.

★
59 미장재료의 종류와 특성에 관한 설명으로 옳지 않은 것은?

① 시멘트모르타르는 시멘트 결합재로 하고 모래를 골재로 하여 이를 물과 혼합하여 사용하는 수경성 미장재료이다.
② 테라초 현장바름은 주로 바닥에 쓰이고 벽에는 공장제품 테라초판을 붙인다.
③ 소석회는 돌로마이트 플라스터에 비해 점성이 높고, 작업성이 좋기 때문에 풀을 필요로 하지 않는다.
④ 석고 플라스터는 경화·건조 시 치수안정성이 우수하며 내화성이 높다.

해설 • 소석회 : 점성이 낮아서 바름작업 시 해초풀을 넣어서 부착력을 증대시켜야 한다.
• 돌로마이트 플라스터 : 돌로마이트·석회·모래·여물 등을 혼합한 바름재료로, 소석회에 비해서 점성이 높아 풀이 필요 없으며 경도가 크다.

★
60 시멘트의 수화열을 저감시킬 목적으로 제조한 시멘트로 매스콘크리트용으로 사용되며, 건조수축이 적고 화학저항성이 일반적으로 큰 것은?

① 조강 포틀랜드시멘트
② 중용열 포틀랜드시멘트
③ 실리카시멘트
④ 알루미나시멘트

해설 **중용열 포틀랜드시멘트**
- 보통 포틀랜드시멘트보다 실리카를 많이 포함하고 산화칼슘을 적게 포함한 시멘트이다.
- 보통 포틀랜드시멘트에 비해서 수화(水和)속도가 늦으므로 발열이 적고 경화가 늦다.
- 부식에 대한 저항성이 크고 수축률이 작으며 안전성이 크다.

4과목 건축 일반

61 익공계 양식에 관한 설명으로 옳지 않은 것은?
① 조선시대 초 우리나라에서 독자적으로 발전된 공포양식이다.
② 향교, 서원, 사당 등 유교 건축물에서 주로 사용되었다.
③ 봉정사 극락전이 대표적인 건축물이다.
④ 주심포양식이 단순화되고 간략화된 형태이다.

해설 **봉정사 극락전**
- 부석사 무량수전과 함께 가장 오래된 목조건축물
- 배흘림기둥
- 사람인자(人) 모양의 맞배지붕에 지붕 처마를 받치는 장식인 공포가 위에만 있는 주심포양식

62 다음과 같은 조건에서 겨울철 벽체 내부에 발생하는 결로현상에 관한 설명으로 옳은 것은?

> 콘크리트와 단열재로 구성된 벽체로서 콘크리트 전체 두께와 단열재 종류, 두께는 같고 단열재 위치만 다른 외벽체의 경우로 내단열, 외단열, 중단열구조를 가정한다.

① 내단열구조의 경우가 내부 결로의 발생 우려가 가장 적다.
② 외단열구조의 경우가 내부 결로의 발생 우려가 가장 적다.
③ 중단열구조의 경우가 내부 결로의 발생 우려가 가장 적다.
④ 두께가 같으면 내부 결로의 발생 정도는 동일하다.

해설 **외단열구조**
- 내부 결로의 발생 우려가 적다.
- 연속 난방에 유리하며 실온 변동이 작다.
- 열적으로 유리하다.
- 일체화된 시공으로 열교현상이 발생하지 않는다.

63 지하층의 비상탈출구에 관한 기준으로 옳지 않은 것은?
① 비상탈출구의 유효너비는 0.75m 이상으로 하고, 유효높이는 1.5m 이상으로 할 것
② 비상탈출구의 진입부분 및 피난통로에는 통행에 지장이 있는 물건을 방치하거나 시설물을 설치하지 아니할 것
③ 비상탈출구의 문은 피난 방향으로 열리도록 하고, 실내에서 항상 열 수 있는 구조로 하여야 하며, 내부 및 외부에는 비상탈출구의 표시를 할 것
④ 비상탈출구는 출입구로부터 3m 이내에 설치할 것

해설 지하층의 비상탈출구의 설치기준 : 출입구로부터 3m 이상 떨어진 곳에 설치해야 한다.

64 건축구조물을 건식구조와 습식구조로 구분할 때 건식구조에 속하는 것은?
① 철골철근콘크리트구조
② 블록구조
③ 철근콘크리트구조
④ 철골구조

해설 **건식구조**
- 기성재를 짜 맞추어 구성하는 가구식 구조이다.
- 물은 거의 사용하지 않는다.
- 작업이 간단하여 공사기간이 단축된다.
- 대량생산과 경제성을 고려한다.
- **목구조, 철골구조**가 이에 속한다.
습식구조
- 물을 사용하는 재료에 의해 만들어진다.
- 철근콘크리트구조, 철골철근콘크리트구조가 이에 속한다.

65 실내음향의 상태를 표현하는 요소와 가장 거리가 먼 것은?

① 명료도　　　② 잔향시간
③ 음압 분포　　④ 투과손실

해설 실내음향의 요소 : 명료도, 잔향시간, 음압 분포, 소음 레벨

★
66 다음 중 경보설비에 포함되지 않는 것은?

① 자동화재속보설비
② 비상조명등
③ 비상방송설비
④ 누전경보기

해설 경보설비 : 자동화재속보설비, 비상방송설비, 누전경보기

67 로마네스크 건축양식에 해당하는 것은?

① 피사 대성당
② 솔즈베리 대성당
③ 파르테논 신전
④ 노트르담 사원

해설 피사 대성당
• 유럽 중세 시기에 이탈리아의 상업도시였던 피사에 위치해 있는 이탈리아 로마네스크건축을 대표하는 주교좌 성당(대성당)
• 피사의 사탑이라는 이름으로 알려진 종루, 세례당, 묘지 캄포산토('성스러운 토지'라는 뜻) 등을 갖추었다.

★
68 방염성능기준 이상의 실내장식물 등을 설치하여야 하는 특정소방대상물에 해당하는 것은?

① 12층인 아파트
② 건축물의 옥내에 있는 운동시설 중 수영장
③ 옥외 운동시설
④ 방송통신시설 중 방송국

해설 방염성능기준 이상의 실내장식물 설치 대상 : 근린생활시설 중 체력단련장, 숙박시설, 방송통신시설 중 방송국 및 촬영소

69 자동화재탐지설비를 설치해야 하는 특정소방대상물이 되기 위한 근린생활시설(목욕장은 제외)의 연면적 기준으로 옳은 것은?

① 600m² 이상인 것
② 800m² 이상인 것
③ 1,000m² 이상인 것
④ 1,200m² 이상인 것

해설 자동화재탐지설비의 설치 대상 : 근린생활시설(목욕장은 제외), 의료시설, 숙박시설, 위락시설, 장례시설 및 복합건축물로서 연면적 600m² 이상인 것

★
70 건축허가 등을 할 때 미리 소방본부장 또는 소방서장의 동의를 받아야 하는 건축물의 연면적 기준으로 옳은 것은?

① 200m² 이상　　② 300m² 이상
③ 400m² 이상　　④ 500m² 이상

해설 건축허가 사전동의 대상의 연면적 기준 : 연면적이 400m²(학교시설 등을 건축하는 경우에는 100m², 노유자시설 및 수련시설의 경우에는 200m²) 이상인 건축물

★
71 다음 소방시설 중 소화설비에 속하지 않는 것은?

① 상수도소화용수설비
② 소화기구
③ 옥내소화전설비
④ 스프링클러설비 등

해설 소화설비
• 소화기구
• 옥내소화전설비, 옥외소화전설비
• 스프링클러설비, 간이스프링클러설비, 화재조기진압용 스프링클러설비
• 물분무소화설비, 미분무소화설비, 포소화설비, 이산화탄소 소화설비, 할로겐화합물 소화설비, 청정소화약제 소화설비, 분말소화설비
소화용수설비
• 상수도소화용수설비
• 소화구조, 저수조, 그 밖의 소화용수설비

72 소방안전관리보조자를 두어야 하는 특정소방대상물에 포함되는 아파트는 최소 몇 세대 이상의 조건을 갖추어야 하는가?

① 200세대 이상   ② 300세대 이상
③ 400세대 이상   ④ 500세대 이상

해설 소방안전관리보조자가 있어야 하는 아파트는 300세대 이상인 아파트이다.

73 호텔 각 실의 재료 중 방염성능기준 이상의 물품으로 시공하지 않아도 되는 것은?

① 지하 1층 연회장의 무대용 합판
② 최상층 식당의 창문에 설치하는 커튼류
③ 지상 1층 라운지의 전시용 합판
④ 지상 3층 객실의 화장대

해설 방염대상물품
- 전시용 합판 또는 섬유판, 무대용 합판 또는 섬유판
- 창문에 설치하는 커튼류, 블라인드
- 카펫, 두께가 2mm 미만인 벽지류로서 종이벽지를 제외한 것
- 암막, 무대막(영화상영관, 골프연습장업에 설치하는 스크린 포함)

★
74 배연설비의 설치기준으로 옳지 않은 것은?

① 건축물이 방화구획으로 구획된 경우에는 그 구획마다 1개소 이상의 배연창을 설치하되, 배연창의 상변과 천장 또는 반자로부터 수직거리가 1.2m 이내일 것
② 배연구는 예비전원에 의하여 열 수 있도록 할 것
③ 배연창 설치에 있어 반자 높이가 바닥으로부터 3m 이상인 경우에는 배연창의 하변이 바닥으로부터 2.1m 이상의 위치에 놓이도록 설치할 것
④ 배연구는 연기감지기 또는 열감지기에 의하여 자동으로 열 수 있는 구조로 하되, 손으로도 열고 닫을 수 있도록 할 것

해설 건축물이 방화구획으로 구획된 경우에는 그 구획마다 1개소 이상의 배연창을 설치하되, 배연창의 상변과 천장 또는 반자로부터 수직거리가 0.9m 이내이어야 한다.

75 공동주택과 오피스텔의 난방설비를 개별난방방식으로 할 경우 설치기준으로 옳지 않은 것은?

① 보일러실과 거실 사이의 출입구는 그 출입구가 닫힌 경우에도 보일러 가스가 거실에 들어갈 수 없는 구조로 할 것
② 보일러실의 윗부분에는 그 면적이 0.5m 이상인 환기창을 설치하고, 보일러실의 윗부분과 아랫부분에는 각각 지름 10cm 이상의 공기 흡입구 및 배기구를 항상 열려 있는 상태로 바깥공기에 접하도록 설치할 것(단, 전기보일러실의 경우는 예외)
③ 보일러는 거실 외의 곳에 설치하며 보일러를 설치하는 곳과 거실 사이의 경계벽은 출입구를 포함하여 내화구조로 구획할 것
④ 기름보일러를 설치하는 경우에는 기름저장소를 보일러실 외의 다른 곳에 설치할 것

해설 보일러는 거실 이외의 곳에 설치하며 보일러를 설치하는 곳과 거실 사이의 경계벽은 내화구조 벽으로 구획해야 한다(출입구는 제외).

76 다음은 건축물의 최하층에 있는 거실(바닥이 목조인 경우)의 방습조치에 관한 규정이다. ( ) 안에 들어갈 내용으로 옳은 것은?

> 건축물의 최하층에 있는 거실 바닥의 높이는 지표면으로부터 ( ) 이상으로 하여야 한다. 다만, 지표면을 콘크리트 바닥으로 설치하는 등 방습을 위한 조치를 하는 경우에는 그러하지 아니하다.

① 30cm   ② 45cm
③ 60cm   ④ 75cm

해설 건축물의 최하층에 있는 거실의 바닥이 목조인 경우에는 그 바닥 높이를 지면으로부터 45cm 이상으로 해야 한다.

77 41층의 업무시설을 건축하는 경우에 6층 이상의 거실면적 합계가 30,000m²이다. 15인승 승용 승강기를 설치하는 경우에 최소 몇 대가 필요한가?

① 11대   ② 12대
③ 14대   ④ 15대

해설 승용승강기의 설치기준

건축물 용도	6층 이상의 거실면적의 합계		
	3,000m² 이하	3,000m² 초과	산정방식
• 문화 및 집회 시설(전시장, 동식물원) • 숙박시설 • 업무시설 • 위락시설	1대	1대에 3,000m² 초과하는 경우 → 그 초과하는 매 2,000m² 이내마다 1대의 비율로 가산한 대수	$1 + \dfrac{A - 3000m^2}{2000m^2}$

$$\therefore \ 1 + \frac{A - 3000m^2}{2000m^2} = 1 + \frac{30000 - 3000}{2000}$$

$$= 14.5 ≒ 15대(소수점\ 이하는\ 1대로\ 본다.)$$

★
78 벽돌벽에 장식적으로 여러 모양의 구멍을 내어 쌓는 방식을 무엇이라 하는가?

① 영식 쌓기   ② 영롱쌓기
③ 불식 쌓기   ④ 공간쌓기

해설 영롱쌓기 : 벽돌을 여러 모양으로 구멍을 내어 장식적으로 쌓는 방법

79 철골구조에 관한 설명으로 옳지 않은 것은?

① 장스팬을 요하는 구조물에 적합하다.
② 컬럼 쇼트닝 현상이 발생할 수 있다.
③ 사용 성에 있어 진동의 영향을 받지 않는다.
④ 철근콘크리트조에 비하여 경량이다.

해설 철골구조의 단점
• 내구성 · 내화성이 약해서 강도 저하나 변경이 쉽게 일어난다.
• 비내화적이므로 화재에 불리하다.
• 압축재(기둥)의 좌굴이 생기기 쉽다.
• 부재가 고가이므로 건축비가 비싸다.

★
80 단독주택의 거실에 있어 거실 바닥면적에 대한 채광면적(채광을 위하여 거실에 설치하는 창문 등의 면적)의 비율로서 옳은 것은?

① 1/7 이상   ② 1/10 이상
③ 1/15 이상   ④ 1/20 이상

해설 거실의 채광을 위한 개구부의 면적은 바닥면적의 1/10 이상으로 한다.

정답   77. ④   78. ②   79. ③   80. ②

2018년 2회 과년도 출제문제

INTERIOR ARCHITECTURE

1과목 실내디자인론

01 상점 구성의 기본이 되는 상품계획을 시각적으로 구체화시켜 상점 이미지를 경영 전략적 차원에서 고객에게 인식시키는 표현 전략은?

① VMD
② 슈퍼 그래픽
③ 토큰 디스플레이
④ 스테이지 디스플레이

해설
• VMD : V(Visual ; 시각화)＋MD(MerchanDising ; 상품화 계획). 상품계획, 상점환경, 판촉 등을 시각화하여 상점 이미지를 고객에게 인식시키는 판매전략이다.
• 슈퍼 그래픽 : 환경디자인의 유형으로 건물 외벽이나 도심 거리의 담, 공사 현장의 가림막 등에 직접 작업한 그림, 그래픽 등으로 표현한 것
• 스테이지 디스플레이 : 상점 내 디스플레이를 하기 위한 낮은 단상, 스테이지

★
02 부엌가구의 배치유형 중 L자형에 관한 설명으로 옳지 않은 것은?

① 부엌과 식당을 겸할 경우 많이 활용된다.
② 두 벽면을 이용하여 작업대를 배치한 형식이다.
③ 작업면이 가장 넓은 형식으로 작업효율도 가장 좋다.
④ 한쪽 면에 싱크대를, 다른 면에 가열대를 설치하면 능률적이다.

해설 L자형(ㄱ자형) : 동선의 흐름이 자연스럽고 여유공간을 적절히 활용할 수 있다.

③ 작업면이 가장 넓은 형식의 주방은 U자형(ㄷ자형)이다.

03 등받이와 팔걸이부분은 없지만 기댈 수 있을 정도로 큰 소파의 명칭은?

① 세티
② 다이밴
③ 체스터필드
④ 턱시도 소파

해설
• 세티 : 동일한 의자 2개를 나란히 합쳐서 2인이 앉을 수 있는 의자
• 체스터필드 : 소파의 골격에 솜을 많이 넣어 천을 씌운 커다란 의자
• 턱시도 소파 : 팔걸이와 등받이 높이가 같은 소파

04 창과 문에 관한 설명으로 옳지 않은 것은?

① 문은 인접된 공간을 연결시킨다.
② 창과 문의 위치는 동선에 영향을 주지 않는다.
③ 창은 공기와 빛을 통과시켜 통풍과 채광을 가능하게 한다.
④ 창의 크기와 위치, 형태는 창에서 보이는 시야의 특성을 결정한다.

해설 ② 창과 문의 위치는 동선과 가구 배치에 영향을 준다.

★
05 유닛가구(unit furniture)에 관한 설명으로 옳지 않은 것은?

① 고정적이면서 이동적인 성격을 가진다.
② 필요에 따라 가구의 형태를 변화시킬 수 있다.
③ 규격화된 단일가구를 원하는 형태로 조합하여 사용할 수 있다.
④ 특정한 사용목적이나 많은 물품을 수납하기 위해 건축화된 가구이다.

해설 ④는 붙박이가구에 관한 설명이다.

정답 1. ① 2. ③ 3. ② 4. ② 5. ④

06 디자인 요소 중 2차원적 형태가 가지는 물리적 특성이 아닌 것은?

① 질감 ② 명도
③ 패턴 ④ 부피

해설 ④ 부피는 입체, 3차원적 특성이다.

★
07 상점의 동선계획에 관한 설명으로 옳지 않은 것은?

① 종업원 동선은 가능한 한 짧고 간단하게 하는 것이 좋다.
② 고객 동선은 가능한 한 짧게 하여 고객이 상점 내에 오래 머무르지 않도록 한다.
③ 고객 동선과 종업원 동선이 만나는 위치에 카운터나 쇼케이스를 배치하는 것이 좋다.
④ 상품 동선은 상품의 운반·통행 등의 이동에 불편하지 않도록 충분한 공간 확보가 필요하다.

해설 ② 고객 동선은 충동구매가 가능하도록 가능한 한 길게 한다.

08 질감에 관한 설명으로 옳지 않은 것은?

① 매끄러운 재료가 반사율이 높다.
② 효과적인 질감 표현을 위해서는 색채와 조명을 동시에 고려해야 한다.
③ 좁은 실내공간을 넓게 느껴지도록 하기 위해서는 표면이 거칠고 어두운 재료를 사용하는 것이 좋다.
④ 질감은 시각적 환경에서 여러 종류의 물체들을 구분하는 데 도움을 줄 수 있는 중요한 특성 가운데 하나다.

해설 ③ 좁은 실내공간을 넓게 느껴지도록 하기 위해 표면이 매끄럽고 밝은 재료를 사용한다.

09 디자인 요소 중 선에 관한 다음 그림이 의미하는 것은?

① 선을 끊음으로써 점을 느낀다.
② 조밀성의 변화로 깊이를 느낀다.
③ 선을 포개면 패턴을 얻을 수 있다.
④ 지그재그선의 반복으로 양감의 효과를 얻는다.

해설 선의 간격에 따른 조밀성의 변화로 깊이를 느낀다.

★
10 다음 설명에 알맞은 사무소 코어의 유형은?

- 단일 용도의 대규모 전용 사무실에 적합하다.
- 2방향 피난에 이상적이다.

① 편심코어형 ② 중심코어형
③ 독립코어형 ④ 양단코어형

해설
- 편심코어형 : 바닥면적이 작은 경우에 적합하고, 고층인 경우 구조상 불리하다.
- 중심코어형 : 바닥면적이 큰 경우와 고층·초고층에 적합하다. 내진구조가 가능하므로 구조적으로 바람직하다. 내부 공간과 외관이 획일화되기 쉬우나, 임대용 사무실로서는 경제적인 계획이 가능하다.
- 독립코어형 : 코어와 상관없이 자유로운 내부 공간을 만들 수 있으나 설비 덕트, 배관 등을 사무실까지 끌어들이는 데 제약이 있다. 방재상 불리하며 바닥면적이 커지면 피난시설의 서브 코어가 필요하다. 내진구조에 불리하다.

정답 6. ④ 7. ② 8. ③ 9. ② 10. ④

11 사무소 건축의 실단위계획 중 개실 시스템에 관한 설명으로 옳지 않은 것은?

① 독립성이 우수하다는 장점이 있다.
② 일반적으로 복도를 통해 각 실로 진입한다.
③ 실의 길이와 깊이에 변화를 주기 용이하다.
④ 프라이버시의 확보와 응접이 요구되는 최고 경영자나 전문직 개실에 사용된다.

해설 개실 시스템
• 복도를 통해 개실로 각각 들어가는 형식으로, 소규모 사무실이 많은 임대형 빌딩이나 연구실용 오피스를 말한다.
• 독립성이 있고 쾌적감을 줄 수 있으나 공사비가 비싸고 각 부서 간 커뮤니케이션이 불편하다.

12 다음 중 도시의 랜드마크에 가장 중요시되는 디자인 원리는?

① 점이   ② 대립
③ 강조   ④ 반복

해설 랜드마크 : 어떤 나라·지역을 대표하거나 홍보하기 위한 건물이나 문화재로, 강조의 원리가 적용된다.

★
13 다음 설명에 알맞은 조명의 연출기법은?

> 수직벽면을 빛으로 쓸어내리는 듯한 효과를 주기 위해 비대칭 배광방식의 조명기구를 사용하여 수직벽면에 균일한 조도의 빛을 비추는 기법

① 빔플레이 기법   ② 월워싱 기법
③ 실루엣 기법   ④ 스파클 기법

해설 • 빔플레이기법 : 강조하고자 하는 물체에 의도적인 광선을 조사시키는 기법
• 실루엣 기법 : 물체의 형상만을 강조하는 기법으로, 시각적인 눈부심은 없으나 물체면의 세밀한 묘사가 불가능한 기법
• 스파클 기법 : 어두운 환경에서 순간적인 반짝임을 이용한 기법

14 공간의 레이아웃(layout)과 가장 밀접한 관계를 가지고 있는 것은?

① 단면계획   ② 동선계획
③ 입면계획   ④ 색채계획

해설 공간의 레이아웃 : 공간을 형성하는 부분과 설치되는 물체의 평면상 배치계획으로 동선, 기능성, 연결성, 공간이 배분, 공간별 그루핑 등을 고려한다.

★
15 상점 디스플레이에서 주력상품의 진열과 관련된 골든스페이스의 범위로 알맞은 것은?

① 300~600mm   ② 650~900mm
③ 850~1,250mm   ④ 1,200~1,500mm

16 주택의 현관에 관한 설명으로 옳지 않은 것은?

① 거실의 일부를 현관으로 만들지 않는 것이 좋다.
② 현관에서 정면으로 화장실 문이 보이지 않도록 하는 것이 좋다.
③ 현관 홀의 내부에는 외기, 바람 등의 차단을 위해 방풍문을 설치할 필요가 있다.
④ 연면적 50m² 이하의 소규모 주택에서는 연면적의 10% 정도를 현관 면적으로 계획하는 것이 일반적이다.

해설 현관의 크기는 최소 1,200mm(폭)×900mm(깊이) 이상으로 한다.

17 실내공간을 형성하는 기본 요소 중 바닥에 관한 설명으로 옳지 않은 것은?

① 바닥은 모든 공간의 기초가 되므로 항상 수평면이어야 한다.
② 하강된 바닥면은 내향적이며 주변의 공간에 대해 아늑한 은신처로 인식된다.
③ 다른 요소들이 시대와 양식에 의한 변화가 현저한 데 비해 바닥은 매우 고정적이다.
④ 상승된 바닥면은 공간의 흐름이나 동선을 차단하지만 주변의 공간과는 다른 중요한 공간으로 인식된다.

정답 11. ③ 12. ③ 13. ② 14. ② 15. ③ 16. ④ 17. ①

해설 실내공간에서 바닥에 경사를 두는 경우 : 물의 흐름을 유도하는 공간(욕실, 발코니, 다용도실), 노약자나 장애우를 위한 램프

18 다음의 아파트 평면형식 중 프라이버시가 가장 양호한 것은?

① 홀형   ② 집중형
③ 편복도형   ④ 중복도형

해설 독립성이 잘 유지되는 순서
계단실형(홀형) > 편복도형 > 중복도형 > 집중형

19 실내공간의 용도를 달리하여 보수(renovation)할 경우 실내디자이너가 직접 분석해야 하는 사항과 가장 거리가 먼 것은?

① 기존 건물의 기초상태
② 천장고와 내부의 상태
③ 기존 건물의 법적 용도
④ 구조형식과 재료의 마감상태

해설 리노베이션(renovation)
• 기존 건축물의 기능과 성능을 높이기 위해 신축, 증축, 개축, 재축, 이전, 대수선, 용도변경하는 것
• 기존 건물에 대한 철거작업이 없기 때문에 기존 건물의 기초상태를 분석할 필요는 없다.

20 벽부형 조명기구에 관한 설명으로 옳지 않은 것은?

① 선벽부형은 거울이나 수납장에 설치하여 보조조명으로 사용된다.
② 조명기구를 벽체에 설치하는 것으로 브래킷(bracket)으로 통칭된다.
③ 휘도 조절이 가능한 조명기구나 휘도가 높은 광원을 사용하는 것이 좋다.
④ 직사벽부형은 빛이 강하게 아래로 투사되어 물체가 강조되므로 디스플레이용으로 사용된다.

해설 벽부형 조명기구 : 공간 전체를 밝히기보다 국부적·장식적인 조명기구이므로 휘도가 높은 광원보다는 은은한 분위기가 연출되는 광원을 사용하는 것이 좋다.

2과목 색채 및 인간공학

21 시지각과정에서의 게슈탈트 법칙을 설명한 것으로 틀린 것은?

① 최대 질서의 법칙으로서 분절된 게슈탈트마다 어떤 질서를 가지는 것을 의미한다.
② 다양한 내용에서 각자 다른 원리를 표현하고자 하는 것의 이론화 작업이다.
③ 지각에 있어서의 분리를 규정하는 요인으로 공통분모가 되는 것을 끄집어내는 일의 법칙이다.
④ 구조를 가지고 있기 때문에 에너지가 있고, 운동과 적절한 긴장이 내포되어 역동적·역학적이다.

해설 게슈탈트 법칙 : 사물이 가지고 있는 다양한 속성이 아니라 전체로서의 사물을 지각하는 이론이다.

★
22 인간공학이 추구하는 목적을 가장 잘 설명한 것은?

① 인간요소를 연구하여 환경요소에 통합하려는 것이다.
② 작업, 직무, 기계설비, 방법, 기구, 환경 등을 개선하여 인간을 환경에 적응시키기 위한 것이다.
③ 인간이 좀 더 편리하고 쉽게 살아갈 수 있도록 환경요소에 대한 특징을 찾아내고자 하는 것이다.
④ 인간과 그 대상이 되는 환경요소에 관련된 학문을 연구하여 인간과의 적합성을 연구해 나가는 것이다.

해설 인간공학의 목적 : 인간과 그 대상이 되는 환경요소에 관련된 학문을 연구하여 인간과의 적합성을 연구해 나가는 것이다.

23 한 감각을 대상으로 두 가지 이상의 신호가 동시에 제시되었을 때 같고 다름을 비교, 판단하는 것과 관련이 깊은 용어는?

① 시배분   ② 상대식별
③ 경로용량   ④ 절대식별

★
24 인간의 가청주파수 범위로 가장 적절한 것은?

① 10~10,000Hz   ② 20~20,000Hz
③ 30~30,000Hz   ④ 40~40,000Hz

해설 인간은 20~20,000Hz의 진동수를 감지할 수 있는데 이것을 인간의 가청주파수라고 한다.

★
25 인체계측 데이터의 적용 시 최소치 설계기준이 필요한 항목은?

① 의자의 폭   ② 비상구의 높이
③ 선반의 높이   ④ 그네의 지지하중

해설 최소치 설계기준이 필요한 항목 : 조작자와 제어 버튼 사이의 거리, 선반의 높이, 조작에 필요한 힘 등을 정할 때 사용된다.

26 호흡계에 관한 설명으로 틀린 것은?

① 인두(pharynx)는 호흡기계와 소화기계에 공통으로 관여하는 근육성 관이다.
② 호흡계의 기관(trachea)은 기능에 따라 전도 영역과 호흡 영역으로 구분된다.
③ 비강(nasal cavity)은 콧속의 원통공간으로 공기를 여과하고 따뜻하게 하는 기능을 가진다.
④ 호흡기는 상기도와 하기도로 구성되어 있으며 이 중 상기도는 코·비강·후두로, 하기도는 인두·기관·기관지·폐로 구성되어 있다.

해설 기도
• 비강·인두·후두·기관·기관지·폐로 이루어져 있으며, 상기도와 하기도로 나뉜다.
• 상기도는 비강·인두·후두를 포함하는데, 임상적으로는 기관 부근까지를 상기도로 넣는 경우도 있다.

27 신체에서 진동의 영향을 가장 많이 받는 것은?

① 시력(視力)   ② 미각(味覺)
③ 청력(聽力)   ④ 근력(筋力)

해설 신체에서 진동의 영향을 가장 많이 받는 것은 시력이다.

28 시긴직 변화를 필요로 하는 경우와 연속과징의 제어에 적합한 시각 표시장치의 설계형태는?

① 지침 이동형   ② 계수형
③ 지침 고정형   ④ 계산기형

29 수작업을 위한 인공조명 중 가장 효율이 높은 방법은?

① 간접조명   ② 확산조명
③ 직접조명   ④ 투과조명

해설 인공조명 중 가장 효율이 높은 방법은 직접조명이나 눈이 부시고 그림자가 생기는 단점이 있다.

30 제어장치(control)의 인간공학적 설계 시 고려사항 중 틀린 것은?

① 사용할 때 심리적·역학적 능률을 고려할 것
② 제어장치 움직임과 위치, 제어 대상이 서로 맞을 것
③ 제어장치의 운동과 표시장치의 표시가 같은 방향일 것
④ 가장 자주 사용하는 제어장치는 어깨 전방의 상단에 설치할 것

해설 제어장치와 생리학적 능률
• 제어장치는 팔꿈치에서 어깨 높이 사이에 위치
• **조작 시 어깨의 전방 약간 아래쪽이 적당하다.**
• 고정된 위치에서 조작하는 제어장치는 작업원의 어깨로부터 70cm 이내의 거리를 유지한다.
• 서 있을 때 어깨의 높이가 가장 힘이 많이 실린다.
• 앉아 있을 때는 팔꿈치 높이에 힘이 많이 실린다.
• 빨리 돌려야 하는 크랭크는 회전축이 신체 전면과 60~90°가 될 때 작업이 용이하다.

정답   23. ②   24. ②   25. ③   26. ④   27. ①   28. ①   29. ③   30. ④

31 다음 중 ( ) 안에 들어갈 말로 옳은 것은?

> 빨강 물감에 흰색 물감을 섞으면 두 개 물감의 비율에 따라 진분홍, 분홍, 연분홍 등으로 변화한다. 이런 경우에 혼합으로 만든 색채들의 ( )는 혼합할수록 낮아진다.

① 명도　　　　② 채도
③ 밀도　　　　④ 명시도

해설 채도
• 채도는 색의 선명도를 나타내는 것이며, 색의 순도·포화도라고도 한다.
• 색의 강약 정도를 나타내는 기준이 된다.
• 순색에 가까울수록 채도는 높아지고, 색이 혼합되면 채도는 낮아진다. 즉 순색에 무채색이 많을수록 채도는 낮아지고, 무채색이 적을수록 채도는 높아진다.

32 먼셀 색체계의 기본 5색상이 아닌 것은?

① 빨강　　　　② 보라
③ 녹색　　　　④ 자주

해설 먼셀 색체계에서 색상은 색상 차이가 등간격으로 보이는 주요한 다섯 가지 색상 R(빨강), Y(노랑), G(초록), B(파랑), P(보라)에 다섯 가지 중간 색상 YR(주황), GY(연두), BG(청록), PB(남색), RP(자주)를 정하여 10가지 색상이다.

33 다음 중 부엌을 칠할 때 요리대 앞면의 벽색으로 가장 적합한 것은?

① 명도 2 정도, 채도 9
② 명도 4 정도, 채도 7
③ 명도 6 정도, 채도 5
④ 명도 8 정도, 채도 2 이하

해설 부엌은 깨끗하고 청결한 느낌의 색채를 선택하는 것이 좋다. 따라서 명도는 높고 채도는 낮은 색채로 한다.

34 다음 중 유사색상 배색의 특징은?

① 동적이다.
② 자극적인 효과를 준다.
③ 부드럽고 온화하다.
④ 대비가 강하다.

해설 유사색상 배색의 특징
• 부드럽고 온화하다.
• 적색·주황색·황색·자주색의 유사는 즐거운 느낌을 준다.

35 먼셀 색체계의 설명으로 옳은 것은?

① 먼셀 색상환의 중심색은 빨강(R), 노랑(Y), 녹색(G), 파랑(B), 자주(P)이다.
② 먼셀의 명도는 1~10까지 모두 10단계로 되어 있다.
③ 먼셀의 채도는 처음의 회색을 1로 하고 점차 높아지도록 하였다.
④ 각각의 색상은 채도 단계가 다르게 만들어지는데 빨강은 14개, 녹색과 청록은 8개이다.

★
36 문·스펜서(P. Moon and D. E. Spencer)의 색채조화론 중 거리가 먼 것은?

① 동일의 조화(identity)
② 유사의 조화(similarity)
③ 대비의 조화(contrast)
④ 통일의 조화(unity)

해설 문·스펜서의 조화론
• 동일조화 : 같은 색의 조화
• 유사조화 : 유사한 색의 조화
• 대비조화 : 반대색의 조화

37 조명이나 색을 보는 객관적 조건이 달라져도 주관적으로는 물체색이 달라져 보이지 않는 특성을 가리키는 것은?

① 동화현상　　　　② 푸르키네 현상
③ 색채 항상성　　　④ 연색성

해설 항상성 : 빛의 강도와 분광 분포, 순응상태가 바뀌어도 눈에 보이는 색은 변하지 않는 현상을 말한다.

정답　31. ②　32. ④　33. ④　34. ③　35. ④　36. ④　37. ③

38 다음 중 색채의 감정적 효과로서 가장 흥분을 유발시키는 색은?

① 한색계의 높은 채도
② 난색계의 높은 채도
③ 난색계의 낮은 명도
④ 한색계의 높은 명도

해설 난색계의 높은 채도의 색채가 가장 흥분을 유발시키는 효과가 있다.

39 디지털 색채 시스템에서 CMYK 형식에 대한 설명으로 옳은 것은?

① CMYK 4가지 컬러를 혼합하면 검정이 된다.
② 가법혼합방식에 기초한 원리를 사용한다.
③ RGB 형식에서 CMYK 형식으로 변환되었을 경우 컬러가 더욱 선명해 보인다.
④ 표현할 수 있는 컬러의 범위가 RGB 형식보다 넓다.

해설
• CMYK는 감법혼합방식에 기초한 원리를 사용하며 4가지 색을 섞으면 검정이 된다.
• 표현할 수 있는 색의 범위가 RGB에 비해 좁다.

40 나뭇잎이 녹색으로 보이는 이유를 색채지각적 원리로 옳게 설명한 것은?

① 녹색의 빛은 투과하고 그 밖의 빛은 흡수하기 때문이다.
② 녹색의 빛은 산란하고 그 밖의 빛은 반사하기 때문이다.
③ 녹색의 빛은 반사하고 그 밖의 빛은 흡수하기 때문이다.
④ 녹색의 빛은 흡수하고 그 밖의 빛은 반사하기 때문이다.

해설 물체의 표면색은 빛을 받아 반사되는 색이다. 따라서 나뭇잎이 녹색으로 보이는 이유는 녹색의 빛은 반사하고 그 밖의 빛은 흡수하기 때문이다.

3과목 건축재료

41 멜라민수지에 관한 설명으로 옳지 않은 것은?

① 열가소성수지이다.
② 내수성·내약품성·내용제성이 좋다.
③ 무색투명하며 착색이 자유롭다
④ 내열성과 전기적 성질이 요소수지보다 우수하다.

해설 멜라민수지
• 멜라민과 폼알데하이드를 반응시켜 만든 열경화성수지로서 열·산·용제에 대하여 강하고, 전기적 성질도 뛰어나다.
• 식기·잡화·전기기기 등의 성형재료로 쓰인다.

42 점토제품 중에서 흡수성이 가장 큰 것은?

① 토기   ② 도기
③ 석기   ④ 자기

해설 점토제품의 분류

구분	토기	도기	석기	자기
소성온도 [℃]	700~1,000	1,000~1,300	1,200~1,400	1,300~1,450
색상	유색	백색, 유색	유색	백색
흡수성	20% 이하	10% 이하	3~10%	0~1%
투명성	불투명	불투명	불투명	반투명
특성	흡수성이 크고, 강도가 약함	흡수성이 약간 크고, 두드리면 탁음이 남	강도가 크고, 두드리면 청음이 남	강도가 매우 크고, 두드리면 금속음이 남
용도	기와, 벽돌, 토관	내장타일, 테라코타, 위생도기	바닥타일, 경질 기와, 도관, 클링커타일	외장타일, 바닥타일, 위생도기, 모자이크타일

• 흡수성 크기 : 토기 > 도기 > 석기 > 자기
• 강도 크기 : 토기 < 도기 < 석기 < 자기

43 철골부재 간 접합방식 중 마찰접합 또는 인장접합 등을 이용한 것은?

① 메탈 터치   ② 컬럼 쇼트닝
③ 필릿용접 접합   ④ 고력볼트 접합

해설 고력볼트 접합 : 고력볼트를 사용한 강구조물의 접합공법이다.

★
44 목재 건조의 목적이 아닌 것은?

① 부재 중량의 경감

② 강도 및 내구성 증진

③ 부패 방지 및 충해 예방

④ 가공성 증진

해설 목재 건조의 목적 및 효과

• 목재의 강도를 증가시키고, 비중을 가볍게 한다.

• 부패 및 해충을 예방하고, 수축 및 균열과 같은 목재의 결점을 최소화한다.

• 약품처리 및 도장과 같은 작업을 용이하게 한다.

45 용융하기 쉽고 산에는 강하나 알칼리에 약한 특성이 있으며 건축 일반용 창호유리, 병유리에 자주 사용되는 유리는?

① 소다석회유리   ② 칼륨석회유리

③ 보헤미아유리   ④ 납유리

해설 소다석회유리

• 산화나트륨과 산화칼슘을 모두 10% 이상 함유하는 규산염유리이다.

• 보통 판유리, 용기유리 등 실용유리의 대부분을 차지한다.

★
46 아스팔트 방수재료로서 천연 아스팔트가 아닌 것은?

① 아스팔타이트(asphaltite)

② 록 아스팔트(rock asphalt)

③ 레이크 아스팔트(lake asphalt)

④ 블론 아스팔트(blown asphalt)

해설 아스팔트

• 방수 중에 가장 튼튼한 방수로, 가격이 다소 비싸고 공정이 복잡하며, 대표적으로 천연 아스팔트와 석유 아스팔트로 나뉜다.

• 천연 아스팔트 : 레이크 아스팔트, 록 아스팔트, 아스팔타이트

• 석유 아스팔트 : 스트레이트 아스팔트, 블론 아스팔트, 아스팔트 콤파운드, 아스팔트 프라이머

47 목재의 구성요소 중 세포 내의 세포내강이나 세포간극과 같은 빈 공간에 목재조직과 결합되지 않은 상태로 존재하는 수분을 무엇이라 하는가?

① 세포수   ② 혼합수

③ 결합수   ④ 자유수

해설 자유수

• 자유로이 이동이 가능한 물로, 유리수라고도 한다.

• 목재조직 내에 함유되어 있는 결합수 이외의 수분을 말한다.

• 세포내강이나 세포간극 중에 함유되어 있는 수분이다.

★
48 타일에 관한 설명으로 옳지 않은 것은?

① 일반적으로 모자이크타일 및 내장타일은 건식법, 외장타일은 습식법에 의해 제조된다.

② 바닥타일, 외부 타일로는 주로 도기질 타일이 사용된다.

③ 내부 벽용 타일은 흡수성과 마모저항성이 소금 떨어시너라도 미리하고 위생적인 것을 선택한다.

④ 타일은 일반적으로 내화적이며, 형상과 색조의 표현이 자유로운 특성이 있다.

해설 • 자기질 타일 : 바닥타일, 외부 타일로 사용된다.

• 도기질 타일 : 주로 내부 벽에 사용되며, 외장용으로는 부적합하다.

49 인조석 바름재료에 관한 설명으로 옳지 않은 것은?

① 주재료는 시멘트, 종석, 돌가루, 안료 등이다.

② 돌가루는 부배합의 시멘트가 건조수축할 때 생기는 균열을 방지하기 위해 혼입한다.

③ 안료는 물에 녹지 않고 내알칼리성이 있는 것을 사용한다.

④ 종석의 알 크기는 2.5mm체에 100% 통과하는 것으로 한다.

해설 인조석 바름재료
• 돌과 비슷한 느낌을 주기 위한 마감방법으로 씻어내기, 갈기, 잔다듬 등이 있다.
• 자연의 돌이나 각종 쇄석을 시멘트, 백색시멘트 등으로 조합해서 바른다.
• 종석의 알 크기는 2.5mm체에 50% 통과하는 것으로 한다.

50 침엽수에 관한 설명으로 옳지 않은 것은?

① 수고가 높으며 통직형이 많다.
② 비교적 경량이며 가공이 용이하다.
③ 건조가 어려우며 결함 발생 확률이 높다.
④ 병충해에 약한 편이다.

해설 침엽수
• 목질이 연하며 가볍고 구조재와 장식재로 쓰인다.
• 건조가 용이하며 결함 발생의 확률이 낮다.
• 전나무, 소나무, 잣나무, 낙엽송, 측백나무, 은행나무, 흑송 등이 있다.

★
51 알루미늄의 성질에 관한 설명으로 옳지 않은 것은?

① 융점이 낮기 때문에 용해주조도는 좋으나 내화성이 부족하다.
② 열·전기전도성이 크고 반사율이 높다.
③ 알칼리나 해수에는 부식이 쉽게 일어나지 않지만 대기 중에서는 쉽게 침식된다.
④ 비중이 철의 1/3 정도로 경량이다.

해설 알루미늄의 성질
• 금속 중 밀도가 낮은 금속으로, 경량이면서 비중이 2.7로 강도가 커서 구조재로 용이하다.
• 열팽창이 철의 2배로 크고 융점이 낮아 내화성이 작으며, 반사율이 높아 열차단재로 쓰인다.
• 공기 중에서 얇은 막이 생겨 내부를 보호하며, 불순물이 함유된 것은 부식에 취약하다.
• 산과 알칼리에 약하므로 접촉면은 반드시 방식처리를 해야 한다.

52 경질 섬유판의 성질에 관한 설명으로 옳지 않은 것은?

① 가로세로의 신축이 거의 같으므로 비틀림이 적다.
② 표면이 평활하고 비중이 0.5 이하이며 경도가 작다.
③ 구멍뚫기, 본뜨기, 구부림 등의 2차 가공이 가능하다.
④ 펄프를 접착제로 제판하여 양면을 열압 건조시킨 것이다.

해설 경질 섬유판
• 식물섬유를 주요 원료로 압축성형한 비중 0.8 이상의 보드로, 하드보드라고도 한다.
• 내장재, 가구재, 창호재, 선박, 차량재, 합판의 대용재 및 복합판재 등으로 사용된다.
• 목재 펄프의 접착제를 사용하여 열압 건조해 제판한 것으로, 경도가 크다.
• 질이 굳고 표면이 매끈하며, 얇고 넓다.
• 연질·반경질·경질판으로 구분한다.

53 재료의 일반적 성질 중 재료에 외력을 제거하여도 재료가 원상으로 돌아가지 않고 변형된 그대로의 상태로 남아 있는 성질을 무엇이라고 하는가?

① 탄성   ② 소성
③ 점성   ④ 인성

해설 소성
• 물체에 힘을 가해 변형시킬 때 영구적으로 변화하는 성질을 말한다.
• 원상태로 돌아오려는 성질인 탄성과 대조되는 개념이다.

★
54 목재의 방부제가 갖추어야 할 성질로 옳지 않은 것은?

① 균류에 대한 저항성이 클 것
② 화학적으로 안정할 것
③ 휘발성이 있을 것
④ 침투성이 클 것

해설 목재 방부제
- 목재 등의 부패를 방지하기 위하여 쓰는 약제로서 크레오소트유, 불화소다, 염화제2수은, 유화동, 염화아연 등이 있다.
- 균에 대한 저항성 및 목재에 대한 침투성이 커야 하며 화학적으로 안정되고, **효력이 영구적(휘발성이 없을 것)**이어야 한다.

55 시멘트의 조성화합물 중 수화작용이 가장 빠르며 수화열이 가장 높고 경화과정에서 수축률도 높은 것은?

① 규산3석회   ② 규산2석회
③ 알루민산3석회   ④ 알루민산철4석회

해설 알루민산3석회
- 수화작용이 대단히 빠르므로 재령 1주 이내에 초기 강도를 발현한다.
- 화학저항성이 약하고, 건조수축률이 높다.
- ※ 응결시간이 빠른 순서 : 알루민산3석회 > 규산3석회 > 알루민산철4석회 > 규산2석회

56 도료의 전색제 중 천연수지로 볼 수 없는 것은?

① 로진(rosin)   ② 다마르(dammar)
③ 멜라민(melamine) ④ 셸락(shellac)

해설
- 천연수지 : 로진, 코펄, 셸락, 다마르 등
- 합성수지 : 멜라민수지, 페놀수지, 알키드수지, 아크릴수지 등

57 페어글라스라고도 불리며 단열성, 차음성이 좋고 결로 방지에 효과적인 유리는?

① 복층유리   ② 강화유리
③ 자외선차단유리   ④ 망입유리

해설
- 복층유리 : 방음·단열을 목적으로 두 장의 유리 사이에 공기층을 둔 유리를 말한다.
- 강화유리 : 강도를 높인 안전유리의 일종으로, 파손율이 낮고 한계 이상의 충격으로 깨져도 날카롭지 않은 파편으로 부서져 위험성이 적다.
- 자외선차단유리 : 자외선의 화학작용을 방지할 목적으로 만든 유리로, 진열창이나 식품의 창고 등에 사용된다.
- 망입유리 : 유리 내부에 금속망을 삽입하고 압착한 성형유리로, 철망유리·그물유리라고도 한다.

58 강도, 경도, 비중이 크며 내화적이고 석질이 극히 치밀하여 구조용 석재 또는 장식재로 널리 쓰이는 것은?

① 화강암   ② 응회암
③ 캐스트스톤   ④ 안산암

해설 안산암
- 비중·강도·경도가 크고 내화성은 높으나, 내구성 및 색채 등이 떨어진다.
- 광택은 화강암보다 적고, 큰 재료를 얻기가 어렵다.
- 주로 기초석이나 석축 등에 쓰인다.

★
59 시멘트를 저장할 때의 주의사항으로 옳지 않은 것은?

① 장기간 저장 시에는 7포 이상 쌓지 않는다.
② 통풍이 원활하도록 한다.
③ 저장소는 방습처리에 유의한다.
④ 3개월 이상된 것은 재시험하여 사용한다.

해설 시멘트 저장 시 주의사항
- 시멘트는 지면에서 30cm 이상 띄워서 방습처리한 곳에 적재해야 한다.
- 단기간 저장이라도 13포대 이상, 장기간 저장은 7포대 이상 쌓지 말아야 한다.
- **통풍은 풍화를 촉진하므로 필요한 출입구, 채광창외에는 공기의 유통을 막기 위해 될 수 있는 대로 개구부를 설치하지 않아야** 한다.
- 창고 주위에 배수 도랑을 두어 우수 침입을 방지해야 한다.
- 시멘트는 현장 입고 순서대로 사용해야 한다.
- 3개월 이상 저장하였거나 습기를 받았다고 생각되면 반드시 실험 후에 사용해야 한다.

60 다음 중 시멘트의 안정성 측정 시험법은?

① 오토클레이브 팽창도 시험
② 브레인법
③ 표준체법
④ 슬럼프 시험

해설 오토클레이브 팽창도 시험 : 고온·고압의 수증기 속에 재료를 두고, 시멘트의 안정성이나 애자의 열화를 살피는 시험이다.

4과목 건축 일반

61 다음 중 광속의 단위로 옳은 것은?

① cd ② lux

③ lm ④ cd/m²

해설 • 광속[lm, lumen] : 어떤 면을 통과하는 빛의 양
• 광도[cd] : 단위입체각 속을 지나는 빛의 양
• 조도[lux] : 장소의 명도

★
62 건축허가 등을 함에 있어서 미리 소방본부장 또는 소방서장의 동의를 받아야 하는 다음 대상 건축물의 최소 연면적 기준은?

대상 건축물 : 노유자시설 및 수련시설

① 200m² 이상 ② 300m² 이상

③ 400m² 이상 ④ 500m² 이상

해설 건축허가 시 사전동의 대상 : 연면적이 400m²(학교시설 등을 건축하는 경우에는 100m², 노유자시설 및 수련시설의 경우에는 200m²) 이상인 건축물

★
63 스프링클러설비를 설치하여야 하는 특정소방대상물에 대한 기준으로 옳은 것은?

① 창고시설(물류터미널은 제외한다.)로서 바닥면적의 합계가 3,000m² 이상인 경우에는 모든 층

② 판매시설, 운수시설 및 창고시설(물류터미널에 한정한다.)로서 바닥면적의 합계가 3,000m² 이상이거나 수용인원이 300명 이상인 경우에는 모든 층

③ 숙박이 가능한 수련시설로서 해당 용도로 사용되는 바닥면적의 합계가 600m² 이상인 경우 모든 층

④ 종교시설(주요구조부가 목조인 것은 제외)의 경우 수용인원이 50명 이상인 경우에는 모든 층

해설 스프링클러설비의 설치기준 : 숙박이 가능한 수련시설로서 해당 용도로 사용되는 바닥면적의 합계가 600m² 이상인 경우에는 모든 층에 스프링클러설비를 설치하여야 한다.

★
64 내력벽 벽돌쌓기에 있어서 영식 쌓기가 활용되는 가장 큰 이유는?

① 토막벽돌을 이용할 수 있어 경제적이기 때문에

② 시공의 용이함으로 공사 진행이 빠르기 때문에

③ 통줄눈이 생기지 않아 구조적으로 유리하기 때문에

④ 일반적으로 외관이 뛰어나기 때문에

해설 영식 쌓기
• 통줄눈이 생기지 않아 구조적으로 유리하기 때문에 활용된다.
• 길이쌓기와 마구리쌓기를 한 켜씩 번갈아 쌓아 올리는 쌓기법으로, 벽의 끝·모서리에 이오토막 또는 반절을 사용해 쌓는 방법이다.

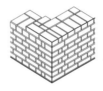

★
65 소방시설법령에서 정의한 무창층에 해당하는 기준으로 옳은 것은?

A : 무창층과 관련된 일정 요건을 갖춘 개구부 면적의 합계
B : 해당 층의 바닥면적

① A/B≤1/10 ② A/B≤1/20

③ A/B≤1/30 ④ A/B≤1/40

해설 무창층의 기준 : 피난소화활동상 유효한 개구부 면적의 합계가 해당 층 바닥면적의 1/30 이하

66 다음은 건축법령에 따른 차면시설 설치에 관한 조항이다. ( ) 안에 들어갈 내용으로 옳은 것은?

> 인접 대지경계선으로부터 직선거리 ( ) 이내에 이웃 주택의 내부가 보이는 창문 등을 설치하는 경우에는 차면시설(遮面施設)을 설치하여야 한다.

① 1.5m
② 2m
③ 3m
④ 4m

[해설] 차면시설의 설치 : 인접 대지경계선으로부터 직선거리 2m 이내에 이웃 주택의 내부가 보이는 창문, 출입구, 그 밖의 개구부를 설치하는 경우에는 이를 가릴 수 있는 차면시설을 설치해야 한다.

★
67 다음 중 방염대상물품에 해당되지 않는 것은?

① 암막
② 무대용 합판
③ 종이벽지
④ 창문에 설치하는 커튼류

[해설] 방염대상물품
- 카펫, 두께가 2mm 미만인 벽지류(종이벽지는 제외)
- 창문에 설치하는 커튼류, 블라인드
- 무대용 합판 또는 섬유판
- 암막, 무대막

68 오피스텔과 공동주택의 난방설비를 개별난방방식으로 하는 경우의 기준으로 옳지 않은 것은?

① 보일러는 거실 외의 곳에 설치하고 보일러를 설치하는 곳과 거실 사이의 경계벽은 출입구를 포함하여 불연재료로 마감한다.
② 보일러실의 윗부분에는 0.5m² 이상의 환기창을 설치한다.
③ 오피스텔의 경우에는 난방구획을 방화구획으로 구획한다.
④ 기름보일러를 설치하는 경우에는 기름저장소를 보일러실 외의 다른 곳에 설치한다.

[해설] 보일러의 설치 : 보일러는 거실 이외의 곳에 설치하며 보일러를 설치하는 곳과 거실 사이의 경계벽은 내화구조 벽으로 구획해야 한다(출입구는 제외).

69 벽이나 바닥, 지붕 등 건축물의 특정 부위에 단열이 연속되지 않은 부분이 있어 이 부위를 통한 열의 이동이 많아지는 현상을 무엇이라 하는가?

① 결로현상
② 열획득현상
③ 대류현상
④ 열교현상

[해설] 열교현상 : 벽이나 바닥, 지붕 등 건축물의 특정 부위에 단열이 연속되지 않은 부분이 있어 이 부위를 통한 열의 이동이 많아지는 현상을 말한다.

70 건축물에 설치하는 방화벽의 구조에 관한 기준으로 옳지 않은 것은?

① 방화벽에 설치하는 출입문의 너비 및 높이는 각각 2.5m 이하로 한다.
② 방화벽에 설치하는 출입문은 갑종 방화문 또는 을종 방화문으로 한다.
③ 내화구조로서 홀로 설 수 있는 구조로 한다.
④ 방화벽의 양쪽 끝과 위쪽 끝을 건축물의 외벽면 및 지붕면으로부터 0.5m 이상 튀어나오게 한다.

[해설] 방화벽에 설치하는 출입문 : 갑종 방화문으로 한다.

★
71 다음 소방시설 중 소화설비에 해당되지 않는 것은?

① 연결살수설비
② 스프링클러설비
③ 옥외소화전설비
④ 소화기구

[해설] 소화설비 : 소화기구, 스프링클러설비, 옥내소화전설비, 옥외소화전설비, 물분무소화설비, 미분무소화설비 등

72 굴뚝 또는 사일로 등 평면 형상이 일정하고 높은 구조물에 가장 적합한 거푸집은?

① 유로 폼 ② 워플 폼
③ 터널 폼 ④ 슬라이딩 폼

해설 슬라이딩 폼
• 활동 거푸집이라고 한다.
• 굴뚝이나 사일로 등 평면 형상이 일정하고 돌출부가 없는 높은 구조물에 사용된다.
• 거푸집의 높이는 약 1.2m
• 거푸집을 잭과 지지 로드로 설치하고, 요크(york)로 서서히 끌어올리며 콘크리트를 부어 넣는다.
• 공기(工期)를 1/3 정도로 단축시킨다.
• 연속 타설로 콘크리트의 일체성을 확보한다.

★
73 비상경보설비를 설치하여야 하는 특정소방대상물의 기준으로 옳지 않은 것은?

① 연면적 400m²(지하가 중 터널 또는 사람이 거주하지 않거나 벽이 없는 축사 등 동식물 관련시설을 제외한다.) 이상인 것
② 지하가 중 터널로서 길이가 500m 이상인 것
③ 50명 이상의 근로자가 작업하는 옥내작업장
④ 지하층 또는 무창층의 바닥면적이 400m² (공연장의 경우 200m²) 이상인 것

해설 비상경보설비의 설치기준 : 지하층 또는 무창층의 바닥면적이 150m²(공연장의 경우 100m²) 이상인 것에는 비상경보설비를 설치해야 한다.

74 상업지역 및 주거지역에서 건축물에 설치하는 냉방시설 및 환기시설의 배기구는 도로면으로부터 최소 얼마 이상의 높이에 설치하여야 하는가?

① 1m ② 2m
③ 3m ④ 4m

해설 냉방시설 및 환기시설의 배기구 설치기준 : 상업지역 및 주거지역에서 도로(막다른 도로로서 그 길이가 10m 미만인 경우 제외)에 접한 대지의 건축물에 설치하는 냉방시설 및 환기시설의 배기구는 도로면으로부터 2m 이상의 위치에 설치하거나 배기장치의 열기가 보행자에게 직접 닿지 않도록 설치해야 한다.

75 한국 전통건축 관련용어에 관한 설명으로 옳지 않은 것은?

① 평방－기둥 상부의 창방 위에 놓아 다포계 건물의 주간포작을 설치하기 용이하도록 하기 위한 직사각형 단면의 부재이다.
② 연등천장－따로 반자를 설치하지 않고 서까래를 그대로 노출시킨 천장이며, 구조미를 나타낸다.
③ 귀솟음－기둥머리를 건물 안쪽으로 약간씩 기울여 주는 것을 말하며, 오금법이라고도 한다.
④ 활주－추녀 밑을 받치고 있는 기둥을 말한다.

해설 귀솟음 : 건물 중앙에서 양쪽 끝으로 갈수록 기둥을 점차 높여 주는 건축기법이다.

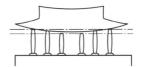

★
76 서양 건축양식을 시대순에 따라 옳게 나열한 것은?

① 비잔틴－로코코－로마－르네상스
② 바로크－로마－이집트－비잔틴
③ 이집트－바로크－로마－르네상스
④ 이집트－로마－비잔틴－바로크

해설 서양 건축양식(시대순)
이집트 → 서아시아 → 그리스 → 로마 → 초기 기독교 → 비잔틴 → 로마네스크 → 고딕 → 르네상스 → 바로크 → 로코코

77 철골조에서 스티프너를 사용하는 이유로 가장 적당한 것은?

① 콘크리트와의 일체성 확보
② 웨브 플레이트의 좌굴 방지
③ 하부 플랜지의 단면계수 보강
④ 상부 플랜지의 단면계수 보강

해설 스티프너
- 보강재(補强材)의 총칭
- 플레이트 거더나 박스 기둥의 플랜지, 웨브의 좌 굴을 방지하기 위해 쓰이는 판

★
78 특별피난계단 및 비상용 승강기의 승강장에 설 치하는 배연설비의 구조에 관한 기준으로 옳지 않은 것은?

① 배연구 및 배연풍도는 불연재료로 하고, 화 재가 발생한 경우 원활하게 배연시킬 수 있 는 규모로서 외기 또는 평상시에 사용하지 아니하는 굴뚝에 연결할 것

② 배연구에 설치하는 수동 개방장치 또는 자 동 개방장치(열감지기 또는 연기감지기에 의한 것을 말한다.)는 손으로도 열고 닫을 수 없도록 할 것

③ 배연구는 평상시에는 닫힌 상태를 유지하 고, 연 경우에는 배연에 의한 기류로 인하여 닫히지 아니하도록 할 것

④ 배연구가 외기에 접하지 아니하는 경우에는 배연기를 설치할 것

해설 배연설비의 설치기준 : 배연구는 연기감지기 또는 열감지기에 의하여 자동으로 열 수 있는 구조로 하 되, 손으로도 열고 닫을 수 있도록 해야 한다.

79 다음은 건축물의 피난·방화구조 등의 기준에 관 한 규칙에 따른 계단의 설치기준이다. (   ) 안에 들어갈 내용으로 옳은 것은?

> 높이가 (   )를 넘는 계단 및 계단참의 양옆에 는 난간(벽 또는 이에 대치되는 것을 포함한 다.)을 설치할 것

① 1m
② 1.2m
③ 1.5m
④ 2m

해설 난간의 설치기준 : 높이가 1m를 넘는 계단 및 계단 참의 양옆에는 난간(벽 또는 이에 대치되는 것을 포함한다.)을 설치해야 한다.

80 제연설비를 설치해야 할 특정소방대상물이 아닌 것은?

① 특정소방대상물(갓복도형 아파트 등은 제 외한다.)에 부설된 특별피난계단 또는 비상 용 승강기의 승강장

② 지하가(터널은 제외한다.)로서 연면적이 $500m^2$ 인 것

③ 문화 및 집회 시설로서 무대부의 바닥면적 이 $300m^2$ 인 것

④ 지하가 중 예상 교통량, 경사도 등 터널의 특성 을 고려하여 행정안전부령으로 정하는 터널

해설 제연설비의 설치기준 : 지하가(터널 제외)로서 연면 적 $1,000m^2$ 이상인 것에는 제연설비를 설치해야 한다.

2018년 3회 과년도 출제문제

I N T E R I O R   A R C H I T E C T U R E

1과목 실내디자인론

01 실내디자인 요소 중 선에 관한 설명으로 옳지 않은 것은?

① 많은 선을 근접시키면 면으로 인식된다.
② 수직선은 공간을 실제보다 더 높아 보이게 한다.
③ 수평선은 무한, 확대, 안정 등 주로 정적인 느낌을 준다.
④ 곡선은 약동감, 생동감 넘치는 에너지와 운동감, 속도감을 준다.

해설 • 곡선의 느낌 : 유연, 경쾌, 여성적, 부드러움, 동적
• 사선의 느낌 : 약동감, 생동감 넘치는 에너지와 운동감, 속도감

02 실내공간의 형태에 관한 설명으로 옳지 않은 것은?

① 원형의 공간은 중심성을 가진다.
② 정방형의 공간은 방향성을 가진다.
③ 직사각형의 공간에서는 깊이를 느낄 수 있다.
④ 천장이 모인 삼각형 공간은 높이에 관심이 집중된다.

해설 실내공간의 형태
• 규칙적 형태 : 한 개 이상의 축을 가지고 대칭적, 안정적이며 중심성, 질서가 있다. 정사각형, 정삼각형 등 정다각형의 평면이다.
• 불규칙적 형태 : 강한 방향감을 가지고 있고 특히 천장면이 곡면이나 경사면일 경우 강한 방향성 때문에 극적 분위기를 연출한다. 타원형, 직사각형, 직삼각형의 평면이다.

03 일광 조절장치에 속하지 않는 것은?

① 커튼   ② 루버
③ 코니스   ④ 블라인드

해설 ③ 코니스는 건축화조명이다.

★
04 상품의 유효진열범위에서 고객의 시선이 자연스럽게 머물고, 손으로 잡기에도 편한 높이인 골든 스페이스(golden space)의 범위는?

① 500~850mm   ② 850~1,250mm
③ 1,250~1,400mm   ④ 1,400~1,600mm

★
05 다음 설명에 알맞은 전시공간의 특수전시기법은?

> • 연속적인 주제를 시간적인 연속성을 가지고 선형으로 연출하는 전시기법이다.
> • 벽면 전시와 입체물이 병행되는 것이 일반적인 유형으로 넓은 시야의 실경을 보는 듯한 감각을 준다.

① 디오라마 전시   ② 파노라마 전시
③ 아일랜드 전시   ④ 하모니카 전시

해설 • 디오라마 전시 : 현장감을 실감나게 표현하는 방법으로 하나의 사실 또는 주제의 시간 상황을 고정시켜 연출하는 전시기법
• 아일랜드 전시 : 사방에서 감상할 필요가 있는 조각물이나 모형을 전시하기 위해 벽면에서 띄워서 전시하는 전시기법
• 하모니카 전시 : 통일된 주제의 전시 내용이 규칙적 혹은 반복적으로 배치되는 전시기법

정답 1. ④ 2. ② 3. ③ 4. ② 5. ②

06 단독주택의 현관에 관한 설명으로 옳은 것은?

① 거실의 일부를 현관으로 만드는 것이 좋다.
② 바닥은 저명도·저채도의 색으로 계획하는 섯이 좋다.
③ 전실을 두지 않으며 현관문은 미닫이문을 사용하는 것이 좋다.
④ 현관문은 외기와의 환기를 위해 거실과 직접 연결되도록 하는 것이 좋다.

해설 바닥 : 물청소가 가능한 저채도·저명도 컬러의 마감재료로 계획하며, 내수성이 강한 석재·타일·인조석 등이 바람직하다.

★
07 부엌에서의 작업 순서를 고려한 효율적인 작업대의 배치 순서로 알맞은 것은?

① 준비대 → 조리대 → 가열대 → 개수대 → 배선대
② 개수대 → 준비대 → 가열대 → 조리대 → 배선대
③ 준비대 → 개수대 → 조리대 → 가열대 → 배선대
④ 개수대 → 조리대 → 준비대 → 가열대 → 배선대

08 바탕과 도형의 관계에서 도형이 되기 쉬운 조건에 관한 설명으로 옳지 않은 것은?

① 규칙적인 것은 도형으로 되기 쉽다.
② 바탕 위에 무리로 된 것은 도형으로 되기 쉽다.
③ 명도가 높은 것보다 낮은 것이 도형으로 되기 쉽다.
④ 이미 도형으로서 체험한 것은 도형으로 되기 쉽다.

해설 명도
• 색의 밝고 어두운 정도를 말한다.
• 도형과 배경의 법칙에서는 강한 인상을 줄 때는 도형, 약한 인상을 줄 때는 배경으로 인식하는데, **명도가 낮은 것보다 명도가 높은 것이 도형으로 인식되기가 쉽다.**

09 착시현상의 내용으로 옳지 않은 것은?

① 같은 길이의 수평선이 수직선보다 길어 보인다.
② 사선이 2개 이상의 병행선으로 중단되면 서로 어긋나 보인다.
③ 같은 크기의 도형이 상하로 겹쳐져 있을 때 위의 것이 커 보인다.
④ 검정 바탕의 흰 원이 동일한 크기의 흰 바탕의 검정 원보다 넓게 보인다.

해설 ① 같은 길이의 수직선이 수평선보다 길어 보인다.

[분트의 도형]

★
10 건축화조명방식에 관한 설명으로 옳지 않은 것은?

① 밸런스조명은 창이나 벽의 커튼 상부에 부설된 조명이다.
② 코브조명은 반사광을 사용하지 않고 광원의 빛을 직접조명하는 방식이다.
③ 광창조명은 넓은 면적의 벽면에 매입하여 비스타(vista)적 효과를 낼 수 있다.
④ 코니스조명은 벽면의 상부에 위치하여 모든 빛이 아래로 직사하도록 하는 조명방식이다.

해설 코브조명 : 천장, 벽의 구조체에 광원이 가려지게 하여 **반사광으로 간접조명하는** 방식이다.

★
11 개방형(open plan) 사무공간에 있어서 평면계획의 기준이 되는 것은?

① 책상 배치   ② 설비 시스템
③ 조명의 분포   ④ 출입구의 위치

해설 개방형 사무공간 : 오픈된 큰 실에 각각의 부서들이 이동형 칸막이로 구획되고 중역들을 위한 분리된 삭은 방을 두는 형식으로, **책상의 배치에 의해 평면이 결정된다.**

정답 6. ② 7. ③ 8. ③ 9. ① 10. ② 11. ①

12 소파나 의자 옆에 위치하며 손이 쉽게 닿는 범위 내에 전화기, 문구 등 필요한 물품을 올려놓거나 수납하며 찻잔, 컵 등을 올려놓기도 하여 차탁자의 보조용으로도 사용되는 테이블은?

① 티 테이블(tea table)
② 엔드 테이블(end table)
③ 나이트 테이블(night table)
④ 익스텐션 테이블(extension table)

해설 익스텐션 테이블 : 필요에 따라 테이블의 일부를 접거나 펴서 테이블의 길이를 조절할 수 있는 테이블

13 창에 관한 설명으로 옳지 않은 것은?

① 고정창은 비교적 크기와 형태에 제약 없이 자유로이 디자인할 수 있다.
② 창의 높낮이는 가구의 높이와 사람의 시선 높이의 영향을 받는다.
③ 충분한 보온과 개폐의 용이를 위해 창은 가능한 한 크게 하는 것이 좋다.
④ 창은 채광, 조망, 환기, 통풍의 역할을 하며 벽과 천장에 위치할 수 있다.

해설 • 창의 크기는 건축법규상 채광을 위해 거실면적의 1/10 이상, 환기를 위해 1/20 이상을 확보해야 한다.
• 창을 크게 하면 여름철에는 덥고 겨울철에는 추우므로 적당한 일사 조절장치를 설치하여야 하고, 큰 창은 개폐가 용이하지 않고 창이 내부로 열릴 경우 내부 공간을 많이 차지한다.

★14 상점 내 동선계획에 관한 설명으로 옳지 않은 것은?

① 고객 동선은 짧고 간단하게 하는 것이 좋다.
② 직원 동선은 되도록 짧게 하여 보행 및 서비스 거리를 최대한 줄이는 것이 좋다.
③ 고객 동선과 직원 동선이 만나는 곳에는 카운터 및 쇼케이스를 배치하는 것이 좋다.
④ 고객 동선은 흐름의 연속성이 상징적·지각적으로 분할되지 않는 수평적 바닥이 되도록 하는 것이 좋다.

해설 ① 고객 동선은 충동구매가 가능하도록 가능한 한 길게 한다.

15 공동주택의 평면형식 중 계단실형(홀형)에 관한 설명으로 옳은 것은?

① 통행부의 면적이 작아 건물의 이용도가 높다.
② 1대의 엘리베이터에 대한 이용 가능한 세대수가 가상 많다.
③ 각 층에 있는 공용 복도를 통해 각 세대로 출입하는 형식이다.
④ 대지의 이용률이 높아 도심지 내의 독신자용 공동주택에 주로 이용된다.

해설 아파트의 평면형식

• 계단실형(홀형) : 저층 아파트에 적합

장점	단점
• 독립성이 좋다. • 출입이 편하다. • 건물의 이용도가 높다.	• 고층의 경우 시설비가 많이 든다. (엘리베이터 설치)

• 편복도형 : 고층 아파트에 적합

장점	단점
• 각 주호의 거주성이 좋다. • 복도를 외기에 개방 시 통풍, 채광이 중복도보다 좋다.	• 프라이버시가 좋지 않다. • 복도 폐쇄 시 통풍, 채광이 불리하다. • 복도 개방 시 위험하다.

• 중복도형 : 도심지 독신자 아파트에 적합

장점	단점
• 엘리베이터의 이용효율이 높다. • 부지이용률이 높다.	• 프라이버시가 좋지 않다. • 통풍, 채광이 불리하다. • 복도의 면적이 넓어진다.

• 집중형

장점	단점
• 부지이용률이 높다. • 많은 주호를 집중시킬 수 있다.	• 프라이버시가 좋지 않다. • 통풍, 채광이 불리하다.

• 독립성이 잘 유지되는 순서 : 계단실형 > 편복도형 > 중복도형 > 집중형

16 실내계획에 있어서 그리드 플래닝(grid planning)을 적용하는 전형적인 프로젝트는?

① 사무소　　　　② 미술관
③ 단독주택　　　④ 레스토랑

해설　그리드 플래닝 : 그리드를 설계에 적용하여 디자인의 각 요소는 그리드가 지정한 위치에 제한되어 질서정연하고 합리적인 계획이 나올 수 있다.

17 스툴(stool)의 종류 중 편안한 휴식을 위해 발을 올려놓는 데도 사용되는 것은?

① 세티　　　　　② 오토만
③ 카우치　　　　④ 체스터필드

해설　• 세티 : 동일한 의자 2개를 나란히 합쳐서 2인이 앉을 수 있는 의자
　　　• 카우치 : 기댈 수 있는 한쪽 끝이 올라간 긴 의자. 잠을 자기 위한 의자
　　　• 체스터필드 : 소파의 골격에 솜을 많이 넣어 천을 씌운 기다린 의자

18 디자인 원리 중 균형에 관한 설명으로 옳지 않은 것은?

① 대칭적 균형은 가장 완전한 균형의 상태이다.
② 비대칭 균형은 능동의 균형, 비정형 균형이라고도 한다.
③ 방사형 균형은 한 점에서 분산되거나 중심점에서부터 원형으로 분산되어 표현된다.
④ 명도에 의해서 균형을 이끌어 낼 수 있으나 색채에 의해서는 균형을 표현할 수 없다.

해설　색채균형 : 회전혼색법을 사용하여 두 개 이상의 색을 배색했을 때 이 결과가 N5(그레이)가 되는 것이 가장 안정된 균형을 이룬다.

19 공간을 에워싸는 수직적 요소로 수평 방향을 차단하여 공간을 형성하는 기능을 하는 것은?

① 벽　　　　　　② 보
③ 바닥　　　　　④ 천장

해설　보, 바닥, 천장은 수평적 요소이다.

20 디자인을 위한 조건 중 최소의 재료와 노력으로 최대의 효과를 얻고자 하는 것은?

① 독창성　　　　② 경제성
③ 심미성　　　　④ 합목적성

해설　• 독창성 : 디자인의 조건 중 핵심요소로 다른 디자인과의 차별성·주목성 등을 가져야 하며, 디자인에 최종 생명을 불어넣는 조건이다. 따라서 독창성은 디자이너에게 가장 크게 요구되는 조건이다.
　　　• 심미성 : 모든 사람이 공감할 수 있는 형태와 색·재질이 기능과 잘 조화돼 있어야 하며, 심미성은 예술성·시대성·문화성을 수반한다.
　　　• 합목적성 : 사용목적에 따른 기능과 실용성을 갖춰야 한다.

2과목　색채 및 인간공학

21 기계가 인간을 능가하는 기능으로 볼 수 있는 것은? (단, 인공지능은 제외한다.)

① 귀납적으로 추리, 분석한다.
② 새로운 개념을 창의적으로 유도한다.
③ 다양한 경험을 토대로 의사결정을 한다.
④ 구체적 요청이 있을 때 정보를 신속, 정확하게 상기한다.

22 인간의 동작 중 굴곡에 관한 설명으로 맞는 것은?

① 손바닥을 아래로
② 부위 간의 각도 감소
③ 몸의 중심선으로의 이동
④ 몸의 중심선으로의 회전

해설　굴곡(flexion) : 부위 간의 각도를 감소시키거나 굽히는 동작

★
23 일반적으로 인간공학 연구에서 사용되는 기준의 요건이 아닌 것은?

① 적절성　　　　② 고용률
③ 무오염성　　　④ 기준척도의 신뢰성

해설 인간공학 연구의 기준요건 : 적절성, 무오염성, 기준 척도의 신뢰성

★
24 동작경제의 원리에 관한 내용으로 틀린 것은?

① 가능하다면 낙하식 운반방법을 사용한다.
② 자연스러운 리듬이 생기도록 동작을 배치한다.
③ 두 손의 동작은 동시에 시작하고, 각각 끝나도록 한다.
④ 두 팔의 동작은 서로 반대 방향으로 대칭되도록 움직인다.

해설 ③ 두 손의 동작은 동시에 시작하고 동시에 끝나도록 한다.

25 랜돌트의 링(Landholt's ring)과 관계가 깊은 것은?

① 시력 측정　② 청력 측정
③ 근력 측정　④ 심전도 측정

해설 랜돌트의 링 : 시력 측정 시 사용하는 표기방법이다.

26 동일한 작업 시 에너지소비량에 영향을 끼치는 인자가 아닌 것은?

① 심박수　② 작업방법
③ 작업자세　④ 작업속도

해설 에너지소비량
• 인간이 수행하는 작업의 노동강도를 나타내는 것으로, 작업자가 작업을 수행할 때의 **작업방법·작업자세·작업속도·작업도구** 등에 의해 에너지소비량은 달라진다.
• 에너지소비량은 분당 칼로리 소모량에 의해 측정이 되며 단위는 kcal/min이다.

27 조명의 적절성을 결정하는 요소가 아닌 것은?

① 작업의 형태
② 작업자 성별
③ 작업에 나타나는 위험 정도
④ 작업이 수행되는 속도와 정확성

해설 ② 작업자의 성별은 중요하지 않다.

28 소리에 관한 설명으로 틀린 것은?

① 굴절현상 시 진동수는 변함없다.
② 저주파일수록 회절이 많이 발생한다.
③ 반사 시 입사각과 반사각은 동일하다.
④ 은폐(masking)효과는 은폐음과 피은폐음의 종류와 무관하다.

해설 소리의 특성
• 반사 : 반사될 때의 입사각과 반사각은 같다.
• 굴절 : 소리가 흡수될 때 생기는 소리는 굴절되어도 진동수는 변하지 않는 특성이 있다.
• 회절 : 소리가 장애물을 우회하여 퍼져 나가거나 구멍을 통하여 나가는 현상을 말한다.
• 공명 : 발음체의 진동수와 같은 음파를 받으면 자신도 진동을 일으키게 된다.
• 잔향 : 음 발생이 중지된 후에도 소리가 계속 남아 있는 것을 잔향이라고 한다. 실내는 이용 목적에 따라 알맞은 잔향시간이 필요하다. 음악을 연주하는 실내의 경우 일반 실내보다 잔향시간이 긴 것이 좋다.
• 간섭 : 소리가 동시에 들릴 때 서로 합해지거나 감해져서 들리는 현상이다.
• 맥놀이(beat) : 진동수가 약간 다른 두 소리가 간섭되어 일정한 합성파를 만드는 현상이다.
• 반향(echo) : 직접음과 반사된 소리가 시간 차 때문에 한 소리가 둘 이상으로 들리는 것을 말한다. 음원으로부터 소리가 전파되어 나갈 때 도달시간의 차이가 1/15초 이상이 되면 두 음이 분리되어 들린다.
• 흡음감쇠현상 : 소리가 대기 중에서 전달될 때 점점 작아지는 현상. 음의 진동에너지가 열에너지로 변화한다.
• 음의 그림자 : 음이 들리지 않는 영역을 말한다.

29 정신적 피로의 징후가 아닌 것은?

① 긴장감 감퇴　② 의지력 저하
③ 기억력 감퇴　④ 주의 범위가 넓어짐

해설 정신적 피로의 징후
• 긴장감 감퇴
• 의지력 저하
• 기억력 감퇴

정답　24. ③　25. ①　26. ①　27. ②　28. ④　29. ④

30 패널 레이아웃(panel layout) 설계 시 표시장치의 그루핑에 가장 많이 고려하여야 할 설계원칙은?

① 접근성　　　　② 연속성
③ 유사성　　　　④ 폐쇄성

[해설] 그루핑의 법칙
- 독일의 심리학자 베르타이머가 주장한 법칙으로, 시각 대상의 유사성에 주목한다.
- 디자인이나 조형예술분야에 많이 활용되며, 우리의 뇌가 모양이나 크기·방향·거리·색상·위치 등이 비슷하면 한 그룹으로 보려고 한다는 법칙이다.

31 음(音)과 색에 대한 공감각의 설명 중 틀린 것은?

① 저명도의 색은 낮은 음을 느낀다.
② 순색에 가까운 색은 예리한 음을 느끼게 된다.
③ 회색을 띤 둔한 색은 불협화음을 느낀다.
④ 밝고 채도가 낮은 색은 높은 음을 느끼게 된다.

[해설] 고음은 밝고 채도가 높은 색과 유사성이 있다.

32 색각에 대한 학설 중 3원색설을 주장한 사람은?

① 헤링　　　　　② 영·헬름홀츠
③ 맥니콜　　　　④ 먼셀

[해설] 3원색 : 토머스 영이 발표하고 영·헬름홀츠가 완성시킨 색각이론이다.

33 L*a*b* 색체계에 대한 설명으로 틀린 것은?

① a*와 b*는 모두 +값과 −값을 가질 수 있다.
② a*가 −값이면 빨간색 계열이다.
③ b*가 +값이면 노란색 계열이다.
④ L이 100이면 흰색이다.

[해설] ② a*가 −값이면 초록색 계열이다.

34 색채의 상징에서 빨강과 관련이 없는 것은?

① 정열　　　　　② 희망
③ 위험　　　　　④ 흥분

[해설] 희망은 노랑과 관련이 많다.

35 다음 ( )의 내용으로 옳은 것은?

> 서로 다른 두 색이 인접했을 때 서로의 영향으로 밝은색은 더욱 밝아 보이고, 어두운색은 더욱 어두워 보이는 현상을 ( )대비라고 한다.

① 색상　　　　　② 채도
③ 명도　　　　　④ 동시

[해설] 명도대비 : 서로 다른 색의 영향으로 밝은색은 더 밝게, 어두운색은 더 어둡게 느껴지는 색의 대비를 말한다.

36 색명을 분류하는 방법으로 톤(tone)에 대한 설명 중 옳은 것은?

① 명도만을 포함하는 개념이다.
② 채도만을 포함하는 개념이다.
③ 명도와 채도를 포함하는 복합개념이다.
④ 명도와 색상을 포함하는 복합개념이다.

37 벡터(vector) 방식에 대한 설명으로 옳지 않은 것은?

① 일러스트레이터, 플래시와 같은 프로그램 사용방식이다.
② 사진 이미지 변형, 합성 등에 적절하다.
③ 비트맵 방식보다 이미지의 용량이 적다.
④ 확대·축소 등에도 이미지 손상이 없다.

[해설] ② 사진 이미지의 변형 및 합성 등은 래스터(raster) 방식이 적절하다.

38 다음 중 색채에 대한 설명이 틀린 것은?

① 난색계의 빨강은 진출, 팽창되어 보인다.
② 노란색은 확대되어 보이는 색이다.
③ 일정한 거리에서 보면 노란색이 파란색보다 가깝게 느껴진다.
④ 같은 크기일 때 파랑, 청록 계통이 노랑, 빨강 계열보다 크게 보인다.

[해설] 난색이 한색보다 팽창되어 보이기 때문에 더 가깝게 느껴진다.

[정답] **30.** ③　**31.** ④　**32.** ②　**33.** ②　**34.** ②　**35.** ③　**36.** ③　**37.** ②　**38.** ④

39 문·스펜서의 색채조화론에 대한 설명이 아닌 것은?

① 먼셀 표색계에 의해 설명된다.

② 색채조화론을 보다 과학적으로 설명하도록 정량적으로 취급한다.

③ 색의 3속성에 대하여 지각적으로 고른 색채 단계를 가지는 독자적인 색입체로 오메가 공간을 설정하였다.

④ 상호 간에 어떤 공통된 속성을 가진 배색으로 등가색 조화가 좋은 예이다.

해설 ④ 등가색 조화는 오스트발트의 색채조화론이다.

★
40 먼셀기호 5B 8/4, N4에 관한 다음 설명 중 맞는 것은?

① 유채색의 명도는 5이다.

② 무채색의 명도는 8이다.

③ 유채색의 채도는 4이다.

④ 무채색의 채도는 N4이다.

해설 • 먼셀 표색계는 색의 속성을 색상(H), 명도(V), 채도(C)로 구분, HV/C로 표기한다.

• 예를 들면 5GY 6/4이면 색상이 연두색의 5GY에 명도가 6이며 채도가 4인 색채가 되는 것이다.

• 무채색의 경우 N4와 같이 명도만을 나타내고 앞에 N을 표기하여 무채색임을 명시한다.

3과목 건축재료

41 석재의 성질에 관한 설명으로 옳지 않은 것은?

① 화강암은 온도 상승에 의한 강도 저하가 심하다.

② 대리석은 산성비에 약해 광택이 쉽게 없어진다.

③ 부석은 비중이 커서 물에 쉽게 가라앉는다.

④ 사암은 함유광물의 성분에 따라 암석의 질, 내구성, 강도에 현저한 차이가 있다.

해설 부석

• 화산이 폭발할 때 나오는 분출물 중에서 지름이 4mm 이상 되는 다공질의 암괴를 말한다.

• 속돌, 경석이라고도 하며 비중이 작아 물에 뜬다.

• 마그마가 대기 중에 방출될 때 휘발성 성분이 빠져나가면서 기공이 생긴 것이다.

★
42 골재의 함수상태에 관한 식으로 옳지 않은 것은?

① 흡수량=(표면건조상태의 중량)−(절대건조상태의 중량)

② 유효흡수량=(표면건조상태의 중량)−(기건상태의 중량)

③ 표면수량=(습윤상태의 중량)−(표면건조상태의 중량)

④ 전체 함수량=(습윤상태의 중량)−(기건상태의 중량)

해설 골재의 함수상태

• **기건함수량**＝기건상태 함수량의 골재 내부 수량

• **유효흡수량**＝(표면건조, 내부포화상태의 수량)−기건상태의 수량

• **흡수량**＝표면건조, 내부포화상태의 골재 내부 수량

• **함수량**＝습윤상태의 골재 내·외부에 함유하는 전체 수량

• **표면수량**＝함수량과 흡수량의 차

• **흡수율**＝[(표면건조상태 중량−절대건조상태 중량)/절대건조상태 중량]×100%

• **표면수율**＝[(습윤상태 중량−표면건조상태 중량)/표면건조상태 중량]×100%

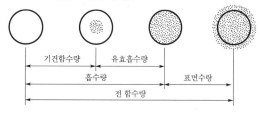

43 알루미늄과 철재의 접촉면 사이에 수분이 있을 때 알루미늄이 부식되는 현상은 어떠한 작용에 기인한 것인가?

① 열분해작용 ② 전기분해작용

③ 산화작용 ④ 기상작용

정답 39. ④ 40. ③ 41. ③ 42. ④ 43. ②

해설 전기분해작용
- 반응용기(cell)에 전기에너지를 가해서 물질의 분해 혹은 변환을 유도하는 모든 반응을 말한다.
- 서로 다른 금속의 접촉면에 수분이 있을 경우, 전기분해가 일어나 이온화 경향이 큰 쪽이 음극이 되어 금속의 전기적 부식작용이 발생한다.

44 회반죽 바름 시 사용하는 해초풀은 채취 후 1~2년 경과된 것이 좋은데 그 이유는 무엇인가?

① 염분 제거가 쉽기 때문이다.
② 점도가 높기 때문이다.
③ 알칼리도가 높기 때문이다.
④ 색상이 우수하기 때문이다.

해설 해초풀
- 미역 등의 바다풀을 끓여서 회반죽에 섞으면 부착이 잘되고 균열을 방지한다.
- 염분 제거를 위해 해초풀 채취 후 1~2년 경과된 것을 사용한다.

★
45 금속 가공제품에 관한 설명으로 옳은 것은?

① 조이너는 얇은 판에 여러 가지 모양으로 도려낸 철물로서 환기구, 라디에이터 커버 등에 이용된다.
② 펀칭메탈은 계단의 디딤판 끝에 대어 오르내릴 때 미끄러지지 않게 하는 철물이다.
③ 코너비드는 벽, 기둥 등의 모서리부분의 미장바름을 보호하기 위하여 사용한다.
④ 논슬립은 천장, 벽 등에 보드류를 붙이고 그 이음새를 감추고 누르는 데 쓰이는 것이다.

해설 금속 가공제품
- 조이너 : 보드 붙임의 조인트 부분에 부착하는 가는 막대 모양의 줄눈재 철물로, 알루미늄제나 플라스틱제의 것이 많고, 형상도 여러 종류가 있다.
- 펀칭메탈 : 판 두께 1.2mm 이하의 박판에 여러 가지 모양을 따서 도려낸 철물이다.
- 논슬립 : 계단의 계단코에 부착하여 미끄러짐·파손·마모를 방지하는 철물로, 재료 형상은 계단 마감재료나 위치에 따라 종류가 다양하며, 놋쇠·고무제·황동제·스테인리스강재 등이 사용된다.

★
46 강화유리에 관한 설명으로 옳지 않은 것은?

① 판유리를 600℃ 이상의 연화점까지 가열한 후 급랭시켜 만든다.
② 파괴 시 파편이 예리하여 위험하다.
③ 강도는 보통유리의 3~5배 정도이다.
④ 제조 후 현장가공이 불가하다.

해설 강화유리
- 판유리를 약 600℃로 가열했다가 급랭시켜 강도를 높인 안전유리의 일종이다.
- 판유리와 투시성은 같으나 판유리보다 강도가 3~5배 높아서 급격한 온도 변화에도 견디며 파손율이 낮다.
- 한계 이상의 충격으로 깨져도 작고 모서리가 날카롭지 않은 파편으로 부서져 위험성이 적다.
- 절단, 구멍뚫기 등의 재가공이 어려우므로 초기 열처리 전에 소요치수로 절단한다.

★
47 침엽수에 관한 설명으로 옳은 것은?

① 대표적인 수종은 소나무와 느티나무, 박달나무 등이다.
② 재질에 따라 경재(hard wood)로 분류된다.
③ 일반적으로 활엽수에 비하여 직통대재가 많고 가공이 용이하다.
④ 수선세포는 뚜렷하게 아름다운 무늬로 나타난다.

해설 침엽수
- 목질이 연하며 가볍고, 가공이 용이하다.
- 연재로 분류되며, 구조재와 장식재로 쓰인다.
- 수선세포는 가늘고 잘 보이지 않는다.
- 전나무, 소나무, 잣나무, 낙엽송, 측백나무, 은행나무, 흑송 등이 있다.

활엽수
- 종류가 다양하고 특성도 일정하지 않다.
- 경재로 분류되며, 주로 장식재로 쓰인다.
- 수선세포의 종단면에서 얼룩무늬와 광택이 뚜렷하며 아름다운 무늬를 나타낸다.
- 오동나무, 참나무, 느티나무, 단풍나무, 박달나무, 밤나무 등이 있다.

정답 44. ① 45. ③ 46. ② 47. ③

48 중밀도 섬유판을 의미하는 것으로 목섬유(wood fiber)에 액상의 합성수지 접착제·방부제 등을 첨가·결합시켜 성형·열압하여 만든 것은?

① 파티클보드　　② MDF
③ 플로어링보드　④ 집성목재

해설 **MDF**
- MDF(Medium Density Fiberboard)는 장섬유를 가진 나무를 분쇄하여 섬유질을 추출한 후 접착제를 투입하여 층을 쌓은 후 압축·연마처리한 제품이다.
- 재질이 천연목재보다 균일하여 마감재로 많이 사용되나, 무게가 무겁고 습기에 약하다.
- 천연목재보다 강도가 크고 변형이 적으며, 한 번 고정철물을 사용한 곳에는 재시공이 어렵다.

★
49 콘크리트용 혼화제에 관한 설명으로 옳은 것은?

① 지연제는 굳지 않은 콘크리트의 운송시간에 따른 콜드 조인트 발생을 억제하기 위하여 사용된다.
② AE제는 콘크리트의 워커빌리티를 개선하지만 동결·융해에 대한 저항성을 저하시키는 단점이 있다.
③ 급결제는 초미립자로 구성되며 이를 사용한 콘크리트의 초기강도는 작으나, 장기강도는 일반적으로 높다.
④ 감수제는 계면활성제의 일종으로 굳지 않은 콘크리트의 단위수량을 감소시키는 효과가 있으나 골재 분리 및 블리딩 현상을 유발하는 단점이 있다.

해설 **콘크리트용 혼화제**
- AE제 : 콘크리트의 워커빌리티를 개선하고, 시공연도 향상과 수밀성·동해저항성을 증가시킨다.
- 급결제 : 콘크리트의 초기강도는 크나, 장기강도는 일반적으로 낮다.
- 감수제 : 굳지 않은 콘크리트의 단위수량을 감소시키며, 골재 분리 및 블리딩 현상을 방지한다.

50 회반죽의 주요 배합재료로 옳은 것은?

① 생석회, 해초풀, 여물, 수염
② 소석회, 모래, 해초풀, 여물
③ 소석회, 돌가루, 해초풀, 생석회
④ 돌가루, 모래, 해초풀, 여물

해설 **회반죽**
- 소석회, 모래, 여물, 해초풀 등을 섞어 만든 비상용 반죽으로 목조 바탕, 콘크리트블록, 벽돌 바탕 등에 흙손으로 발라서 벽체나 천장 등을 보호하며 미화하는 용도로 사용된다.
- 가수량이 불충분하면 벽면에 팽창성 균열이 생긴다.

★
51 아스팔트 방수공사에서 솔, 롤러 등으로 용이하게 도포할 수 있도록 아스팔트를 휘발성 용제에 용해한 비교적 저점도의 액체로서 방수시공의 첫 번째 공정에 사용되는 바탕처리재는?

① 아스팔트 콤파운드
② 아스팔트 루핑
③ 아스팔트 펠트
④ 아스팔트 프라이머

해설 **아스팔트 프라이머**
- 바탕면에 펠트가 잘 붙게 하기 위한 것으로 바탕에서 부풀어 오르지 않게 한다.
- 배합비＝블론 아스팔트 : 솔벤트 나프타 : 휘발유＝45 : 30 : 25

52 다음 판유리제품 중 경도(硬度)가 가장 작은 것은?

① 플린트유리　　② 보헤미아유리
③ 강화유리　　　④ 연(鉛)유리

해설 **판유리제품**
- 경도 : 광물의 단단한 정도를 말한다. 일반적으로 알칼리가 많으면 경도가 감소하고, 알칼리 토금속류가 혼합되면 경도는 증대한다.
- 연유리 : 성분 중에 산화연(PbO) 등의 연(鉛)화합물을 함유한 특수유리로서 비중은 3~6 정도이다.

53 플라스틱재료의 특징으로 옳지 않은 것은?

① 가소성과 가공성이 크다.
② 전성과 연성이 크다.
③ 내열성과 내화성이 작다.
④ 마모가 작으며 탄력성도 작다.

해설 플라스틱
• 내열성, 내화성, 탄성계수가 작다.
• 표면 경도가 약하며, 마모가 크다.

★
54 목재의 성질에 관한 설명으로 옳은 것은?

① 목재의 진비중은 수종, 수령에 따라 현저하게 다르다.
② 목재의 강도는 함수율이 증가하면 할수록 증대된다.
③ 일반적으로 인장강도는 응력의 방향이 섬유방향에 평행한 경우가 수직인 경우보다 크다.
④ 목재의 인화점은 400~490℃ 정도이다.

해설 목재의 성질

역학적 강도	인장강도
섬유의 평행 방향	200
섬유의 직각 방향	7~20

• 목재의 진비중은 수종, 수령에 관계없이 1.44~1.56 정도이다.
• 목재의 강도는 함수율이 증가할수록 감소하며, 섬유포화점(30%) 이상에서는 강도의 변화가 없다.
• 목재의 인화점은 180℃ 정도로 가연성 가스가 발생되는 시점이다.

★
55 합성수지도료에 관한 설명으로 옳지 않은 것은?

① 일반적으로 유성페인트보다 가격이 매우 저렴하여 널리 사용된다.
② 유성페인트보다 건조시간이 빠르고 도막이 단단하다.
③ 유성페인트보다 내산성·내알칼리성이 우수하다.
④ 유성페인트보다 방화성이 우수하다.

해설 합성수지도료
• 여러 종류의 수지를 배합하여 수지의 결함을 제거 및 보충한 도료이다.
• 건조시간이 빠르며 도막이 단단하다.
• 내산성·내알칼리성으로 방화성이 우수하다.
• 일반적으로 유성페인트보다 가격이 비싸다.
유성페인트
• 안료＋보일드유＋희석제를 배합해 만든 도료이다.
• 내후성·내마모성이 우수하고 가격이 저렴하며, 두꺼운 도막을 형성한다.
• 페인트, 기름 바니시 등의 주원료인 보일유는 시일에 따라 굳은 피막이 된다.
• 알칼리에 약하므로 콘크리트나 모르타르 플라스터면에는 부적합하다.

★
56 수경성 미장재료로 경화·건조 시 치수안정성이 우수한 것은?

① 회사벽
② 회반죽
③ 돌로마이트 플라스터
④ 석고 플라스터

해설 석고 플라스터
• 수경성 미장재료의 일종으로, 소석고를 주성분으로 한 플라스터이다.
• 작업성을 높이기 위하여 현장에서 소석회, 돌로마이트 플라스터 등을 섞어 반죽하여 사용한다.
• 석고를 주성분으로 모래·섬유질 등을 물로 반죽한 벽재로, 콘크리트의 벽이나 천장에 사용한다.
미장재료의 종류

수경성	기경성
물과 작용하여 경화하는 것	공기 중에 경화하는 것
석고 플라스터, 무수석고 플라스터, 시멘트모르타르, 테라초 현장바름, 인조석 바름 등	진흙질, 회반죽, 회사벽, 돌로마이트 플라스터 등

★
57 건축용 점토제품에 관한 설명으로 옳은 것은?

① 저온 소성제품이 화학저항성이 크다.
② 흡수율이 큰 제품이 백화의 가능성이 크다.
③ 제품의 소성온도는 동해저항성과 무관하다.
④ 규산이 많은 점토는 가소성이 나쁘다.

해설 점토제품
- 저온 소성제품은 화학저항성이 작다.
- 제품의 소성온도는 동해저항성에 영향을 준다.
- 규산이 많은 점토는 가소성이 우수하다.

★
58 콘크리트 내구성에 관한 설명으로 옳지 않은 것은?

① 콘크리트 동해에 의한 피해를 최소화하기 위해서는 흡수성이 큰 골재를 사용해야 한다.
② 콘크리트 중성화는 표면에서 내부로 진행하며 페놀프탈레인 용액을 분무하여 판단한다.
③ 콘크리트가 열을 받으면 골재는 팽창하므로 팽창균열이 생긴다.
④ 콘크리트에 포함되는 기준치 이상의 염화물은 철근 부식을 촉진시킨다.

해설 콘크리트 동해
- 콘크리트 속의 수분이 동결·융해를 반복한 결과, 갈라짐이 발생한다든지 콘크리트의 표층이 벗겨져 떨어진다든지 하여 표층부분으로부터 파괴되어 점차로 열화(劣化)하는 현상을 말한다.
- 콘크리트 동해를 최소화하기 위해서는 흡수율이 작은 골재를 사용해야 한다.

★
59 금속면의 보호와 금속의 부식 방지를 목적으로 사용되는 도료는?

① 방화도료
② 발광도료
③ 방청도료
④ 내화도료

해설 방청도료
- 각종 금속, 특히 철이 녹스는 것을 방지하기 위한 도료를 말한다.
- 공기·물·이산화탄소 등이 금속면과 접촉하는 것을 방지하고, 또 화학적으로 녹의 발생을 막는 두 가지 작용을 한다.
- 대표적인 종류에는 연단 도료(광명단), 함연 방청 도료, 규산염 도료, 역청질 도료, 알루미늄 도료, 크롬산 아연(징크크로메이트), 워시 프라이머 등이 있다.

★
60 점토제품 중 소성온도가 가장 높고 흡수성이 작으며 타일이나 위생도기 등에 쓰이는 것은?

① 토기
② 도기
③ 석기
④ 자기

해설 점토제품의 분류

구분	토기	도기	석기	자기
소성온도 [℃]	700~1,000	1,000~1,300	1,200~1,400	1,300~1,450
색상	유색	백색, 유색	유색	백색
흡수성	20% 이하	10% 이하	3~10%	0~1%
투명성	불투명	불투명	불투명	반투명
특성	흡수성이 크고, 강도가 약함	흡수성이 약간 크고, 두드리면 탁음이 남	강도가 크고, 두드리면 청음이 남	강도가 매우 크고, 두드리면 금속음이 남
용도	기와, 벽돌, 토관	내장타일, 테라코타, 위생도기	바닥타일, 경질 기와, 도관, 클링커타일	외장타일, 바닥타일, 위생도기, 모자이크타일

- 흡수성 크기 : 토기>도기>석기>자기
- 강도 크기 : 토기<도기<석기<자기

4과목 건축 일반

★
61 무창층이란 지상층 중 다음에서 정의하는 개구부 면적의 합계가 해당 층 바닥면적의 얼마 이하가 되는 층으로 규정하는가?

> 개구부란 건축물에서 채광·환기·통풍 또는 출입 등을 위하여 만든 창·출입구이며, 크기 및 위치 등 법령에서 정의하는 세부요건을 만족

① 1/10
② 1/20
③ 1/30
④ 1/40

해설 무창층 : 개구부 면적의 합계가 해당 층의 바닥면적의 1/30 이하가 되는 층

62 높이 31m를 넘는 각 층의 바닥면적 중 최대 바닥면적이 6,000m²인 건축물에 설치해야 하는 비상용 승강기의 최소 설치 대수는? (단, 8인승 승강기임)

① 2대   ② 3대
③ 4대   ④ 5대

해설 비상용 승강기의 설치 대수

높이 31m를 넘는 각 층의 바닥면적 중 최대 바닥면적		
1,500m² 이하	1,500m² 초과	산정방식
1대 이상	1대 + 1,500m²를 넘는 3,000m² 이내마다 1대씩 가산	$1 + \dfrac{A - 1500m^2}{3000m^2}$

$$\therefore 1 + \frac{A - 1500m^2}{3000m^2} = 1 + \frac{6000 - 1500}{3000}$$
$$= 2.5대 ≒ 3대(소수점 이하는 1대로 본다.)$$

★63 일반적인 방염대상물품의 방염성능기준에서 버너의 불꽃을 제거한 때부터 불꽃을 올리며 연소하는 상태가 그칠 때까지의 시간은 얼마 이내이어야 하는가?

① 10초   ② 15초
③ 20초   ④ 30초

해설 방염대상물품의 방염성능기준 : 버너의 불꽃을 제거한 때부터 불꽃을 올리며 연소하는 상태가 그칠 때까지의 시간은 20초 이내

64 구조체의 열용량에 관한 설명으로 옳지 않은 것은?

① 건물의 창면적비가 클수록 구조체의 열용량은 크다.
② 건물의 열용량이 클수록 외기의 영향이 작다.
③ 건물의 열용량이 클수록 실온의 상승 및 하강 폭이 작다.
④ 건물의 열용량이 클수록 외기온도에 대한 실내온도 변화의 시간지연이 있다.

해설 건물의 창면적비가 클수록 구조체의 열용량은 작다.

65 우리나라에 현존하는 목조건축물 가운데 가장 오래된 것은?

① 수덕사 대웅전
② 부석사 무량수전
③ 불국사 대웅전
④ 봉정사 극락전

해설 봉정사 극락전＞부석사 무량수전＞수덕사 대웅전＞불국사 대웅전의 순으로 오래되었다.

66 다음은 피난층 또는 지상으로 통하는 직통계단을 특별피난계단으로 설치하여야 하는 층에 관한 법령 사항이다. ( ) 안에 들어갈 내용으로 옳은 것은?

> 건축물(갓복도식 공동주택은 제외한다.)의 (A) [공동주택의 경우에는 (B)] 이상인 층(바닥면적이 400m² 미만인 층은 제외한다.)으로부터 피난층 또는 지상으로 통하는 직통계단은 제1항에도 불구하고 특별피난계단으로 설치하여야 한다.

① A : 8층, B : 11층
② A : 8층, B : 16층
③ A : 11층, B : 12층
④ A : 11층, B : 16층

해설 건축물(갓복도식 공동주택은 제외)의 11층(공동주택의 경우에는 16층) 이상인 층(바닥면적이 400m² 미만인 층은 제외)에 설치하는 직통계단은 **특별피난계단**으로 설치해야 한다.

★67 소화활동설비에 해당되는 것은?

① 스프링클러설비
② 자동화재탐지설비
③ 상수도소화용수설비
④ 연결송수관설비

해설 **소화활동설비** : 제연설비, 연결송수관설비, 연결살수설비, 비상콘센트설비, 무선통신보조설비, 연소방지설비

68 건축물에 설치하는 계단 및 계단참의 유효너비 최소 기준을 120cm 이상으로 적용하여야 하는 용도의 건축물이 아닌 것은?

① 문화 및 집회 시설 중 공연장
② 고등학교
③ 판매시설
④ 문화 및 집회 시설 중 집회장

해설 계단 및 계단참의 유효너비

구분	계단·계단참의 폭
• 문화 및 집회 시설(공연장, 집회장, 관람장), 판매시설(도매·소매시장, 상점에 한함), 기타, 이와 유사한 용도에 쓰이는 건축물의 계단 • 바로 위층부터 최상층까지의 거실의 바닥면적 합계가 200m² 이상인 계단 • 거실의 바닥면적 합계가 100m² 이상인 지하층 계단	120cm 이상

★
69 건축허가 등을 할 때 미리 소방본부장 또는 소방서장의 동의를 받아야 하는 대상 건축물의 범위에 관한 기준으로 옳지 않은 것은?

① 연면적 400m² 이상인 건축물
② 항공기 격납고
③ 방송용 송수신탑
④ 승강기 등 기계장치에 의한 주차시설로서 자동차 10대 이상을 주차할 수 있는 시설

해설 건축허가 시 사전동의 대상 : 승강기 등 기계장치에 의한 주차시설로서 자동차 20대 이상을 주차할 수 있는 시설

70 피난설비 중 객석 유도등을 설치하여야 할 특정소방대상물은?

① 숙박시설 ② 종교시설
③ 창고시설 ④ 방송통신시설

해설 객석 유도등의 설치 대상 : 종교시설, 문화 및 집회시설, 종교시설, 운동시설, 유흥주점 영업시설은 객석 유도등을 설치해야 한다.

71 철근콘크리트구조에 관한 설명으로 옳지 않은 것은?

① 철근과 콘크리트의 선팽창계수는 거의 동일하므로 일체화가 가능하다.
② 철근콘크리트구조에서 인장력은 철근이 부담하는 것으로 한다.
③ 습식구조이므로 동절기 공사에 유의하여야 한다.
④ 타 구조에 비해 경량구조이므로 형태의 자유도가 높다.

해설 철근콘크리트의 특성
• 철근은 인장력을 부담한다.
• 콘크리트는 압축력을 부담하도록 설계한다.
• 일체식으로 구성된 구조이다.
• 우수한 내진구조이다.
• 습식구조이므로 동절기 공사에 유의해야 한다.

★
72 건축물의 피난·방화구조 등의 기준에 관한 규칙에서 규정한 방화구조에 해당하지 않는 것은?

① 시멘트모르타르 위에 타일을 붙인 것으로서 그 두께의 합계가 2cm인 것
② 철망 모르타르로서 그 바름 두께가 2.5cm인 것
③ 석고판 위에 시멘트모르타르를 바른 것으로서 그 두께의 합계가 3cm인 것
④ 심벽에 흙으로 맞벽치기를 한 것

해설 방화구조 : 시멘트모르타르 위에 타일을 붙인 것으로서 그 두께의 합계가 2.5cm인 것

73 르네상스 건축양식의 실내장식에 관한 설명으로 옳지 않은 것은?

① 실내장식 수법은 외관의 구성수법을 그대로 적용하였다.
② 실내디자인 요소로서 계단이 차지하는 비중은 작았다.
③ 바닥 마감은 목재와 석재가 주로 사용되었다.
④ 문양은 그로테스크 문양과 아라베스크 문양이 주로 사용되었다.

해설 르네상스 건축양식의 특성

- 15세기 명확한 수의 비례, 조화의 원리를 개념으로 사용하여 그리스·로마시대 문화와 고전주의 건축양식에 맞춰 이탈리아에서 시작됨.
- 중앙집중형 평면과 중앙 돔에 의한 단일공간화
- 외장요소에서 수평선 강조로 인간의 사회관과 횡적 유대를 상징함.
- 주재료 : 석재, 목재, 벽돌, 콘크리트
- 코린트 주범, 박공, 아치, 아케이드 고전적 요소를 이용한 장식적 기둥
- 그로테스크 문양과 아라베스크 문양 사용, 망사르드 지붕과 천장

74 다음은 사생활 보호 차원에서 설치하는 차면시설에 대한 설치기준이다. ( ) 안에 들어갈 내용으로 옳은 것은?

> 인접 대지경계선으로부터 직선거리 ( ) 이내에 이웃 주택의 내부가 보이는 창문 등을 설치하는 경우에는 차면시설(遮面施設)을 설치하여야 한다.

① 0.5m   ② 1m

③ 1.5m   ④ 2m

해설 인접 대지경계선으로부터 직선거리 2m 이내에 이웃 주택의 내부가 보이는 창문 등을 설치하는 경우에는 차면시설(遮面施設)을 설치하여야 한다.

75 채광을 위하여 거실에 설치하는 창문 등의 면적 확보와 관련하여 이를 대체할 수 있는 조명장치를 설치하고자 할 때 거실의 용도가 집회용도의 회의기능일 경우 조도기준으로 옳은 것은? (단, 조도는 바닥에서 85cm의 높이에 있는 수평면의 조도임)

① 100lux 이상   ② 200lux 이상

③ 300lux 이상   ④ 400lux 이상

해설 거실용도의 조도기준

거실용도 구분	조도 구분	바닥에서 85cm의 높이에 있는 수평면 조도
집회	회의	300

76 20층의 아파트를 건축하는 경우 6층 이상 거실의 바닥면적 합계가 12,000m²일 경우에 승용승강기 최소 설치 대수는? (단, 15인승 이하 승용승강기임)

① 2대   ② 3대

③ 4대   ④ 5대

해설 승용승강기의 설치기준

건축물 용도	6층 이상의 거실면적의 합계		
	3,000m² 이하	3,000m² 초과	산정방식
• 공동주택 • 교육연구시설 • 노유자시설 • 기타 시설	1대	1대에 3,000m²를 초과하는 경우 → 그 초과하는 매 3,000m² 이내마다 1대의 비율로 가산한 대수	$1 + \dfrac{A - 3000\text{m}^2}{3000\text{m}^2}$

$$\therefore 1 + \frac{A - 3000\text{m}^2}{3000\text{m}^2} = 1 + \frac{12000 - 3000}{3000}$$

$$= 1 + \frac{9000}{3000} = 1 + 3 = 4\text{대}$$

※ 8인승 이상 15인승 이하 기준으로 산정. 16인승 이상의 승강기는 2대로 산정

77 다음은 화재예방, 소방시설 설치·유지 및 안전관리에 관한 법률 시행령에서 규정하고 있는 소방시설을 설치하지 아니할 수 있는 특정소방대상물 및 소방시설의 범위이다. ( ) 안에 들어갈 소방시설로 옳은 것은?

구분	특정소방대상물	소방시설
화재 위험도가 낮은 특정소방대상물	석재·불연성 금속 및 불연성 건축재료의 가공공장, 기계조립공장, 주물공장 또는 불연성 물품을 저장하는 창고	( )

① 스프링클러설비

② 옥외소화전설비 및 연결살수설비

③ 비상방송설비

④ 자동화재탐지설비

해설

구분	특정소방대상물	소방시설
화재 위험도가 낮은 특정소방대상물	석재·불연성 금속 및 불연성 건축재료의 가공공장, 기계조립공장, 주물공장 또는 불연성 물품을 저장하는 창고	옥외소화전 및 연결살수설비

★
78 비상경보설비를 설치하여야 할 특정소방대상물의 기준으로 옳지 않은 것은? (단, 지하구, 모래·석재 등 불연재료 창고 및 위험물 저장·처리시설 중 가스시설은 제외)

① 연면적 400m²(지하가 중 터널 또는 사람이 거주하지 않거나 벽이 없는 축사 등 동식물 관련시설은 제외한다.) 이상인 것
② 지하층 또는 무창층의 바닥면적이 150m² (공연장의 경우 100m²) 이상인 것
③ 지하가 중 터널로서 길이가 500m 이상인 것
④ 30명 이상의 근로자가 작업하는 옥내작업장

해설 50명 이상의 근로자가 작업하는 옥내작업장에는 비상경보설비를 설치하여야 한다.

79 목구조의 장점에 해당되지 않는 것은?

① 재료의 강도, 강성에 대한 편차가 작고 균일하기 때문에 안전율을 매우 작게 설정할 수 있다.
② 경량이며, 중량에 비해 강도가 일반적으로 큰 편이다.
③ 외관이 미려하고 감촉이 좋다.
④ 증·개축이 용이하다.

해설 목구조의 단점
• 고층건물, 간사이가 큰 건축의 구조가 불가능하다.
• 비내화적이며 내구성이 약하다
• 함수율에 따른 변형률, 팽창, 수축이 크다.
• 다양한 수종, 재질이 일정하지 않다.

80 목구조의 왕대공 지붕틀에서 휨과 인장력이 동시에 발생 가능한 부재는?

① 평보   ② 빗대공
③ ㅅ자보   ④ 왕대공

해설 평보 : 인장응력과 천장 하중에 의한 휨모멘트가 동시에 발생이 가능하다.

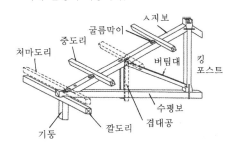

2019년 1회 과년도 출제문제

INTERIOR ARCHITECTURE

1과목 실내디자인론

01 다음 중 상징적 경계에 관한 설명으로 가장 알맞은 것은?

① 슈퍼 그래픽을 말한다.
② 경계를 만들지 않는 것이다.
③ 담을 쌓은 후 상징물을 설치하는 것이다.
④ 물리적 성격이 약화된 시각적 영역 표시를 말한다.

해설 상징적 경계 : 벽 높이 600mm 이하로 공간을 한정시키기는 하나 공간을 감싸지는 못한다.

★
02 쇼윈도의 반사에 따른 눈부심을 방지하기 위한 방법으로 옳지 않은 것은?

① 쇼윈도에 곡면유리를 사용한다.
② 쇼윈도의 유리가 수직이 되도록 한다.
③ 쇼윈도의 내부 조도를 외부보다 높게 처리한다.
④ 차양을 설치하여 쇼윈도 외부에 그늘을 조성한다.

해설 ② 쇼윈도의 유리를 경사지게 처리하여 외부 영상이 시야에 들어오지 않게 한다.

03 다음 중 주거공간의 부엌을 계획할 경우 계획 초기에 가장 중점적으로 고려해야 할 사항은?

① 위생적인 급배수방법
② 실내 분위기를 위한 마감재료와 색채
③ 실내조도의 확보를 위한 조명기구의 위치
④ 조리 순서에 따른 작업대의 배치 및 배열

해설 부엌 : 가사노동이 집중된 곳으로, 작업 동선을 최소화하기 위해 조리 순서에 따른 작업대의 배열이 중요하다.

04 각종 의자에 관한 설명으로 옳지 않은 것은?

① 스툴은 등받이와 팔걸이가 없는 형태의 보조의자이다.
② 풀업 체어는 필요에 따라 이동시켜 사용할 수 있는 간이의자이다.
③ 이지 체어는 편안한 휴식을 위해 발을 올려놓는 데 사용되는 스툴의 종류이다.
④ 라운지체어는 비교적 큰 크기의 의자로 편하게 휴식을 취할 수 있도록 구성되어 있다.

해설 이지 체어 : 라운지체어보다 작은 휴식용 안락의자

05 주택의 거실에 관한 설명으로 옳지 않은 것은?

① 현관에서 가까운 곳에 위치하되 직접 면하는 것은 피하는 것이 좋다.
② 주택의 중심에 두어 공간과 공간을 연결하는 통로기능을 갖도록 한다.
③ 거실의 규모는 가족 수, 가족 구성, 전체 주택의 규모, 접객 빈도 등에 따라 결정된다.
④ 평면의 동쪽 끝이나 서쪽 끝에 배치하면 정적인 공간과 동적인 공간의 분리가 비교적 정확히 이루어져 독립적 안정감 조성에 유리하다.

해설 ② 거실은 현관, 복도, 계단 등에 가까이 위치하되 직접 면하는 것은 피한다.

정답 1. ④ 2. ② 3. ④ 4. ③ 5. ②

06 실내공간을 형성하는 기본 요소 중 천장에 관한 설명으로 옳지 않은 것은?

① 공간을 형성하는 수평적 요소이다.
② 다른 요소에 비해 조형적으로 가장 자유롭다.
③ 천장을 낮추면 진근하고 아늑한 공간이 되고 높이면 확대감을 줄 수 있다.
④ 인간의 동선을 차단하고 공기의 움직임, 소리의 전파, 열의 이동을 제어한다.

해설 ④는 벽의 기능에 대한 설명이다.

07 비정형 균형에 관한 설명으로 옳은 것은?

① 좌우대칭, 방사대칭으로 주로 표현된다.
② 대칭의 구성형식이며, 가장 완전한 균형의 상태이다.
③ 단순하고 엄숙하며 완고하고 변화가 없는 정적인 것이다.
④ 물리적으로는 불균형이지만 시각상으로 힘의 정도에 의해 균형을 이룬 것이다.

해설 비정형 균형 : 물리적으로는 불균형, 시각적으로는 균형을 이룬 것으로 동적, 변화, 자유분방, 약진의 효과를 준다.

08 디자인의 요소 중 점에 관한 설명으로 옳지 않은 것은?

① 공간에 한 점을 두면 집중효과가 생긴다.
② 다수의 점을 근접시키면 면으로 지각된다.
③ 같은 점이라도 밝은 점은 작고 좁게, 어두운 점은 크고 넓게 보인다.
④ 점은 선과 마찬가지로 형태의 외곽을 시각적으로 설명하는 데 사용될 수 있다.

해설 ③ 밝은 점은 크고 넓게, 어두운 점은 작고 좁게 보인다.

★
09 날개의 각도를 조절하여 일광, 조망, 시각의 차단 정도를 조정하는 것은?

① 드레이퍼리   ② 롤 블라인드
③ 로만 블라인드   ④ 베네시안 블라인드

해설 • 드레이퍼리 : 창문에 느슨하게 걸려 있는 무거운 커튼
• 롤 블라인드 : 셰이드 블라인드라고도 하며, 천을 감아올리는 형식의 블라인드
• 로만 블라인드 : 상부의 줄을 당기면 단이 생기면서 접히는 형식의 블라인드

10 사무공간의 소음방지대책으로 옳지 않은 것은?

① 개인공간이나 회의실의 구역을 한정한다.
② 낮은 칸막이, 식물 등의 흡음재를 적당하게 배치한다.
③ 바닥·벽에는 흡음재를, 천장에는 음의 반사재를 사용한다.
④ 소음원을 일반 사무공간으로부터 가능한 한 멀리 떼어 놓는다.

해설 사무실의 소음방지용 마감재료
• 바닥 : 흡음재로 리놀륨이나 코르크, 카펫을 사용한다.
• 벽 : 흡음재로 흡음 석고보드, 다공판재를 사용한다.
• 천장 : 흡음재로 흡음 텍스를 사용한다.

★
11 다음 설명에 알맞은 건축화조명의 종류는?

> • 사용자의 얼굴에 적당한 조도를 분배하기 위해 벽면이나 천장면의 일부를 돌출시켜 조명을 설치한 것이다.
> • 주로 카운터 상부, 욕실의 세면대 상부 등에 설치한다.

① 광창조명   ② 코브조명
③ 광천장조명   ④ 캐노피조명

해설 • 광창조명 : 유리나 루버 등의 확산용 판으로 된 광원을 벽면 안에 설치한 직접조명
• 코브조명 : 천장, 벽의 구조체에 의해 광원의 빛이 천장 또는 벽면으로 가려지게 하여 반사광으로 간접조명
• 광천장조명 : 유리나 루버 등의 확산용 판으로 된 광원을 천장 안에 설치한 직접조명

정답 6. ④ 7. ④ 8. ③ 9. ④ 10. ③ 11. ④

12 펜던트조명에 관한 설명으로 옳지 않은 것은?

① 천장에 매달려 조명하는 조명방식이다.
② 조명기구 자체가 빛을 발하는 액세서리 역할을 한다.
③ 노출 펜던트형은 전체조명이나 작업조명으로 주로 사용된다.
④ 시야 내에 조명이 위치하면 눈부심이 일어나므로 조명기구에 의해 휘도를 조절하는 것이 좋다.

해설 ③ 펜던트형은 국부조명이며 공간에 장식적인 요소로 사용된다.

★
13 전시공간의 순회유형에 관한 설명으로 옳지 않은 것은?

① 연속순회형식에서 관람객은 연속적으로 이어진 동선을 따라 관람하게 된다.
② 갤러리 및 복도형은 각 실을 독립적으로 폐쇄시킬 수 있다는 장점이 있다.
③ 연속순회형식은 한 실을 폐쇄하면 다음 실로의 이동이 불가능한 단점이 있다.
④ 중앙홀형은 대지이용률은 낮으나, 중앙홀이 작아도 동선의 혼란이 없다는 장점이 있다.

해설 중앙홀형
• 중심부에 큰 홀을 두고 그 주위에 각 실을 배치하여 자유로이 출입하는 형식이다.
• 대지이용률이 높고 중앙홀이 크면 동선의 혼란은 없으나 추후 확장에는 무리가 있다.

14 다음 중 실내디자인의 개념과 가장 거리가 먼 것은?

① 순수예술 　② 공간예술
③ 디자인 행위 　④ 계획, 실행과정, 결과

해설 실내디자인의 개념 : 순수한 예술적 동기에 의해 창조된 활동이 아니고 공간을 환경적·심리적·미학적인 구성을 하여 사용자가 원하는 합리적 환경을 제공하는 디자인 활동을 말한다.

15 주택의 실 구성형식 중 LDK형에 관한 설명으로 옳은 것은?

① 식사실이 거실, 주방과 완전히 독립된 형식이다.
② 주부의 동선이 짧은 관계로 가사노동이 절감된다.
③ 대규모 주택에 적합하며 식사실 위치 선정이 자유롭다.
④ 식사공간에서 주방의 지저분한 싱크대, 조리 중인 그릇, 음식들이 보이지 않는다.

해설 LDK(Living Dining Kitchen)＝거실＋식사실＋부엌

★
16 실내디자인의 원리 중 휴먼 스케일에 관한 설명으로 옳지 않은 것은?

① 인간의 신체를 기준으로 파악되고 측정되는 척도기준이다.
② 공간의 규모가 웅대한 기념비적인 공간은 휴먼 스케일의 적용이 용이하다.
③ 휴먼 스케일이 잘 적용된 실내공간은 심리적·시각적으로 안정된 느낌을 준다.
④ 휴먼 스케일의 적용은 추상적·상징적이 아닌 기능적인 척도를 추구하는 것이다.

해설 ② 공간의 규모가 웅대한 기념비적인 공간은 기념비적 스케일의 적용이 용이하다.

17 백화점의 에스컬레이터에 관한 설명으로 옳지 않은 것은?

① 건축적 점유면적은 가능한 한 작게 배치한다.
② 승객의 보행거리가 가능한 한 길게 되도록 한다.
③ 출발 기준층에서 쉽게 눈에 띄도록 하고 보행 동선 흐름의 중심에 설치한다.
④ 일반적으로 수직 이동 서비스 대상인원의 70~80% 정도를 부담하도록 계획한다.

해설 ② 승객의 보행거리가 가능한 한 짧게 한다.

18 사무실의 조명방식 중 부분적으로 높은 조도를 얻고자 할 때 극히 제한적으로 사용하는 것은?

① 전반조명방식　　② 간접조명방식
③ 국부조명방식　　④ 건축화조명방식

해설 • 전반조명방식 : 실내 전체를 균등하게 조명하는 방식
• 간접조명방식 : 광원이 천장과 벽을 비추고, 그 반사광에 의해 조명하는 방식
• 국부조명방식 : 작업대·실험대 등의 필요한 부분만을 높은 조도로 조명하는 방식으로, 별도의 작업공간이나 전시장·상점의 쇼윈도에 사용된다.
• 건축화조명방식 : 벽·천장·기둥 등의 건축의 일부에 광원을 설치하여 조명하는 방식

19 다음 중 유니버설 공간의 개념적 설명으로 가장 알맞은 것은?

① 상업공간을 말한다.
② 모듈이 적용된 공간을 말한다.
③ 독립성이 극대화된 공간을 말한다.
④ 공간의 융통성이 극대화된 공간을 말한다.

해설 유니버설 디자인(universal design; 보편 설계, 보편적 설계)
• '모든 사람을 위한 디자인', '범용 디자인'의 개념으로, 인간의 성별·나이·장애·언어 등의 제약을 받지 않도록 제품이나 공간 등을 설계하는 것을 말하며, 공간의 융통성 및 보편성이 필요하다.
• 유니버설 디자인의 목표
　－지원성(supportive design)
　－수용성(adaptable design)
　－접근성(accessible design)
　－안정성(safety-oriented design)

20 다음 중 곡선이 주는 느낌과 가장 거리가 먼 것은?

① 우아함　　② 안정감
③ 유연함　　④ 불명료함

해설 곡선의 느낌 : 유연, 경쾌, 여성적, 부드러움, 동적, 우아, 불명료함

2과목　색채 및 인간공학

21 온도, 압력, 속도와 같이 연속적으로 변하는 변수의 대략적인 값이나 변화 추세를 알고자 할 때 주로 사용되는 시각적 표시장치는?

① 계수 표시기
② 묘사적 표시장치
③ 정성적 표시장치
④ 정량적 표시장치

해설 정성적 표시장치 : 연속적으로 변하는 변수의 대략적인 값이나 변화 추세, 비율 등을 알고자 할 때 사용한다.

22 집단 작업공간의 조명방법으로 조도 분포를 일정하게 하고, 시야의 밝기를 일정하게 만들어 작업의 환경여건을 개선할 수 있는 것은?

① 방향조명　　② 전반조명
③ 부과조명　　④ 근자외선조명

해설 전반조명(확산조명) : 실내 전체를 균일하게 밝게 하는 방법으로, 눈의 피로는 적으나 정밀작업에는 좋지 않다.

23 인간－기계체계의 기본 유형이 아닌 것은?

① 수동체계　　② 인간화 체계
③ 자동체계　　④ 기계화 체계

해설 인간－기계체계
• 인간에 의한 제어 역할 정도에 따라 다음의 세 가지로 분류할 수 있다.
• 수동화 체계 : 인간의 손이나 도구를 사용하여 작업을 통제하는 체계
• 기계화 체계(반자동체계) : 다양한 부품에 의해 운전자가 조정하는 체계. 기계적 연결단위는 기계에 의존하나 제어부분은 작업자가 통제한다.
• 자동화 체계 : 감지, 정보처리 및 의사결정의 행동을 포함한 모든 조정을 자동화시킨 체계이다.

24 뼈의 구성요소가 아닌 것은?

① 골질　　　　　② 골수
③ 골지체　　　　④ 연골막

★
25 사람의 청각으로 소리를 지각하는 범위는?

① 20~20,000Hz　② 30~30,000Hz
③ 50~50,000Hz　④ 60~60,000Hz

해설 음의 높이(진동수)
• 소리의 높고 낮음으로 Hz와 cps로 나타낸다.
• 인간은 20~20,000Hz의 진동수를 감지할 수 있는데, 이것을 인간의 가청주파수라고 한다.

26 인간공학에서 고려해야 될 인간의 특성 요인 중 비교적 거리가 먼 것은?

① 성격 차이　　　② 지각, 감각능력
③ 신체의 크기　　④ 민족적, 성별 차이

해설 인간공학에서 고려해야 할 인간의 특성
• 감각, 지각상의 능력
• 운동 및 근력
• 지능과 기능
• 새로운 기술을 배우는 능력
• 적응능력
• 신체의 크기
• 인간의 관습이나 관계
• 환경의 쾌적도와 관련성

27 소음이 발생하는 작업환경에서 소음방지대책으로 가장 소극적인 형태의 방법은?

① 차단벽의 설치
② 소음원의 격리
③ 저소음기계의 사용
④ 작업자의 보호구 착용

해설 소음방지방법
• **외부소음대책** : 건물의 배치, 규모, 방위, 녹지 등의 요인을 종합적으로 검토하여 대처한다.
• **건축물의 차음성능** : 창, 발코니, 재료의 차음특성을 이용한다.
• **내부소음대책** : 바다 충격음, 개폐음, 설비음을 줄이고 흡음재를 사용한다.

28 작업용 의자의 설계 시 고려사항으로 가장 적당한 것은?

① 팔받침대가 있는 의자
② 등받침의 경사가 103°인 의자
③ 등받침이 어깨 높이까지 높은 의자
④ 흉추 이하의 높이에 요추 지지대가 있고 이동이 편리한 의자

해설 작업용 의자
• 자리면의 높이와 허리의 지지부는 높이가 조정될 수 있도록 한다.
• 자리면의 높이는 책상의 윗면 모서리에서 밑으로 27~30cm가 적당하다.
• 앞으로 숙인 자세 또는 중립자세용으로, 때로는 등받이 또는 허리를 받치기 위해 기대는 데 적합하도록 한다.
• 좌면 앞 가장자리는 둥글게 하며 약간 뒤쪽으로 경사지게 한다.

★
29 인간의 눈의 구조에서 색을 구별하는 기능을 가진 것은?

① 각막　　　　　② 간상세포
③ 수정체　　　　④ 원추세포

해설 원추세포 : 눈의 망막에 있는 시세포로, 색상을 감지하는 기능을 한다.

30 다음 그림은 어느 부위의 관절운동을 보여 주는가?

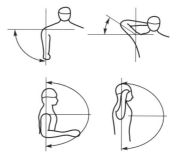

① 팔　　　　　　② 어깨
③ 가슴　　　　　④ 몸통

31 오스트발트의 색상환을 구성하는 4가지 기본색은 무엇을 근거로 한 것인가?

① 헤링(Hering)의 반대색설
② 뉴턴(Newton)의 광학이론
③ 영·헬름홀츠(Young-Helmholtz)의 색각이론
④ 맥스웰(Maxwell)의 회전 색원판 혼합이론

해설 오스트발트의 색체계는 E. 헤링의 4원색 이론을 근거로 하고 있다.

★
32 색채계획 과정의 올바른 순서는?

① 색채계획 및 설계 → 조사 및 기획 → 색채관리 → 디자인에 적용
② 색채심리 분석 → 색채환경 분석 → 색채전달 계획 → 디자인에 적용
③ 색채환경 분석 → 색채심리 분석 → 색채전달 계획 → 디자인에 적용
④ 색채심리 분석 → 색채상황 분석 → 색채전달 계획 → 디자인에 적용

해설 • 색채계획은 공간의 규모나 성질, 용도에 따라서 배색과 그 양의 배분을 구체화시켜 명확하게 표현하는 것으로, 최종 결과에 대한 관리방법까지 고려해야 한다.
• 색채계획의 과정 : 색채환경 분석 → 색채심리 분석 → 색채전달 계획 → 디자인에 적용

33 일반적으로 떠오르는 빨간색의 추상적 연상과 관계있는 내용으로 맞는 것은?

① 피, 정열, 흥분
② 시원함, 냉정함, 청순
③ 팽창, 희망, 광명
④ 죽음, 공포, 악마

해설 색의 연상
• 색의 연상에는 구체적 연상과 추상적 연상이 있다.
• 적색을 보고 불을 연상한다면 구체적 연상에 해당되고, 피·정열·애정·흥분을 연상한다면 추상적 연상에 해당된다.

34 오스트발트의 색채조화론에 관한 내용으로 틀린 것은?

① 무채색 조화
② 등색상삼각형에서의 조화
③ 등가색환에서의 조화
④ 대비조화

해설 ④ 대비조화는 문·스펜서의 조화론이다.

★
35 현재 우리나라 KS규정 색표집이며 색채 교육용으로 채택된 표색계는?

① 먼셀 표색계
② 오스트발트 표색계
③ 문·스펜서 표색계
④ 저드 표색계

해설 현재 한국산업규격(KS)에서는 먼셀 표색계를 색채표기법으로 채택하고 있다.

36 작은 점들이 무수히 많이 있는 그림을 멀리서 보면 색이 혼색되어 보이는 현상은?

① 마이너스 혼색 　② 감법혼색
③ 병치혼색 　　④ 계시혼색

해설 병치혼색 : 여러 색의 작은 점들이 섬세하게 병치되어 있을 때 먼 거리에서 보면 색이 혼색되어 보이는 현상을 말한다.

37 외과병원 수술실 벽면의 색을 밝은 청록색으로 처리한 것은 어떤 현상을 막기 위한 것인가?

① 푸르키네 현상 　② 연상작용
③ 동화현상 　　④ 잔상현상

해설 보색 잔상으로 수술실의 적색 자극의 잔상은 보색인 청록색으로 나타난다.

38 오스트발트 색상환은 무채색 축을 중심으로 몇 색상이 배열되어 있는가?

① 9 　　② 10
③ 24 　　④ 35

정답 **31.** ① **32.** ③ **33.** ① **34.** ④ **35.** ① **36.** ③ **37.** ④ **38.** ③

해설 오스트발트의 색상환 : 무채색 축을 중심으로 24색 상으로 구성된다.

39 색채조절 시 고려할 사항으로 관계가 적은 것은?

① 개인의 기호
② 색의 심리적 성질
③ 사용 공간의 기능
④ 색의 물리적 성질

해설 색채조절 : 색채가 지닌 물리적 특성과 심리적 효과, 생리적 현상의 관계 등을 이용하여 건축이나 산업환경에 능률성, 편리성, 안전성, 명시성 등을 높여 쾌적한 환경으로 만들기 위해 사용된다.

40 인간의 색채지각현상에 관한 설명으로 맞는 것은?

① 빨간색에 흰색이 섞이는 비율에 따라 진분홍, 분홍, 연분홍이 되는 것은 명도가 떨어지는 것이다.
② 인간은 약 채도는 200단계, 명도는 500단계, 색상은 200단계를 구분할 수 있다.
③ 빨간색에 흰색이 섞이는 비율에 따라 진분홍, 분홍, 연분홍이 되는 것은 채도가 떨어지는 것이다.
④ 인간은 색의 강도의 변화에 따라 200단계, 색상 500단계, 채도 100단계를 구분할 수 있다.

3과목 건축재료

★
41 석재의 장점으로 옳지 않은 것은?

① 외관이 장중하고, 치밀하다.
② 장대재를 얻기 쉬워 구조용으로 적합하다.
③ 내수성, 내구성, 내화학성이 풍부하다.
④ 다양한 외관과 색조의 표현이 가능하다.

해설 석재의 단점
• 장대재를 얻기 어렵고 비중이 크며 가공성이 나쁘다.
• 인장강도는 압축강도의 1/10~1/40 정도이다.

42 주로 합판·목재제품 등에 사용되며, 접착력·내열성·내수성이 우수하나 유리나 금속의 접착에는 적당하지 않은 합성수지계 접착제는?

① 페놀수지 접착제
② 에폭시수지 접착제
③ 치오콜
④ 카세인

해설 페놀수지 접착제
• 페놀류와 폼알데하이드류를 축합반응시킨 것을 주성분으로 한 접착제이다.
• 일반적으로 접착력이 크고, 내수성·내열성·내구성이 뛰어나지만, 사용 가능시간의 온도에 의한 영향이 크다.
• 합판, 목재에 주로 사용한다.

★
43 모자이크타일의 소지질로 가장 알맞은 것은?

① 토기질   ② 도기질
③ 석기질   ④ 자기질

해설 점토제품의 분류

구분	토기	도기	석기	자기
소성온도 [℃]	700~1,000	1,000~1,300	1,200~1,400	1,300~1,450
색상	유색	백색, 유색	유색	백색
흡수성	20% 이하	10% 이하	3~10%	0~1%
투명성	불투명	불투명	불투명	반투명
특성	흡수성이 크고, 강도가 약함	흡수성이 약간 크고, 두드리면 탁음이 남	강도가 크고, 두드리면 청음이 남	강도가 매우 크고, 두드리면 금속음이 남
용도	기와, 벽돌, 토관	내장타일, 테라코타, 위생도기	바닥타일, 경질 기와, 도관, 클링커타일	외장타일, 바닥타일, 위생도기, 모자이크타일

• 흡수성 크기 : 토기 > 도기 > 석기 > 자기
• 강도 크기 : 토기 < 도기 < 석기 < 자기

44 인조석이나 테라초 바름에 쓰이는 종석이 아닌 것은?

① 화강석   ② 사문암
③ 대리석   ④ 샤모트

정답 39. ① 40. ③ 41. ② 42. ① 43. ④ 44. ④

해설 • 인조석 : 대리석, 사문암, 화강석 등의 쇄석과 백색시멘트, 안료 등을 혼합하여 색조나 성질을 천연석재와 비슷하게 만든 석재이다.
• 샤모트 : 내화찰흙을 구워서 가루로 만든 것으로, 내화벽돌쌓기 술눈재료로 쓰인다.

★
45 건축용 각종 금속재료 및 제품에 관한 설명으로 옳지 않은 것은?

① 구리는 화장실 주위와 같이 암모니아가 있는 장소나 시멘트, 콘크리트 등 알칼리에 접하는 경우에는 빨리 부식하기 때문에 주의해야 한다.
② 납은 방사선의 투과도가 낮아 건축에서 방사선 차폐재료로 사용된다.
③ 알루미늄은 대기 중에서는 부식이 쉽게 일어나지만 알칼리나 해수에는 강하다.
④ 니켈은 전·연성이 풍부하고 내식성이 크며 아름다운 청백색 광택이 있어 공기 중 또는 수중에서 색이 거의 변하지 않는다.

해설 알루미늄 : 공기 중에서 얇은 막이 생겨 내부를 보호하며, 불순물이 함유된 것은 부식에 취약하고, 산과 알칼리에 약하므로 접촉면은 반드시 방식처리를 해야 한다.

★
46 강화유리에 관한 설명으로 옳지 않은 것은?

① 보통 판유리를 600℃ 정도 가열했다가 급랭시켜 만든 것이다.
② 강도는 보통 판유리의 3~5배 정도이고 파괴 시 둔각파편으로 파괴되어 위험이 방지된다.
③ 온도에 대한 저항성이 매우 약하므로 적당한 완충제를 사용하여 튼튼한 상자에 포장한다.
④ 가공 후 절단이 불가능하므로 소요치수대로 주문 제작한다.

해설 강화유리
• 판유리를 약 600℃로 가열했다가 급랭시켜 강도를 높인 안전유리의 일종이다.
• 판유리와 투시성은 같으나 판유리보다 강도가 3~5배 높아서 급격한 온도 변화에도 견디며 파손율이 낮다.
• 한계 이상의 충격으로 깨져도 작고 모서리가 날카롭지 않은 파편으로 부서져 위험성이 적다.
• 절단, 구멍뚫기 등의 재가공이 어려우므로 초기 열처리 전에 소요치수로 절단한다.

47 내화벽돌은 최소 얼마 이상의 내화도를 가져야 하는가?

① SK(제게르콘) 26 이상
② SK(제게르콘) 21 이상
③ SK(제게르콘) 15 이상
④ SK(제게르콘) 10 이상

해설 내화벽돌 : 내화도가 최소 SK 26(1,580℃)~SK 29(1,650℃)이며, 굴뚝이나 용광로 등 높은 온도를 요하는 장소에 쓰인다.

48 보통 포틀랜드시멘트의 품질 규정(KS L 5201)에서 비카 시험의 초결시간과 종결시간으로 옳은 것은?

① 30분 이상~6시간 이하
② 60분 이상~6시간 이하
③ 30분 이상~10시간 이하
④ 60분 이상~10시간 이하

해설 비카 시험
• 시멘트, 석고 등의 연도(軟度)와 응결현상을 시험하는 것이다.
• 응결시간은 가수한 후 1시간 안에 시작하고 종결은 10시간 이내가 좋다.

49 감람석이 변질된 것으로 색조는 암녹색 바탕에 흑백색의 아름다운 무늬가 있고 경질이나 풍화성이 있어 외벽보다는 실내장식용으로 사용되는 것은?

① 현무암 　② 점판암
③ 응회암 　④ 사문암

해설 사문암
- 사문석족 광물로 된 암석으로 암녹색, 청록색, 황록색 등을 띤다.
- 감람암 또는 두나이트 등 마그네슘이 풍부한 초염기성 암이 열수(熱水)에 의해 교체작용을 받거나 변성작용 등을 받아 생성된다.
- 일반적으로 띠 모양의 관입암체를 이루며 조산대에 존재하며, 장식용 석재로 많이 쓰인다.

★
50 단열재가 갖추어야 할 조건으로 옳지 않은 것은?

① 열전도율이 낮을 것
② 비중이 클 것
③ 흡수율이 낮을 것
④ 내화성이 좋을 것

해설 단열재의 구비조건
- 열전도율, 흡수율, 비중, 통기성이 낮아야 한다.
- 시공성, 내화성, 내부식성이 우수해야 한다.
- 유독가스가 발생하지 않고, 사용연한에 따른 변질이 없어야 한다.
- 균일한 품질을 가지며, 어느 정도의 기계적인 강도가 있어야 한다.

51 무기질 단열재료 중 규산질분말과 석회분말을 오토클레이브 중에서 반응시켜 얻은 겔에 보강섬유를 첨가하여 프레스 성형하여 만드는 것은?

① 유리면
② 세라믹섬유
③ 펄라이트판
④ 규산칼슘판

해설 규산칼슘판 : 수산화칼슘과 모래를 섞어서 성형하여 오토클레이브(autoclave) 처리해서 만든 내화 단열판이다.

★
52 ALC(Autoclaved Lightweight Concrete)제품에 관한 설명으로 옳지 않은 것은?

① 주원료는 백색 포틀랜드시멘트이다.
② 보통 콘크리트에 비해 다공질이고 열전도율이 낮다.
③ 물에 노출되지 않는 곳에서 사용하도록 한다.
④ 경량재이므로 인력에 의한 취급이 가능하고 현장 가공 등 시공성이 우수하다.

해설 ALC의 특성
- 고온·고압에서 양생하여 만든 다공질의 기포 콘크리트로서 규사와 석회를 주원료로 하며, 너비 60cm 이하, 길이 3m 내외, 두께 5~15cm의 패널 형상의 제품이 많다.
- 패널 이외에 블록도 있으며, 비중·강도 등은 어느 정도 계획해서 만들 수 있는데 요즈음에는 비중 0.5 내외의 가벼운 것이 많다.
- 압축상노는 40kg/cm² 내외로 작고, 열·음의 차단성이 뛰어나며 신축성이 작으므로 균열의 발생이 적다.
- 지붕·벽 등에 쓰이지만 흡수성이 크고 표면이 마모되기 쉬우므로 사용에 있어서는 보완대책이 필요하다.

53 강재의 인장시험 시 탄성에서 소성으로 변하는 경계는?

① 비례한계점
② 변형경화점
③ 항복점
④ 인장강도점

해설 항복점
- 탄성한도 이상으로 변형시켰을 때, 변형률과 응력의 비가 갑자기 증대되는 점 또는 외력을 가할 때 응력이 증가됨이 없이 큰 변형을 나타내는 점의 응력도를 항복점이라고 한다.
- 상위 항복점과 하위 항복점이 있으며, 외력의 작용 시 상위 항복점이 변형되면 응력은 별로 증가하지 않으나 변형은 증가하여 하위 항복점에 도달한다.

★
54 유성페인트에 관한 설명으로 옳은 것은?

① 보일유에 안료를 혼합시킨 도료이다.
② 안료를 적은 양의 물로 용해하여 수용성 교착제와 혼합한 분말상태의 도료이다.
③ 천연수지 또는 합성수지 등을 건성유와 같이 가열·융합시켜 건조제를 넣고 용제로 녹인 도료이다.
④ 니트로셀룰로오스와 같은 용제에 용해시킨 섬유계 유도체를 주성분으로 하여 여기에 합성수지, 가소제와 안료를 첨가한 도료이다.

해설 유성페인트 : 안료 + 보일드유 + 희석제를 혼합시킨 도료로, 내후성·내마모성이 우수하고 가격이 저렴하며 두꺼운 도막을 형성한다.

보기 ②는 **수성페인트**에 대한 설명이다.
보기 ③은 **유성바니시**에 대한 설명이다.
보기 ④는 **휘발성 바니시**에 대한 설명이다.

★
55 각종 유리의 성질에 관한 설명으로 옳지 않은 것은?

① 유리블록은 실내의 냉난방에 효과가 있으며 보통 유리창보다 균일한 확산광을 얻을 수 있다.

② 열선반사유리는 단열유리라고도 불리며 태양광선 중 장파부분을 흡수한다.

③ 자외선차단유리는 자외선의 화학작용을 방지할 목적으로 의류품의 진열창, 식품이나 약품의 창고 등에 쓴다.

④ 내열유리는 규산분이 많은 유리로서 성분은 석영유리에 가깝다.

해설 • **열선반사유리** : 빛의 쾌적성을 받아들이고 외부 시선을 막아 주는 효율적인 기능을 가진 유리로, 외부에서는 실내가 안 보이고 거울처럼 보이는 효과를 가지며, 태양열의 차단효과가 우수하여 **냉난방비를 절감시킬 수 있다.**
• **열선흡수유리** : 흔히 엷은 청색을 띠고, 태양광선 중 열선(적외선)을 흡수하므로 **단열**에 사용된다.

56 다음과 같은 목재의 3종의 강도에 대하여 크기의 순서를 옳게 나타낸 것은?

> A : 섬유의 평행 방향의 압축강도
> B : 섬유의 평행 방향의 인장강도
> C : 섬유의 평행 방향의 전단강도

① A > C > B   ② B > C > A
③ A > B > C   ④ B > A > C

해설 3종의 목재 강도의 크기 순서 : 섬유의 평행 방향의 인장강도 > 압축강도 > 전단강도

57 도막 방수재료의 특징으로 옳지 않은 것은?

① 복잡한 부위의 시공성이 좋다.

② 누수 시 결함 발견이 어렵고, 국부적으로 보수가 어렵다.

③ 신속한 작업 및 접착성이 좋다.

④ 바탕면의 미세한 균열에 대한 저항성이 있다.

해설 도막방수
• 도료제를 바탕면에 여러 번 도포하여 방수막을 만드는 방수방법으로, 시공이 간편하고 효과도 우수하며 넓은 면과 외부 시공이 가능하다.
• **누수 시 결함 발견이 쉬우며, 국부적 보수도 가능하다.**

★
58 콘크리트용 골재에 요구되는 품질 또는 성질로 옳지 않은 것은?

① 골재의 입형은 가능한 한 편평하거나 세장하지 않을 것

② 골재의 강도는 콘크리트 중의 경화 시멘트 페이스트의 강도보다 삭을 것

③ 공극률이 작아 시멘트를 절약할 수 있는 것

④ 입도는 조립에서 세립까지 연속적으로 균등히 혼합되어 있을 것

해설 콘크리트용 골재의 강도 : 콘크리트용 골재의 강도는 콘크리트 중의 경화 시멘트 페이스트의 최대 강도 이상이어야 한다.

★
59 합성수지의 일반적인 특성에 관한 설명으로 옳지 않은 것은?

① 경량이면서 강도가 큰 편이다.

② 연성이 크고 광택이 있다.

③ 내열성이 우수하고, 화재 시 유독가스의 발생이 없다.

④ 탄력성이 크고 마모가 적다.

해설 합성수지의 단점
• **경도·내마모성·표면강도·내화성 및 내열성이 약하며,** 열에 의한 신장률이 크므로 신축·팽창에 유의해야 한다.
• 내후성이 약하며, 강도 및 탄성계수가 작다.

60 FRP, 욕조, 물탱크 등에 사용되는 내후성과 내약품성이 뛰어난 열경화성수지는?

① 불소수지
② 불포화 폴리에스테르수지
③ 초산비닐수지
④ 폴리우레탄수지

해설 • 합성수지의 종류

열경화성수지	열가소성수지
열에 경화되면 다시 가열해도 연화되지 않는 수지로서 2차 성형은 불가능	화열에 의해 재연화되고 상온에서는 재연화되지 않는 수지로서 2차 성형이 가능
연화점 : 130~200℃	연화점 : 60~80℃
요소수지, 페놀수지, 멜라민수지, 실리콘수지, 에폭시수지, 폴리에스테르수지	염화비닐수지, 초산비닐수지, 폴리스티렌수지, 아크릴수지, 폴리에틸렌수지

• 불포화 폴리에스테르수지 : 에폭시수지와 함께 대표적인 FRP의 매트릭스로, 욕조·자동차·요트의 바디 등 많은 용도에 사용되고 있다.

4과목 건축 일반

61 특정소방대상물에서 사용하는 방염대상물품에 해당되지 않는 것은?

① 창문에 설치하는 커튼류
② 전시용 합판
③ 종이벽지
④ 섬유류 또는 합성수지류 등을 원료로 하여 제작된 소파

해설 방염대상물품
• 카펫, 두께가 2mm 미만인 벽지류로서 종이벽지를 제외한 것
• 창문에 설치하는 커튼류, 블라인드
• 전시용 합판 또는 섬유판
• 섬유류 또는 합성수지류 등을 원료로 하여 제작된 소파

62 한국의 목조건축 입면에서 벽면 구성을 위한 의장의 성격을 결정지어 주는 기본적인 요소는?

① 기둥－주두－창방
② 기둥－창방－평방
③ 기단－기둥－주두
④ 기단－기둥－창방

해설 한국의 목조건축 : 입면에서 벽면 구성을 위한 기둥·창방·평방이 의장의 성격을 결정한다.

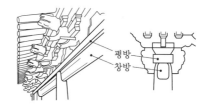

평방
창방

▶ 용어 설명
창방과 평방 : 창방(昌枋)은 외진기둥을 한 바퀴 돌아가면서 기둥머리를 연결하는 부재이다. 다포형식에서는 창방만으로 주간포의 하중을 받치기 어려우므로 창방 위에 평방(平枋)이 하나 더 올라가게 된다.

63 문화 및 집회 시설(동식물원 제외)로서 지하층 무대부의 면적이 최소 몇 m² 이상일 때 모든 층에 스프링클러설비를 설치해야 하는가?

① 100m² ② 200m²
③ 300m² ④ 500m²

해설 문화 및 집회 시설(동식물원 제외)의 스프링클러설비 설치기준 : 지하층 무대부의 면적이 최소 300m² 이상일 때 스프링클러설비를 모든 층에 설치해야 한다.

64 건축물의 피난시설과 관련하여 건축물 바깥쪽으로 나가는 출구를 설치하는 경우 관람석의 바닥면적의 합계가 300m² 이상인 집회장 또는 공연장에 있어서는 주된 출구 외에 보조출구 또는 비상구를 몇 개소 이상 설치하여야 하는가?

① 1개소 이상 ② 2개소 이상
③ 3개소 이상 ④ 4개소 이상

해설 보조출구 또는 비상구의 설치기준 : 관람석의 바닥 면적의 합계가 300m² 이상인 집회장 또는 공연장 에는 주된 출구 외에 보조출구 또는 비상구를 2개소 이상 설치해야 한다.

65 철근콘크리트구조의 철근 피복에 관한 설명으로 옳지 않은 것은? (단, 철근콘크리트보로서 주근 과 스터럽이 정상 설치된 경우)

① 철근콘크리트보의 피복 두께는 주근의 표면 과 이를 피복하는 콘크리트 표면까지의 최 단거리이다.

② 피복 두께는 내화성·내구성 및 부착력을 고 려하여 정하는 것이다.

③ 동일한 부재의 단면에서 피복 두께가 클수 록 구조적으로 불리하다.

④ 콘크리트의 중성화에 따른 철근의 부식을 방지한다.

해설 • 철근콘크리트의 피복 두께는 콘크리트 표면에서 가장 근접한 철근 표면까지의 누께[mm]
• 스터럽＝늑근

66 건축물에 설치하는 굴뚝에 관한 기준으로 옳지 않은 것은?

① 굴뚝의 옥상 돌출부는 지붕면으로부터의 수 직거리를 1m 이상으로 할 것

② 굴뚝의 상단으로부터 수평거리 1m 이내에 다른 건축물이 있는 경우에는 그 건축물의 처마보다 1.5m 이상 높게 할 것

③ 금속제 굴뚝으로서 건축물의 지붕 속, 반자 위 및 가장 아랫바닥 밑에 있는 굴뚝의 부분 은 금속 외의 불연재료로 덮을 것

④ 금속제 굴뚝은 목재, 기타 가연재료로부터 15cm 이상 떨어져서 설치할 것

해설 굴뚝의 설치기준 : 굴뚝의 상단으로부터 수평거리 1m 이내에 다른 건축물이 있는 경우에는 그 건축물 의 처마보다 1m 이상 높게 할 것

67 물체 표면 간의 복사열 전달량을 계산함에 있어 이와 가장 밀접한 재료의 성질은?

① 방사율　　　　② 신장률
③ 투과율　　　　④ 굴절률

해설 방사율 : 열복사 시 한 물체의 표면에서 에너지 방 출의 효율성을 의미

68 다음 중 승용승강기의 설치기준과 직접적으로 관련된 것은?

① 대지 안의 공지
② 건축물의 용도
③ 6층 이하의 거실면적의 합계
④ 승강기의 속도

해설 승강기 설치기준은 건물의 용도와 관련된다.

69 공동 소방안전관리자 선임 대상 특정소방대상물 이 되기 위한 연면적 기준은? (단, 복합건축물의 경우)

① 1,000m² 이상　　② 1,500m² 이상
③ 3,000m² 이상　　④ 5,000m² 이상

해설 공동 소방안전관리자의 선임 대상 : 복합건축물로서 연면적 5,000m² 이상인 것 또는 5층 이상인 건축물

70 간이스프링클러설비를 설치하여야 하는 특정소 방대상물이 다음과 같을 때 최소 연면적 기준으 로 옳은 것은?

교육연구시설 내 합숙소

① 100m² 이상　　② 150m² 이상
③ 200m² 이상　　④ 300m² 이상

해설 간이스프링클러설비의 설치기준 : 교육연구시설 내 에 있는 합숙소로서 연면적 100m² 이상의 건축물

71 철골구조에 관한 설명으로 옳지 않은 것은?

① 수평력에 약하며 공사비가 저렴한 편이다.
② 철근콘크리트구조에 비해 내화성이 부족하다.
③ 고층 및 장스팬 건물에 적합하다.
④ 철근콘크리트구조물에 비하여 중량이 가볍다.

해설 철골구조의 단점 : 부재가 고가이므로 건축비가 비싸다.

72 ★ 비상경보설비를 설치하여야 하는 특정소방대상물의 기준으로 옳지 않은 것은?

① 연면적 400m² 이상인 것
② 지하층 바닥면적이 150m² 이상인 것
③ 지하가 중 터널로서 길이가 500m 이상인 것
④ 30명 이상의 근로자가 작업하는 옥내작업장

해설 비상경보설비의 설치기준 : 50명 이상의 근로자가 작업하는 옥내작업장

73 건축물의 내부에 설치하는 피난계단의 구조에 관한 기준으로 옳지 않은 것은?

① 계단실은 창문, 출입구, 기타 개구부를 제외한 당해 건축물의 다른 부분과 내화구조의 벽으로 구획할 것
② 계단실에는 예비전원에 의한 조명설비를 할 것
③ 계단실의 바깥쪽과 접하는 창문 등은 당해 건축물의 다른 부분에 설치하는 창문 등으로부터 2m 이상의 거리를 두고 설치할 것
④ 계단실의 실내에 접하는 부분의 마감은 난연재료로 할 것

해설 건축물 내부의 피난계단의 설치기준 : 계단실의 실내에 접하는 부분(바닥 및 반자 등 실내에 면한 모든 부분을 말한다.)의 마감(마감을 위한 바탕을 포함한다.)은 불연재료로 해야 한다.

74 로마시대의 주택에 관한 설명으로 옳지 않은 것은?

① 판사(pansa)의 주택 같은 부유층의 도시형 주거는 주로 보도에 면하여 있었다.
② 인술라(insula)에는 일반적으로 난방시설과 개인 목욕탕이 설치되었다.
③ 빌라(villa)는 상류 신분의 고급 교외 별장이다.
④ 타블리눔(tablinum)은 가족의 중요 문서 등이 보관되어 있는 곳이었다.

해설 인술라(insula)
• 고대 로마의 집합주택
• 6, 7층 혹은 그 이상의 고층건축물
• 1층은 점포, 상층은 아파트

75 ★ 방화구획의 설치기준으로 옳지 않은 것은?

① 10층 이하의 층은 바닥면적 1,000m² 이내마다 구획할 것
② 10층 이하의 층은 스프링클러, 기타 이와 유사한 자동식 소화설비를 설치한 경우에는 바닥면적 3,000m² 이내마다 구획할 것
③ 지하층은 바닥면적 200m² 이내마다 구획할 것
④ 11층 이상의 층은 바닥면적 200m² 이내마다 구획할 것

해설 방화구획의 설치기준 : 3층 이상의 층과 지하층은 층마다 구획해야 한다.

76 ★ 표준형 벽돌로 구성한 벽체를 내력벽 2.5B로 할 때 벽두께로 옳은 것은?

① 290mm
② 390mm
③ 490mm
④ 580mm

해설 표준형 벽돌 2.5B : 190mm+10mm(줄눈 너비)+190mm+10mm(줄눈 너비)+90mm=490mm

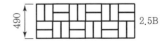

★
77 건축물의 바닥면적 합계가 450m²인 경우 주요 구조부를 내화구조로 하여야 하는 건축물이 아닌 것은?

① 의료시설
② 노유자시설 중 노인복지시설
③ 업무시설 중 오피스텔
④ 창고시설

해설 창고시설은 바닥면적 합계가 500m² 이상일 때 내화구조로 하여야 한다.

★
78 경보설비의 종류가 아닌 것은?

① 누전경보기
② 자동화재탐지설비
③ 비상방송설비
④ 무선통신보조설비

해설 경보설비 : 비상방송설비, 누전경보설비, 자동화재탐지설비

★
79 건축허가 등을 할 때 미리 소방본부장 또는 소방서장의 동의를 받아야 하는 대상 건축물의 최소 연면적 기준은?

① 400m² 이상
② 500m² 이상
③ 600m² 이상
④ 1,000m² 이상

해설 건축허가 시 사전동의 대상 : **연면적이 400m²**(학교시설 등을 건축하고자 하는 경우에는 100m², 노유자시설 및 수련시설의 경우에는 200m²) **이상인 건축물**

80 환기에 관한 설명으로 옳지 않은 것은?

① 실내환경의 쾌적성을 유지하기 위한 외기량을 필요환기량이라 한다.
② 1인당 차지하는 공간 체적이 클수록 필요환기량은 증가한다.
③ 실내가 실외에 비해 온도가 높을 경우 실내의 공기밀도는 실외보다 낮다.
④ 중력환기는 실내의 온도 차에 의한 공기의 밀도 차에 의하여 발생한다.

해설 필요환기량은 1인당 차지하는 공간 체적이 클수록 감소한다.

2019년 2회 과년도 출제문제

I N T E R I O R   A R C H I T E C T U R E

1과목 실내디자인론

01 실내의 기본 요소 중 바닥에 관한 설명으로 옳지 않은 것은?

① 공간을 구성하는 수평적 요소이다.
② 촉각적으로 만족할 수 있는 조건을 요구한다.
③ 고저 차를 통해 공간의 영역을 조정할 수 있다.
④ 다른 요소들에 비해 시대와 양식에 의한 변화가 현저하다.

해설 바닥 : 실내공간을 형성하는 가장 기본적인 수평적 요소로서 시대와 양식에 의한 변화를 주기가 어렵다.

★
02 부엌 작업대의 배치유형 중 작업대를 부엌의 중앙공간에 설치한 것으로 주로 개방된 공간의 오픈 시스템에서 사용되는 것은?

① 일렬형　　　② 병렬형
③ ㄱ자형　　　④ 아일랜드형

해설 아일랜드형 : 부엌 중앙에 독립된 작업대가 하나의 섬처럼 설치된 부엌으로, 작업대가 식당이나 거실 등으로 개방되어 가족 구성원 모두가 부엌일에 참여하는 것을 유도할 수 있다.

03 균형에 관한 설명으로 옳지 않은 것은?

① 대칭적 균형은 가장 완전한 균형의 상태이다.
② 비정형 균형은 능동의 균형, 비대칭 균형이라고도 한다.
③ 균형은 정적이든 동적이든 시각적 안정성을 가져올 수 있다.
④ 대칭적 균형은 비정형 균형에 비해 자연스러우며 풍부한 개성 표현이 용이하다.

해설 • 대칭적 균형 : 축을 중심으로 하여 서로 대칭관계, 수동적 균형. 보수성, 안정적, 통일감, 기계적
• 비정형 균형 : 물리적으로는 불균형, 시각적으로 균형을 이룬 것. 동적, 변화, 자유분방, 약진

04 다음의 실내디자인의 제반 기본 조건 중 가장 우선시되는 것은?

① 정서적 조건　　② 기능적 조건
③ 심미적 조건　　④ 환경적 조건

해설 실내디자인의 기본 조건 중 기능적 조건은 인간공학에 따른 공간의 규모, 공간 배치, 동선 등을 설정하는 조건이므로 **기능적 조건이 가장 우선시되어야 한다.**

05 형태의 지각에 관한 설명으로 옳지 않은 것은?

① 대상을 가능한 한 복합적인 구조로 지각하려 한다.
② 형태를 있는 그대로가 아니라 수정된 이미지로 지각하려 한다.
③ 이미지를 파악하기 위하여 몇 개의 부분으로 나누어 지각하려 한다.
④ 가까이 있는 유사한 시각적 요소들은 하나의 그룹으로 지각하려 한다.

해설 단순성 : 대상을 가능한 한 단순한 구조로 지각하려 한다.

06 디자인 요소 중 면에 관한 설명으로 옳은 것은?

① 면 자체의 절단에 의해 새로운 면을 얻을 수 있다.
② 면이 이동한 궤적으로 물체가 점유한 공간을 의미한다.
③ 점이 이동한 궤적으로 면의 한계 또는 교차에서 나타난다.
④ 위치만 있고 크기는 없는 것으로 선의 한계 또는 교차에서 나타난다.

해설 ① 면 자체의 절단에 의해 생성되는 것은 선이다.

07 다음 설명에 알맞은 사무소 건축의 코어 형식은?

- 중·대규모 사무소 건축에 적합하다.
- 2방향 피난에 이상적인 형식이다.

① 외코어형 ② 중앙코어형
③ 편심코어형 ④ 양단코어형

해설
- 외코어형 : 코어와 상관없이 자유로운 내부 공간을 만들 수 있으나 설비 덕트, 배관 등을 사무실까지 끌어들이는 데 제약이 있다. 방재상 불리하며 바닥면적이 커지면 피난시설의 서브코어가 필요하다. 내진구조에 불리하다.
- 중앙코어형 : 바닥면적이 큰 경우와 고층·초고층에 적합하다. 내진구조가 가능하므로 구조적으로 바람직하다. 내부 공간과 외관이 획일화되기 쉬우나 임대용 사무실로서는 경제적인 계획이 가능하다.
- 편심코어형 : 바닥면적이 작은 경우에 적합하고, 고층인 경우에 구조상 불리하다.

08 조명의 눈부심에 관한 설명으로 옳지 않은 것은?

① 광원이 시선에서 멀수록 눈부심이 강하다.
② 광원의 휘도가 클수록 눈부심이 강하다.
③ 광원의 크기가 클수록 눈부심이 강하다.
④ 배경이 어둡고 눈이 암순응될수록 눈부심이 강하다.

해설 ① 광원이 시선에 가까울수록 눈부심이 강하다.

09 다음 중 실내공간 계획에서 가장 중요하게 고려해야 할 사항은?

① 인간 스케일 ② 조명 스케일
③ 가구 스케일 ④ 색채 스케일

해설 실내공간의 계획은 인간이 사용하는 공간을 환경적·심리적·미학적인 구성을 하여 사용자가 원하는 합리적 환경을 제공하는 활동이므로 인간 스케일이 가장 중요하게 고려되어야 한다.

10 다음의 설명에 알맞은 조명의 연출기법은?

강조하고자 하는 물체에 의도적인 광선으로 조사시킴으로써 광선 그 자체가 시각적인 특성을 지니게 하는 기법이다.

① 실루엣 기법 ② 월워싱 기법
③ 글레이징 기법 ④ 빔플레이 기법

해설
- 실루엣 기법 : 물체의 형상만을 강조하는 기법으로 시각적인 눈부심은 없으나 물체면의 세밀한 묘사가 불가능한 기법
- 월워싱 기법 : 수직벽면을 빛으로 쓸어내리는 듯한 효과. 수직벽면에 균일한 조도의 빛을 비추는 조명의 연출기법
- 글레이징 기법 : 빛의 각도를 이용하는 방법으로 수직면과 평행한 조명을 벽에 조사시킴으로써 마감재의 질감을 효과적으로 강조하는 기법

11 수평 블라인드로 날개의 각도, 승강으로 일광, 조망, 시각의 차단 정도를 조절하는 것은?

① 롤 블라인드
② 로만 블라인드
③ 버티컬 블라인드
④ 베니션 블라인드

해설
- 롤 블라인드 : 셰이드 블라인드라고도 하며, 천을 감아올리는 형식의 블라인드
- 로만 블라인드 : 상부의 줄을 당기면 단이 생기면서 접히는 형식의 블라인드
- 버티컬 블라인드 : 수직 블라인드

정답 6. ① 7. ④ 8. ① 9. ① 10. ④ 11. ④

12 실내치수 계획으로 가장 부적절한 것은?

① 주택 출입문의 폭 : 90cm
② 부엌 조리대의 높이 : 85cm
③ 주택 침실의 반자 높이 : 2.3m
④ 상점 내의 계단 단의 높이 : 40cm

해설 계단 단의 높이 : 건축법규상 초등학교는 16cm, 중·고등학교는 18cm, 그 외의 공간은 별다른 규정은 없으나 20cm를 넘지 않게 한다.

★
13 상품의 유효진열범위에서 고객의 시선이 자연스럽게 머물고, 손으로 잡기에도 편한 높이인 골든 스페이스(golden space)의 범위는?

① 50~850mm
② 850~1,250mm
③ 1,250~1,400mm
④ 1,450~1,600mm

14 세포형 오피스(cellular type office)에 관한 설명으로 옳지 않은 것은?

① 연구원, 변호사 등 지식집약형 업종에 적합하다.
② 조직 구성원 간의 커뮤니케이션에 문제점이 있을 수 있다.
③ 개인별 공간을 확보하여 스스로 작업공간의 연출과 구성이 가능하다.
④ 하나의 평면에서 직제가 명확한 배치로 상하급의 상호 감시가 용이하다.

해설 세포형 오피스(개실형, 복도형)
• 복도를 통해 개실로 각각 들어가는 형식으로, 소규모 사무실이 많은 임대형 빌딩이나 연구실용 오피스이다.
• 독립성이 있고 쾌적감을 줄 수 있으나 공사비가 높고 각 부서 간 커뮤니케이션이 불편하다.

15 다음과 같은 단면을 가지는 천장의 유형은?

① 나비형
② 단저형
③ 경사형
④ 꺾임형

해설 천장 단면의 유형

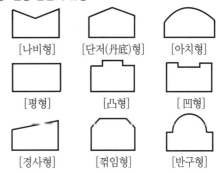

[나비형]　[단저(丹底)형]　[아치형]

[평형]　[凸형]　[凹형]

[경사형]　[꺾임형]　[반구형]

16 다음 중 단독주택의 현관 위치 결정에 가장 주된 영향을 끼치는 것은?

① 가족 구성
② 도로의 위치
③ 주택의 층수
④ 주택의 건폐율

해설 현관의 위치는 도로와의 관계, 대지의 형태 등에 의해 결정된다.

★
17 다음 설명에 알맞은 건축화조명의 종류는?

• 벽면 전체 또는 일부분을 광원화하는 방식이다.
• 광원을 넓은 벽면에 매입함으로써 비스타(vista)적인 효과를 낼 수 있다.

① 코퍼조명
② 광창조명
③ 코니스조명
④ 광천장조명

해설 • 코퍼조명 : 우물천장 사이드에 광원을 숨겨 설치한 간접조명
• 코니스조명 : 벽면의 상부에 길게 설치되어 모든 빛을 아래로 직사하는 조명
• 광천장조명 : 유리나 루버 등의 확산용 판으로 된 광원을 천장 안에 설치한 직접조명

★
18 필요에 따라 가구의 형태를 변화시킬 수 있어 고정적이면서 이동적인 성격을 가지는 가구로, 규격화된 단일가구를 원하는 형태로 조합하여 사용할 수 있으므로 다목적으로 사용이 가능한 것은?

① 유닛가구
② 가동가구
③ 원목가구
④ 붙박이가구

정답　12. ④　13. ②　14. ④　15. ④　16. ②　17. ②　18. ①

해설 • 가동가구 : 이동형 가구로, 공간의 융통성을 부여
한다.
• 원목가구 : 나무 자체의 자연적 성질을 그대로 유
지하여 가공한 나무로 만든 가구
• 붙박이가구 : 건축물과 일체화하여 설치하는 가
구이다. 가구 배치의 혼란성을 없애고 공간을 최
대한 효율적으로 사용할 수 있다.

19 실내디자인의 과정 중 공간의 레이아웃(layout)
단계에서 고려해야 할 사항으로 가장 알맞은 것
은?

① 동선계획　　② 설비계획
③ 입면계획　　④ 색채계획

해설 공간의 레이아웃 : 공간을 형성하는 부분과 설치되
는 물체의 평면상 배치계획. 동선, 기능성, 연결성,
공간의 배분, 공간별 그루핑 등을 고려한다.

★
20 상품을 판매하는 매장을 계획할 경우 일반적으
로 동선을 길게 구성하는 것은?

① 고객 동선
② 관리 동선
③ 판매종업원 동선
④ 상품 반출·입 동선

해설 고객 동선은 충동구매가 가능하도록 가능한 한 길
게 한다.

2과목 색채 및 인간공학

21 골격의 기능으로 볼 수 없는 것은?

① 인체의 지주　　② 내부의 장기 보호
③ 신경 계통의 전달　　④ 골수의 조혈기능

22 제어표시체계에 대한 설명으로 틀린 것은?

① 부착면을 달리한다.
② 대칭면으로 배치한다.
③ 전체의 색상을 통일한다.
④ 표시나 제어 그래프는 수직보다 수평으로
간격을 띄우는 것이 좋다.

23 Pictorial Graphics에서 '금지'를 나타내는 표시
방식으로 적합한 것은?

① 대각선으로 표시
② 삼각형으로 표시
③ 사각형으로 표시
④ 다이아몬드형으로 표시

24 인지특성을 고려한 설계원리가 아닌 것은?

① 가시성　　② 피드백
③ 양립성　　④ 복잡성

해설 인지특성을 고려한 설계원리 : 가시성, 피드백, 양
립성, 단순성

25 인체의 구조에 있어 근육의 부착점인 동시에 체격
을 결정지으며 수동적 운동을 하는 기관은?

① 소화계　　② 신경계
③ 골격계　　④ 감각기계

해설 골격계 : 근육의 부착점인 동시에 체격을 결정지으
며 수동적 운동을 하는 기관

★
26 실내 표면에서 추천반사율이 가장 높은 곳은?

① 벽　　② 바닥
③ 가구　　④ 천장

해설

실내면	반사율[%]
바닥	20~40
천장	80~90
벽	40~60
가구	25~45

27 두 소리의 강도(强度)를 압력으로 측정한 결과
나중에 발생한 소리가 처음보다 압력이 100배
증가하였다면 두 음의 강도 차는 몇 dB인가?

① 40　　② 60
③ 80　　④ 100

해설 dB 수준 $= 20\log_{10}\left(\dfrac{P_1}{P_0}\right) = 20\log_{10}\left(\dfrac{100}{1}\right)$
$= 20\log_{10}(10^2) = 40$

28 다음과 같은 착시현상과 가장 관계가 깊은 것은?

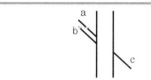

실제로는 a와 c가 일직선상에 있으나 b와 c가 일직선으로 보인다.

① Köhler의 착시(윤곽착오)
② Hering의 착시(분할착오)
③ Poggendorff의 착시(위치착오)
④ Müller Lyer의 착시(동화착오)

29 근육의 국부적인 피로를 측정하기 위한 것으로 가장 적합한 것은?

① 심전도(ECG)　② 안전도(EOG)
③ 뇌전도(EEG)　④ 근전도(EMG)

해설 근전도 측정 : 근육이 수축할 때 근육과 신경계에서 발생하는 미세한 활동전위를 측정하는 것이다.

30 색의 지각과 감정효과에 관한 설명으로 틀린 것은?

① 색의 온도감은 빨강, 주황, 노랑, 연두, 녹색, 파랑, 하양 순으로 파장이 긴 쪽이 따뜻하게 지각된다.
② 색의 온도감은 색의 3속성 중 명도의 영향을 많이 받는다.
③ 난색 계열의 고채도는 심리적 흥분을 유도하나 한색 계열의 저채도는 심리적으로 침정된다.
④ 연두·녹색·보라 등은 때로는 차갑게, 때로는 따뜻하게 느껴질 수도 있는 중성색이다.

해설 온도감
• 색상에 따라서 따뜻하고 차갑게 느껴지는 감정효과를 말한다.
• 온도감은 색상에 의한 효과가 가장 강한데 저채도·저명도는 찬 느낌이 강하고, 무채색의 경우 저명도는 따뜻한 느낌을 주며, 고명도는 차가운 느낌을 준다.

31 인간공학적 산업디자인의 필요성을 표현한 것으로 가장 적절한 것은?

① 보존의 편리　② 효능 및 안전
③ 비용의 절감　④ 설비의 기능 강화

32 다음 중 감산혼합을 바르게 설명한 것은?

① 2개 이상의 색을 혼합하면 혼합한 색의 명도는 낮아진다.
② 가법혼색, 색광혼합이라고도 한다.
③ 2개 이상의 색을 혼합하면 색의 수에 관계없이 명도는 혼합하는 색의 평균명도가 된다.
④ 2개 이상의 색을 혼합하면 색의 수에 관계없이 무채색이 된다.

★
33 다음 (　) 안에 들어갈 용어를 순서대로 짝지은 것은?

일반적으로 모니터상에서 (　) 형식으로 색채를 구현하고, (　)에 의해 색채를 혼합한다.

① RGB - 가법혼색
② CMY - 가법혼색
③ Lab - 감법혼색
④ CMY - 감법혼색

34 다음 색 중 명도가 가장 낮은 색은?

① 2R 8/4　　② 5Y 6/6
③ 75G 4/2　　④ 10B 2/2

해설 • 먼셀은 색의 속성을 색상(H), 명도(V), 채도(C)로 규정하고, 이를 HV/C로 표기했다.
• 예를 들면 5GY 6/4이면 색상이 연두색의 5GY에 명도가 6이며, 채도가 4인 색채가 되는 것이다.

정답　28. ③　29. ④　30. ②　31. ②　32. ①　33. ①　34. ④

35 슈브뢸(M. E. Chevreul)의 색채조화의 원리가 아닌 것은?

① 분리효과
② 도미넌트 컬러
③ 등간격 2색의 조화
④ 보색배색의 조화

해설 슈브뢸(M. E. Chevreul)의 조화론
• 유사색의 조화 : 서로 가까운 관계나 유사한 색상 끼리의 배색은 조화가 된다.
• 반대색의 조화 : 보색이나 반대되는 색의 관계를 통한 대조는 조화가 된다.
• 근접보색의 조화 : 근접보색관계를 통한 대조는 조화가 된다.
• 등간격 3색의 조화 : 색상환에서 같은 거리에 있는 3색은 조화가 된다.

36 적색의 육류나 과일이 황색 접시 위에 놓여 있을 때 육류와 과일의 적색이 자색으로 보여 신선도 가 낮아지고 미각이 떨어진다. 이것은 무엇 때문에 일어나는 현상인가?

① 항상성
② 잔상
③ 기억색
④ 연색성

해설 잔상 : 원자극이 사라진 후에도 원자극과 비슷한 감 각이 일어나는 현상을 말한다.

★
37 색의 항상성(color constancy)을 바르게 설명 한 것은?

① 배경색에 따라 색채가 변하여 인지된다.
② 조명에 따라 색채가 다르게 인지된다.
③ 빛의 양과 거리에 따라 색채가 다르게 인지 된다.
④ 배경색과 조명이 변해도 색채는 그대로 인 지된다.

해설 항상성
• 빛의 강도와 분광 분포, 순응상태가 바뀌어도 눈 에 보이는 색은 변하지 않는 현상을 말한다.
• 예를 들면 백지는 어두운 곳이나 밝은 곳이나 모 두 백지로 인지된다.

38 다음은 먼셀의 표색계이다. (A)에 맞는 요소는?

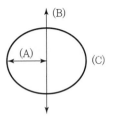

① White
② Hue
③ Chroma
④ Value

39 '연기 속으로 사라진다'는 뜻으로 색을 미묘하게 연속 변화시켜 형태의 윤곽이 엷은 안개에 싸인 것처럼 차차 사라지게 하는 기법은?

① 그라데이션(gradation)
② 데칼코마니(décalcomanie)
③ 스푸마토(sfumato)
④ 메조틴트(mezzotint)

해설 스푸마토 : '연기와 같은'을 뜻하는 이탈리아어로, 회화에서는 물체의 윤곽선을 자연스럽게 번지듯 그 리는 명암법에 의한 공기원근법을 말한다.

40 배색에 관한 일반적인 설명으로 옳은 것은?

① 가장 넓은 면적의 부분에 주로 적용되는 색 채를 보조색이라고 한다.
② 통일감이 있는 색채계획을 위해 보조색은 전체 색채의 50% 이상을 동일한 색채로 사 용하여야 한다.
③ 보조색은 항상 무채색을 적용해야 한다.
④ 강조색은 주로 작은 면적에 사용되면서 시 선을 집중시키는 효과를 나타낸다.

해설 ① 가장 넓은 면적과 기능을 차지하는 색채를 **주조색** 이라고 한다.
② 보조색은 전체 색채의 20~30% 정도 주조색을 보완해 주는 색이다.
③ 주조색을 돋보이게 하기 위한 보조색으로, 주로 무채색을 사용한다.

정답 35. ③ 36. ② 37. ④ 38. ③ 39. ③ 40. ④

3과목 건축재료

41 각종 색유리의 작은 조각을 도안에 맞추어 절단하여 조합해서 만든 것으로 성당의 창 등에 사용되는 유리제품은?

① 내열유리
② 유리타일
③ 샌드블라스트유리
④ 스테인드글라스

해설 스테인드글라스
• 색을 칠하여 무늬나 그림을 나타낸 판유리로서 착색유리라고도 하며, 색유리의 접합부는 H자형 단면의 납제 끈으로 끼워 맞춰 모양을 낸다.
• 성당·교회의 창, 상업건축의 장식용으로 사용된다.

42 도로나 바닥에 깔기 위해 만든 두꺼운 벽돌로서, 원료로 연화토·도토 등을 사용하여 만들며 경질이고 흡습성이 작은 특징이 있는 것은?

① 이형벽돌
② 포도벽돌
③ 치장벽돌
④ 내화벽돌

해설 포도벽돌
• 도로포장용 혹은 옥상 포장용에 사용되는 벽돌이다.
• 잘 구워진 붉은벽돌을 사용하기도 하지만, 전용으로는 석기질의 것을 사용하여 제조된다.
• 기계적 강도, 특히 내마모성이 큰 것을 필요로 하며, 흡수율이 작고 내산성·내알칼리성이 작은 것도 필요하다.
• 도로포장용의 경우, 교통량에 따라 강도가 다른 것을 채용하는 것이 적당하다.

43 다음 중 방수성이 가장 우수한 수지는?

① 퓨란수지
② 실리콘수지
③ 멜라민수지
④ 알키드수지

해설 실리콘수지
• 열절연성이 크고, 발수성·내열성·내약품성·내후성 및 전기적 성능이 우수하다.
• 극도의 혐수성으로서 물을 튀기는 성질이 있어서 전기절연물, 건축물 등의 방수에 사용된다.

44 시멘트를 대기 중에 저장하게 되면 공기 중의 습기와 탄산가스가 시멘트와 결합하여 그 품질상태가 변질되는데 이 현상을 무엇이라 하는가?

① 동상현상
② 알칼리 골재반응
③ 풍화
④ 응결

해설 시멘트의 풍화
• 시멘트는 대기 중에 저장하면 수화 생성물을 생성하고, 시멘트의 입자는 이들의 화합물로 피복되므로 물과 접촉이 차단되어 강도 증진이 저하된다.
• 비중과 비표면적이 감소하고 압축강도가 크게 저하되며 응결시간이 지연된다[시멘트 압축강도 저하율 15%(1개월), 30%(3개월), 50%(1년)].
• 풍화의 척도는 시멘트 시료를 1,000℃로 가열한 경우에 감소한 질량인 강열감량을 사용한다.

★
45 목재 방부제에 요구되는 성질에 관한 설명으로 옳지 않은 것은?

① 목재의 인화성, 흡수성 증가가 없을 것
② 방부처리 후 표면에 페인트칠을 할 수 있을 것
③ 목재에 접촉되는 금속이나 인체에 피해가 없을 것
④ 목재에 침투가 되지 않고 전기전도율을 감소시킬 것

해설 목재 방부제의 필요 성질 : 목재에 침투가 잘되어야 하고 전기전도율을 감소시키며, 화학적으로 안정되고 균류에 대한 저항성이 커야 한다.

★
46 철강제품 중에서 내식성·내마모성이 우수하고 강도가 높으며, 장식적으로도 광택이 미려한 Cr – Ni합금의 비자성 강(鋼)은?

① 스테인리스강
② 탄소강
③ 주철
④ 주강

해설 스테인리스강(stainless steel) : 철의 최대 결점인 내식성의 부족을 개선할 목적으로 만들어진 내식용강의 총칭으로, 크롬 또는 니켈 등을 강에 가하여 녹슬지 않도록 한 금속재료이다.

47 보통 포틀랜드시멘트 제조 시 석고를 넣는 주목적으로 옳은 것은?

① 강도를 높이기 위하여
② 균열을 줄이기 위하여
③ 응결시간 조절을 위하여
④ 수축·팽창을 줄이기 위하여

[해설] 보통 포틀랜드시멘트 : 품질이 우수하고 공정이 간단하며, 가장 생산량이 많은 시멘트로, 제조 시 응결시간을 조절하기 위해 석고를 3~4% 넣는다.

★
48 목재의 부패조건에 관한 설명으로 옳은 것은?

① 목재에 부패균이 번식하기에 가장 최적의 온도조건은 35~45℃로서 부패균은 70℃까지 대다수 생존한다.
② 부패균류가 발육 가능한 최저 습도는 65% 정도이다.
③ 하등생물인 부패균은 산소가 없으면 생육이 불가능하므로, 지하수면 아래에 박힌 나무 말뚝은 부식되지 않는다.
④ 변재는 심재에 비해 고무, 수지, 휘발성 유지 등의 성분을 포함하고 있어 내식성이 크고 부패되기 어렵다.

[해설] 목재의 부패조건
• 목재의 부패조건은 온도·습도·공기·함수율·양분이며, 그중 하나만 결여되어도 부패균은 번식하지 못한다.
• 심재는 고무, 수지, 휘발성 유지 등의 성분을 포함하고 있어 변재에 비해 내식성이 크고 부패되기 어렵다.

온도	• 25~35℃ : 부패균의 번식 왕성 • 5℃ 이하 55℃ 이상 : 부패균 번식의 중단 및 사멸
습도	• 80~90% : 부패균 발육 • 15% 이하 : 부패균 번식의 중단 및 사멸
공기	• 수중에서는 공기가 없으므로 부패균 발생이 없음
함수율	• 20% : 발육 시작 • 40~50% : 부패균의 번식 왕성
양분	• 목재의 단백질 및 녹말

49 재료의 열팽창계수에 관한 설명으로 옳지 않은 것은?

① 온도의 변화에 따라 물체가 팽창·수축하는 비율을 말한다.
② 길이에 관한 비율인 선팽창계수와 용적에 관한 체적팽창계수가 있다.
③ 일반적으로 체적팽창계수는 선팽창계수의 3배이다.
④ 체적팽창계수의 단위는 W/m·K이다.

[해설] 열팽창계수
• 온도가 1℃ 상승함에 따라 증가하는 체적을 0℃일 때의 체적으로 제한 몫을 체팽창계수(體膨脹係數), 온도가 1℃ 상승함에 따라 증가한 길이를 0℃일 때의 길이로 제한 몫을 선팽창계수(線膨脹係數)라고 한다.
• 0℃ 및 $t[℃]$일 때의 체적을 $V_0 \cdot V$, 길이를 $l_0 \cdot l$, 체팽창계수를 α, 선팽창계수를 β라고 하면 $V = V_0(1+\alpha t)$, $l = l_0(1+\beta t)$로 표시된다.
• 체팽창계수는 선팽창계수의 약 3배이다.
• 열팽창계수의 단위는 W/m·℃이다.

★
50 인조석 바름의 반죽에 필요한 재료를 가장 옳게 나열한 것은?

① 백색 포틀랜드시멘트, 종석, 강모래, 해초풀, 물
② 백색 포틀랜드시멘트, 종석, 안료, 돌가루, 물
③ 백색 포틀랜드시멘트, 강자갈, 강모래, 안료, 물
④ 백색 포틀랜드시멘트, 강자갈, 해초풀, 안료, 물

[해설] 인조석 바름
• 백색시멘트 + 안료 + 대리석으로 구성된다.
• 테라초 현장바름이라고도 하며, 초기에 정벌바름을 하고, 굳은 후에 여러 번 갈아 주고 수산으로 청소 후 왁스로 광내기를 한다.

[정답] **47.** ③ **48.** ③ **49.** ④ **50.** ②

51 한 번에 두꺼운 도막을 얻을 수 있으며 넓은 면적의 평판 도장에 최적인 도장방법은?

① 브러시칠　　　② 롤러칠
③ 에어 스프레이　④ 에어리스 스프레이

해설 에어리스 스프레이 : 도료 자체에 압력을 가하여 스프레이건 끝의 노즐에서 안개 모양으로 분사되는 기구로, 넓은 면적의 평판 도장에 적합하다.

52 플라스틱재료의 일반적인 성질에 관한 설명으로 옳지 않은 것은?

① 플라스틱의 강도는 목재보다 크며 인장강도가 압축강도보다 매우 크다.
② 플라스틱은 상호 간 접착이나 금속, 콘크리트, 목재, 유리 등 다른 재료에도 부착이 잘 되는 편이다.
③ 플라스틱은 일반적으로 전기절연성이 양호하다.
④ 플라스틱은 열에 의한 팽창 및 수축이 크다.

해설 플라스틱의 강도 : 목재보다 크고, 인장강도가 압축강도보다 매우 작다.

★
53 금속재에 관한 설명으로 옳지 않은 것은?

① 알루미늄은 경량이지만 강도가 커서 구조재료로도 이용된다.
② 두랄루민은 알루미늄합금의 일종으로 구리, 마그네슘, 망간, 아연 등을 혼합한다.
③ 납은 내식성이 우수하나 방사선 차단효과가 작다.
④ 주석은 단독으로 사용하는 경우는 드물고, 철판에 도금을 할 때 사용된다.

해설 납의 특성
• 비중이 11.4이며, 인장강도가 1.4~8.4로 극히 작다.
• X선의 차단효과가 콘크리트의 100배 정도로 크나, 알칼리에 약하다.
• 내약품성 기구, 급수배관, 트랩 체임버, 스프링클러, 배전반 퓨즈 등에 사용한다.

54 단열 모르타르에 관한 설명으로 옳지 않은 것은?

① 바닥, 벽, 천장 등의 열손실 방지를 목적으로 사용된다.
② 골재는 중량골재를 주재료로 사용한다.
③ 시멘트는 보통 포틀랜드시멘트, 고로슬래그시멘트 등이 사용된다.
④ 구성재료를 공장에서 배합하여 만든 기배합 미장재료로서 적당량의 물을 더하여 반죽 상태로 사용하는 것이 일반적이다.

해설 단열 모르타르의 골재는 다공질, 다기포 골재와 같은 경량골재를 주재료로 사용한다.

★
55 특수 도료 중 방청도료의 종류와 가장 거리가 먼 것은?

① 인광도료
② 알루미늄 도료
③ 역청질 도료
④ 징크크로메이트 도료

해설 방청도료
• 각종 금속, 특히 철이 녹스는 것을 방지하기 위한 도료를 말한다.
• 공기·물·이산화탄소 등이 금속면과 접촉하는 것을 방지하고, 또 화학적으로 녹의 발생을 막는 두 가지 작용을 한다.
• 대표적인 종류에는 **연단 도료(광명단)**, 함연 방청 도료, 규산염 도료, **역청질 도료**, **알루미늄 도료**, **크롬산 아연(징크크로메이트)**, 워시 프라이머 등이 있다.
인광도료
• 어두운 곳에서 빛을 내는 도료를 말한다.
• 야간이나 어두운 곳에서 쓰는 표지나 계기의 지침 눈금 등에 사용된다.

56 투명도가 높으므로 유기유리라는 명칭이 있고 착색이 자유로워 채광판, 도어판, 칸막이판 등에 이용되는 것은?

① 아크릴수지　　② 알키드수지
③ 멜라민수지　　④ 폴리에스테르수지

정답 51. ④　52. ①　53. ③　54. ②　55. ①　56. ①

해설 아크릴수지
- 투명성·유연성·내후성이 우수하고 착색이 자유로우며, 자외선 투과율이 크다.
- 내충격강도가 유리의 10배이며 도료, 채광판, 유리 대용품, 시멘트 혼화재료 등에 사용한다.

★
57 목재에 관한 설명으로 옳지 않은 것은?

① 춘재부는 세포막이 얇고 연하나, 추재부는 세포막이 두껍고 치밀하다.

② 심재는 목질부 중 수심 부근에 위치하고, 일반적으로 변재보다 강도가 크다.

③ 널결은 곧은결에 비해 일반적으로 외관이 아름답고 수축변형이 적다.

④ 4계절 중 벌목의 가장 적당한 시기는 겨울이다.

해설
- 목재의 널결 : 결이 거칠고 불규칙하기 때문에 판목으로 쓰이며, 수축변형이 크다.
- 목재의 곧은결 : 결이 직선적으로 평행하며 아름답고 결이 좋아 구조재로 쓰인다.

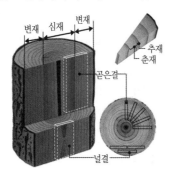

58 점토벽돌(KS L 4201)의 시험방법과 관련된 항목이 아닌 것은?

① 겉모양   ② 압축강도
③ 내충격성   ④ 흡수율

해설 점토벽돌의 시험 대상 항목
- 경결함 항목 : 겉모양, 치수 및 표시 등
- 중결함 항목 : 압축강도, 흡수율 등

59 다음 석재 중 압축강도가 일반적으로 가장 큰 것은?

① 화강암   ② 사문암
③ 사암   ④ 응회암

해설 석재의 경도에 의한 분류
- 경석 : 압축강도 500 이상, 흡수율 5 미만, 비중 2.5~2.7. 화강암, 안산암, 대리석
- 준경석 : 압축강도 500~100, 흡수율 5~15, 비중 2.0~2.5. 경질 사암, 경질 응회암
- 연석 : 압축강도 100 이하, 흡수율 15 이상, 비중 2.0 미만. 연질 응회암, 연질 사암
- 화강암(1,450~2,000), 사문암(970), 사암(360), 응회암(90~370)

★
60 다음 중 지하 방수나 아스팔트 펠트 삼투용(滲透用)으로 쓰이는 것은?

① 스트레이트 아스팔트
② 블론 아스팔트
③ 아스팔트 콤파운드
④ 콜타르

해설 스트레이트 아스팔트(strait asphalt)
- 원유로부터 아스팔트 성분을 가능한 한 변화시키지 않고 추출한 것으로, 신장성·접착성·방수성이 매우 풍부하다.
- 연화점은 비교적 낮고, 온도에 대한 감온성과 신도는 크다.
- 주로 지하 방수공사 및 아스팔트 펠트 삼투용에 사용된다.

블론 아스팔트(blown asphalt)
- 아스팔트 제조 중에 공기 또는 공기와 증기의 혼합물을 불어넣어 부분적으로 산화시킨 것으로, 내구력이 크다.
- 연화점은 비교적 높으나, 온도에 대한 감온성과 신도는 작다.
- 주로 지붕 방수제로 사용된다.

MEMO

정답 **57.** ③ **58.** ③ **59.** ① **60.** ①

4과목 건축 일반

61 실내공간에 서 있는 사람의 경우 주변 환경과 지속적으로 열을 주고받는다. 인체와 주변 환경과의 열전달현상 중 그 영향이 가장 적은 것은?

① 전도   ② 대류
③ 복사   ④ 증발

해설 인체에 영향을 미치는 열전달현상의 크기 순서 :
복사 > 대류 > 증발 > 전도

62 다음 중 방염대상물품에 해당하지 않는 것은?

① 종이벽지
② 전시용 합판
③ 카펫
④ 창문에 설치하는 블라인드

해설 방염대상물품
- 카펫, 두께가 2mm 미만인 벽지류로서 종이벽지는 제외
- 전시용 및 무대용 합판 또는 섬유판
- 창문에 설치하는 커튼류(블라인드 포함)

63 한국의 목조건축에서 기둥 밑에 놓아 수직재인 기둥을 고정하는 것은?

① 인방   ② 주두
③ 초석   ④ 부연

해설 초석 : 기둥으로부터 전달되는 건물의 무게를 지반에 전달하는 석재

64 건축물에서 자연채광을 위하여 거실에 설치하는 창문 등의 면적은 얼마 이상으로 하여야 하는가?

① 거실 바닥면적의 5분의 1
② 거실 바닥면적의 10분의 1
③ 거실 바닥면적의 15분의 1
④ 거실 바닥면적의 20분의 1

해설 창문면적의 기준

구분	건축물의 용도	창문면적
채광	• 단독주택 거실 • 공동주택 거실	거실 바닥면적의 1/10 이상
환기	• 학교 교실 • 의료시설 병실 • 숙박시설 객실	거실 바닥면적의 1/20 이상

65 소방시설법령에서 정의하는 무창층이 되기 위한 개구부 면적의 합계 기준은? (단, 개구부란 아래 요건을 충족)

> 가. 크기는 지름 50cm 이상의 원이 내접할 수 있는 크기일 것
> 나. 해당 층의 바닥면적으로부터 개구부 밑부분까지의 높이가 1.2m 이내일 것
> 다. 도로 또는 차량이 진입할 수 있는 빈터를 향할 것
> 라. 화재 시 건축물로부터 쉽게 피난할 수 있도록 창살이나 그 밖의 장애물이 설치되지 아니할 것
> 마. 내부 또는 외부에서 쉽게 부수거나 열 수 있을 것

① 해당 층의 바닥면적의 1/20 이하
② 해당 층의 바닥면적의 1/25 이하
③ 해당 층의 바닥면적의 1/30 이하
④ 해당 층의 바닥면적의 1/35 이하

해설 무창층 : 지상층 개구부로 건축물의 채광·환기·통풍을 위하여 만든 창, 출입구, 개구부 면적의 합계가 해당 층의 바닥면적의 1/30 이하가 되는 층

정답 61. ①   62. ①   63. ③   64. ②   65. ③

66 벽돌구조의 특징으로 옳지 않은 것은?

① 풍하중, 지진하중 등 수평력에 약하다.
② 목구조에 비해 벽체의 두께가 두꺼우므로 실내면적이 감소한다.
③ 고층건물에는 적용이 어렵다.
④ 시공법이 복잡하고 공사비가 고가인 편이다.

해설 벽돌구조의 장점 : 구조 및 시공법이 간단하다.

★
67 소방시설법령에 따른 소방시설의 분류 명칭에 해당되지 않는 것은?

① 소화설비
② 급수설비
③ 소화활동설비
④ 소화용수설비

해설 소방시설 : 소화설비, 소화활동설비, 소화용수설비

68 결로에 관한 설명으로 옳지 않은 것은?

① 실내공기의 노점온도보다 벽체의 표면온도가 높을 경우 외부 결로가 발생할 수 있다.
② 여름철의 결로는 단열성이 높은 건물에서 고온다습한 공기가 유입될 경우 많이 발생한다.
③ 일반적으로 외단열 시공이 내단열 시공에 비하여 결로 방지기능이 우수하다.
④ 결로 방지를 위하여 환기를 통하여 실내의 절대습도를 낮게 한다.

해설 결로 : 구조체의 노점온도 구배선보다 구조체의 온도 구배선이 낮은 부위에서 결로가 발생한다.

69 피난층 또는 지상으로 통하는 직통계단을 2개소 이상 설치해야 하는 용도가 아닌 것은? (단, 피난층 외의 층으로서 해당 용도로 쓰는 바닥면적의 합계가 500m²일 경우)

① 단독주택 중 다가구주택
② 문화 및 집회 시설 중 전시장
③ 제2종 근린생활시설 중 공연장
④ 교육연구시설 중 학원

해설 직통계단 2개소 이상 설치

건축물의 용도	해당 부분	면적
문화 및 집회 시설 (전시장 및 동식물원 제외)	그 층의 관람석 또는 집회실의 바닥 면적 합계	200m² 이상

70 그리스 파르테논(Parthenon) 신전에 관한 설명으로 옳지 않은 것은?

① 그리스 아테네의 아크로폴리스 언덕에 위치하고 있다.
② 기원전 5세기경 건축가 익티노스와 조각가 페이디아스의 작품이다.
③ 아테네의 수호신 아테나를 숭배하기 위해 축조하였다.
④ 대부분 화강석재료를 사용하여 건축하였다.

해설 파르테논 신전 : 건축 자재의 대부분을 최고급 백대리석을 사용하여 건축하였다.

71 소방시설법령에서 규정하고 있는 비상콘센트설비를 설치하여야 하는 특정소방대상물의 기준으로 옳은 것은?

① 층수가 7층 이상인 특정소방대상물의 경우에는 7층 이상의 층
② 층수가 8층 이상인 특정소방대상물의 경우에는 8층 이상의 층
③ 층수가 10층 이상인 특정소방대상물의 경우에는 10층 이상의 층
④ 층수가 11층 이상인 특정소방대상물의 경우에는 11층 이상의 층

해설 비상콘센트설비의 설치 대상 : 층수가 11층 이상인 특정소방대상물의 경우에는 11층 이상의 층

★
72 문화 및 집회 시설 중 공연장의 개별관람석 바닥면적이 550m²인 경우 관람석의 최소 출구 개수는? (단, 각 출구의 유효너비는 1.5m로 한다.)

① 2개소
② 3개소
③ 4개소
④ 5개소

해설 문화 및 집회 시설 출구의 설치기준
- 공연장의 바닥면적이 300m² 이상인 경우 각 출구의 유효너비는 1.5m 이상
- 관람실별로 2개소 이상 설치

73 건축물 내부에 설치하는 피난계단의 구조기준으로 옳지 않은 것은?

① 계단은 내화구조로 하고 피난층 또는 지상까지 직접 연결되도록 한다.
② 계단실에는 예비전원에 의한 조명설비를 한다.
③ 계단실의 실내에 접하는 부분의 마감은 난연재료로 한다.
④ 건축물의 내부에서 계단실로 통하는 출입구의 유효너비는 0.9m 이상으로 한다.

해설 피난계단의 설치기준 : 계단실의 실내에 접하는 부분(바닥 및 반자 등 실내에 면한 모든 부분을 말한다.)의 마감(마감을 위한 바탕을 포함한다.)은 불연재료로 해야 한다.

74 목재의 이음에 관한 설명으로 옳지 않은 것은?

① 엇걸이산지이음은 옆에서 산지치기로 하고, 중간은 빗물리게 한다.
② 턱솔이음은 서로 경사지게 잘라 이은 것으로 못질 또는 볼트 죔으로 한다.
③ 빗이음은 띠장, 장선이음 등에 사용한다.
④ 겹친이음은 2개의 부재를 단순히 겹쳐 대고 큰못, 볼트 등으로 보강한다.

해설 턱솔이음
- 짧은 촉을 다른 재목에 들어가 물리게 하는 이음
- 一자, ㄱ자, ㄷ자, ＋자, ㅁ자 등이 있다.

75 철골구조에서 그림과 같은 H형강의 올바른 표기법은?

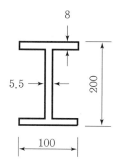

① H－100×200×5.5×8
② H－100×200×8×5.5
③ H－200×100×5.5×8
④ H－200×100×8×5.5

해설 강재 표시법 : 웨브의 춤(A)×플랜지 폭(B)×웨브 두께(t_1)×플랜지 두께(t_2)

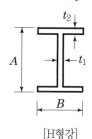

[H형강]

★
76 다음은 건축허가 등을 할 때 미리 소방본부장 또는 소방서장의 동의를 받아야 하는 건축물 등의 범위에 관한 내용이다. 빈칸에 들어갈 내용을 순서대로 옳게 나열한 것은? (단, 차고, 주차장 또는 주차용도로 사용되는 시설)

> 가. 차고·주차장으로 사용되는 바닥면적이 ( ) 이상인 층이 있는 건축물이나 주차시설
> 나. 승강기 등 기계장치에 의한 주차시설로서 자동차 ( ) 이상을 주차할 수 있는 시설

① 100m², 20대　　② 200m², 20대
③ 100m², 30대　　④ 200m², 30대

해설 건축허가 시 사전동의 대상
• 차고·주차장으로 사용되는 바닥면적이 200m² 이상인 층이 있는 주차시설
• 승강기 등 기계장치에 의한 주차시설로서 자동차 20대 이상을 주차할 수 있는 시설

77 콘크리트구조로서 내화구조가 아닌 것은?

① 두께가 8cm인 바닥
② 두께가 10cm인 벽
③ 보
④ 지붕

해설 내화구조 : 철근콘크리트조, 철골철근콘크리트조로 바닥 두께가 10cm 이상

78 급배수 등의 용도를 위하여 건축물에 설치하는 배관설비의 설치 및 구조에 관한 기준으로 옳지 않은 것은?

① 배관설비의 오수에 접하는 부분은 내수재료를 사용할 것
② 지하실 등 공공하수도로 자연배수를 할 수 없는 곳에는 배수 용량에 맞는 강제 배수시설을 설치할 것
③ 우수관과 오수관은 통합하여 배관할 것
④ 콘크리트구조체에 배관을 매설하거나 배관이 콘크리트구조체를 관통할 경우에는 구조체에 덧관을 미리 매설하는 등 배관의 부식을 방지하고 그 수선 및 교체가 용이하도록 할 것

해설 배관설비의 설치기준 : 우수관과 오수관은 분리하여 배관해야 한다.

79 관계공무원에 의해 실시되는 소방안전관리에 관한 특별조사의 항목에 해당하지 않는 것은?

① 특정소방대상물의 소방안전관리업무 수행에 관한 사항
② 특정소방대상물의 소방계획서 이행에 관한 사항
③ 특정소방대상물의 자체 점검 및 정기적 점검 등에 관한 사항
④ 특정소방대상물의 소방안전관리자의 선임에 관한 사항

해설 소방안전관리 특별조사 항목
• 특정소방대상물의 소방안전관리업무 수행에 관한 사항
• 특정소방대상물의 소방계획서 이행에 관한 사항
• 특정소방대상물의 자체 점검 및 정기 점검 등에 관한 사항
• 특정소방대상물의 화재의 예방조치 등에 관한 사항
• 특정소방대상물의 불을 사용하는 설비 등의 관리와 득밀빕에 따른 안진관리에 관한 사항
• 특정소방대상물의 위험물안전관리법에 따른 안전관리에 관한 사항

★80 방염성능기준 이상의 실내장식물 등을 설치하여야 하는 특정소방대상물에 해당되지 않는 것은?

① 근린생활시설 중 체력단련장
② 방송통신시설 중 방송국
③ 의료시설 중 종합병원
④ 층수가 11층인 아파트

해설 방염성능기준 이상의 실내장식물 설치 제외 대상 : 층수가 11층 이상 건축물 중 아파트는 제외한다.

2019년 3회 과년도 출제문제

INTERIOR ARCHITECTURE

1과목 실내디자인론

01 주거공간에 있어 욕실에 관한 설명으로 옳지 않은 것은?

① 조명은 방습형 조명기구를 사용하도록 한다.
② 방수성·방오성이 큰 마감재를 사용하는 것이 기본이다.
③ 변기 주위에는 냄새가 나므로 책, 화분 등을 놓지 않는다.
④ 욕실의 크기는 욕조, 세면기, 변기를 한 공간에 둘 경우 일반적으로 4m² 정도가 적당하다.

해설 ③ 욕실에 습기와 냄새를 잡아 주는 식물을 계획하기도 한다.

02 치수계획에 있어 적정치수를 설정하는 방법은 최소치＋α, 최대치－α, 목표치±α이다. 이때 α는 적정치수를 끌어내기 위한 어떤 치수인가?

① 표준치수　　② 절대치수
③ 여유치수　　④ 기본치수

★
03 다음 중 황금분할의 비율로 가장 알맞은 것은?

① 1 : 1.314　　② 1 : 1.414
③ 1 : 1.618　　④ 1 : 1.732

04 한국 전통가구 중 수납계 가구에 속하지 않는 것은?

① 농　　② 궤
③ 소반　　④ 반닫이

해설 ③ 소반 : 작은 밥상

05 사무소의 로비에 설치하는 안내 데스크에 대한 설명으로 옳지 않은 것은?

① 로비에서 시각적으로 찾기 쉬운 곳에 배치한다.
② 회사의 이미지, 스타일을 시각적으로 적절히 표현하는 것이 좋다.
③ 스툴 의자는 일반 의자에 비해 데스크 근무자의 피로도가 높다.
④ 바닥의 레벨을 높여 데스크 근무자가 방문객 및 로비의 상황을 내려다볼 수 있도록 한다.

해설 ④ 로비의 안내 데스크는 안내자와 방문객의 동등한 시선처리를 위해 바닥의 레벨을 같게 한다.

06 건축계획 시 함께 계획하여 건축물과 일체화하여 설치되는 가구는?

① 유닛가구　　② 붙박이가구
③ 인체계 가구　　④ 시스템가구

해설 • 유닛가구 : 고정적이면서 이동적인 가구로 가구의 형태 변화가 가능하다. 단일가구를 원하는 형태로 조합하여 다목적으로 사용이 가능하다.
• 인체계 가구 : 인체 지지용 가구로 의자, 침대, 쇼파 등이 있다.
• 시스템가구 : 가구와 인간의 관계, 가구와 건축주체의 관계, 가구와 가구의 관계 등을 종합적으로 고려하여 적합한 치수를 산출한 후 이를 모듈화시킨 각 유닛이 모여 전체 가구를 형성한 것이다.

정답 1. ③ 2. ③ 3. ③ 4. ③ 5. ④ 6. ②

07 디자인 요소 중 선에 관한 설명으로 옳지 않은 것은?

① 선은 면이 이동한 궤적이다.
② 선을 포개면 패턴을 얻을 수 있다.
③ 많은 선을 나란히 놓으면 면을 느낀다.
④ 선은 어떤 형상을 규정하거나 한정한다.

해설 ① 선은 점이 이동한 궤적이다.

★
08 다음 설명에 알맞은 건축화조명방식은?

> 천장, 벽의 구조체에 의해 광원의 빛이 천장 또는 벽면으로 가려지게 하며 반사광으로 간접조명하는 방식

① 코브조명　　　② 광창조명
③ 광천장조명　　④ 밸런스조명

해설 • 광창조명 : 유리나 루버 등의 확산용 판으로 된 광원을 벽면 안에 설치한 직접조명
• 광천장조명 : 유리나 루버 등의 확산용 판으로 된 광원을 천장 안에 설치한 직접조명
• 밸런스조명 : 창이나 벽의 상부에 설치하는 방식으로, 상향일 경우 천장에 반사하는 간접조명의 효과가 있으며, 하향일 경우 벽이나 커튼을 강조하는 역할을 한다.

09 형태를 현실적 형태와 이념적 형태로 구분할 경우, 다음 중 이념적 형태에 관한 설명으로 옳은 것은?

① 주위에 실제 존재하는 모든 물상을 말한다.
② 인간의 지각으로는 직접 느낄 수 없는 형태이다.
③ 자연계에 존재하는 모든 것으로부터 보이는 형태를 말한다.
④ 기본적으로 모든 이념적 형태들은 휴먼 스케일과 일정한 관계를 가진다.

해설 ①, ③, ④는 현실적 형태에 대한 설명이다.

10 실내공간을 구성하는 주요 기본 구성요소에 관한 설명으로 옳지 않은 것은?

① 벽은 공간을 에워싸는 수직적 요소로 수평 방향을 차단하여 공간을 형성한다.
② 바닥은 신체와 직접 접촉하기에 촉각적으로 만족할 수 있는 조건을 요구한다.
③ 천장은 외부로부터 추위와 습기를 차단하고 사람과 물건을 지지하여 생활장소를 지탱하게 해 준다.
④ 기둥은 선형의 수직요소로 크기 · 형상을 가지고 있으며, 구조적 요소로 사용하거나 또는 강조적 · 상징적 요소로 사용된다.

해설 ③ 사람과 물건을 지지하여 생활장소를 지탱하게 해 주는 것은 바닥에 대한 설명이다.

★
11 다음 중 부엌의 능률적인 작업 순서에 따른 작업대의 배열 순서로 알맞은 것은?

① 준비대 → 개수대 → 가열대 → 조리대 → 배선대
② 준비대 → 조리대 → 가열대 → 개수대 → 배선대
③ 준비대 → 개수대 → 조리대 → 가열대 → 배선대
④ 준비대 → 조리대 → 개수대 → 가열대 → 배선대

12 상점의 상품 진열에 관한 설명으로 옳지 않은 것은?

① 운동기구 등 무게가 무거운 물품은 바닥에 가깝게 배치하는 것이 좋다.
② 상품의 진열 범위 중 골든스페이스(golden space)는 600~900mm의 높이이다.
③ 눈높이 1,500mm를 기준으로 상향 10°에서 하향 20° 사이가 고객이 시선을 두기 가장 편한 범위이다.
④ 사람의 시각적 특징에 따라 좌측에서 우측으로, 작은 상품에서 큰 상품으로 진열의 흐름도를 만드는 것이 효과적이다.

정답　7. ①　8. ①　9. ②　10. ③　11. ③　12. ②

해설 골든스페이스(golden space)의 높이 : 850~1,250 mm

13 소규모 주택에서 식당, 거실, 부엌을 하나의 공간에 배치한 형식은?

① 다이닝 키친
② 리빙 다이닝
③ 다이닝 테라스
④ 리빙 다이닝 키친

해설
• 다이닝 키친 : 식당+부엌
• 리빙 다이닝 : 거실+식당
• 다이닝 테라스 : 식당+테라스

14 실내디자인의 개념에 관한 설명으로 옳지 않은 것은?

① 형태와 기능의 통합작업이다.
② 목적물에 관한 이미지의 실체화이다.
③ 어떤 사물에 대해 행해지는 스타일링(styling)의 총칭이다.
④ 인간생활에 유용한 공간을 만들거나 환경을 조성하는 과정이다.

해설 공간 스타일링(styling) : 실내디자인(하드웨어)의 기본 틀을 유지하고 가구나 소품, 패브릭, 조명 등 전반적인 소프트웨어의 컨설팅을 하는 작업

15 가장 완전한 균형의 상태로 공간에 질서를 주기가 용이하며, 정적·안정·엄숙 등의 성격으로 규명할 수 있는 것은?

① 비정형 균형
② 대칭적 균형
③ 비대칭 균형
④ 능동의 균형

해설
• 비정형 균형 : 물리적으로는 불균형이지만 시각적으로 균형을 이룬 것으로, 동적·변화·자유분방·약진의 성격을 가지고 있다.
• 비대칭 균형 : 대칭 균형보다 자연스러운 균형으로, 시각적 무게나 시선의 정도는 같으나 중심점에서 형태나 구성이 다른 것이다.
• 능동의 균형 : 비대칭 균형이라고도 한다.

16 사무소 건축에서 코어의 기능에 관한 설명으로 옳지 않은 것은?

① 내력적 구조체로서의 기능을 수행할 수 있다.
② 공용부분을 집약시켜 사무소의 유효면적이 증가된다.
③ 엘리베이터, 파이프 샤프트, 덕트 등의 설비 요소를 집약시킬 수 있다.
④ 설비 및 교통 요소들이 존(zone)을 형성함으로써 업무공간의 융통성이 감소된다.

해설 ④ 설비 및 교통 요소들이 존(zone)을 형성함으로써 공간의 유효면적이 증가하여 융통성이 있는 공간을 계획할 수 있다.

17 투시성이 있는 얇은 커튼의 총칭으로 창문의 유리면 바로 앞에 얇은 직물로 설치하기 때문에 실내에 유입되는 빛을 부드럽게 하는 것은?

① 새시 커튼
② 드로우 커튼
③ 글라스 커튼
④ 드레이퍼리 커튼

해설
• 새시 커튼 : 창문 전체를 커튼으로 처리하지 않고 반 정도만 친 형태의 커튼이다.
• 드로우 커튼 : 창문 위의 수평가로대에 설치하는 커튼으로, 글라스 커튼보다 무거운 재질의 직물로 처리한다.
• 드레이퍼리 커튼 : 창문에 느슨하게 걸려 있는 무거운 커튼이다.

★
18 조명의 연출기법 중 강조하고자 하는 물체에 의도적인 광선을 조사시킴으로써 광선 자체가 시각적인 특성을 갖도록 하는 기법은?

① 실루엣 기법
② 월워싱 기법
③ 빔플레이 기법
④ 그림자 연출기법

해설
• 실루엣 기법 : 물체의 형상만을 강조하는 기법으로, 시각적인 눈부심은 없으나 물체면의 세밀한 묘사가 불가능한 기법
• 월워싱 기법 : 수직벽면을 빛으로 쓸어내리는 듯한 효과. 수직벽면에 균일한 조도의 빛을 비추는 조명의 연출기법
• 그림자 연출기법 : 빛에 의해 생기는 그림자를 강조하는 기법

정답 13. ④ 14. ③ 15. ② 16. ④ 17. ③ 18. ③

19 상점의 숍 프런트(shop front) 구성형식 중 출입구 이외에는 벽 등으로 외부와의 경계를 차단한 형식은?

① 개방형　　　　② 폐쇄형
③ 돌출형　　　　④ 만입형

해설　쇼윈도 배면처리
- **개방형** : 도로면에 접한 면을 전면 개방한 구조. 매장 내부를 볼 수 있으므로 시선이 분산되어 상품의 주목성은 떨어진다.
- **폐쇄형** : 출입구 외에 전면을 사인이나 디스플레이 월로 차단하여 상점의 내부 공간이 시각상 차단된 구조
- **혼합형** : 개방형+폐쇄형. 개구부의 일부를 개방시키고 다른 일부를 폐쇄한 것

★
20 다음 그림이 나타내는 특수전시기법은?

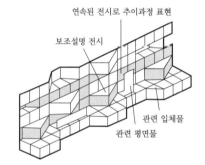

연속된 전시로 추이과정 표현
보조설명 전시
관련 입체물
관련 평면물

① 디오라마 전시　　② 아일랜드 전시
③ 파노라마 전시　　④ 하모니카 전시

해설　파노라마 전시 : 하나의 사실 혹은 주제를 시간적인 연속성을 가지고 선형으로 연출하는 전시기법

2과목　색채 및 인간공학

21 최적의 조건에서 시각적 암호의 식별 가능 수준 수가 가장 큰 것은?

① 숫자　　　　② 면색(面色)
③ 영문자　　　④ 색광(色光)

22 작업장에서의 조명에 의한 그림자와 눈부심(glare)을 감소시키고, 균일한 조도를 얻을 수 있는 조명방법으로 적합한 것은?

① 자연광　　　　② 직집조명
③ 간접조명　　　④ 국소조명

해설　간접조명 : 작업장에서의 조명에 의한 그림자와 눈부심(glare)을 감소시키고, 균일한 조도를 얻을 수 있는 조명방법

23 다음 중 한국인 인체치수 조사사업의 표준인체 측정 항목 중 등길이로 옳은 것은?

①　　　　　②

③　　　　　④
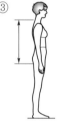

24 산업안전보건법령상 영상표시단말기(VDT) 취급 근로자의 작업자세에 관한 설명으로 옳지 않은 것은?

① 작업자의 손목을 지지해 줄 수 있도록 작업대 끝면과 키보드의 사이는 15cm 이상을 확보한다.
② 작업자의 시선은 수평선상으로부터 아래로 10~15° 이내로 한다.
③ 눈으로부터 화면까지의 시거리는 40cm 이상을 유지한다.
④ 무릎의 내각(knee angle)은 120° 이상이 되도록 한다.

25 음의 높고 낮음과 관련 있는 음의 특성으로 옳은 것은?

① 진폭　　　　② 리듬
③ 파형　　　　④ 진동수

해설 음의 높이(진동수)
• 소리의 높고 낮음으로 Hz와 cps로 나타낸다.
• 인간은 20~20,000Hz의 진동수를 감지할 수 있는데, 이것을 인간의 가청주파수라고 한다.

26 시각적 표시장치에 있어서 지침의 설계요령으로 옳은 것은?

① 지침의 끝은 둥글게 하는 것이 좋다.
② 지침의 끝은 작은 눈금부분과 겹치게 한다.
③ 지침은 시차를 없애기 위하여 눈금면과 밀착시킨다.
④ 원형 눈금의 경우 지침의 색은 눈금면의 색과 동일하게 한다.

해설 시각적 표시장치 지침의 설계
• 다이얼 형태의 계기에서는 가급적 지침이 왼쪽에서 오른쪽으로, 아래에서 위로 움직이도록 한다.
• 지침이 고정된 형태이거나 또는 움직이는 형태에서도 지침은 눈금에 가까이 있어야 하며 숫자를 가리지 말아야 한다.
• 선각이 약 20° 정도 되는 뾰족한 지침을 사용한다.
• 지침의 끝은 가장 가는 눈금선과 같은 폭으로 하고 지침의 끝과 눈금 사이는 가급적 좁은 것이 좋으며 1.5mm 이상이어서는 안 된다.
• 지침은 가급적 숫자나 눈금과 같은 색으로 칠해야 한다.
• 지침의 끝은 작은 눈금과 맞닿되, 겹치지 않게 해야 한다.
• (시차를 없애기 위해) 지침을 눈금면과 밀착할 것
• (원형 눈금의 경우) 지침의 색은 선단에서 눈금의 중심까지 칠할 것

27 인간-기계시스템의 평가척도 중 인간기준이 아닌 것은?

① 성능척도　　② 객관적 응답
③ 생리적 지표　④ 주관적 반응

28 경계 및 경보 신호를 설계할 때의 지침으로 옳지 않은 것은?

① 배경 소음의 진동수와 다른 신호를 사용한다.
② 장거리용(300m 이상)으로는 1,000Hz 이상의 진동수를 사용한다.
③ 귀는 중음역에 가장 민감하므로 500~3,000Hz의 진동수를 사용한다.
④ 신호가 장애물을 돌아가거나 칸막이를 사용할 때에는 500Hz 이하의 진동수를 사용한다.

해설
• 귀는 중음역에 민감하므로 500~3,000Hz의 진동수 사용
• 300m 이상 장거리용 신호는 1,000Hz 이하의 진동수 사용
• 장애물 및 칸막이 통과 시는 500Hz 이하 사용

★29 다음의 짐 운반방법 중 상대적 에너지소비량이 가장 큰 운반방법에 해당하는 것은?

① 배낭 메기　　② 머리에 올리기
③ 쌀자루 메기　④ 양손으로 들기

해설 짐을 나르는 방법에 따른 에너지소비량(산소소비량):
등, 가슴 < 머리 < 배낭 < 이마 < 쌀자루 < 목도 < 양손의 순으로 짐을 나르는 것이 힘이 더 들어간다.

30 눈과 카메라의 구조상 동일한 기능을 수행하는 기관을 연결한 것으로 적합하지 않은 것은?

① 망막-필름
② 동공-조리개
③ 수정체-렌즈
④ 시신경-셔터

★31 문·스펜서의 조화론에서 색의 중심이 되는 순응점은?

① N5　　　　② N7
③ N9　　　　④ N10

해설 문·스펜서의 조화론에서 색의 중심이 되는 순응점은 무채색의 중간 지점이 되는 N5이다.

32 24비트 컬러 중에서 정해진 256 컬러표를 사용하는 단일 채널 이미지는?

① 256 vector colors
② grayscale
③ bitmap color
④ indexed color

★
33 다음은 색의 어떤 성질에 대한 설명인가?

> 흔히 태양광선 아래에서 본 물체와 형광등 아래에서 본 물체는 색이 다르게 보일 수 있는데 이는 광원에 따라 다른 성질을 보인 것이다.

① 조건등색   ② 색각이상
③ 베졸드 효과   ④ 연색성

해설 연색성(color rendering) : 조명이 물체의 색감에 영향을 미치는 현상으로, 같은 물체의 색도 조명에 따라 색이 다르게 보이는 것을 말한다.

34 다음 그림과 같은 색입체는?

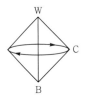

① 오스트발트   ② 먼셀
③ L*a*b*   ④ 괴테

35 색의 3속성에 대한 설명으로 가장 관계가 적은 것은?

① 색의 3속성이란 색자극 요소에 의해 일어나는 3가지 지각 성질을 말한다.
② 색의 3속성은 색상, 명도, 채도이다.
③ 색의 밝기에 대한 정도를 느끼는 것을 명도라 부른다.
④ 색의 3속성 중 채도만 있는 것을 유채색이라 한다.

해설 무채색 : 색의 3속성 중 채도만 있는 것을 말한다.

36 다음 중 뚱뚱한 체격의 사람이 피해야 할 의복의 색은 무엇인가?

① 청색   ② 초록색
③ 노란색   ④ 바다색

해설 난색 계열의 색은 진출, 팽창색이므로 더 뚱뚱해 보인다.

37 색의 조화에 관한 설명 중 옳은 것은?

① 색채의 조화, 부조화는 주관적인 것이기 때문에 인간 공통의 어떠한 법칙을 찾아내는 것은 불가능하다.
② 일반적으로 조화는 질서가 있는 배색에서 생긴다.
③ 문·스펜서 조화론은 오스트발트 표색계를 사용한 것이다.
④ 오스트발트 조화론은 먼셀 표색계를 사용한 것이다.

38 옷감을 고를 때 작은 견본을 보고 고른 후 옷이 완성된 후에는 예상과 달리 색상이 뚜렷한 경우가 있다. 이것은 다음 중 어느 것과 관련이 있는가?

① 보색대비   ② 연변대비
③ 색상대비   ④ 면적대비

해설 색의 면적효과
• 색의 시각반응은 색의 면적에 따라 다르게 느껴진다. 색의 면적이 크면 더욱 밝고 강하게 느껴지고, 색의 면적이 작으면 분별력이 떨어진다. 따라서 색견본 사용 시 견본의 크기가 중요하다.
• 윤곽의 처리방법에 따라 색의 면적효과도 다르게 나타난다. 윤곽이 뚜렷하면 채도는 높고 명도는 낮게 보이며, 윤곽이 희미하면 채도는 낮고 명도는 높게 보인다.

39 빨간 사과를 태양광선 아래에서 보았을 때와 백열등 아래에서 보았을 때 빨간색이 동일하게 지각되는데 이 현상을 무엇이라고 하는가?

① 명순응   ② 대비현상
③ 항상성   ④ 연색성

해설 항상성
- 빛의 강도와 분광 분포, 순응상태가 바뀌어도 눈에 보이는 색은 변하지 않는 현상을 말한다.
- 예를 들면 백지는 어두운 곳이나 밝은 곳이나 모두 백지로 인지된다.

40 먼셀의 20색상환에서 보색대비의 연결은?

① 누랑 – 남색　　② 파랑 – 초록
③ 보라 – 노랑　　④ 빨강 – 초록

3과목　건축재료

41 표준형 점토벽돌의 치수로 옳은 것은?

① 210mm×90mm×57mm
② 210mm×110mm×60mm
③ 190mm×100mm×60mm
④ 190mm×90mm×57mm

해설 표준형 점토벽돌 : 190mm(길이)×90mm(너비)× 57mm(높이)

42 콘크리트용 골재의 품질조건으로 옳지 않은 것은?

① 유해량의 먼지, 유기불순물 등을 포함하지 않은 것
② 표면이 매끈한 것
③ 구형에 가까운 것
④ 청정한 것

해설 골재의 품질조건 : 표면이 거칠고 구형에 가까운 것이 좋고, 유해물이 포함되지 않아야 한다(유해량 3% 이하).

★
43 유리의 일반적인 성질에 관한 설명으로 옳지 않은 것은?

① 철분이 많을수록 자외선 투과율이 높아진다.
② 깨끗한 창유리의 흡수율은 2~6% 정도이다.
③ 투과율은 유리의 맑은 정도, 착색, 표면상태에 따라 달라진다.
④ 열전도율은 대리석, 타일보다 작은 편이다.

해설 유리의 성질 : 철분이 많을수록 자외선 투과율이 낮아진다.

★
44 시멘트에 관한 설명으로 옳지 않은 것은?

① 시멘트의 밀도는 $3.15g/cm^3$ 정도이다.
② 시멘트의 분말도는 비표면적으로 표시한다.
③ 강열감량은 시멘트의 소성반응의 완전 여부를 알아내는 척노가 된다.
④ 시멘트의 수화열은 균열 발생의 원인이 된다.

해설 강열감량
- 시멘트 시료를 1,000℃로 가열한 경우 감소된 질량이다.
- 강열감량은 풍화와 더불어 증가하므로 **풍화의 척도**가 된다.
- 강열감량이 너무 큰 것은 사용하지 않아야 한다.

45 목재의 흠의 종류 중 가지가 줄기의 조직에 말려들어가 나이테가 밀집되고 수지가 많아 단단하게 된 것은?

① 옹이　　　　② 지선
③ 할렬　　　　④ 잔적

해설 옹이
- 수목의 생장에 의해 목부 속에 들어 있는 가지부분을 말한다.
- 옹이의 건전 정도, 목재조직과 옹이의 연속성, 목재조직 내 옹이의 견고성과 폐색, 절삭면에 노출된 위치와 외관, 옹이의 지름과 기원 등에 따라 여러 종류가 있다.

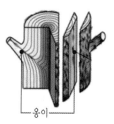

└─옹이

46 용융하기 쉽고 산에는 강하나 알칼리에 약하며 창유리, 유리블록 등에 사용하는 유리는?

① 물유리　　　　② 유리섬유
③ 소다석회유리　④ 칼륨납유리

정답 40. ①　41. ④　42. ②　43. ①　44. ③　45. ①　46. ③

해설 소다석회유리 : 산에는 강하나 알칼리에 약하고 융점이 낮으며, 팽창률과 강도가 크지만 풍화되기 쉽다.

47 차음재료의 요구성능에 관한 설명으로 옳은 것은?

① 비중이 작을 것
② 음의 투과손실이 클 것
③ 밀도가 작을 것
④ 다공질 또는 섬유질이어야 할 것

해설 차음재료
• 소리를 차단하는 재료로, 일반적으로 치밀하고 질량이 많을수록 성능이 좋다.
• 비중과 밀도, 음의 투과손실이 큰 것이 차음성능에 좋다.
• 콘크리트·ALS판·유리·석면판 등 차음성이 높은 재료로, 투과음이 적은 재료이다.
• 벽체 등에 무겁고 두꺼운 한 가지 재료만을 사용하는 것보다는 중간에 공기층을 둔 이중벽 또는 서로 다른 재료를 겹친 합성벽이 더욱 유리하다.

★
48 금속의 부식 방지를 위한 관리대책으로 옳지 않은 것은?

① 가능한 한 이종금속을 인접 또는 접촉시켜 사용할 것
② 큰 변형을 준 것은 가능한 한 풀림하여 사용할 것
③ 표면을 평활하고 깨끗이 하며, 가능한 한 건조상태를 유지할 것
④ 부분적으로 녹이 발생하면 즉시 제거할 것

해설 금속의 부식 방지대책
• 상이한 금속의 접촉을 금하며, 가능한 한 건조한 상태를 유지하는 것이 중요하다.
• 금속 표면이 균질하고 청결하며 평활한 것을 사용한다.
• 가공 중 변형이 생긴 것은 풀림이나 뜨임과 같은 열처리방법으로 제거하고 사용한다.
• 내식성이 큰 도료를 피복하여 금속의 표면을 보호한다.

★
49 도장재료에 관한 설명으로 옳지 않은 것은?

① 바니시는 천연수지, 합성수지 또는 역청질 등을 건성유와 같이 가열·융합시켜 건조제를 넣고 용제로 녹인 것을 말한다.
② 유성조합페인트는 붓바름 작업성 및 내후성이 뛰어나다.
③ 유성페인트는 보일유와 안료를 혼합한 것을 말한다.
④ 수성페인트는 광택이 매우 뛰어나고, 마감면의 마모가 거의 없다.

해설 수성페인트 : 광택이 미비하고 내구성·내수성이 약하여 마감면에 마모가 생기기 쉽다.

★
50 다음 접착제 중 고무상의 고분자물질로서 내유성 및 내약품성이 우수하며 줄눈재, 구멍 메움재로 사용되는 것은?

① 천연고무   ② 치오콜
③ 네오프렌   ④ 아교

해설 접착제
• **천연고무** : 채취된 라텍스를 정제한 것으로, 광선을 흡수하여 점차 분해되어 균열이 발생하고 접착성이 높은 고분자물질로 변한다.
• **네오프렌** : 합성고무의 일종으로 내유성을 고려한 석유제품의 취급에 관계되는 호스, 튜브, 패킹에 사용된다.
• **아교** : 수피(짐승 가죽)를 삶아서 그 용액을 말린 반투명, 황갈색의 딱딱한 물질로서 합판, 목재 창호, 가구 등의 접착제로 사용한다.
• **치오콜** : 다황화물계 합성고무의 상품명으로, 양끝에 할로겐기를 가지는 유기화합물과 다황화알칼리의 축합반응에 의해서 만들어진다. 고무상의 고분자물질로, 내유성 및 내약품성이 우수하나 악취가 나는 결점이 있다. 줄눈재, 구멍 메움재, 송유 호스, 접착제 등으로 사용된다.

★
51 다음 중 유기재료에 속하는 것은?

① 목재   ② 알루미늄
③ 석재   ④ 콘크리트

해설 화학 조성에 의한 재료의 분류

무기재료		유기재료	
비금속	금속	천연	합성수지
석재, 흙, 콘크리트 등	철재, 구리, 알루미늄 등	목재, 아스팔트, 섬유판 등	플라스틱재, 도장재, 실링재 등

★
52 목재의 강도에 관한 설명으로 옳지 않은 것은?

① 심재의 강도가 변재보다 크다.
② 함수율이 높을수록 강도가 크다.
③ 추재의 강도가 춘재보다 크다.
④ 절건비중이 클수록 강도가 크다.

해설 목재의 강도 : 함수율이 100%에서 섬유포화점인 30%까지는 강도의 변화가 작으나, 함수율이 30% 이하로 감소하면 강도는 급격히 증가한다. 즉 목재는 함수율이 낮을수록 강도가 크다.

★
53 콘크리트 1m³를 제작하는 데 소요되는 각 재료의 양을 질량[kg]으로 표시한 배합은?

① 질량배합   ② 용적배합
③ 현장배합   ④ 계획배합

해설 콘크리트의 배합

용적 배합	콘크리트 비벼내기 1m³에 소요되는 각 재료를 용적으로 표시한 배합
현장 배합	시방 배합에 일치되도록 현장에서 재료의 상태와 계량방법에 따라 정한 배합
계획 배합	콘크리트나 모르타르 공사에서 일정 기준의 품질이 되도록 계획된 시멘트, 골재물의 배합

54 도장재료인 안료에 관한 설명으로 옳지 않은 것은?

① 안료는 유색의 불투명한 도막을 만듦과 동시에 도막의 기계적 성질을 보완한다.
② 무기안료는 내광성·내열성이 크다.
③ 유기안료는 레이크(lake)라고도 한다.
④ 무기안료는 유기용제에 잘 녹고 색의 선명도에서 유기안료보다 양호하다.

해설 무기안료
• 화학적으로 무기질인 안료를 가리키는데, 천연광물 그대로 또는 천연광물을 가공·분쇄하여 만드는 것과 아연·타이타늄·납·철·구리·크롬 등의 금속화합물을 원료로 하여 만드는 것이 있다.
• 유기안료에 비해 내광성·내열성이 양호하고, 유기용제에 녹지 않으며, 색의 선명도는 유기안료보다 양호하지 않다.

55 강재의 탄소량과 강도의 관계에서 강재의 인장강도 및 경도가 최대에 도달하게 되는 강의 탄소함유량은 약 얼마인가?

① 0.15%   ② 0.35%
③ 0.55%   ④ 0.85%

해설 강의 탄소함유량 : 강재의 강도는 탄소량이 증가함에 따라 상승하며 약 0.85%에서 최대가 되고, 그 이상이 되면 다시 내려간다.
• 특별 극연강 : 0.08% 이하
• 극연강 : 0.08~0.12%
• 연강 : 0.12~0.20%
• 반연강 : 0.20~0.30%
• 반경강 : 0.30~0.40%
• 경강 : 0.40~0.50%
• 최경강 : 0.50~0.80%

★
56 열가소성수지에 관한 설명으로 옳지 않은 것은?

① 축합반응으로부터 얻어진다.
② 유기용제로 녹일 수 있다.
③ 1차원적인 선상구조를 가진다.
④ 가열하면 분자결합이 감소하며 부드러워지고 냉각하면 단단해진다.

해설
• 열가소성수지 : 중합반응을 하여 고분자로 된 것으로, 일반적으로 무색투명하며 열에 연화되고 냉각하면 원래의 모양으로 굳어진다.
• 열경화성수지 : 축합반응을 되풀이하여 고분자로 된 것으로, 최후에는 용제에도 녹지 않고 열을 가해도 연화되지 않는다.

★
57 아스팔트와 피치(pitch)에 관한 설명으로 옳지 않은 것은?

① 아스팔트와 피치의 단면은 광택이 있고 흑색이다.
② 피치는 아스팔트보다 냄새가 강하다.
③ 아스팔트는 피치보다 내구성이 있다.
④ 아스팔트는 상온에서 유동성이 없지만 가열하면 피치보다 빨리 부드러워진다.

해설 아스팔트와 피치
• 아스팔트란 정유공장에서 석유를 분별증류했을 때 최종적으로 남는 물질 중 하나로, 상온에서 검은색의 반고체 상태로 존재한다.
• 매우 점성이 높고 딱딱한 반고체/반액체 수지를 피치라고 부르는데, 아스팔트에 비해서 내구력이 부족하고 감온비가 높아서 지상에서는 부적합한 역청재료이다.
• 아스팔트는 상온에서는 유동성이 없으나, 가열하면 유동성이 많은 액체가 되고, 피치보다는 늦게 부드러워진다.

★
58 석재의 특징에 관한 설명으로 옳지 않은 것은?

① 압축강도가 큰 편이다.
② 불연성이다.
③ 비중이 작은 편이다.
④ 가공성이 불량하다.

해설 석재의 특징

장점	단점
• 압축강도가 크고, 불연성이다. • 내수성·내화학성·내마모성·내구성이 우수하다. • 외관이 장중하고, 갈면 광택이 난다. • 종류, 외관과 색조가 다양하다.	• 인장강도는 압축강도의 1/10~1/40 정도로, 장대재를 얻기 어렵다. • 비중은 크고, 가공성이 나쁘다. • 화열에 의해 균열이 생기거나 파괴된다.

59 클링커타일(clinker tile)이 주로 사용되는 장소에 해당하는 곳은?

① 침실의 내벽
② 화장실의 내벽
③ 테라스의 바닥
④ 화학실험실의 바닥

해설 클링커타일
• 석기질 타일의 일종으로, 소성 시에 식염을 칠하고, 그 표면에 갈색을 한 규산나트륨의 유리질 피막을 형성한 것이다.
• 내구성이 풍부하고 주로 바닥용으로 사용한다.

60 도장공사 시의 작업성을 개선하기 위한 보조첨가제(도막 형성의 부요소)로 볼 수 없는 것은?

① 산화촉진제
② 침전방지제
③ 전색제
④ 가소제

해설 전색제
• 안료를 포함한 도료로, 고체 성분의 안료를 도장면에 밀착시켜 도막을 형성하게 하는 액체 성분을 말한다.
• 시간을 짧게 하기 위해 일반적으로 건조성이 좋은 유류 등이 사용된다.
• 도장재료의 원료 중 전색제는 주원료에 해당되고, 산화촉진제·침전방지제·가소제 등은 보조첨가제에 해당된다.

4과목 건축 일반

61 물 0.5kg을 15℃에서 70℃로 가열하는 데 필요한 열량은 얼마인가? (단, 물의 비열은 4.2kJ/kg·℃이다.)

① 27.5kJ
② 57.75kJ
③ 115.5kJ
④ 231.5kJ

해설 열량$(Q) = m \cdot c \cdot \Delta t = 4.2 \times 0.5 \times 55$
$= 115.5kJ$

여기서, m : 비열
c : 열을 얻은 물질의 질량
Δt : 열을 얻은 물질의 온도 변화

★
62 단독경보형 감지기를 설치하여야 하는 특정소방대상물에 해당되지 않는 것은?

① 연면적 800m²인 아파트
② 연면적 600m²인 유치원
③ 수련시설 내에 있는 합숙소로서 연면적이 1,500m²인 것
④ 연면적 500m²인 숙박시설

정답 57. ④ 58. ③ 59. ③ 60. ③ 61. ③ 62. ②

해설 단독경보형 감지기의 설치 대상
- 연면적 1,000m² 미만의 기숙사
- 연면적 1,000m² 미만의 아파트
- 연면적 2,000m² 미만의 교육연구시설 또는 수련시설 내에 있는 합숙소 또는 기숙사
- 연면적 600m² 미만의 숙박시설

63 왕대공 지붕틀을 구성하는 부재가 아닌 것은?

① 평보　　　　　② ㅅ자보
③ 빗대공　　　　④ 반자틀

해설 왕대공 지붕틀의 부재 : ㅅ자보, 평보, 빗대공, 달대공

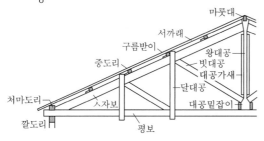

★
64 방염성능기준 이상의 실내장식물 등을 설치하여야 하는 특정소방대상물에 해당되지 않는 것은?

① 건축물의 옥내에 있는 운동시설 중 수영장
② 근린생활시설 중 체력단련장
③ 방송통신시설 중 방송국
④ 교육연구시설 중 합숙소

해설 방염성능기준 이상의 실내장식물 설치 대상
- **아파트를 제외한** 건축물로서 층수가 11층 이상
- 근린생활시설 중 다중이용업소·체력단련장·숙박시설, 방송통신시설 중 방송국·촬영소, 문화 및 집회시설, 교육연구시설 중 합숙소, 운동시설 (단, 건축물의 옥내에 있는 것에 한하되, 수영장은 제외)
- 층수가 3층 이상인 건축물에 설치된 여관으로서 객실이 30실 이상

65 건축물과 건축시대의 연결이 옳지 않은 것은?

① 봉정사 극락전 – 고려시대
② 부석사 무량수전 – 고려시대
③ 수덕사 대웅전 – 조선 초기
④ 불국사 극락전 – 조선 후기

해설 수덕사 대웅전은 고려시대 건축물이다.

★
66 바닥면적이 100m²인 의료시설의 병실에서 채광을 위하여 설치하여야 하는 창문 등의 최소 면적은?

① 5m²　　　　　② 10m²
③ 20m²　　　　④ 30m²

해설 채광·환기를 위한 창문면적

구분	건축물의 용도	창문면적
채광	• 단독주택 거실 • 공동주택 거실	거실 바닥면적의 1/10 이상
환기	• 학교 교실 • 의료시설 병실 • 숙박시설 객실	거실 바닥면적의 1/20 이상

67 건축물에 설치하는 급배수 등의 용도로 쓰는 배관설비의 설치 및 구조에 관한 기준으로 옳지 않은 것은?

① 배관설비를 콘크리트에 묻는 경우 부식의 우려가 있는 재료는 부식방지조치를 할 것
② 건축물의 주요 부분을 관통하여 배관하는 경우에는 건축물의 구조내력에 지장이 없도록 할 것
③ 승강기의 승강로 안에는 승강기의 운행에 필요한 배관설비 외에도 건축물 유지에 필요한 배관설비를 모두 집약하여 설치하도록 할 것
④ 압력탱크 및 급탕설비에는 폭발 등의 위험을 막을 수 있는 시설을 설치할 것

해설 배관설비의 설치기준 : 승강기의 승강로 안에는 승강기의 운행에 필요한 배관설비 외의 배관설비를 설치하지 않도록 해야 한다.

정답 63. ④　64. ①　65. ③　66. ②　67. ③

68 차음성이 높은 재료의 특징으로 볼 수 없는 것은?

① 재질이 단단한 것
② 재질이 무거운 것
③ 재질이 치밀한 것
④ 재질이 다공질인 것

해설 차음성
• 재질이 단단한 것
• 재질이 무거운 것
• 재질이 치밀한 것

★
69 방염대상물품의 방염성능기준으로 옳지 않은 것은?

① 버너의 불꽃을 제거한 때부터 불꽃을 올리며 연소하는 상태가 그칠 때까지 시간은 20초 이내일 것
② 버너의 불꽃을 제거한 때부터 불꽃을 올리지 아니하고 연소하는 상태가 그칠 때까지 시간은 20초 이내일 것
③ 탄화한 면적은 50cm² 이내, 탄화한 길이는 20cm 이내일 것
④ 불꽃에 의하여 완전히 녹을 때까지 불꽃의 접촉횟수는 3회 이상일 것

해설 방염대상물품의 방염성능기준 : 버너의 불꽃을 제거한 때부터 불꽃을 올리지 아니하고 연소하는 상태가 그칠 때까지 시간은 30초 이내일 것

70 건축물의 피난·방화구조 등의 기준에 관한 규칙에서 정의하고 있는 재료에 해당되지 않는 것은?

① 난연재료   ② 불연재료
③ 준불연재료   ④ 내화재료

해설 피난·방화구조의 재료
• 난연재료
• 불연재료
• 준불연재료

71 목재의 이음에 사용되는 듀벨(dubel)이 저항하는 힘의 종류는?

① 인장력   ② 전단력
③ 압축력   ④ 수평력

해설 듀벨 : 목재를 접합할 때 양 재 사이에 작용하는 힘에 저항시키기 위해 그 전단면 간에 삽입하는 것

★
72 건축관계법규에서 규정하는 방화구조가 되기 위한 철망 모르타르의 최소 바름 두께는?

① 1.0cm   ② 2.0cm
③ 2.7cm   ④ 3.0cm

해설 철망 모르타르의 방화구조 : 최소 바름 두께가 2cm 이상인 것

★
73 다음 소방시설 중 소화설비가 아닌 것은?

① 누전경보기
② 옥내소화전설비
③ 간이스프링클러설비
④ 옥외소화전설비

해설 소화설비 : 옥내소화전설비, 간이스프링클러설비, 옥외소화전설비

74 다음 ( ) 안에 적합한 것은?

> 지진·화산재해대책법 제14조 제1항 각 호의 시설 중 대통령령으로 정하는 특정소방대상물에 대통령령으로 정하는 소방시설을 설치하려는 자는 지진이 발생할 경우 소방시설이 정상적으로 작동될 수 있도록 ( )이 정하는 내진설계기준에 맞게 소방시설을 설치하여야 한다.

① 국토교통부장관   ② 소방서장
③ 소방청장   ④ 행정안전부장관

해설 대통령령으로 정하는 소방시설을 설치하려는 자는 지진이 발생할 경우 소방시설이 정상적으로 작동될 수 있도록 소방청장이 정하는 내진설계기준에 맞게 소방시설을 설치하여야 한다.

정답 68. ④ 69. ② 70. ④ 71. ② 72. ② 73. ① 74. ③

75 소방특별조사를 실시하는 경우에 해당되지 않는 것은?

① 관계인이 소방시설법 또는 다른 법령에 따라 실시하는 소방시설, 방화시설, 피난시설 등에 대한 자체 점검 등이 불성실하거나 불완전하다고 인정되는 경우

② 국가적 행사 등 주요 행사가 개최되는 장소 및 그 수변의 관계 지역에 대하여 소방안전관리 실태를 점검할 필요가 있는 경우

③ 화재가 발생되지 않아 일상적인 점검을 요하는 경우

④ 재난예측정보, 기상예보 등을 분석한 결과 소방대상물에 화재, 재난, 재해의 발생 위험이 높다고 판단되는 경우

해설 소방특별조사 대상 항목
• 소방안전관리업무 수행에 관한 사항
• 소방계획서 이행에 관한 사항
• 화재의 예방조치 등에 관한 사항
• 불을 사용하는 설비 등의 관리와 특수가연물의 저장·취급에 관한 사항
• 위험물안전관리법에 따른 안전관리에 관한 사항
• 다중이용업소의 안전관리에 관한 특별법에 따른 안전관리에 관한 사항

76 건축물에 설치하는 특별피난계단의 구조에 관한 기준으로 옳지 않은 것은?

① 계단실에는 노대 또는 부속실에 접하는 부분 외에는 건축물의 내부와 접하는 창문 등을 설치하지 아니할 것

② 건축물의 내부에서 노대 또는 부속실로 통하는 출입구에는 을종 방화문을 설치할 것

③ 계단은 내화구조로 하되, 피난층 또는 지상까지 직접 연결되도록 할 것

④ 출입구의 유효너비는 0.9m 이상으로 하고 피난의 방향으로 열 수 있을 것

해설 건축물의 내부에서 노대 또는 부속실로 통하는 출입구에는 갑종 방화문을 설치해야 한다.

77 바우하우스에 관한 설명으로 옳지 않은 것은?

① 과거 양식에 집착하고 이를 바탕으로 연구하였다.

② 월터 그로피우스에 의해 설립되었다.

③ 예술과 공업생산을 결합하여 모든 예술의 통합화를 추구하였다.

④ 이론과 실기교육을 병행하였다.

해설 바우하우스
• 건축을 중심으로 한 모든 예술의 통합
• 1919년 월터 그로피우스를 중심으로 독일의 바이마르에 창설된 조형학교의 명칭
• 3단계 교육과정 : 예비교육, 형태교육, 공작교육
• 예술적 창작과 공학적 기술을 통합하려는 목표로서 새로운 조형이념에 근거한 교육기관
• 표준화, 공업화를 통한 공장생산과 대량생산방식을 예술에 도입
• 이론교육과 실기교육의 병행
• 건축, 조각, 회화뿐만 아니라 현대 디자인의 발전에 결정적인 영향

★
78 문화 및 집회 시설, 운동시설, 관광휴게시설로서 자동화재탐지설비를 설치하여야 할 특정소방대상물의 연면적 기준은?

① 1,000m² 이상   ② 1,500m² 이상
③ 2,000m² 이상   ④ 2,300m² 이상

해설 자동화재탐지설비의 설치 대상 : 문화 및 집회 시설, 종교시설, 판매시설, 운수시설, 운동시설의 용도로 쓰이는 연면적 1,000m² 이상인 건축물

79 건축물의 출입구에 설치하는 회전문은 계단이나 에스컬레이터로부터 최소 얼마 이상의 거리를 두어야 하는가?

① 2m 이상   ② 3m 이상
③ 4m 이상   ④ 5m 이상

해설 회전문의 설치기준 : 계단이나 에스컬레이터로부터 2m 이상의 거리를 둘 것

80 목구조에서 각 부재의 접합부 및 벽체를 튼튼하게 하기 위하여 사용되는 부재와 관련 없는 것은?

① 귀잡이   ② 버팀대

③ 가새   ④ 장선

해설 목구조의 각 부재 : 귀잡이, 버팀대, 가새

> ▶ 용어 설명
>
> 장선 : 마루구조에서 마룻널 바로 밑에 있는 하중을 받는 역할의 부재

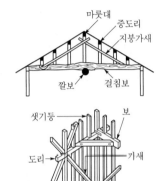

2020년 1·2회 통합 과년도 출제문제

INTERIOR ARCHITECTURE

1과목 실내디자인론

01 다음 설명에 알맞은 극장의 평면형식은?

> • 무대와 관람석의 크기, 모양, 배열 등을 필요에 따라 변경할 수 있다.
> • 공연 작품의 성격에 따라 적합한 공간을 만들어 낼 수 있다.

① 가변형　　　② 아레나형
③ 프로시니엄형　④ 오픈스테이지

해설 극장의 평면형식
- **가변형 스테이지** : 공연 작품의 성격에 따라 무대와 관객석의 변형이 가능한 형식이다.
- **아레나 스테이지(arena stage)** : 중앙무대형이라고도 하며 관객이 연기자를 360° 둘러싸고 관람하는 형식이다.
- **프로시니엄 스테이지(proscenium stage)** : 현재 대부분의 극장에서 볼 수 있는 평면형태로, 관객석에서 바라보았을 때 원형 혹은 반원형으로 보이는 무대를 말한다.
- **오픈스테이지(open stage)** : 관객이 부분적으로 연기자를 둘러싸고 있는 형태이므로 관객이 연기자에게 좀 더 근접하여 관람할 수 있다.

★
02 광원을 넓은 면적의 벽면에 매입하여 비스타 (vista)적인 효과를 낼 수 있으며 시선에 안락한 배경으로 작용하는 건축화조명방식은?

① 광창조명　　② 광천장조명
③ 코니스조명　④ 캐노피조명

해설
- **광천장조명** : 유리나 루버 등의 확산용 판으로 된 광원을 천장 안에 설치한 직접조명
- **코니스조명** : 벽면의 상부에 길게 설치되어 모든 빛을 아래로 직사하는 조명
- **캐노피조명** : 벽면이나 천장면의 일부를 돌출시킨 조명. 카운터 상부, 욕실 세면대 상부에 설치

★
03 그림과 같은 주택의 부엌가구의 배치유형은?

① 일렬형　　② ㄷ자형
③ 병렬형　　④ 아일랜드형

해설 **병렬형** : 작업대가 마주 보고 있어서 동선이 짧아 효과적이며, 작업대와 작업대의 사이는 800~1,200 mm가 적당하다.

04 다음 설명에 알맞은 커튼의 종류는?

> • 유리 바로 앞에 치는 커튼으로 일반적으로 투명하고 막과 같은 직물을 사용한다.
> • 실내로 들어오는 빛을 부드럽게 하며 약간의 프라이버시를 제공한다.

① 새시 커튼　　② 글라스 커튼
③ 드로우 커튼　④ 드레이퍼리 커튼

해설 글라스 커튼 : 투시성이 있는 얇은 커튼의 총칭으로, 창문의 유리면 바로 앞에 얇은 직물로 설치하기 때문에 실내에 유입되는 빛을 부드럽게 하는 커튼이다.

05 다음 중 질감(texture)에 관한 설명으로 옳은 것은?

① 스케일의 영향을 받지 않는다.

② 무게감은 전달할 수 있으나 온도감은 전달할 수 없다.

③ 촉각 또는 시각으로 지각할 수 있는 어떤 물체 표면상의 특징을 말한다.

④ 유리, 빛을 내는 금속류, 거울 같은 재료는 반사율이 낮아 차갑게 느껴진다.

해설 • 질감은 표면의 성질이며 촉각적인 것과 시각적인 것이 있다.

• 스케일, 빛의 반사와 흡수 정도, 촉감 등의 요소가 중요하다.

06 각종 의자에 관한 설명으로 옳지 않은 것은?

① 풀업 체어는 필요에 따라 이동시켜 사용할 수 있는 간이의자이다.

② 오토만은 스툴의 일종으로 편안한 휴식을 위해 발을 올려놓는 데도 사용된다

③ 세티는 고대 로마시대 음식물을 먹거나 잠을 자기 위해 사용했던 긴 의자이다.

④ 라운지체어는 비교적 큰 크기의 의자로 편하게 휴식을 취할 수 있는 안락의자이다.

해설 • 세티(settee) : 동일한 의자 2개를 나란히 합쳐서 2인이 앉을 수 있는 의자

• 체스터필드(chesterfield) : 고대 로마시대에 음식물을 먹거나 잠을 자기 위해 사용했던 긴 의자

07 다음 설명에 알맞은 사무공간의 책상의 배치유형은?

> • 대향형과 동향형의 양쪽 특성을 절충한 형태이다.
> • 조직관리자면에서 조직의 융합을 꾀하기 쉽고 정보처리나 집무동작의 효율이 좋다.
> • 배치에 따른 면적 손실이 크며 커뮤니케이션의 형성에 불리하다.

① 십자형   ② 자유형

③ 삼각형   ④ 좌우대향형

해설 사무공간의 책상의 배치유형

• 동향형 : 책상을 같은 방향으로 배치하여 비교적 프라이버시의 침해가 적다.

• 대향형 : 면적효율이 좋고 커뮤니케이션 형성에 유리하여 공동작업의 업무형태로 업무가 이루어지는 사무실에 유리하나, 프라이버시를 침해할 우려가 있다.

• 좌우대향형 : 대향형과 동향형을 절충한 방식으로 면적 손실이 크다. 조직관리가 용이하고 정보처리 등 업무의 효율이 높아 생산업무, 서류업무, 데이터 처리업무에 적합하다.

• 자유형 : 독립된 영역의 개개인의 작업을 위한 형태로 중간 간부급이나 전문직종에 적용된다.

• 십자형 : 팀작업이 요구되는 전문직 업무에 적용된다.

[동향형] [대향형] [좌우대향형] [자유형] [십자형]

08 주거공간을 주 행동에 따라 개인공간·사회공간·노동공간 등으로 구분할 경우, 다음 중 사회공간에 속하지 않는 것은?

① 거실   ② 식당

③ 서재   ④ 응접실

해설 ③ 서재는 개인공간에 속한다.

09 ★ 조명의 연출기법 중 강조하고자 하는 물체에 의도적인 광선을 조사시킴으로써 광선 그 자체가 시각적인 특성을 지니게 하는 기법은?

① 월워싱 기법   ② 실루엣 기법

③ 빔플레이 기법   ④ 글레이징 기법

해설 • 월워싱(wall washing) 기법 : 수직벽면을 빛으로 쓸어내리는 듯한 효과를 주기 위해 비대칭 배광방식의 조명기구를 사용해 수직벽면에 균일한 조도의 빛을 비추는 조명 연출기법

• 실루엣(silhouette) 기법 : 물체의 형상만을 강조하는 기법으로 시각적인 눈부심은 없으나 물체면을 세밀하게 묘사할 수 없음.

• 글레이징(glazing) 기법 : 빛의 각도를 이용하는 방법으로 수직면과 평행한 조명을 벽에 조사시킴으로써 마감재의 질감을 효과적으로 강조하는 기법

정답 5. ③ 6. ③ 7. ④ 8. ③ 9. ③

10 문과 창에 관한 설명으로 옳지 않은 것은?

① 문은 공간과 인접공간을 연결시켜 준다.
② 문의 위치는 가구 배치와 동선에 영향을 준다.
③ 이동창은 크기와 형태에 제약 없이 자유로이 디자인할 수 있다.
④ 창은 시야, 조망을 위해서는 크게 하는 것이 좋으나 보온과 개폐의 문제를 고려하여야 한다.

해설 ③은 고정창에 관한 설명이다.

★
11 개방식 배치의 한 형식으로 업무와 환경을 경영 관리 및 환경적 측면에서 개선한 것으로, 오피스 작업을 사람의 흐름과 정보의 흐름을 매체로 효율적인 네트워크가 되도록 배치하는 방법은?

① 싱글 오피스
② 세포형 오피스
③ 집단형 오피스
④ 오피스 랜드스케이프

해설 • 싱글 오피스 : 긴 복도에 각 실로 구획되는 복도형 오피스
• 세포형 오피스 : 1~2인 정도의 소수 인원을 부서별로 나눈 개별 오피스
• 집단형 오피스 : 프로젝트의 성격에 의해 인원, 가구의 배치형식, 작업의 종류 등으로 규모가 결정되는 7~8인의 그룹을 위한 오피스

12 디자인의 원리 중 대비에 관한 설명으로 가장 알맞은 것은?

① 제반 요소를 단순화하여 실내를 조화롭게 하는 것이다.
② 저울의 원리와 같이 중심에서 양측에 물리적 법칙으로 힘의 안정을 구하는 현상이다.
③ 모든 시각적 요소에 대하여 극적 분위기를 주는 상반된 성격의 결합에서 이루어진다.
④ 디자인 대상의 전체에 미적 질서를 부여하는 것으로 모든 형식의 출발점이며 구심점이다.

해설 대비 : 모든 시각적 요소에 대하여 극적 분위기를 주는 상반된 성격의 결합에 의해 이루어지는 원리로, 질적·양적으로 전혀 다른 둘 이상의 요소가 동시적 혹은 계속적으로 배열될 때 상호의 특질이 한층 강하게 느껴지는 통일적 현상을 말한다.

13 그리스의 파르테논 신전에서 사용된 착시교정 수법에 관한 설명으로 옳지 않은 것은?

① 기둥의 중앙부를 약간 부풀어 오르게 만들었다.
② 모서리 쪽의 기둥 간격을 보다 좁혀지게 만들었다.
③ 기둥과 같은 수직부재를 위쪽으로 갈수록 바깥쪽으로 약간 기울어지게 만들었다.
④ 아키트레이브, 코니스 등에 의해 형성되는 긴 수평선을 위쪽으로 약간 볼록하게 만들었다.

해설 • 배흘림(entasis) : 기둥의 중앙부가 가늘어 보이는 것을 교정하기 위해 기둥 중앙부에서 약간 부풀게 만들었다.
• 양쪽 모서리 기둥들이 가늘어 보이는 것을 교·보정하기 위해 양쪽 모서리 기둥은 굵고 간격이 좁게 하였다.
• 안쏠림 : 바깥쪽 기둥 상단이 약간씩 바깥쪽으로 벌어져 보이는 것을 교정하기 위해 양측 모서리 기둥을 안쪽으로 기울였다.
• 라이즈(rise) : 긴 수평선의 중앙부가 처져 보이는 것을 교·보정하기 위해 기단, 아키트레이브, 코니스들이 이루는 긴 수평선들을 약간 위로 볼록하게 만들었다.

14 실내디자인 요소 중 점에 관한 설명으로 옳지 않은 것은?

① 점이 많은 경우에는 선이나 면으로 지각된다.
② 공간에 하나의 점이 놓여지면 주의력이 집중되는 효과가 있다.
③ 점의 연속이 점진적으로 축소 또는 팽창 나열되면 원근감이 생긴다.
④ 동일한 크기의 점인 경우 밝은 점은 작고 좁게, 어두운 점은 크고 넓게 지각된다.

해설 ④ 동일한 크기의 점인 경우 밝은 점은 작고 넓게, 어두운 점은 크고 좁게 지각된다.

15 실내디자인 프로세스 중 조건 설정과정에서 고려하지 않아도 되는 사항은?

① 유지 · 관리계획
② 도로와의 관계
③ 사용자의 요구사항
④ 방위 등의 자연적 조건

해설 실내디자인의 프로세스 과정은 공간을 계획하고 실행하여 완성하는 단계까지이며, 공간의 완성 후 유지 · 관리하는 것은 디자이너가 제안이나 어드바이스 정도는 할 수 있으나 실내디자인의 프로세스 과정에는 고려하지 않아도 된다.

16 다음의 실내공간 구성요소 중 촉각적 요소보다 시각적 요소가 상대적으로 가장 많은 부분을 차지하는 것은?

① 벽
② 바닥
③ 천장
④ 기둥

해설 벽, 바닥, 기둥은 촉각과 시각적 요소를 갖고 있는데 반해 천장은 시각적 요소가 대부분을 차지하고 있다.

17 실내디자인에서 추구하는 목표와 가장 거리가 먼 것은?

① 기능성
② 경제성
③ 주관성
④ 심미성

해설 실내디자인의 목표 : 기능성, 심미성, 실용성, 창의성, 조형성, 기술성, 경제성 등을 고려한 인간 생활 공간의 쾌적성 추구에 있다.

18 상점의 광고요소로서 AIDMA 법칙의 구성에 속하지 않는 것은?

① Attention
② Interest
③ Development
④ Memory

해설 AIDMA 법칙 : 주의(Attention) – 흥미(Interest) – 욕망(Desire) – 기억(Memory) – 행동(Action)

19 다음 중 주택의 실내공간 구성에 있어서 다용도실(utility area)과 가장 밀접한 관계가 있는 곳은?

① 현관
② 부엌
③ 거실
④ 침실

해설 부엌은 가사노동의 부속공간인 세탁실, 창고, 다용도실과 급배수설비 관계상 욕실, 세면실, 화장실 등과 가까이 위치하는 것이 좋다.

★
20 판매공간의 동선에 관한 설명으로 옳지 않은 것은?

① 판매원 동선은 고객 동선과 교차하지 않도록 계획한다.
② 고객 동선은 고객의 움직임이 자연스럽게 유도될 수 있도록 계획한다.
③ 판매원 동선은 가능한 한 짧게 만들어 일의 능률이 저하되지 않도록 한다.
④ 고객 동선은 고객이 원하는 곳으로 바로 접근할 수 있도록 가능한 한 짧게 계획한다.

해설 ④ 판매공간의 고객 동선은 가능한 한 길게 배치하는 것이 좋다.

2과목 색채 및 인간공학

21 인간-기계시스템의 기능 중 행동에 대해 결정을 내리는 것으로 표현되는 기능은?

① 감각(sensing)
② 실행(execution)
③ 의사결정(decision making)
④ 정보저장(information storage)

해설 인간-기계시스템의 기본 기능
• 감지(감각, 정보의 수용)기능 : 인간에 의한 감지와 기계에 의한 감지
• 정보의 보관(저장)기능 : 정보는 암호화되거나 부호화된 형태로 보관
• 정보처리 및 의사결정 기능 : 행동에 대해 결정
• 행동기능 : 물리적인 조종행위와 통신행위

정답 15. ① 16. ③ 17. ③ 18. ③ 19. ② 20. ④ 21. ③

22 주의(attention)의 특징으로 볼 수 없는 것은?

① 선택성　　　　② 양립성
③ 방향성　　　　④ 변동성

해설 양립성 : 외부의 자극과 인간의 기대가 서로 일치하는 것을 말한다.

★
23 물체의 상이 맺히는 거리를 조절하는 눈의 구성 요소는?

① 망막　　　　② 각막
③ 홍채　　　　④ 수정체

해설 수정체 : 빛을 굴절시키는 역할을 하고 망막에 상이 잘 맺히도록 하며, 카메라의 렌즈와 같은 역할을 한다.

24 온도 변화에 대한 인체의 영향에 있어 적정 온도에서 추운 환경으로 바뀌었을 때의 현상으로 옳지 않은 것은?

① 피부 온도가 내려간다.
② 몸이 떨리고 소름이 돋는다.
③ 직장의 온도가 약간 올라간다.
④ 많은 양의 혈액이 피부를 경유하게 된다.

해설 적정 온도에서 추운 환경으로 바뀌었을 때 혈액은 피부를 경유하는 순환량이 감소하고, 많은 양이 몸의 중심부를 순환한다.

★
25 일반적으로 인체 측정치의 최대 집단치를 기준으로 설계하는 것은?

① 선반의 높이
② 출입문의 높이
③ 안내 데스크의 높이
④ 공구 손잡이의 둘레 길이

해설 최대치 설계
• 대상 집단에 대해 관련 인체측정 변수의 상위 백분위수를 기준으로 하며 보통 90, 95 또는 99%치가 사용된다.
• 문의 높이, 탈출구의 크기 등 공간 여유와 그네, 줄사다리 등과 같은 지지장치의 강도 등을 정할 때 사용된다.

26 조명을 설계할 때 필요한 요소와 관련 없는 것은?

① 작업 중 손 가까이를 일정하게 비출 것
② 작업 중 손 가까이를 적당한 밝기로 비출 것
③ 작업부분과 배경 사이에 적당한 콘트라스트가 있을 것
④ 광원과 다른 물건에서도 눈부신 반사가 조금 있도록 할 것

해설 조명설계의 필요요소
• 작업 중 손 가까이를 일정하게 비출 것
• 작업 중 손 가까이를 적당한 밝기로 비출 것
• 작업부분과 배경 사이에 적당한 콘트라스트가 있을 것
• **광원 및 다른 물건에서도 눈부신 반사가 없을 것**
• 광원이나 각 표면의 반사가 적당한 강도와 색을 지닐 것
• 가장 좋은 조명상태를 유지하기 위하여 손질이나 청소가 쉽도록 할 것

27 다음 중 시각 표시장치의 설계에 필요한 지침으로 옳은 설명은?

① 보통 글자의 폭과 높이의 비는 5 : 3이 좋다.
② 정량적 눈금에는 일반적으로 1단위의 수열이 사용하기 좋다.
③ 계기판의 문자는 소문자, 지침류의 문자는 대문자를 채택하는 방식이 좋다.
④ 흰 바탕에 검은 글씨로 표시할 경우에 획폭비는 글씨 높이의 1/3이 좋다.

해설 수열은 1씩 증가하는 수열이 가장 좋고 5의 수열도 좋은 반면에 4나 2.5, 3, 6씩 증가하는 것은 좋지 않다.

28 일반적으로 실현 가능성이 같은 N개의 대안이 있을 때 총정보량을 구하는 식으로 옳은 것은?

① $\log_2 N$　　　　② $\log_{10} 2N$

③ $\dfrac{N}{\log_{10} N}$　　　　④ $\dfrac{1}{2} N^2$

해설 총정보량 $= \log_2 N$

29 다음 그림에서 에너지소비가 큰 것에서부터 작은 순서대로 올바르게 나열된 것은?

 ㉠ ㉡ ㉢ ㉣

① ㉢→㉠→㉡→㉣
② ㉢→㉡→㉠→㉣
③ ㉡→㉠→㉢→㉣
④ ㉡→㉢→㉠→㉣

> **해설** 에너지소비량 : 등, 가슴<머리<배낭<이마<쌀자루<목도<양손의 순으로 짐을 나르는 데 힘이 더 들어간다.

30 다음 조종장치 중 단회전용 조종장치로 가장 적합한 것은?

① ②

③ ④

> **해설**
>
>
> [다회전용]
>
>
> [단회전용]
>
> [이산 멈춤 위치용]

31 식욕을 감퇴시키는 효과가 가장 큰 색은?

① 빨강색　② 노란색
③ 갈색　④ 파란색

> **해설** 식욕을 감퇴시키는 색은 파란색이다.

32 다음 배색 중 가장 차분한 느낌을 주는 것은?

① 빨강-흰색-검정
② 하늘색-흰색-회색
③ 주황-초록-보라
④ 빨강-흰색-분홍

> **해설** 톤 인 톤(tone in tone) 배색
> • 비슷한 톤의 조합에 의한 배색으로, 색상은 동일 톤을 원칙으로 하여 인접 또는 유사색상의 범위 내에서 선택한다.
> • 온화하고 부드러운 효과를 준다.

33 감법혼색의 설명으로 틀린 것은?

① 3원색은 cyan, magenta, yellow이다.
② 감법혼색은 감산혼합·색료혼합이라고도 하며, 혼색할수록 탁하고 어두워진다.
③ magenta와 yellow를 혼색하면 빛의 3원색인 red가 된다.
④ magenta와 cyan의 혼합은 green이다.

> **해설** ④ magenta와 cyan의 혼합은 blue이다.

34 오스트발트(W. Ostwald)의 등색상삼각형의 흰색(W)에서 순색(C) 방향과 평행한 색상의 계열은?

① 등순 계열　② 등흑 계열
③ 등백 계열　④ 등가색환 계열

> **해설** 오스트발트의 등색상삼각형
>
>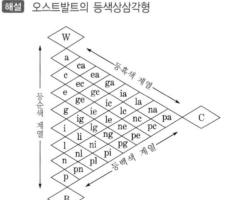

35 유채색의 경우 보색 잔상의 영향으로 먼저 본 색의 보색이 나중에 보는 색에 혼합되어 보이는 현상은?

① 계시대비   ② 명도대비
③ 색상대비   ④ 면적대비

해설 계시대비
• 먼저 본 색의 영향으로 다음 색이 다른 색으로 느껴지는 현상을 말한다.
• 예를 들면 빨강을 본 뒤, 흰색을 보면 순간적으로 분홍색으로 보이는 현상이다.

36 디지털 컬러 모드인 HSB 모델의 H에 대한 설명으로 옳은 것은?

① 색상을 의미, 0~100%로 표시
② 명도를 의미, 0~255°로 표시
③ 색상을 의미, 0~360°로 표시
④ 명도를 의미, 0~100%로 표시

해설 HSB 모델
• 먼셀의 색채 개념인 색상, 명도, 채도를 중심으로 선택한다.
• H는 색상을 의미하며 0~360°로 표시
• S는 채도를 의미하며 0~100%로 표시
• B는 명도를 의미하며 0~100%로 표시

37 CIE LAB 모형에서 L이 의미하는 것은?

① 명도   ② 채도
③ 색상   ④ 순도

해설 L은 명도, a와 b는 색도좌표를 나타낸다.

38 색채계획에 있어 효과적인 색 지정을 하기 위하여 디자이너가 갖추어야 할 능력으로 거리가 먼 것은?

① 색채변별능력   ② 색채조색능력
③ 색채구성능력   ④ 심리조사능력

해설 효과적인 색 지정을 위한 디자이너의 능력
• 색채변별능력
• 색채조색능력
• 색채구성능력

39 표면색(surface color)에 대한 용어의 정의는?

① 광원에서 나오는 빛의 색
② 빛의 투과에 의해 나타나는 색
③ 물체에 빛이 반사하여 나타나는 색
④ 빛의 회절현상에 의해 나타나는 색

해설 표면색
• 물체 표면의 색으로 물체의 표면이 빛을 받아 반사되는 색이다.
• 거울 같은 표면에 비쳐 나타나는 표면색과 금속의 표면에 나타나는 금속색 등이 있다.

★
40 비렌의 색채조화원리에서 가장 단순한 조화이면서 일반적으로 깨끗하고 신선해 보이는 조화는?

① color－shade－black
② tint－tone－shade
③ color－tint－white
④ white－grey－black

해설 단순한 조화이면서 일반적으로 깨끗하고 신선해 보이는 조화는 color－tint－white이다.

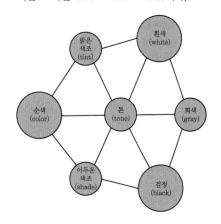

MEMO

3과목 건축재료

41 합성섬유 중 폴리에스테르섬유의 특징에 관한 설명으로 옳지 않은 것은?

① 강도와 신도를 제조공정상에서 조절할 수 있다.
② 영계수가 커서 주름이 생기지 않는다.
③ 다른 섬유와 혼방성이 풍부하다.
④ 유연하고 울에 가까운 감촉이다.

해설 폴리에스테르섬유의 특징
- 잡아당겼을 때의 강도가 나일론 다음으로 강하며, 물에 젖었을 때의 강도도 변함이 없다.
- 구김 회복도는 양모와 같을 정도이며 물에 젖었을 때의 회복도는 더욱 높다.
- 흡습성이 약하며 신축성이 거의 없고 건조도가 매우 높고 유연하나, 울에 가까운 감촉은 아니다.

★42 콘크리트의 건조수축에 관한 설명으로 옳은 것은?

① 골재가 경질이고 탄성계수가 클수록 건조수축은 커진다.
② 물−시멘트비가 작을수록 건조수축이 크다.
③ 골재의 크기가 일정할 때 슬럼프값이 클수록 건조수축은 작아진다.
④ 물−시멘트비가 같은 경우 건조수축은 단위 시멘트양이 클수록 크다.

해설 콘크리트의 건조수축
- 골재 중에 점토분이 많을수록 크다.
- 골재가 경질이 아니고, 탄성계수가 작을수록 크다.
- 물−시멘트비가 클수록 크다.
- 골재의 크기가 일정할 때 슬럼프값이 클수록 크다.
- 물−시멘트비가 같은 경우 단위 시멘트양 및 단위 수량이 클수록 크다.
- 공극이 많을수록, 습윤·양생이 부족할수록 크다.

★43 스테인리스강(stainless steel)은 어떤 성분의 금속이 많이 포함되어 있는 금속재료인가?

① 망간(Mn)　　② 규소(Si)
③ 크롬(Cr)　　④ 인(P)

해설 스테인리스강(stainless steel) : 철의 최대 결점인 내식성의 부족을 개선할 목적으로 만들어진 내식용 강의 총칭으로, 크롬 또는 니켈 등을 강에 가하여 녹슬지 않도록 한 금속재료이다.

★44 원목을 적당한 각재로 만들어 칼로 얇게 절단하여 만든 베니어는?

① 로터리 베니어(rotary veneer)
② 슬라이스드 베니어(sliced veneer)
③ 하프 라운드 베니어(half round veneer)
④ 소드 베니어(sawed veneer)

해설 슬라이스드 베니어(sliced veneer) : 합판이나 적층재 등을 만들기 위하여 목재를 평면으로 얇게 켜낸 판으로, 목재의 곧은결을 자유로이 취할 수 있는 특징이 있다.

45 다음 도장재료 중 도포한 후 도막으로 남는 도막의 형성요소와 가장 거리가 먼 것은?

① 안료　　　　② 유지
③ 희석제　　　④ 수지

해설 도장재료의 도막 형성요소 : 재료에 도포된 도료의 피막을 구성하는 주요 성분을 도막의 형성요소라고 하는데, 희석제는 도료의 점성도를 낮추기 위하여 사용하는 혼합 용제이다.

★46 단열재가 구비해야 할 조건으로 옳지 않은 것은?

① 불연성이며, 유독가스가 발생하지 않을 것
② 열전도율 및 흡수율이 낮을 것
③ 비중이 높고 단단할 것
④ 내부식성과 내구성이 좋을 것

해설 단열재의 구비조건
- 열전도율, 흡수율, 비중, 통기성이 낮아야 한다.
- 시공성, 내화성, 내부식성이 우수해야 한다.
- 유독가스가 발생하지 않고, 사용연한에 따른 변질이 없어야 한다.
- 균일한 품질을 가지며, 어느 정도의 기계적인 강도가 있어야 한다.

정답　41. ④　42. ④　43. ③　44. ②　45. ③　46. ③

47 타일의 제조공법에 관한 설명으로 옳지 않은 것은?

① 건식제법에는 가압성형의 과정이 포함된다.
② 건식제법이라 하더라도 제작과정 중에 함수하는 과정이 있다.
③ 습식제법은 건식제법에 비해 제조능률과 치수·정밀도가 우수하다.
④ 습식세법은 복삽한 형상의 제품 제작이 가능하다.

해설 건식제법이 습식제법에 비해 제조능률과 치수·정밀도가 우수하다.

★
48 1종 점토벽돌의 압축강도는 최소 얼마 이상인가?

① 8.87MPa
② 10.78MPa
③ 20.59MPa
④ 24.50MPa

해설 점토벽돌의 압축강도

1종 벽돌	24.50N/mm² 이상, 10% 이하
2종 벽돌	24.59N/mm² 이상, 13% 이하
3종 벽돌	10.78N/mm² 이상, 15% 이하

★
49 휘발유 등의 용제에 아스팔트를 희석시켜 만든 유액으로서 방수층에 이용되는 아스팔트제품은?

① 아스팔트 루핑
② 아스팔트 프라이머
③ 아스팔트 싱글
④ 아스팔트 펠트

해설 아스팔트제품
• **아스팔트 루핑** : 양모나 폐지 등을 두꺼운 펠트로 만든 원지에 연질의 스트레이트 아스팔트를 침투시키고, 콤파운드를 피복 후 그 활석분말 또는 운석분말을 부착시킨 것이다.
• **아스팔트 프라이머** : 아스팔트를 **휘발유 등의 용제로 희석하여 만든** 것이며, 바탕면에 펠트가 잘 붙게 하기 위한 것으로, 바탕에서 부풀어 오르지 않게 한다(블론 아스팔트 : 솔벤트 아스팔트 : 휘발유의 배합비율=45 : 30 : 25).
• **아스팔트 펠트** : 양모나 폐지 등을 펠트상으로 만든 원지에 연질의 스트레이트 아스팔트를 가열, 용융하여 흡수 및 건조시킨 것이다.

50 재료가 외력을 받으면서 발생하는 변형에 저항하는 정도를 나타내는 것은?

① 가소성
② 강성
③ 크리프
④ 좌굴

해설
• **가소성** : 재료에 가해진 외력을 제거해도 원상태로 돌아가지 않고 변형된 그대로 남아 있는 성질
• **강성** : 재료가 외력을 받아도 쉽게 변형되지 않는 성질
• **좌굴** : 기둥의 양단에 압축하중이 가해졌을 경우 하중이 어느 크기에 이르면 기둥이 갑자기 휘는 현상

★
51 주로 수량의 다소에 의해 좌우되는 굳지 않은 콘크리트의 변형 또는 유동에 대한 저항성을 무엇이라 하는가?

① 컨시스턴시
② 피니셔빌리티
③ 워커빌리티
④ 펌퍼빌리티

해설 경화되지 않은 콘크리트의 성질
• **컨시스턴시**(consistency) : 물의 양이 많고 적음에 따른 반죽이 되고 진 정도
• **워커빌리티**(workability) : 반죽 질기 여하에 따른 작업의 난이도, 재료의 분리에 저항하는 정도를 나타내는 성질
• **펌퍼빌리티**(pumpability) : 펌프 시공 콘크리트의 워커빌리티
• **피니셔빌리티**(finishability) : 콘크리트의 마무리 정도

52 색을 칠하여 무늬나 그림을 나타낸 판유리로서 교회의 창, 천장 등에 많이 쓰이는 유리는?

① 스테인드글라스(stained glass)
② 강화유리(tempered glass)
③ 유리블록(glass block)
④ 복층유리(pair glass)

해설 스테인드글라스(stained glass)
• **색을 칠하여 무늬나 그림을 나타낸 판유리**로, 착색유리라고도 한다.
• 색유리의 접합부는 H자형 단면의 납제 끈으로 끼워 맞춰 모양을 낸다.
• 성당·교회의 창이나 상업건축의 **장식용**으로 사용된다.

정답 47. ③ 48. ④ 49. ② 50. ② 51. ① 52. ①

53 석회석을 900~1,200℃로 소성하면 생성되는 것은?

① 돌로마이트 석회
② 생석회
③ 회반죽
④ 소석회

해설 생석회 : 석회석을 고온(1,000~1,200℃)에서 연소시켜 제조한 산화칼슘(CaO)으로, 흡습성이 강하고 수화할 때 발열하고 부피가 늘어나므로 저장하거나 사용할 때 주의하여야 한다.

★ 54 혼화제 중 AE제의 특징으로 옳지 않은 것은?

① 굳지 않은 콘크리트의 워커빌리티를 개선시킨다.
② 블리딩을 감소시킨다.
③ 동결·융해작용에 의한 파괴나 마모에 대한 저항성을 증대시킨다.
④ 콘크리트의 압축강도는 감소하나, 휨강도와 탄성계수는 증가한다.

해설 AE제(공기연행제)의 특징
• 시공연도의 향상과 수밀성, 동해저항성을 증가시키며 블리딩을 감소시킨다.
• 콘크리트 용적의 3~6%를 사용하는데, 공기량이 증가함에 따라 압축강도 및 휨강도와 탄성계수는 감소하는 단점이 있다.

★ 55 강의 역학적 성질에서 재료에 가해진 외력을 제거한 후에도 영구변형하지 않고 원형으로 되돌아올 수 있는 한계를 의미하는 것은?

① 탄성한계점
② 상위 항복점
③ 하위 항복점
④ 인장강도점

해설 강의 역학적 성질
• 상위 항복점, 하위 항복점 : 외력의 작용 시 상위 항복점이 변형되면 응력은 별로 증가하지 않으나 변형은 증가하여 하위 항복점에 도달한다.
• 인장강도 $= \dfrac{\text{최대 인장하중}}{\text{시험편의 원단면적}}$

56 다음 석재 중 박판으로 채취할 수 있어 슬레이트 등에 사용되는 것은?

① 응회암
② 점판암
③ 사문암
④ 트래버틴

해설 점판암
• 이질 또는 점토질의 퇴적암 또는 편리를 따라 박판상으로 쪼개지는 성질을 가진 암석을 말하며, 슬레이트라고도 한다.
• 납작한 박판으로 쪼개지는 성질을 이용해 기와나 석반(石盤) 등에 사용된다.

★ 57 목재의 성질에 관한 설명으로 옳지 않은 것은?

① 변재부는 심재부보다 신축변형이 크다.
② 비중이 큰 목재일수록 신축변형이 작다.
③ 섬유포화점이란 함수율이 30% 정도인 상태를 말한다.
④ 목재의 널결면은 수축·팽창의 변형이 크다.

해설 비중이 큰 목재일수록 신축변형도 크다.

58 유리의 표면을 초고성능 조각기로 특수가공처리하여 만든 유리로서 5mm 이상의 후판유리에 그림이나 글 등을 새겨 넣은 유리는?

① 에칭유리
② 강화유리
③ 망입유리
④ 로이유리

해설 • 에칭유리 : 유리가 불화수소에 부식되는 성질을 이용하여 그림 또는 무늬를 넣어 특수 가공한 유리로, 5mm 이상의 판유리를 사용한다.
• 로이유리 : 유리 표면에 금속 또는 금속산화물을 얇게 코팅한 것으로, 열의 이동을 최소화시켜 주는 에너지절약형 유리이며, 저방사유리라고도 한다. 로이(Low-Emissivity)는 낮은 방사율을 뜻한다.

★ 59 목재의 인화에 있어 불꽃이 없어도 자체 발화하는 온도는 대략 몇 ℃ 정도 이상인가?

① 100℃
② 150℃
③ 250℃
④ 450℃

해설 목재의 연소

인화점	착화점	발화점
180℃	260~270℃	400~450℃
목재 가스에 불이 붙음	불꽃 발생으로 착화(화재 위험)	자연 발화

60 재료에 외력을 가했을 때 작은 변형에도 곧 파괴되는 성질은?

① 전성
② 인성
③ 취성
④ 탄성

해설 재료의 역학적 성질
• 전성 : 압력이나 타격에 의해서 파괴되지 않고 박판 형상으로 되는 성질
• 인성 : 재료가 외력을 받아 변형되면서도 파괴되지 않고 견디는 성질
• 탄성 : 재료에 외력이 작용하면 변형이 생기고, 외력이 제거되면 원래의 모양 및 크기로 되돌아가는 성질

4과목 건축 일반

61 건축에서는 형태와 공간이 중요한 요소로 위계(hierarchy)를 갖기 위해서 시각적인 강조가 이루어진다. 이러한 위계에 영향을 미치는 요소와 가장 거리가 먼 것은?

① 좌우대칭에 의한 위계
② 크기의 차별화에 의한 위계
③ 형상의 차별화에 의한 위계
④ 전략적 위치에 의한 위계

해설 건축에서 형태와 공간의 위계요소 : 크기의 차별화, 형상의 차별화, 전략적 위치

★
62 방염대상물품의 방염성능기준에서 버너의 불꽃을 제거한 때부터 불꽃을 올리며 연소하는 상태가 그칠 때까지 시간은 몇 초 이내이어야 하는가?

① 5초 이내
② 10초 이내
③ 20초 이내
④ 30초 이내

해설 방염대상물품의 방염성능기준 : 버너의 불꽃을 제거할 때부터 불꽃을 올리며 연소하는 상태가 그칠 때까지의 시간은 20초 이내이어야 한다.

★
63 연면적 1,000m² 이상인 건축물에 설치하는 방화벽의 구조기준으로 옳지 않은 것은?

① 내화구조로서 홀로 설 수 있는 구조일 것
② 방화벽의 양쪽 끝과 위쪽 끝을 건축물의 외벽면 및 지붕면으로부터 0.5m 이상 튀어나오게 할 것
③ 방화벽에 설치하는 출입문의 너비 및 높이는 각각 1.8m 이하로 할 것
④ 방화벽에 설치하는 출입문에는 갑종 방화문을 설치할 것

해설 방화벽에 설치하는 출입문의 너비 및 높이는 각각 2.5m 이하로 한다.

64 25층 업무시설로서 6층 이상의 거실면적의 합계가 36,000m²인 경우 승용승강기의 최소 설치 대수는? (단, 16인승 이상의 승강기로 설치한다.)

① 7대
② 8대
③ 9대
④ 10대

해설 승용승강기의 설치기준

건축물 용도	6층 이상의 거실면적의 합계		
	3,000m² 이하	3,000m² 초과	산정방식
• 문화 및 집회시설(전시장, 동식물원) • 숙박시설 • 업무시설 • 위락시설	1대	1대에 3,000m²를 초과하는 경우, 그 초과하는 매 2,000m² 이내마다 1대의 비율로 가산한 대수	$1 + \dfrac{A - 3000\text{m}^2}{2000\text{m}^2}$

$$\therefore\ 1 + \frac{A - 3000\text{m}^2}{2000\text{m}^2}$$

$$= 1 + \frac{36000 - 3000}{2000} = 17.5 ≒ 18$$대

※ 16인승 이상의 승강기는 2대로 산정하므로 9대 설치

65 특정소방대상물에서 피난기구를 설치하여야 하는 층에 해당하는 것은?

① 층수가 11층 이상인 층
② 피난층
③ 지상 2층
④ 지상 3층

해설 피난기구의 설치 대상
• 특정소방대상물에서 피난기구는 모든 층에 설치한다.
• 단, 피난층, 지상 1층, 지상 2층(노유자시설 중 피난층이 아닌 지상 1층과 피난층이 아닌 지상 2층은 제외) 및 층수가 11층 이상인 층과 위험물 저장 및 처리 시설 중 가스시설, 지하가 중 터널 또는 지하구의 경우는 제외한다.

66 초등학교에 계단을 설치하는 경우 계단참의 유효너비는 최소 얼마 이상으로 하여야 하는가?

① 120cm
② 150cm
③ 160cm
④ 170cm

해설 초등학교의 계단인 경우에는 계단 및 계단참의 너비는 150cm 이상, 단 높이는 18cm 이하, 단 너비는 25cm 이상으로 할 것

67 겨울철 생활이 이루어지는 공간의 실내측 표면에 발생하는 결로를 억제하기 위한 효과적인 조치방법 중 가장 거리가 먼 것은?

① 환기
② 난방
③ 구조체 단열
④ 방습층 설치

해설 결로
• 실내공기의 노점온도보다 벽체의 표면온도가 낮을 경우 외부 결로가 발생할 수 있다.
• 여름철의 결로는 단열성이 높은 건물에서 고온다습한 공기가 유입될 경우 많이 발생한다.
• 일반적으로 외단열 시공이 내단열 시공에 비하여 결로의 방지기능이 우수하다.
• 결로 방지를 위하여 환기를 통하여 실내의 절대습도를 낮게 한다.

68 건축물의 사용승인 시 소재지 관할 소방본부장 또는 소방서장이 사용승인에 동의를 한 것으로 갈음할 수 있는 방식은?

① 건축물관리대장 확인
② 국토교통부에 사용승인 신청
③ 소방시설공사에 완공검사 요청
④ 소방시설공사의 완공검사증명서 교부

해설 건축물의 사용승인 시 소방본부장 또는 소방서장은 소방시설공사의 완공검사증명서를 교부하여 사용승인에 동의를 갈음할 수 있다.

69 문화 및 집회 시설 중 공연장 개별관람석의 각 출구의 유효너비 최소 기준은? (단, 바닥면적이 300m² 이상인 경우)

① 1.2m 이상
② 1.5m 이상
③ 1.8m 이상
④ 2.1m 이상

해설 각 층 관람석의 바닥면적이 300m² 이상인 경우 층별 2개 이상의 출구를 설치하며 각 출구의 유효너비는 1.5m 이상으로 한다.

★
70 조적식 구조의 설계에 적용되는 기준으로 옳지 않은 것은?

① 조적식 구조인 각 층의 벽은 편심하중이 작용하지 아니하도록 설계하여야 한다.
② 조적식 구조인 건축물 중 2층 건축물에 있어서 2층 내력벽의 높이는 4m를 넘을 수 없다.
③ 조적식 구조인 내력벽으로 둘러싸인 부분의 바닥면적은 80m²를 넘을 수 없다.
④ 조적식 구조인 내력벽의 길이는 8m를 넘을 수 없다.

해설 조적식 구조의 내력벽의 길이는 10m를 넘을 수 없다.

71 철골보와 콘크리트 바닥판을 일체화시키기 위한 목적으로 활용되는 것은?

① 시어 커넥터
② 사이드 앵글
③ 필러플레이트
④ 리브플레이트

정답 **65.** ④ **66.** ② **67.** ④ **68.** ④ **69.** ② **70.** ④ **71.** ①

해설 시어 커넥터(shear connector) : 강재와 콘크리트의 합성구조에서 양자 사이의 전단응력 전달에 사용하는 접합재

72 특정소방대상물에서 사용하는 방염대상물품의 방염성능검사를 실시하는 자는? (단, 대통령령으로 정하는 방염대상물품의 경우는 고려하지 않는다.)

① 행정안전부장관　② 소방서장
③ 소방본부장　　　④ 소방청장

해설 특정소방대상물에서 사용하는 방염대상물품의 방염성능검사를 실시하는 자는 **소방청장**이다(단, 대통령령으로 정하는 방염대상물품의 경우는 고려하지 않는다).

★
73 다음 중 소화설비에 해당되지 않는 것은?

① 자동소화장치　　② 스프링클러설비
③ 물분무소화설비　④ 자동화재속보설비

해설 • 소화설비 : 소화기구, 옥내소화전설비, 옥외소화전설비, 스프링클러설비, 간이스프링클러설비, 화재조기진압용 스프링클러설비, 물분무소화설비, 미분무소화설비, 포소화설비, 이산화탄소 소화설비, 할로겐화합물 소화설비, 청정소화약제 소화설비, 분말소화설비
• 경보설비 : 자동화재속보설비

74 광원으로부터 발산되는 광속의 입체각 밀도를 뜻하는 것은?

① 광도　　　　　② 조도
③ 광속발산도　　④ 휘도

해설 광도 : 광속의 입체각 밀도를 나타내는 지표이며, 단위는 cd이다.

75 화재예방, 소방시설 설치·유지 및 안전관리에 관한 법률에 따른 용어의 정의 중 아래 설명에 해당하는 것은?

> 소방시설 등을 구성하거나 소방용으로 사용되는 제품 또는 기기로서 대통령령으로 정하는 것을 말한다.

① 특정소방대상물　② 소방용품
③ 피난구조설비　　④ 소화활동설비

해설 소방용품 : 소방시설 등을 구성하거나 소방용으로 사용되는 제품 또는 기기로서 대통령령으로 정하는 것을 말한다.

★
76 건축물에 설치하는 배연설비의 기준으로 옳지 않은 것은?

① 건축물이 방화구획으로 구획된 경우에는 그 구획마다 1개소 이상의 배연창을 설치한다.
② 배연창의 상변과 천장 또는 반자로부터 수직거리가 0.9m 이내로 한다.
③ 배연구는 연기감지기 또는 열감지기에 의하여 자동으로 열 수 있는 구조로 하고, 손으로는 열고 닫을 수 없도록 한다.
④ 배연구는 예비전원에 의하여 열 수 있도록 한다.

해설 배연설비의 설치기준 : 배연구는 연기감지기 또는 열감지기에 의하여 자동으로 열 수 있는 구조로 하되, 손으로도 열고 닫을 수 있도록 하여야 한다.

77 건축물의 거실(피난층의 거실은 제외)에 국토교통부령으로 정하는 기준에 따라 배연설비를 하여야 하는 건축물의 용도가 아닌 것은? (단, 6층 이상인 건축물)

① 문화 및 집회 시설
② 종교시설
③ 요양병원
④ 숙박시설

해설 배연설비의 설치 예외 건축물
- 의료시설 중 요양병원 및 정신병원
- 노유자시설 중 노인요양시설, 장애인 거주시설 및 장애인 의료재활시설

78 다음 그림과 같은 목재이음의 종류는?

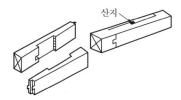

① 엇빗이음 ② 엇걸이이음
③ 겹침이음 ④ 긴촉이음

해설 엇걸이이음
- 부재의 이을 부분을 비스듬히 깎아 맞추되 두 빗면의 가운데를 턱지게 하여 걸어 잇는 이음
- 구부림에 강하여 중요한 가로재의 내이음에 쓰는 방법이다.

★
79 고딕 건축양식의 특징과 가장 거리가 먼 것은?

① 미나렛(minaret)
② 플라잉 버트레스(flying buttress)
③ 포인티드 아치(pointed arch)
④ 리브볼트(rib vault)

해설
- 고딕 건축양식 : 플라잉 버트레스(비량), 포인티드 아치(첨두아치), 리브볼트, 장미창 등
- 미나렛 : 이슬람교 사원의 외곽에 설치하는 첨탑으로, 성직자가 기도 시간을 알리는 용도로 쓰인다.

80 옥내소화전설비를 설치해야 하는 특정소방대상물의 종류 기준과 관련하여, 지하가 중 터널은 길이가 최소 얼마 이상인 것을 기준 대상으로 하는가?

① 1,000m 이상   ② 2,000m 이상
③ 3,000m 이상   ④ 5,000m 이상

해설 옥내소화전설비의 설치기준 : 지하가 중 터널의 경우 길이가 1,000m 이상인 것

2020년 3회 과년도 출제문제

INTERIOR ARCHITECTURE

1과목 실내디자인론

01 실내디자인의 범위에 관한 설명으로 옳지 않은 것은?

① 인간에 의해 점유되는 공간을 대상으로 한다.
② 휴게소나 이벤트 공간 등의 임시적 공간도 포함된다.
③ 항공기나 선박 등의 교통수단의 실내디자인도 포함된다.
④ 바닥, 벽, 천장 중 2개 이상의 구성요소가 존재하는 공간이어야 한다.

해설 실내디자인의 범위는 순수한 내부 공간의 바닥·벽·천장에 둘러싸인 수직·수평 요소 및 인간이 점유하는 모든 광범위한 공간(선박·비행기·우주선·열차 등), 건축물의 주변 환경까지 포함한다.

02 상업공간 중 음식점의 동선계획에 관한 설명으로 옳지 않은 것은?

① 주방 및 팬트리의 문은 손님의 눈에 안 보이는 것이 좋다.
② 팬트리에서 일반석의 서비스 동선과 연회실의 동선을 분리한다.
③ 출입구 홀에서 일반석으로의 진입과 연회석으로의 진입을 서로 구별한다.
④ 일반석의 서비스 동선은 가급적 막다른 통로형태로 구성하는 것이 좋다.

해설 ④ 일반석의 서비스 동선은 가급적 열린 통로형태로 하여 종업원의 불필요한 이동을 줄여 종업원의 피로도를 줄인다.

03 주택계획에서 LDK(Living Dining Kitchen)형에 관한 설명으로 옳지 않은 것은?

① 동선을 최대한 단축시킬 수 있다.
② 소요면적이 많아 소규모 주택에서는 도입이 어렵다.
③ 거실, 식당, 부엌을 개방된 하나의 공간에 배치한 것이다.
④ 부엌에서 조리를 하면서 거실이나 식당의 가족과 대화할 수 있는 장점이 있다.

해설 ② LDK형은 공간을 효율적으로 활용할 수 있어서 소규모 주택에 주로 이용된다.

04 황금비례에 관한 설명으로 옳지 않은 것은?

① 1 : 1.618의 비례이다.
② 기하학적인 분할방식이다.
③ 고대 이집트인들이 창안하였다.
④ 몬드리안의 작품에서 예를 들 수 있다.

해설 ③ 황금비례는 고대 그리스인들이 창안하였다.

★05 다음 설명에 알맞은 조명의 연출기법은?

> 빛의 각도를 이용하는 방법으로 수직면과 평행한 조명을 벽에 조사시킴으로써 마감재의 질감을 효과적으로 강조하는 기법

① 실루엣 기법
② 스파클 기법
③ 글레이징 기법
④ 빔플레이 기법

정답 1. ④ 2. ④ 3. ② 4. ③ 5. ③

해설 • 실루엣 기법 : 물체의 형상만을 강조하는 기법으로, 시각적인 눈부심은 없으나 물체면의 세밀한 묘사가 불가능한 기법
• 스파클 기법 : 어두운 환경에서 순간적인 반짝임을 이용한 기법
• 빔플레이 기법 : 강조하고자 하는 물체에 의도적인 광선을 조사시킴으로써 광선 자체가 시각적인 특성을 지니게 하는 기법

06 시각적인 무게나 시선을 끄는 정도는 같으나 그 형태나 구성이 다른 경우의 균형을 무엇이라고 하는가?

① 정형 균형　　② 좌우 불균형
③ 대칭적 균형　④ 비대칭형 균형

해설 균형의 유형
• 대칭적 균형 : 축을 중심으로 하여 서로 대칭관계로 정형 균형이라고도 한다.
• 비대칭적 균형 : 대칭 균형보다 자연스러운 균형. 시각적 무게나 시선의 정도는 같으나 중심점에서 형태나 구성이 다른 것
• 방사상 균형 : 중심축에서 방사형, 환상형으로 균등하게 퍼진 것
• 비정형 균형 : 물리적으로는 불균형, 시각적으로는 균형을 이룬 것

07 형태의 지각에 관한 설명으로 옳지 않은 것은?

① 폐쇄성 : 폐쇄된 형태는 빈틈이 있는 형태들보다 우선적으로 지각된다.
② 근접성 : 거리적·공간적으로 가까이 있는 시각적 요소들은 함께 지각된다.
③ 유사성 : 비슷한 형태·규모·색채·질감·명암·패턴의 그룹은 하나의 그룹으로 지각된다.
④ 프래그난츠 원리 : 어떠한 형태도 그것을 될 수 있는 한 단순하고 명료하게 볼 수 있는 상태로 지각하게 된다.

해설 폐쇄성 : 불완전한 시각요소들을 하나의 형태로 지각하는 것이다.

08 다음 중 실내공간 계획에서 가장 중요하게 고려하여야 하는 것은?

① 조명 스케일　② 가구 스케일
③ 공간 스케일　④ 인체 스케일

해설 휴먼 스케일(인체 스케일) : 인간의 신체를 기준으로 파악, 측정되는 척도의 기준으로, 실내공간 계획에서 가장 중요하게 고려하여야 한다.

09 실내공간의 구성요소인 벽에 관한 설명으로 옳지 않은 것은?

① 벽면의 형태는 동선을 유도하는 역할을 담당하기도 한다.
② 벽체는 공간의 폐쇄성과 개방성을 조절하여 공간감을 형성한다.
③ 비내력벽은 건물의 하중을 지지하며 공간과 공간을 분리하는 칸막이 역할을 한다.
④ 낮은 벽은 영역과 영역을 구분하고, 높은 벽은 공간의 폐쇄성이 요구되는 곳에 사용된다.

해설 ③은 내력벽에 대한 설명이다.

10 점의 조형효과에 관한 설명으로 옳지 않은 것은?

① 점이 연속되면 선으로 느끼게 한다.
② 두 개의 점이 있을 경우 두 점의 크기가 같을 때 주의력은 균등하게 작용한다.
③ 배경의 중심에 있는 하나의 점은 점에 시선을 집중시키고 역동적인 효과를 느끼게 한다.
④ 배경의 중심에서 벗어난 하나의 점은 점을 둘러싼 영역과의 사이에 시각적 긴장감을 생성한다.

해설 ③ 하나의 점은 시선을 집중시킬 수 있으나 위치만 가지고 있으므로 역동성을 느낄 수 없다.

★
11 사무소 건축의 코어 유형 중 코어 프레임(core frame)이 내력벽 및 내진구조의 역할을 하므로 구조적으로 가장 바람직한 것은?

① 독립형　　② 중심형
③ 편심형　　④ 분리형

해설 • 독립형 : 코어와 상관없이 자유로운 내부 공간을 만들 수 있으나 설비 덕트, 배관 등을 사무실까지 끌어들이는 데 제약이 있다. **방재상 불리하며** 바닥면적이 커지면 피난시설의 서브 코어가 필요하다. **내진구조에 불리하다.**
• 편심형 : 바닥면적이 작은 경우에 적합하고, 고층인 경우에 구조상 불리하다.
• 분리형 : 중·대규모 건물에 적합하다. 2방향 피난에 이상적이며, 방재상 유리하나.

12 상업공간 진열장의 종류 중에서 시선 아래의 낮은 진열대를 말하며 의류를 펼쳐 놓거나 작은 가구를 이용하여 디스플레이를 할 때 주로 이용되는 것은?

① 쇼케이스(showcase)
② 하이 케이스(high case)
③ 샘플 케이스(sample case)
④ 디스플레이 테이블(display table)

해설 디스플레이 가구의 종류
• 디스플레이 스테이지(display stage) : 높이가 400mm 이하의 낮은 단상
• 디스플레이 테이블(display table) : 높이 600~1,100mm의 테이블
• 디스플레이 선반(display shelf)

13 시스템가구에 관한 설명으로 옳지 않은 것은?

① 건물, 가구, 인간과의 상호관계를 고려하여 치수를 산출한다.
② 건물의 구조부재, 공간 구성요소들과 함께 표준화되어 가변성이 적다.
③ 한 가구는 여러 유닛으로 구성되어 모든 치수가 규격화, 모듈화된다.
④ 단일가구에 서로 다른 기능을 결합시켜 수납기능을 향상시킬 수 있다.

해설 시스템가구 : 가구와 인간의 관계, 가구와 건축 주체의 관계, 가구와 가구의 관계 등을 종합적으로 고려하여 적합한 치수를 산출한 후 이를 모듈화시켜 각 유닛이 모여 전체 가구를 형성한 것이므로 기능과 용도에 따라 융통성 있게 가변하기 쉽다.

14 채광을 조절하는 일광 조절장치와 관련이 없는 것은?

① 루버(louver)
② 커튼(curtain)
③ 디퓨저(diffuser)
④ 베니션 블라인드(Venetian blind)

해설 디퓨저(diffuser) : 공조된 공기를 실내에 공급하는 출구

15 주택 식당의 조명계획에 관한 설명으로 옳지 않은 것은?

① 전체조명과 국부조명을 병용한다.
② 한색계의 광원으로 깔끔한 분위기를 조성하는 것이 좋다.
③ 조리대 위에 국부조명을 설치하여 필요한 조도를 맞춘다.
④ 식탁에는 조사 방향에 주의하여 그림자가 지지 않게 한다.

해설 ② 식당의 조명은 식욕을 돋울 수 있는 난색 계열로 계획하는 것이 좋다.

16 다음 중 실내공간에 있어 각 부분의 치수계획이 가장 바람직하지 않은 것은?

① 주택 복도의 폭 : 1,500mm
② 주택 침실문의 폭 : 600mm
③ 주택 현관문의 폭 : 900mm
④ 주택 거실의 천장 높이 : 2,300mm

해설 주택 실의 문 폭은 일반적으로 800~900mm이다.

★
17 사무소 건축의 실단위계획 중 개방식 배치에 관한 설명으로 옳지 않은 것은?

① 소음의 우려가 있다.
② 프라이버시의 확보가 용이하다.
③ 모든 면적을 유용하게 이용할 수 있다.
④ 방의 길이나 깊이에 변화를 줄 수 있다.

해설 개방식 배치 : 오픈된 큰 실에 각각의 부서들이 이동형 칸막이로 구획되어 개인의 프라이버시가 결여되기 쉽고 소음으로 인해 업무의 효율성이 떨어진다.

18 단독주택의 부엌계획에 관한 설명으로 옳지 않은 것은?

① 가사작업은 인체의 활동 범위를 고려하여야 한다.

② 부엌은 넓으면 넓을수록 동선이 길어지기 때문에 편리하다.

③ 부엌은 작업대를 중심으로 구성하되 충분한 작업대의 면적이 필요하다.

④ 부엌의 크기는 식생활 양식, 부엌 내에서의 가사작업의 내용, 작업대의 종류, 각종 수납 공간의 크기 등에 영향을 받는다.

해설 부엌 : 가사노동이 집중되는 공간으로, 가사노동의 동선은 가능한 한 짧게 한다.

19 실내디자인의 요소 중 천장의 기능에 관한 설명으로 옳은 것은?

① 바닥에 비해 시대와 양식에 의한 변화가 거의 없다.

② 외부로부터 추위와 습기를 차단하고 사람과 물건을 지지한다.

③ 공간을 에워싸는 수직적 요소로 수평 방향을 차단하여 공간을 형성한다.

④ 접촉 빈도가 낮고 시각적 흐름이 최종적으로 멈추는 곳으로, 다양한 느낌을 줄 수 있다.

해설 천장

• 바닥면과 함께 공간을 형성하는 수평적 요소로, 시각적 흐름이 최종적으로 멈추는 곳이기에 지각의 느낌에 영향을 미친다.

• 벽과 함께 시대와 양식에 의한 변화가 현저하다.

20 다음 중 전시공간의 규모 설정에 영향을 주는 요인과 가장 거리가 먼 것은?

① 전시방법

② 전시의 목적

③ 전시공간의 세장비

④ 전시자료의 크기와 수량

해설 전시공간의 규모는 관람자의 수에 비례하며 전시물의 크기와 수량에 맞게 적정한 관람공간을 확보하도록 설정한다.

2과목 색채 및 인간공학

21 근육의 대사(metabolism)에 관한 설명으로 옳지 않은 것은?

① 산소를 소비하여 에너지를 발생시키는 과정이다.

② 음식물을 기계적 에너지와 열로 전환하는 과정이다.

③ 신체활동의 수준이 아주 낮은 경우에 젖산이 다량 축적된다.

④ 산소소비량을 측정하면 에너지소비량을 추정할 수 있다.

해설 • 인간은 운동을 하면 근육을 사용하는데 그에 따른 대사물질 중 하나가 젖산이다.

• 젖산은 신체활동의 수준이 높을 때 다량 축적된다.

22 그림과 같은 인간－기계시스템이 정보 흐름에 있어 빈칸의 (a)와 (b)에 들어갈 용어로 옳은 것은?

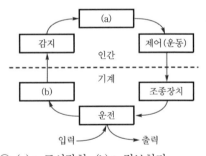

① (a) : 표시장치, (b) : 정보처리

② (a) : 의사결정, (b) : 정보저장

③ (a) : 표시장치, (b) : 의사결정

④ (a) : 정보처리, (b) : 표시장치

해설 기계화 체계에서의 인간-기계의 체계

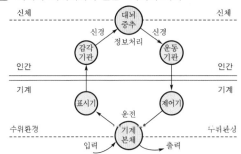

23 수공구 설계의 기본 원리로 볼 수 없는 것은?

① 손잡이의 단면은 원형을 피할 것
② 손잡이의 재질은 미끄럽지 않을 것
③ 양손잡이를 모두 고려한 설계일 것
④ 수공구의 무게를 줄이고 무게의 균형이 유지될 것

해설 수공구 설계의 기본 원리
• 손잡이의 단면은 원형으로 설계할 것
• 손잡이의 재질은 미끄럽지 않을 것
• 양손잡이를 모두 고려한 설계일 것
• 수공구의 무게를 줄이고 무게의 균형이 유지될 것

24 시각 자극에 대한 정보 처리과정에서 자극에 의미를 부여하고 해석하는 것은?

① 감각　　② 지각
③ 감성　　④ 정서

해설 지각 : 시각 자극에 대한 정보 처리과정에서 자극에 의미를 부여하고 해석한다.

25 1cd인 광원에서는 약 몇 루멘(lm)의 광량을 방출하는가?

① 3.14　　② 6.28
③ 9.42　　④ 12.57

해설 1cd를 광속의 개념으로 표시하면 $4\pi(=12.57)$ 루멘(lumen)이다.

26 다음 중 정량적 표시장치의 지침(指針)설계에 있어 일반적인 요령으로 적절하지 않은 것은?

① 선각이 20° 정도 되는 뾰족한 지침을 사용한다.
② 지침의 끝은 작은 눈금과 겹치도록 한다.
③ 시차를 없애기 위하여 지침을 눈금면에 밀착시킨다.
④ 원형 눈금의 경우 지침의 색은 선단에서 눈금의 중심까지 칠한다.

해설 시각적 표시장치의 지침설계
• 다이얼 형태의 계기에서는 가급적 지침이 왼편에서 오른편으로, 아래에서 위로 움직이도록 한다.
• 지침이 고정된 형태이거나 또는 움직이는 형태에서도 지침은 눈금에 가까이 있어야 하며 숫자를 가리지 말아야 한다.
• 선각이 약 20° 정도 되는 뾰족한 지침을 사용한다.
• 지침의 끝은 가장 가는 눈금선과 같은 폭으로 하고 지침의 끝과 눈금 사이는 가급적 좁은 것이 좋으며 1.5mm 이상이어서는 안 된다.
• 지침은 가급적 숫자나 눈금과 같은 색으로 칠해야 한다.
• 지침의 끝은 작은 눈금과 맞닿되, 겹치지 않게 해야 한다.
• (시차를 없애기 위해) 지침을 눈금면과 밀착할 것
• (원형 눈금의 경우) 지침의 색은 선단에서 눈금의 중심까지 칠할 것

27 피로의 측정방법의 분류에 있어 감각기능 검사에 속하는 것은?

① 심박수 검사
② 근전도 검사
③ 단순반응시간 검사
④ 에너지대사량 검사

해설 피로의 측정 분류와 측정 대상 항목
• 순환기능 검사 : 맥박, 혈압 등을 측정 검사
• 감각기능 검사 : 진동, 온도, 열, 통증, 위치감각 등을 검사한다.
• 자율신경기능 : 신체가 위급한 상황에 대처하도록 하는 기능
• 생화학적 측정 : 혈액 농도 측정, 혈액 수분 측정, 요 전해질 및 요 단백질 측정

정답 23. ① 24. ② 25. ④ 26. ② 27. ③

28 색채를 표시하는 방법 중 인간의 색지각을 기초로 지각적 등보성에 근거한 것은?

① 현색계 ② 혼색계
③ 혼합계 ④ 표준계

해설 현색계
- 직접 눈으로 보는 것이 표준이 되는 색채체계로, 인간의 시감에 따라 색을 규칙적으로 배열하였다.
- 일정한 번호나 기호를 붙여서 색채를 표시한다.
- 먼셀 표색계, 오스트발트 표색계가 해당된다.

★
29 인간공학에 있어 시스템 설계과정의 주요 단계가 다음과 같은 경우 단계별 순서가 올바르게 나열된 것은?

> ㉠ 촉진물 설계
> ㉡ 목표 및 성능 명세 결정
> ㉢ 계면 설계
> ㉣ 기본 설계
> ㉤ 시험 및 평가
> ㉥ 체계의 정의

① ㉡→㉥→㉣→㉢→㉠→㉤
② ㉡→㉣→㉣→㉢→㉥→㉠→㉤
③ ㉥→㉢→㉣→㉡→㉠→㉤
④ ㉥→㉣→㉡→㉢→㉠→㉤

해설 체계 설계의 주요 단계
목표 및 성능 명세 결정 → 체계의 정의 → 기본 설계 → 계면(인터페이스) 설계 → 촉진물 설계 → 시험 및 평가

★
30 망막을 구성하고 있는 세포 중 색채를 식별하는 기능을 가진 세포는?

① 공막 ② 원추체
③ 간상체 ④ 모양체

해설 원추체 : 망막을 구성하고 있는 세포 중 **색채를 식별하는 기능을 가진 세포**

31 인쇄의 혼색과정과 동일한 의미의 혼색을 설명하고 있는 것은?

① 컴퓨터 모니터, TV 브라운관에서 보여지는 혼색
② 팽이를 돌렸을 때 보여지는 혼색
③ 투명한 색유리를 겹쳐 놓았을 때 보여지는 혼색
④ 채도가 높은 빨강의 물체를 응시한 후 녹색의 잔상이 보이는 혼색

해설 감법혼색
- 감법혼색은 색을 더할수록 밝기가 감소하는 색혼합으로 어두워지는 혼색을 말한다.
- 마이너스 혼합이라고도 한다.
- 물감을 섞거나 필터를 겹쳐 사용하는 경우로, 빨강·노랑·파랑이 기본 삼원색이며, 컬러 사진이나 수채화 등에 이용된다.

★
32 신체동작의 유형 중 팔굽혀펴기와 같은 동작에서 팔꿈치를 굽히는 동작에 해당하는 것은?

① 굴곡(flexion) ② 신전(extension)
③ 외전(abduction) ④ 내전(adduction)

해설 인체 부위의 운동
- **굴곡(flexion)** : 부위 간의 각도를 감소시키거나 굽히는 동작
- **신전(extension)** : 부위 간의 각도를 증가시키는 동작
- **내전(adduction)** : 몸의 중심으로 이동하는 동작
- **외전(abduction)** : 몸의 중심으로부터 이동하는 동작
- **내선(median rotation)** : 몸의 중심선으로 회전하는 동작
- **외선(lateral rotation)** : 몸의 중심선으로부터 회전하는 동작
- **하향(pronation)** : 손바닥을 아래로 해서 아래팔을 회전하는 동작
- **상향(supination)** : 손바닥을 위로 해서 아래팔을 회전하는 동작

정답 28. ① 29. ① 30. ② 31. ③ 32. ①

33 사람의 눈의 기관 중 망막에 대한 설명으로 옳은 것은?

① 색을 지각하게 하는 간상체, 명암을 지각하는 추상체가 있다.
② 추상체에는 red, yellow, blue를 지각하는 3가지 세포가 있다.
③ 시신경으로 통하는 수정체 부분에는 시세포가 존재한다.
④ 망막의 중심와 부분에는 추상체가 밀집하여 분포되어 있다.

34 다음 중 현색계에 속하지 않는 것은?

① Munsell 색체계
② CIE 색체계
③ NCS 색체계
④ DIN 색체계

해설 현색계
• 직접 눈으로 보는 것이 표준이 되는 색채체계로, 인간의 시감에 따라 색을 규칙적으로 배열하였다.
• 일정한 번호나 기호를 붙여서 색채를 표시한다.
• 먼셀 표색계, 오스트발트 표색계가 해당된다.
혼색계
• 색을 측색기로 측색하여 어떤 파장역의 빛을 반사하는가에 따라 색의 특징을 판별하는 방법이다.
• 심리적·물리적인 빛의 혼색실험에 기초를 두고 있다.
• CIE 표색계가 해당된다.

35 문·스펜서(P. Moon−D. E. Spencer)의 색채조화론에 대한 설명 중 틀린 것은?

① 먼셀 색체계로 설명이 가능하다.
② 정량적으로 표현 가능하다.
③ 오메가 공간으로 설정되어 있다.
④ 색채의 면적관계를 고려하지 않았다.

해설 문·스펜서는 면적이 조화에 영향을 미치는 경우에 채도가 높은 색은 면적을 작게 한다고 규정하고, 작은 면적의 강한 색과 큰 면적의 약한 색과는 어울린다는 배색의 균형을 식으로 나타냈다.

36 ISCC−NBS 색명법 색상 수식어에서 채도, 명도의 가장 선명한 톤을 지칭하는 수식어는?

① pale
② brilliant
③ vivid
④ strong

해설 vivid : 채도, 명도의 가장 선명한 톤을 지칭하는 수식어이다.

★
37 푸르키네 현상에 대한 설명으로 옳은 것은?

① 어떤 조명 아래에서 물체색을 오랫동안 보면 그 색의 감각이 약해지는 현상
② 수면에 뜬 기름이나, 전복껍질에서 나타나는 색의 현상
③ 어두워질 때 단파장의 색이 잘 보이는 현상
④ 노랑, 빨강, 초록 등 유채색을 느끼는 세포의 지각현상

해설 푸르키네 현상
• 주위의 밝기 변화에 따라 물체색의 명도가 다르게 보이는 현상을 말한다.
• 명소시에서 암소시로 이행할 때 붉은색은 어둡게 보이고, 녹색과 청색은 상대적으로 밝게 보이는 현상이다.
• 비상구 등 어두운 장소에서는 파란색 계통이 붉은색 계통보다 식별이 용이하다.

38 건강, 산, 자연, 산뜻함 등을 상징하는 색상은?

① 보라
② 파랑
③ 초록
④ 흰색

해설 초록색 : 건강, 산, 자연, 산뜻함 등을 상징하는 색상이다.

39 인류생활, 작업상의 분위기, 환경 등을 상쾌하고 능률적으로 꾸미기 위한 것과 관련된 용어는?

① 색의 조화 및 배색(color harmony and combination)
② 색채조절(color conditioning)
③ 색의 대비(color contrast)
④ 컬러 하모니 매뉴얼(color harmony manual)

정답 33. ④ 34. ② 35. ④ 36. ③ 37. ③ 38. ③ 39. ②

해설 색채조절 : 색채가 지닌 물리적 특성과 심리적 효과, 생리적 현상의 관계 등을 이용하여 건축이나 산업환경에 능률성, 편리성, 안전성, 명시성 등을 높여 쾌적한 환경으로 만들기 위해 사용되어 왔다.

40 상품의 색채기획 단계에서 고려해야 할 사항으로 옳은 것은?

① 가공, 재료의 특성보다는 시장성과 심미성을 고려해야 한다.
② 재현성에 얽매이지 말고 색상관리를 해야 한다.
③ 유사제품과 연계제품의 색채와의 관계성은 기획 단계에서 고려되지 않는다.
④ 색료를 선택할 때 내광성, 내후성을 고려해야 한다.

해설 색채의 기획 단계에서 고려해야 할 사항
• 계획의 목적(상품 기획의 요점)을 확인한다.
• 계획의 대상을 조사한다.
• 디자인의 기본 방향을 설정한다.
• 색채와 관련된 사항을 자료 수집한다.
• 스케줄을 설정한다.
• 색채 데이터를 수집·분석하여 색채심리, 시장 경향, 지역의 특성 등을 고려해 평가한다.
• 색채의 형태, 재질, 용도에 대한 적합성, 가격, 기술적 조건 등을 종합 검토한다.
• 색채 콘셉트의 원안을 작성한다.

3과목 건축재료

41 다음 중 무기질 단열재료가 아닌 것은?

① 암면 ② 유리섬유
③ 펄라이트 ④ 셀룰로오스

해설 단열재료
• 무기질 단열재료 : 유리섬유, 암면, 석면, 펄라이트, 규산칼슘판 등
• 유기질 단열재료 : 경질 우레탄폼, 연질 섬유판, 폴리스티렌폼, 셀룰로오스 섬유판 등

42 건축용으로 많이 사용되는 석재의 역학적 성질 중 압축강도에 관한 설명으로 옳지 않은 것은?

① 중량이 클수록 강도가 크다.
② 결정도와 결합상태가 좋을수록 강도가 크다.
③ 공극률과 구성입자가 클수록 강도가 크다.
④ 함수율이 높을수록 강도는 저하된다.

해설 석재의 압축강도 : 공극률과 구성입자가 클수록 강도가 작다.

★43 목재 건조의 목적 및 효과가 아닌 것은?

① 중량의 경감
② 강도의 증진
③ 가공성의 증진
④ 균류 발생의 방지

해설 목재 건조의 목적 및 효과
• 목재의 강도를 증가시키고, 비중을 가볍게 한다.
• 부패 및 해충을 예방하고, 수축 및 균열과 같은 목재의 결점을 최소화한다.
• 약품처리 및 도장과 같은 작업을 용이하게 한다.

★44 시멘트 종류에 따른 사용 용도를 나타낸 것으로 옳지 않은 것은?

① 조강 포틀랜드시멘트 – 한중 콘크리트 공사
② 중용열 포틀랜드시멘트 – 매스콘크리트 및 댐공사
③ 고로시멘트 – 타일 줄눈공사
④ 내황산염 포틀랜드시멘트 – 온천지대나 하수도공사

해설 고로시멘트
• 보통 포틀랜드시멘트에 광재와 석고를 혼합하여 만든 시멘트이다.
• 호안, 배수구, 터널, 지하철공사, 댐, 해안공사 등의 매스콘크리트 공사에 사용된다.

45 콘크리트의 배합설계 시 표준이 되는 골재의 상태는?

① 절대건조상태
② 기건상태
③ 표면건조, 내부포화상태
④ 습윤상태

해설 골재의 표면건조, 내부포수상태 : 콘크리트 배합설계의 기준이다.

★46 알루미늄에 관한 설명으로 옳지 않은 것은?

① 250~300℃에서 풀림한 것은 콘크리트 등의 알칼리에 침식되지 않는다.
② 비중은 철의 1/3 정도이다.
③ 전성·연성이 좋고 내식성이 우수하다.
④ 온도가 상승함에 따라 인장강도가 급격히 감소하고 600℃에 거의 0이 된다.

해설 알루미늄 : 공기 중에서 엷은 막이 생겨 내부를 보호하며, 불순물이 함유된 것은 부식에 취약하고, 산과 알칼리에 약하므로 접촉면은 반드시 방식처리를 해야 한다.

47 방수공사에서 아스팔트 품질의 결정요소와 가장 거리가 먼 것은?

① 침입도
② 신도
③ 연화점
④ 마모도

해설 방수공사 시 아스팔트 품질의 결정요소 : 침입도, 신도, 신장성, 접착성, 방수성, 감온성, 연화점, 인성, 내노화성, 탄성, 충격저항성 등이 있다.

★48 보통 철선 또는 아연도금 철선으로 마름모형, 갑옷형으로 만들며 시멘트모르타르 바름 바탕에 사용되는 금속제품은?

① 와이어라스(wire lath)
② 와이어메시(wire mesh)
③ 메탈라스(metal lath)
④ 익스팬디드 메탈(expanded metal)

해설 금속제품
• 와이어메시(wire mesh) : 철선을 격자 모양으로 짜고 접점에 전기용접하여 정방형 또는 장방형으로 만든 것으로, 콘크리트 다짐 바닥 및 콘크리트 도로포장의 전열 방지를 위해 주로 사용된다.
• 메탈라스(metal lath) : 두께 0.4~0.8mm의 연강판에 일정한 방향으로 등간격의 절단면을 내고 옆으로 길게 늘려서 그물코 모양으로 만든 것이다.
• 익스팬디드 메탈(expanded metal) : 두께 0~13mm의 얇은 강판에 일정한 간격으로 절삭자국을 내서 절삭자국과 직각 방향으로 잡아당겨 늘려서 그물 모양으로 만든 것이다.

[와이어메시]　　[메탈라스]　　[와이어라스]

49 보통 판유리의 조성에 산화철, 니켈, 코발트 등의 금속산화물을 미량 첨가하고 착색이 되게 한 유리로서, 단열유리라고도 불리는 것은?

① 망입유리
② 열선흡수유리
③ 스팬드럴유리
④ 강화유리

해설 열선흡수유리
• 유리의 성분 중 철분을 줄이거나 철분을 산화제2철의 상태에서 산화제1철로 환원시켜 자외선 투과율을 높인 유리이다.
• 자외선을 50% 이상 90% 내외를 투과시킨다.
• 자외선의 화학작용을 피해야 할 곳, 의류의 진열창, 식품·약품창고의 창유리 등에 사용된다.
망입유리 : 유리 내부에 금속망을 삽입하고 압착한 성형유리로, 철망유리·그물유리라고도 한다.
스팬드럴유리 : 표면에 세라믹질의 도료를 코팅한 후, 고온에서 반강화시켜 만든 불투명한 색유리이다.
강화유리 : 강도를 높인 안전유리의 일종으로, 파손율이 낮고 한계 이상의 충격으로 깨져도 날카롭지 않은 파편으로 부서져 위험성이 적다.

50 석고계 플라스터 중 가장 경질이며 벽 바름재료뿐만 아니라 바닥 바름재료로도 사용되는 것은?

① 킨스 시멘트
② 혼합석고 플라스터
③ 회반죽
④ 돌로마이트 플라스터

해설 킨스 시멘트 : 시멘트＋무수석고(경석고)를 재료로 하여 만든 경석고 플라스터로, 점도가 커서 바름이 용이하고, 매끈하게 마무리되고 광택이 있어서 벽이나 마루에 바르는 재료로 사용된다.

★
51 다음 중 열경화성 합성수지에 속하지 않는 것은?

① 페놀수지 　　② 요소수지
③ 초산비닐수지 　④ 멜라민수지

해설 합성수지의 종류

열경화성수지	열가소성수지
열에 경화되면 다시 가열해도 연화되지 않는 수지로서 2차 성형은 불가능	화열에 의해 재연화되고 상온에서는 재연화되지 않는 수지로서 2차 성형이 가능
연화점 : 130~200℃	연화점 : 60~80℃
요소수지, 페놀수지, 멜라민수지, 실리콘수지, 에폭시수지, 폴리에스테르수지	염화비닐수지, 초산비닐수지, 폴리스티렌수지, 아크릴수지, 폴리에틸렌수지

52 접착제의 분류에 따른 그 예로 옳지 않은 것은?

① 식물성 접착제－아교, 알부민, 카세인
② 고무계 접착제－네오프랜, 치오콜
③ 광물질 접착제－규산소다, 아스팔트
④ 합성수지계 접착제－요소수지 접착제, 아크릴수지 접착제

해설 단백질계 접착제
• 식물성 : 대두교, 대맥 단백질
• 동물성 : 아교, 알부민, 카세인

53 타일의 제조 공정에서 건식제법에 관한 설명으로 옳지 않은 것은?

① 내장타일은 주로 건식제법으로 제조된다.
② 제조능률이 높다.
③ 치수 정도(精度)가 좋다.
④ 복잡한 형상의 것에 적당하다.

해설 타일의 제조 : 복잡한 형상의 제품 제작은 습식제법이 적당하다.

★
54 목재의 작은 조각을 합성수지 접착제와 같은 유기질의 접착제를 사용하여 가열 압축해 만든 목재제품을 무엇이라고 하는가?

① 집성목재 　　② 파티클보드
③ 섬유판 　　　④ 합판

해설 파티클보드
• 파티클보드(particle board)는 목재 또는 기타 식물질을 작은 조각으로 하여 합성수지계 접착제를 섞어 고열·고압으로 성형하여 판으로 만든 것으로, 칩보드라고도 한다.
• 비중 0.4 이상으로 흡음성·열차단성(단열성)이 우수하며, 방향성이 없고 변형이 극히 적다.
• 경량이고 못질·구멍뚫기 등 가공이 용이하며, 방습제·방부제·방화제를 첨가해서 방습성·방부성·방화성을 높일 수 있다.
• 합판에 비해 강도가 약하며, 가공성은 좋으나 내수성이 약하다.

★
55 다음 미장재료 중 수경성에 해당되지 않는 것은?

① 보드용 석고 플라스터
② 돌로마이트 플라스터
③ 인조석 바름
④ 시멘트모르타르

해설 미장재료의 종류

수경성	기경성
물과 작용하여 경화하는 것	공기 중에 경화하는 것
석고 플라스터, 무수석고 플라스터, 시멘트모르타르, 테라초 현장바름, 인조석 바름 등	진흙질, 회반죽, 회사벽, 돌로마이트 플라스터 등

돌로마이트 플라스터
• 가소성이 높으며, 공기와 반응하여 경화하는 기경성 미장재료이다.
• 곰팡이가 발생하고 변색되지만, 냄새는 나지 않는다.
• 보수성이 용이하며, 응결시간이 길어 시공이 용이하다.
• 초기강도가 크고 착색이 용이하며 가격도 저렴하다.
• 알칼리성으로 페인트 도장은 불가능하다.

56 다음 설명에 해당하는 유리를 무엇이라고 하는가?

> 2장 또는 그 이상의 판유리 사이에 유연성이 있는 강하고 투명한 플라스틱 필름을 넣고 판유리 사이에 있는 공기를 완전히 제거한 진공 상태에서 고열로 강하게 접착하여 파손되더라도 그 파편이 접착제로부터 떨어지지 않도록 만든 유리이다.

① 연마판유리　　　② 복층유리
③ 강화유리　　　　④ 접합유리

[해설]
• 접합유리 : 폴리비닐을 2장 이상의 **판유리 사이에 넣고 고열로 접합**하여 파손 시 파편이 떨어지지 않게 하여 필름의 인장력으로 인한 충격 흡수력을 높인 유리로, 방탄유리의 구성과 관련이 깊다. 주로 자동차, 기차, 선박 등에 사용된다.
• 복층유리 : 2장 또는 3장의 유리를 일정한 간격을 두고 **건조공기를 넣어 만든 판유리**로, 이중유리·겹유리라고도 한다.

57 철근콘크리트에 사용하는 굵은 골재의 최대치수를 정하는 가장 중요한 이유는?

① 철근의 사용 수량을 줄이기 위해서
② 타설된 콘크리트가 철근 사이를 자유롭게 통과가 가능하도록 하기 위해서
③ 콘크리트의 인장강도 증진을 위해서
④ 사용 골재를 줄이기 위해서

[해설] 철근콘크리트에 사용하는 굵은 골재의 치수
• 타설된 콘크리트가 철근 사이를 자유롭게 통과가 **가능하도록 하기 위해서** 굵은 골재의 최대치수를 정한다.
• 잔골재의 입자 크기 : 5mm체에 85% 이상 통과하는 골재(모래류)
• 굵은 골재의 입자 크기 : 5mm체에 85% 이상 걸리는 골재(자갈류)

58 수지를 지방유와 가열·융합하고, 건조제를 첨가한 다음 용제를 사용하여 희석하여 만든 도료는?

① 래커　　　　　　② 유성바니시
③ 유성페인트　　　④ 내열도료

[해설] 유성바니시
• 유용성 수지 + 건성유 + 희석제로, 무색 또는 담갈색의 투명 도료로 보통 니스라고 하며, 건조가 빠르다.
• 내후성이 적어 옥외에는 사용하지 않고, 주로 목부 바탕의 투명 마감으로 사용한다.

★
59 목재의 부패에 관한 설명으로 옳지 않은 것은?

① 부패균(腐敗菌)은 섬유질을 분해·감소시킨다.
② 부패균이 번식하기 위한 적당한 온도는 20~35℃ 정도이다.
③ 부패균은 산소가 없어도 번식할 수 있다.
④ 부패균은 습기가 없으면 번식할 수 없다.

[해설] 목재의 부패조건
• 목재의 부패조건은 온도·습도·공기·함수율·양분이며, 그중 하나만 결여되어도 부패균은 번식하지 못한다.
• 심재는 고무, 수지, 휘발성 유지 등의 성분을 포함하고 있어 변재에 비해 내식성이 크고 부패되기 어렵다.

온도	• 25~35℃ : 부패균의 번식 왕성 • 5℃ 이하 55℃ 이상 : 부패균 번식의 중단 및 사멸
습도	• 80~90% : 부패균 발육 • 15% 이하 : 부패균 번식의 중단 및 사멸
공기	• 수중에서는 공기가 없으므로 부패균 발생이 없음
함수율	• 20% : 발육 시작 • 40~50% : 부패균의 번식 왕성
양분	• 목재의 단백질 및 녹말

★
60 다음 중 회반죽에 여물을 넣는 가장 주된 이유는?

① 균열을 방지하기 위하여
② 강도를 높이기 위하여
③ 경화속도를 높이기 위하여
④ 경도를 높이기 위하여

[해설] 균열을 방지하기 위하여 회반죽에 여물을 넣는다.

4과목 건축 일반

61 건축허가 등을 할 때 미리 소방본부장 또는 소방서장의 동의를 받아야 하는 건축물 등의 범위 기준에 해당하지 않는 것은?

① 연면적 200m²의 수련시설
② 연면적 200m²의 노유자시설
③ 연면적 300m²의 근린생활시설
④ 연면적 400m²의 의료시설

> 해설 건축허가 등의 사전동의 대상 : 연면적이 400m²(학교시설 등을 건축하는 경우에는 100m², 노유자시설 및 수련시설의 경우에는 200m²) 이상인 건축물

★
62 방염성능기준 이상의 실내장식물 등을 설치하여야 하는 특정소방대상물에 해당하지 않는 것은?

① 교육연구시설 중 합숙소
② 방송통신시설 중 방송국
③ 건축물의 옥내에 있는 종교시설
④ 건축물의 옥내에 있는 수영장

> 해설 옥내수영장은 방염성능기준 이상의 실내장식물 설치 대상에서 제외된다.

★
63 공장의 용도로 쓰는 건축물로서 그 용도로 쓰는 바닥면적의 합계가 최소 얼마 이상인 경우 주요구조부를 내화구조로 하여야 하는가? (단, 화재의 위험이 적은 공장으로서 국토교통부령으로 정하는 공장은 제외한다.)

① 200m²   ② 500m²
③ 1,000m²   ④ 2,000m²

> 해설 공장용도에 쓰이는 건축물로서 바닥면적의 합계가 2,000m² 이상인 건축물은 주요구조부를 내화구조로 하여야 한다.

★
64 소방시설의 종류 중 경보설비에 속하지 않는 것은?

① 비상방송설비   ② 비상벨설비
③ 가스누설경보기   ④ 무선통신보조설비

> 해설 경보설비
> • 화재 발생을 통보하는 기계, 기구 또는 설비를 말한다.
> • 비상경보설비, 비상방송설비, 누전경보설비, 자동화재탐지설비, 자동화재속보설비, 가스누설경보기, 비상벨설비

65 목재 접합 시 주의사항이 아닌 것은?

① 접합은 응력이 작은 곳에서 만들 것
② 목재는 될 수 있는 한 적게 깎아 내어 약하게 되지 않게 할 것
③ 접합의 단면은 응력 방향과 평행으로 할 것
④ 공작이 간단한 것을 쓰고 모양에 치중하지 말 것

> 해설 접합의 단면은 응력 방향과 직각이 되도록 할 것

★
66 건축구조에서 일체식 구조에 속하는 것은?

① 철골구조
② 돌구조
③ 벽돌구조
④ 철골철근콘크리트구조

> 해설 일체식 구조 : 철골철근콘크리트구조

67 건축물의 피난층 또는 피난층의 승강장으로부터 건축물의 바깥쪽에 이르는 통로에 경사로를 설치하여야 하는 판매시설의 연면적 기준은?

① 1,000m² 미만   ② 2,000m² 미만
③ 3,000m² 이상   ④ 5,000m² 이상

> 해설 건축물 바깥쪽으로의 경사로 설치 대상 : 연면적 5,000m² 이상의 판매시설

68 비잔틴건축의 구성요소와 관련이 없는 것은?

① 펜던티브(pendentive)
② 부주두(dosseret)
③ 돔(dome)
④ 크로스 리브볼트(cross rib vault)

해설 고딕건축의 구성요소 : 크로스 리브볼트(cross rib vault)

★
69 거실의 채광 및 환기를 위한 창문 등이나 설비에 관한 기준 내용으로 옳은 것은?

① 채광을 위하여 거실에 설치하는 창문 등의 면적은 그 거실의 바닥면적의 20분의 1 이상이이야 한다.

② 환기를 위하여 거실에 설치하는 창문 등의 면적은 그 거실의 바닥면적의 10분의 1 이상이어야 한다.

③ 오피스텔에 거실 바닥으로부터 높이 1.2m 이하 부분에 여닫을 수 있는 창문을 설치하는 경우에는 높이 1.0m 이상의 난간이나 이와 유사한 추락 방지를 위한 안전시설을 설치하여야 한다.

④ 수시로 개방할 수 있는 미닫이로 구획된 2개의 거실은 1개의 거실로 본다.

해설 ① 채광을 위하여 거실에 설치하는 창문 등의 면적은 그 거실의 바닥면적의 10분의 1 이상이어야 한다.

② 환기를 위하여 거실에 설치하는 창문 등의 면적은 그 거실의 바닥면적의 20분의 1 이상이어야 한다.

③ 오피스텔에 거실 바닥으로부터 높이 1.2m 이하 부분에 여닫을 수 있는 창문을 설치하는 경우에는 높이 1.2m 이상의 난간이나 이와 유사한 추락 방지를 위한 안전시설을 설치하여야 한다.

70 철골조 기둥(작은 지름 25cm 이상)이 내화구조 기준에 부합하기 위해서 두께를 최소 7cm 이상 보강해야 하는 재료에 해당되지 않는 것은?

① 콘크리트블록　② 철망 모르타르

③ 벽돌　④ 석재

해설 철골조 기둥의 내화구조 기준
• 두께 6cm(5cm) 이상의 철망 모르타르
• 두께 7cm 이상의 콘크리트블록, 벽돌, 석재로 덮은 것

71 건축물의 구조기준 등에 관한 규칙에 따라 조적식 구조인 경계벽의 두께는 최소 얼마 이상으로 해야 하는가? (단, 경계벽이란 내력벽이 아닌 그 밖의 벽을 포함한다.)

① 9cm　② 12cm

③ 15cm　④ 20cm

해설 조적식 구조의 경계벽의 두께는 최소 9cm 이상으로 해야 한다.

72 소방시설 등의 자체 점검 중 종합정밀점검 대상에 해당하지 않는 것은?

① 스프링클러설비가 설치된 특정소방대상물

② 물분무 등 소화설비가 설치된 연면적 5,000m²의 위험물 제조소

③ 제연설비가 설치된 터널

④ 옥내소화전설비가 설치된 연면적 1,000m²의 국공립학교

해설 종합정밀점검 대상
• 스프링클러설비가 설치된 특정소방대상물
• 물분무 등 소화설비[호스릴(hose reel)방식의 물분무 등 소화설비만을 설치한 경우는 제외한다.]가 설치된 연면적 5,000m² 이상인 특정소방대상물(위험물 제조소 등은 제외한다).

73 옥상광장 또는 2층 이상인 층에 있는 노대의 주위에 설치하여야 하는 난간의 최소 높이 기준은?

① 1.0m 이상　② 1.1m 이상

③ 1.2m 이상　④ 1.5m 이상

해설 난간의 높이 : 옥상광장 또는 2층 이상인 층에 있는 노대나 그밖에 이와 비슷한 것의 주위에는 높이 1.2m 이상의 난간을 설치해야 한다.

74 르네상스 건축양식에 해당하는 건축물은?

① 영국 솔즈베리 대성당

② 이탈리아 피렌체 대성당

③ 프랑스 노트르담 대성당

④ 독일 울름 대성당

정답　**69.** ④　**70.** ②　**71.** ①　**72.** ②　**73.** ③　**74.** ②

해설 르네상스 건축양식 : 이탈리아 피렌체 대성당, 로마 성 베드로 대성당, 플로렌스 대성당

75 학교의 바깥쪽에 이르는 출입구에 계단을 대체하여 경사로를 설치하고자 한다. 필요한 경사로의 최소 수평 길이는? (단, 경사로는 직선으로 되어 있으며 1층의 바닥 높이는 지상보다 50cm 높다.)

① 2m   ② 3m
③ 4m   ⑤ 5m

해설 학교 바깥쪽 경사로
• 구배 1/8의 경사로를 설치한다고 보면 높이×지정 경사로(지정 경사로는 1 : 8이다.)
• 0.5m×8＝4m의 길이가 필요하다.

76 음의 물리적 특성에 대한 설명으로 옳지 않은 것은?

① 음이 1초 동안에 진동하는 횟수를 주파수라고 한다.
② 인간의 귀로 들을 수 있는 주파수 범위를 가청주파수라고 한다.
③ 기온이 높아지면 공기 중에 전파되는 음의 속도도 증가한다.
④ 공기 중으로 전달되는 음파의 전파속도는 주파수와 비례한다.

해설 소리의 속도는 소리의 주파수 영향을 받지 않고 통과하는 물질의 성질에 따른 영향을 받는다.

77 공동 소방안전관리자 선임 대상 특정소방대상물의 층수 기준은? (단, 복합건축물의 경우)

① 3층 이상   ② 5층 이상
③ 8층 이상   ④ 10층 이상

해설 소방안전관리자 선임 대상인 복합건축물 : 연면적 5,000m² 이상, 층수 5층 이상

78 다음 중 주택의 소유자가 대통령령으로 정하는 소방시설을 설치하여야 하는 주택의 종류에 해당하지 않는 것은?

① 단독주택   ② 기숙사
③ 연립주택   ④ 다세대주택

해설 소방시설 설치 의무화 주택의 종류 : 단독주택, 다중주택, 다가구주택, 연립주택, 다세대주책

79 열전달의 방식에 포함되지 않는 것은?

① 복사   ② 대류
③ 관류   ④ 전도

해설 열전달방식 : 복사, 대류, 증발, 전도

★
80 특정소방대상물에 사용하는 실내장식물 중 방염대상물품에 속하지 않는 것은?

① 창문에 설치하는 커튼류
② 두께가 2mm 미만이 종이벽지
③ 전시용 섬유판
④ 전시용 합판

해설 방염대상물품
• 전시용 합판 또는 섬유판, 무대용 합판 또는 섬유판
• 창문에 설치하는 커튼류, 블라인드
• 카펫, 두께가 2mm 미만인 벽지류로서 **종이벽지를 제외한 것**
• 암막, 무대막(영화상영관, 골프연습장에 설치하는 스크린 포함)

실내건축산업기사 필기

Industrial Engineer Interior Architecture

[집필진 소개]

■ 전명숙

- 현, NONOS DESIGN 대표
- 연성대학교 실내건축과 겸임교수 역임
- 중앙대학교 건설대학원 실내건축학과 공학석사
- 국가기술자격증 실내건축기사 & 산업기사
  강의 경력 20년
- 저서

《실내건축산업기사 작업형 실기(성안당, 2019)》
《실내건축기사 작업형 실기(성안당, 2019)》
《실내건축기사 시공실무 필답형 실기(성안당, 2020)》
《실내건축산업기사 시공실무 필답형 실기(성안당,2020)》

■ 전희성

- 현, 연성대학교 실내건축과 교수
- 현, 한국실내디자인학회 정회원/홍보위원회 이사
- 현, 치매케어학회 정회원
- 건국대학교 실내건축전공 박사
- 저서

《사진기법을 적용한 공간디자인의 기초조형교육
(성안당, 2019)》 등

■ 서유정

- 현, 대림대학교 실내디자인학부 겸임교수
- 현, 동양미래대학교 실내환경디자인학과 겸임교수
- 현, 아뜰리에 더 라엘 대표
- 현, 남양주시 건축설계 기술자문위원
- 건국대학교 건축전문대학원 실내건축설계 박사 수료

■ 김태민

- 현, HnC건설연구소 친환경계획부 소장
- 현, 대림대학교 실내디자인학부 겸임교수
- 중앙대학교 건설대학원 실내건축학과 공학석사
- 국가기술자격증 실내건축기사, 국가공인 민간자격
  증 실내디자이너
- 저서

《실내건축산업기사 작업형 실기(성안당, 2019)》
《실내건축기사 작업형 실기(성안당, 2019)》
《실내건축기사 시공실무 필답형 실기(성안당, 2020)》
《실내건축산업기사 시공실무 필답형 실기(성안당,2020)》

■ 이경화

- 현, 대림대학교 실내디자인학부 전임교수
- 현, (사)한국공간디자인학회 상임이사, 논문심사위원
- 홍익대학교 일반대학원 공간디자인학 박사
- (주)디자인그룹 우원, 기획이사 역임
- 국가기술자격증 실내건축기사
- 저서

《건축 Interior Design 표현방법(구미서관, 2008)》

■ 박민석

- 현, 대림대학교 실내디자인학부 전임교수
- 건국대학교 건축전문대학원 실내건축설계 박사 수료
- 안양시 건축계획전문위원회 위원
- 저서

《2D 도면완성 AutoCAD(구미서관, 2015)》

실내건축산업기사 필기

2021. 2. 1. 초 판 1쇄 인쇄
2021. 2. 8. 초 판 1쇄 발행

지은이 | 전명숙, 김태민, 전희성, 이경화, 서유정, 박민석
펴낸이 | 이종춘
펴낸곳 | **BM** (주)도서출판 **성안당**

주소 | 04032 서울시 마포구 양화로 127 첨단빌딩 3층(출판기획 R&D 센터)
10881 경기도 파주시 문발로 112 파주 출판 문화도시(제작 및 물류)

전화 | 02) 3142-0036
031) 950-6300

팩스 | 031) 955-0510
등록 | 1973. 2. 1. 제406-2005-000046호
출판사 홈페이지 | www.cyber.co.kr
ISBN | 978-89-315-6450-1 (13540)
정가 | 25,000원

이 책을 만든 사람들

책임 | 최옥현
진행 | 이희영
교정 · 교열 | 이희영, 김경희
표지 디자인 | 박현정
본문 디자인 | 김우진
홍보 | 김계향, 유미나
국제부 | 이선민, 조혜란, 김혜숙
마케팅 | 구본철, 차정욱, 나진호, 이동후, 강호묵
마케팅 지원 | 장상범, 박지연
제작 | 김유석

www.cyber.co.kr
성안당 Web 사이트